Testen mit:

Noch fit?

Am Kapitelanfang kannst du testen, ob du fit für das neue Thema bist.
Der Trainingsplan zeigt dir, wo du die **Grundlagen** wiederholen kannst.

Klar soweit?

Im Zwischentest kannst du testen, ob du alles verstanden hast.

Teste dich!

Am Kapitelende kannst du testen, wie gut du auf die Klassenarbeit vorbereitet bist.

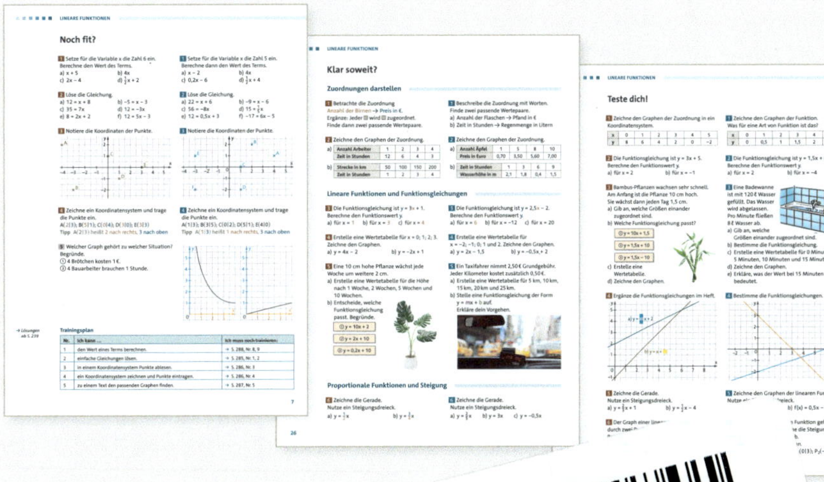

Üben mit:

Vermischten Übungen

Im **Anwenden** sind viele einfachere Aufgaben zum Üben. Dann werden die Aufgaben im **Vertiefen** ein bisschen schwieriger.
Im **Weiterdenken** findest du Aufgaben zu verschiedenen Berufen.

Tipps und Tricks

mit den Seiten **Strategien**, **Methode** und **Thema**

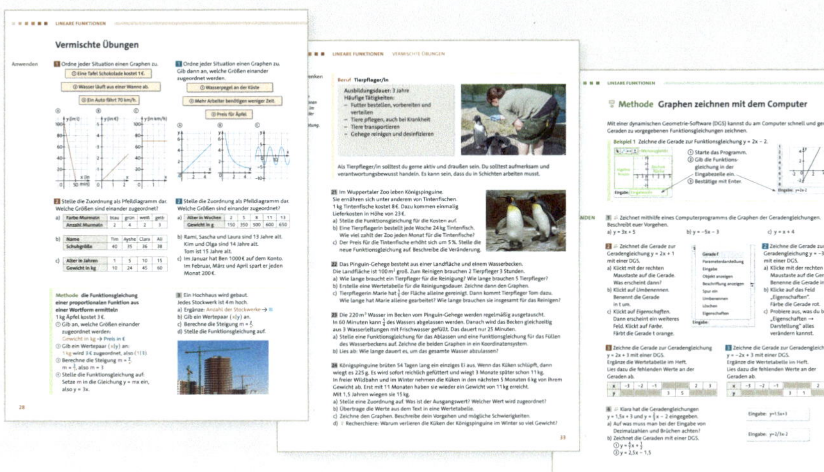

Nachschlagen und **Wiederholen** mit:

Zusammenfassung

am Kapitelende

Grundlagen

Hier kannst du den Stoff aus dem letzten Schuljahr wiederholen. Kurze Erklärungen und Aufgaben mit Lösungen helfen dir dabei.

Lösungen

zu **Noch fit?**, **Klar soweit?** und **Teste dich!** findest du hinten im Buch.

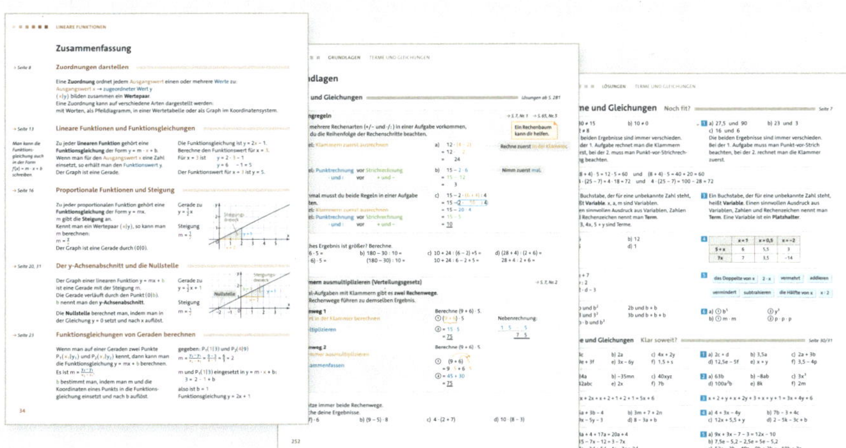

Parallelo

Mathematik BASIS

9

Unter Beratung von
Eva Mödinger
Marcus Nettelmann
Matthias Storz
Rüdiger Unger
Elisabeth Wiemuth

Cornelsen

Parallelo
Mathematik BASIS

9

Teile dieses Unterrichtswerkes basieren auf Inhalten von:
Susanne Batzer, Bernd Bolduan, Martin Cichon, Juliane von Jagow, Jeannine Kreuz, Vera Kuckuck, Julia Maaß, Katharina Perbandt, Jessica Pfeffer, Heike Sankowsky, Martin Wachter, Udo Wennekers, Rainer Zillgens

Beraten von: Judith Decreßin, Knut Kumpe, Christa Meyer, Ronald Sturm, Larissa Uhlenhake

Redaktion: Stefan Giertzsch, Alina Maas
Illustration: Raimo Bergt
Grafik: Detlef Seidensticker (Kap. 2 bis 6, Kap. 8, außer: S. 85 oben 2x, S. 117 m.l.); Christian Böhning (Kap. 1; S. 85 oben 2x, S. 117 m.l.); Jürgen Brinckmann (Kap. 7 außer S. 173/174, Kap. 9 außer S. 195 m. + S. 198 m.; Kap. 10; S. 247, S. 250 m., S. 254 o., S. 260/261, S. 263 u.r., S. 264 m.r., S. 265 m.r., S. 266); Martin Frech (S. 173, S. 174); Stefan Giertzsch (alle Zeichnungen zu orangen Aufgaben im Kap. 1-4, Kap. 6-8, Anhang Lösungen (orange))
Umschlaggestaltung und Layoutkonzept: Studio SYBERG, Berlin
Layout und technische Umsetzung: Compuscript Ireland and Chennai

Begleitmaterial zum Lehrwerk

Arbeitsheft	978-3-06-003060-6
Arbeitsheft für Lernende mit erhöhtem Förderbedarf für den inklusiven Unterricht	978-3-06-005212-7
Lösungen zum Schulbuch	978-3-06-003062-0
Handreichungen	978-3-06-003063-7
Schulbuch als E-Book mit Medien	1100027411
Unterrichtsmanager Plus mit E-Book und Begleitmaterialien	1100027367
Diagnose und Fördern online	

www.cornelsen.de

Alle Drucke dieser Auflage sind inhaltlich unverändert und können im Unterricht nebeneinander verwendet werden.

© 2025 Cornelsen Verlag GmbH, Mecklenburgische Str. 53, 14197 Berlin, E-Mail: service@cornelsen.de
Das Werk und seine Teile sind urheberrechtlich geschützt. Jede Nutzung in anderen als den gesetzlich zugelassenen Fällen bedarf der vorherigen schriftlichen Einwilligung des Verlages.
Hinweis zu §§ 60 a, 60 b UrhG: Weder das Werk noch seine Teile dürfen ohne eine solche Einwilligung an Schulen oder in Unterrichts- und Lehrmedien (§ 60 b Abs. 3 UrhG) vervielfältigt, insbesondere kopiert oder eingescannt, verbreitet oder in ein Netzwerk eingestellt oder sonst öffentlich zugänglich gemacht oder wiedergegeben werden. Dies gilt auch für Intranets von Schulen und anderen Bildungseinrichtungen.
Der Anbieter behält sich eine Nutzung der Inhalte für Text- und Data-Mining im Sinne § 44 b UrhG ausdrücklich vor.
Soweit in diesem Lehrwerk Personen fotografisch abgebildet sind und ihnen von der Redaktion fiktive Namen, Berufe, Dialoge und Ähnliches zugeordnet oder diese Personen in bestimmte Kontexte gesetzt werden, dienen diese Zuordnungen und Darstellungen ausschließlich der Veranschaulichung und dem besseren Verständnis des Inhalts.
Dieses Werk wurde anhand wissenschaftlicher Kriterien geprüft und für den sprachsensiblen Unterricht zertifiziert.
Gutachterinnen: Caroline Marx (Lehrbeauftragte Fachrichtung LERNEN; Seminar für Ausbildung und Fortbildung der Lehrkräfte Stuttgart (Gymnasium und Sonderpädagogik))
Eine Übersicht der Kriterien haben wir für Sie unter http://www.cornelsen.de/mittlere-schulformen zusammengestellt.

Druck: Mohn Media Mohndruck, Gütersloh

1. Auflage, 1. Druck 2025
978-3-06-003059-0 (Schulbuch)

PEFC
PEFC/04-31-1033

PEFC-zertifiziert
Dieses Produkt stammt aus nachhaltig bewirtschafteten Wäldern und kontrollierten Quellen
www.pefc.de

Lineare Funktionen

Noch fit? 7
Zuordnungen darstellen 8
Thema Funktionen erkennen 11
Lineare Funktionen und Funktionsgleichungen 13
Proportionale Funktionen und Steigung 16
Info Negative Steigung 19
Der y-Achsenabschnitt 20
Funktionsgleichungen von Geraden berechnen 23
Methode Graphen zeichnen mit dem Computer 25
Klar soweit? 26
Vermischte Übungen 28
Beruf Tierpfleger/in 33
Zusammenfassung 34
Teste dich! 35

★ + Lineare Gleichungssysteme

Noch fit? 37
Lineare Gleichungen mit zwei Variablen 38
Lineare Gleichungssysteme 41
Methode Gleichungssysteme am Computer lösen 44
Das Gleichsetzungsverfahren 45
Das Einsetzungsverfahren 49
Methode Das Additionsverfahren 52
Strategie Sachaufgaben lösen 54
Klar soweit? 56
Vermischte Übungen 58
Beruf Fachkraft für Lagerlogistik 61
Zusammenfassung 62
Teste dich! 63

Der Satz des Pythagoras

Noch fit? 65
Quadrieren und Wurzelziehen 66
★ + Info Irrationale Zahlen 68
Der Satz des Pythagoras 69
+ Thema Beweis zum Satz des Pythagoras 71
Längen mit dem Satz des Pythagoras berechnen 72
Methode Berechnungen an quadratischen Pyramiden 76
Höhensatz und Kathetensatz (fakultativ) 78
Klar soweit? 80
Vermischte Übungen 82
Info Satz des Thales 85
Beruf Zimmerer/Zimmerin 87
Zusammenfassung 88
Teste dich! 89

Medienkompetenz

+ zusätzlicher Inhalt für den MSA in NRW

★ zusätzlicher Inhalt in Baden-Württemberg (siehe Stoffverteilungsplan)

★ Ähnlichkeit

Noch fit? 91
Maßstäbliche Vergrößerung und Verkleinerung 92
Zentrische Streckung (fakultativ) 95
+ **Methode** Zentrische Streckung mit einer DGS (fakultativ für BW) 98
Thema Kongruenzabbildungen 100
Info Verkettung von Kongruenzabbildungen 101
Ähnliche Figuren untersuchen 102
Strahlensätze (fakultativ für NRW) 105
Info Strahlensätze an einer Geradenkreuzung 107
Klar soweit? 108
Vermischte Übungen 110
Beruf Foto- und medientechnische/r Assistent/in 113
Zusammenfassung 114
Teste dich! 115

Kreise berechnen

Noch fit? 117
Kreis und Kreisumfang 118
Thema Die Kreiszahl Pi (π) 121
Methode Pi bestimmen mithilfe von Vielecken 122
Flächeninhalt von Kreisen 123
Methode Kreisringe 126
★ + Kreisausschnitte 127
Klar soweit? 130
Vermischte Übungen 132
Beruf Landschaftsgärtner/in 135
Zusammenfassung 136
Teste dich! 137

Zylinder

Noch fit? 139
Zylinder erkennen und zeichnen 140
Netz und Oberflächeninhalt von Zylindern 143
Volumen von Zylindern 147
Methode Zylinder und Hohlzylinder 149
Klar soweit? 150
Vermischte Übungen 152
Methode Verschiedene Volumenmaße 152
Beruf Zerspanungsmechaniker/in 155
Zusammenfassung 156
Teste dich! 157

★ Quadratische Funktionen

Noch fit? 159
Die Normalparabel und nach oben oder unten verschobene Parabeln 160
Gestreckte und gestauchte Parabeln 163
Thema Nullstellen von Parabeln 167
Nach links oder rechts verschobene Parabeln 168
+ Die Scheitelpunktform 170
Methode Parabeln zeichnen mit dem Computer 173
Die allgemeine Form 175
Klar soweit? 178
Vermischte Übungen 180
Beruf Maschinen- und Anlagenführer/in 185
Zusammenfassung 186
Teste dich! 187

Pyramide, Kegel, Kugel

Noch fit? 189
Körper erkennen 190
Methode Schrägbilder zeichnen 192
Netz und Oberflächeninhalt von Pyramiden 194
Netz und Oberflächeninhalt von Kegeln 198
Volumen von Pyramiden 201
Volumen von Kegeln 204
Volumen und Oberflächeninhalt von Kugeln 207
Thema Zusammengesetzte Körper berechnen 210
Klar soweit? 212
Vermischte Übungen 214
Beruf Goldschmied/in 219
Zusammenfassung 220
Teste dich! 221

Vorbereitung auf Prüfungen und Einstellungstests

Eingangstest 223
Aufgaben zum Trainieren 225
Abschlusstest 231
Aufgaben zum Weiterdenken 233

Anhang

Lösungen 239
Grundlagen mit Lösungen 285
Sachregister 309
Bildquellenverzeichnis 311

Lineare Funktionen

In diesem Kapitel lernst du, …

- → Zuordnungen und Funktionen darzustellen.
- → lineare Funktionen und ihre Funktionsgleichungen zu erkennen.
- → proportionale Funktionen zu erkennen und Steigungen zu bestimmen.
- → den y-Achsenabschnitt einer linearen Funktion zu nutzen.
- → die Funktionsgleichung einer Geraden mithilfe von zwei Punkten zu berechnen.

Für eine Taxifahrt zahlt man eine Grundgebühr
und einen Kilometerpreis. Die Grundgebühr beträgt 4 €.
Pro Kilometer zahlt man 2,10 €.
Wie viel muss man für 10 km Fahrt bezahlen?
Wie verändert sich der Preis, wenn man weiter fährt?
Wie kann man das in einem Koordinatensystem darstellen?

Noch fit?

1 Setze für die Variable x die Zahl 6 ein. Berechne den Wert des Terms.

a) $x + 5$ b) $4x$
c) $2x - 4$ d) $\frac{1}{2}x + 2$

2 Löse die Gleichung.

a) $12 = x + 8$ b) $-5 = x - 3$
c) $35 = 7x$ d) $12 = -3x$
e) $8 = 2x + 2$ f) $12 = 5x - 3$

3 Notiere die Koordinaten der Punkte.

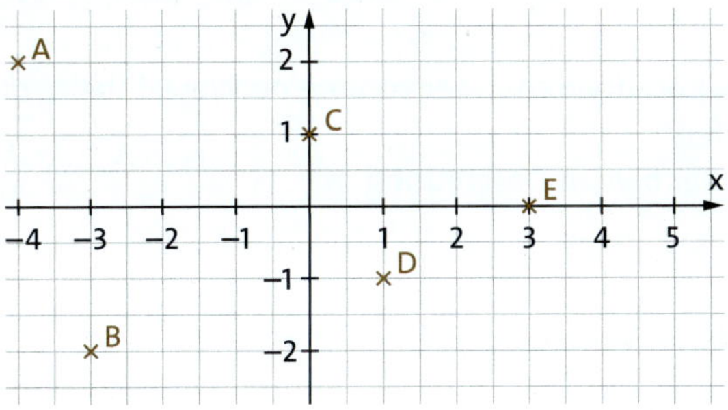

4 Zeichne ein Koordinatensystem und trage die Punkte ein.
A(2|3); B(5|1); C(0|4); D(3|0); E(3|3)
Tipp A(2|3) heißt 2 nach rechts, 3 nach oben

1 Setze für die Variable x die Zahl 5 ein. Berechne dann den Wert des Terms.

a) $x - 2$ b) $4x$
c) $0{,}2x - 6$ d) $\frac{1}{2}x + 4$

2 Löse die Gleichung.

a) $22 = x + 6$ b) $-9 = x - 6$
c) $56 = -8x$ d) $15 = \frac{1}{5}x$
e) $12 = 0{,}5x + 3$ f) $-17 = 6x - 5$

3 Notiere die Koordinaten der Punkte.

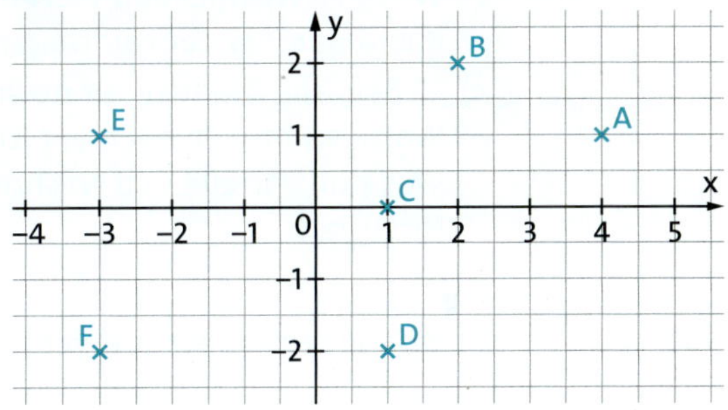

4 Zeichne ein Koordinatensystem und trage die Punkte ein.
A(1|3); B(3|5); C(0|2); D(5|1); E(4|0)
Tipp A(1|3) heißt 1 nach rechts, 3 nach oben

5 Welcher Graph gehört zu welcher Situation? Begründe.
① 4 Brötchen kosten 1 €.
② 4 Bauarbeiter brauchen 1 Stunde.

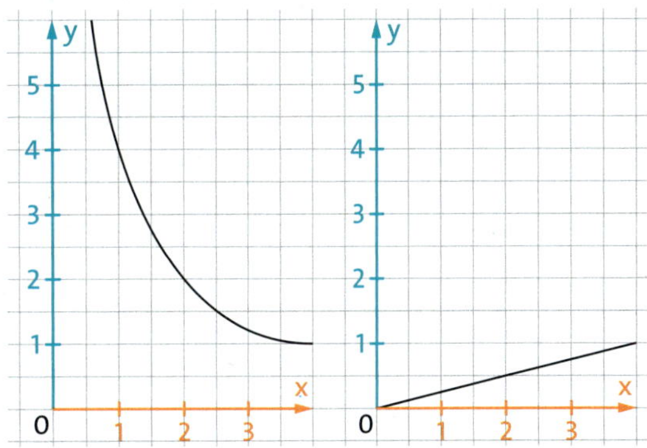

→ *Lösungen ab S. 239*

Trainingsplan

Nr.	Ich kann …	Ich muss noch trainieren:
1	den Wert eines Terms berechnen.	→ S. 288, Nr. 8, 9
2	einfache Gleichungen lösen.	→ S. 285, Nr. 1, 2
3	in einem Koordinatensystem Punkte ablesen.	→ S. 286, Nr. 3
4	ein Koordinatensystem zeichnen und Punkte eintragen.	→ S. 286, Nr. 4
5	zu einem Text den passenden Graphen finden.	→ S. 287, Nr. 5

Zuordnungen darstellen

ENTDECKEN

1 Pflegefachmann Manuel arbeitet auf der Säuglingsstation.
Er notiert, wie viel Baby Paul getrunken hat. Dann trägt er die Werte in ein Koordinatensystem ein.

Uhrzeit	8:00	10:00	12:00	14:00
Menge	120 ml	80 ml	105 ml	75 ml

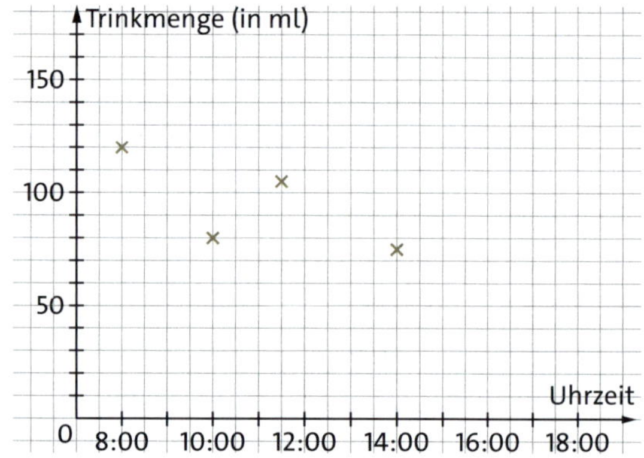

a) Wann hat Paul am meisten getrunken? Wann am wenigsten?
b) Um 16.00 Uhr trinkt Paul 135 ml. Wo muss Manuel den Wert in das Koordinatensystem eintragen?
c) Bald soll Manuel nur noch ein Koordinatensystem oder eine Wertetabelle nutzen. Wofür würdet ihr euch entscheiden? Was sind Vorteile und Nachteile der beiden Darstellungen? Diskutiert.

VERSTEHEN

Zuordnungen können auf verschiedene Weise dargestellt werden.

Vokabeln
→ *die Zuordnung*
→ *der Ausgangswert*
→ *der zugeordnete Wert*
→ *das Wertepaar*
→ *die Wortform*
→ *die Wertetabelle*
→ *das Pfeildiagramm*
→ *der Graph*

Merke Eine **Zuordnung** ordnet einer Größe eine oder mehrere andere Größen zu:
Ausgangswert x → zugeordneter Wert y

Ausgangswert und zugeordneter Wert bilden zusammen ein **Wertepaar** (x|y).

Eine Zuordnung kann auf verschiedene Arten dargestellt werden:
als Wortform, als Pfeildiagramm, in einer Wertetabelle oder als Graph.

Beispiel 1 mit Worten
Gewicht in kg → Preis in €
1 kg Äpfel kostet 2 €.

Beispiel 2 in einer Wertetabelle

Gewicht in kg	1	2	3	4
Preis in €	2	4	6	8

Beispiel 3 als Pfeildiagramm
Gewicht in kg → Preis in €

Beispiel 4 als Graph

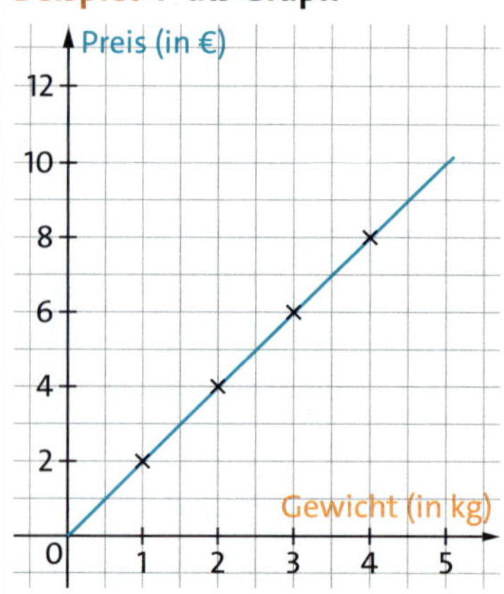

ANWENDEN

1 Beschreibe die Zuordnung.

a) Wähle aus, ob es sich bei der Darstellung um eine Wortform, ein Pfeildiagramm, eine Wertetabelle oder einen Graphen handelt.

b) Gib an, welche Größen einander zugeordnet werden.

①

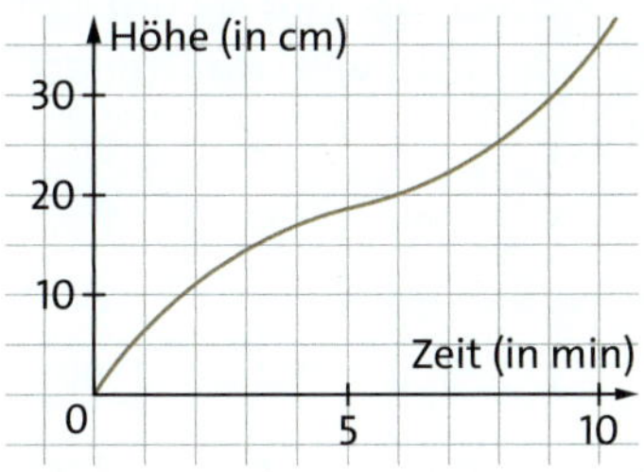

②

Anzahl Stunden	1	2	3
Lohn in €	12,50	25,00	37,50

③

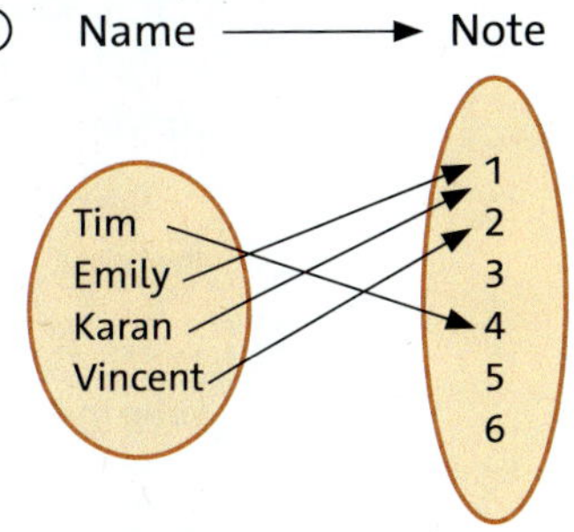

④

1 kg Äpfel kostet 2,99 €.
2 kg Äpfel kosten das Doppelte.
3 kg Äpfel kosten das Dreifache.

2 Die Klasse 8a misst eine Woche lang die Temperaturen. Die Schüler übertragen die Temperaturen in ein Diagramm.

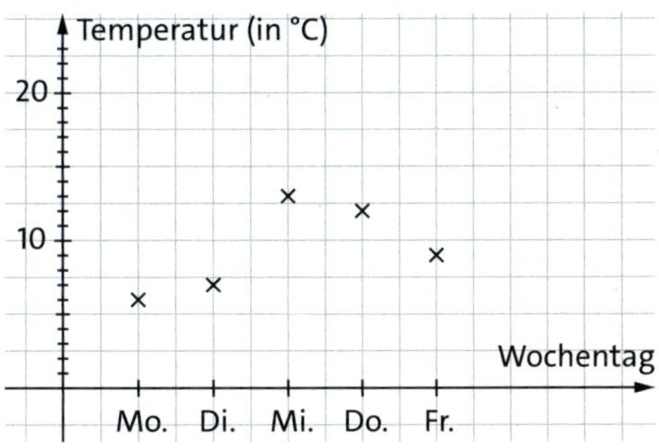

a) Beschreibe den Graphen. Welche Werte werden einander zugeordnet?

b) Schreibe die Wertepaare in dein Heft.
Tipp zu b) (Mo|6°C) ist ein Wertepaar.

c) Markiere das Wertepaar mit der höchsten Temperatur rot.
Markiere das Wertepaar mit der niedrigsten Temperatur blau.

2 Die Landwirtin Frau Pieroth notiert eine Woche lang die Regenmengen. Sie zeichnet einen passenden Graphen.

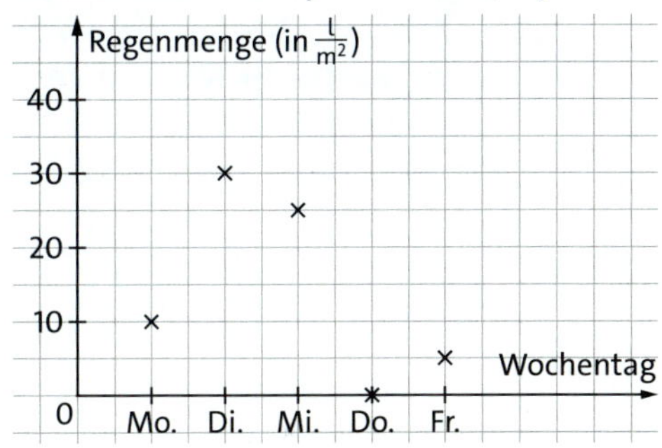

a) Beschreibe den Graphen. Welche Größen werden einander zugeordnet?
Nutze die Begriffe Ausgangswert und zugeordneter Wert.

b) Schreibe die Wertepaare in dein Heft.
Tipp zu b) (Mo|□) ist ein Wertepaar.

c) Gib an, an welchem Tag am meisten Regen gefallen ist und an welchem Tag am wenigsten.

3 Wertetabelle lesen

Anzahl Flaschen	1	2	3	4	5
Preis in €	2	4	6	8	10

a) Welche Werte sind einander zugeordnet?

b) Welche Informationen kannst du der Wertetabelle entnehmen? Beschreibe.

c) Schreibe die einander zugeordneten Werte als Wertepaare in der Form (x|y).

3 Wertetabelle lesen

Fahrzeit in Stunden	1	2	3	4	5
Strecke in km	85	170	255	340	415

a) Welche Informationen kannst du aus der Wertetabelle ablesen?
Beschreibe.

b) Schreibe die einander zugeordneten Größen als Wertepaare in der Form (x|y).

4 Ordne jeder Wortform eine Tabelle zu. Begründe deine Entscheidung.
① Ein Radfahrer fährt mit einer Geschwindigkeit von 10 km pro Stunde.
② Ananas kosten heute nur 3 € pro Stück.
③ Nadia bekommt beim Babysitten 12 € pro Stunde.

a)

Anzahl	1	2	3	4	5
Preis in €	3	6	9	12	15

b)

Zeit in Stunden	1	2	3	4
Lohn in €	12	24	36	48

c)

Zeit in Stunden	1	2	3	4
Strecke in km	10	20	30	40

4 Ordne jeder Wortform eine Tabelle zu. Begründe deine Entscheidung.
① Ein Flugzeug fliegt mit einer Geschwindigkeit von 500 km/h.
② Eine 10 cm hohe Kerze brennt ab. Pro Stunde wird sie um 1 cm kürzer.
③ Jeder Zahl wird ihr Dreifaches zugeordnet.

a)

x	1	2	3	4	5
y	3	6	9	12	15

b)

x	1	2	3	4	5
y	500	1000	1500	2000	2500

c)

x	0	1	2	3	4
y	10	9	8	7	6

Methode Graphen zeichnen mit einer Wertetabelle
① Zeichne ein Koordinatensystem: Ausgangswert auf der x-Achse, zugeordneter Wert auf der y-Achse.
② Trage die Wertepaare als Punkte ein.
③ Verbinde die Punkte, wenn es sinnvoll ist.

Zeit in Stunden	0	1	2	3	4
Temperatur in °C	2	4	5	5	3

Wertepaar (0|2)

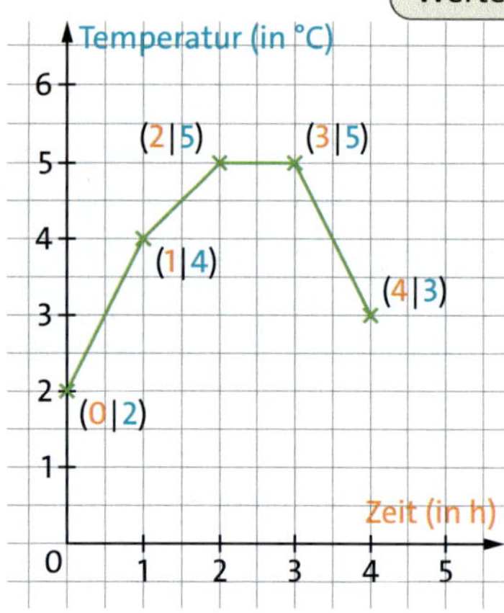

5 Graphen zeichnen
a) Übertrage das Koordinatensystem ins Heft. Beschrifte die Achsen.
b) Gib die fünf Wertepaare an.
c) Trage die Wertepaare als Punkte ein. Zeichne den Graphen.

Zeit in Stunden	0	1	2	3	4
Strecke in km	0	3	5	7	8

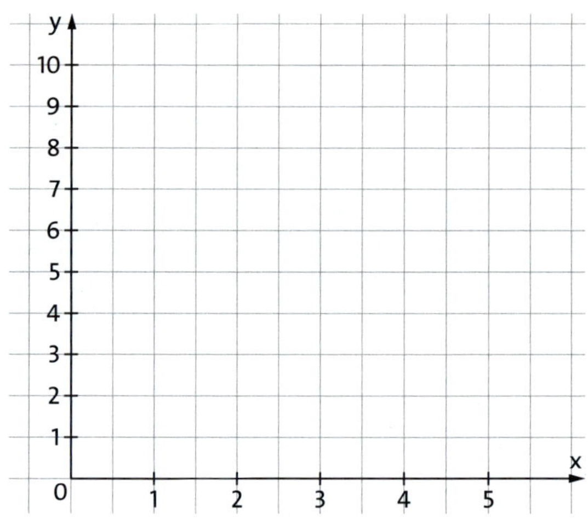

6 Zeichne den Graphen.

a)

Zeit in Stunden	0	1	2	3	4
Temperatur in °C	4	6	7	5	5

b)

Anzahl	1	2	3	4	5
Preis in €	4	8	12	16	20

c)

Zeit in Stunden	0	1	2	3	4
Wasserstand in m	3	2	1	2	3

6 Zeichne den Graphen.

a)

Zeit in Stunden	0	1	2	3	4
Temperatur in °C	2	6	10	11	9,5

b)

Zeit in Stunden	0	1	2	3	4
Strecke in km	20	35	35	50	60

c)

Seitenlänge in cm	16	19	22	25	26
Umfang in cm	64	76	88	100	104

Thema Funktionen erkennen

Im Jugendcamp stellen sich die Jugendlichen mit Namen und mit Alter vor.

Jedem Namen aus der Gruppe kann ein Alter zugeordnet werden. Umgekehrt können jedem Alter Namen der Gruppe zugeordnet werden. Wenn jedem Ausgangswert x **genau ein** Wert y zugeordnet wird, dann nennt man die Zuordnung **Funktion**.
Für das **Pfeildiagramm** von Funktionen gilt: Von jedem Ausgangswert x geht **genau ein** Pfeil ab.

Beispiel 1
Jedem Namen aus der Gruppe wird genau ein Alter zugeordnet.
Jedem Ausgangswert x wird genau ein Wert y zugeordnet.
Daher ist diese Zuordnung eine Funktion.

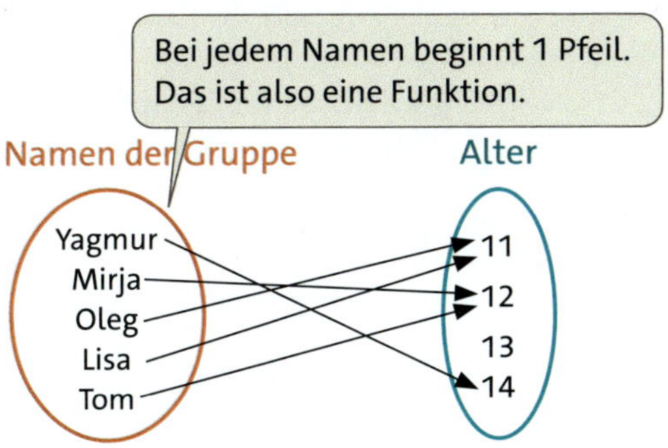

Beispiel 2
Jedem Alter werden Namen aus der Gruppe zugeordnet.
Dem Alter 11 werden die zwei Namen Lisa und Oleg zugeordnet.
Dem Alter 12 werden die zwei Namen Mirja und Tom zugeordnet.
Daher ist diese Zuordnung keine Funktion.

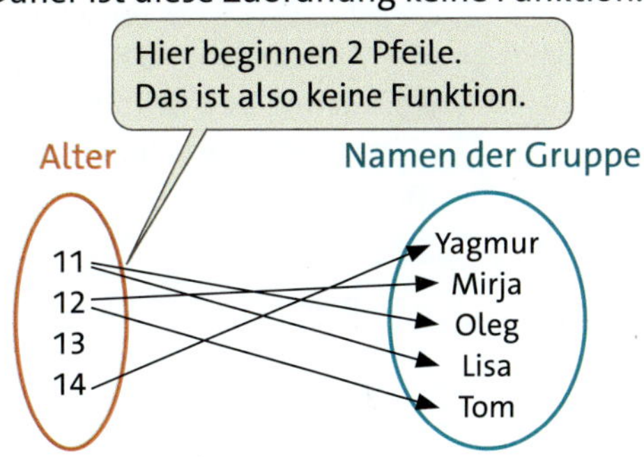

Stellt man Funktionen als **Graph im Koordinatensystem** dar, gilt:
Jede Parallele zur y-Achse wird **nur einmal** vom Graphen geschnitten.

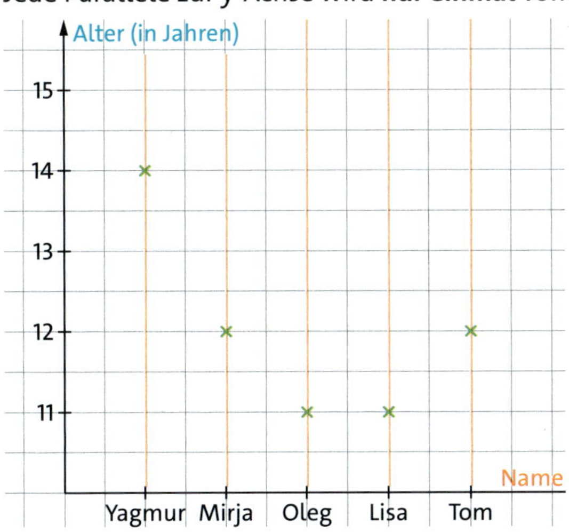

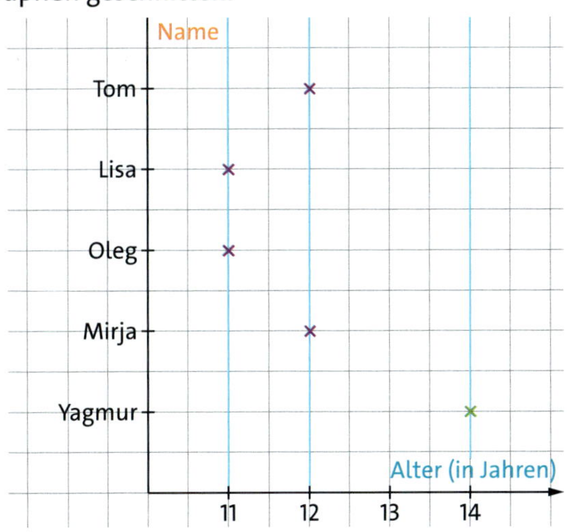

ANWENDEN

1 Gib an, ob das Pfeildiagramm zu einer Funktion gehört.
Begründe.

a)

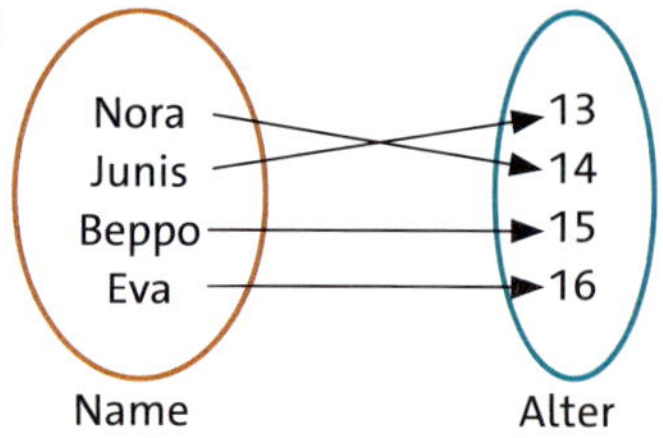

b)

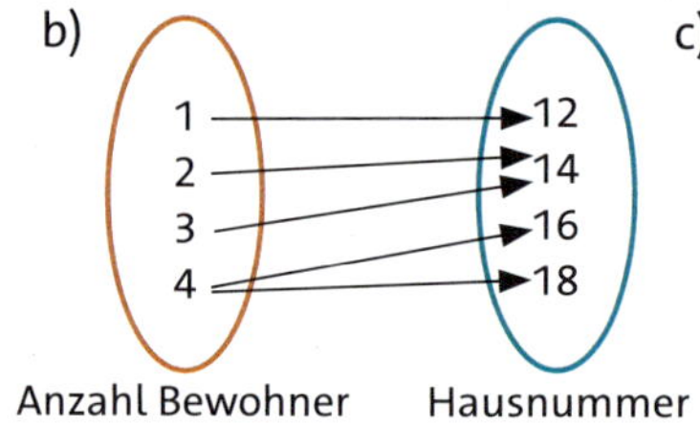

c)

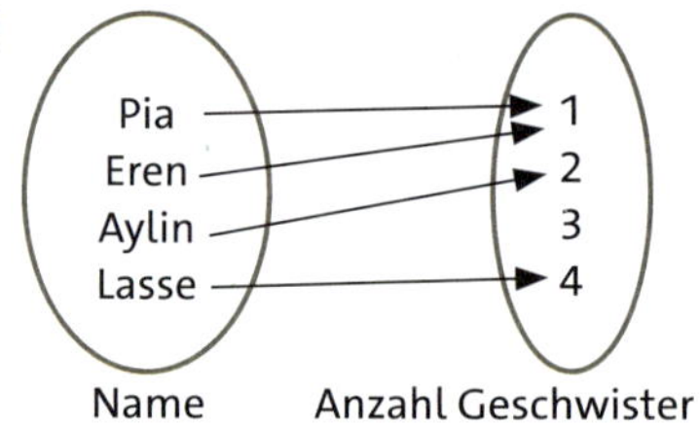

2 Gib an, ob der Graph zu einer Funktion gehört.
Begründe.

a)

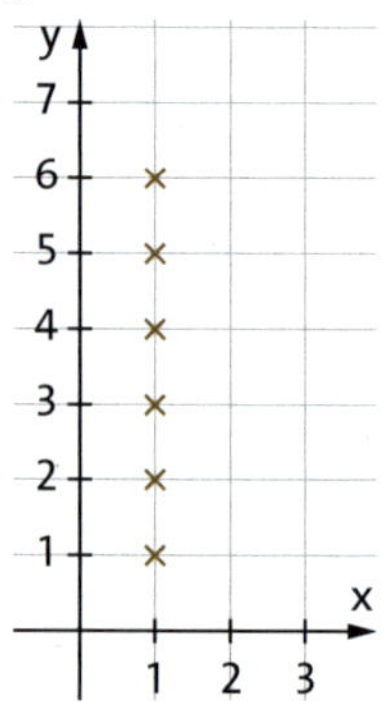

b)

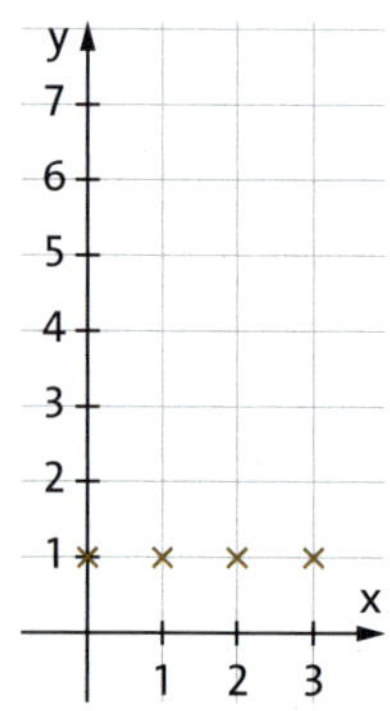

3 Zeichne den Graphen.
Gib an, ob er zu einer Funktion gehört.
Begründe.

a)

Anzahl	5	10	15	20	25
Preis in €	3	6	9	12	15

b)

Wasserstand in m	1	2	3	2	1
Zeit in Stunden	1	2	3	4	5

4 Zeichne ein Pfeildiagramm. Begründe, ob es sich um eine Funktion handelt oder nicht.

a) Die Klasse 8a notiert ihre Schuhgrößen. Jeder Schuhgröße werden die Namen zugeordnet.

Schuhgröße	38	39	40	41
Namen	Eva Lara Martha	Thorben Rhea	Felix	Ümüt Mona Eren

b) Jeder in der Klasse 8a wird gemessen. Jeder Größe wird die Anzahl der Schüler zugeordnet.

Größe in cm	165	167	170	177	182
Anzahl	3	2	1	1	2

2 Gib an, ob der Graph zu einer Funktion gehört.
Begründe.

a)

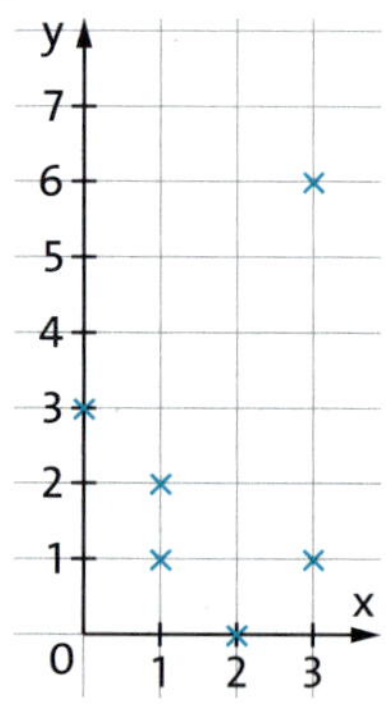

b)

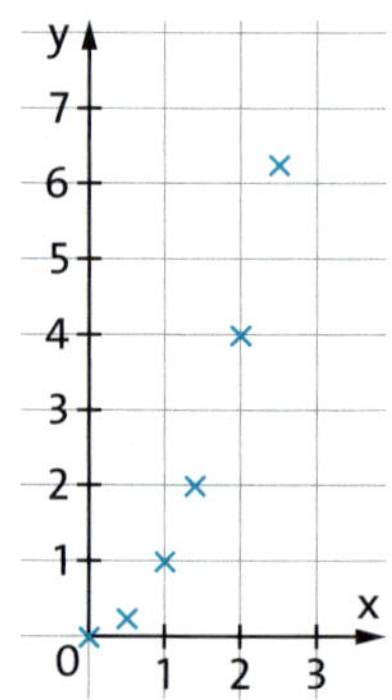

3 Zeichne den Graphen.
Gib an, ob er zu einer Funktion gehört.
Begründe.

a)

Füllhöhe in cm	4	6	8	6	4
Zeit in Minuten	1	2	3	4	5

b)

Zeit in Stunden	0	3	5	8	10
Temperatur in °C	11	16	22	23	20

4 Herr Urban überprüft im August eines Jahres online seinen Kontostand.

a) Jedem Datum wird ein Kontostand zugeordnet.
Gib an, ob es sich um eine Funktion handelt.
Begründe mit dem Graphen.

Datum	Kontostand
01.08.	100 €
02.08.	890 €
07.08.	560 €
08.08.	440 €

b) Gib an, ob die Zuordnung Datum → Buchung eine Funktion ist.
Begründe mit einem Pfeildiagramm.

Datum	Buchung
02.08.	+ 200 €
02.08.	+ 590 €
07.08.	– 330 €
08.08.	– 20 €
08.08.	– 70 €
08.08.	– 30 €

Lineare Funktionen und Funktionsgleichungen

ENTDECKEN

1 Eine Taxifahrt kostet 1,50 € pro Kilometer.
Außerdem muss man pro Fahrt eine Gebühr von 4 € zahlen.

a) Übertrage die Sätze ins Heft und ergänze.
1 km kostet 1 · 1,50 € + 4 € = ■ €.
2 km kosten 2 · 1,50 € + ■ € = ■ €.
■ km kosten ■ · 1,50 € + ...

b) Stelle eine Gleichung für den Preis y auf.
x steht für die Strecke in km.

c) Erstelle eine Wertetabelle.

d) Zeichne den Graphen.

VERSTEHEN

Funktionen, die eine Gerade als Graphen haben, sind besondere Funktionen.
Sie sind mit einer Gleichung darstellbar.

Vokabeln
→ die lineare Funktion
→ die Funktionsgleichung
→ der Funktionswert

Merke Eine Funktion, die eine Gerade als Graphen hat, nennt man **lineare Funktion**.
Zu jeder linearen Funktion gehört eine **Funktionsgleichung** der Form $y = m \cdot x + b$.
Wenn man für den Ausgangswert x eine Zahl einsetzt, erhält man den zugeordneten Wert y.
Man nennt y auch den **Funktionswert**.

Beispiel 1 einen Funktionswert berechnen
Die Funktionsgleichung ist $y = 2x - 1$. Berechne den Funktionswert für $x = 3$.
Für $x = 3$ ist $y = 2 \cdot 3 - 1$
$y = 6 - 1 = 5$
Der Funktionswert für $x = 3$ ist $y = 5$.

Beispiel 2 eine Wertetabelle erstellen und den Graphen zeichnen

① Überlege, für welche x-Werte du die y-Werte ermitteln willst.
② Setze die x-Werte in die Funktionsgleichung ein. Berechne die y-Werte.
③ Übertrage die Wertepaare in eine Wertetabelle.
④ Zeichne den Graphen. Wähle eine gute Einteilung für die Achsen. Die Werte sollen möglichst genau eingezeichnet werden können.

Funktionsgleichung: $y = 2x - 1$
x-Werte: 0, 1; 2 und 3
Für $x = 0$ ist $y = 2 \cdot 0 - 1 = -1$
Für $x = 1$ ist $y = 2 \cdot 1 - 1 = 1$
Für $x = 2$ ist $y = 2 \cdot 2 - 1 = 3$
Für $x = 3$ ist $y = 2 \cdot 3 - 1 = 5$

x	0	1	2	3
y	−1	1	3	5

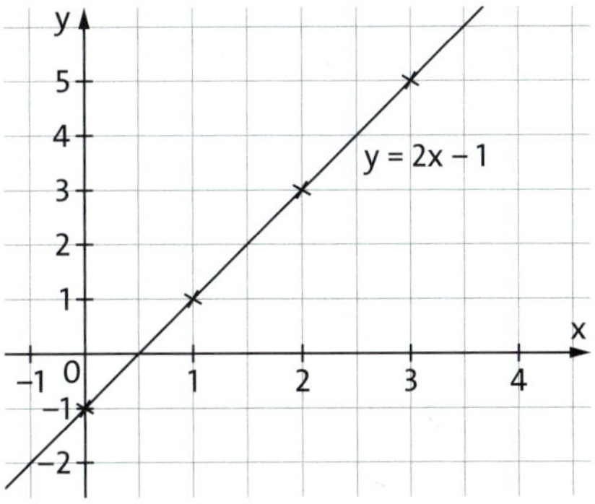

ANWENDEN

1 Die Funktionsgleichung ist $y = 2x + 4$.
Berechne den Funktionswert y.
a) für $x = 1$ b) für $x = 3$
c) für $x = 5$ d) für $x = 0$

1 Die Funktionsgleichung ist $y = 3x - 1$.
Berechne den Funktionswert y.
a) für $x = 2$ b) für $x = 40$
c) für $x = 7{,}5$ d) für $x = -1$

2 Die Funktionsgleichung ist $y = 4x + 2$.
Berechne den Funktionswert y für den angegebenen Punkt.
Liegt der Punkt auf der Geraden?
Tipp zu a) $y = 4 \cdot 0 + 2 = \ldots$ ergibt das 2?
a) P(0|2) b) Q(3|14) c) R(5|20)

2 Die Funktionsgleichung ist $y = 3{,}5x + 10$.
Berechne den Funktionswert y für den angegebenen Punkt.
Liegt der Punkt auf der Geraden?
Tipp zu a) $y = 3{,}5 \cdot 2 + 10 = \ldots$ ergibt das 9?
a) P(2|9) b) Q(3|15) c) R(−1|6,5)

3 Was gehört zusammen? Ordne jeder Wertetabelle eine Gleichung und einen Graphen zu.

①

Zeit in Stunden	1	2	3
Strecke in km	90	140	190

②

Zeit in Wochen	2	4	5
Erspartes in €	140	180	200

③

Zeit in Minuten	1	5	8
Volumen in l	195	175	160

$y = 20x + 100$

$y = -5x + 200$

$y = 50x + 40$

Ⓐ

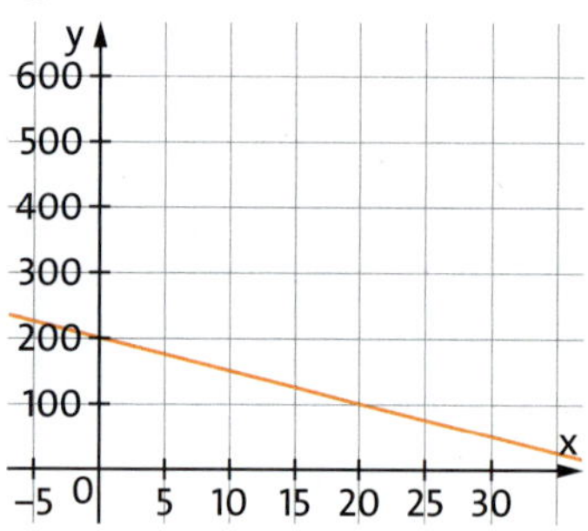

Ⓑ

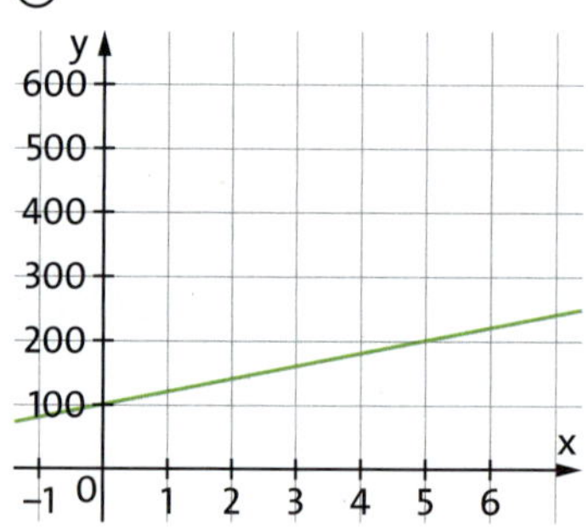

Ⓒ

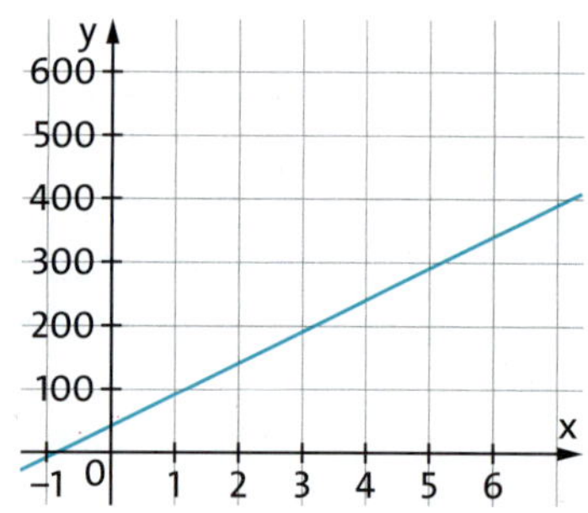

4 Jonas spart für neue Fußballschuhe. Jeden Monat steckt er 5 € in seine Spardose. Am Anfang waren 30 € in der Spardose.

a) Begründe, warum die Funktionsgleichung $y = 5x + 30$ passt.
b) Wie viel ist nach 2 Monaten in der Spardose? Wie viel nach 4 Monaten?

4 Eine Straße ist 25 km lang. Sie soll auf 100 km verlängert werden. Pro Woche werden 3 km neu gebaut.

a) Ergänze die Funktionsgleichung $y = 3x + ▢$. Begründe, warum die Gleichung passt.
b) Berechne die Länge der Straße nach 2 Wochen und nach 4 Wochen.

5 Familie Aydin fährt mit dem Auto in den Urlaub. Nach 100 km machen sie eine Pause. Danach fahren sie pro Stunde 120 km.
a) Ergänze die Funktionsgleichung für die Strecke nach der Pause $y = ▢x + ▢$.
b) Übertrage die Wertetabelle und ergänze.

Zeit in Stunden	0	1	2	3	4
Strecke in km					

5 Metin backt Apfelkuchen.
1 Apfel kostet 0,30 €.
Die weiteren Zutaten kosten 3,20 €.
a) Ergänze im Heft die Funktionsgleichung $y = ▢x + ▢$ für die Kosten des Kuchens.
b) Übertrage die Wertetabelle und ergänze.

Anzahl Äpfel	1	2	3	4	5
Kosten Kuchen in €					

Info y oder f(x)?
Eine Funktionsgleichung kann man mit f(x) statt y schreiben.
In die Schreibweise f(x) kann man eintragen, für welches x der Funktionswert berechnet wird.
Die Funktionsgleichung ist $f(x) = 3x + 6$.
Der Funktionswert für $x = 2$ ist
$f(2) = 3 \cdot 2 + 6 = 12$

6 Schreibweise f(x)
Schreibe die Funktionsgleichung mit f(x).
Trage in die Schreibweise mit f(x) jeweils die x-Werte $x = 2$, $x = 4$ und $x = -1$ ein.
Berechne die Funktionswerte.
Tipp $y = 2x + 1$
Schreibe $f(x) = 2x + 1$.
Setze ein: $f(2) = 2 \cdot 2 + 1$
a) $y = 3x + 2$
b) $y = -4x + 1$
c) $y = 2x - 2$
d) $y = 1{,}5x + 1$

7 Die Funktionsgleichung ist $y = 2x + 1$.
a) Schreibe die Funktionsgleichung mit f(x).
b) Übertrage die Wertetabelle und ergänze.

x	0	1	2	3	4
f(x)					

c) Zeichne den Graphen.
Beschreibe, wie du vorgegangen bist.

7 Die Funktionsgleichung ist $y = 3x - 1$.
a) Schreibe die Funktionsgleichung mit f(x).
b) Übertrage die Wertetabelle und ergänze.

x	0	2	3	4	5	7
f(x)						

c) Zeichne den Graphen.
Beschreibe, wie du vorgegangen bist.

8 Maxi hat 50 Seiten in ihrem Buch gelesen.
Pro Tag liest sie weitere 15 Seiten.
a) Übertrage die Wertetabelle ins Heft und ergänze.

Anzahl Tage	0	1	2	5	10
Anzahl Seiten					

b) Gib an, welche Funktionsgleichung passt.

① $y = 15 \cdot x - 50$
② $y = 15 \cdot x + 50$
③ $y = 15 + 50 \cdot x$

c) Überprüfe deine Gleichung.
Setze dazu die Werte aus der Tabelle ein.

8 Moritz wandert in den Bergen.
Er startet auf einer Höhe von 1200 m.
In der ersten Stunde schafft er 5 m Höhe pro Minute.
a) Erstelle eine Wertetabelle für die Funktion Zeit in min → Strecke nach der Pause in km.
Berechne die Werte für 0; 10; 20 und 50 min.
b) Gib an, welche Funktionsgleichung passt.

① $f(x) = 5x - 1200$
② $f(x) = 1200x - 5$
③ $f(x) = 5x + 1200$

c) Überprüfe deine Gleichung.
Setze dazu die Werte aus der Tabelle ein.

9 Eva wechselt Euro in Pfund um. Sie muss zunächst eine Gebühr von 4 € zahlen.
Für den Wechsel nutzt sie dann diese Umrechnungstabelle:

Pfund	1	2	3	4	5
Euro	1,20	2,40	3,60	4,80	6,00

Stelle eine Funktionsgleichung der Form
$y = m \cdot x + b$ auf.
Tipp Für m gilt: m = Euro : Pfund

9 Auf Paletten werden Milchpackungen gestapelt.
Eine Palette wiegt 19 kg.
Jede Schicht Milchpackungen wiegt 100 kg.
a) Ergänze die Wertetabelle im Heft.

Anzahl Schichten	1	2	3	4	5
Gesamtgewicht in kg	119	219			

b) Stelle eine Funktionsgleichung der Form
$f(x) = mx + b$ auf.

10 Gegeben ist die Funktionsgleichung:
$y = 4 \cdot x + 10$
Finde eine Situation, die dazu passt.

10 Die Funktionsgleichung ist $f(x) = 2{,}5x + 12$.
Finde eine Situation, die dazu passt.
Beschreibe die Situation.

Proportionale Funktionen und Steigung

ENTDECKEN

1 Familie Meier fährt in den Urlaub. Nach 2 Stunden sind sie 160 km bei gleichbleibender Geschwindigkeit gefahren.

a) Wie weit sind sie nach 0,5 Stunden und nach 1 Stunde gefahren? Lies die Werte am Graphen ab.

b) Wie schnell fährt Familie Meier? Gib den Wert in $\frac{km}{h}$ an.

c) Welche Funktionsgleichung passt?
① $y = 160x$
② $y = 80x$
③ $y = 40x$

d) Berechne, wie weit Familie Meier nach 3 Stunden und nach 4 Stunden gefahren ist, wenn sie gleichmäßig weiterfahren. Nutze dafür die Funktionsgleichung.

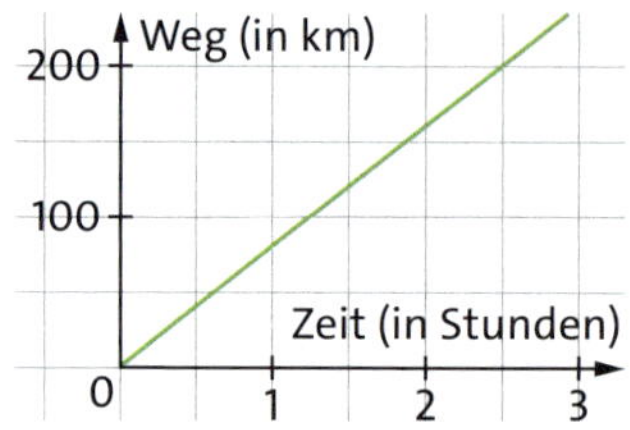

VERSTEHEN

Eine proportionale Funktion ist eine besondere lineare Funktion.
Die Funktionsgleichung lautet
$y = m \cdot x$ statt $y = m \cdot x + b$,
denn bei einer proportionalen Funktion ist $b = 0$.

Das · zwischen m und x kann man auch weglassen.

Vokabeln
→ *die proportionale Funktion*
→ *die Ursprungsgerade*
→ *die Steigung*
→ *das Steigungsdreieck*

Merke Zu jeder propotionalen Funktion gehört eine **Funktionsgleichung** der Form $y = mx$.
Der Graph ist eine Gerade durch den Ursprung (0|0).
Diese Gerade heißt **Ursprungsgerade**.

m nennt man die **Steigung**. Je größer die Steigung ist, desto steiler verläuft der Graph.
m berechnet man so: $m = \frac{y}{x}$
Dabei bilden x und y ein Wertepaar (x|y).

Ein **Steigungsdreieck** hilft, eine Gerade zu zeichnen oder die Steigung zu bestimmen.

Beispiel 1 Geraden zeichnen mithilfe des Steigungsdreiecks
Funktionsgleichung $y = \frac{1}{2}x$
① Beginne im Ursprung (0|0).
② Zeichne eine waagerechte Strecke mit der Länge 2.
③ Zeichne dann eine senkrechte Strecke mit der Länge 1.
④ Zeichne eine Gerade durch den Ursprung (0|0) und (2|1).

Gerade zu $y = \frac{1}{2}x$

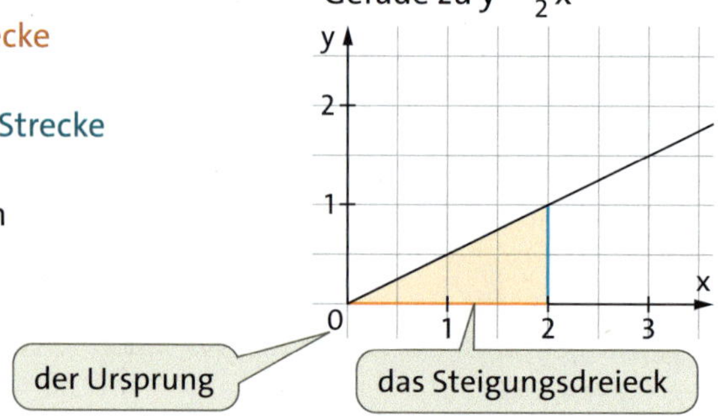

Beispiel 2 **die Funktionsgleichung mit einem Steigungsdreieck bestimmen**

① Zeichne eine waagerechte Strecke, die direkt am Graphen beginnt. Wähle als Länge eine ganze Zahl.

② Zeichne dann eine senkrechte Strecke, bis du den Graphen triffst.

③ Miss die beiden Längen. Berechne die Steigung $m = \frac{y}{x}$. Das heißt: Teile die Länge der senkrechten Strecke durch die Länge waagerechten Strecke.

④ Setze die Steigung m in die Funktionsgleichung y = mx ein. $y = \frac{1}{3}x$

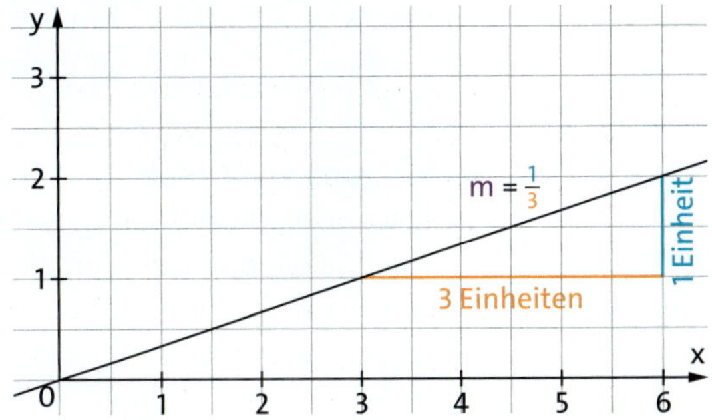

ANWENDEN

1 Zeichne das Steigungsdreieck in ein Koordinatensystem.

a) $y = \frac{2}{3}x$ b) $y = \frac{3}{5}x$

Tipp Der Nenner gibt die Länge der waagerechten Strecke an. Der Zähler die Länge der senkrechten Strecke.

2 Gib die Steigung $m = \frac{y}{x}$ an.

a)

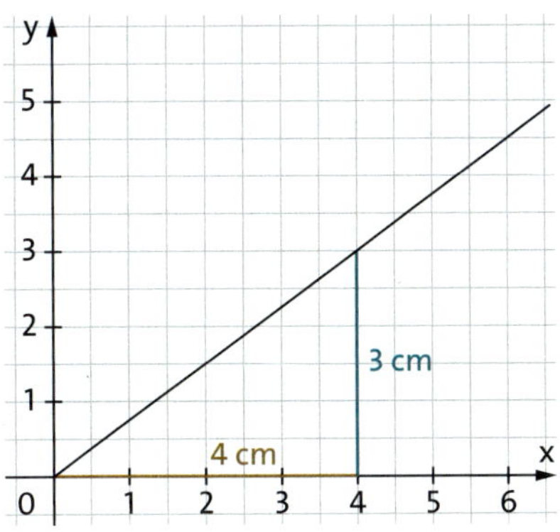

b)

1 Zeichne das Steigungsdreieck in ein Koordinatensystem.

a) $y = \frac{3}{4}x$ b) $y = \frac{2}{5}x$

Tipp Der Nenner gibt die Länge der waagerechten Strecke an. Der Zähler die Länge der senkrechten Strecke.

2 Gib die Steigung $m = \frac{y}{x}$ an.

a)

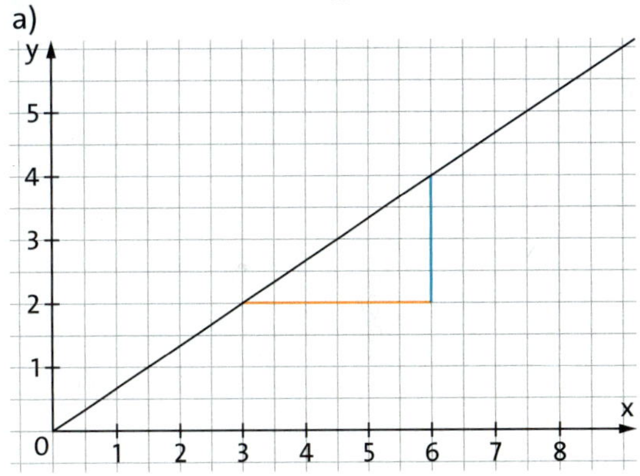

b)

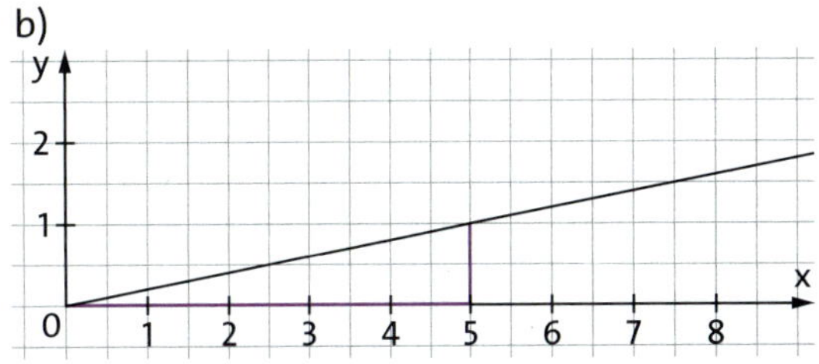

3 Zeichne den Graphen der Funktion in ein Koordinatensystem.

a) $y = \frac{1}{4}x$ b) $y = \frac{6}{10}x$ c) $y = \frac{3}{2}x$ d) $y = \frac{7}{5}x$

e) y = 2x f) y = 4x

Tipp zu e) und f) $2 = \frac{2}{1}$ und $4 = \frac{4}{1}$. Setze die Brüche in die Funktionsgleichungen ein. Zeichne dann das Steigungsdreieck.

g) y = x

Tipp zu g) $x = 1x = \frac{1}{1}x$. Setze den Bruch $\frac{1}{1}$ in die Funktionsgleichung ein.

4 Zeichne den Graphen der Funktion.

a) $y = \frac{4}{3}x$ b) $y = \frac{3}{1}x$
c) $y = \frac{7}{1}x$ d) $y = 5x$

5 Steigung und Graph

a) Zeichne ein Koordinatensystem.
Zeichne die drei Geraden ein.
① $y = \frac{3}{4}x$
② $y = \frac{1}{2}x$
③ $y = \frac{3}{2}x$

b) Verläuft der Graph von $y = 2x$ flacher oder steiler als die anderen Graphen?
Zeichne den Graphen und überprüfe.

6 Ordne die Geraden von flach (kleine Steigung) zu steil (große Steigung), ohne die Graphen zu zeichnen.

① $y = 2x$ ② $y = 3x$ ③ $y = 4x$

4 Zeichne den Graphen der Funktion.

a) $y = \frac{3}{7}x$ b) $y = \frac{5}{9}x$
c) $y = 3x$ d) $y = 8x$

5 Steigung und Graph

a) Zeichne ein Koordinatensystem.
Zeichne die drei Geraden ein.
① $y = \frac{1}{3}x$
② $y = x$
③ $y = 2x$

b) Finde einen Graphen, der steiler verläuft als die Graphen in Teilaufgabe a).
Gib die Funktionsgleichung an.

6 Ordne die Geraden von flach (kleine Steigung) zu steil (große Steigung), ohne die Graphen zu zeichnen.

① $y = 2{,}5x$ ② $y = 1{,}5x$ ③ $y = 4x$ ④ $y = 0{,}5x$

7 Untersuche die Graphen.
Welche Graphen gehören zu proportionalen Funktionen?
Begründe, warum die anderen nicht zu proportionalen Funktionen gehören.

a)
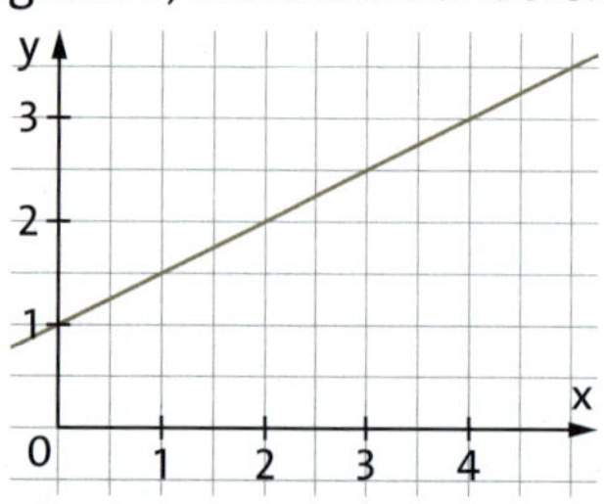

b)
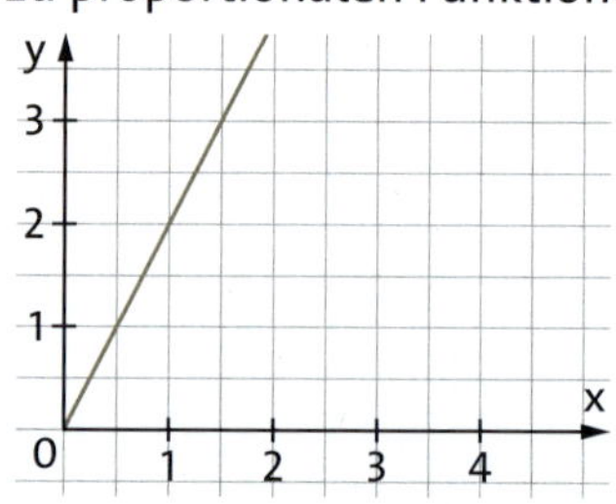

c)
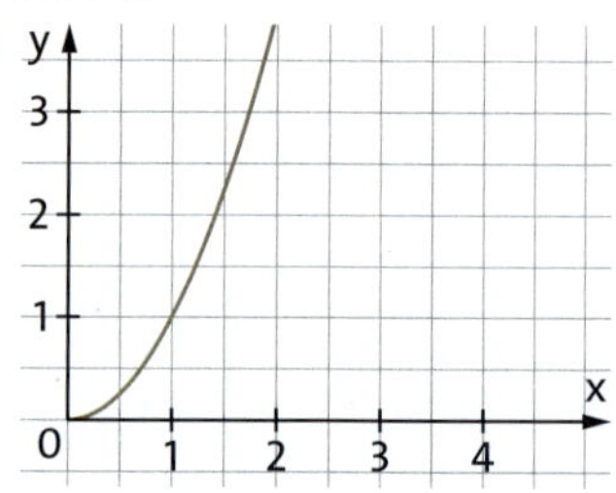

8 Steigungsdreieck und Funktionsgleichung

a) Übertrage die Graphen ins Heft.
Bestimme die Steigung m mit einem Steigungsdreieck.

b) Stelle jeweils die Funktionsgleichung $y = mx$ auf.
Setze dazu m ein.

①
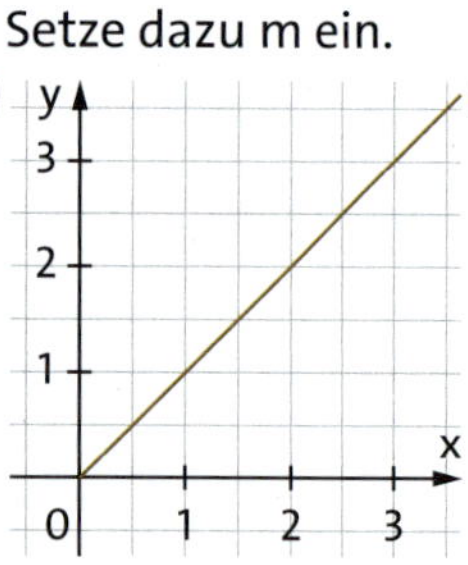

②
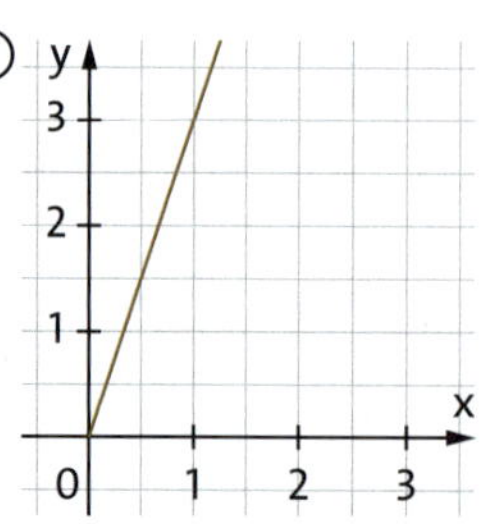

8 Steigungsdreieck und Funktionsgleichung

a) Übertrage die Graphen ins Heft.
Bestimme die Steigung m mit einem Steigungsdreieck.

b) Stelle jeweils die Funktionsgleichung $y = mx$ auf.
Setze dazu m ein.

①
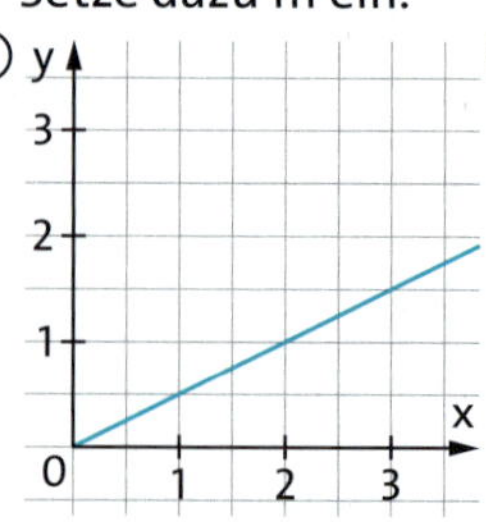

②
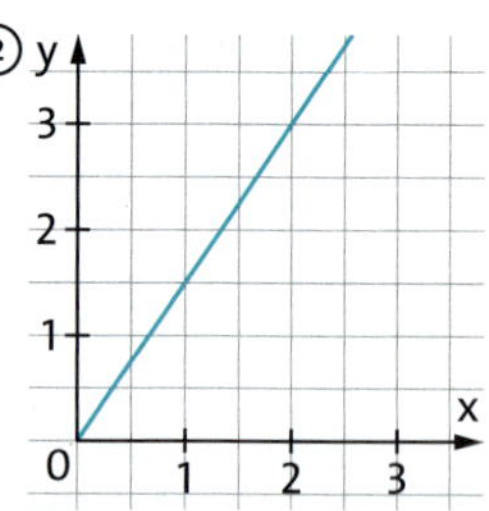

9 Gegeben ist der Punkt P(2|1).
a) Zeichne ein Koordinatensystem. Trage den Punkt P und den Ursprung (0|0) darin ein.
b) Verbinde beide Punkte mit einer Geraden. Bestimme die Steigung m mit einem Steigungsdreieck.
c) Stelle die Funktionsgleichung auf.

9 Gegeben ist der Punkt P(4,5|3).
a) Zeichne ein Koordinatensystem. Trage den Punkt P darin ein. Zeichne eine Gerade durch P und den Ursprung.
b) Bestimme die Steigung m mit einem Steigungsdreieck.
c) Stelle die Funktionsgleichung auf.

10 Ordne die Funktionsgleichungen den Situationen zu.

y = 0,40x | y = 80x | y = 5x

① Anzahl Packungen → Anzahl Brötchen
② Anzahl Brötchen → Preis in Euro
③ Fahrtzeit in Stunden → Strecke in km

10 Ordne die Funktionsgleichungen den Situationen zu.

y = 3,5x | y = 0,95x | y = 5000x

① Anzahl Äpfel → Preis in Euro
② Dauer in Stunden → Wegstrecke in km
③ Anzahl LKW-Fahrten → Gewicht in kg

Info negative Steigung
Die Steigung m kann auch negativ sein. Dann fällt der Graph. Hier ist der Graph der Funktion y = −2x dargestellt.

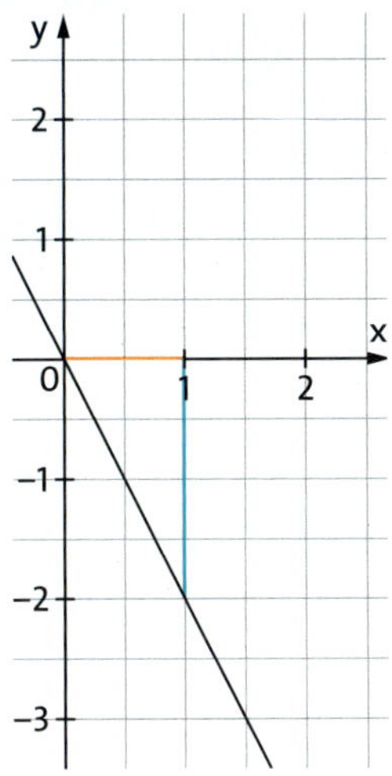

11 Zeichne ein Koordinatensystem (x von −5 bis +5) in dein Heft. Zeichne die Funktion mithilfe eines Steigungsdreiecks.
a) $y = -\frac{1}{3}x$ b) $y = -3x$
c) $y = -\frac{4}{5}x$ d) $y = -1{,}5x$

Tipp Bei negativer Steigung zeigt die senkrechte Strecke vom Steigungsdreieck nach unten.

12 Zeichne die Funktionen mithilfe eines Steigungsdreiecks in ein geeignetes Koordinatensystem. Was fällt dir auf?
a) $y = -\frac{3}{5}x$ b) $y = \frac{3}{5}x$

13 negative Steigung und Steigungsdreieck
a) Übertrage die Graphen ins Heft. Bestimme jeweils die Steigung m mit einem Steigungsdreieck.
b) Stelle jeweils die Funktionsgleichung y = mx auf. Setze dazu m ein.

①
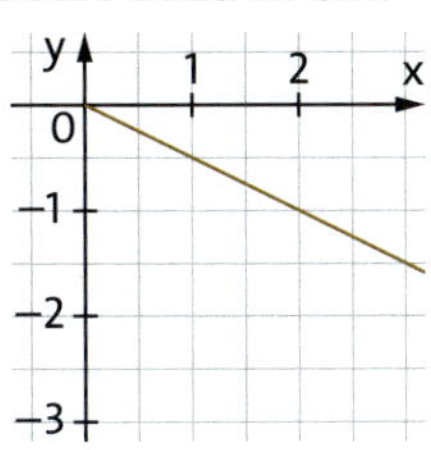

②
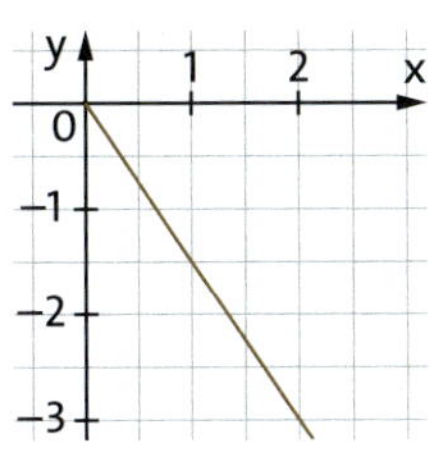

13 negative Steigung und Steigungsdreieck
a) Übertrage die Graphen ins Heft. Bestimme jeweils die Steigung m.
b) Gib an, welche Steigung kleiner ist. Was bedeutet das jeweils für den Graphen?
c) Stelle jeweils die Funktionsgleichung y = mx auf.

①
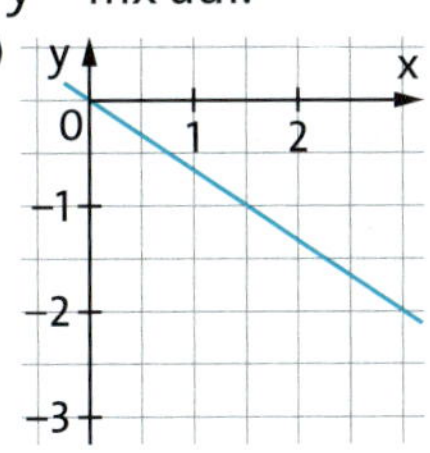

②
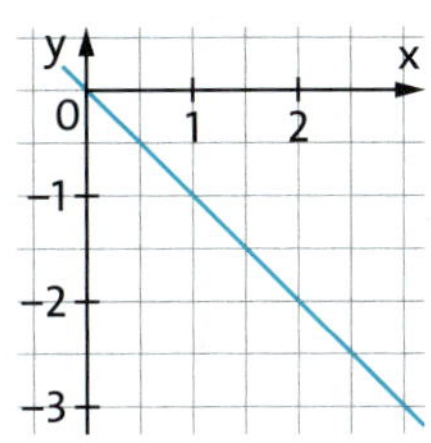

Der y-Achsenabschnitt

ENTDECKEN

1 Pablo bekommt jeden Sonntag 5 € Taschengeld. Für jede Hausarbeit, die er übernimmt, bekommt er 1 € mehr.

a) Pablo räumt am Dienstag den Geschirrspüler aus und hängt am Freitag Wäsche auf. Wie viel Taschengeld bekommt er am Sonntag?

b) Erstelle eine Wertetabelle für Pablos Taschengeld bei 0; 1; 2; 3; 4 und 5 Hausarbeiten.

c) Zeichne den Graphen.

d) Begründe, warum der Graph nicht durch den Ursprung geht.

VERSTEHEN

Bei einer linearen Funktion mit der Gleichung $f(x) = mx + b$ mit $b \neq 0$ verläuft der Graph nicht durch den Ursprung.
Der Graph verläuft durch den Punkt $(0|b)$, denn für $x = 0$ ist $f(0) = b$.

Vokabeln
→ der y-Achsenabschnitt

Merke Der Graph einer linearen Funktion $y = mx + b$ ist eine Gerade mit der Steigung m.
Die Gerade verläuft durch den Punkt $(0|b)$.
Man nennt b den **y-Achsenabschnitt**.

Beispiel 1 Geraden zeichnen mithilfe der Funktionsgleichung

Funktionsgleichung $y = \frac{1}{2}x + 3$

① Markiere auf der y-Achse den Punkt $(0|b)$.
Hier also $(0|3)$.

② Zeichne eine waagerechte Strecke mit der Länge 2.

③ Zeichne dann eine senkrechte Strecke mit der Länge 1.
Markiere den erreichten Punkt.

④ Verbinde beide Punkte.

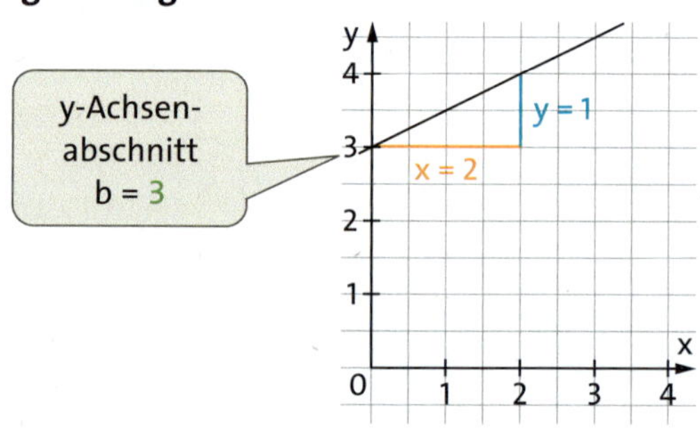

Beispiel 2 die Funktionsgleichung bestimmen

① Lies auf der y-Achse den Schnittpunkt $(0|b)$ mit dem Graphen ab.
Hier also $b = 2$.

② Zeichne eine waagerechte Strecke, die am Schnittpunkt $(0|b)$ beginnt.

③ Zeichne eine senkrechte Strecke, bis du den Graphen triffst.

④ Miss die beiden Längen.
Berechne die Steigung $m = \frac{y}{x}$.
Hier also: $m = \frac{2}{1} = 2$

⑤ Setze die Steigung m und den y-Achsenabschnitt b in die Gleichung $y = mx + b$ ein.
Funktionsgleichung $y = 2x + 2$

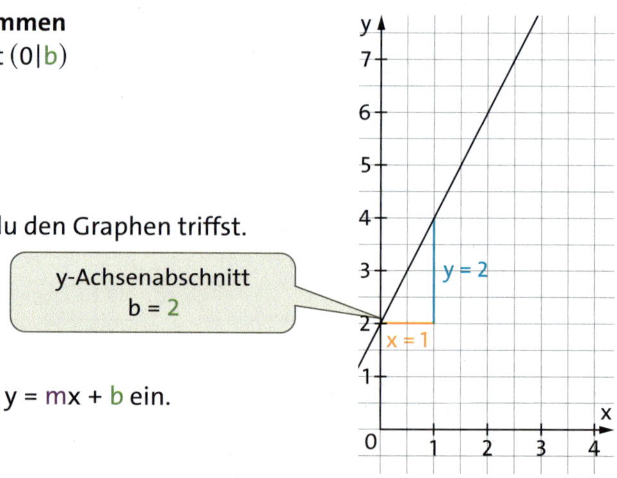

ANWENDEN

1 Gib den y-Achsenabschnitt b und die Steigung m an.

a) $y = 2x + 4$ b) $y = 5x - 2$
c) $y = 6x + 10$ d) $y = 2x + 1$

1 Gib den y-Achsenabschnitt b und die Steigung m an.

a) $y = 6x + 12$ b) $y = 1{,}5x + 0{,}5$
c) $y = 9x - 8$ d) $y = 0{,}7x - 3{,}1$

2 Gib zuerst den y-Achsenabschnitt b und die Steigung m an.
Ordne dann jeder Funktionsgleichung einen Graphen zu.

① $y = 0{,}5x + 1$ ② $y = 2x + 4$
③ $y = -2x + 2$ ④ $y = x - 2$

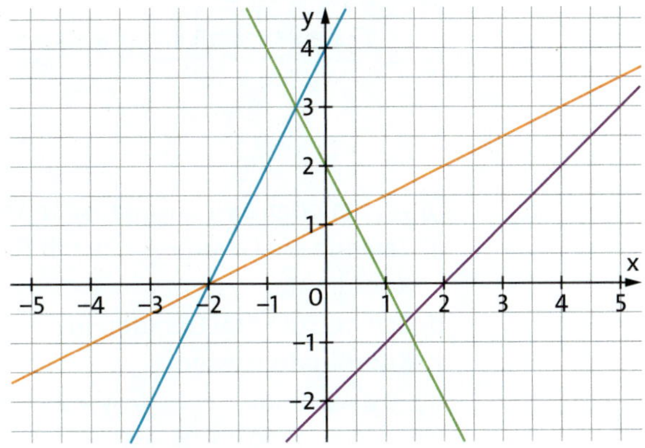

3 Zeichne den Graphen der linearen Funktion $y = 3x + 1$.

a) Lies den y-Achsenabschnitt b und die Steigung m ab.
b) Zeichne ein Koordinatensystem. Markiere darin den Punkt (0|b).
c) Zeichne ein Steigungsdreieck. Beginne beim Punkt (0|b).

3 Zeichne die Graphen in ein Koordinatensystem.
Markiere dazu jeweils zuerst den Punkt (0|b).
Zeichne dann ein Steigungsdreieck.

a) $y = x + 3$ b) $y = 3x - 2$
c) $f(x) = \frac{2}{3}x - 1$ d) $f(x) = \frac{1}{4}x + 2$

4 Zeichne die Geraden in ein Koordinatensystem. Nutze dazu den y-Achsenabschnitt b und die Steigung m.

a) $y = \frac{1}{3}x + 2$ b) $y = 2x + 1$
c) $y = \frac{3}{4}x - 1$ d) $y = 3x - 2$

4 Zeichne die Graphen in ein Koordinatensystem. Nutze dazu den y-Achsenabschnitt b und die Steigung m.

a) $y = 2x - 2{,}5$ b) $y = x + 2$
c) $f(x) = -x - 1{,}5$ d) $f(x) = \frac{3}{2}x + 3$

5 Funktionen mit Gemeinsamkeiten

a) Lies die Steigung m und den y-Achsenabschnitt b für jeden Graphen ab.
b) Gib jeweils die Funktionsgleichung in der Form $y = mx + b$ an.
c) Erkläre, was die Funktionen gemeinsam haben.

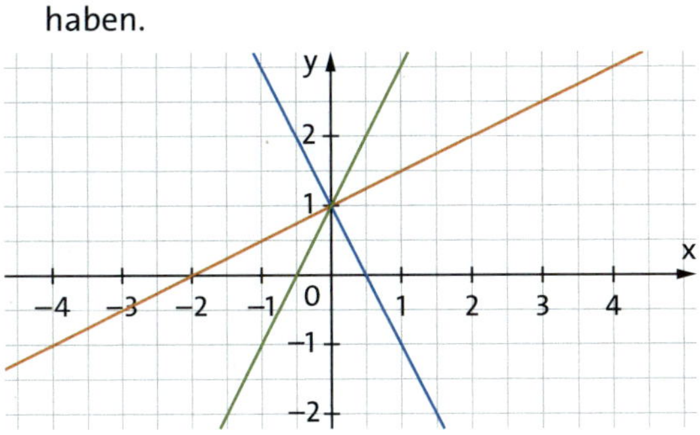

5 Funktionen mit Gemeinsamkeiten

a) Lies die Steigung und den y-Achsenabschnitt für jeden Graphen ab.
b) Gib jeweils die Funktionsgleichung in der Form $f(x) = mx + b$ an.
c) Erkläre, was die Funktionen gemeinsam haben.

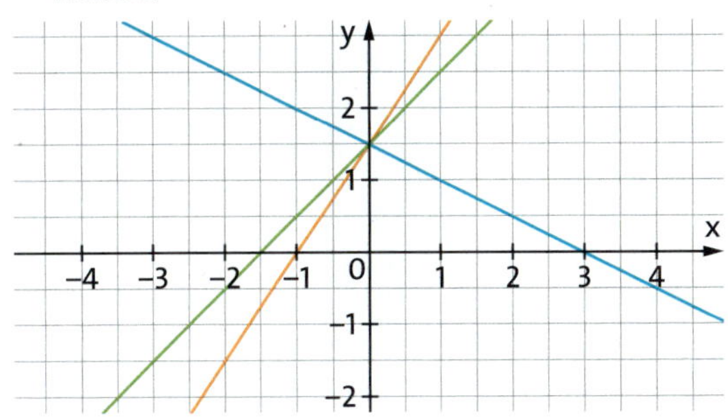

6 Vier verschiedene Geraden

a) Ordne jeder Geraden eine Funktionsgleichung zu.

b) Stelle für die übriggebliebene Gerade die Funktionsgleichung auf.

① $y = 2x + 3$ ② $y = x - 1$ ③ $y = x + 3$

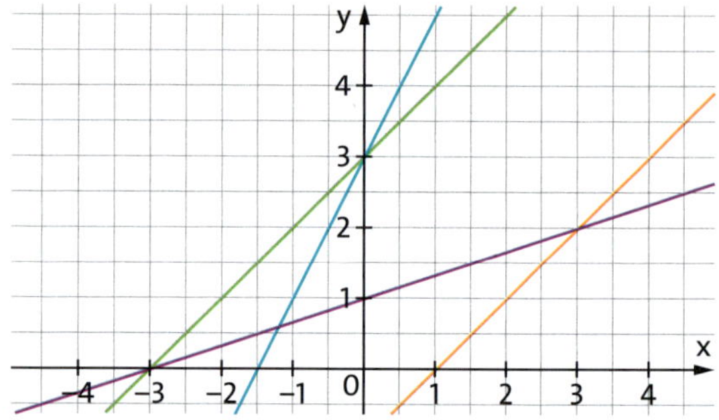

7 Verschiedene y-Achsenabschnitte

a) Zeichne die Gerade $y = 2x$ mit Blau in ein Koordinatensystem.

b) Zeichne die drei Geraden in dasselbe Koordinatensystem:
① $y = 2x + 1$ ② $y = 2x - 1$ ③ $y = 2x + 2$

c) Vergleiche die Geraden aus b) mit der blauen Geraden aus a). Nutze Sätze mit „um ☐ Einheiten nach oben verschoben“ oder „um ☐ Einheiten nach unten verschoben“.

7 Verschiedene y-Achsenabschnitte

a) Zeichne die Gerade $y = \frac{1}{2}x$ mit Blau in ein Koordinatensystem.

b) Zeichne die drei Geraden in dasselbe Koordinatensystem:
① $y = \frac{1}{2}x + 1$ ② $y = \frac{1}{2}x - 1$ ③ $y = \frac{1}{2}x + \frac{1}{2}$

c) Vergleiche die Geraden aus b) mit der blauen Geraden aus a). Um wie viele Einheiten sind die Geraden nach oben oder unten verschoben?

8 Trage die beiden Punkte in ein Koordinatensystem ein. Zeichne eine Gerade durch die Punkte. Stelle die Funktionsgleichung auf.

a) A(0|3); B(1|5) b) A(0|1); B(2|3)

8 Trage die beiden Punkte in ein Koordinatensystem ein. Zeichne eine Gerade durch die Punkte. Stelle die Funktionsgleichung auf.

a) A(1|1,5); B(2|1) b) A(−1|0); B(−2|6)

9 In der Fahrschule zahlt man eine Aufnahmegebühr von 150 €. Jede Fahrstunde kostet 50 €.

a) Gib die richtige Funktionsgleichung an.

① $y = 150x + 50$ ② $y = -450x - 50$ ③ $y = 50x + 150$

b) Zeichne den Graphen. Wähle 1 cm für 50 €.

c) Gib die Kosten für 8, 10, 12 und 14 Fahrstunden in einer Wertetabelle an.

9 Ein Wanderer ist auf einem 600 m hohen Berg. Beim Rückweg ins Tal verliert er gleichmäßig 10 m Höhe in 1 Minute.

a) Gib die richtige Funktionsgleichung an.

① $y = 10x + 600$ ② $y = -10x + 600$ ③ $y = -600x + 10$

b) Zeichne den Graphen.

c) Gib an, nach wie vielen Minuten der Wanderer im Tal ankommt.

Funktionsgleichungen von Geraden berechnen

ENTDECKEN

1 An einem Berg soll eine Seilbahn gebaut werden. Für die Planung wird eine Zeichnung in einem Koordinatensystem angefertigt.
Die Talstation hat die Koordinaten T(0|100) und die Bergstation B(1200|400).

a) Zeichne die Gerade. Wähle 1 cm für 100 m.
b) Zeichne ein Steigungsdreieck ein und lies die Steigung ab.
c) Gib den y-Achsenabschnitt und die Gleichung an.
d) Stellt eine Vermutung auf:
Wie kann man die Steigung aus den Koordinaten der beiden Punkte bestimmen?

VERSTEHEN

Mithilfe von zwei bekannten Punkten kann man den Graphen einer linearen Funktion zeichnen. Man kann aber auch die Funktionsgleichung direkt aus den Koordinaten der zwei bekannten Punkte berechnen, ohne den Graphen zu zeichnen.

Vokabeln
→ die Steigung
→ der y-Achsenabschnitt
→ die Funktionsgleichung

Merke Wenn man zwei Punkte auf einer Geraden kennt, dann ist die Gerade eindeutig festgelegt.
Mit den zwei Punkten $P_1(x_1|y_1)$ und $P_2(x_2|y_2)$ kann man die Funktionsgleichung berechnen.

① Berechne die Steigung $m = \frac{y_2 - y_1}{x_2 - x_1}$, indem du die Koordinaten der beiden Punkte einsetzt.

② Berechne den y-Achsenabschnitt b:
Setze die Steigung m und die Koordinaten x und y eines Punkts in die Gleichung y = mx + b ein.
Löse die Gleichung und berechne b.

③ Stelle die Funktionsgleichung auf, indem du die Werte für m und für b in die Gleichung y = mx + b einsetzt.

Beispiel 1 die Funktionsgleichung einer Geraden berechnen

Eine Gerade geht durch die Punkte $P_1(1|3)$ und $P_2(4|9)$.
Gesucht ist die Funktionsgleichung f(x) = mx + b.

① Berechne die Steigung:

$m = \frac{y_2 - y_1}{x_2 - x_1} = \frac{9-3}{4-1} = \frac{6}{3} = 2$

② Berechne den y-Achsenabschnitt b:
Setze m = 2 und die Koordinaten von $P_1(1|3)$ in die Funktionsgleichung y = mx + b ein.

$3 = 2 \cdot 1 + b$

$3 = 2 + b \qquad | -2$

$b = 1$

③ Setze m = 2 und b = 1 in die Gleichung y = mx + b ein.
Die Funktionsgleichung lautet f(x) = 2x + 1.

Hinweis
Du kannst bei ② auch den Punkt P_2 einsetzen.

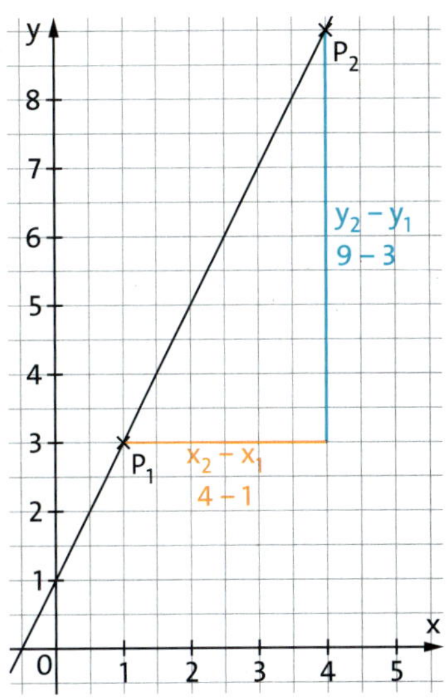

ANWENDEN

1 Durch die beiden Punkte P_1 und P_2 geht eine Gerade.
Berechne die Steigung $m = \frac{y_2 - y_1}{x_2 - x_1}$.

a) $P_1(1|8)$; $P_2(4|14)$ b) $P_1(2|3)$; $P_2(5|9)$
c) $P_1(4|1)$; $P_2(9|4)$

2 Lies zuerst die Koordinaten der Punkte P_1 und P_2 ab. Berechne dann die Steigung m. Prüfe dein Ergebnis an der Geraden.

a)
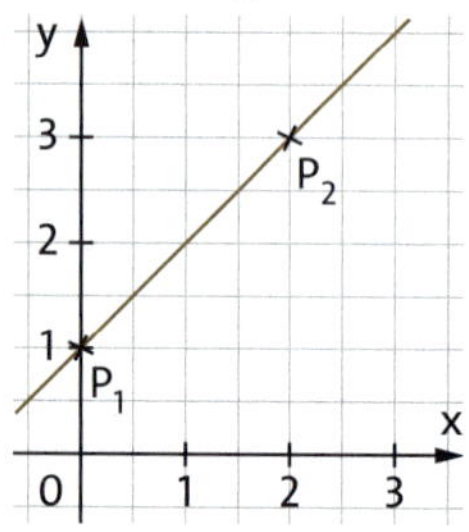

b)
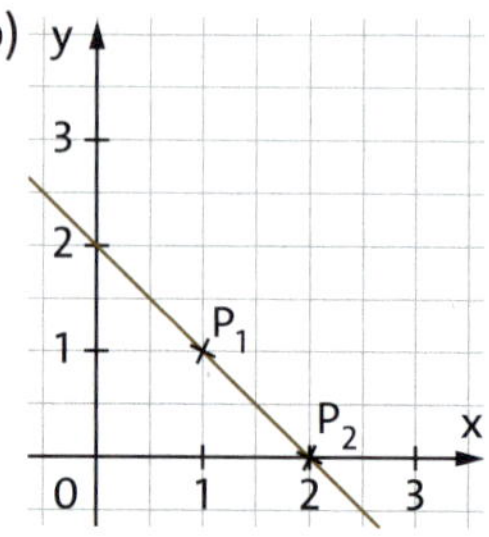

3 Setze die Steigung m und die Koordinaten von P in die Gleichung $y = mx + b$ ein.
Berechne den y-Achsenabschnitt b.
a) $m = 2$; $P(1|3)$ b) $m = 1$; $P(4|3)$
c) $m = -3$; $P(2|10)$ d) $m = 1$; $P(5|-1)$

4 Eine Gerade verläuft durch die beiden gegebenen Punkte.
Berechne die Steigung m und den y-Achsenabschnitt b.
Gib die Funktionsgleichung an.
a) $P_1(0|6)$; $P_2(4|2)$ b) $P_1(0|3)$; $P_2(7|17)$
c) $P_1(1|10)$; $P_2(0|4)$

5 Emine hat einen neuen Tacho am Fahrrad. Morgens steht der Kilometerstand auf 10 km. Nach 30 Minuten ist sie an der Schule. Der Kilometerstand zeigt 16 km. Jeder Zeit in Minuten wird ein Kilometerstand in km zugeordnet.

a) Ergänze die Wertepaare: (0|■) und (30|■)
b) Berechne die Steigung m und den y-Achsenabschnitt b.
c) Gib die Funktionsgleichung an.
d) Zeichne den Graphen.
Wähle auf der x-Achse 1 cm für 5 Minuten.
e) Wie viel km fährt Emine in 10 Minuten?
Tipp Berechne oder lies ab.

1 Durch die beiden Punkte P_1 und P_2 geht eine Gerade.
Berechne die Steigung $m = \frac{y_2 - y_1}{x_2 - x_1}$.

a) $P_1(3|2)$; $P_2(5|6)$ b) $P_1(-1|2)$; $P_2(2|8)$
c) $P_1(1|7)$; $P_2(3|-1)$

2 Lies zuerst die Koordinaten der Punkte P_1 und P_2 ab. Berechne dann die Steigung m. Prüfe dein Ergebnis an der Geraden.

a)
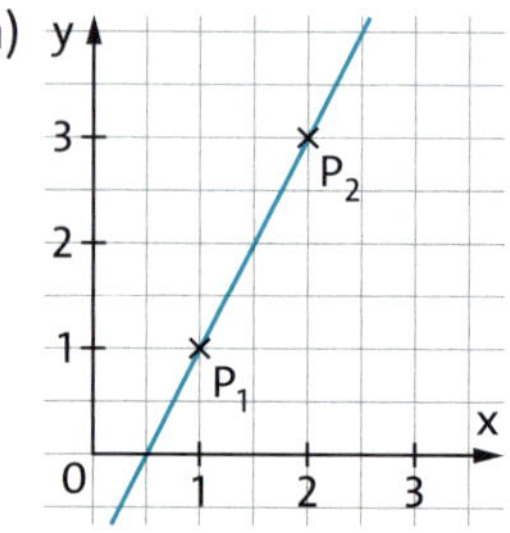

b)
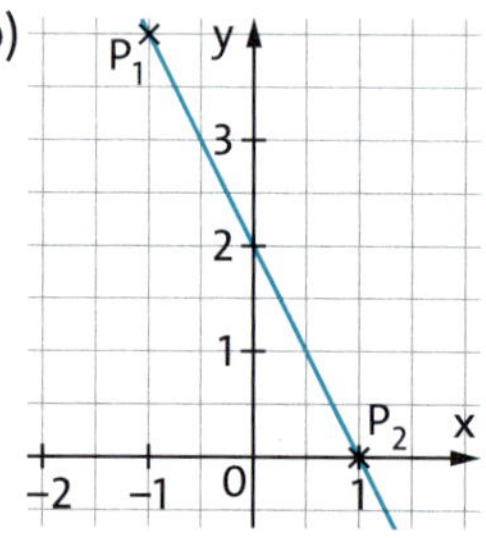

3 Setze die Steigung m und die Koordinaten von P in die Gleichung $y = mx + b$ ein.
Berechne den y-Achsenabschnitt b.
a) $m = 1{,}5$; $P(1|1{,}5)$ b) $m = -2$; $P(4|12)$
c) $m = -3{,}5$; $P(4|21)$ d) $m = 2{,}5$; $P(5|1{,}5)$

4 Eine Gerade verläuft durch die beiden gegebenen Punkte.
Berechne die Steigung m und den y-Achsenabschnitt b.
Gib die Funktionsgleichung an.
a) $P_1(1|4)$; $P_2(6|14)$ b) $P_1(-1|2)$; $P_2(9|22)$
c) $P_1(-4|-2)$; $P_2(8|4)$

5 Am Jahresanfang hat Herr Zöllner 1450 € auf seinem Konto. Jeden Monat zahlt er einen festen Betrag ein. Nach 4 Monaten sind 1750 € auf dem Konto. Jeder Zeit in Monaten wird ein Kontostand in € zugeordnet.

a) Ergänze die Wertepaare:
(0|■) und (■|1750)
b) Berechne die Funktionsgleichung.
c) Zeichne den Graphen.
d) Wie viel € sind nach 6 Monaten auf dem Konto?
e) Wann sind 2050 € auf dem Konto?

Methode Graphen zeichnen mit dem Computer

Mit einer dynamischen Geometrie-Software (DGS) kannst du am Computer schnell und genau Geraden zu vorgegebenen Funktionsgleichungen zeichnen.

Beispiel 1 Zeichne die Gerade zur Funktionsgleichung y = 2x – 2.

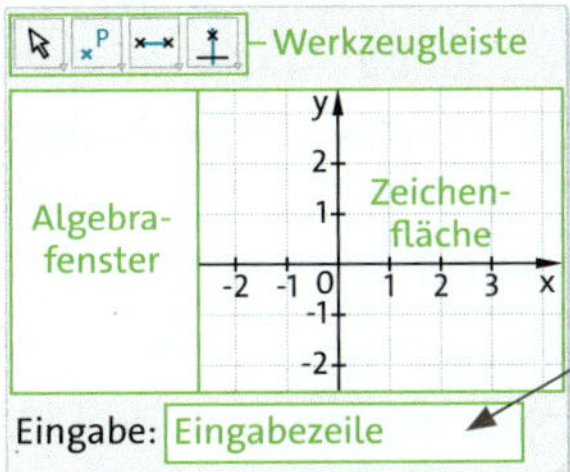

① Starte das Programm.
② Gib die Funktionsgleichung in der Eingabezeile ein.
③ Bestätige mit Enter.

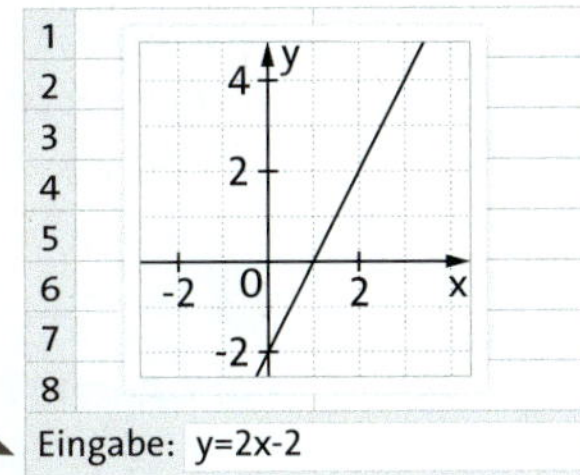

ANWENDEN

1 Zeichnet mithilfe eines Computerprogramms die Graphen der Geradengleichungen. Beschreibt euer Vorgehen.
a) y = 3x + 5
b) y = –5x – 3
c) y = x + 4

2 Zeichnet die Gerade zur Geradengleichung y = 2x + 1 mit einer DGS.
a) Klickt mit der rechten Maustaste auf die Gerade. Was erscheint dann?
b) Klickt auf *Umbenennen*. Benennt die Gerade in t um.
c) Klickt auf *Eigenschaften*. Dann erscheint ein weiteres Feld. Klickt auf *Farbe*. Färbt die Gerade t orange.

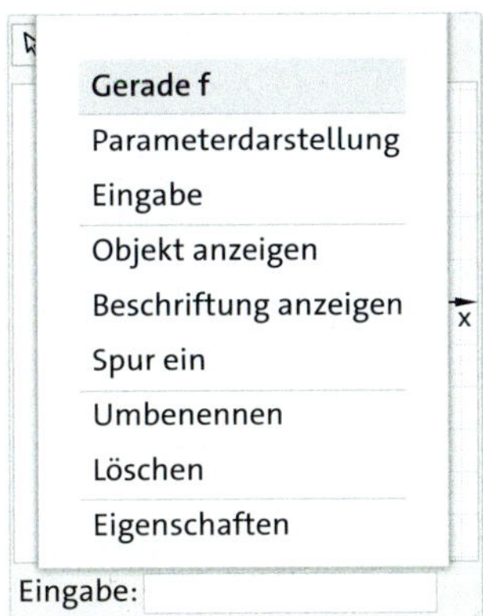

2 Zeichne die Gerade zur Geradengleichung y = –3x + 1 mit einer DGS.
a) Klicke mit der rechten Maustaste auf die Gerade. Benenne die Gerade in k um.
b) Klicke auf das Feld „Eigenschaften“. Färbe die Gerade rot.
c) Probiere aus, was du bei „Eigenschaften → Darstellung“ alles verändern kannst.

3 Zeichne die Gerade zur Geradengleichung y = 2x + 3 mit einer DGS. Ergänze die Wertetabelle im Heft. Lies dazu die fehlenden Werte an der Geraden ab.

x	–3	–2	–1			2	3
y				3	5		

3 Zeichne die Gerade zur Geradengleichung y = –2x + 3 mit einer DGS. Ergänze die Wertetabelle im Heft. Lies dazu die fehlenden Werte an der Geraden ab.

x	–3	–2	–1			2	3
y				3	1		

4 Kiara hat die Geradengleichungen y = 1,5x + 3 und $y = \frac{2}{3}x - 2$ eingegeben.
a) Auf was muss man bei der Eingabe von Dezimalzahlen und Brüchen achten?
b) Zeichnet die Geraden mit einer DGS.
① $y = \frac{4}{7}x + \frac{1}{2}$
② y = 2,5x – 1,5

Eingabe: y=1.5x+3

Eingabe: y=2/3x-2

Klar soweit?

→ Seite 8

Zuordnungen darstellen

1 Betrachte die Zuordnung
Anzahl der Birnen → Preis in €.
Ergänze: Jeder ☐ wird ☐ zugeordnet.
Finde dann zwei passende Wertepaare.

2 Zeichne den Graphen der Zuordnung.

a)

Anzahl Arbeiter	1	2	3	4
Zeit in Stunden	12	6	4	3

b)

Strecke in km	50	100	150	200
Zeit in Stunden	1	2	3	4

1 Beschreibe die Zuordnung mit Worten.
Finde zwei passende Wertepaare.
a) Anzahl der Flaschen → Pfand in €
b) Zeit in Stunden → Regenmenge in Litern

2 Zeichne den Graphen der Zuordnung.

a)

Anzahl Äpfel	1	5	8	10
Preis in Euro	0,70	3,50	5,60	7,00

b)

Zeit in Stunden	1	3	6	9
Wasserhöhe in m	2,1	1,8	0,4	1,5

→ Seite 13

Lineare Funktionen und Funktionsgleichungen

3 Die Funktionsgleichung ist $y = 3x + 1$.
Berechne den Funktionswert y.
a) für $x = 1$ b) für $x = 3$ c) für $x = 4$

4 Erstelle eine Wertetabelle für $x = 0; 1; 2; 3$.
Zeichne den Graphen.
a) $y = 4x - 2$ b) $y = -2x + 1$

5 Eine 10 cm hohe Pflanze wächst jede Woche um weitere 2 cm.
a) Erstelle eine Wertetabelle für die Höhe nach 1 Woche, 2 Wochen, 5 Wochen und 10 Wochen.
b) Entscheide, welche Funktionsgleichung passt. Begründe.

① $y = 10x + 2$

② $y = 2x + 10$

③ $y = 0{,}2x + 10$

3 Die Funktionsgleichung ist $y = 2{,}5x - 2$.
Berechne den Funktionswert y.
a) für $x = 6$ b) für $x = -12$ c) für $x = 20$

4 Erstelle eine Wertetabelle für $x = -2; -1; 0; 1$ und 2. Zeichne den Graphen.
a) $y = 2x - 1{,}5$ b) $y = -0{,}5x + 2$

5 Ein Taxifahrer nimmt 2,50 € Grundgebühr. Jeder Kilometer kostet zusätzlich 0,50 €.
a) Erstelle eine Wertetabelle für 5 km, 10 km, 15 km, 20 km und 25 km.
b) Stelle eine Funktionsgleichung der Form $y = mx + b$ auf.
Erkläre dein Vorgehen.

→ Seite 16

Proportionale Funktionen und Steigung

6 Zeichne die Gerade.
Nutze ein Steigungsdreieck.
a) $y = \frac{1}{2}x$ b) $y = \frac{3}{4}x$

6 Zeichne die Gerade.
Nutze ein Steigungsdreieck.
a) $y = \frac{2}{5}x$ b) $y = 3x$ c) $y = -0{,}5x$

7 Bestimme die Steigung m.

a) 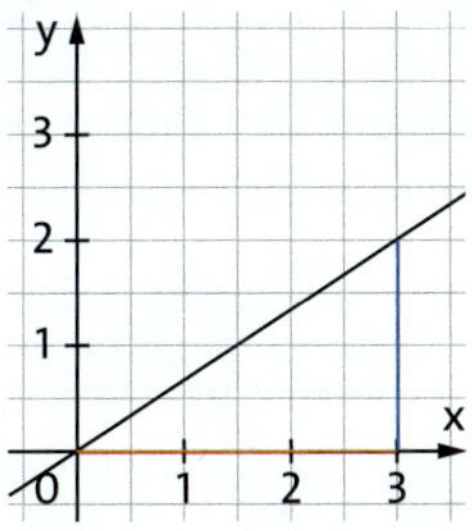

b) 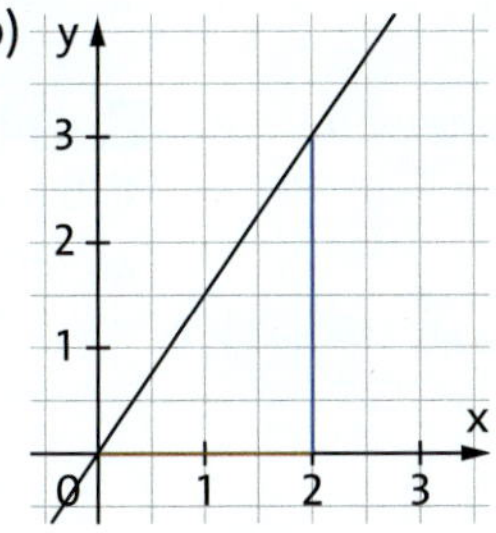

7 Bestimme die Steigung m.

a) 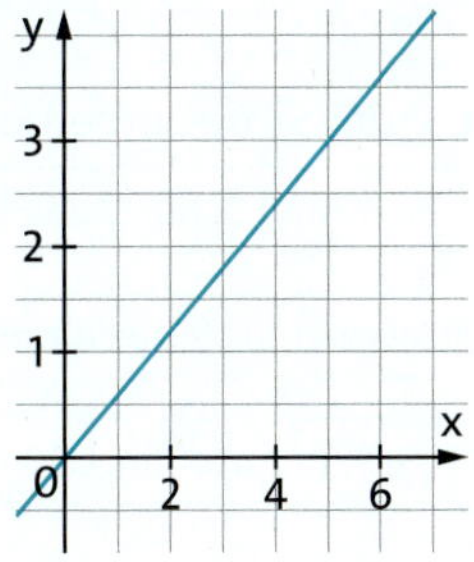

b) 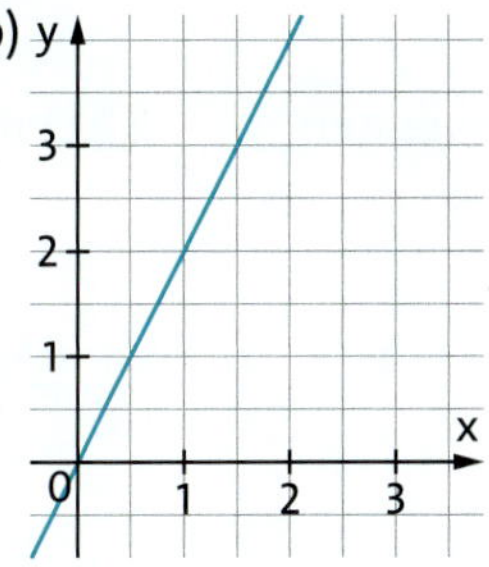

→ Seite 20

Der y-Achsenabschnitt

8 Lies den y-Achsenabschnitt ab.

a) 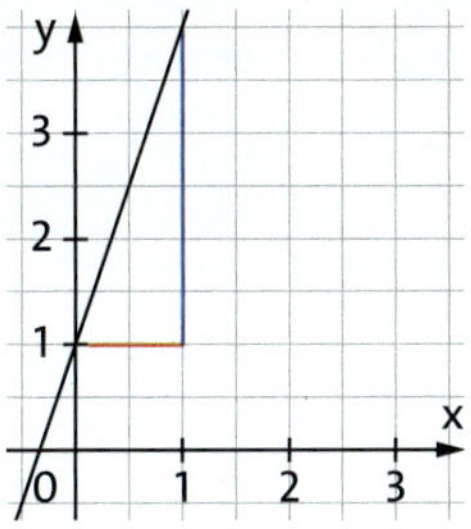

b) 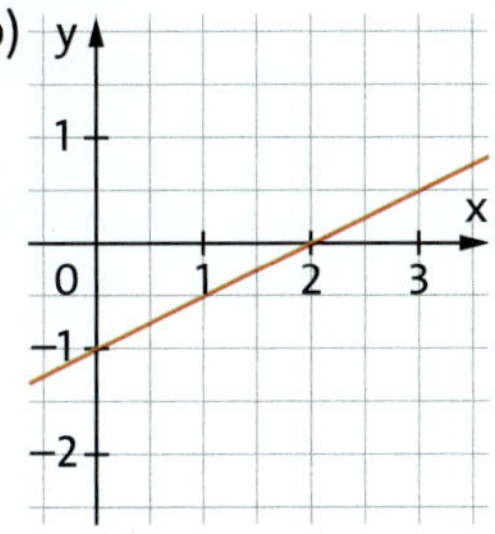

8 Lies den y-Achsenabschnitt b ab.
Bestimme die Funktionsgleichung y = mx + b.

a) 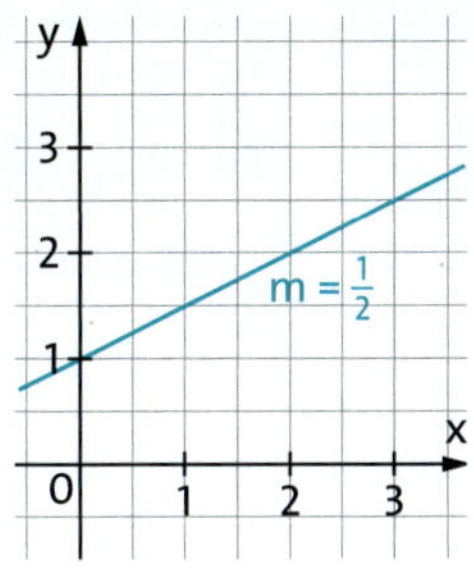

b) 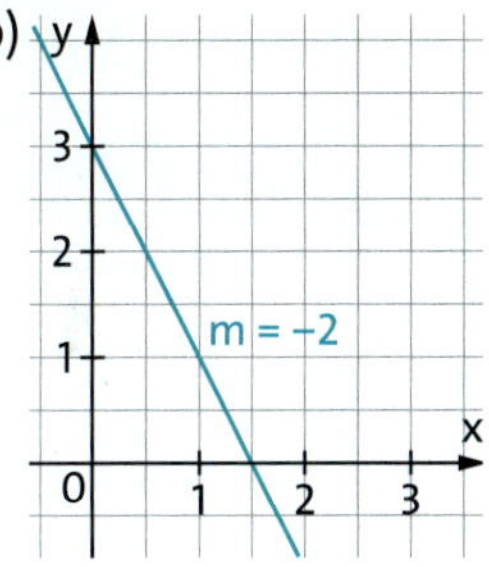

9 Zeichne den Graphen der Funktion in ein Koordinatensystem mit x-Achse von 0 bis 5.

a) $y = \frac{1}{2}x + 1$ b) $y = \frac{4}{5}x - 1$

9 Zeichne den Graphen der Funktion.

a) $y = 2x + 3$ b) $y = -\frac{1}{2}x - 1$
c) $f(x) = -x + 2$ d) $f(x) = \frac{3}{4}x + 1,5$

→ Seite 23

Funktionsgleichungen von Geraden berechnen

10 Lies zuerst die Koordinaten der Punkte P_1 und P_2 ab. Berechne dann die Steigung m. Prüfe dein Ergebnis an der Geraden.

a) 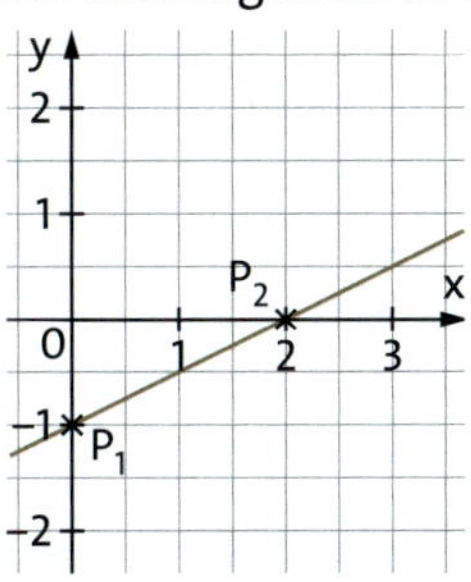

b) 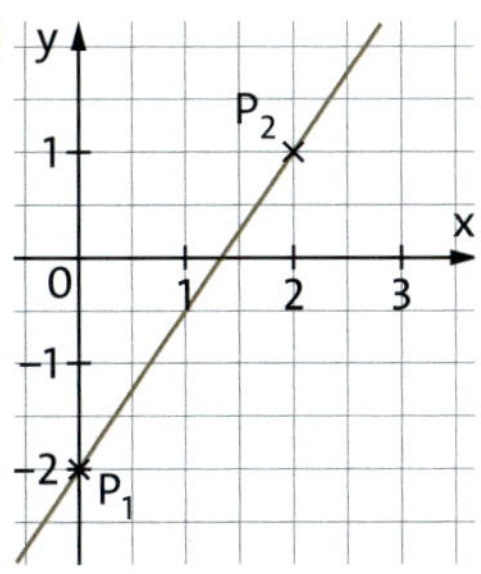

c) 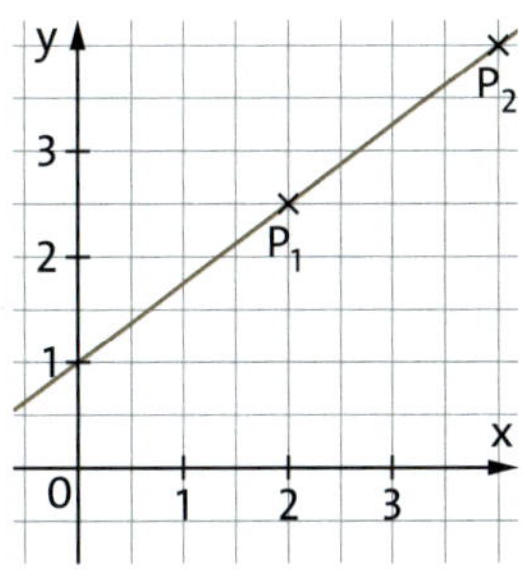

d) 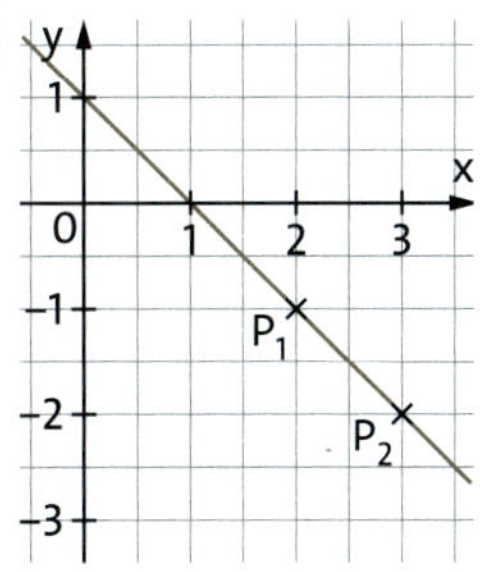

11 Eine Gerade verläuft durch die beiden gegebenen Punkte.
Berechne die Steigung m und den y-Achsenabschnitt b. Gib die Funktionsgleichung an.

a) $P_1(0|1)$; $P_2(1|2)$ b) $P_1(0|3)$; $P_2(2|6)$
c) $P_1(0|2)$; $P_2(1|0)$

11 Eine Gerade verläuft durch die beiden gegebenen Punkte.
Berechne die Steigung m und den y-Achsenabschnitt b. Gib die Funktionsgleichung an.

a) $P_1(0|1)$; $P_2(1|1,5)$ b) $P_1(2|3)$; $P_2(3|6)$
c) $P_1(-1|1)$; $P_2(1|3)$

→ Lösungen ab S. 239

Vermischte Übungen

Anwenden

1 Ordne jeder Situation einen Graphen zu.

① Eine Tafel Schokolade kostet 1 €.

② Wasser läuft aus einer Wanne ab.

③ Ein Auto fährt 70 km/h.

Ⓐ
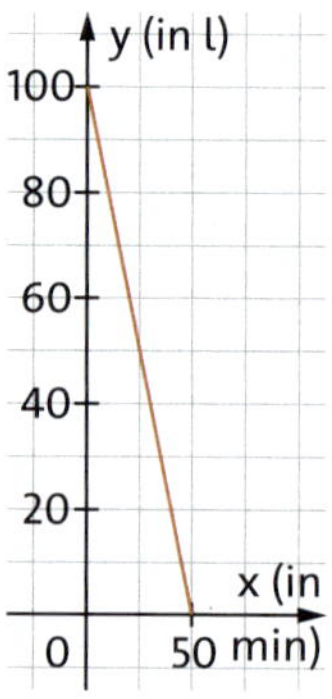

Ⓑ
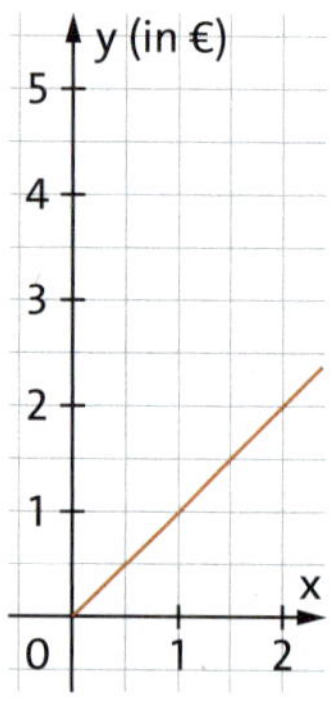

Ⓒ
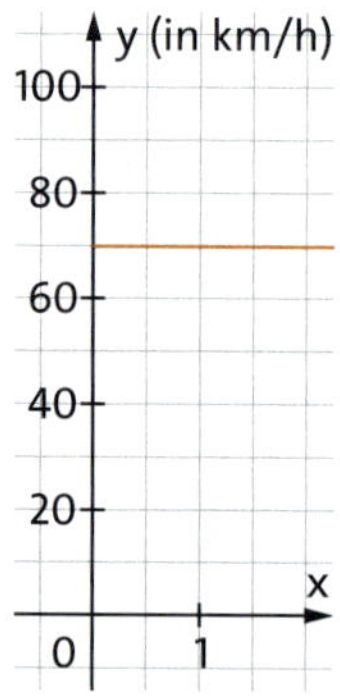

1 Ordne jeder Situation einen Graphen zu. Gib dann an, welche Größen einander zugeordnet werden.

① Wasserpegel an der Küste

② Mehr Arbeiter benötigen weniger Zeit.

③ Preis für Äpfel

Ⓐ
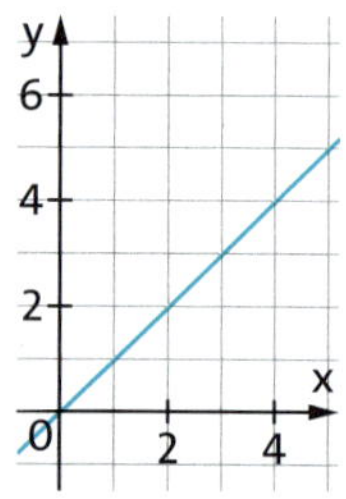

Ⓑ
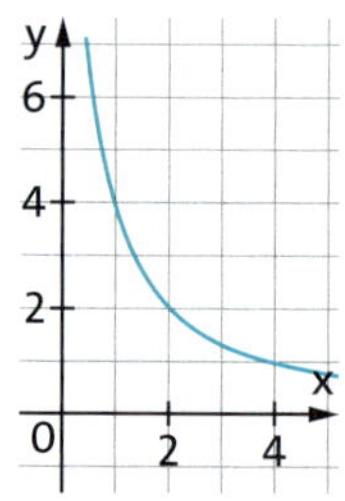

Ⓒ
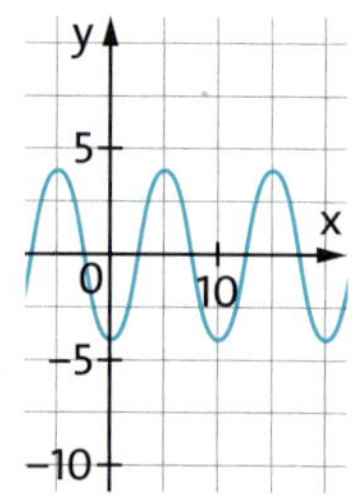

2 Stelle die Zuordnung als Pfeildiagramm dar. Welche Größen sind einander zugeordnet?

a)

Farbe Murmeln	blau	grün	weiß	gelb
Anzahl Murmeln	2	4	2	3

b)

Name	Tim	Ayshe	Clara	Ali
Schuhgröße	40	35	36	38

c)

Alter in Jahren	1	5	10	15
Gewicht in kg	10	24	45	60

2 Stelle die Zuordnung als Pfeildiagramm dar. Welche Größen sind einander zugeordnet?

a)

Alter in Wochen	2	5	8	11	13
Gewicht in g	150	350	500	600	650

b) Rami, Sascha und Laura sind 13 Jahre alt. Kim und Olga sind 14 Jahre alt. Tom ist 15 Jahre alt.

c) Im Januar hat Ben 1000 € auf dem Konto. Im Februar, März und April spart er jeden Monat 200 €.

Methode die Funktionsgleichung einer proportionalen Funktion aus einer Wortform ermitteln

1 kg Äpfel kostet 3 €.

① Gib an, welche Größen einander zugeordnet werden:
Gewicht in kg → Preis in €

② Gib ein Wertepaar $(x|y)$ an:
1 kg wird 3 € zugeordnet, also $(1|3)$.

③ Berechne die Steigung $m = \frac{y}{x}$.
$m = \frac{3}{1}$, also $m = 3$

④ Stelle die Funktionsgleichung auf:
Setze m in die Gleichung $y = mx$ ein, also $y = 3x$.

3 Ein Hochhaus wird gebaut. Jedes Stockwerk ist 4 m hoch.

a) Ergänze: Anzahl der Stockwerke → ▭

b) Gib ein Wertepaar $(x|y)$ an.

c) Berechne die Steigung $m = \frac{y}{x}$.

d) Stelle die Funktionsgleichung auf.

4 Ein Lkw transportiert bei 1 Fahrt 20 t Kies.
a) Ergänze: Anzahl der Fahrten → ■
b) Gib ein Wertepaar $(x|y)$ an.
c) Berechne die Steigung m.
d) Stelle die Funktionsgleichung $y = mx$ auf.

5 Setze nacheinander $x = 0$, $x = 1$, $x = 2$ und $x = 3$ in die Funktionsgleichung ein.
Trage die Werte in eine Wertetabelle ein.
Zeichne den Graphen.
a) $y = 3x + 2$ b) $y = -2x + 4$
c) $f(x) = x - 4$ d) $f(x) = 5x + 8$

6 Bestimme schrittweise die Steigung m.

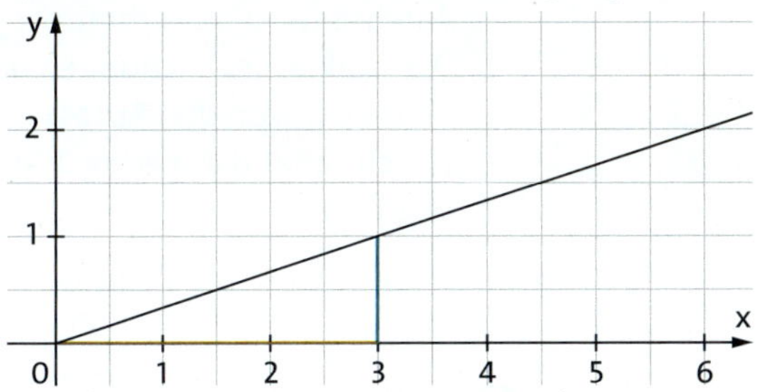

a) Gib an, wie lang die waagerechte Strecke ist und wie lang die senkrechte Strecke ist.
b) Wie groß ist die Steigung? Wähle aus.

① $m = 1$ ② $m = 3$ ③ $m = \frac{1}{3}$

7 Positive und negative Steigung
a) Übertrage die Graphen ins Heft.

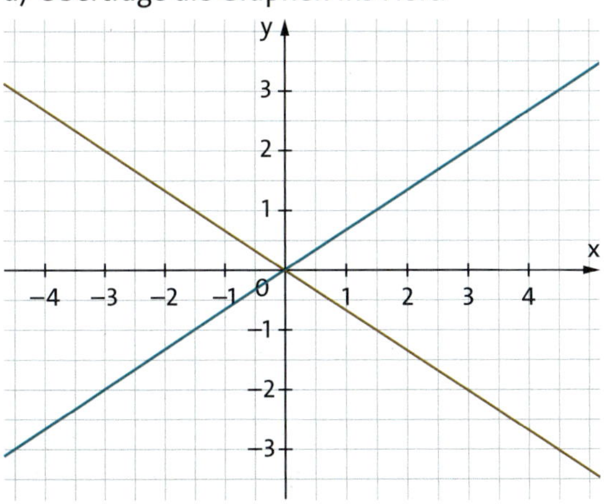

b) Bestimme die Steigungen mithilfe eines Steigungsdreiecks. Was fällt dir auf?
c) Ordne jedem Graphen eine Gleichung zu.

$y = \frac{2}{3}x$ $y = -\frac{2}{3}x$

4 Ein Auto fährt in einer Stunde 60 km.
a) Welche Größen sind einander zugeordnet?
b) Gib ein Wertepaar $(x|y)$ an.
c) Berechne die Steigung m.
d) Stelle die Funktionsgleichung auf.

5 Erstelle eine Wertetabelle, indem du verschiedene x-Werte einsetzt.
Zeichne den Graphen in ein geeignetes Koordinatensystem.
a) $y = 14x + 4$ b) $y = 2{,}5x + 7$
c) $f(x) = -6x - 16{,}5$ d) $f(x) = 120x - 85$

6 Bestimme schrittweise die Steigung m.

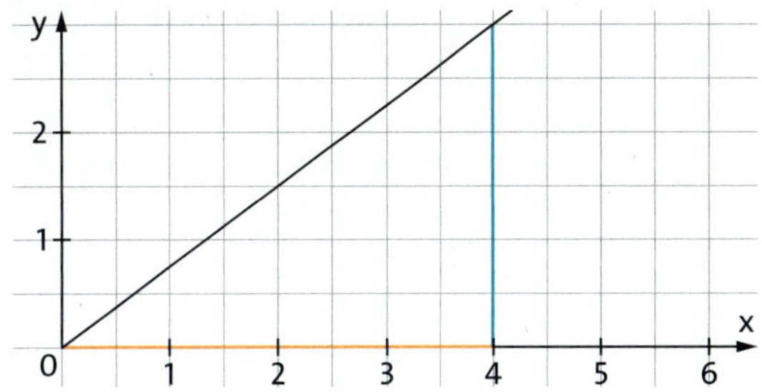

a) Begründe, warum das eine proportionale Funktion ist.
b) Wie lang ist die waagerechte Strecke? Wie lang ist die senkrechte Strecke?
c) Bestimme die Steigung $m = \frac{y}{x}$. Erkläre, wie du vorgegangen bist.

7 Positive und negative Steigung
a) Übertrage die Graphen ins Heft.

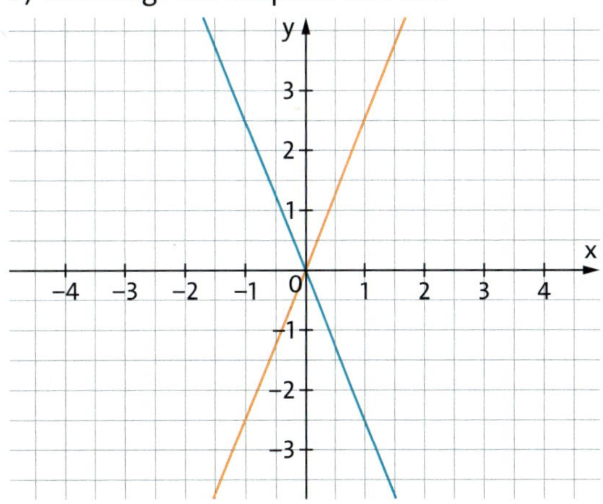

b) Bestimme die Steigungen mithilfe eines Steigungsdreiecks. Was fällt dir auf?
c) Ordne jedem Graphen eine Gleichung zu.

$y = \frac{2}{5}x$ $y = -2{,}5x$ $y = 2{,}5x$

Hinweis
Streaming-Dienst bezeichnet einen Anbieter, der die gleichzeitige Übertragung von Video- und/oder Audiodateien ermöglicht, z. B. Livestream oder Download.

8 Der Graph beschreibt die Kosten für einen Streaming-Dienst.

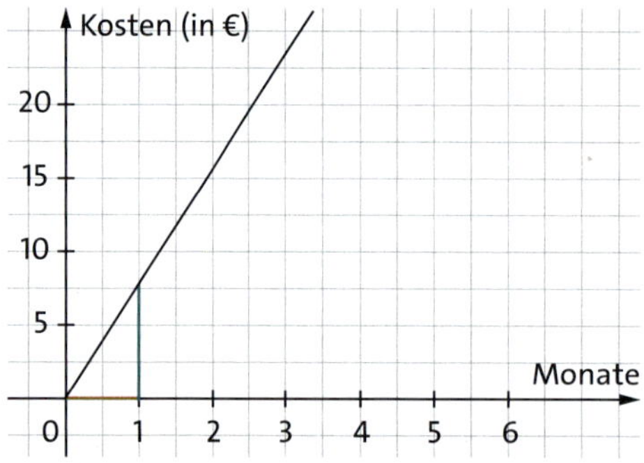

a) Welche Werte sind einander zugeordnet?
b) Welche Funktionsgleichung beschreibt den Graphen? Begründe.

$y = \frac{1}{8}x$ | $y = 0{,}8x$ | $y = 8x$

c) Gib an, wie viel der Streaming-Dienst im Monat kostet.
d) Ein anderer Streaming-Dienst ist etwas teurer. Wie müsste der Graph aussehen?

9 Bestimme schrittweise die Funktionsgleichung der linearen Funktion.
(1) Lies den y-Achsenabschnitt b ab.
(2) Bestimme die Steigung $m = \frac{y}{x}$.
(3) Setze b und m in die Gleichung $y = mx + b$ ein.

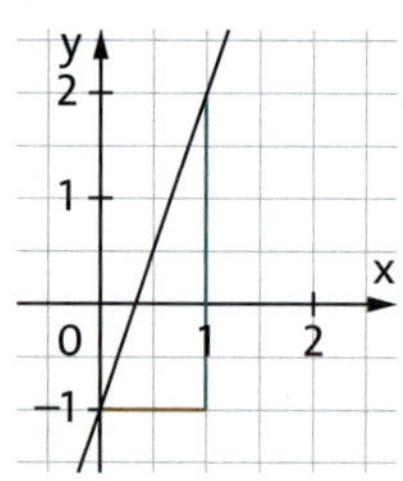

10 Ein Geschäft hat 50 Laptops auf Lager. Jede Woche werden 7 Laptops verkauft.
a) Ergänze: Woche → ■
b) Finde die Funktionsgleichung $y = mx + b$.
Der y-Achsenabschnitt b entspricht der Anzahl der Laptops zu Beginn.
Die Steigung m ist negativ und entspricht der Anzahl der Laptops, die pro Woche verkauft werden.

11 Nele geht wandern.
Sie startet an einer Pension in 600 m Höhe. Nach 4 Stunden erreicht sie den Gipfel in 1200 m Höhe.
a) Ergänze die Wertepaare (0|■) und (4|■).
b) Zeichne den Graphen.
c) Berechne die durchschnittliche Steigung.

8 Der Graph beschreibt den Sprit-Verbrauch eines Kleinwagens.

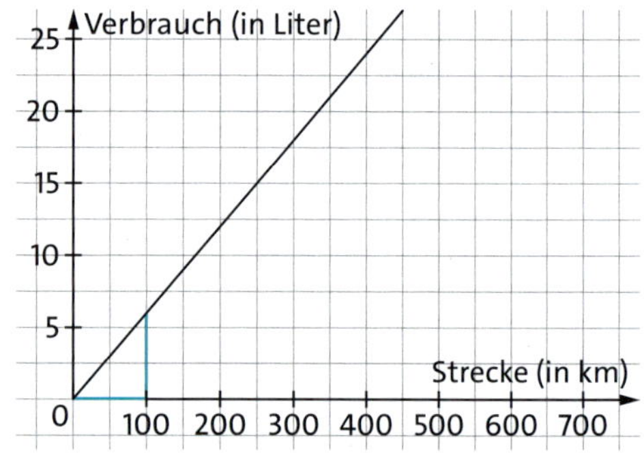

a) Welche Werte sind einander zugeordnet?
b) Gib an, wie viel der Kleinwagen pro 100 km durchschnittlich verbraucht.
c) Die Funktionsgleichungen beschreiben den Verbrauch von drei Autos.
Welches hat den geringsten Verbrauch? Begründe.

$y = 0{,}06x$ | $y = 0{,}048x$ | $y = 0{,}056x$

9 Bestimme schrittweise die Funktionsgleichung der linearen Funktion:
Lies dazu den y-Achsenabschnitt b und die Steigung m ab.
Setze dann b und m in die Gleichung $y = mx + b$ ein.

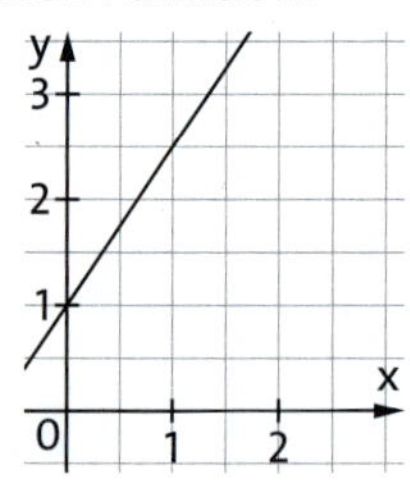

10 Ein Kiosk hat 120 Saft-Flaschen auf Lager. Jeden Tag werden 14 Flaschen verkauft.
a) Welche Größen werden einander zugeordnet?
b) Finde die Funktionsgleichung $y = mx + b$.
Der y-Achsenabschnitt b entspricht der Anzahl der Flaschen zu Beginn.
Die Steigung m gibt an, wie sich die Anzahl der Flaschen jeden Tag verändert.

11 Frau Özgül fährt mit ihrem neuen Auto in den Urlaub. Der Kilometerzähler zeigt zu Beginn 35 km und nach 4 Stunden 355 km.
a) Gib die Wertepaare an: (■|35) und (4|■).
b) Zeichne den Graphen.
c) Wie viel $\frac{km}{h}$ fährt Frau Özgül im Schnitt? Wo kannst du das am Graphen ablesen?

Vertiefen

12 Finde und beschreibe eine passende Situation für die Zuordnung.

a)

Preis in €	1,20	2,40	6,00	9,60	12,00
Anzahl	1	2	5	8	10

b) 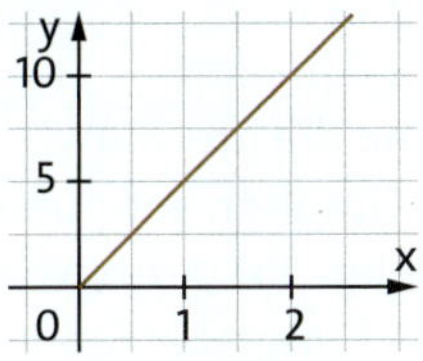

c) 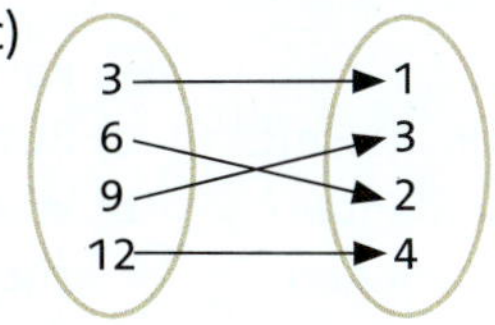

12 Finde und beschreibe eine passende Situation für die Zuordnung.

a)

x	1	2	4	6	9	12
y	0,2	0,4	0,8	1,2	1,8	2,4

b) 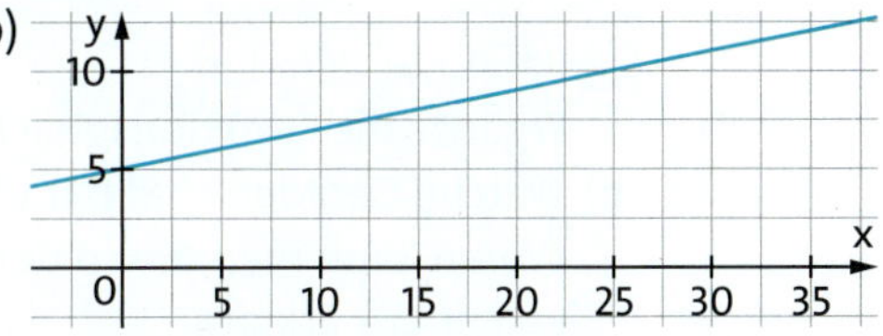

c) Funktionsgleichung $y = 4x$

13 Im Blumenladen kostet eine Rose 1,50 €.

a) Wie viel kosten 2 Rosen, 3 Rosen, 4 Rosen und 5 Rosen? Erstelle eine Wertetabelle.

Anzahl Rosen	1	2	3	4	5
Preis in €	1,50				

b) Zeichne den Graphen.

13 In eine Wanne fließen 12 Liter pro Minute.

a) Wie viel Liter sind nach 1 Minute, nach 2 Minuten, nach 5 Minuten und nach 10 Minuten in der Wanne? Erstelle eine Wertetabelle.

b) Zeichne den Graphen.

Methode Der Schnittpunkt eines Graphen mit der x-Achse heißt **Nullstelle**.

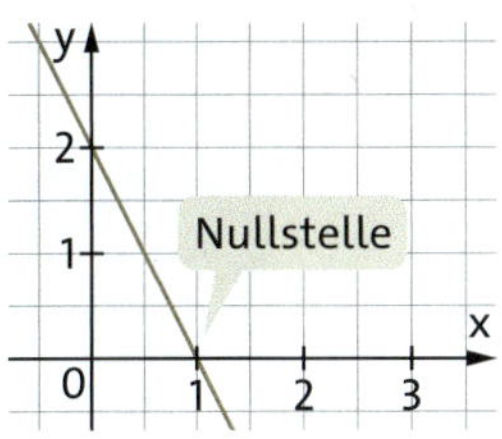

Du kannst eine Nullstelle berechnen:

① Setze in der Funktionsgleichung $y = 0$.

② Löse die Gleichung. x ist die Nullstelle.

Die Funktion mit der Gleichung $y = -2x + 2$ hat eine Nullstelle bei $x = 1$, denn:

$0 = -2x + 2 \quad |-2$

$-2 = -2x \quad |:(-2)$

$\underline{\underline{x = 1}}$

14 Berechne die Nullstelle, indem du statt y die Zahl 0 einsetzt und x berechnest. Zeichne dann den Graphen und überprüfe deine Lösung. Korrigiere, wenn nötig.

a) $y = 2x + 1$

b) $y = 9x - 3$

c) $y = -4x + 8$

d) $y = -6x$

15 Berechne die Nullstellen der proportionalen Funktionen.

$y = 5x$ | $y = 0{,}3x$ | $y = -31x$

Stelle eine allgemeine Regel auf und begründe sie.

16 Berechne die Nullstelle der Funktion. Setze dafür statt y die Zahl 0 ein.

a) $y = 5x + 10$ b) $y = 2x - 8$

16 Berechne die Nullstelle der Funktion.

a) $y = 5x - 20$ b) $y = 2x + 24$

c) $y = -8x + 2$

17 Zeichne die beiden Geraden in ein Koordinatensystem.
Gib die Koordinaten des Schnittpunkts an.
① $y = 4x$ ② $y = 2x + 2$

17 Zeichne die beiden Graphen in ein Koordinatensystem.
Gib die Koordinaten des Schnittpunkts an.
① $y = -2x - 1$ ② $y = x + 2$

18 Parallele Geraden
a) Ergänze die Funktionsgleichungen im Heft.
b) Welche Geraden sind parallel zueinander? Woran kann man das in den Gleichungen erkennen? Erkläre.

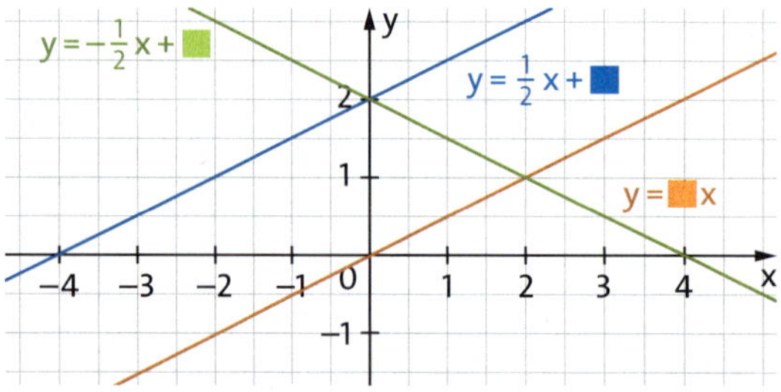

18 Parallele Geraden
a) Bestimme die drei Funktionsgleichungen.
b) Welche Graphen verlaufen parallel zueinander? Erkläre, woran man das in den Gleichungen erkennen kann.

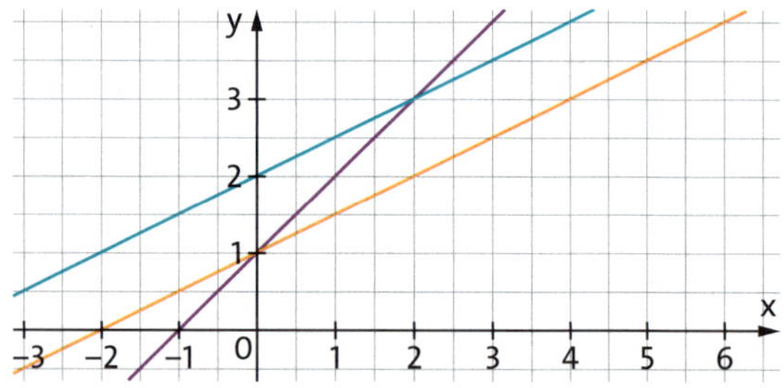

19 Bestimme die beiden Steigungen mithilfe von Steigungsdreiecken. Was fällt dir auf?

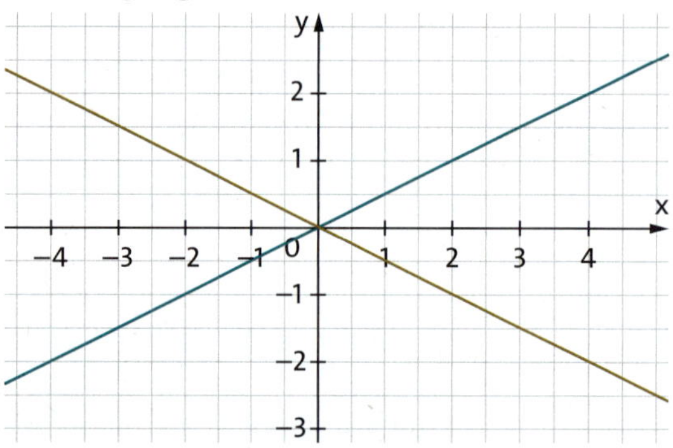

19 Bestimme die beiden Funktionsgleichungen. Was fällt dir auf? Erkläre.
Tipp Achte auch auf Achsensymmetrie bei den Graphen.

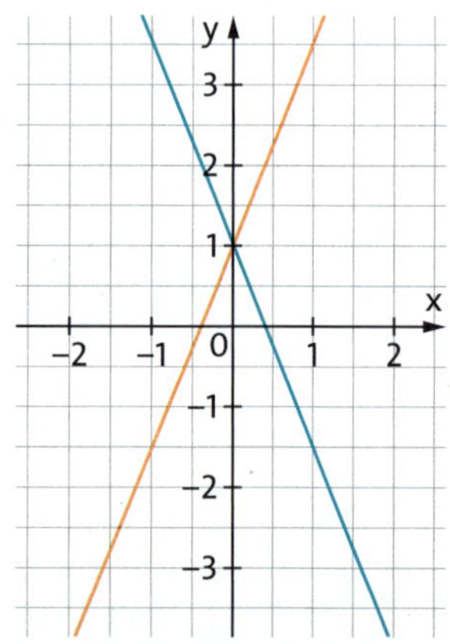

20 Für die Herstellung von Schläuchen muss eine Firma Grundkosten von 10 000 € einplanen.
Zusätzlich kostet jeder Schlauch in der Herstellung 0,50 €.
Der Verkauf von 10 Schläuchen bringt 10 € ein.

a) Welcher Graph gibt die Kosten an, welcher die Einnahmen? Begründe.
b) Bestimme die beiden Funktionsgleichungen.
c) Berechne die Kosten und die Einnahmen für 5000 Schläuche. Macht die Firma Gewinn?
d) Ab wie vielen Schläuchen macht die Firma Gewinn?
Woran erkennt man das im Graphen? Erkläre.
e) Berechne den Gewinn für 30 000 Schläuche, für 40 000 Schläuche und für 50 000 Schläuche.
Erstelle eine Wertetabelle für den Gewinn.
Zeichne den Graphen. Was fällt dir auf?

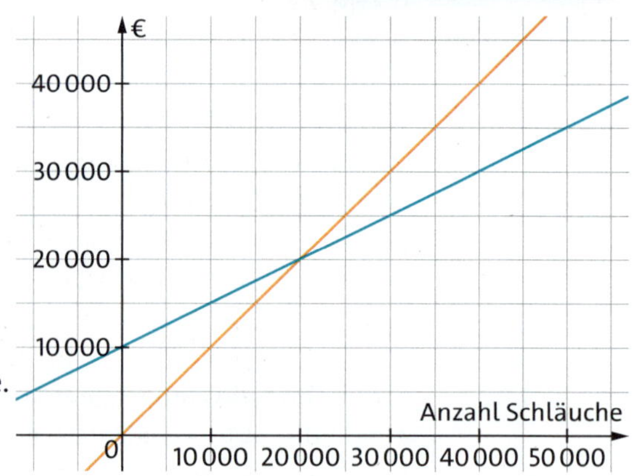

Weiterdenken

Hinweis
Weitere Informationen findest du im Internet oder bei einer Berufsberatung.

Beruf Tierpfleger/in

Ausbildungsdauer: 3 Jahre
Häufige Tätigkeiten:
- Futter bestellen, vorbereiten und verteilen
- Tiere pflegen und betreuen, auch bei Krankheit
- Tiere transportieren
- Gehege reinigen und desinfizieren

Als Tierpfleger/in solltest du gerne aktiv und draußen sein. Du solltest aufmerksam und verantwortungsbewusst handeln. Es kann sein, dass du in Schichten arbeiten musst.

21 Im Wuppertaler Zoo leben Königspinguine. Sie ernähren sich unter anderem von Tintenfischen. 1 kg Tintenfische kostet 8 €. Dazu kommen einmalig Lieferkosten in Höhe von 23 €.

a) Stelle die Funktionsgleichung für die Kosten auf.
b) Eine Tierpflegerin bestellt jede Woche 24 kg Tintenfisch. Wie viel zahlt der Zoo jeden Monat für die Tintenfische?
c) Der Preis für die Tintenfische erhöht sich um 5 %. Stelle die neue Funktionsgleichung auf. Beschreibe die Veränderung.

22 Das Pinguin-Gehege besteht aus einer Landfläche und einem Wasserbecken. Die Landfläche ist 100 m^2 groß. Zum Reinigen brauchen 2 Tierpfleger 3 Stunden.
a) Wie lange braucht ein Tierpfleger für die Reinigung? Wie lange brauchen 5 Tierpfleger?
b) Erstelle eine Wertetabelle für die Reinigungsdauer. Zeichne dann den Graphen.
c) Tierpflegerin Marie hat $\frac{1}{5}$ der Fläche alleine gereinigt. Dann kommt Tierpfleger Tom dazu. Wie lange hat Marie alleine gearbeitet? Wie lange brauchen sie insgesamt für das Reinigen?

23 Die 220 m^3 Wasser im Becken vom Pinguin-Gehege werden regelmäßig ausgetauscht. In 60 Minuten kann $\frac{1}{4}$ des Wassers abgelassen werden. Danach wird das Becken gleichzeitig aus 3 Wasserleitungen mit Frischwasser gefüllt. Das dauert nur 25 Minuten.
a) Stelle eine Funktionsgleichung für das Ablassen und eine Funktionsgleichung für das Füllen des Wasserbeckens auf. Zeichne die beiden Graphen in ein Koordinatensystem.
b) Lies ab: Wie lange dauert es, um das gesamte Wasser abzulassen?

24 Königspinguine brüten 54 Tagen lang ein einziges Ei aus. Wenn das Küken schlüpft, dann wiegt es 225 g. Es wird sofort reichlich gefüttert und wiegt 3 Monate später schon 11 kg. In freier Wildbahn und im Winter nehmen die Küken in den nächsten 5 Monaten 6 kg von ihrem Gewicht ab. Erst mit 11 Monaten haben sie wieder ein Gewicht von 11 kg erreicht. Mit 1,5 Jahren wiegen sie 15 kg.
a) Stelle eine Zuordnung auf. Was ist der Ausgangswert? Welcher Wert wird zugeordnet?
b) Übertrage die Werte aus dem Text in eine Wertetabelle.
c) Zeichne den Graphen. Beschreibe dein Vorgehen und mögliche Schwierigkeiten.
d) Recherchiere: Warum verlieren die Küken der Königspinguine im Winter so viel Gewicht?

Zusammenfassung

→ Seite 8

Zuordnungen darstellen

Eine **Zuordnung** ordnet jedem Ausgangswert einen oder mehrere Werte zu:
Ausgangswert x → zugeordneter Wert y
$(x|y)$ bilden zusammen ein **Wertepaar**.
Eine Zuordnung kann auf verschiedene Arten dargestellt werden:
mit Worten, als Pfeildiagramm, in einer Wertetabelle oder als Graph im Koordinatensystem.

→ Seite 13

Lineare Funktionen und Funktionsgleichungen

Man kann die Funktionsgleichung auch in der Form $f(x) = m \cdot x + b$ schreiben.

Zu jeder **linearen Funktion** gehört eine **Funktionsgleichung** der Form $y = m \cdot x + b$.
Wenn man für den Ausgangswert x eine Zahl einsetzt, so erhält man den Funktionswert y.
Der Graph ist eine Gerade.

Die Funktionsgleichung ist $y = 2x - 1$.
Berechne den Funktionswert für $x = 3$.
Für $x = 3$ ist $y = 2 \cdot 3 - 1$
$y = 6 - 1 = 5$
Der Funktionswert für $x = 3$ ist $y = 5$.

→ Seite 16

Proportionale Funktionen und Steigung

Zu jeder proportionalen Funktion gehört eine **Funktionsgleichung** der Form $y = mx$.
m gibt die **Steigung** an.
Kennt man ein Wertepaar $(x|y)$, so kann man m berechnen:
$m = \frac{y}{x}$
Der Graph ist eine Gerade durch $(0|0)$.

Gerade zu $y = \frac{1}{2}x$

Steigung $m = \frac{1}{2}$

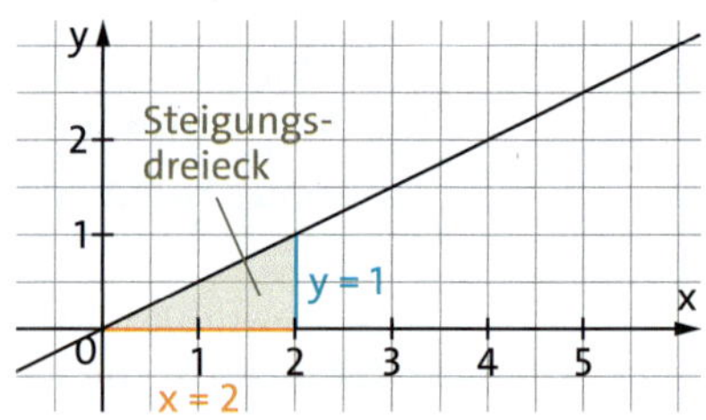

→ Seite 20, 31

Der y-Achsenabschnitt und die Nullstelle

Der Graph einer linearen Funktion $y = mx + b$ ist eine Gerade mit der Steigung m.
Die Gerade verläuft durch den Punkt $(0|b)$.
b nennt man den **y-Achsenabschnitt**.

Die **Nullstelle** berechnet man, indem man in der Gleichung $y = 0$ setzt und nach x auflöst.

Gerade zu $y = \frac{1}{2}x + 1$

Steigung $m = \frac{1}{2}$

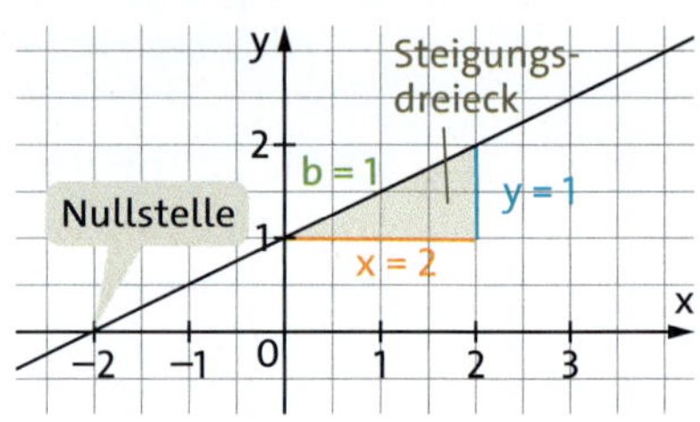

→ Seite 23

Funktionsgleichungen von Geraden berechnen

Wenn man auf einer Geraden zwei Punkte $P_1(x_1|y_1)$ und $P_2(x_2|y_2)$ kennt, dann kann man die Funktionsgleichung $y = mx + b$ berechnen.
Es ist $m = \frac{y_2 - y_1}{x_2 - x_1}$.
b bestimmt man, indem man m und die Koordinaten eines Punkts in die Funktionsgleichung einsetzt und nach b auflöst.

gegeben: $P_1(1|3)$ und $P_2(4|9)$
$m = \frac{y_2 - y_1}{x_2 - x_1} = \frac{9 - 3}{4 - 1} = \frac{6}{3} = 2$

m und $P_1(1|3)$ eingesetzt in $y = m \cdot x + b$:
$3 = 2 \cdot 1 + b$
also ist $b = 1$
Funktionsgleichung $y = 2x + 1$

Teste dich!

1 Zeichne den Graphen der Zuordnung in ein Koordinatensystem.

x	0	1	2	3	4	5
y	8	6	4	2	0	−2

2 Die Funktionsgleichung ist $y = 3x + 5$.
Berechne den Funktionswert y.
a) für $x = 2$ b) für $x = -1$

3 Bambus-Pflanzen wachsen sehr schnell.
Am Anfang ist die Pflanze 10 cm hoch.
Sie wächst dann jeden Tag 1,5 cm.
a) Gib an, welche Größen einander zugeordnet sind.
b) Welche Funktionsgleichung passt?

① $y = 10x + 1{,}5$

② $y = 1{,}5x + 10$

③ $y = 1{,}5x - 10$

c) Erstelle eine Wertetabelle.
d) Zeichne den Graphen.

4 Ergänze die Funktionsgleichungen im Heft.

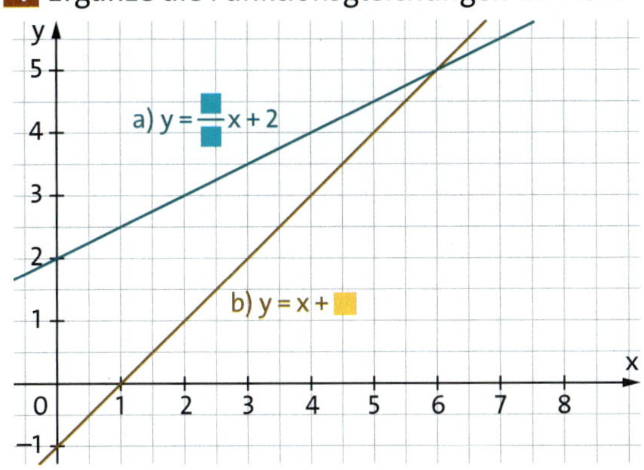

5 Zeichne die Gerade.
Nutze ein Steigungsdreieck.
a) $y = \frac{2}{3}x + 1$ b) $y = \frac{1}{2}x - 4$

6 Der Graph einer linearen Funktion geht durch zwei Punkte.
Berechne die Steigung m.
a) $P_1(0|4)$; $P_2(4|6)$
b) $P_1(0|5)$; $P_2(3|8)$

→ Lösungen ab S. 241

1 Zeichne den Graphen der Funktion.
Was für eine Art von Funktion ist das?

x	0	1	2	3	4	5
y	0	0,5	1	1,5	2	2,5

2 Die Funktionsgleichung ist $y = 1{,}5x + 6{,}5$.
Berechne den Funktionswert y.
a) für $x = 2$ b) für $x = -4$

3 Eine Badewanne ist mit 120 ℓ Wasser gefüllt. Das Wasser wird abgelassen.
Pro Minute fließen 8 ℓ Wasser ab.

a) Gib an, welche Größen einander zugeordnet sind.
b) Bestimme die Funktionsgleichung.
c) Erstelle eine Wertetabelle für 0 Minuten, 5 Minuten, 10 Minuten und 15 Minuten.
d) Zeichne den Graphen.
e) Erkläre, was der Wert bei 15 Minuten bedeutet.

4 Bestimme die Funktionsgleichungen.

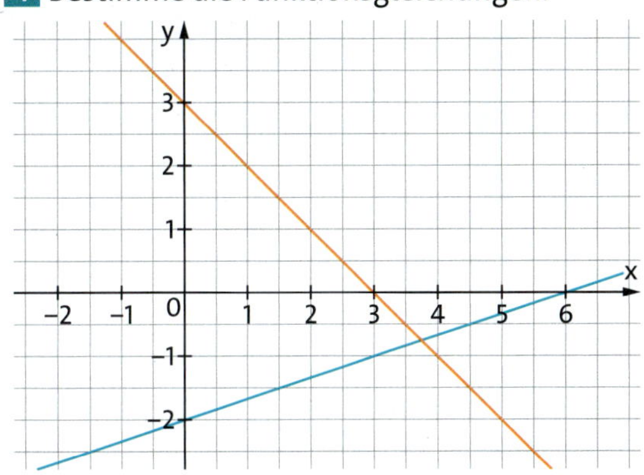

5 Zeichne den Graphen der linearen Funktion.
Nutze ein Steigungsdreieck.
a) $y = \frac{5}{8}x + 4$ b) $f(x) = 0{,}5x - 2$

6 Der Graph einer linearen Funktion geht durch zwei Punkte. Berechne die Steigung m und den y-Achsenabschnitt b.
Gib die Funktionsgleichung an.
a) $P_1(-1|4)$; $P_2(5|8)$ b) $P_1(0|3)$; $P_2(-2|7)$

→ Lösungen ab S. 242

★ ✚ Lineare Gleichungssysteme

In diesem Kapitel lernst du, …

→ **Lösungen für eine lineare Gleichung mit zwei Variablen zu finden.**
→ **lineare Gleichungssysteme mit einer Tabelle oder einem Graphen zu lösen.**
→ **lineare Gleichungssysteme mit dem Gleichsetzungsverfahren zu lösen.**
→ **lineare Gleichungssysteme mit dem Einsetzungsverfahren zu lösen.**

Galina und Michail haben von ihrer Mutter 3 € bekommen.
Im Kiosk kaufen sie Lollis und saure Schnecken.
Ein Lolli kostet 30 Cent und eine Schnecke 20 Cent.
Wie viele Lollis und wie viele Schnecken können sie kaufen?
Michail möchte für sich nur Lollis kaufen und Galina will doppelt so viele Teile haben wie Michail.
Welche Möglichkeiten haben sie dann?

Noch fit?

1 Übersetze den Text in einen Term.
a) die Summe aus einer Zahl x und 8
b) die Differenz aus 15 und einer Zahl x
c) das Doppelte einer Zahl x
d) die Hälfte einer Zahl x

2 Setze für $x = 2$ und für $y = 4$ ein und berechne den Wert des Terms.
a) $3x + y$ b) $4x - 2y$
c) $-2x + 5y$

3 Löse die Gleichung.
Tipp zu b) $8x - 17 = 7 \mid +17$
a) $x + 5 = 15$ b) $8x - 17 = 7$
c) $2x + 8 = 3x$ d) $9x + 4 = 3x + 16$

4 Geraden und Geradengleichungen
a) Gib für jede Gerade die Steigung m und den y-Achsenabschnitt b an.
b) Ordne jeder Geraden eine Gleichung zu.
A $y = x - 1{,}5$
B $y = -2x + 2$

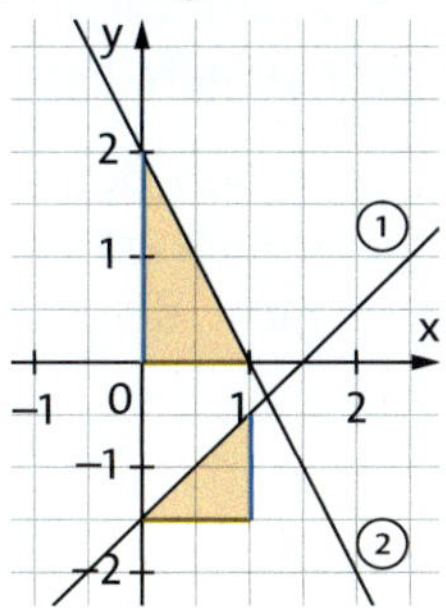

5 Zeichne den Graphen.
Tipp zu a) Schreibe $y = \frac{2}{1}x - 1$
a) $y = 2x - 1$ b) $y = -3x + 4$

6 Forme um in eine Geradengleichung der Form $y = mx + b$.
Tipp zu a) Beginne so: $y - x = 7 \mid +x$
a) $y - x = 7$ b) $8x + y = 10$

1 Übersetze den Text in einen Term.
a) das Dreifache einer Zahl x
b) das Doppelte einer Zahl y vermehrt um 8
c) Die Differenz aus einer Zahl z und 5 wird verdreifacht.

2 Berechne den Wert des Terms.
a) $3x + y$ für $x = 2$ und $y = 5$
b) $6x - 2y$ für $x = -3$ und $y = 4$
c) $-5x + 0{,}5y$ für $x = -4$ und $y = -6$

3 Löse die Gleichung.
Tipp zu d) Multipliziere aus: $2(x + 3) = 2x + 6$
a) $x - 9 = 16$ b) $44 = 4x + 12$
c) $5x + 3 = -7 + 7x$ d) $2(x + 3) = -8$

4 Geraden und Geradengleichungen
a) Gib für jede Gerade die Steigung m und den y-Achsenabschnitt b an.
b) Ordne zu und ergänze die Gleichungen.
A $y = 2x - \square$
B $y = \square + 1{,}5$

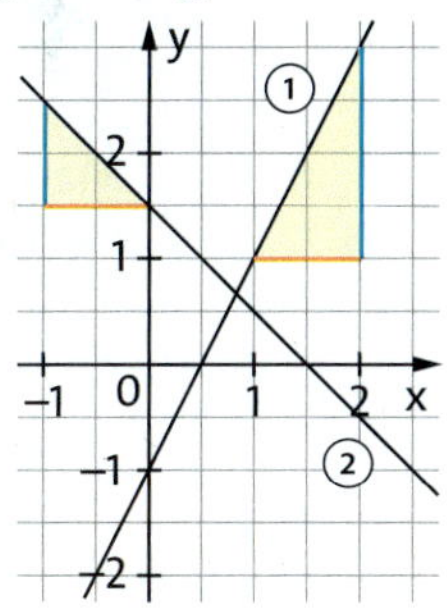

5 Zeichne den Graphen.
Tipp zu a) Schreibe die Steigung m als Bruch.
a) $y = 3x - 2$ b) $y = -\frac{1}{2}x + 3$

6 Forme um in eine Geradengleichung der Form $y = mx + b$.
Tipp zu a) Subtrahiere 5x.
a) $5x + y = -6$ b) $-6x + 2y = 10$

→ *Lösungen ab S. 244*

Trainingsplan

Nr.	Ich kann …	Ich muss noch trainieren:
1	einen Text in einen Term übersetzen.	→ S. 288, Nr. 6, 7
2	den Wert eines Terms mit zwei Variablen berechnen.	→ S. 288, Nr. 9
3	Gleichungen lösen.	→ S. 288, Nr. 10–12
4	Graphen und Gleichungen linearer Funktionen einander zuordnen.	→ S. 289, Nr. 13
5	den Graphen einer linearen Funktion zeichnen.	→ S. 289, Nr. 14
6	eine Geradengleichung umformen.	→ S. 289, Nr. 15, 16

Lineare Gleichungen mit zwei Variablen

ENTDECKEN

1 28 Kinder sollen in einige Zweiergruppen und einige Dreiergruppen eingeteilt werden.
a) Wie viele Gruppen gibt es höchstens? Wie viele Gruppen gibt es mindestens?
b) Gib alle Möglichkeiten an, wie viele Zweiergruppen und wie viele Dreiergruppen es geben kann. Beschreibe dein Vorgehen.

2 Yilmaz kauft für seinen Geburtstag ein.
Er hat 17,50 € und will alles ausgeben.
a) Wie viele Tafeln Schokolade und wie viele Tüten Chips kann Yilmaz kaufen? Überlege mithilfe einer Tabelle.
b) Vergleicht eure Lösungen.

VERSTEHEN

Maria will Perlen auf ein 16 cm langes Armband fädeln.
Es gibt große Perlen mit 2 cm Durchmesser und kleine Perlen mit 1 cm Durchmesser.
Wie viele kleine und große Perlen kann Maria nehmen?

x steht für die Anzahl der großen Perlen, y steht für die Anzahl der kleinen Perlen.
$2\text{ cm} \cdot x + 1\text{ cm} \cdot y$ beschreibt die Länge der aufgefädelten Perlen, also muss gelten: $2x + y = 16$

Maria kann 5 große und 6 kleine Perlen nehmen, denn für $x = 5$ und $y = 6$ gilt: $2 \cdot 5 + 6 = 16$ ✓
Sie kann aber auch 7 große Perlen und 2 kleinen Perlen nehmen, denn: $2 \cdot 7 + 2 = 16$ ✓
8 große Perlen und 4 kleine Perlen gehen nicht, denn: $2 \cdot 8 + 4 = 20 \neq 16$

Beispiel 1 **mit einer Tabelle lösen**

$2x + y = 16$

x Anzahl der großen Perlen	0	1	2	3	4	...
y Anzahl der kleinen Perlen	16	14	12	10	8	...

Möglich sind:
0 große Perlen, 16 kleine Perlen
1 große Perlen, 14 kleine Perlen
2 große Perlen, 12 kleine Perlen
usw.

Beispiel 2 **mit einem Graphen lösen**

① Forme um: $2x + y = 16 \quad | -2x$
$y = -2x + 16$

② Zeichne den Graphen.

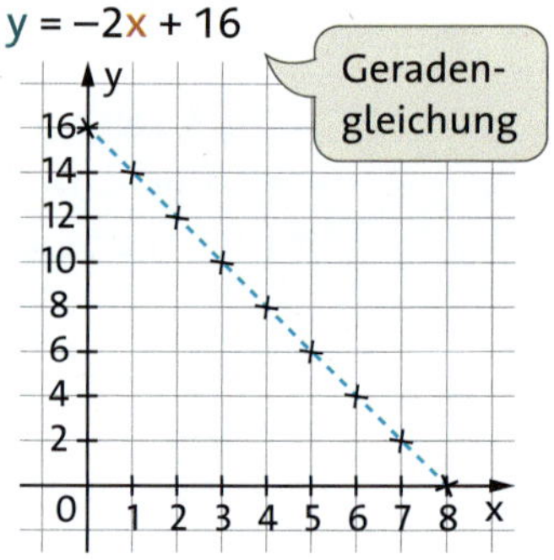

③ Hier kann es nur Lösungen mit natürlichen Zahlen geben, also
(0 | 16); (1 | 14); (2 | 12); (3 | 10); (4 | 8); ...

Vokabeln
→ die lineare Gleichung mit zwei Variablen
→ das Zahlenpaar
→ die Lösungsmenge

Merke Eine Gleichung wie $2x + 4y = 8$ ist eine **lineare Gleichung mit zwei Variablen**.
Die Lösungen sind **Zahlenpaare** $(x | y)$, für die die Gleichung erfüllt ist.
Alle Lösungen zusammen bilden die **Lösungsmenge** $L = \{(x | y)\}$.
Man kann eine Gleichung mit zwei Variablen auf verschiedene Arten lösen, zum Beispiel:
- mit einer Tabelle
- mit einem Graphen: Forme die Gleichung um in eine Geradengleichung $y = mx + b$, zeichne den Graphen und lies die Lösungen als Zahlenpaare am Graphen ab.

ANWENDEN

1 Löse die Gleichung mit einer Tabelle.
$2x - 20 = y$

a) Übertrage die Tabelle ins Heft.

x	0	1	2	3	4	5
y						

b) Setze nacheinander die x-Werte ein und berechne die y-Werte.

c) Notiere die Lösungen in der Form $(x \mid y)$.

1 Löse die Gleichung mit einer Tabelle.
$3x + y = 25$

a) Übertrage die Tabelle ins Heft.

x	0	1	2	3	4	5
y						

b) Setze nacheinander die x-Werte ein und berechne die y-Werte.

c) Gib die Lösungen als Zahlenpaare $(x \mid y)$ an.

2 Prüfe durch Einsetzen, ob das Zahlenpaar eine Lösung ist.

Tipp $x + 5y = 13$ Ist $(3 \mid 2)$ eine Lösung?
Ja, denn $3 + 5 \cdot 2 = 13$ ✓

a) $x + y = 13$ Ist $(5 \mid 8)$ eine Lösung?
b) $4x + 2y = 22$ Ist $(2 \mid 6)$ eine Lösung?
c) $3x + 5y = 45$ Ist $(7 \mid 4)$ eine Lösung?
d) $5x - y = 32$ Ist $(7 \mid 3)$ eine Lösung?

2 Prüfe durch Einsetzen, ob das Zahlenpaar eine Lösung ist.

Tipp $3x + \frac{1}{2}y = 8$ Ist $(2 \mid 4)$ eine Lösung?
Ja, denn $3 \cdot 2 + \frac{1}{2} \cdot 4 = 8$ ✓

a) $3x + 2y = 12$ Ist $(2 \mid 3)$ eine Lösung?
b) $4x + y = 20$ Ist $(4 \mid 4)$ eine Lösung?
c) $\frac{1}{2}x + 8y = 16$ Ist $(6 \mid 2)$ eine Lösung?
d) $2x - 5y = 2$ Ist $(4 \mid 2)$ eine Lösung?

3 Ergänze das Zahlenpaar so, dass es eine Lösung der Gleichung ist.

a) $2x + 1y = 15$ Lösung $(6 \mid ■)$
b) $5x + 2y = 22$ Lösung $(4 \mid ■)$
c) $3x - y = 24$ Lösung $(■ \mid 3)$

3 Ergänze die beiden Zahlenpaare so, dass sie Lösungen der Gleichung sind.

a) $5x - 2y = 13$ $(3 \mid ■)$ und $(■ \mid 6)$
b) $3x + 3y = 27$ $(7 \mid ■)$ und $(■ \mid 6)$
c) $x + 4y = -6$ $(-10 \mid ■)$ und $(■ \mid 2)$

4 Ordne jeder Gleichung ein Zahlenpaar als Lösung zu. Zwei Zahlenpaare bleiben übrig.

① $3x + 2y = 14$
② $x + 5y = 26$
③ $2x - y = 10$
④ $3x + 5y = 16$

$(2 \mid 2)$ $(5 \mid 1)$ $(2 \mid 4)$ $(1 \mid 5)$ $(6 \mid 2)$ $(2 \mid 6)$

5 Finde durch Probieren drei Zahlenpaare, die die Gleichung lösen.
Nutze eine Tabelle.

a) $3x + y = 15$ b) $4x + 2y = 24$

Tipp

x	1	2	3
y			

5 Finde durch Probieren vier Zahlenpaare, die die Gleichung lösen.
Nutze eine Tabelle.

a) $9x + 3y = 24$
b) $18x + 6y = 36$
c) $3x - y = 15$

6 Lena kauft am Kiosk ein und bezahlt 5,20 €.
Sie packt alles ein und trifft ihre Freundinnen.
Frieda fragt: „Hast du für jede von uns einen Muffin und ein Eis mitgebracht?"

0,80 €

0,40 €

a) Wie viele Muffins und Eis kann Lena gekauft haben?
Beschreibe dein Vorgehen.

b) Finde mit einer Tabelle drei weitere Lösungen.
Gib die Lösungen als Zahlenpaare an.

c) Welche Gleichungen passen? ① $80x + 40y = 520$ ② $80x + 40y = 5{,}20$ ③ $0{,}8x + 0{,}4y = 5{,}2$

7 Jamie wechselt einen 20-€-Schein in 1-€-Münzen und 2-€-Münzen.
Die Anzahl der 1-€-Münzen ist x.
Die Anzahl der 2-€-Münzen ist y.

a) Welche Möglichkeiten gibt es? Fülle die Tabelle im Heft aus.

x	2	4	6	8	10
y	9	▢	▢	▢	▢

b) Welche Gleichung passt? Begründe.
① $x + 2y = 20$ ② $2x + y = 20$

8 Betrachte die Gleichung $2x + y = 8$.

a) Finde vier Zahlenpaare, die Lösungen sind.
b) Trage die vier Zahlenpaare als Punkte in ein Koordinatensystem ein.
c) Ergänze im Heft: Die vier Punkte liegen auf einer ▢.

9 Löse die Gleichung mit einem Graphen.
Gehe so vor:
① Ergänze die 2 Zahlenpaare als Lösungen.
② Trage die Zahlenpaare als Punkte in ein Koordinatensystem ein und verbinde sie zu einer Geraden.
③ Lies auf der Geraden zwei weitere Zahlenpaare ab, die Lösungen sind.

a) $y = 8 - x$ (1 | ▢) und (5 | ▢)
b) $y = 3x - 2$ (1 | ▢) und (3 | ▢)

10 Löse die Gleichung mit einem Graphen.
Gehe so vor:
Zeichne zuerst den Graphen.
Lies dann zwei Lösungen am Graphen ab.

a) $y = 4x - 1$
b) $y = -2x + 1$

11 Das Rechteck hat den Umfang u = 32 cm.

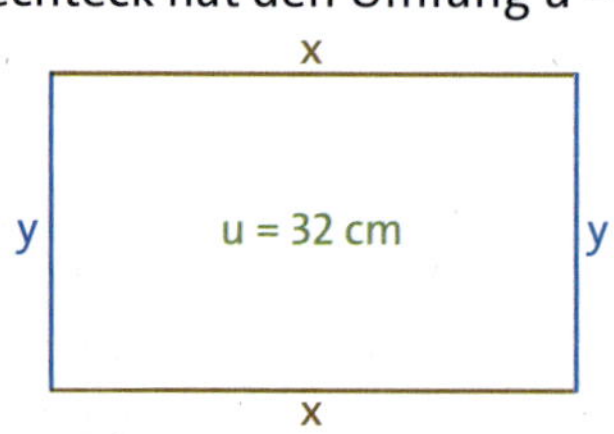

a) Stelle eine Gleichung für den Umfang auf. Nutze x und y.
b) Setze nacheinander x = 10 cm, x = 8 cm und x = 6 cm in deine Gleichung ein. Finde so 3 Lösungen für die Seitenlängen.

7 Jonas hebt 120 € ab. Im Automaten sind nur noch 5-€-Scheine und 10-€-Scheine.
x steht für die Anzahl der 5-€-Scheine.
y steht für die Anzahl der 10-€-Scheine.

a) Welche Möglichkeiten gibt es? Fülle die Tabelle im Heft aus.

x	2	4	6	8	10
y	▢	▢	▢	▢	▢

b) Welche Gleichung passt? Begründe.
① $5x + 10y = 120$ ② $10x + 5y = 120$

8 Betrachte die Gleichung $-3x + y = 2$.

a) Finde mindestens vier Zahlenpaare, die Lösungen sind.
b) Trage die Zahlenpaare als Punkte in ein Koordinatensystem ein.
c) Was haben die vier Punkte gemeinsam?

9 Löse die Gleichung mit einem Graphen.
Gehe so vor:
① Finde zwei Zahlenpaare als Lösungen.
② Trage die Zahlenpaare als Punkte in ein Koordinatensystem ein und verbinde sie zu einer Geraden.
③ Lies auf der Geraden drei weitere Zahlenpaare ab, die Lösungen sind.

a) $2x + y = 10$ b) $-x + y = 3$
c) $4x + 2y = 6$ d) $x + 2y = 4$

10 Löse die Gleichung mit einem Graphen.
Forme dazu die Gleichung um in die Form $y = mx + b$.
Zeichne dann und lies drei Lösungen ab.

a) $-2x + y = -3$
b) $x + y = 2$

11 Das Dreieck hat den Umfang u = 24 cm.

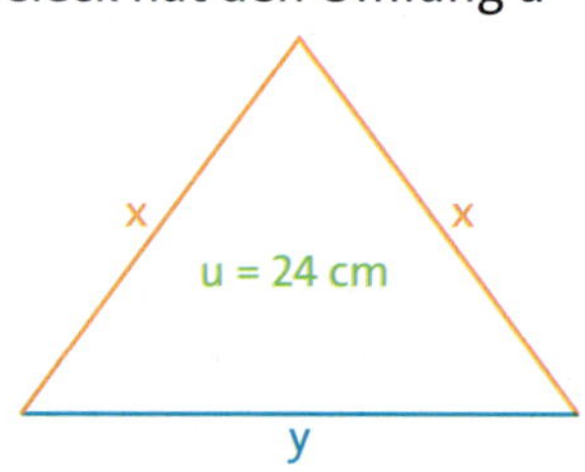

a) Stelle eine Gleichung für den Umfang auf. Nutze die beiden Variablen x und y.
b) Finde drei verschiedene Lösungen für die Längen der Seiten.

Lineare Gleichungssysteme

ENTDECKEN

1 Im Freizeitpark zahlt eine Familie mit 2 Erwachsenen und 3 Kindern 60 € Eintritt.

a) Stelle eine Gleichung für den Eintritt auf. Schreibe x für den Eintritt von einem Erwachsenen und y für ein Kind.
b) Forme die Gleichung um in die Form $y = mx + b$. Zeichne den Graphen. Wähle 1 cm für 5 €.
c) Lies verschiedene Lösungen ab. Welche Lösungen sind nicht sinnvoll? Begründe.
d) 2 Erzieher zahlen zusammen mit 6 Kindern 90 € Eintritt. Stelle die Gleichung auf, forme um, zeichne den Graphen ins selbe Koordinatensystem und lies drei Lösungen ab.
e) Welche Lösung gilt sowohl für die Familie als auch für die Erzieher mit den Kindern? Wo kannst du das an den Graphen ablesen?

VERSTEHEN

Yesda und Mert sollen ein Zahlenpaar finden, das zwei Gleichungen gleichzeitig löst.

(I) $y = x - 1$
(II) $y = -\frac{1}{2}x + 2$

Beispiel 1 Yesda erstellt zwei Tabellen.

x	0	1	2	3	4
$y = x - 1$	−1	0	1	2	3

x	0	1	2	3	4
$y = -\frac{1}{2}x + 2$	2	1,5	1	0,5	4

Beispiel 2 Mert zeichnet die Graphen.

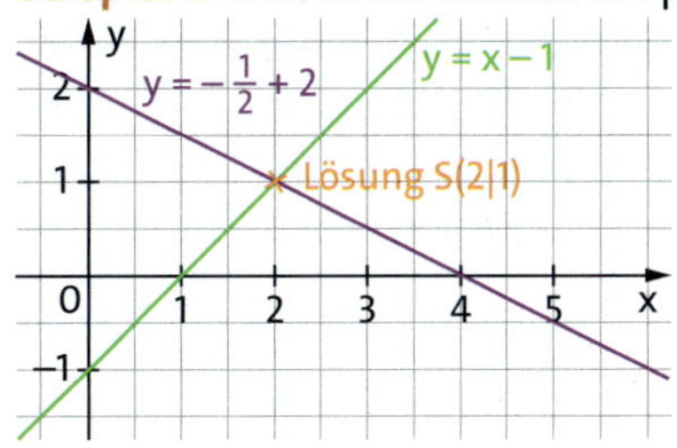

Vokabeln
→ das lineare Gleichungssystem
→ der Schnittpunkt

Merke Ein **lineares Gleichungssystem** besteht aus zwei linearen Gleichungen mit denselben zwei Variablen.
Als Lösung sucht man Zahlenpaare $(x|y)$, für die beide Gleichungen erfüllt sind.
Wenn sich die Graphen der beiden Gleichungen schneiden, dann geben die Koordinaten des Schnittpunkts das Zahlenpaar an, das das Gleichungssystem löst.

Beim Lösen eines Gleichungssystem mithilfe von Graphen können drei Fälle vorkommen.

Beispiel 3

a) genau ein Schnittpunkt

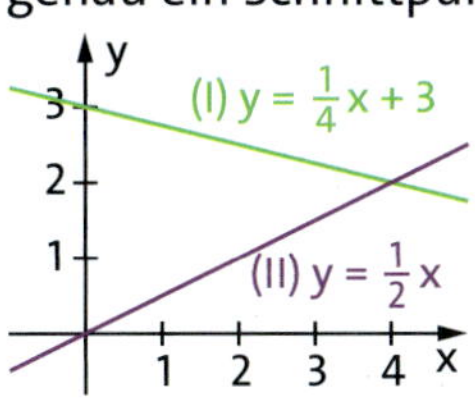

Es gibt genau eine Lösung.
Lösungsmenge $L = \{(4|2)\}$

b) parallele Geraden

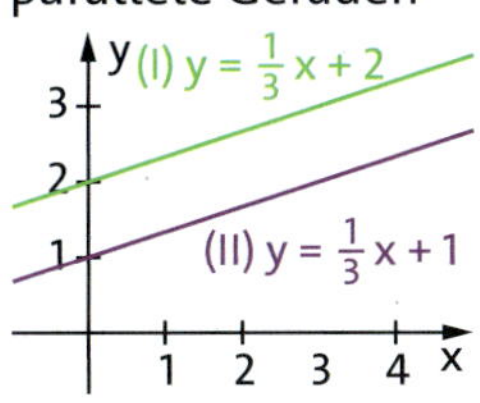

Es gibt keine Lösung.
Lösungsmenge $L = \{\ \}$

c) identische Geraden

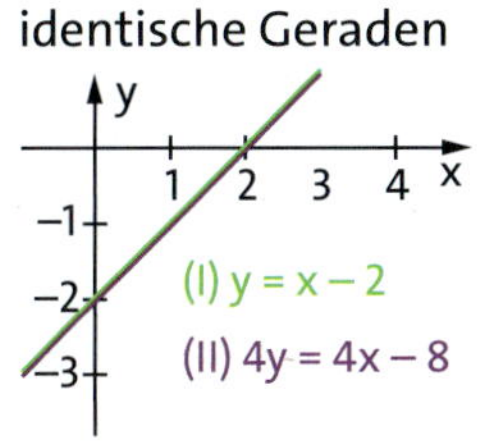

Es gibt unendlich viele Lösungen.
$L = \{(x|y) \mid y = x - 2\}$

 LINEARE GLEICHUNGSSYSTEME

ANWENDEN

1 Fülle im Heft aus. Finde ein Zahlenpaar, das beide Gleichungen gleichzeitig erfüllt.

x	0	1	2	3	4
$y = 2x + 2$					

x	0	1	2	3	4
$y = x + 4$					

1 Finde eine Lösung, die beide Gleichungen gleichzeitig erfüllt. Erstelle dazu zwei Tabellen mit x-Werten von 0 bis 4.

a) (I) $y = x + 1$
(II) $y = -x + 3$

b) (I) $y = -3x + 4$
(II) $y = 2x - 6$

c) (I) $y = -2x + 5$
(II) $y = -x + 2$

d) (I) $y = \frac{1}{2}x + 1$
(II) $y = -\frac{1}{4}x + 4$

Hinweis
$y = x$ ist dasselbe wie $y = 1 \cdot x$
Steigung 1 heißt: 1 nach rechts, 1 nach oben

2 Ordne zuerst zu: Welches Gleichungssystem gehört zu welcher Zeichnung? Lies dann die Lösung ab.

① (I) $y = x - 3$
(II) $y = -\frac{1}{4}x - 0{,}5$

② (I) $y = x - 1$
(II) $y = -\frac{1}{2}x + 2$

③ (I) $y = 3x - 2$
(II) $y = \frac{1}{2}x + 0{,}5$

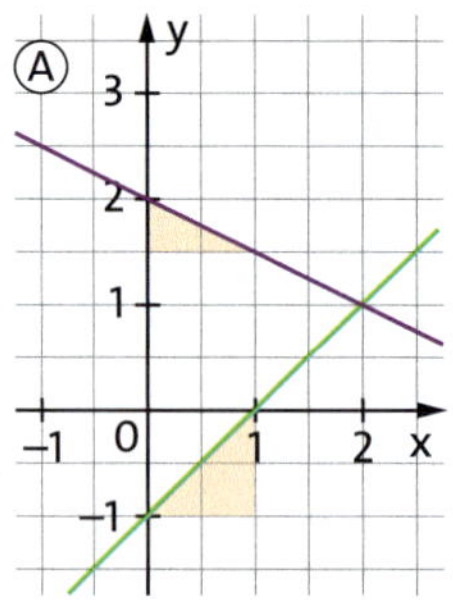

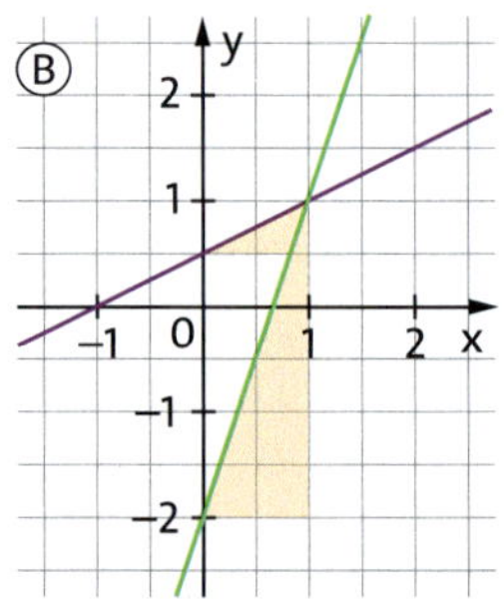

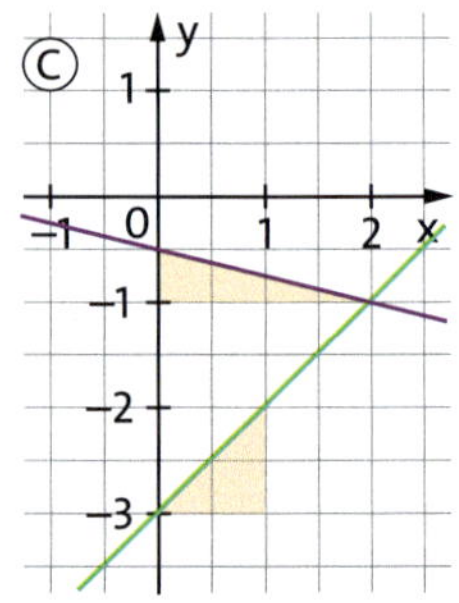

3 Zeichne die Graphen. Lies die Lösung ab.
Tipp zu a) Steigung 3 heißt: 1 nach rechts, 3 nach oben

a) (I) $y = x + 5$
(II) $y = 3x + 3$

b) (I) $y = x + 2$
(II) $y = -2x + 2$

3 Finde die Lösungsmenge, indem du die Graphen zeichnest und die Lösung abliest.
Tipp zu b) Forme Gleichung (II) um in y = ...

a) (I) $y = 2x + 3$
(II) $y = -x + 9$

b) (I) $y = -2x + 8$
(II) $-x + y = -1$

Hinweis
Wenn du eine Gerade zeichnen willst, so forme die Gleichung zuerst um in $y = mx + b$.

4 Forme die Gleichungen um in y = ...
Zeichne die beiden Graphen.
Lies das Zahlenpaar ab, das die Lösung ist.

a) (I) $2x + y = 3 \mid -2x$
(II) $-x + y = -3 \mid +x$

b) (I) $-4x + y = -6$
(II) $-x = -4 + y$

mögliche Lösungen:
(2 | 2) (−1 | 2) (2 | 1) (2 | −1)

4 Löse zeichnerisch. Forme dazu die Gleichungen um und zeichne den Graphen. Prüfe deine Lösung durch Einsetzen.

a) (I) $3x + y = 1$
(II) $y - 1 = -x$

b) (I) $-y + x = 4$
(II) $-3x + 2y = -16$

mögliche Lösungen:
(8 | 4) (1 | 0) (4 | 8) (0 | 1)

5 Kaan und Jonathan untersuchen das Gleichungssystem.
Kaan meint: „Die Geraden haben die gleiche Steigung."
Jonathan ergänzt: „Aber der y-Achsenabschnitt ist verschieden."

(I) $y = 2x + 2$
(II) $y = 2x - 3$

a) Beschreibt, wie die Geraden zueinander verlaufen.
b) Erklärt, was eure Antwort in Teilaufgabe a) für die Lösungsmenge bedeutet.
c) Ändert eine Gleichung, sodass das Gleichungssystem unendlich viele Lösungen hat.

6 Begründe, ohne zu zeichnen: Wie viele Lösungen hat das Gleichungssystem?

a) (I) $y = x + 6$
(II) $y = 4x - 2$

b) (I) $y = 2x + 1$
(II) $y = 2x - 1$

c) (I) $y = 3x + 7$
(II) $y = 3x + 8$

d) (I) $y = -x + 2$
(II) $2y = -2x + 6$

6 Begründe, ohne zu zeichnen: Wie viele Lösungen hat das Gleichungssystem?

a) (I) $y = 3x + 5$
(II) $y = 2x - 4$

b) (I) $y = -5x + 2$
(II) $y = -5x + 6$

c) (I) $y = 2x + 4$
(II) $y - 4x = 8$

d) (I) $6y + 4x = 6$
(II) $2x = 4{,}5 - 3y$

7 Was meint ihr dazu? Diskutiert zu zweit oder zu dritt.

Wenn es sowieso keine Lösung gibt, dann ist es doch unnötig, die Graphen zu zeichnen.

8 Welches Zahlenpaar ist gesucht?

(I) Die Zahl x ist um 3 größer als die Zahl y.
(II) Wenn man die Summe (x + y) mit 2 multipliziert, dann erhält man 22.

a) Ergänze das Gleichungssystem
(I) $x = y + \square$
(II) $2\,(x + y) = \square$

b) Zeichne die Graphen. Lies die Lösung ab.

9 Jan kauft Burger und Pommes. Er kauft 8 Teile und muss 11 € zahlen.

a) x steht für die Anzahl der Burger. y steht für die Pommes-Packungen. Stelle zwei Gleichungen auf.
Tipp (I) $8 = x + \square$

b) Prüfe: Ist 5 Burger und 3-mal Pommes eine Lösung? Erkläre dein Vorgehen.

10 Übertrage die Zeichnung ins Heft. Zeichne eine zweite Gerade, sodass das zugehörige Gleichungssystem die Lösung (1 | 2) hat.

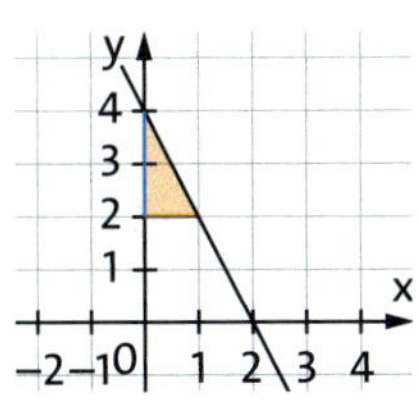

11 Die erste Gleichung von einem Gleichungssystems ist (I) $3x + y = 2$. Wähle eine zweite Gleichung (II), sodass es keine Lösung gibt.

(II) $-3x + y = 6$

(II) $3x + y = 5$

(II) $x - 3y = 2$

LINEARE GLEICHUNGSSYSTEME

8 Welches Zahlenpaar ist gesucht?

(I) Die Summe der Zahlen x und y ergibt 25.
(II) Die Zahl y ist um 1 größer als die Zahl x.

a) Stelle zwei Gleichungen auf und bilde ein Gleichungssystem.
b) Zeichne die beiden Graphen und lies die Lösung ab.
c) Überprüfe deine Lösung am Text.

9 Jannik kauft 3 rote und 2 grüne Donuts und muss 4,45 € zahlen.
Milo kauft 4 rote und 1 grünen Donuts und muss 4,60 € zahlen.

a) Nutze x für den Preis von einem grünen Donut und y für einen roten Donut. Stelle Gleichungen für Jannik und Milo auf.
b) Finde den Preis für einen roten und für einen grünen Donut. Nutze Tabellen. Probiere realistische Preise aus.

10 Die erste Gleichung eines Gleichungssystems ist (I) $y = 2x + 1$.

a) Zeichne die Gerade.
b) Trage eine zweite Gerade ein, sodass das zugehörige Gleichungssystem die Lösung (1|3) hat. Gib die Gleichung (II) an.
c) Prüfe die Lösung (1|3) durch Einsetzen.

11 Die erste Gleichung eines Gleichungssystems ist (I) $2x + y = 5$.
Ergänze die zweite Gleichung (II) $\square x + y = \square$, sodass gilt:

a) Es gibt genau eine Lösung.
b) Es gibt keine Lösung
c) Es gibt unendlich viele Lösungen.

Methode Gleichungssysteme am Computer lösen

Lineare Gleichungssysteme kann man auch mit dem Computer lösen.
Man nutzt eine **dynamische Geometrie-Software (DGS)**, um die beiden Geraden zu zeichnen, die zu den zwei Gleichungen gehören.
Dann lässt man sich den genauen Schnittpunkt anzeigen und kann die Lösung angeben.

① die Geraden zeichnen
Trage in der Eingabezeile die Gleichungen (I) und (II) ein.

○	g1: 2 x + 5 y = 10
○	g2: x + y = 4

Wenn du den Kreis anklickst, dann wird die Gerade angezeigt.

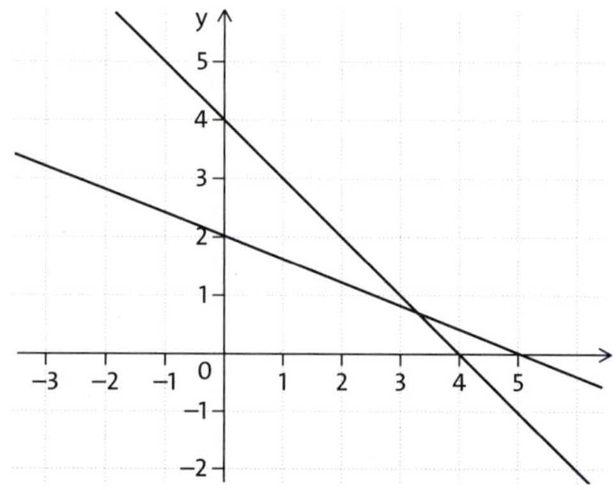

② den Schnittpunkt anzeigen
Wähle das Werkzeug „Schnittpunkt“ und klicke den Schnittpunkt der Geraden an. Der Schnittpunkt wird mit seinen beiden Koordinaten angezeigt.

○	A = Schnittpunkt(g1,g2) = (3.33, 0.67)

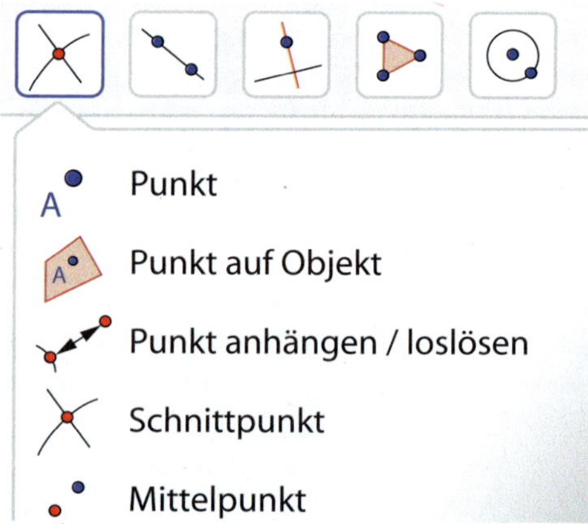

③ die Lösungsmenge angeben
Gib die Lösungsmenge an.

Lösungsmenge L = {(3,33 | 0,67)}

ANWENDEN

1 Bestimmt die Lösungsmenge des linearen Gleichungssystems mit einer DGS.
a) Gebt die Geradengleichungen (I) und (II) ein.
b) Klickt in der Menüleiste auf das Werkzeug „Schnittpunkt“.
c) Gebt den Schnittpunkt als Lösung an.

(I) $2x + 4y = 8$
(II) $-4x + 2y = -1$

Hinweis
In DGS wird das Komma als Punkt eingegeben.

2 Löse das Gleichungssystem mit einer DGS.
a) (I) $2x - 3y = -13$
(II) $5x + 2y = -4$
b) (I) $y = 2x - 7$
(II) $2y = -x + 11$
c) (I) $x = 4y + 6$
(II) $7x - 3y = 17$
d) (I) $2{,}5x = 7{,}5y - 5$
(II) $x = 8{,}5 - 4y$

2 Bestimme die Lösungsmenge mit einer DGS.
a) (I) $3x - y = 4$
(II) $2x + 1 = y$
b) (I) $0{,}3y - 4{,}7x = 3{,}9$
(II) $4{,}2y + 5{,}1x = -1{,}2$
c) (I) $-0{,}3x + y = -25$
(II) $y = -0{,}25x + 63$
d) (I) $y = \frac{1}{4}x - 2$
(II) $-9 = 4{,}5x - 3y$

Das Gleichsetzungsverfahren

ENTDECKEN

1 Versucht, die beiden linearen Gleichungssysteme zu lösen.

a) Beschreibt, auf welche Schwierigkeiten ihr trefft.

b) Welche Zahlenpaare sind Lösungen?

① (I) $y = -x + 10$
(II) $y = -2x + 200$

② (I) $y = -2x + 6$
(II) $y = 3x - 0{,}1$

(100 | 50) (1,22 | 3,56) (190 | −180)

2 Wie viel wiegt eine Zitrone? Wie viel wiegt ein Apfel?
Beschreibe, wie du vorgegangen bist. Begründe, warum das funktioniert.

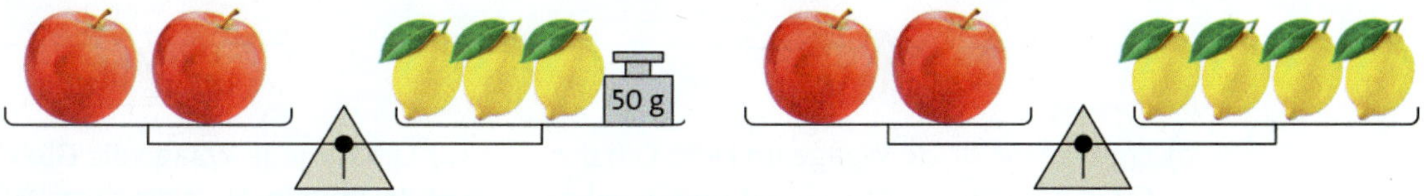

VERSTEHEN

Oft kann man die Graphen für ein Gleichungssystem schlecht zeichnen, weil die Zahlen sehr groß sind. Oder die Lösung lässt sich nur ungenau ablesen. Bei solchen Gleichungssystemen ist es besser, die Lösungsmenge mit einer Rechnung zu bestimmen.

Beide Gleichungen beginnen mit y = ...

(I) $y = 4x$

(II) $y = 2x + 6$

neue Gleichung $4x = 2x + 6 \quad | -2x$

$2x = 6 \quad | :2$

$x = 3$

$x = 3$ einsetzen in (I) $y = 4 \cdot 3$

$y = 12$

Die Lösungsmenge ist $L = \{(3 | 12)\}$.

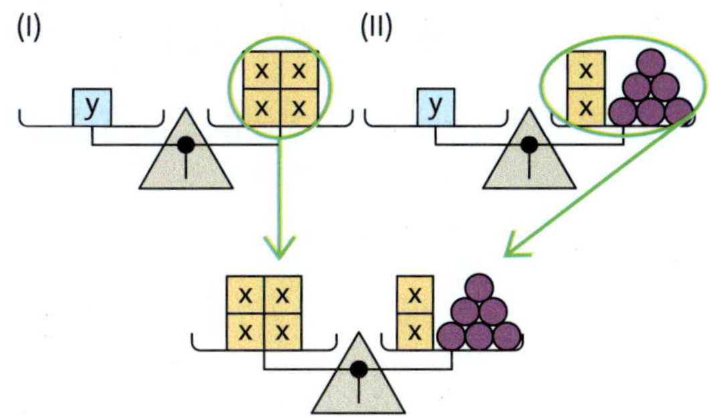

Vokabeln
→ das Gleichsetzungsverfahren

Merke Gleichsetzungsverfahren

① Forme beide Gleichungen so um, dass die gleiche Variable alleine auf einer Seite steht.

② Setze die beiden Terme gleich. So entsteht eine neue Gleichung, in der nur noch x vorkommt.

③ Löse die neue Gleichung.

④ Setze die Lösung für x in Gleichung (I) oder (II) ein. Berechne y.

⑤ Rechne die Probe. Setze dazu x und y in die Gleichungen (I) und (II) ein.

⑥ Gib die Lösungsmenge L an.

Beispiel 1

① (I) $3y = 12x - 30 \quad | :3$
(II) $2y + 2x = 10 \quad | :2$
(I') $y = 4x - 10$
(II') $y + x = 5 \quad | -x$
(I') $y = 4x - 10$
(I'') $y = 5 - x$

② neue Gleichung $4x - 10 = 5 - x \quad | +x$

③ $5x - 10 = 5 \quad | +10$
$5x = 15 \quad | :5$
$x = 3$

④ $x = 3$ einsetzen in (II) $2y + 2 \cdot 3 = 10$
$2y + 6 = 10 \quad | -6$
$2y = 4 \quad | :2$
$y = 2$

⑤ Probe (I) $3 \cdot 2 = 12 \cdot 3 - 30$ ✓
(II) $2 \cdot 2 + 2 \cdot 3 = 10$ ✓

⑥ Lösungsmenge $L = \{(3 | 2)\}$

ANWENDEN

1 Erklärt euch gegenseitig, wie die Waagen und die Gleichungen zusammenhängen.

(I) (II)

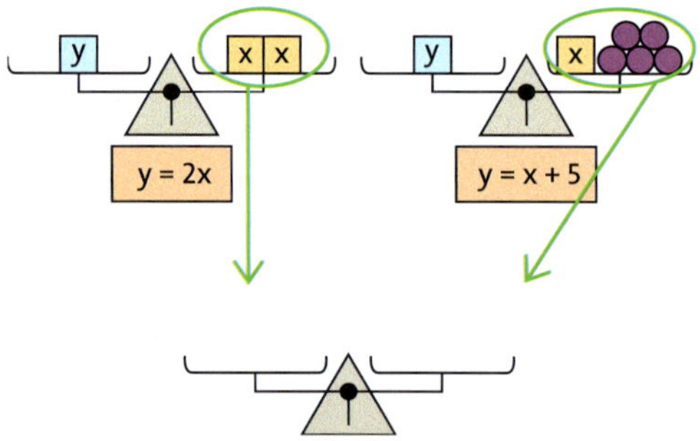

a) Ergänze die dritte Waage im Heft. Gib die Gleichung an, die dazu passt und wie die Pfeile es vorgeben.
b) Bestimme die Lösung für x. Finde dann mit Waage (I) die Lösung für y.
c) Prüfe deine Lösung für x und y. Nutze die Waagen (I) und (II).

1 Erklärt euch gegenseitig die Zeichnung.

(I) (II)

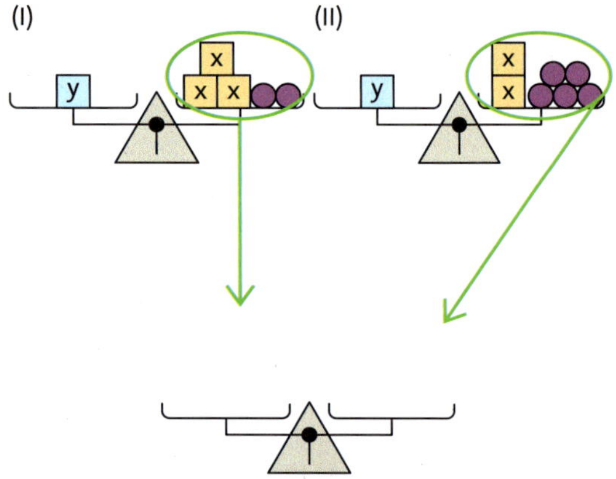

a) Gib für jede Waage die Gleichung an.
b) Zeichne im Heft die dritte Waage, wie die Pfeile es vorgeben. Notiere die Gleichung.
c) Bestimme die Lösung für x. Finde dann mithilfe von Waage (I) die Lösung für y.
d) Prüfe deine Lösung für x und y. Nutze die Waagen (I) und (II).

2 Setze die rechten Seiten gleich. Berechne zuerst x und dann y

Tipp zu a) $2x = x + 7 \mid -x$

a) (I) $y = 2x$
(II) $y = x + 7$

b) (I) $y = x - 3$
(II) $y = 2x$

2 Setze die rechten Seiten gleich. Berechne zuerst x und dann y.

Tipp zu a) $3x = 2x - 10$

a) (I) $y = 3x$
(II) $y = 2x - 10$

b) (I) $y = 6x$
(II) $y = 5x + 2$

3 Immer zwei Gleichungen ergeben ein Gleichungssystem. Ordne zu und löse dann.

Tipp Achte darauf, dass die Variablen zusammenpassen.

$c = 4d + 3$ | $s = 5t + 15$ | $y = 3x + 5$ | $a = 3b - 5$

$a = b + 10$ | $c = -3d + 18$ | $s = -1t + 3$ | $y = 2x + 7$

4 Löse mit dem Gleichsetzungsverfahren.

a) (I) $y = -x + 10$
(II) $y = x + 4$

b) (I) $y = 2x - 6$
(II) $y = -x + 15$

mögliche Lösungen: (3 | 7); (7 | 3); (7 | 8); (8 | 7)

4 Löse mit dem Gleichsetzungsverfahren.

a) (I) $y = -4x - 3$
(II) $y = 3x + 11$

b) (I) $y = -x + 5$
(II) $y = 2x + 2$

mögliche Lösungen: (−5|2); (−2|5); (0|5); (1|4)

5 Tuana soll die Lösungsmenge des Gleichungssystems bestimmen. Sie beginnt so:

(I) $y = -3x + 5$
(II) $-2y = 10x - 14 \quad \mid : (-2)$
(I) $y = -3x + 5$
(II') $y = -5x + 7$

a) Erklärt euch gegenseitig, warum Tuana Gleichung (II) erst durch (−2) teilt.
b) Löse das Gleichungssystem.
c) Löse ebenso: ① (I) $3y = 6x - 9$
(II) $-4y = -12x + 20$

② (I) $y = 4x - 2$
(II) $5y = 10x$

6 Forme zuerst um in die Form y = ...
Löse dann mit dem Gleichsetzungsverfahren.
Rechne die Probe.

a) (I) $y = x + 2$
(II) $2y = 4x - 2$

b) (I) $2x - 8 = y$
(II) $y = x + 10$

c) (I) $y = 5x + 16$
(II) $3y = 36 + 9x$

d) (I) $-12 = -2y - 8x$
(II) $4y = 8x - 24$

7 Die beiden Graphen gehören zum linearen Gleichungssystem (I) $y = 6x - 2$
(II) $y = 2x$

a) Lies den ungefähren Schnittpunkt der Graphen ab.
b) Berechne die exakte Lösung.

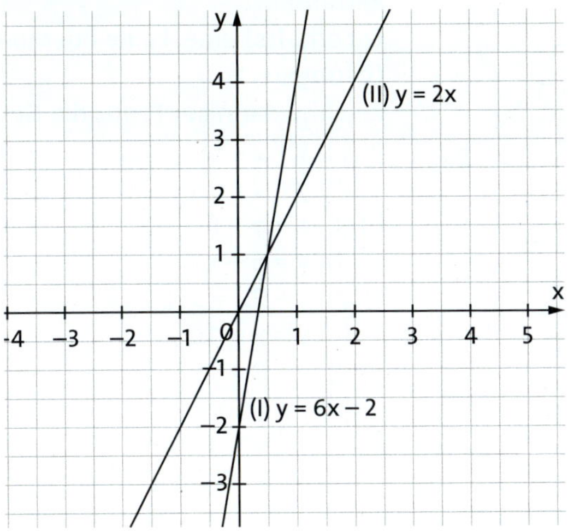

6 Forme zuerst um in die Form y = ...
Löse dann mit dem Gleichsetzungsverfahren.
Rechne die Probe.

a) (I) $y + 2x = 2$
(II) $3y = 3x + 1{,}5$

b) (I) $y + 4x = 11$
(II) $2y = 4x - 2$

c) (I) $-6x - 3 = 3y$
(II) $12 - 12y = -24x$

d) (I) $y = 70 + 2x$
(II) $90 = 6y + 3x$

7 Die beiden Graphen gehören zu einem linearen Gleichungssystem.

a) Gib die zweite Gleichung an.
b) Lies den ungefähren Schnittpunkt der Graphen ab.
c) Berechne die exakte Lösung.

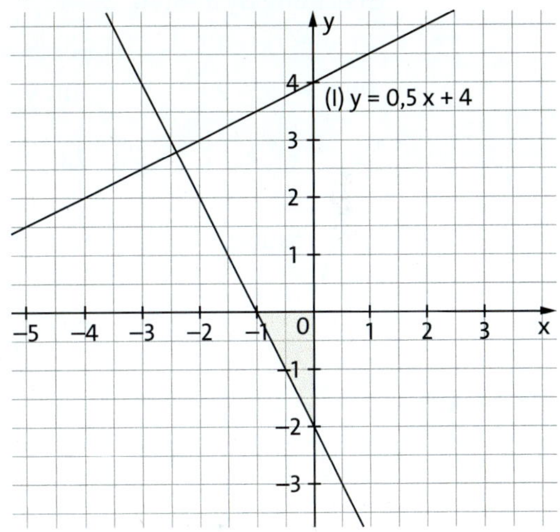

8 Löse die Gleichungssysteme. Ordne dann jedem Gleichungssystem eine Lösungsmenge zu. Notiere das Lösungswort. Achtung, es bleiben Zahlenpaare übrig.

a) (I) $y = 3x + 2$
(II) $y = -3x - 4$

b) (I) $y = -4 + 6x$
(II) $2y = 10 + 6x$

c) (I) $2y = 14x + 6$
(II) $4y = 2x + 12$

d) (I) $y = -6x + 16$
(II) $-2y = -4x - 8$

$L = \{(2{,}5|4)\}$ I | $L = \{(3|14)\}$ E | $L = \{(2|1)\}$ U | $L = \{(1{,}5|7)\}$ M

$L = \{(0|3)\}$ R | $L = \{(-1|8)\}$ N | $L = \{(3|0)\}$ S | $L = \{(-1|-1)\}$ T

9 Finde und erkläre die Fehler. Berichtige dann in deinem Heft.

a) (I) $y = -3x + 2$
(II) $2y = 9x - 4$
neue Gleichung:
$-3x + 2 = 9x - 4 \quad | + 3x$
$2 = 12x - 4 \quad | + 5$
$6 = 12x \quad | : 12$
$x = 0{,}5$
in (II) $2y = 9 \cdot 0{,}5 - 4 \quad | : 2$
$y = 0{,}25$

b) (I) $y = 9x - 5$
(II) $2y = -2x + 6 \quad | : 2$
(I) $y = 9x - 5$
(II') $y = -x + 3$
neue Gleichung:
$9x - 5 = -x + 3 \quad | - x$
$8x - 5 = 3 \quad | + 5$
$8x = 8 \quad | : 8$
$x = 1$

10 (I) Ida kauft 2 Donuts und 1 Brötchen.
Sie zahlt 3,50 €.
(II) Elli kauft 5 Donuts und 1 Brötchen.
Sie zahlt 6,50 €.

a) x steht für den Preis von einem Donut.
y steht für den Preis von einem Brötchen.
Ergänze die Gleichung (II). Erkläre.
(I) $2x + y = 3{,}5$ (II) $5x + y = ...$

b) Forme um in die Form $y = ...$

c) Löse mit dem Gleichsetzungsverfahren.

d) Wie teuer ist ein Donut? Und ein Brötchen?

10 (I) Leon kauft 3 Dosen Limo und 1 Eis.
Er zahlt 4,50 €.
(II) Lena kauft 5 Dosen Limo und 1 Eis.
Sie zahlt 6,50 €.

a) Stelle zwei Gleichungen auf.
x steht für den Preis von einer Dose Limo.
y steht für den Preis von einem Eis.

b) Forme um in die Form $y = ...$

c) Löse mit dem Gleichsetzungsverfahren.

d) Gib die Lösungsmenge $L = \{(x|y)\}$ an.

e) Formuliere einen Antwortsatz.

Info Sonderfälle beim Lösen von Gleichungssystemen

(I) $y = \frac{1}{3}x + 1$
(II) $y = \frac{1}{3}x - 2$

$\frac{1}{3}x + 1 = \frac{1}{3}x - 2 \quad | -\frac{1}{3}x$

$1 \neq -2$ *f*

keine Lösung
$L = \{\}$

(I) $y = 2x - 1$
(II) $y = 2x - 1$

$2x + 1 = 2x + 1 \quad | -2x$

$1 = 1$ ✓

unendlich viele Lösungen
$L = \{(x|y) \mid y = 2x - 1\}$

gleiche Steigung, unterschiedlicher y-Achsenabschnitt

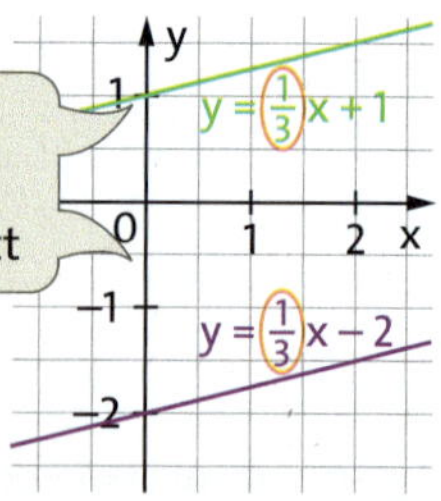

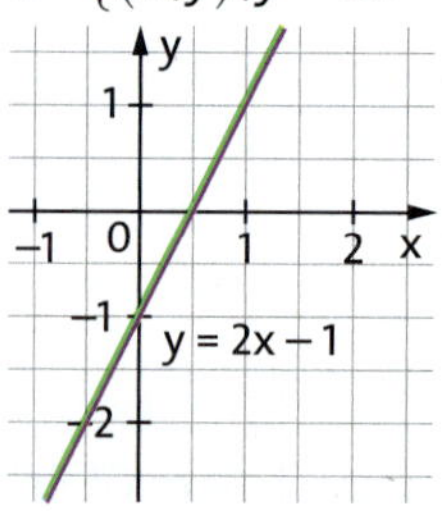

11 Löse zuerst mit dem Gleichsetzungsverfahren.
Du erhältst eine, keine oder unendlich viele Lösungen.
Zeichne dann zur Probe die Geraden.

a) (I) $y = 2x + 1$
(II) $y = 2x - 4$

b) (I) $x + y = 5 \quad | -x$
(II) $y = 5 - x$

c) (I) $y - 2x = 5 \quad | +2x$
(II) $y = x + 10$

d) (I) $y = 8 + 2x$
(II) $2y = 10 + 2x$

e) (I) $-\frac{1}{2}x + 3 = y$
(II) $-y = 0{,}5x - 3$

Tipp $\frac{1}{2} = 0{,}5$

12 Gibt es genau eine, keine oder unendlich viele Lösungen? Beschreibe, wie du vorgehst.

a) (I) $y = -2x + 6$
(II) $-2x - 1 = y$

b) (I) $3x + y = 5$
(II) $y = 4 - 2x$

c) (I) $y = x + 2$
(II) $3x = -3y + 6$

d) (I) $2y - 4x = -2$
(II) $y = 2x + 1$

12 Gibt es genau eine, keine oder unendlich viele Lösungen? Beschreibe, wie du vorgehst.

a) (I) $y = 0{,}5x + 5$
(II) $2{,}5x - 7 = y$

b) (I) $\frac{1}{2}y = 1{,}5x - 1$
(II) $y = 3x - 2$

c) (I) $y = 2x + 6$
(II) $6x - 3y = 9$

d) (I) $6x - 3y = 3$
(II) $2y = -4x + 10$

13 Entscheide: Welche der sechs Gleichungen unten ergibt zusammen mit der dargestellten Geraden ein Gleichungssystem …
① mit genau einer Lösung?
② mit keiner Lösung?
③ mit unendlich vielen Lösungen?
Beschreibe dein Vorgehen.

A $x + 2y = 2$ **B** $4y = 8 - 2x$
C $-2y = -x + 2$ **D** $3x + 6y = 3$
E $-0{,}5x = y - 3$ **F** $y + 5 = -\frac{1}{4}x + 5$

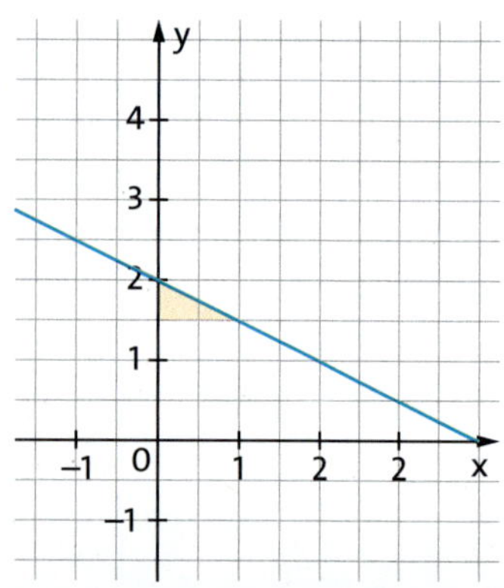

Das Einsetzungsverfahren

ENTDECKEN

1 Wie viel wiegt das Meerschweinchen? Wie viel wiegt die Katze?
Beschreibe, wie du vorgegangen bist. Begründe, warum das funktioniert.

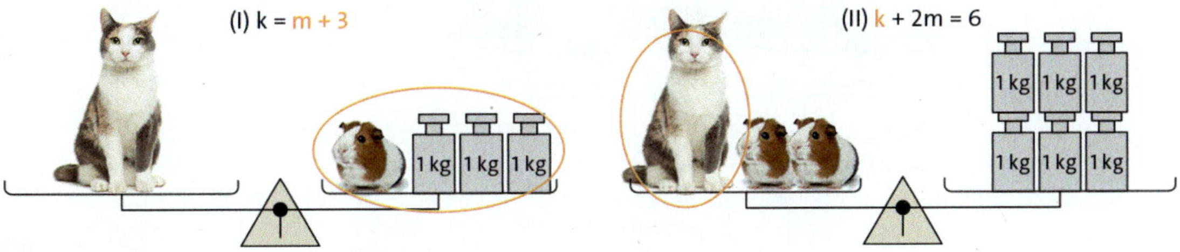

VERSTEHEN

Bei manchen Gleichungssystemen ist es am einfachsten, den Term von einer Gleichung in die andere Gleichung einzusetzen. Die erste Gleichung beginnt mit x = ...
Dann kann man den Term für x in die zweite Gleichung einsetzen.

(I) $x = 5y$
(II) $x + 2y = 7$
neue Gleichung:
5y in (II) eingesetzt $\quad 5y + 2y = 7$
$7y = 7 \quad | : 7$
$y = 1$
Setze $y = 1$ ein in (I) $\quad x = 5 \cdot 1$
$x = 5$

Die Lösungsmenge ist $L = \{(5 | 1)\}$.

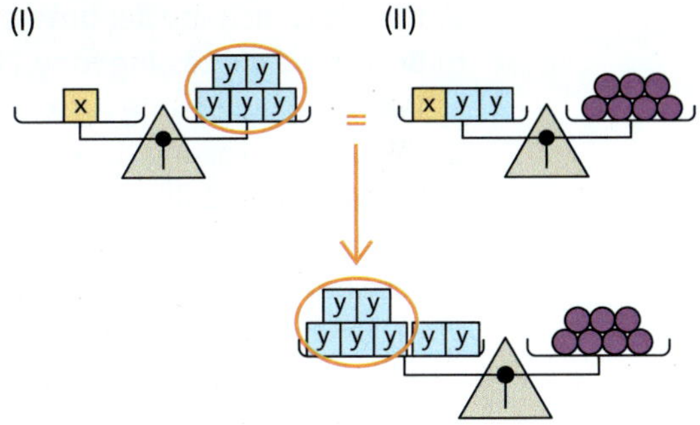

Vokabeln
→ das Einsetzungsverfahren

Merke Einsetzungsverfahren

① Forme eine Gleichung so um, dass eine der beiden Variablen alleine auf einer Seite steht.

② Setze den Term von (I″) in (II) ein. So entsteht eine neue Gleichung, in der nur noch eine Variable vorkommt.

③ Löse die neue Gleichung.

④ Setze die Lösung in eine der Gleichungen (I) oder (II) ein.

⑤ Rechne die Probe. Setze dazu x und y in die Gleichungen (I) und (II) ein.

⑥ Gib die Lösungsmenge L an.

Beispiel 1

① (I) $4x + 8y = 4 \quad | -8y$
(II) $5x + 2y = 13$
(I′) $4x = 4 - 8y \quad | : 4$
(II) $5x + 2y = 13$
(I″) $x = 1 - 2y$
(II) $5x + 2y = 13$

② neue Gleichung $\quad 5(1 - 2y) + 2y = 13$

③ ausmultiplizieren $\quad 5 - 10y + 2y = 13$
zusammenfassen $\quad 5 - 8y = 13 \quad | -5$
$-8y = 8 \quad | : (-8)$
$y = -1$

④ $y = -1$ einsetzen in (II)
$5x + 2 \cdot (-1) = 13$
$5x - 2 = 13 \quad | +2$
$5x = 15 \quad | : 5$
$x = 3$

⑤ Probe (I) $4 \cdot 3 + 8 \cdot (-1) = 4$ ✓
(II) $5 \cdot 3 + 2 \cdot (-1) = 13$ ✓

⑥ Lösungsmenge $L = \{(3 | -1)\}$

ANWENDEN

1 Erklärt euch gegenseitig, wie die Waagen und die Gleichungen zusammenhängen.

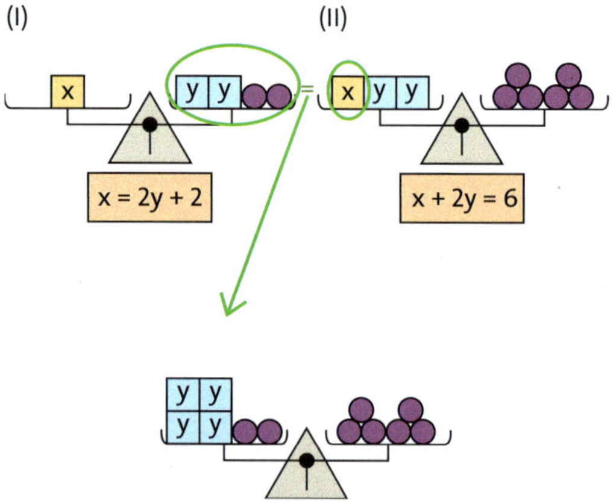

a) Gib die Gleichung der unteren Waage an.
b) Bestimme die Lösung für y. Finde dann mit Waage (I) die Lösung für x.
c) Prüfe deine Lösung für x und y. Nutze die Waagen (I) und (II).

1 Erklärt euch gegenseitig die Zeichnung.

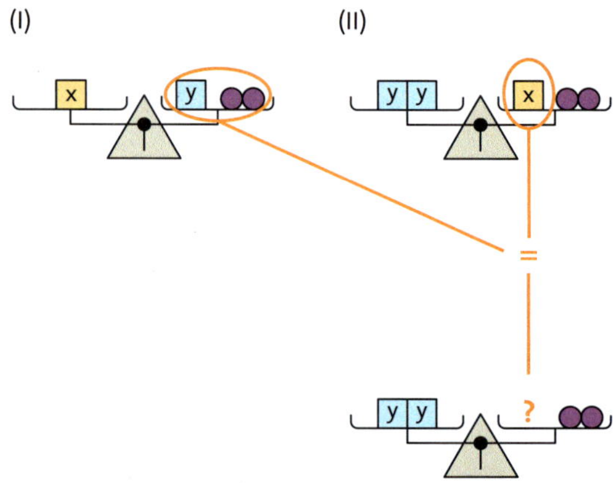

a) Gib für Waage (I) und (II) die Gleichung an.
b) Zeichne im Heft die dritte Waage, wie die Pfeile es vorgeben. Notiere die Gleichung.
c) Bestimme die Lösung für y. Finde dann mithilfe von Waage (II) die Lösung für x.
d) Prüfe deine Lösung für x und y. Nutze die Waagen (I) und (II).

2 Löse mit dem Einsetzungsverfahren.

a) (I) $x = 2y - 2$
(II) $x + y = 4$

b) (I) $x = 12 + 4y$
(II) $12 + x = -2y$

c) (I) $x = y + 1$
(II) $3x - 2y = 1$

d) (I) $x = 5 - 2y$
(II) $2x = 2 + 4y$

mögliche Lösungen: $(-4|-4)$; $(-2|-1)$; $(-1|-2)$; $(1|3)$; $(2|-2)$; $(2|2)$; $(3|1)$

2 Löse mit dem Einsetzungsverfahren.

a) (I) $x = 8 - 2y$
(II) $x + 3y = 11$

b) (I) $x = -3y + 1$
(II) $2x + y = 7$

c) (I) $2x + 3y = 8$
(II) $x = 0{,}5y - 4$

d) (I) $x = 2y - 1$
(II) $3y - x = 2$

mögliche Lösungen: $(-2|1)$; $(-2|4)$; $(-1|4)$; $(1|1)$; $(2|3)$; $(3|2)$; $(4|-1)$

3 Miray löst das Gleichungssystem mit dem Einsetzungsverfahren. Bringe die Rechenschritte in die richtige Reihenfolge. Formuliere zu jeder Karte eine Beschreibung.

(I) $4x - 4y = 8$
(II) $5x - y = 10$

Ⓐ $L = \{(2|0)\}$

Ⓑ (I) $4x - 4y = 8 \quad |:4$
$x - y = 2 \quad |+y$
$x = 2 + y$

Ⓒ (II) $5\cdot(2 + y) - y = 10$
$10 + 5y - y = 10$
$10 + 4y = 10 \quad |-10$
$4y = 0 \quad |:4$
$y = 0$

Ⓓ (I) $4\cdot 2 - 4\cdot 0 = 8$
$8 - 0 = 8$ ✓
(II) $5\cdot 2 - 0 = 10$
$10 = 10$ ✓

Ⓔ (I) $4x - 4\cdot 0 = 8$
$4x - 0 = 8 \quad |:4$
$x = 2$

4 Forme zuerst Gleichung (I) um in x = ... Löse dann mit dem Einsetzungsverfahren.

a) (I) $x - y = 5 \quad |+y$
(II) $4 + x = 2y$

b) (I) $5 + x = y \quad |-5$
(II) $2x + y = 2$

c) (I) $2y = 3 + x$
(II) $3y - x = 5$

d) (I) $3y = 6 - x$
(II) $-y + x = 2$

4 Forme zuerst eine Gleichung um in x = ... Löse dann mit dem Einsetzungsverfahren.

a) (I) $3y + x = 15$
(II) $5y = 9 + x$

b) (I) $2x = 16 + 4y$
(II) $2y + 5x = 4$

c) (I) $11 = 8y - x$
(II) $x + 5 = 5y$

d) (I) $3y + x = 7$
(II) $-2x = 6 - 4y$

5 Finde und erkläre die Fehler. Berichtige dann in deinem Heft.

a) (I) $4x + 8y = 36$
(II) $x = 3y - 4$

(II) einsetzen in (I):
$4 \cdot 3y - 4 + 8y = 36$
$12y - 4 + 8y = 36 \quad | + 4$
$20y = 40 \quad | : 20$
$y = 2$
$x = 3 \cdot 2 - 4$
$x = 2 \qquad L = \{(2|2)\}$

b) (I) $15y - 3x = 15$
(II) $x = 3y + 1$

(II) einsetzen in (I):
$15y - 3\,(3y + 1) = 15$
$15y - 9y + 3 = 15 \quad | - 3$
$6y = 12 \quad | : 6$
$y = 2$
$x = 3 \cdot 2 + 1$
$x = 7 \qquad L = \{(7|2)\}$

c) (I) $x = 3y + 5$
(II) $y = 5x + 3$

(I) einsetzen in (II):
$3y + 5 = 5x + 3 \quad | - 5$
$3y = 5x - 2 \quad | - 5x$
$3y - 5x = -2$
unendlich viele Lösungen

Info Sonderfälle beim Lösen von Gleichungssystemen

(I) $x = 1{,}5y - 1$
(II) $3y - 2x = 1$
$3y - 2(1{,}5y - 1) = 1$
$3y - 3y + 2 = 1$
$2 \neq 1$ *f*
keine Lösung
$L = \{\}$

(I) $x = 1 - y$
(II) $2x + 2y = 2$
$2(1 - y) + 2y = 2$
$2 - 2y + 2y = 2$
$2 = 2$ ✓
unendlich viele Lösungen
$L = \{(x|y)\,|\,x = 1 - y\}$

6 Löse zuerst das Gleichungssystem mit dem Einsetzungsverfahren.
Zeichne dann zur Probe die beiden Geraden.

a) (I) $x = y + 1$
(II) $2x - 2 = 2y$

b) (I) $3x + 2y = 8$
(II) $y = x + 4$

c) (I) $x = 1 + 0{,}5y$
(II) $2x - y = 2$

d) (I) $2y + x = 2$
(II) $-2y - x = 2$

e) (I) $x = 2y - 1$
(II) $x - y = 2$

f) (I) $y = \frac{1}{2}x + 1$
(II) $y = 0{,}5x - 2$

Nachgedacht
Warum kannst du Aufgabe 7 gut mit dem Einsetzungsverfahren lösen? Begründe.

7 Bestimme rechnerisch, wie viele Lösungen das Gleichungssystem hat.

a) (I) $x = 1 - y$
(II) $-2x = 2y - 2$

b) (I) $5y + x = 8$
(II) $x = 3y$

c) (I) $2y + 5x = 9$
(II) $x = 3y + 12$

d) (I) $x = -y + 4$
(II) $y = -x + 5$

7 Bestimme rechnerisch, wie viele Lösungen das Gleichungssystem hat.

a) (I) $x = 1 - y$
(II) $5x = 1 - 5y$

b) (I) $-4x + 8y = 2$
(II) $x = 2y - 0{,}5$

c) (I) $x = 2y + 1$
(II) $2x - 4y = 2$

d) (I) $7y - 3x = 9$
(II) $3x = -6y + 30$

8 Die erste Gleichung ist: (I) $x = y + 2$
Mit welcher Gleichung (II) hat das Gleichungssystem genau eine Lösung?

(II) $2y = 2x - 2$ | (II) $-1 = x - y$ | (II) $2y = x + 3$

8 Die erste Gleichung ist: (I) $x = y + 2$
Mit welcher Gleichung (II) hat das Gleichungssystem ...
① genau eine Lösung? ② keine Lösung?

(II) $x = -2y + 5$ | (II) $x = -2y + 4$ | (II) $x = 0{,}5y + 3{,}5$

9 Hier ist es einfacher, den Term für y in die Gleichung (II) einzusetzen.
Setze ein und löse das Gleichungssystem.

a) (I) $y = -1 - 3x$
(II) $y + 2x = 4$

b) (I) $y = 0{,}5x$
(II) $3x = y - 10$

9 Hier ist es einfacher, den Term für y in die Gleichung (II) einzusetzen.
Setze ein und löse das Gleichungssystem.

a) (I) $y = 4 - 2x$
(II) $x = y - 4$

b) (I) $y = -x + 1$
(II) $2y = 5 + x$

Methode Das Additionsverfahren

1 Timo zeichnet die zwei Waagen für das lineare Gleichungssystem: (I) $4x + 3y = 2$
(II) $2x + 4y = 6$
Auf einer dritten Waage legt er alle Steine aus den beiden linken Waagschalen nach links und alle Kugeln aus den rechten Waagschalen nach rechts.

a) Erkläre, warum auch die dritte Waage im Gleichgewicht ist.
b) Gib die Gleichung für die dritte Waage an. Erkläre, wie diese Gleichung aus Gleichung (I) und (II) entstanden ist.

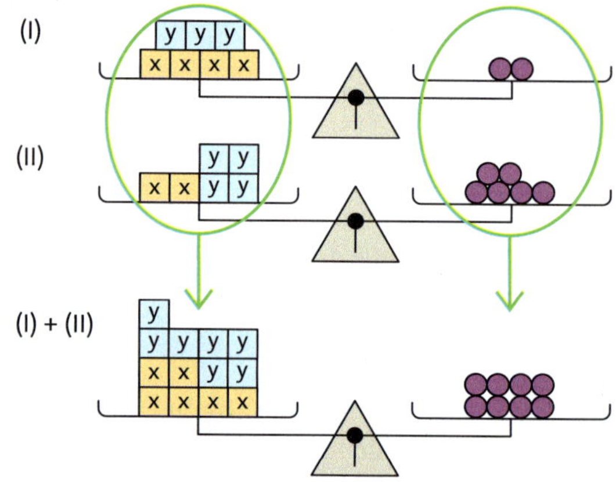

Das Additionsverfahren ist eine weitere Möglichkeit, um ein lineares Gleichungssystem zu lösen. Die Terme auf den linken Seiten werden addiert und ebenso die Terme auf den rechten Seiten. Beim rechnerischen Lösen kann man das so nutzen: Man addiert die Terme so, dass eine Variable wegfällt und man nur noch eine Gleichung mit einer Variablen lösen muss.

Beispiel 1 ohne Umformen

(I)	$3x + 5y = 14$	
	$+ \quad + \quad +$	
(II)	$-3x + 4y = 13$	
(I) + (II)	$9y = 27$	$\mid :9$
	$y = 3$	
in (I)	$3x + 5 \cdot 3 = 14$	
	$3x + 15 = 14$	$\mid -15$
	$3x = -1$	$\mid :3$
	$x = -\frac{1}{3}$	

Lösungsmenge $L = \left\{\left(-\frac{1}{3} \mid 3\right)\right\}$

Beispiel 2 mit Umformen

(I)	$4x + 3y = 2$	
(II)	$2x + 4y = 6$	$\mid \cdot(-2)$
(I)	$4x + 3y = 2$	
	$+ \quad + \quad +$	
(II')	$-4x - 8y = -12$	
(I) + (II')	$-5y = -10$	$\mid :(-5)$
	$y = 2$	
in (I)	$4x + 3 \cdot 2 = 2$	
	$4x + 6 = 2$	$\mid -6$
	$4x = -4$	$\mid :4$
	$x = -1$	

Lösungsmenge $L = \{(-1 \mid 2)\}$

ANWENDEN

Nachgedacht
Warum kannst du Aufgabe 2 gut mit dem Additionsverfahren lösen? Begründe.

2 Löse mit dem Additionsverfahren.
Tipp Addiere die Terme, die untereinander stehen. Berechne zuerst y. Setze y in (I) ein.

a) (I) $2x + 2y = 2$
(II) $-2x + 3y = 8$
$5y = \ldots$

b) (I) $3x - 2y = 6$
(II) $-3x + 6y = 6$

2 Löse mit dem Additionsverfahren.

a) (I) $4x + 3y = -5$
(II) $-4x + 6y = 14$

b) (I) $4x - y = 17$
(II) $3x + y = 25$

c) (I) $8x - 9y = 7$
(II) $-8y + 6y = -10$

d) (I) $10x + 3y = 2$
(II) $-4x - 3y = -8$

3 Tina und Alex lösen mit dem Additionsverfahren.

(I) $x + 2y = 15$
(II) $-3x - y = -25$

Tina multipliziert die Gleichung (I) mit 3, damit x beim Addieren wegfällt.
Alex meint, man muss die Gleichung (II) mit 2 multiplizieren, damit y wegfällt.
Was sagt ihr dazu? Probiert beide Lösungswege aus.

ANWENDEN

4 Löse mit dem Additionsverfahren.
Tipp Multipliziere zuerst Gleichung (I) wie vorgegeben. Addiere dann und berechne x.
a) (I) $x - 7y = -5 \mid \cdot 3$
(II) $-3x - 5y = -11$
b) (I) $x - 3y = 5 \mid \cdot 2$
(II) $-2x - 1y = 4$

4 Löse mit dem Additionsverfahren.
Tipp Multipliziere zuerst eine Gleichung wie vorgegeben. Addiere dann.
a) (I) $-5x + 3y = 10 \mid \cdot 3$
(II) $15x + 5y = 40$
b) (I) $2x + 8y = 48$
(II) $3x - 2y = 30 \mid \cdot 4$

5 Finde und erkläre die Fehler. Korrigiere dann im Heft.

a) (I) $-6x - 2y = -4 \quad \mid \cdot (-2)$ (II) $4x - 4y = 0$
$-6x + 4y = -4$
(I) $-6x + 4y = -4$
(II) $4x - 4y = 0$
(I) + (II) $-2x = -4 \quad \mid : (-2)$
$x = 2$
in (I) $-6 \cdot 2 - 2y = -4$
$-12 - 2y = -4 \quad \mid +12$
$-2y = 8 \quad \mid : (-2)$
$y = -4$
Lösungsmenge $L = \{(2 \mid -4)\}$

b) (I) $3x + 9y = 3$ (II) $-x + 7y = -11 \quad \mid \cdot 3$
$-3x + 21y = -33$
(I) $3x + 9y = 3$
(II) $-3x + 21y = -33$
(I) + (II) $30y = 30 \quad \mid : 30$
$y = 1$
in (I) $3x + 9 \cdot 1 = 3$
$3x + 9 = 3 \quad \mid -9$
$3x = -6$
Lösungsmenge $L = \{(-6 \mid 1)\}$

Hinweis
$- \cdot + = -$
Beispiel:
$(-2) \cdot 4 = -8$

6 Eintritt im Schwimmbad:
(I) 2 Erwachsene und 3 Kinder zahlen 12 €.
(II) 1 Erwachsener und 1 Kind zahlen 5 €.
a) Welche Gleichung passt zu (I)?
Tipp x steht für Erwachsene, y für Kinder.
$x + y = 12$ $\quad 2x + 3y = 12$ $\quad 3x + 2y = 12$
b) Die zweite Gleichung ist (II) $x + y = 5$.
Multipliziere diese Gleichung mit -2.
c) Löse dann mit dem Additionsverfahren.
d) Gib den Eintritt für einen Erwachsenen an.

6 In einem Hotel:
(I) 2 Nächte und 4 Mahlzeiten kosten 360 €.
(II) 3 Nächte und 8 Mahlzeiten kosten 580 €.
a) Notiere die Gleichungen für (I) und (II).
Tipp Schreibe x für den Preis von einer Nacht und y für den Preis einer Mahlzeit.
b) Multipliziere Gleichung (I) mit (-2).
c) Löse mit dem Additionsverfahren.
d) Gib den Preis für eine Nacht an.
Gib den Preis für eine Mahlzeit an.

7 Ari meint: „Ich multipliziere Gleichung (I) mit dem Faktor, der in Gleichung (II) vor x steht, also mit 2.
Gleichung (II) multipliziere ich mit dem Faktor vor x aus Gleichung (I), aber mit dem umgekehrten Vorzeichen, also mit 5."

(I) $-5x + y = 18$
(II) $2x - 6y = 4$

(I) $-5x + y = 18 \quad \mid \cdot 2$
$-10x + 2y = 36$
(II) $2x - 6y = 4 \quad \mid \cdot 5$
$10x - 30y = 20$

a) Erklärt euch gegenseitig, was Ari meint. Löst dann das Gleichungssystem.
b) Begründet, warum Aris Vorgehen bei jedem Gleichungssystem funktioniert.
c) Löse das Gleichungssystem wie Ari. (I) $-2x - 4y = -20$
(II) $5x + 3y = 8$

8 Löse mit dem Additionsverfahren.
Tipp Multipliziere zuerst (II) wie vorgegeben.
a) (I) $-6x + 15y = 9$
(II) $3x - 4y = 6 \quad \mid \cdot 2$
b) (I) $-10x + 15y = -50$
(II) $5x + 2y = 6 \quad \mid \cdot 2$

8 Löse mit dem Additionsverfahren.
mögliche Lösungen für x und y: 1; 2; 3; 4; 5
a) (I) $-3x + 8y = 7 \quad \mid \cdot 2$
(II) $2x + 5y = 16 \quad \mid \cdot 3$
b) (I) $-2x - 7y = -25 \quad \mid \cdot 5$
(II) $5x - 2y = 4 \quad \mid \cdot 2$

Strategie Sachaufgaben lösen

Auf einer Farm leben Schafe und Hühner.
Die Tiere haben zusammen
70 Köpfe und 200 Beine.
Wie viele Schafe und wie viele Hühner sind es?

Lies den Text genau. Verschaffe dir einen Überblick.	Notiere Wichtiges in deinem Heft. Was ist gegeben? Was ist gesucht?	gegeben: Schafe und Hühner 70 Köpfe, 200 Beine gesucht: Anzahl der Schafe Anzahl der Hühner
① die zwei Variablen x und y festlegen	Es geht um die Anzahl der Tiere, darum sind das die Variablen.	Die Anzahl der Schafe ist x. Die Anzahl der Hühner ist y.
② die Gleichung (I) aufstellen	(I) Jedes Tier hat 1 Kopf. Es sind zusammen 70 Tiere. Zusammen bedeutet addieren.	(I) $x + y = 70$
③ die Gleichung (II) aufstellen	(II) Schafe haben 4 Beine, also $4x$. Hühner haben 2 Beine, also $2y$. Zusammen sind es 200 Beine. Zusammen bedeutet addieren.	(II) $4x + 2y = 200$
④ das Gleichungssystem lösen	Wähle ein Lösungsverfahren. Forme Gleichung (I) um. Setze in Gleichung (II) ein. Multipliziere aus. Löse die Gleichung. x ist die Anzahl der Schafe. Berechne die Anzahl der Hühner. Setze dazu x in eine Gleichung ein.	Einsetzungsverfahren (I) $x + y = 70 \quad \vert -x$ (II) $4x + 2y = 200$ (I') $y = 70 - x$ (II) $4x + 2y = 200$ in (II) $4x + 2(70 - x) = 200$ $4x + 140 - 2x = 200 \quad \vert -140$ $2x = 60 \quad \vert :2$ $x = 30$ in (I) $30 + y = 70 \quad \vert -30$ $y = 40$
⑤ die Lösung prüfen	Setze die Lösungen für x und y in die Gleichungen ein.	(I) $x + y = 70$ $30 + 40 = 70$ ✓ (II) $4x + 2y = 200$ $4 \cdot 30 + 2 \cdot 40 = 200$ ✓
⑥ einen Antwortsatz schreiben	Passt deine Antwort zur Frage?	Es sind 30 Schafe und 40 Hühner.

ANWENDEN

Hinweis
Stelle zuerst die Gleichungen auf. Überlege dann, welches Verfahren beim Lösen besonders gut geeignet ist.

1 Im Zoo gibt es insgesamt 15 Kaninchen und Vögel. Sie haben zusammen 52 Beine.
Mira schreibt: (I) $k + v = 15$
(II) $4k + 2v = 52$
Erkläre die Gleichungen. Löse dann.

2 Ein Draht ist 84 cm lang.
Yilmaz biegt aus dem Draht ein Rechteck.
Eine Seite ist doppelt so lang wie die andere.
Wie lang sind die beiden Seiten?

3 Jana kauft 1 Brezel und 1 Croissant.
Sie bezahlt 2,50 €.
Tom kauft 1 Brezel und 3 Croissants.
Er bezahlt 5,50 €.
Wie viel kostet eine Brezel?
Wie viel kostet ein Croissant?
Tipp Rechne mit Cent: 2,50 € = 250 Cent.

4 Löse das Zahlenrätsel.
a) (I) Die Summe von x und y ist 12.
(II) Die Differenz von x und y ist 4.
b) Die Summe von x und y ist 15.
(II) Verdreifache die Zahl x. Subtrahiere davon das Doppelte von y. Du erhältst 5.

5 Altersrätsel: Wie alt sind die Personen?
a) (I) Luc und Nick sind zusammen 26 Jahre.
(II) Luc ist älter. Die Differenz zwischen dem Alter der beiden beträgt 4 Jahre.
Tipp Luc: x; Nick: y
(1) $x + y = 26$
(2) $x - y = 4$
b) (I) Kian ist 2 Jahre älter als Tara.
(II) Zusammen sind sie 30 Jahre alt.
c) (I) Lina ist 5 Jahre jünger als Timo.
(II) Zusammen sind sie 27 Jahre alt.

1 Auf einem Bauernhof gibt es Hasen und Enten. Zusammen sind es 70 Tiere.
Alle Hasen und Enten haben zusammen 188 Beine.
Wie viele Hasen sind es und wie viele Enten?

2 Ein Draht ist 80 cm lang. Kaan biegt aus dem Draht ein gleichschenkliges Dreieck.
Die Basis ist 10 cm länger als ein Schenkel.
Wie lang sind die Seiten des Dreiecks?

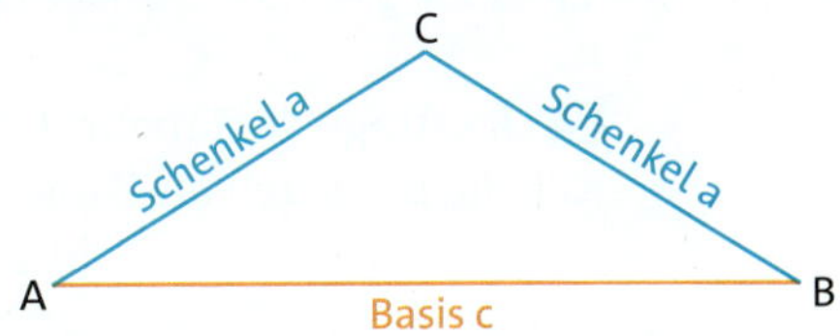

3 Nuri kauft 2 Tassen Kaffee und 3 Brötchen.
Er bezahlt 8,80 €.
Sina zahlt für 1 Tasse Kaffee und 3 Brötchen 6,20 €.
Berechne den Preis für eine Tasse Kaffee und den Preis für ein Brötchen.
Tipp Nutze in der Gleichung 8,8 statt 8,80 €.

4 Löse das Zahlenrätsel.
a) (I) Die Differenz von x und y ist 5.
(II) Die Summe von x und y ist 37.
b) (I) Die Summe von x und y ist 7.
(II) Vervierfache die Zahl x. Subtrahiere davon das Doppelte von y. Du erhältst 10.

5 Altersrätsel: Wie alt sind die Personen?
a) (I) Alex ist 3 Jahre jünger als Rina.
(II) Zusammen sind die beiden 29 Jahre alt.
b) (I) Somi ist halb so alt wie seine Mutter.
(II) Zusammen sind sie 84 Jahre alt.
c) (I) Joris ist heute 5 Jahre älter als Ben.
(II) In 11 Jahren ist Joris 3-mal so alt wie Ben heute ist.
Tipp Joris heute: x; Ben heute: y
(I) $x - 5 = y$
(II) „Joris heute + 11“ = „3-mal Ben heute“

Klar soweit?

→ Seite 38

Lineare Gleichungen mit zwei Variablen

1 Prüfe durch Einsetzen, ob das Zahlenpaar eine Lösung ist.
Tipp zu a) Stimmt $9 = 8 - (-1)$?
a) $y = 8 - x$ Ist $(-1|9)$ eine Lösung?
b) $2x + 3y = 14$ Ist $(4|2)$ eine Lösung?
c) $-2x + 5 = 1{,}5y$ Ist $(1|4)$ eine Lösung?

2 Übertrage die Tabelle. Fülle sie aus.
Gib die Lösungen als Zahlenpaare $(x|y)$ an.
a) $2x - 3 = y$

x	0	1	2	3
y	−3			

b) $2 - x = 2y$

x	−2	0	1	2
y				

3 Zeichne den Graphen.
Lies drei Lösungen ab.
Tipp Notiere die Lösungen als $(x|y)$.
a) $y = 3x - 1$ b) $y = -2x + 5$

1 Prüfe durch Einsetzen, ob die beiden Zahlenpaare Lösungen sind.
a) $y = 3x - 1$ (2|5) (−1|−3)
b) $1{,}5x + y = 3$ (4|−2) (2|0)
c) $5x - 3y = 2$ (1|1) (−2|−4)

2 Finde vier Lösungen mithilfe der Tabelle.
Gib die Lösungen als Zahlenpaare $(x|y)$ an.
a) $y = 3x - 9$

x	0	1	2	3
y		−6		

b) $2{,}5x + 2y = -3$

x	−2	0	2	4
y				

3 Löse die Gleichung mit einem Graphen.
Lies drei Lösungen ab und notiere sie.
Tipp zu b) Forme um in y = ...
a) $y = 0{,}5x + 2$ b) $-4x + 3 = 2y$

→ Seite 41

Lineare Gleichungssysteme

4 Fülle im Heft aus. Finde ein Zahlenpaar, das beide Gleichungen gleichzeitig erfüllt.
(I) $y = 3x - 2$

x	0	1	2
y			

(II) $y + x = 2$

x	0	1	2
y			

5 Löse das Gleichungssystem zeichnerisch.
Gib die Lösung $(x|y)$ an, wenn möglich.
a) (I) $y = -2x - 1$
(II) $y = 2x + 3$
b) (I) $y = 0{,}5x + 3$
(II) $y = 2{,}5x - 3$
c) (I) $y = 2x + 1$
(II) $y = 2x + 3$
d) (I) $y = -2x - 4$
(II) $y = -2x - 4$

6 56 Neuntklässler fahren in ein Jugendhotel. Zusammen haben sie 24 Zimmer.
Es gibt Vierer-Zimmer und Doppel-Zimmer.
Wie viele Vierer-Zimmer haben sie?
Wie viele Doppel-Zimmer haben sie?
a) Die erste Gleichung ist: (I) $4x + 2y = 56$
Erkläre, wofür x und y stehen.
b) Stelle die Gleichung (II) auf.
c) Löse mithilfe von zwei Tabellen.

4 Löse das lineare Gleichungssystem.
Erstelle dazu zwei Tabellen mit x-Werten von −2 bis 2.
a) (I) $y = 0{,}5x - 1$
(II) $3y + 1{,}5x = -6$
b) (I) $2y = 2x + 4$
(II) $-3x - y = -6$

5 Löse das Gleichungssystem zeichnerisch.
Gib die Lösungsmenge an.
a) (I) $y = 2x + 2$
(II) $2y = -4x + 8$
b) (I) $y = -3x + 2{,}5$
(II) $2x - 5 = y$
c) (I) $y = 0{,}5x + 2$
(II) $y = -1{,}5 + 0{,}5x$
d) (I) $y = 2x - 4$
(II) $3y = 6x - 12$

6 Für einen E-Scooter zahlt man pro Minute x Euro und dazu eine Grundgebühr y.
Joni fährt 10 Minuten für 3 €.
Alex fährt 15 Minuten für 4 €.

a) Ergänze: (I) $10x + y = ■$
(II) $■\,x + y = 4$
b) Löse mit Tabellen für x = 0,1; x = 0,2; ...
c) Schreibe einen Antwortsatz.

→ Seite 45

Gleichsetzungsverfahren

7 Tura löst das Gleichungssystem mit dem Gleichsetzungsverfahren.

(I) $17 + y = 3x$
(II) $y = 0{,}5x + 8$

a) Bringe die Rechenschritte in die richtige Reihenfolge.

Ⓐ $L = \{(10|13)\}$

Ⓑ (II) $y = 0{,}5 \cdot 10 + 8$
$y = 13$

Ⓒ $3x - 17 = 0{,}5x + 8 \quad | + 17$
$3x = 0{,}5x + 25 \quad | - 0{,}5x$
$2{,}5x = 25 \quad | : 2{,}5$
$x = 10$

Ⓓ (I) $17 + 13 = 3 \cdot 10$ ✓
(II) $13 = 0{,}5 \cdot 10 + 8$ ✓

Ⓔ (I) $17 + y = 3x \quad | - 17$
$y = 3x - 17$

b) Ordne jeder Karte eine Beschreibung zu.
① die Terme gleichsetzen und x berechnen
② die Probe rechnen
③ Gleichung (I) umformen in y = ...
④ die Lösungsmenge angeben
⑤ x = ... in (II) einsetzen und y berechnen

8 Löse mit dem Gleichsetzungsverfahren.
a) (I) $y = 3 - 2x$
(II) $y = 5 - 4x$
b) (I) $y = x + 6$
(II) $y = 2x - 5$

9 Gib an, wie viele Lösungen es gibt. Begründe ohne zu rechnen.
a) (I) $y = 0{,}5x + 1$
(II) $y = 0{,}5x - 1$
b) (I) $y = 2x - 1$
(II) $2y = 4x - 2$

8 Löse mit dem Gleichsetzungsverfahren.
a) (I) $y = 3x + 14$
(II) $y = 8x + 4$
b) (I) $y = 2x - 2$
(II) $2x + y = 2$

9 Gib an, wie viele Lösungen es gibt. Begründe ohne zu rechnen.
a) (I) $y = 0{,}5x + 2$
(II) $y = \frac{1}{2}x - 1$
b) (I) $2y = -x + 5$
(II) $-0{,}5x + 2{,}5 = y$

→ Seite 49

Einsetzungsverfahren

10 Löse mit dem Einsetzungsverfahren. Rechne die Probe.
a) (I) $x = 7y - 22$
(II) $5y + x = 2$
b) (I) $x = 3y - 10$
(II) $45y + x = 6$
c) (I) $2x = 10 - 2y$
(II) $2x + 3y = 5$
d) (I) $y = x - 2$
(II) $5x = 10 + y$

11 Ordne zu.
Löse dann mit dem Einsetzungsverfahren.
① (I) Die Summe aus x und y ist 30.
(II) Verdopple x. Du erhältst y.
② (I) Addiere x und 30. Du erhältst y.
(II) Subtrahiere y von 60. Du erhältst x

(A) (I) $x + 30 = y$
(II) $60 - y = x$

(B) (I) $x + y = 30$
(II) $2x = y$

10 Löse mit dem Einsetzungsverfahren. Rechne die Probe.
a) (I) $x = 13 - y$
(II) $36 + x = 6y$
b) (I) $3x = 15y - 27$
(II) $4y + 3x = -8$
c) (I) $x = 2 - y$
(II) $3x + 10y = -15$
d) (I) $2y = 0{,}5x + 7$
(II) $2y + 1{,}5x = 3$

11 Stelle ein Gleichungssystem auf.
Löse mit dem Einsetzungsverfahren.
Tipp Summe +; Differenz –
Verdoppeln heißt mal 2.
a) Die Summe von x und y ist 30.
Die Differenz von x und y ist 4.
b) Die Differenz von x und y ist 36.
Verdopple y, du erhältst x.
c) Die Summe von x und y ist 70.
Addiere das Dreifache von x und das Vierfache von y.
Du erhältst 235.

→ Lösungen ab S. 244

Vermischte Übungen

ANWENDEN

1 Finde Lösungen für die lineare Gleichung $y = 2x - 1$.

a) Übertrage und ergänze die Tabelle im Heft.
Tipp Für $x = -3$ ist $y = 2 \cdot (-3) - 1 = -7$.
Für $x = -2$ ist $y = 2 \cdot (-2) - 1 = \ldots$

x	−3	−2	−1	0	1	2
y	▒	▒	▒	▒	▒	▒

b) Zeichne den Graphen.

1 Finde Lösungen für die lineare Gleichung $3y = 1{,}5x - 4{,}5$.
Forme zuerst die Gleichung um in $y = \ldots$

a) Übertrage und ergänze die Tabelle im Heft.
Tipp Setze $x = -3$ in die Gleichung ein.

x	−3	−2	−1	0	1	2
y	▒	▒	▒	▒	▒	▒

b) Zeichne den Graphen.

2 Gegeben ist die Gleichung $-4x + 4y = 4$.

a) Ergänze die Zahlenpaare so, dass sie Lösungen der Gleichung sind.
(▒ | 2); (−1 | ▒); (▒ | −2); (4 | ▒)

b) Trage die vier Zahlenpaare als Punkte in ein Koordinatensystem ein.
Verbinde die Punkte zu einer Geraden.

c) Sind auch (2 | 3) und (3 | 2) Lösungen?

2 Gegeben ist die Gleichung $-4x - 2 = 2y$.

a) Ergänze die Zahlenpaare so, dass sie Lösungen der Gleichung sind.
(▒ | −2); (−2 | ▒); (▒ | 5); (0,5 | ▒)

b) Trage die Zahlenpaare als Punkte in ein Koordinatensystem ein.

c) Verbinde die Punkte zu einer Geraden.
Lies zwei weitere Lösungen ab.

Zum Weiterarbeiten
Erstellt ein Lernplakat zu den Lösungsverfahren: Bei welchen Gleichungen eignet sich welches Verfahren besonders gut? Begründet.

3 Löse das Gleichungssystem, indem du die beiden Graphen zeichnest.
Lies dann den Schnittpunkt als Lösung ab.
Tipp zu b) Bei $y = x$ ist $m = 1$ und $b = 0$.

a) (I) $y = 1x + 1$
(II) $y = 3x - 1$

b) (I) $y = -2x + 6$
(II) $y = x$

3 Löse das Gleichungssystem, indem du zuerst die beiden Graphen zeichnest.
Lies dann die Lösung ab.
Tipp zu b) Bei $y = -x + 1$ ist $m = -1$.

a) (I) $y = 3x - 1$
(II) $y = 0{,}5x + 4$

b) (I) $y = 1{,}5x + 6$
(II) $y = -x + 1$

4 Löse mit dem Gleichsetzungsverfahren.

a) (I) $y = 3x - 3$
(II) $y = x + 1$

b) (I) $y = 5x + 26$
(II) $y = -3x - 6$

c) (I) $y = x - 2$
(II) $y = 8 - x$

d) (I) $y = 10x - 26$
(II) $y = 6x + 2$

4 Löse mit dem Gleichsetzungsverfahren.

a) (I) $y = 3x - 5$
(II) $y = 4x - 3$

b) (I) $y = 1{,}5x - 20$
(II) $y = -x + 5$

c) (I) $\frac{1}{2}y = 15 + 5x$
(II) $\frac{1}{2}y = 3x + 7$

d) (I) $2y = -8x + 34$
(II) $2y = 2 - 4x$

5 Finde und erkläre die Fehler. Berichtige dann in deinem Heft.

a) *(I) $x = -3y + 4$*
(II) $2x + 8y = 22$

(I) in (II) einsetzen:
$2\,(-3y + 4) + 8y = 22$
$-6y + 4 + 8y = 22$
$4 + 2y = 22 \quad | -4$
$2y = 18 \quad | :2$
$y = 9$
$y = 9$ einsetzen in (I):
$x = -3 \cdot 9 + 4$
$x = -27 + 4$
$x = -23 \qquad L = \{(-23 \,|\, 9)\}$

b) *(I) $3y - 2x = 2$*
(II) $x = 2y + 1$

(II) in (I) einsetzen:
$3y - 2\,(2y + 1) = 2$
$3y - 4y - 2 = 2$
$-y - 2 = 2 \quad | +2$
$-y = 4 \quad | \cdot (-1)$
$y = 4$
$y = 4$ einsetzen in (II):
$x = 2 \cdot 4 + 1$
$x = 9 \qquad L = \{(4 \,|\, 9)\}$

c) *(I) $x = 3y - 3$*
(II) $7y - 5x = -1$

(I) in (II) einsetzen:
$7y - 3y - 3 = -1$
$4y - 3 = -1 \quad | +3$
$4y = 2 \quad | :4$
$y = 0{,}5$
$y = 0{,}5$ einsetzen in (I):
$x = 3 \cdot 0{,}5 - 3$
$x = 1{,}5 - 3$
$x = -1{,}5 \qquad L = \{(-1{,}5 \,|\, 0{,}5)\}$

6 Das Rechteck hat den Umfang u = 60 m.

a) Notiere in einer Tabelle vier mögliche Seitenlängen x und y.
b) Ergänze die Gleichung für den Umfang: □ = 2x + 2△
c) Forme die Gleichung um in $y = mx + b$.
d) Zeichne den Graphen. Prüfe die Lösungen.

7 Anna bezahlt 13 € für 5 Rosen und eine Sonnenblume. Toni bezahlt 9 € für 3 Rosen und eine Sonnenblume.

a) Stelle jeweils eine Gleichung auf. x steht für den Preis von einer Rose und y für den Preis von einer Sonnenblume.
b) Forme die Gleichungen um in $y = mx + b$.
c) Löse zeichnerisch.
d) Wie teuer ist eine Rose? Und wie teuer ist eine Sonnenblume?

Hinweis
Bei dieser Aufgabe kannst du auch gut mit dem Computer arbeiten.

8 Immer ein Gleichungssystem und ein Zahlenpaar gehören zusammen.
Finde die passenden Lösungen, indem du die Graphen zeichnest.
Prüfe dann jede Lösung durch Einsetzen.

① (I) $y = x - 2$
(II) $y = 2x - 6$

② (I) $y = x + 2$
(II) $y = 4x + 2$

③ (I) $y = x + 3$
(II) $y = 0{,}5x + 1{,}5$

(4 | 2) (0 | 2) (−3 | 0)

9 Entscheide und begründe:
Hat das Gleichungssystem keine, genau eine oder unendlich viele Lösungen?

a) (I) $y = 2x + 6$
(II) $y = 2x - 3$

b) (I) $y = -2x + 4$
(II) $y = -2x + 4$

c) (I) $y = 3 - x$
(II) $y = 2 - x$

d) (I) $4y = 20 - x$
(II) $4y = x - 4$

6 Pius kauft für 12 € Brötchen ein.
Ein normales Brötchen kostet 0,50 € und ein Körner-Brötchen 1 €.

a) Wie viele normale Brötchen und wie viele Körner-Brötchen hat Pius gekauft? Notiere in einer Tabelle vier Möglichkeiten.
b) Stelle die Gleichung auf.
c) Forme die Gleichung um in $y = mx + b$.
d) Zeichne den Graphen. Prüfe die Lösungen.

7 Herr Mora will Bleistifte für die 9a bestellen. Bei Bilabo kostet ein Bleistift 1 €. Der Versand kostet 8 €.
Bei Rani ist der Versand kostenlos. Dort kostet ein Bleistift 1,50 €.
a) Stelle die zwei Gleichungen auf. x steht für die Anzahl der Stifte und y für die Gesamtkosten.
b) Zeichne die Graphen.
c) Ab wie vielen Bleistiften sollte Herr Mora bei Bilabo bestellen? Begründe.

8 Immer ein Gleichungssystem und ein Zahlenpaar gehören zusammen.
Ordne zu, indem du die Graphen zeichnest.
Prüfe dann rechnerisch.

① (I) $y = 2x - 3$
(II) $y = -x + 1{,}5$

② (I) $y = 0{,}5x + 1$
(II) $y = 2x + 1$

③ (I) $y = x + 2$
(II) $2y = -x + 4$

④ (I) $2y = -4x + 24$
(II) $y = -x + 9$

(1,5 | 0) (3 | 6) (0 | 1) (0 | 2)

9 Entscheide und begründe:
Hat das Gleichungssystem keine, genau eine oder unendlich viele Lösungen?

a) (I) $y = -3x + 6$
(II) $y = 5 - 3x$

b) (I) $y = 9 - x$
(II) $y = 12 - 2x$

c) (I) $y = 2x + 4$
(II) $2y = 4x + 8$

d) (I) $y = -6 + 2x$
(II) $y = 2x - 2$

10 Löse das Gleichungssystem mit einem Verfahren deiner Wahl. Begründe deine Wahl.

a) (I) $6y - 40 = x$
(II) $x + 3y = 32$

b) (I) $4x = 5y - 21$
(II) $3y - 11 = 4x$

c) (I) $5x = -3y + 17$
(II) $5x - 2y = -3$

VERTIEFEN

11 Einen Schnittpunkt berechnen

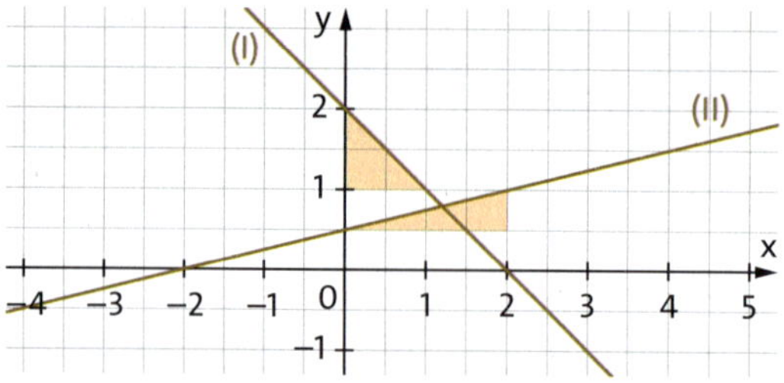

a) Lies den Schnittpunkt möglichst genau ab.
b) Berechne den Schnittpunkt. Gehe so vor: Ergänze die Gleichungen der Geraden:
(I) $y = -x + \square$ und (II) $y = \triangle x + \bigcirc$
c) Vergleiche die Koordinaten aus a) und b).

11 Einen Schnittpunkt berechnen

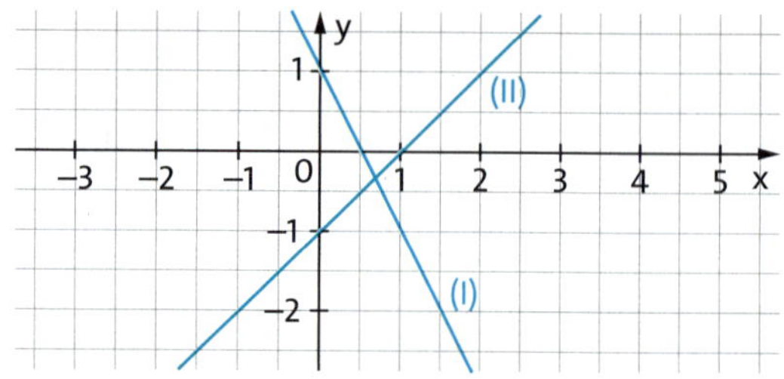

a) Lies den Schnittpunkt möglichst genau ab.
b) Berechne den Schnittpunkt. Gehe so vor: Stelle die Gleichungen der Geraden auf. Löse das Gleichungssystem.
c) Vergleiche die Koordinaten aus a) und b).

12 Anna und Charly wohnen 2 km voneinander entfernt. Sie starten gleichzeitig von zuhause und wollen sich unterwegs treffen. Anna fährt mit dem Rad mit $10\,\frac{km}{h}$.
Charly geht gemütlich zu Fuß. Nach 9 Minuten trifft sie Anna.

a) Anna überlegt: „Ich fahre $10\,\frac{km}{h}$ schnell. Das bedeutet, dass ich 10 km in 1 Stunde fahre, also 10 km in 60 Minuten und 1 km in 6 Minuten."
Wie lange braucht sie für die gesamten 2 km?
b) Übertrage die Zeichnung in dein Heft. Welcher Weg ist dargestellt? Begründe.
c) Ergänze den zweiten Graphen und erkläre. Beschreibe auch, was der Schnittpunkt der Geraden bedeutet.
d) Überprüfe den Schnittpunkt mithilfe der Gleichungen. Anna: $y = -\frac{1}{6}x + 12$
Charly: $y = \frac{1}{18}x$

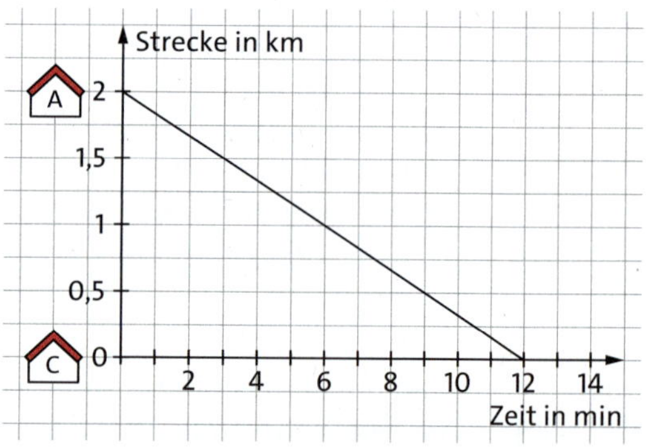

13 Löse mit dem Gleichsetzungsverfahren oder mit dem Einsetzungsverfahren. Was findest du leichter? Begründe.

a) (I) $y = 3x - 3$
(II) $y = 7x - 11$

b) (I) $5x + y = 13$
(II) $2y + 6x = 18$

13 Löse mit dem Gleichsetzungsverfahren oder mit dem Einsetzungsverfahren. Begründe deine Wahl.

a) (I) $2x = y + 10$
(II) $2x = 5y - 14$

b) (I) $2y = 2x + 2$
(II) $y + 3 = 2x$

14 Löse das Gleichungssystem mit einem Verfahren deiner Wahl. Begründe deine Wahl.

a) (I) $-7x = -7 - 7y$
(II) $4y = -7x + 29$

b) (I) $y = 2x - 4$
(II) $y = -3x + 16$

c) (I) $2y = -3x + 11$
(II) $y = x + 3$

d) (I) $3y = 2x - 12$
(II) $y = -2x + 4$

e) (I) $y = -2{,}8x + 7$
(II) $y = 0{,}2x - 8$

f) (I) $y = -3x - 2{,}5$
(II) $y = 2x + 1{,}5$

Lösungswort:

L (3 | −2)	B (3 | 2)	N (−0,8 | −0,1)
E (4 | 4)	I (5 | −7)	R (1 | 4)

14 Löse das Gleichungssystem mit einem Verfahren deiner Wahl. Begründe deine Wahl.

a) (I) $2y = 6x - 30$
(II) $5x + 2y = 14$

b) (I) $2y = -3x + 5$
(II) $y = 3 - x$

c) (I) $y = 4x - 11$
(II) $3y = 6x - 15$

d) (I) $6x - 2y = -2$
(II) $-y + 3x = 7$

e) (I) $3(5 - y) = 10x$
(II) $2(x + y) = -4$

f) (I) $8y = 3(2x + 5)$
(II) $4x - 3 = y$

Lösungswort:

R keine Lösung	M (4 | −3)	D (3 | 1)
D (1,5 | 3)	A (−1 | 4)	I (3 | −5)

Weiterdenken

Hinweis
Weitere Informationen findest du im Internet oder bei einer Berufsberatung.

Beruf Fachkraft für Lagerlogistik

Ausbildungsdauer: 3 Jahre
Häufige Tätigkeiten:
- Waren annehmen und prüfen
- das Entladen von Waren organisieren
- Waren sortieren und optimal lagern
- Lieferungen zusammenstellen, verpacken und versenden
- Angebote vergleichen und Waren bestellen

Es kann sein, dass du in unbeheizten Lagerhallen, Kühlhallen oder im Freien arbeitest. Du brauchst organisatorische Fähigkeiten und ein gutes räumliches Vorstellungsvermögen.

15 Für das Lager eines Baumarkts werden Schrauben in zwei verschiedenen Größen geliefert.
Der Stückpreis für die kleinen Schrauben liegt bei 0,16 €,
für die großen Schrauben bei 0,32 €.
Auf einer Rechnung stehen 106,90 € als Gesamtbetrag.
Davon sind 10,90 € Versandkosten.
Wie viele kleine und wie viele große Schrauben können in der Lieferung enthalten sein?
Finde mindestens fünf Möglichkeiten und stelle sie in einer Tabelle dar.
Erkläre dein Vorgehen.

x Anzahl der kleinen Schrauben	200				
y Anzahl der großen Schrauben					

16 Der Einkaufspreis für Pinsel liegt bei 1,50 € pro Stück.
Dazu kommen für jede Bestellung Versandkosten von 32 €.
Im Baumarkt werden die Pinsel für 3,50 € pro Stück verkauft.

a) Stelle die Gleichung für die Kosten beim Einkauf auf.
x steht für die Anzahl der Pinsel. y sind die Gesamtkosten.
b) Stelle die Gleichung für den Gewinn beim Verkauf der Pinsel auf.
c) Zeichne die beiden Graphen.
d) Wie viele Pinsel müssen verkauft werden, sodass der Baumarkt einen Gewinn macht?
Erkläre, wie du das an den Graphen ablesen kannst.

17 Wie viel der Transport von Waren kostet, ist abhängig vom Transportmittel.
a) Beschreibe das Diagramm.
b) Gib die drei Geradengleichungen an.
Achte auf die unterschiedlichen Achseneinteilungen.
c) Waren werden 350 km weit transportiert.
Berechne die Kosten für jedes Transportmittel.
d) Berechne die drei Schnittpunkte.
e) Erkläre, was jeder der Schnittpunkte bedeutet.
f) Welches Transportmittel würdest du wählen?
Begründe.

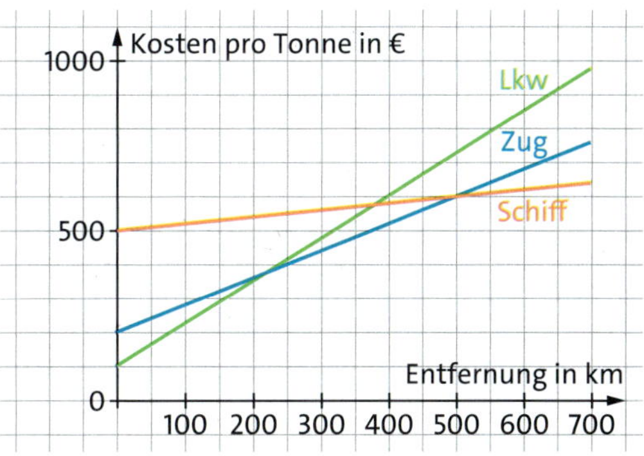

Zusammenfassung

→ Seite 38

Lineare Gleichungen mit zwei Variablen

Eine Gleichung wie $2x + y = 16$ ist eine **lineare Gleichung mit zwei Variablen**.
Die Lösungen sind **Zahlenpaare** $(x \mid y)$, für die die Gleichung erfüllt ist.

eine Lösung

x	0	1	2	3	4	...
y	16	14	12	10	8	...

→ Seite 41

Lineare Gleichungssysteme

Ein **lineares Gleichungssystem** besteht aus zwei linearen Gleichungen.
Als Lösung sucht man Zahlenpaare $(x \mid y)$, für die beide Gleichungen erfüllt sind.
Der Schnittpunkt der Graphen ist die Lösung.

(I) $y = x - 1$
(II) $y = -\frac{1}{2}x + 2$

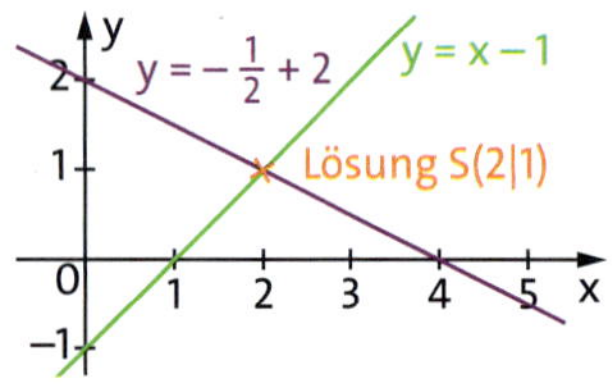

→ Seite 45

Das Gleichsetzungsverfahren

① Forme beide Gleichungen so um, dass die gleiche Variable alleine auf einer Seite steht.

② Setze die beiden Terme gleich.
③ Löse die neue Gleichung.
④ Setze die Lösung in (I) oder (II) ein. Berechne die andere Variable.
⑤ Rechne die Probe.
⑥ Gib die Lösungsmenge L an.

① (I) $3y = 12x - 30 \quad | :3$
(II) $2y + 2x = 10 \quad | :2$
(I) $y = 4x - 10$
(II) $y = 5 - x$
② $4x - 10 = 5 - x \quad | +10 \quad | +x$
③ $5x \quad = 15 \quad | :5$ also $x = 3$
④ $x = 3$ in (II) einsetzen: $2y + 2 \cdot 3 = 10$
Umformen ergibt: $y = 2$
⑤ (I) $3 \cdot 2 = 12 \cdot 3 - 30$; (II) $2 \cdot 2 + 2 \cdot 3 = 10$
⑥ Lösungsmenge $L = \{(3 \mid 2)\}$

→ Seite 49

Das Einsetzungsverfahren

① Forme eine Gleichung so um, dass eine Variable alleine auf einer Seite steht.

② Setze ein, sodass eine neue Gleichung entsteht.
③ bis ⑥ wie beim Gleichsetzungsverfahren

① (I) $4x = 4 - 8y \quad | :4$
(II) $5x + 2y = 13$
(I') $x = 1 - 2y$
(II) $5x + 2y = 13$
② (I') in (II) einsetzen: $5(1 - 2y) + 2y = 13$
③ $5 - 10y + 2y = 13$; Umformen ergibt: $y = -1$
⑥ Lösungsmenge $L = \{(3 \mid -1)\}$

→ Seite 52

Das Additionsverfahren

① Forme die Gleichungen so um, dass beim Addieren eine Variable wegfällt.

② Addiere und erhalte eine neue Gleichung.
③ bis ⑥ wie beim Gleichsetzungsverfahren

① (I) $4x + 3y = 2$
(II) $2x + 4y = 6 \quad | \cdot(-2)$
(I) $4x + 3y = 2$
(II') $-4x - 8y = -12$
② (I) + (II') $-5y = -10 \quad | :(-5)$, also $y = 2$
⑥ Lösungsmenge $L = \{(-1 \mid 2)\}$

Teste dich!

1 Ergänze die beiden Zahlenpaare so, dass sie Lösungen der Gleichung sind.

a) $y = 2x - 2$ (4 | □) und (1 | □)

b) $y = 2 + 0{,}5x$ (6 | □) und (□ | 2,5)

2 Die Zahlenpaare (−3 | −2) und (1 | 6) lösen die Gleichung $y - 4 = 2x$.

a) Trage die beiden Zahlenpaare als Punkte in ein Koordinatensystem ein. Verbinde die Punkte zu einer Geraden.

b) Lies zwei weitere Punkte ab, die Lösung der Gleichung sind.

3 Löse das Gleichungssystem zeichnerisch. Gib die Lösung als Zahlenpaar (x | y) an.

a) (I) $y = x + 1$
(II) $y = 2x - 4$

b) (I) $y = 2x + 3$
(II) $y = -2x - 1$

4 Löse mit dem Gleichsetzungsverfahren oder dem Einsetzungsverfahren. Begründe deine Wahl.

a) (I) $y = 5 - 2x$
(II) $y = 6 - 3x$

b) (I) $y = 2x - 3$
(II) $y = 3x + 7$

c) (I) $x = 15 - 3y$
(II) $2x = 38 - 8y$

d) (I) $2x = 6 - 4y$
(II) $x = 2y - 3$

mögliche Lösungen:

(−10 | −23) (−10 | 23) (0 | 1,5) (1 | −3) (1 | 3) (3 | 6) (6 | 3)

5 Gib an, wie viele Lösungen das Gleichungssystem hat.

a) (I) $y = -2x + 4$
(II) $y = -2x - 4$

b) (I) $y = -x + 1$
(II) $-2x = 2y - 2$

6 Jonas kauft 1 T-Shirt und 2 Shorts für 40 €. Alex kauft 3 T-Shirts und 1 Shorts für 45 €. Wie teuer ist ein T-Shirt? Wie teuer ist eine Shorts?

→ Lösungen ab S. 247

1 Ergänze die beiden Zahlenpaare so, dass sie Lösungen der Gleichung sind.

a) $x - 2y = 8$ (10 | □) und (□ | −1)

b) $-4x = 2 + y$ (−1 | □) und (□ | −2)

2 Die Zahlenpaare (−1 | 2) und (□ | −4) lösen die Gleichung $y + 3x = -1$.

a) Ergänze das zweite Zahlenpaar.

b) Zeichne mithilfe der beiden Zahlenpaare die Gerade, die zur Gleichung gehört.

c) Lies zwei weitere Punkte ab, die Lösung der Gleichung sind.

3 Löse das Gleichungssystem zeichnerisch. Gib die Lösungsmenge an.

a) (I) $y = -3x - 1$
(II) $y = 0{,}5x + 6$

b) (I) $y + 2x = -5$
(II) $2x + 3 = y$

4 Löse das Gleichungssystem. Wähle ein geschicktes Verfahren. Rechne die Probe.

a) (I) $y = 2x - 1$
(II) $y = 5x + 2$

b) (I) $3y - x = 10$
(II) $2x = 24 - 5y$

c) (I) $y = -3 - 4x$
(II) $2y = -4 - 6x$

d) (I) $0{,}6y + 2{,}2 = x$
(II) $x + 0{,}2y = 0{,}6$

mögliche Lösungen:

(−3 | 1) (−1 | −2) (−1 | −3) (−1 | 1) (1 | −2) (2 | 4) (4 | 2)

5 Gib an, wie viele Lösungen das Gleichungssystem hat. Begründe.

a) (I) $4y = 24 - 8x$
(II) $y = -2x + 6$

b) (I) $y + 1{,}5x = -4$
(II) $-3x - 2y = 10$

6 Jonathan zahlt für 1 Portion Pommes und 2-mal Bratwurst 6,80 €. Tedi zahlt 11,10 € für 2-mal Pommes und 3-mal Bratwurst. Wie teuer ist eine Portion Pommes? Wie teuer ist eine Bratwurst?

→ Lösungen ab S. 249

Der Satz des Pythagoras

In diesem Kapitel lernst du, …

→ Quadratzahlen und Quadratwurzeln zu berechnen.
→ den Satz des Pythagoras anzuwenden.
→ Längen mit dem Satz des Pythagoras zu berechnen.
→ den Höhensatz und den Kathetensatz anzuwenden.

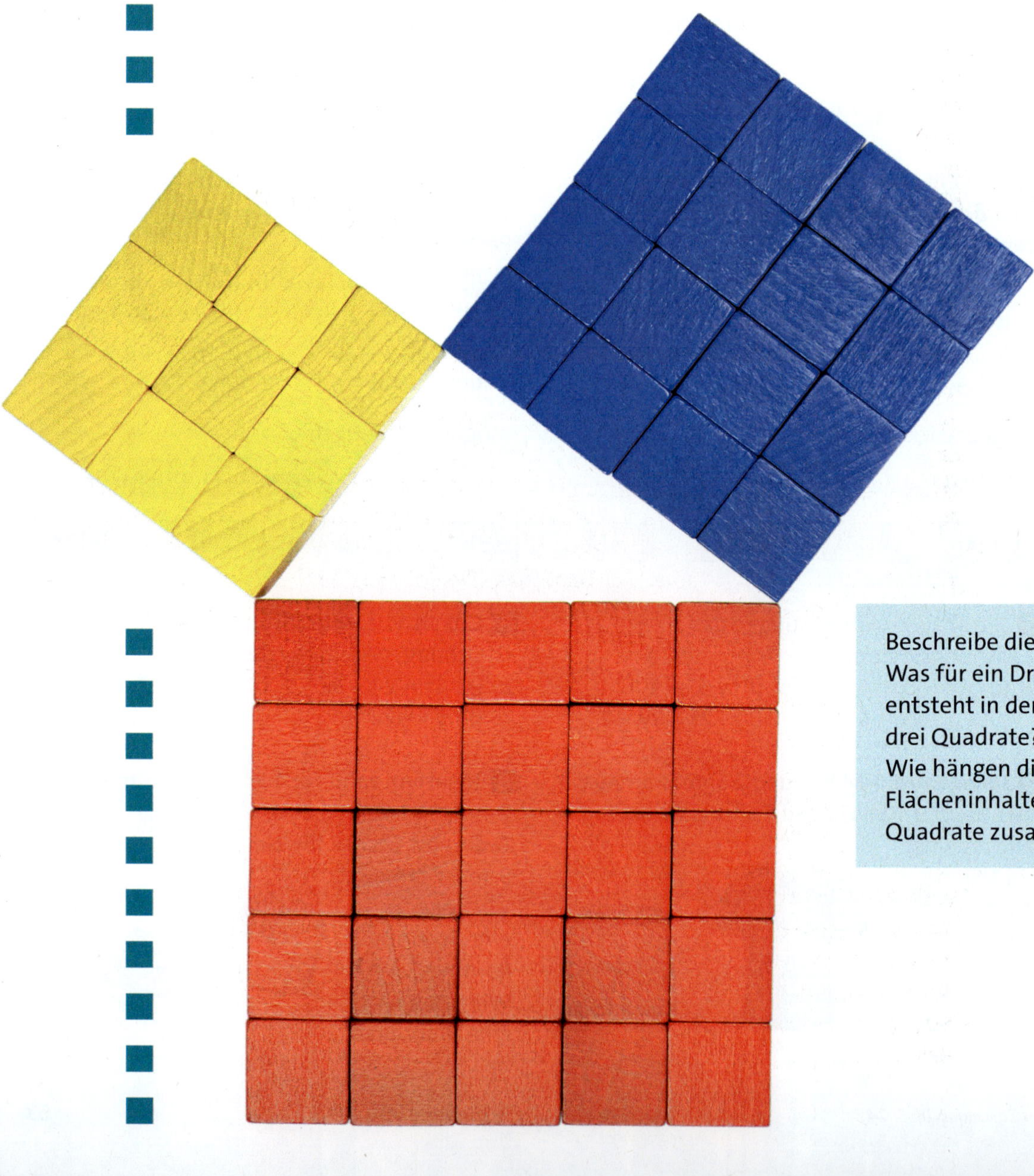

Beschreibe die Figur.
Was für ein Dreieck entsteht in der Mitte der drei Quadrate?
Wie hängen die Flächeninhalte der drei Quadrate zusammen?

Noch fit?

1 Schreibe als Potenz.

Tipp $4 \cdot 4 \cdot 4 = 4^3$

a) $3 \cdot 3$ b) $5 \cdot 5 \cdot 5$

c) $2 \cdot 2 \cdot 2 \cdot 2$ d) $7 \cdot 7 \cdot 7 \cdot 7$

2 Schreibe ausführlich und berechne.

a) 4^2 b) 2^2 c) 6^2 d) 10^2

1 Schreibe als Potenz.

Tipp $5 \cdot 5 \cdot 5 = 5^3$

a) $4 \cdot 4 \cdot 4$ b) $6 \cdot 6 \cdot 6 \cdot 6 \cdot 6$

c) $10 \cdot 10 \cdot 10 \cdot 10$ d) $9 \cdot 9 \cdot 9 \cdot 9$

2 Schreibe als Produkt und berechne.

a) 3^2 b) 5^2 c) 9^2 d) 100^2

3 Benenne die Dreiecke nach ihren Winkeln und nach ihren Seitenlängen.

spitzwinklig | rechtwinklig | stumpfwinklig | gleichseitig | gleichschenklig | unregelmäßig

a)
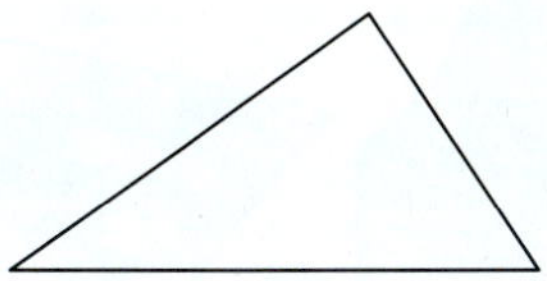

b)
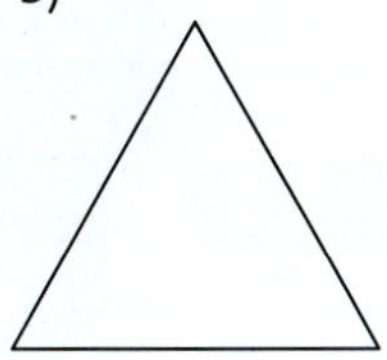

c)
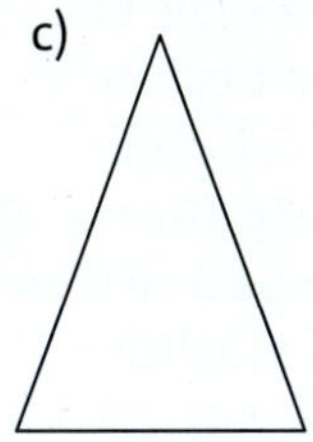

d)
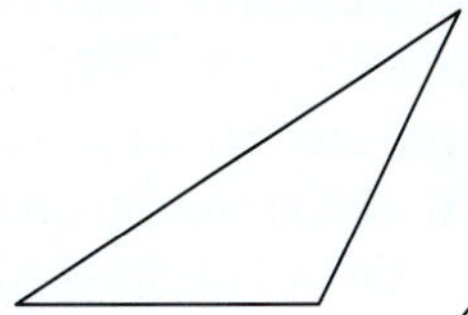

e)
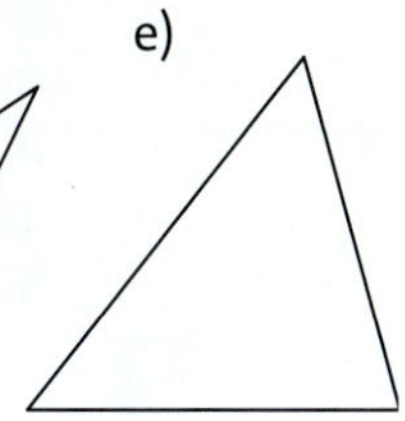

4 Berechne den Flächeninhalt.

a)
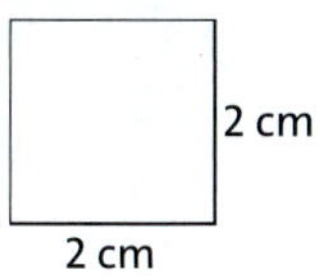

b)
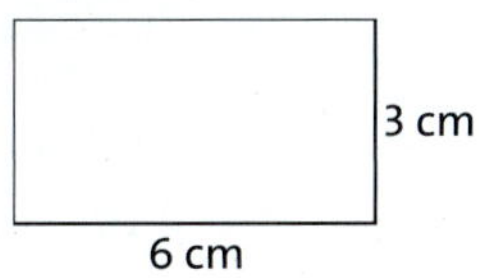

c)
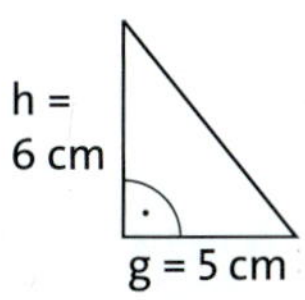

4 Berechne den Flächeninhalt.

a) Quadrat mit $a = 4\,cm$

b) Rechteck mit $a = 3\,cm$; $b = 7\,cm$

c) Dreieck mit $g = 5\,cm$; $h = 6\,cm$

d)
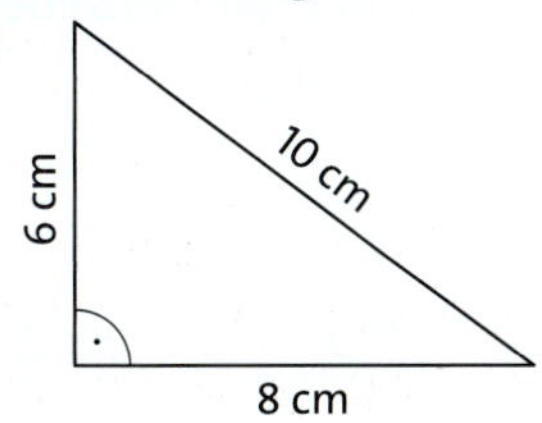

5 Löse die Gleichung.

a) $x + 5 = 14$ b) $10 - 2x = 6$

c) $x + 2 = 2x - 3$ d) $5 - 2x = x - 1$

e) $9 + x = 12 - 2x$ f) $22 - 2x = 3x - 3$

5 Löse die Gleichung.

a) $2x + 5 = 19$ b) $15 - 3x = 6$

c) $6x + 20 = 2x + 36$ d) $50 - 2x = 4x + 8$

e) $10 + x = 12 - 3x$ f) $25 - 3x = 2x - 10$

→ *Lösungen ab S. 250*

Trainingsplan

Nr.	Ich kann …	Ich muss noch trainieren:
1	Produkte als Potenz schreiben.	→ S. 290, Nr. 17
2	Potenzen als Produkt schreiben und berechnen.	→ S. 290, Nr. 18, 19
3	Dreiecke nach ihren Winkeln und nach ihren Seitenlängen benennen.	→ S. 291, Nr. 20
4	den Flächeninhalt von Quadraten, Rechtecken und Dreiecken berechnen.	→ S. 291, Nr. 21–24
5	Gleichungen mit einer Variablen lösen.	→ S. 288, Nr. 10–12

Quadrieren und Wurzelziehen

ENTDECKEN

1 Was verändert sich von einem Quadrat zum nächsten? Beschreibe.

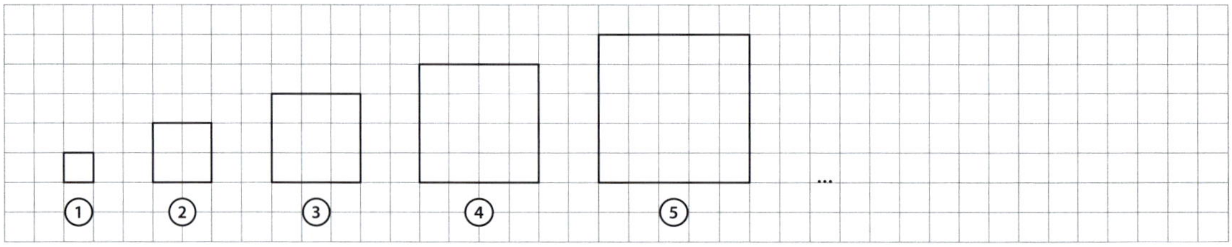

a) Aus wie vielen Kästchen besteht das 8. Quadrat?
b) Das wievielte Quadrat besteht aus 144 Kästchen? Beschreibe dein Vorgehen.

2 Im Textilunterricht näht die Klasse 9a quadratische Patchwork-Decken. In einer Kiste befinden sich dafür 100 Stoffstücke der Größe 10 cm × 10 cm.

a) Wie groß können die Decken werden? Gib mindestens fünf mögliche Seitenlängen und die dazugehörigen Flächeninhalte an.
b) Stelle die Möglichkeiten tabellarisch dar.

VERSTEHEN

Für positive Zahlen gilt:
Quadrieren und Wurzelziehen sind Umkehrrechnungen.

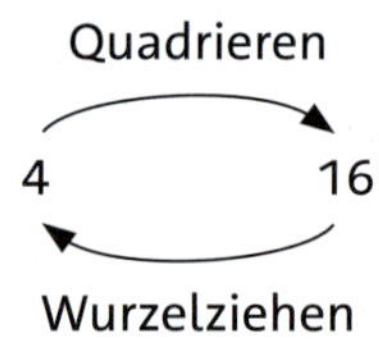

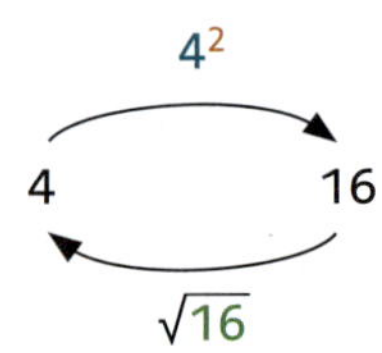

Vokabeln
→ quadrieren
→ die Wurzel ziehen
→ die Basis
→ der Exponent

Merke Wenn man eine Zahl a mit sich selbst multipliziert, dann nennt man das **Quadrieren**.

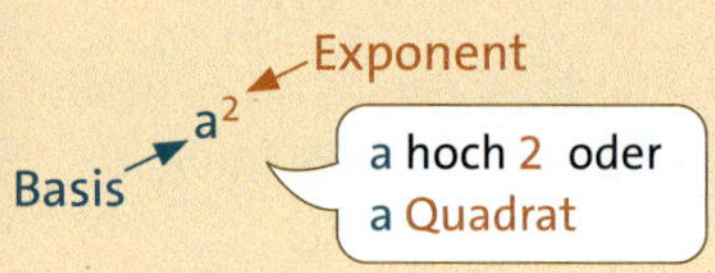

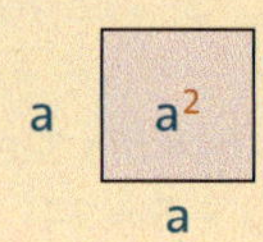

Wenn man die Zahl sucht, die mit sich selbst multipliziert die Zahl unter dem Wurzelzeichen $\sqrt{}$ ergibt, dann heißt das **Wurzelziehen**.

$\sqrt{b} = a$, wenn $a^2 = b$

a ist die Quadratwurzel von b.

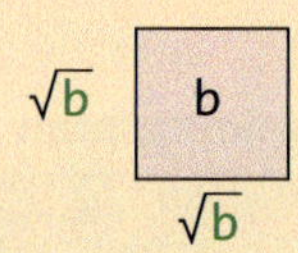

Hinweis
Das Wurzelziehen nennt man auch Radizieren.

Die Zahl unter der Wurzel nennt man auch Radikand.

Beispiel 1 Quadrieren

a) $3^2 = 3 \cdot 3 = 9$
b) $\left(\frac{1}{6}\right)^2 = \frac{1}{6} \cdot \frac{1}{6} = \frac{1}{36}$
c) $\left(\frac{2}{7}\right)^2 = \frac{2}{7} \cdot \frac{2}{7} = \frac{4}{49}$
d) $0{,}5^2 = 0{,}5 \cdot 0{,}5 = 0{,}25$

Beispiel 2 Wurzelziehen

a) $\sqrt{9} = 3$, denn $3^2 = 3 \cdot 3 = 9$
b) $\sqrt{\frac{1}{36}} = \frac{1}{6}$, denn $\left(\frac{1}{6}\right)^2 = \frac{1}{6} \cdot \frac{1}{6} = \frac{1}{36}$
c) $\sqrt{\frac{4}{49}} = \frac{2}{7}$, denn $\left(\frac{2}{7}\right)^2 = \frac{2}{7} \cdot \frac{2}{7} = \frac{4}{49}$
d) $\sqrt{0{,}25} = 0{,}5$, denn $0{,}5^2 = 0{,}5 \cdot 0{,}5 = 0{,}25$

ANWENDEN

1 Berechne die Quadratzahl im Kopf.
a) 2^2 b) 3^2 c) 4^2
d) 7^2 e) 8^2 f) 6^2

1 Berechne die Quadratzahl im Kopf.
a) 4^2 b) 5^2 c) 7^2
d) 11^2 e) 12^2 f) $1{,}5^2$

2 Ergänze die Quadrate der Zahlen von 1 bis 20.
Lerne sie auswendig.

3 Berechne und vergleiche das Ergebnis.
a) $\frac{1^2}{2}$ und $\left(\frac{1}{2}\right)^2$ b) $\frac{2^2}{5}$ und $\left(\frac{2}{5}\right)^2$
c) $\frac{3^2}{4}$ und $\left(\frac{3}{4}\right)^2$ d) $\frac{2^2}{3}$ und $\left(\frac{2}{3}\right)^2$

3 Berechne und vergleiche das Ergebnis.
a) $\frac{5^2}{7}$ und $\left(\frac{5}{7}\right)^2$ b) $\frac{3^2}{8}$ und $\left(\frac{3}{8}\right)^2$
c) $\frac{4^2}{9}$ und $\left(\frac{4}{9}\right)^2$ d) $\frac{6^2}{11}$ und $\left(\frac{6}{11}\right)^2$

4 Bestimme die Quadratwurzel im Kopf.
Tipp Welche Zahl wurde mit sich selbst multipliziert?
a) $\sqrt{9}$ b) $\sqrt{25}$ c) $\sqrt{16}$
d) $\sqrt{49}$ e) $\sqrt{100}$ f) $\sqrt{81}$

4 Berechne im Kopf.
Tipp Welche Zahl wurde mit sich selbst multipliziert?
a) $\sqrt{4}$ b) $\sqrt{36}$ c) $\sqrt{16}$
d) $\sqrt{64}$ e) $\sqrt{900}$ f) $\sqrt{1{,}44}$

5 Bestimme die Quadratwurzel.
Tipp $\sqrt{\frac{1}{9}} = \frac{1}{3}$, denn $\left(\frac{1}{3}\right)^2 = \frac{1}{3} \cdot \frac{1}{3} = \frac{1}{9}$
a) $\sqrt{\frac{1}{4}}$ b) $\sqrt{\frac{1}{16}}$ c) $\sqrt{\frac{1}{25}}$
d) $\sqrt{\frac{1}{100}}$ e) $\sqrt{\frac{1}{81}}$ f) $\sqrt{\frac{1}{36}}$

5 Bestimme die Quadratwurzel.
Tipp $\sqrt{\frac{1}{4}} = \frac{1}{2}$, denn $\left(\frac{1}{2}\right)^2 = \frac{1}{2} \cdot \frac{1}{2} = \frac{1}{4}$
a) $\sqrt{\frac{1}{9}}$ b) $\sqrt{\frac{1}{36}}$ c) $\sqrt{\frac{1}{169}}$
d) $\sqrt{\frac{36}{144}}$ e) $\sqrt{\frac{9}{25}}$ f) $\sqrt{\frac{81}{289}}$

6 Finde die fehlenden Ziffern. Begründe.
Tipp zu a) $6\square = 64$, weil $8 \cdot 8 = \ldots$
a) $\sqrt{6\square} = 8$ b) $\sqrt{10\square} = 10$ c) $\sqrt{3\square} = 6$
d) $\sqrt{14\square} = 12$ e) $\sqrt{\frac{1}{2\square}} = \frac{1}{5}$ f) $\sqrt{\square 1} = 9$

6 Finde die fehlenden Ziffern. Begründe.
Tipp zu a) $\square 4 = 64$, weil $8 \cdot 8 = \ldots$
a) $\sqrt{\square 4} = 8$ b) $\sqrt{12\square} = 11$ c) $\sqrt{4\square\square} = 20$
d) $\sqrt{1\square 9} = 13$ e) $\sqrt{\frac{1}{\square\square}} = \frac{1}{5}$ f) $\sqrt{1\square\square} = 12$

7 Bonny meint „$\sqrt{10}$ ist größer als 3 und kleiner als 4, denn $3^2 = 9$ und $4^2 = 16$."

$\sqrt{9} = 3$ $\sqrt{16} = 4$

a) Hat er recht? Begründe.
b) Gib die beiden natürlichen Zahlen an, zwischen denen die Quadratwurzel liegt.
① $\sqrt{3}$ ② $\sqrt{8}$
③ $\sqrt{15}$ ④ $\sqrt{12}$

7 Abdullah sagt: „$\sqrt{20}$ ist größer als 4 und kleiner als 5."

$\sqrt{16} = 4$ $\sqrt{25} = 5$

a) Hat er recht? Begründe.
b) Gib die beiden natürlichen Zahlen an, zwischen denen die Quadratwurzel liegt.
① $\sqrt{30}$ ② $\sqrt{90}$ ③ $\sqrt{40}$

8 Marius möchte 20 Memorykarten zu einem Quadrat angeordnet auf den Tisch legen.
a) Geht das? Probiert es aus.
Beschreibt eure Beobachtungen und begründet.
b) Wie groß ist das größte Quadrat, das er legen kann?

9 Bei welchen Zahlen kannst du die Wurzel im Kopf berechnen?
Bei welchen geht das nicht?
a) 9 b) 49 c) 20
d) 40 e) 81 f) 26

9 Bei welchen Zahlen kannst du die Wurzel im Kopf berechnen?
Bestimme diese.
a) 196 b) 169 c) 189
d) 30 e) 0,09 f) 0,25

10 Finde und erkläre die Fehler. Berichtige dann in deinem Heft.
a) $\sqrt{0,36} = 0,06$ b) $\sqrt{6400} = 800$ c) $\sqrt{\frac{4}{36}} = \frac{2}{9}$
d) $\sqrt{196} = 1,4$ e) $\sqrt{0,25} = 0,05$ f) $\sqrt{0,4} = 0,2$

11 Ein quadratisches Grundstück hat einen Flächeninhalt von 841 cm². An allen vier Seiten soll das Grundstück umzäunt werden. Wie viele Meter Zaun müssen gekauft werden?

11 Ein quadratisches Bild hat einen Flächeninhalt von 961 cm². Das Bild soll eingerahmt werden. Wie viel Zentimeter Rahmen werden benötigt?

Hinweis
Beim Runden bestimmt man die Lösung näherungsweise. Man verwendet das Zeichen ≈.

Info Manchmal entstehen beim Wurzelziehen auch Zahlen, die unendlich viele Stellen nach dem Komma haben, ohne Regelmäßigkeit. Solche Zahlen nennt man **irrationale Zahlen**.
Man kann sie näherungsweise mit dem Taschenrechner berechnen.
z. B.: $\sqrt{2} = 1,414\,213\,562\,373\,095\,048\,801\ldots$

12 Berechne die Wurzeln mit dem Taschenrechner.
Runde dein Ergebnis auf zwei Stellen nach dem Komma. **Tipp** $\sqrt{2} \approx 1,41$
a) $\sqrt{40}$ b) $\sqrt{66}$
c) $\sqrt{70}$ d) $\sqrt{50,5}$
e) $\sqrt{0,98}$ f) $\sqrt{\frac{1}{3}}$

13 Berechne die Seitenlänge der Quadrate. Runde, falls nötig, das Ergebnis auf zwei Stellen nach dem Komma.
a) 
$A = 6,25\ cm^2$
b) 
$A = 10\ cm^2$

13 Berechne die Seitenlänge der Quadrate. Runde, falls nötig, das Ergebnis auf zwei Stellen nach dem Komma.
a) 
$A = 2,25\ cm^2$
b) 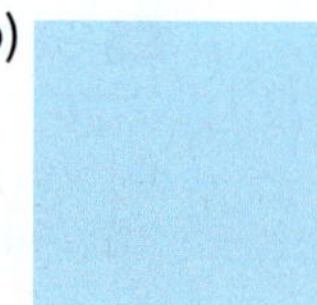
$A = 50\ cm^2$

14 Berechne die Kantenlänge a des Würfels.
Tipp $O = 6 \cdot a^2$
a) 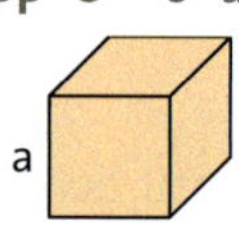

$O = 54\ cm^2$
b) 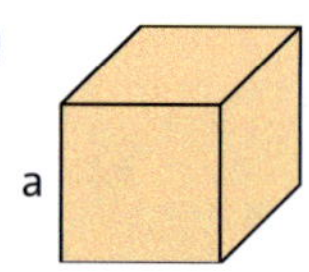

$O = 150\ cm^2$

14 Berechne die Kantenlänge a des Würfels.
Tipp $O = 6 \cdot a^2$
a) 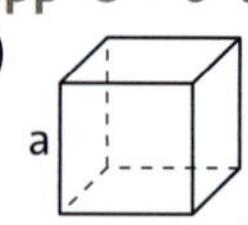

$O = 96\ cm^2$
b) 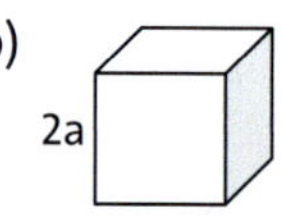

$O = 216\ cm^2$

15 Berechne die besonderen Wurzeln und Quadratzahlen.
a) $\sqrt{0}$ b) $\sqrt{1}$ c) 0^2 d) 1^2

Der Satz des Pythagoras

ENTDECKEN

1 Beschreibe die drei Bilder. Nutze diese Begriffe: rechtwinklig, stumpfwinklig, spitzwinklig.

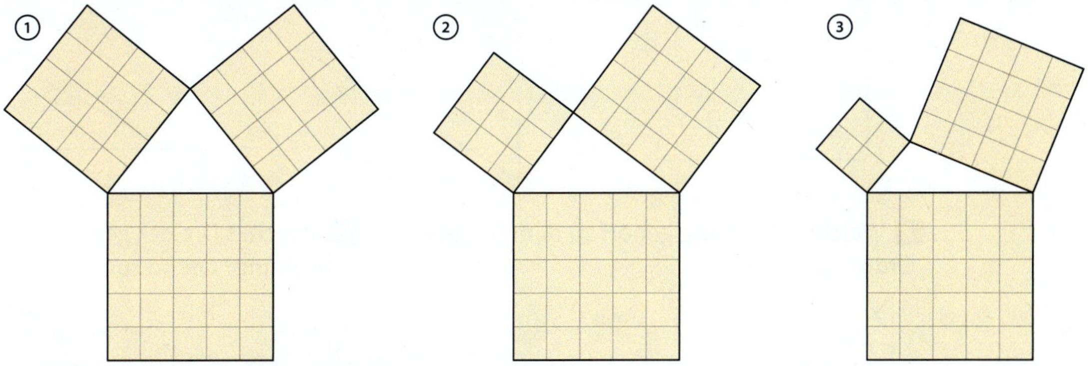

a) Vergleiche in einer Tabelle für die drei Abbildungen jeweils den Flächeninhalt des großen Quadrats mit dem Flächeninhalt der beiden kleineren Quadrate.

	großes Quadrat	Summe der kleineren Quadrate
①	25 Kästchen	16 + 16 = 32 Kästchen
②	...	...

b) Beschreibe deine Beobachtungen in eigenen Worten.

VERSTEHEN

Für die Seiten in rechtwinkligen Dreiecken gilt ein besonderer mathematischer Zusammenhang. Die Seiten haben besondere Namen.

Vokabeln
→ *die Kathete*
→ *die Hypotenuse*
→ *der Satz des Pythagoras*

Merke In einem rechtwinkligen Dreieck gilt: Die beiden Seiten, die den rechten Winkel einschließen, heißen Katheten.
Die längste Seite ist die Hypotenuse.
Sie liegt dem rechten Winkel gegenüber.

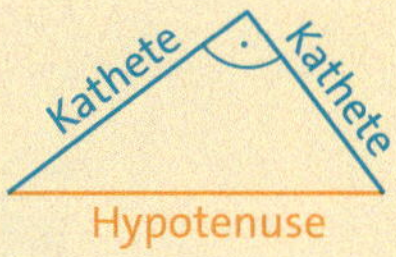

Beispiel 1
r und s schließen den rechten Winkel ein. Also sind r und s die Katheten.
Die längste Seite ist t. t liegt dem rechten Winkel gegenüber.
Also ist t die Hypotenuse.

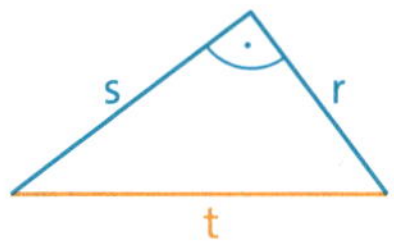

Merke Für rechtwinklige Dreiecke gilt der Satz des Pythagoras:
Das Quadrat über der Hypotenuse hat denselben Flächeninhalt wie die beiden Quadrate über den Katheten zusammen.

Wenn die beiden Katheten mit a und b und die Hypotenuse mit c benannt werden, dann gilt $a^2 + b^2 = c^2$.

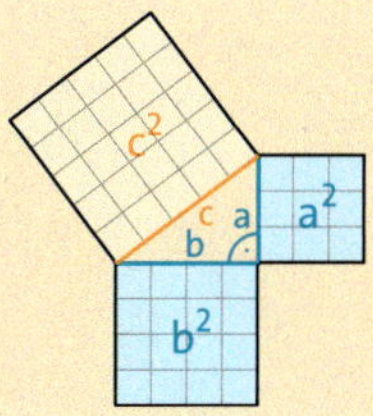

Beispiel 2
v und w sind die Katheten.
u ist die Hypotenuse.
Also gilt: $v^2 + w^2 = u^2$.

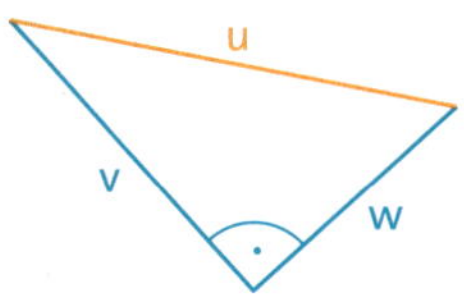

ANWENDEN

1 Benenne für jedes Dreieck die Katheten und die Hypotenuse.
Formuliere für jedes Dreieck den Satz des Pythagoras als Gleichung.

a)
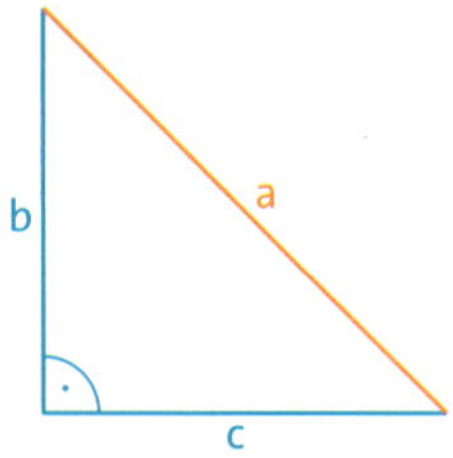

b)
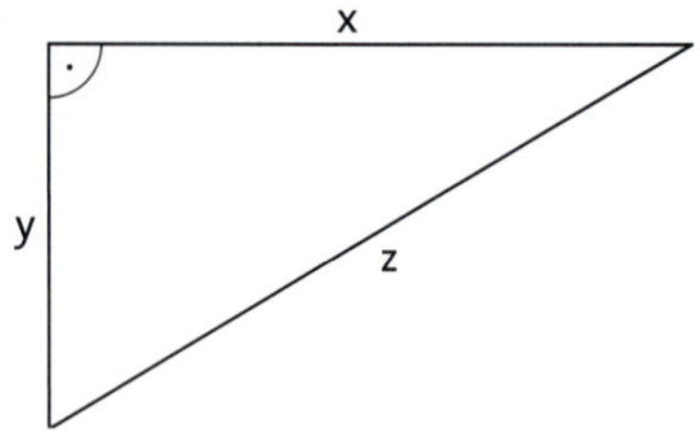

c)
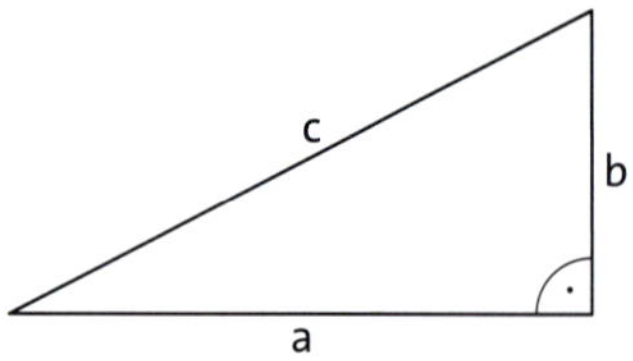

2 Welche Gleichung gehört zu dem Dreieck? Ordne zu.

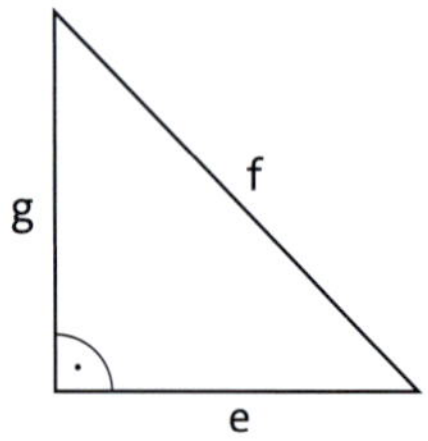

$e^2 + f^2 = g^2$

$f^2 + g^2 = e^2$

$g^2 + e^2 = f^2$

2 Welches Dreieck gehört zu welcher Gleichung? Ordne zu.

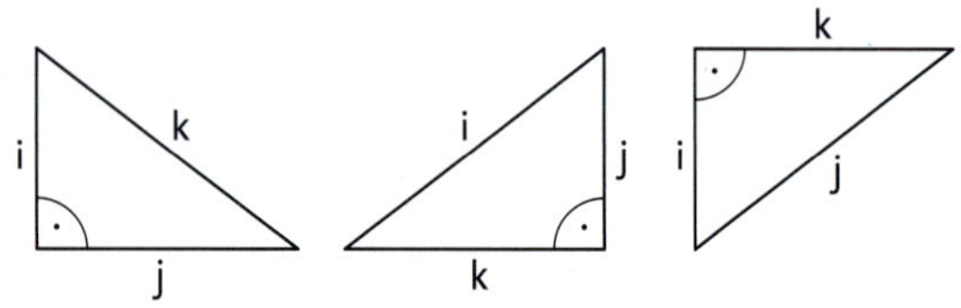

$k^2 + i^2 = j^2$ $\quad$ $j^2 + i^2 = k^2$ $\quad$ $k^2 + j^2 = i^2$

3 Zeichne ein passendes rechtwinkliges Dreieck, für das gilt $d^2 + e^2 = f^2$.
Tipp Beginne mit den Katheten.

3 Zeichne ein passendes rechtwinkliges Dreieck. Es soll gelten:
a) $x^2 + y^2 = z^2$ $\qquad$ b) $x^2 = y^2 + z^2$

4 Berechne den gesuchten Flächeninhalt A.

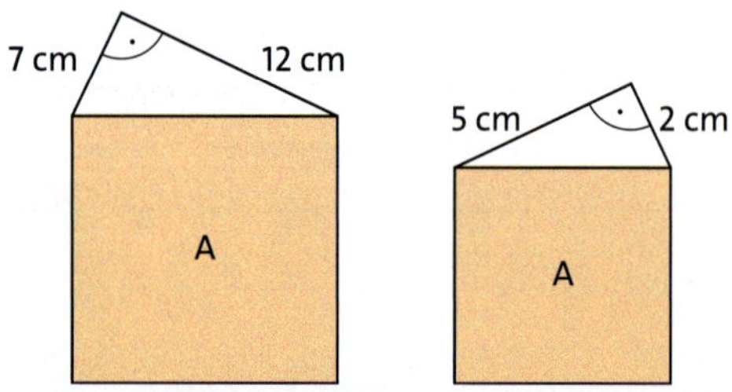

4 Berechne den gesuchten Flächeninhalt A.

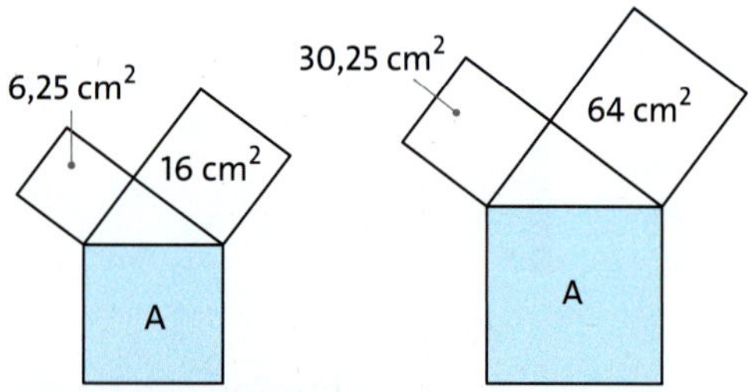

5 Finde und korrigiere die falschen Gleichungen.
Tipp Es sind zwei falsche.

a) $a^2 + p^2 = h^2$
b) $c^2 + b^2 = a^2$
c) $h^2 + p^2 = a^2$

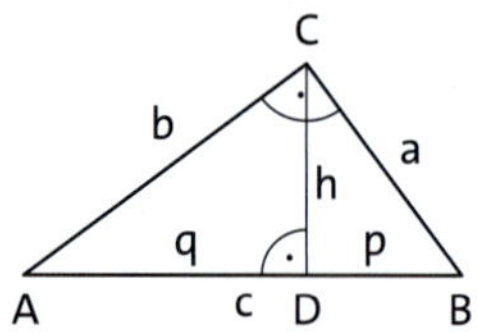

5 Hat Onur den Satz des Pythagoras hier richtig angewendet? Korrigiere, falls nötig.

a) $b^2 + d^2 = c^2$
b) $y^2 + d^2 = g^2$
c) $b^2 + x^2 = d^2$

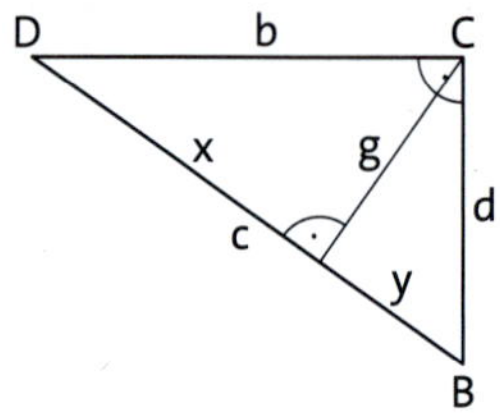

Info Umkehrung Satz des Pythagoras
Mit dem Satz des Pythagoras kannst du auch prüfen, ob ein Dreieck rechtwinklig ist. Bestimme dafür zuerst die längste Seite. Setze alle Seitenlängen in die Gleichung ein und prüfe so, ob der Satz des Pythagoras gilt.

6 Prüfe durch eine Rechnung, ob das Dreieck rechtwinklig ist.

	Seite a	Seite b	Seite c
a)	4 cm	3 cm	5 cm
b)	3 cm	6 cm	8 cm
c)	20 mm	24 mm	40 mm

Thema Beweis zum Satz des Pythagoras

Mit mathematischen Beweisen kann man zeigen, dass eine Aussage oder eine Regel gilt. Um den Satz des Pythagoras zu beweisen, gibt es verschiedene Möglichkeiten:

1 Ihr braucht vier gleich große Quadrate in verschiedenen Farben.

① Zerschneidet zwei Quadrate entlang der Diagonalen.

② Setzt aus den vier entstehenden Dreiecken ein großes Quadrat zusammen.

③ Nehmt die zwei kleinen Quadrate, die nicht zerschnitten wurden, und das große Quadrat und legt sie so aneinander wie auf dem Bild.

a) Was für ein Dreieck entsteht in der Mitte des unteren Bilds?

b) Vergleicht den Flächeninhalt der zwei kleinen Quadrate mit dem Flächeninhalt des großen Quadrats. Was stellt ihr fest?

c) Ein kleines Quadrat hat die Seitenlänge $a = 4\,cm$. Das große Quadrat hat die Seitenlänge $c = 5{,}7\,cm$.
Zeigt mit einer Rechnung, dass der Satz des Pythagoras im unteren Bild gilt.

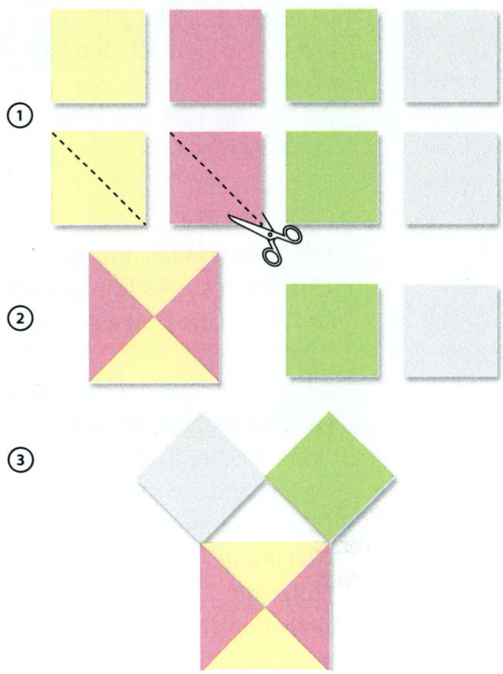

2 Mit der Figur unten kann man den Satz des Pythagoras rechnerisch beweisen.
Du kannst das große Quadrat mit der Seitenlänge a + b zerlegen.
Es besteht aus einem kleinen Quadrat mit der Seitenlänge c und vier rechtwinkligen Dreiecken mit den Katheten a und b.

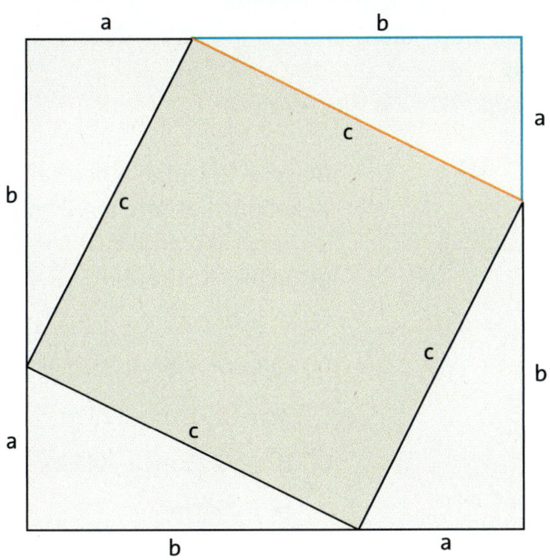

großes Quadrat = kleines Quadrat + 4 Dreiecke

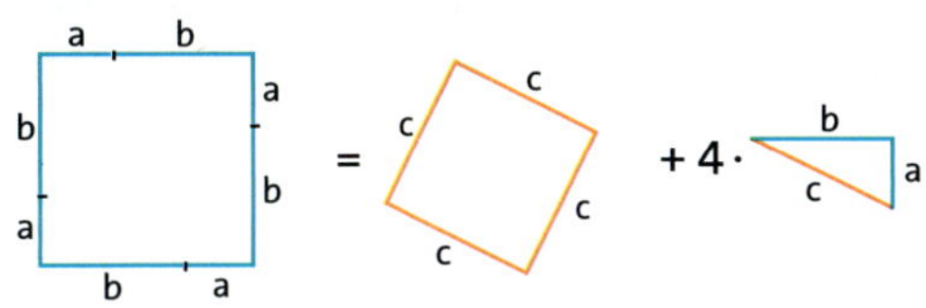

Für die Flächeninhalte gilt:

$(a + b)^2 = c^2 + 4 \cdot \frac{a \cdot b}{2}$

$(a + b) \cdot (a + b) = c^2 + 4 \cdot \frac{a \cdot b}{2}$

$a^2 + ab + ab + b^2 = \ldots$

Fasse weiter zusammen.
Zeige so, dass der Satz des Pythagoras gilt.

Längen mit dem Satz des Pythagoras berechnen

ENTDECKEN

1 Nina möchte die Länge der Diagonalen ihres Smartphones bestimmen.
Sie misst, wie lang und wie breit das Gerät ist.
Nina überlegt: „Hier gibt es einen rechten Winkel. Also kann ich den Satz des Pythagoras nutzen."

$16^2 + 8^2 = d^2$
$256 + 64 = d^2$
$320 = d^2 \quad | \sqrt{\ }$
$\square = d$

a) Erkläre Ninas Rechnung.
b) Übertrage die Rechnung ins Heft und bestimme die Länge der Diagonalen.

2 Im Kegel bilden die Höhe und der Radius ein rechtwinkliges Dreieck.
a) Welche Seite ist die Hypotenuse, welche Seiten sind die Katheten in dem Dreieck?
b) Formuliere den Satz des Pythagoras als Gleichung.
c) Nutze die Gleichung aus Teilaufgabe b) und berechne die Höhe des Kegels.

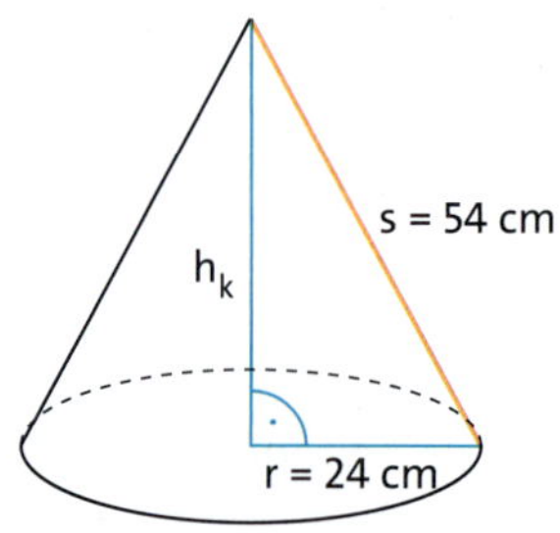

VERSTEHEN

Wenn zwei Seitenlängen in einem rechtwinkligen Dreieck gegeben sind, kann man die dritte Seitenlänge mit dem Satz des Pythagoras berechnen.

Vokabeln
→ der Satz des Pythagoras

Merke Seitenlängen mit dem **Satz des Pythagoras** berechnen
① Schreibe die Gleichung für das rechtwinklige Dreieck auf.
② Setze die gegebenen Größen ein. Stelle die Gleichung um, falls nötig.
③ Quadriere und fasse zusammen.
④ Berechne die gesuchte Länge, indem du die Wurzel ziehst.

Beispiel 1 Länge der Hypotenuse
gegeben: Katheten a = 12 m und b = 18 m
gesucht: Hypotenuse c

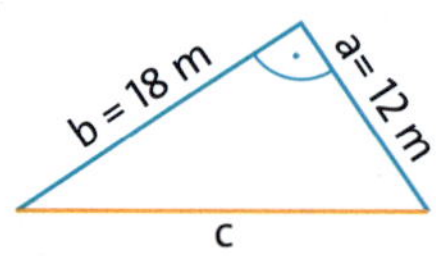

① $a^2 + b^2 = c^2$
② $(12\,m)^2 + (18\,m)^2 = c^2$
$c^2 = (12\,m)^2 + (18\,m)^2$
③ $c^2 = 144\,m^2 + 324\,m^2$
$c^2 = 468\,m^2 \quad | \sqrt{\ }$
④ $c \approx \underline{\underline{21{,}63\,m}}$

Runde auf zwei Stellen nach dem Komma.

Die Länge der Hypotenuse c ist ca. 21,63 m.

Beispiel 2 Länge einer Kathete
gegeben: Kathete a = 21 m und Hypotenuse c = 35 m
gesucht: Kathete b

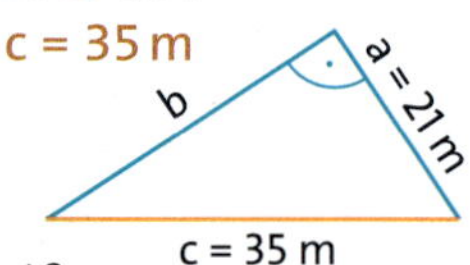

① $a^2 + b^2 = c^2$
② $(21\,m)^2 + b^2 = (35\,m)^2$
$b^2 = (35\,m)^2 - (21\,m)^2$
③ $b^2 = 1225\,m^2 - 441\,m^2$
$b^2 = 784\,m^2 \quad | \sqrt{\ }$
④ $b = \underline{\underline{28\,m}}$

Die Länge der Kathete b ist 28 m.

ANWENDEN

Hinweis
Bestimme die Lösung beim Runden auf zwei Nachkommastellen genau.

1 Stelle die allgemeine Gleichung auf. Berechne die Länge der Hypotenuse c.

a) a = 4 cm; b = 3 cm
b) a = 5 cm; b = 12 cm
c) a = 8 m; b = 15 m

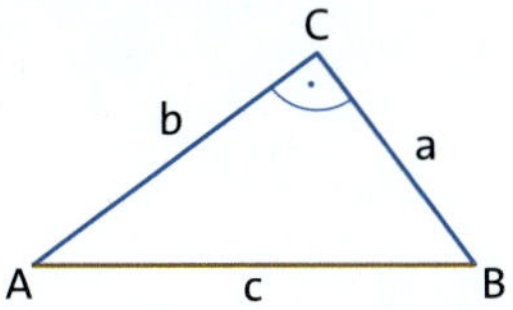

1 Berechne die Länge der Hypotenuse.

a) a = 4 cm; b = 10 cm
b) a = 3,5 cm; b = 13 cm
c) a = 8,2 cm; b = 12 cm
d) a = 1,8 cm; b = 4 cm

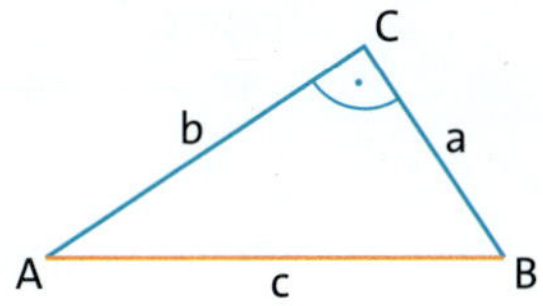

2 Berechne die Länge der fehlenden Kathete.

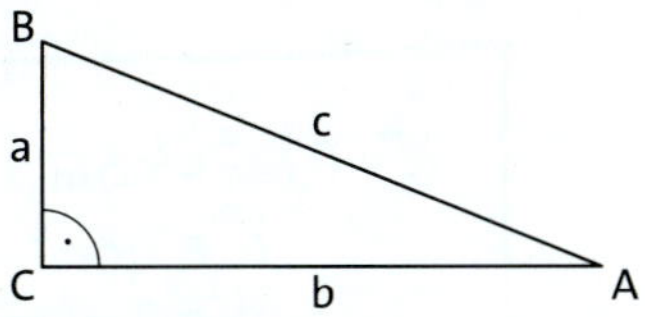

a) b = 4 cm; c = 25 cm b) c = 100 m; a = 8 m
c) c = 6 cm; b = 3 cm d) a = 10 m; c = 20 m

2 Berechne die Länge der fehlenden Kathete.

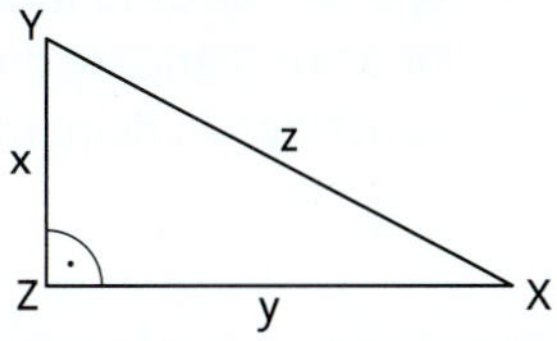

a) x = 4 cm; z = 12 cm b) y = 15 m; z = 26 m
c) x = 9,9 cm; z = 15 cm d) y = 5,5 m; z = 9 m

3 Berechne die fehlende Seitenlänge.

Tipp Fehlt eine Kathete oder die Hypotenuse?

a)

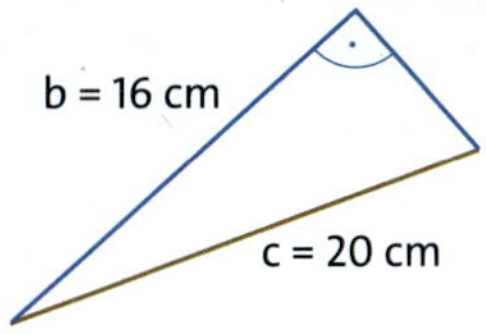

b)

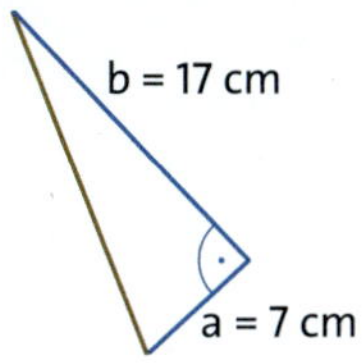

3 Berechne die fehlende Seitenlänge.

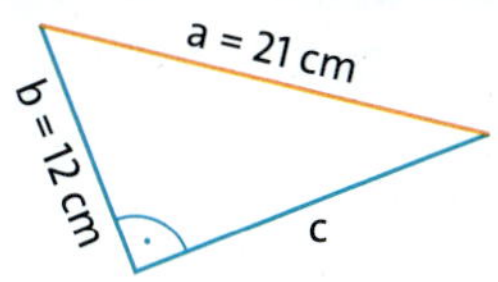

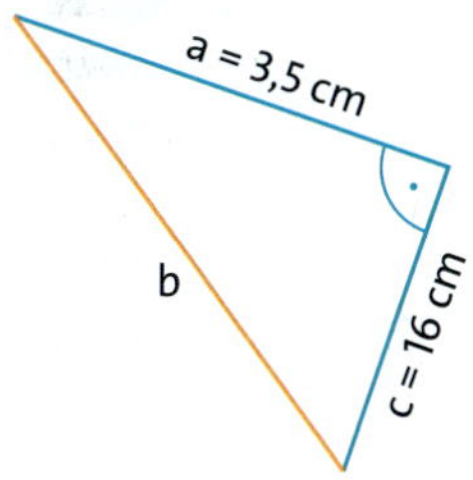

4 Berechne die fehlende Seitenlänge. Achte auf gleiche Einheiten.

a)

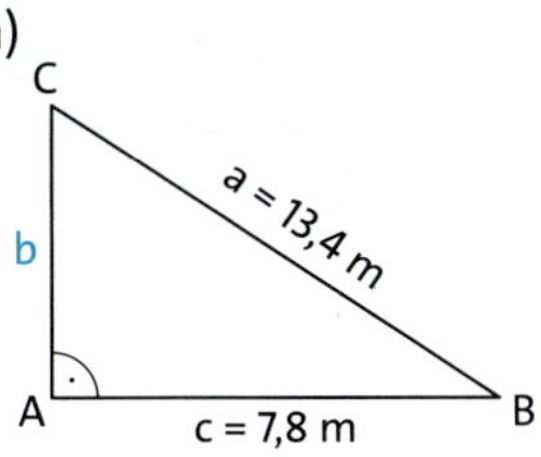

b)

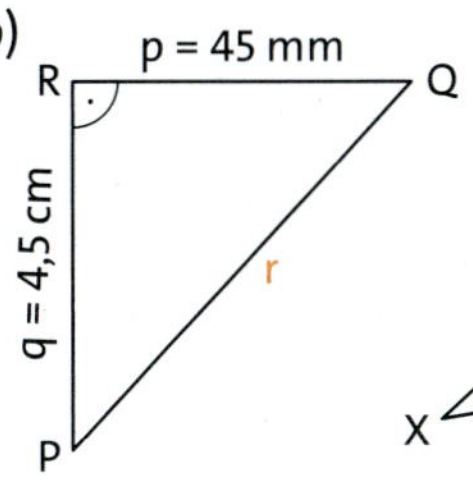

c)

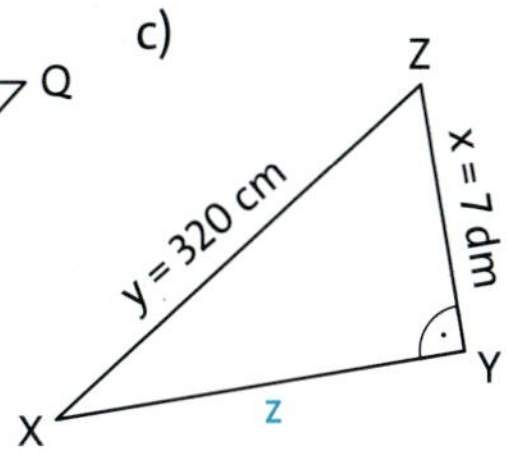

d)

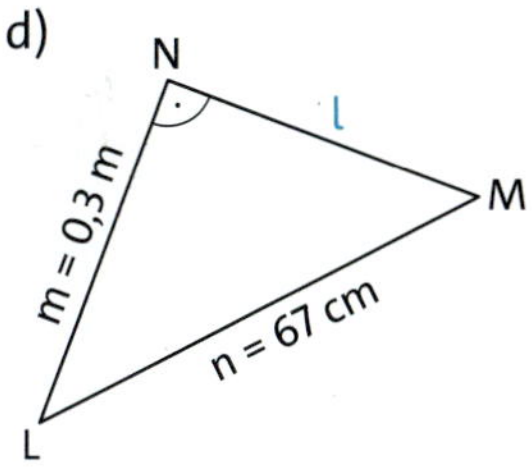

5 Das Display eines Tablets ist 27 cm lang und 15 cm breit. Wie lang ist die Diagonale?

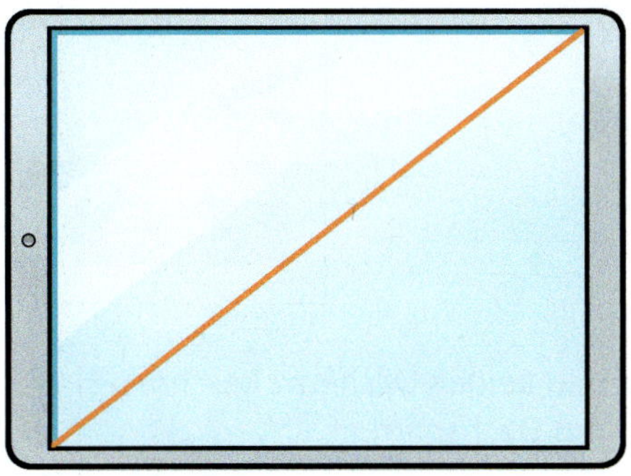

5 Wie lang ist das Abspannseil des Sendemasts?

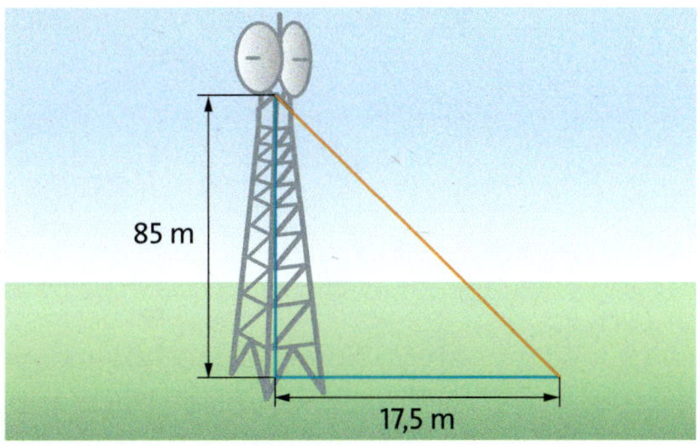

6 Berechne die markierte Seitenlänge im Trapez.

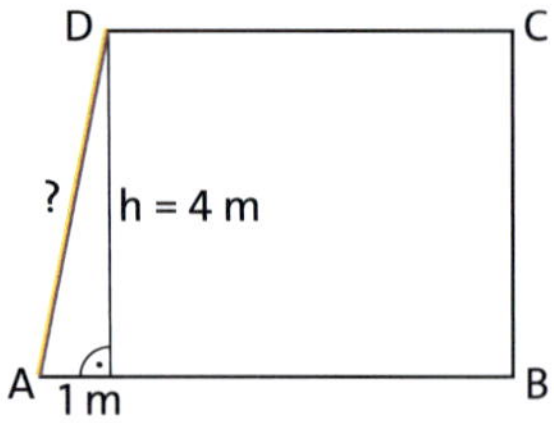

6 Berechne die Höhe des Parallelogramms.

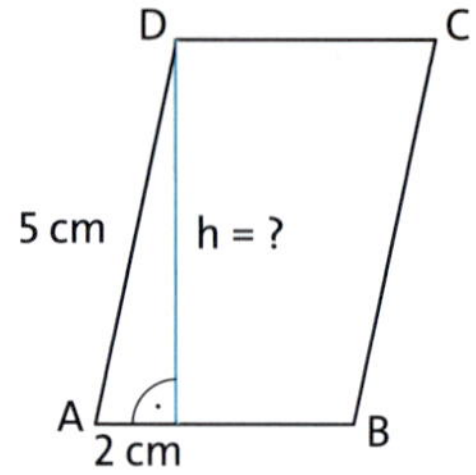

7 Was hat Gino falsch gemacht? Finde und erkläre die Fehler. Berichtige in deinem Heft.

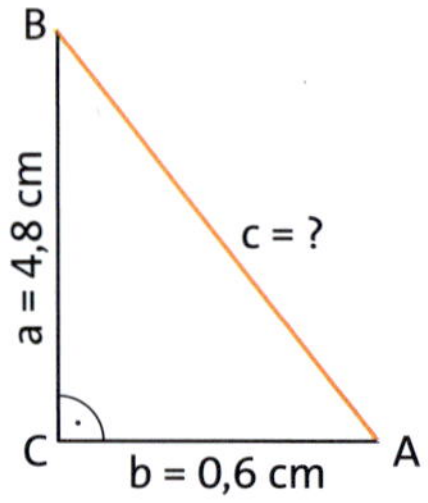

$c^2 + 0{,}6m^2 = 4{,}8m^2 \quad | -0{,}6m^2$

$c^2 = 4{,}8m^2 \quad | \sqrt{\ }$

$c = 2{,}19m^2$

8 Ein Quadrat hat die Seitenlänge a = 8 cm. Berechne die Länge der Diagonalen d.

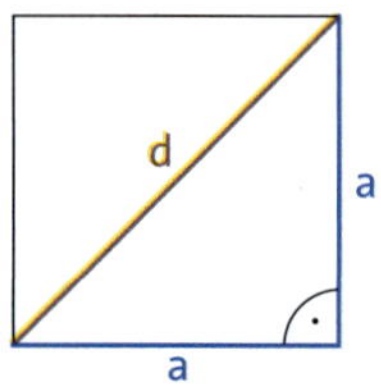

8 Berechne die Länge der Hypotenuse. Berechne den Umfang der Raute.

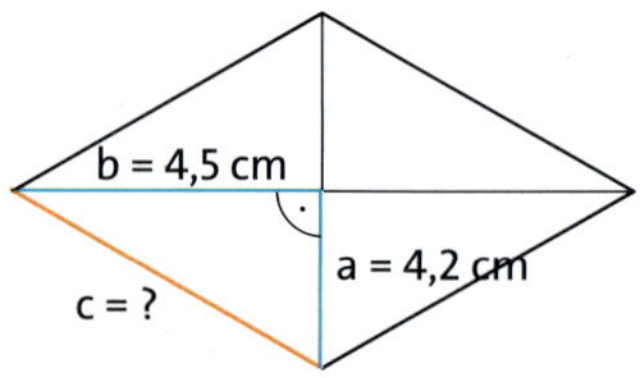

9 Wie lang ist die Treppe?

a) Finde das rechtwinklige Dreieck. Gib die Längen der Katheten an.
b) Stelle die Gleichung für das rechtwinklige Dreieck auf.
c) Setze die bekannten Größen ein und berechne.

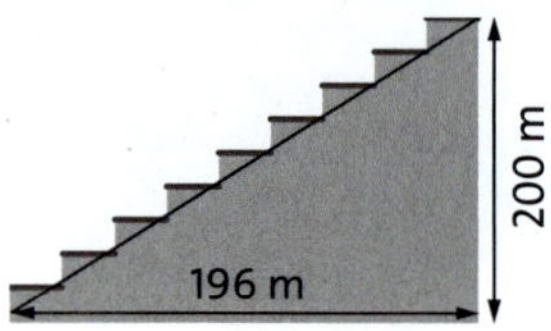

9 Wie weit sind Julian und Maja voneinander entfernt?

a) Finde das rechtwinklige Dreieck. Gib die Längen der Katheten an.
b) Stelle die Gleichung für das rechtwinklige Dreieck auf.
c) Setze die bekannten Größen ein und berechne.

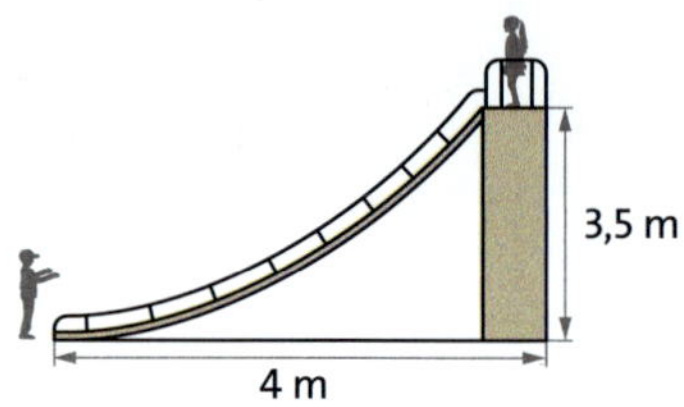

10 Häuser werden mit unterschiedlichen Dachformen gebaut.

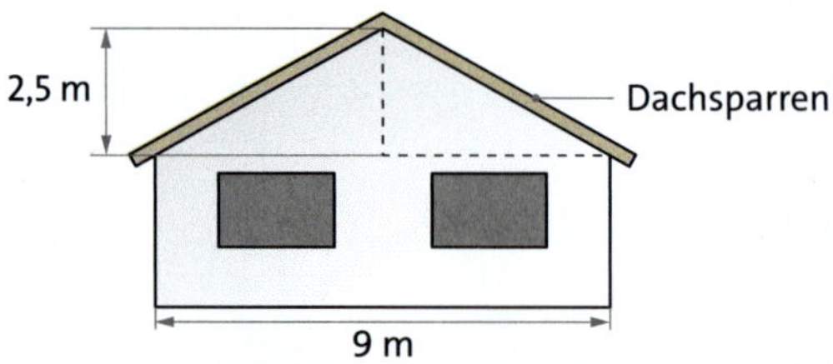

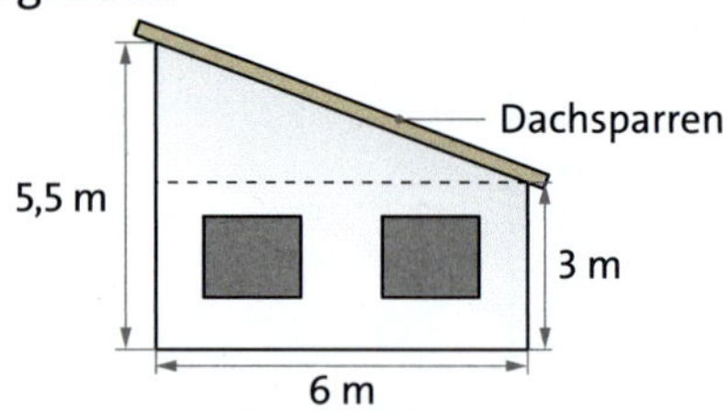

a) Wo findest du rechtwinklige Dreiecke in den beiden Dächern? Beschreibe.
b) Berechne für jede Dachform die Länge eines Dachsparrens.
c) Was meinst du: Welches Dach wird teurer werden? Begründe deine Antwort.

11 Wie lang ist die Rollstuhl-Rampe?
Tipp Achte auf gleiche Einheiten.

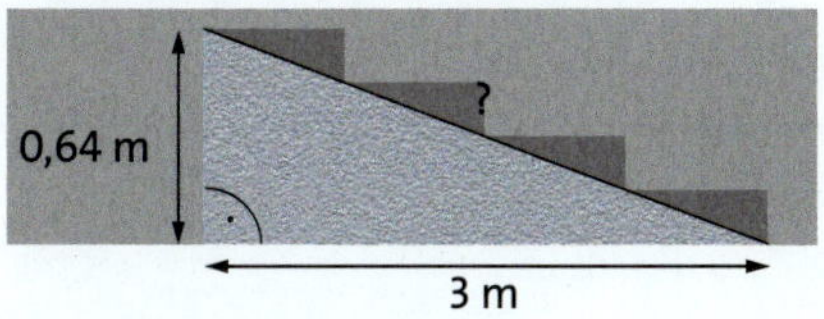

11 Eine Leiter ist 6 m lang. Sie wird 2 m von der Hauswand entfernt aufgestellt.

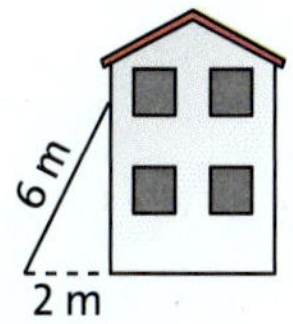

a) Wie hoch reicht die Leiter?
b) Welchen Abstand hat die gleiche Leiter, wenn sie 5 m hoch reichen soll?

12 Vor der Schule befindet sich ein Rasenstück, das Tim oft als Abkürzung nutzt. Wie viele Meter spart Tim in einer Schulwoche?
Tipp Überlege erst, wie viele Meter er pro Tag spart.

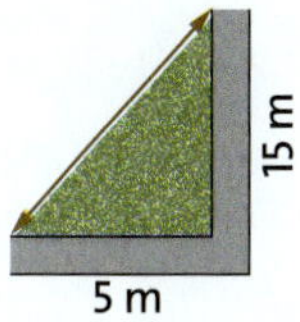

12 Ein Heißluft-Ballon ist an einem 82 m langen Seil befestigt. Durch starken Wind wird er 18 m weit abgetrieben. Wie hoch ist der Ballon jetzt über dem Boden?

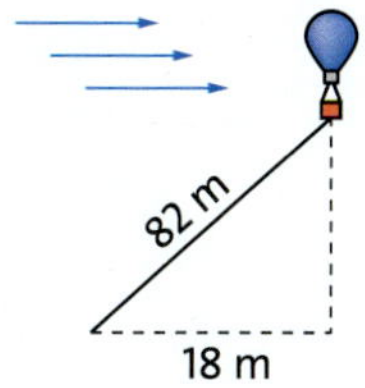

13 Marike übt das Elfmeter-Schießen. Sie versucht den Ball immer links unten knapp neben dem Pfosten ins Tor zu schießen. Wie viel m legt der Ball zurück?
Tipp Der Ball liegt genau in der Tormitte.

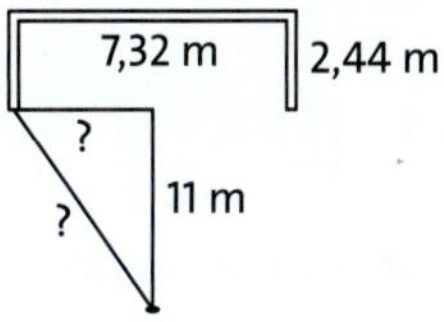

Methode Raumdiagonale im Quader
Eine Raumdiagonale geht quer von oben nach unten durch den Quader.

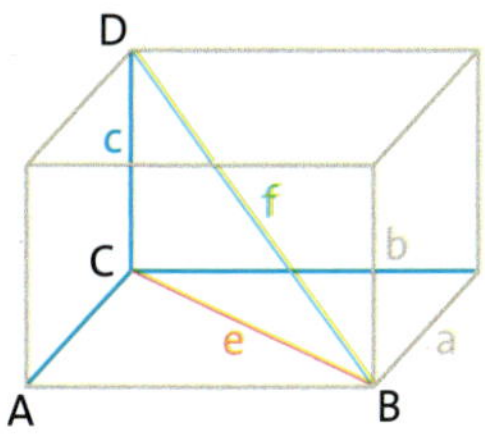

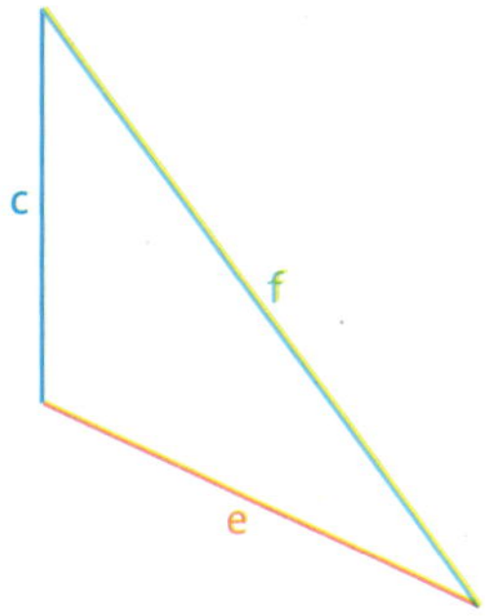

So bestimmst du die Länge:
① Betrachte zuerst die Grundfläche. Berechne die Länge der Diagonalen e.
$a^2 + b^2 = e^2$
② Berechne die Länge der Raumdiagonalen f.
$c^2 + e^2 = f^2$.

14 Bestimme die Länge der Raumdiagonalen in einem Quader.
gegeben: a = 4 cm; b = 5 cm; c = 3 cm
gesucht: f

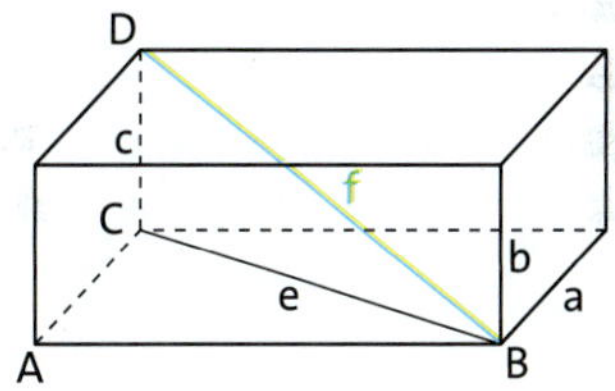

15 Bestimme die Länge der Raumdiagonalen in einem Würfel mit der Kantenlänge a = 7 m.

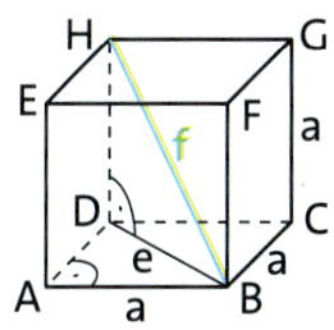

16 Die Diagonale der Grundfläche e ist 4 cm lang. Die Höhe beträgt 5 cm. Wie lang ist die Raumdiagonale f?

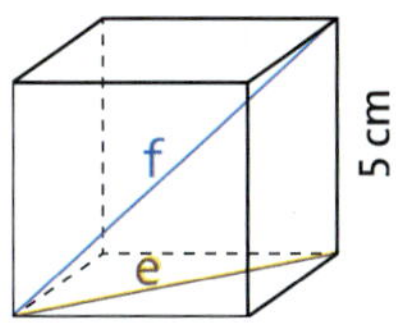

16 Ein Würfel hat eine Kantenlänge von 3 cm.
a) Wie lang ist die Diagonale der Grundfläche e?
b) Wie lang ist die Raumdiagonale f?

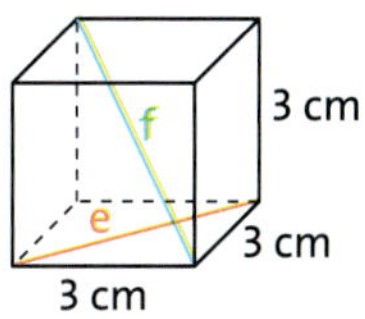

Methode Berechnungen an quadratischen Pyramiden

Auch bei Berechnungen an Pyramiden hilft der Satz des Pythagoras.
Wenn man die Kantenlänge a und die Seitenhöhe h_a kennt, dann kann man die Körperhöhe h_k mithilfe eines rechtwinkligen Dreiecks berechnen.

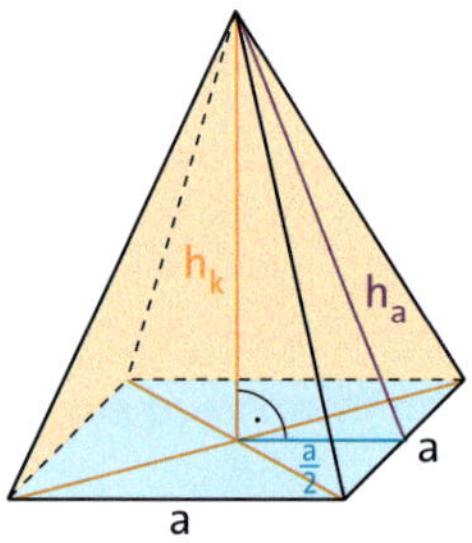

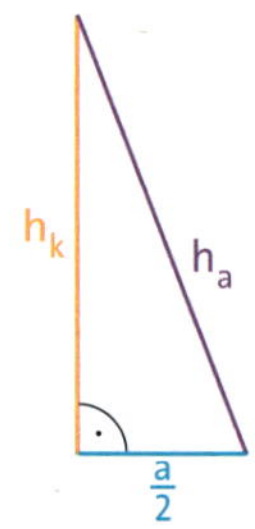

Es gilt: $h_k^2 + \left(\frac{a}{2}\right)^2 = h_a^2 \quad \mid -\left(\frac{a}{2}\right)^2$

$$h_k^2 = h_a^2 - \left(\frac{a}{2}\right)^2 \quad \mid \sqrt{}$$

$$h_k = \sqrt{h_a^2 - \left(\frac{a}{2}\right)^2}$$

Die Höhe h_k braucht man, wenn man das Volumen einer quadratischen Pyramide berechnet.
Die Formel lautet: $V = \frac{1}{3} \cdot a^2 \cdot h_k$

Die Oberfläche einer Pyramide besteht aus der Grundfläche und der Mantelfläche.
$O = G + M$

Für eine quadratische Pyramide gilt:
$O = a^2 + 2 \cdot a \cdot h_a$

ANWENDEN

1 Berechne die Körperhöhe h_k.

a)

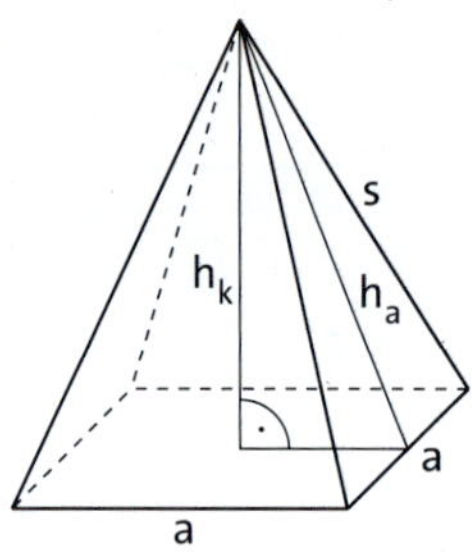

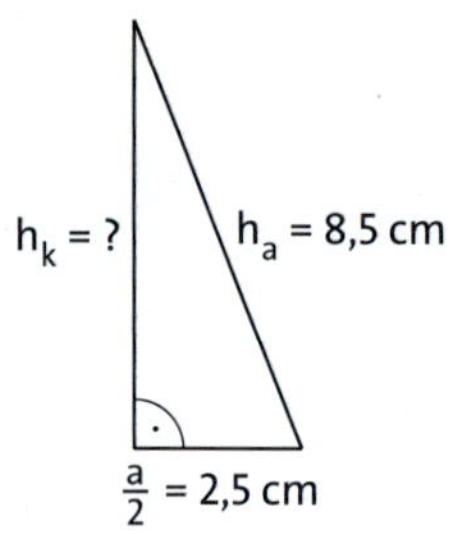

b)

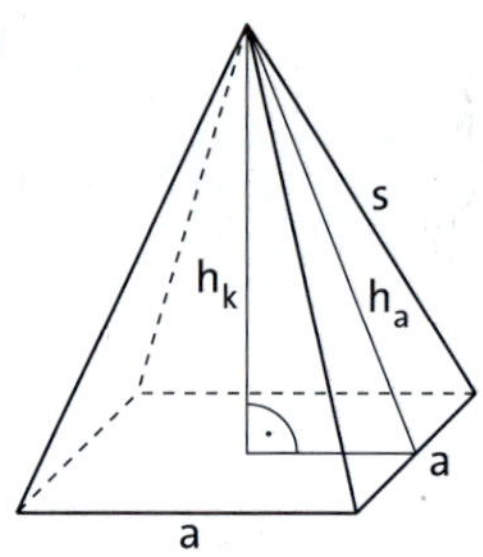

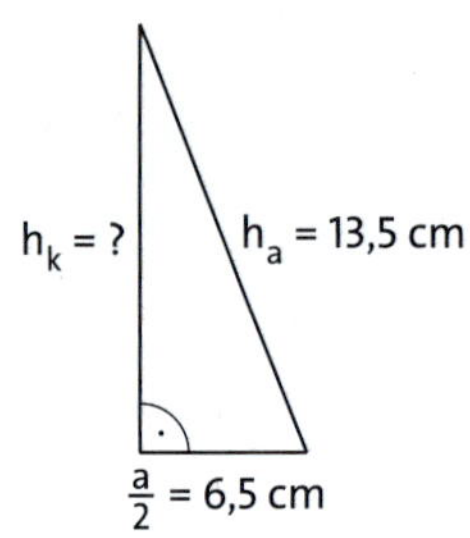

2 Berechne die Körperhöhe h_k der quadratischen Pyramide.

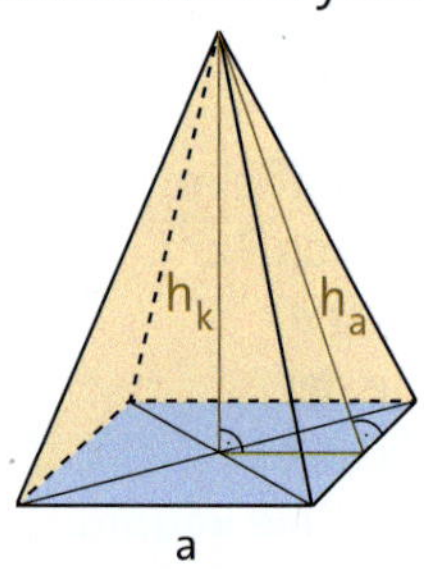

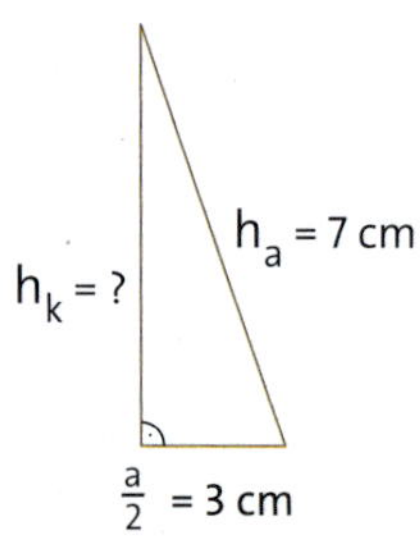

2 Berechne die Körperhöhe h_k der quadratischen Pyramide.

a)

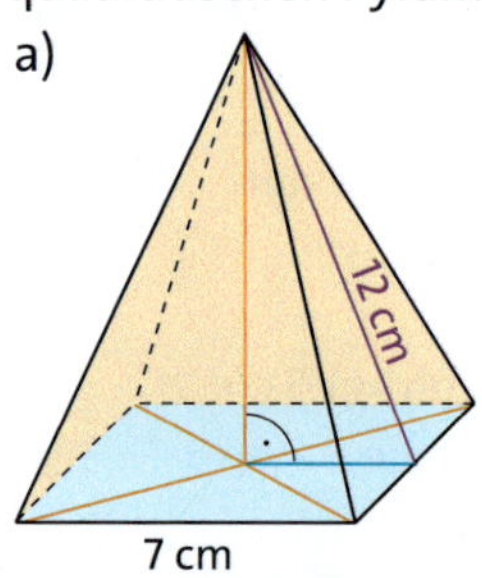

b)

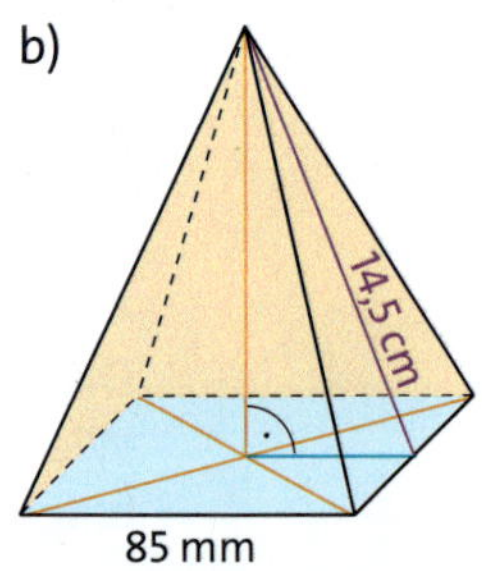

3 Berechne die Seitenhöhe h_a.

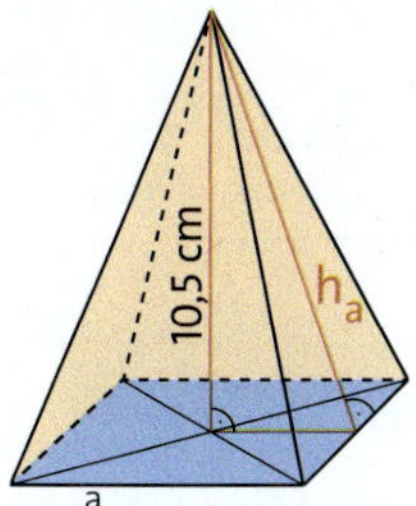

4 Berechne die Seitenhöhe h_a einer quadratischen Pyramide mit $\frac{a}{2}$ = 2 cm und h_k = 5 cm.

5 Berechne die fehlenden Werte der quadratischen Pyramide.
Runde, falls nötig.

	$\frac{a}{2}$	h_a	h_k	G
a)	1 cm	2 cm		
b)		5 cm	4 cm	
c)			7 m	100 m²

6 Eine quadratische Pyramide hat die Grundkante a = 6 cm und die Körperhöhe h_k = 5 cm.

a) Berechne das Volumen V der Pyramide.
b) Berechne den Oberflächeninhalt O.

7 Eine Parfumflasche hat die Form einer quadratischen Pyramide.
Die Grundkante a ist 2,5 cm lang und die Köperhöhe beträgt h_k = 4 cm.

a) Berechne das Volumen der Flasche.
b) Berechne den Oberflächeninhalt.

3 Berechne die Seitenhöhe h_a.

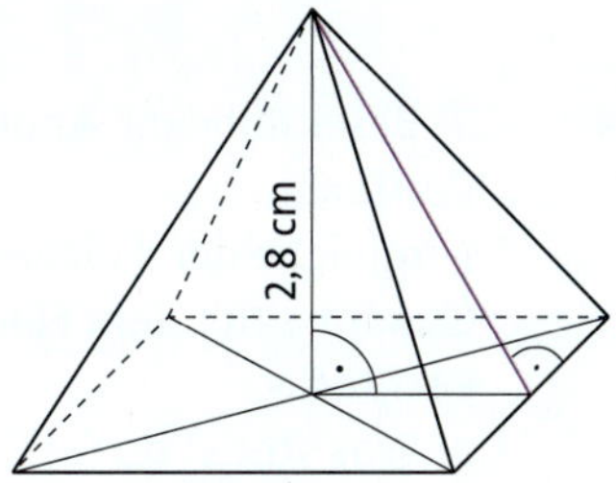

4 Berechne die Seitenhöhe h_a einer quadratischen Pyramide mit a = 5 cm und h_k = 4,5 cm.

5 Berechne die fehlenden Werte der quadratischen Pyramide.
Runde, falls nötig.

	a	h_a	h_k	G
a)		5 cm	4 cm	
b)	8 m		3 m	
c)		12 cm		12 cm²

6 Eine quadratische Pyramide hat die Grundkante a = 7 cm und die Seitenhöhe h_a = 5,5 cm.

a) Berechne das Volumen V der Pyramide.
b) Berechne den Oberflächeninhalt O.

7 Eine Firma stellt Kerzen in Pyramidenform her.

a) Wie viel Kerzenwachs benötigt man für 100 Kerzen mit der Grundkante a = 3,5 cm und der Seitenhöhe h_a = 90 cm ?
b) Berechne den Oberflächeninhalt für eine Kerze.

8 In den Sommerferien möchte Familie Abebe ein Gartenfest feiern.
Sie holen das Partyzelt aus dem Keller und sehen, dass der Stoff vom Dach gerissen ist.
Das Zeltdach in der Form einer Pyramide hat eine quadratische Grundfläche.
Die Grundkante ist 3 m lang.
Die Seitenhöhe des Zeltdachs ist 2,50 m lang.

a) Wie viel Stoff braucht die Familie insgesamt für das Zeltdach?
b) 1 m² Stoff kostet 9 €.
Wie teuer ist der Stoff insgesamt?

Höhensatz und Kathetensatz (fakultativ)

ENTDECKEN

1 Beschreibe die Abbildungen mit eigenen Worten.
Vergleiche den Flächeninhalt des orangen Quadrats mit dem Flächeninhalt des blauen Rechtecks.
a) Was stellst du fest?
Formuliere eine Vermutung.
b) Überprüfe deine Vermutung in eigenen rechtwinkligen Dreiecken.

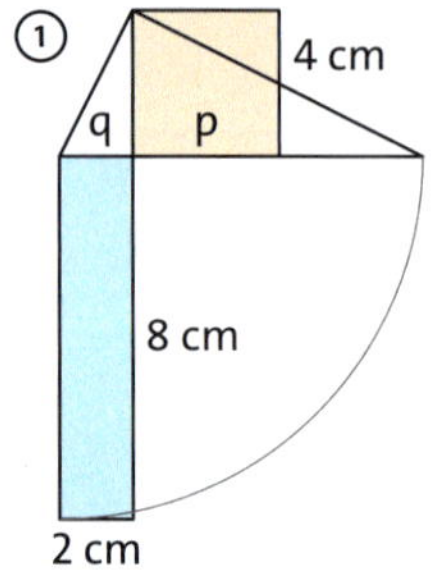

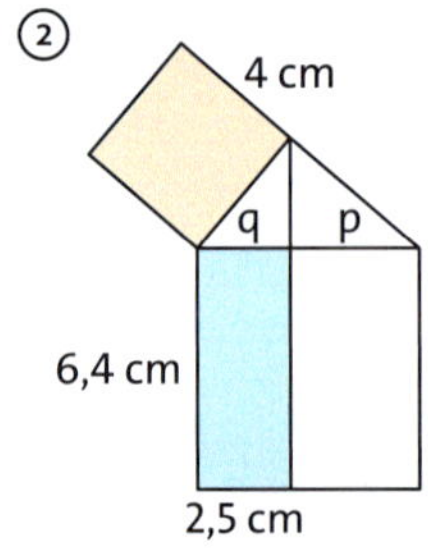

VERSTEHEN

In einem rechtwinkligen Dreieck teilt die Höhe h die Hypotenuse in zwei Abschnitte p und q. Wenn man p und q kennt, dann kann man die Höhe h und die Katheten a und b berechnen.

Vokabeln
→ der Hypotenusenabschnitt

Merke Höhensatz
In einem rechtwinkligen Dreieck ist das Quadrat über der Höhe h genauso groß wie das Rechteck aus den Hypotenusenabschnitten p und q.

$h^2 = p \cdot q$

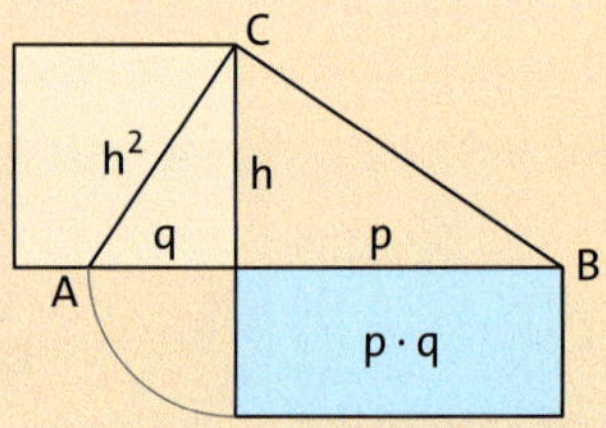

Beispiel 1 Berechne die Höhe h im rechtwinkligen Dreieck.
gegeben: p = 2 cm und q = 8 cm; gesucht: Höhe h
$h^2 = p \cdot q = 2\,\text{cm} \cdot 8\,\text{cm}$
$h^2 = 16\,\text{cm}^2 \quad |\sqrt{}$
$h = \underline{\underline{4\,\text{cm}}}$

Merke Kathetensatz
In einem rechtwinkligen Dreieck ist das Quadrat über einer Kathete genauso groß wie das Rechteck aus dem anliegenden Hypotenusenabschnitt und der Hypotenuse.

$a^2 = p \cdot c$ und $b^2 = q \cdot c$

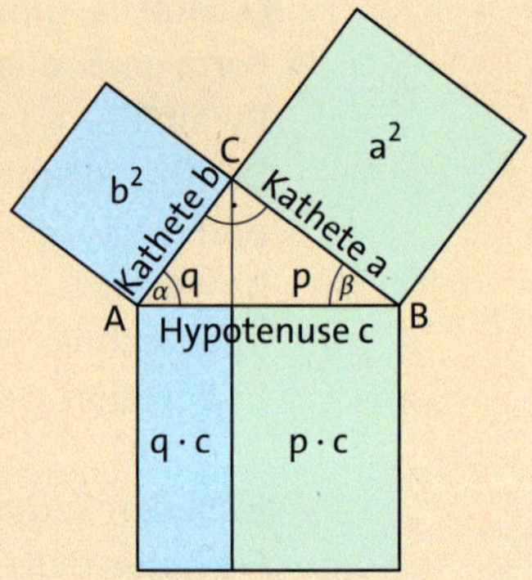

Beispiel 2 Berechne die Kathete a
gegeben: c = 5 cm und p = 3,2 cm
gesucht: Kathete a
$a^2 = p \cdot c$
$a^2 = 3{,}2\,\text{cm} \cdot 5\,\text{cm}$
$a^2 = 16\,\text{cm}^2 \quad |\sqrt{}$
$a = \underline{\underline{4\,\text{cm}}}$

Beispiel 3 Berechne die Kathete b
gegeben: c = 9 cm und q = 4 cm
gesucht: Kathete b
$b^2 = q \cdot c$
$b^2 = 4\,\text{cm} \cdot 9\,\text{cm}$
$b^2 = 36\,\text{cm}^2 \quad |\sqrt{}$
$b = \underline{\underline{6\,\text{cm}}}$

ANWENDEN

1 Berechne die Höhe in einem rechtwinkligen Dreieck. Nutze den Höhensatz.

a) $p = 3\,cm$; $q = 12\,cm$
b) $p = 16\,cm$; $q = 4\,cm$
c) $p = 8\,m$; $q = 12\,m$

2 Berechne die Länge von p.

Tipp Nutze den Höhensatz $h^2 = p \cdot q$.

a)
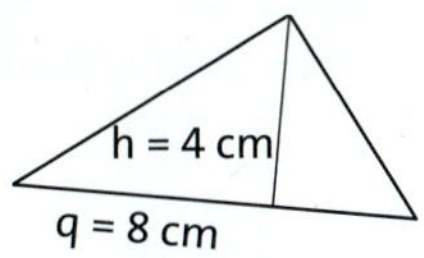

b)
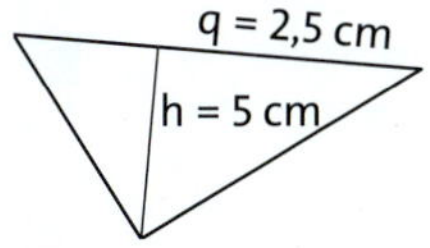

3 Berechne die Länge der zugehörigen Kathete im rechtwinkligen Dreieck.

Tipp $b^2 = c \cdot q$ und $a^2 = c \cdot p$

a) $c = 4\,cm$; $q = 3\,cm$; $b = ?$
b) $c = 17\,mm$; $p = 5\,mm$; $a = ?$
c) $c = 6\,m$; $q = 5\,m$; $b = ?$

4 Berechne die Länge der zugehörigen Kathete.
Nutze den Kathetensatz.

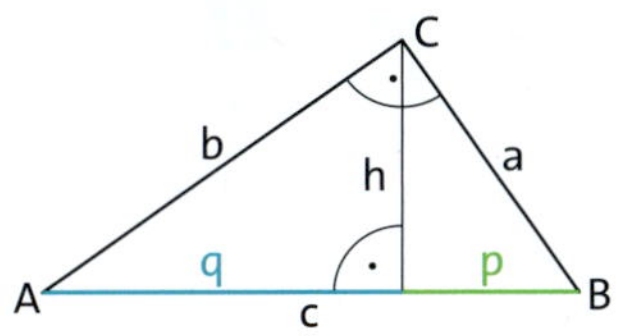

Tipp Zu q gehört die Kathete b.
Zu p gehört die Kathete a.

a) $c = 9\,cm$; $p = 4\,cm$
b) $c = 8{,}5\,cm$; $p = 5\,cm$
c) $c = 3{,}9\,cm$; $q = 3{,}3\,cm$

5 Die Schule baut für ihre Schulhunde eine Hundehütte mit einem Pultdach.

a) Berechne die Länge der Dachsparren.
Tipp $c = p + q$
b) $1\,m^2$ Dachpappe kostet 14,00 €.
Wie teuer ist die Dachpappe für das gesamte Dach, wenn die Hütte 2,5 m lang ist?

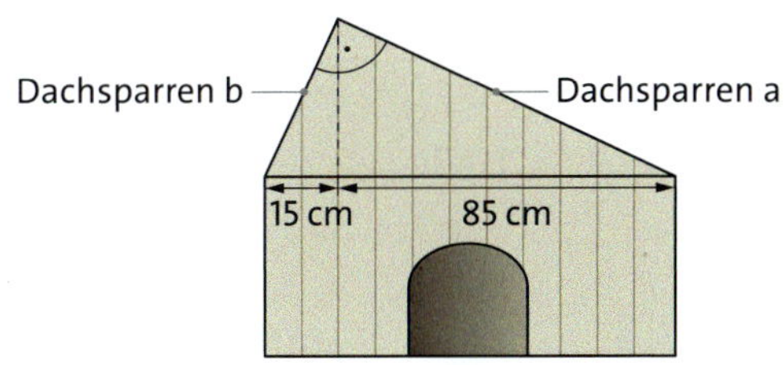

6 Berechne alle fehlenden Seitenlängen.
Welche Formel brauchst du zuerst?

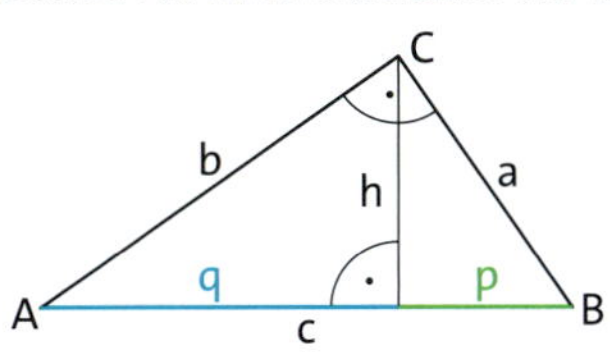

a) $c = 5\,cm$; $p = 3\,cm$
b) $p = 2{,}5\,m$; $h = 8\,m$

1 Berechne die Höhe in einem rechtwinkligen Dreieck. Nutze den Höhensatz.

a) $p = 30\,cm$; $q = 4\,cm$
b) $p = 17\,cm$; $q = 8\,cm$
c) $p = 6\,m$; $q = 5{,}5\,m$

2 Berechne die Länge von p mit dem Höhensatz.

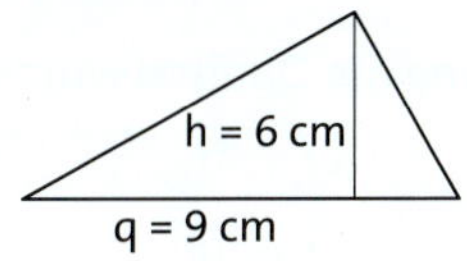

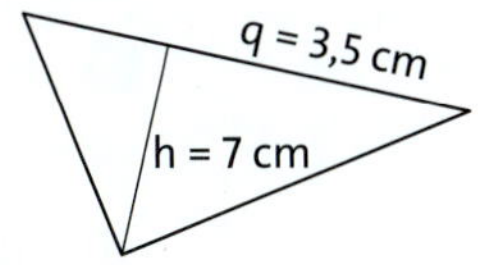

3 Berechne die Länge der zugehörigen Kathete im rechtwinkligen Dreieck.

Tipp Nutze den Kathetensatz.

a) $c = 7\,cm$; $q = 4\,cm$; $b = ?$
b) $c = 16\,mm$; $p = 5\,mm$; $a = ?$
c) $c = 5\,m$; $q = 2{,}5\,m$; $b = ?$

4 Nutze den Kathetensatz.
Berechne die Länge der zugehörigen Kathete.

Tipp Ist a oder b die zugehörige Kathete?

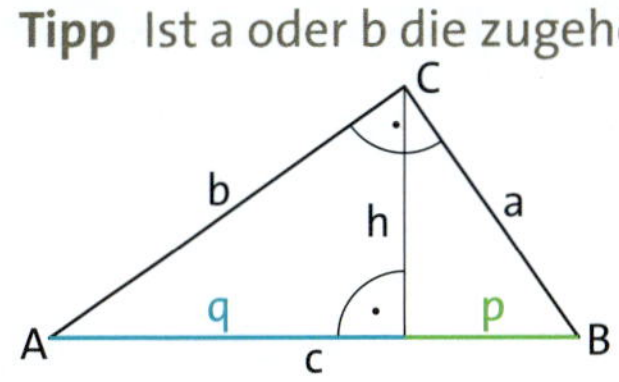

a) $c = 21\,cm$; $p = 2\,cm$
b) $q = 128\,cm$; $c = 8\,m$
c) $p = 3{,}3\,m$; $c = 77\,m$

6 Berechne alle fehlenden Seitenlängen.

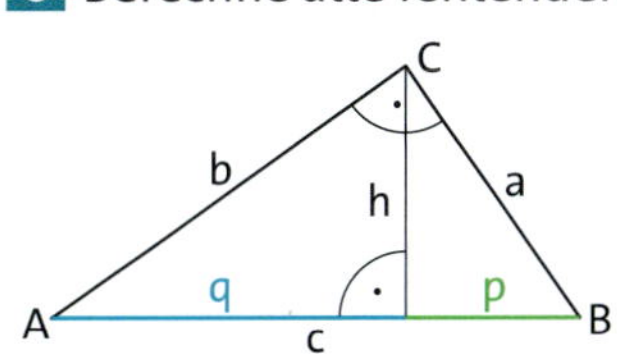

Tipp $c = p + q$, Höhensatz, Kathetensatz.

a) $p = 3{,}6\,m$; $q = 5\,m$
b) $q = 83\,cm$; $b = 140\,cm$

Klar soweit?

→ Seite 66

Quadrieren und Wurzelziehen

1 Berechne die Quadratzahl im Kopf.

a) 2^2 b) 5^2 c) 1^2 d) $\left(\frac{1}{3}\right)^2$

2 Bestimme die Quadratwurzel im Kopf.

a) $\sqrt{4}$ b) $\sqrt{36}$ c) $\sqrt{81}$ d) $\sqrt{100}$ e) $\sqrt{400}$ f) $\sqrt{\frac{1}{900}}$

3 Bestimme die Seitenlänge des Quadrats. Runde, falls nötig.

a) $A = 100\,cm^2$ b) $A = 200\,mm^2$ c) $A = 10\,m^2$ d) $A = 50\,mm^2$ e) $A = 0{,}16\,mm^2$ f) $A = \frac{1}{4}\,m^2$

1 Berechne die Quadratzahl im Kopf.

a) 9^2 b) 20^2 c) $0{,}4^2$ d) $\left(\frac{1}{2}\right)^2$

2 Bestimme die Quadratwurzel im Kopf.

a) $\sqrt{9}$ b) $\sqrt{169}$ c) $\sqrt{121}$ d) $\sqrt{\frac{1}{144}}$ e) $\sqrt{\frac{25}{196}}$ f) $\sqrt{\frac{100}{400}}$

3 Bestimme die Seitenlänge des Quadrats. Runde, falls nötig.

a) $A = 400\,dm^2$ b) $A = 169\,mm^2$ c) $A = 40\,m^2$ d) $A = 0{,}49\,mm^2$ e) $A = \frac{1}{36}\,cm^2$ f) $A = 0{,}9\,m^2$

→ Seite 69

Der Satz des Pythagoras

4 Formuliere für die rechtwinkligen Dreiecke den Satz des Pythagoras als Gleichung.

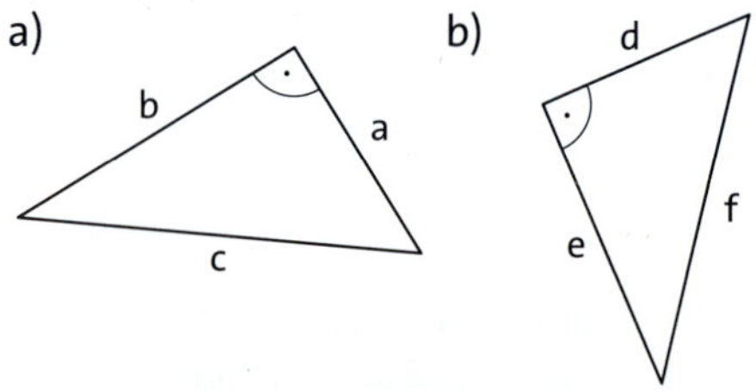

4 Formuliere für die rechtwinkligen Dreiecke den Satz des Pythagoras als Gleichung.

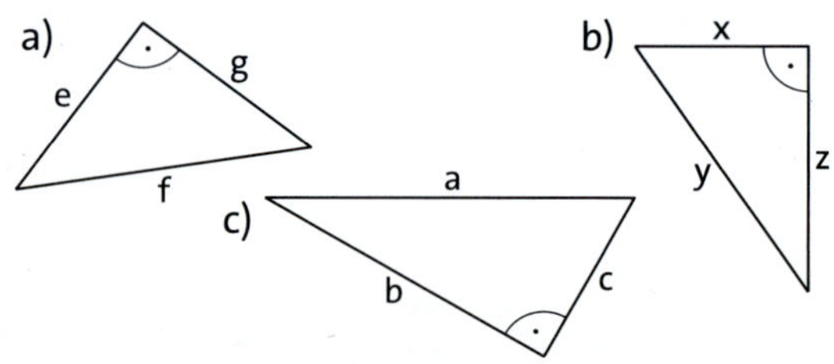

5 Welche Gleichungen passen?

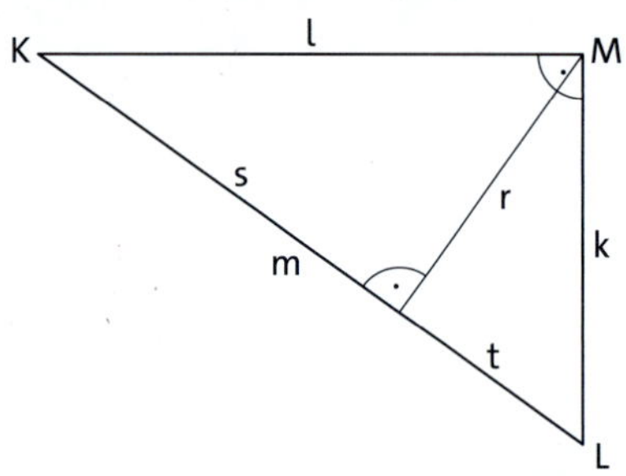

$k^2 + m^2 = l^2$ | $m^2 = k^2 + l^2$ | $l^2 + m^2 = k^2$

$r^2 + t^2 = k^2$ | $k^2 + t^2 = r^2$ | $t^2 = r^2 + k^2$

$s^2 + l^2 = r^2$ | $r^2 = s^2 + l^2$ | $r^2 + s^2 = l^2$

6 Prüfe, ob das Dreieck rechtwinklig ist. Nutze den Satz des Pythagoras.

Tipp Die Seite c ist hier immer die Hypotenuse.

a) $a = 1\,m$; $b = 6\,m$; $c = 8\,m$
b) $a = 10\,m$; $b = 24\,m$; $c = 26\,m$
c) $a = 3{,}3\,m$; $b = 3{,}3\,m$; $c = 3{,}3\,m$

6 Prüfe ob das Dreieck rechtwinklig ist. Nutze den Satz des Pythagoras.

Tipp Finde zuerst die Hypotenuse. Das ist die längste Seite.

a) $a = 1{,}8\,m$; $b = 8{,}2\,m$; $c = 8{,}0\,m$
b) $d = 4{,}6\,cm$; $e = 4{,}6\,cm$; $f = 5{,}6\,cm$
c) $g = 6{,}5\,cm$; $h = 3{,}8\,cm$; $i = 2{,}9\,cm$

→ Seite 72

Längen mit dem Satz des Pythagoras berechnen

7 Berechne die fehlende Seitenlänge.
Tipp Was ist gesucht: eine Kathete oder die Hypotenuse?

a)
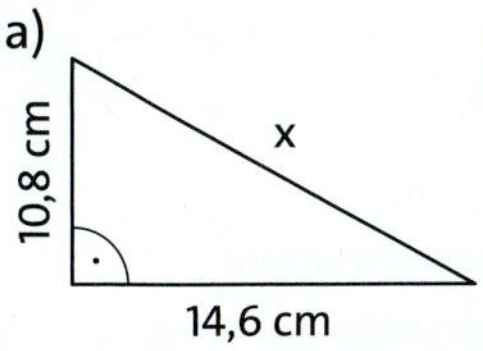

b)
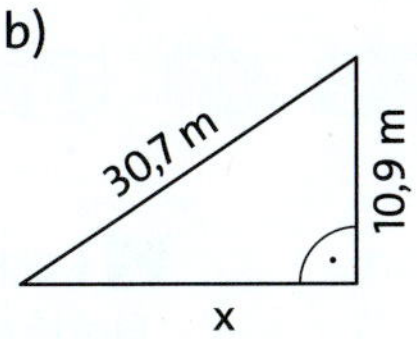

7 Berechne die fehlende Seitenlänge.

a)
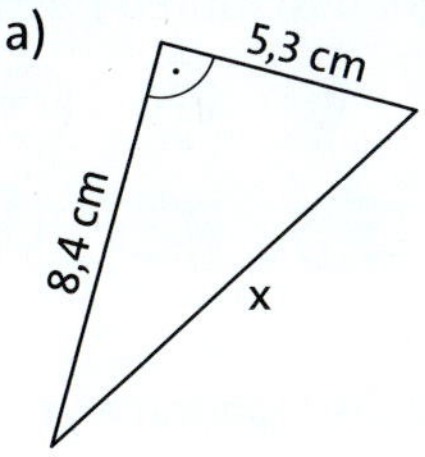

b)
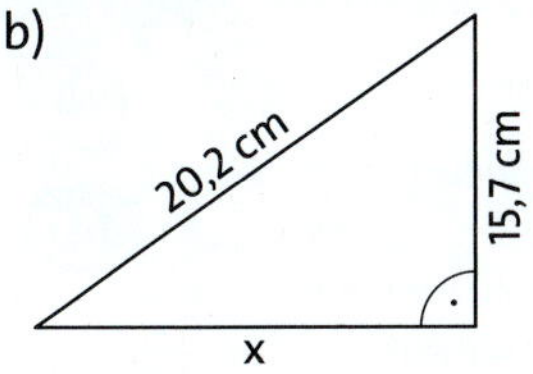

8 Berechne, wie hoch der Drachen in der Luft ist.

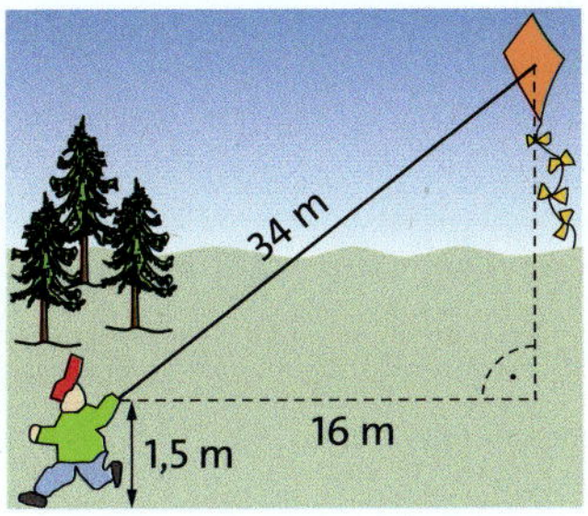

8 Berechne die Höhe des Funkturms.

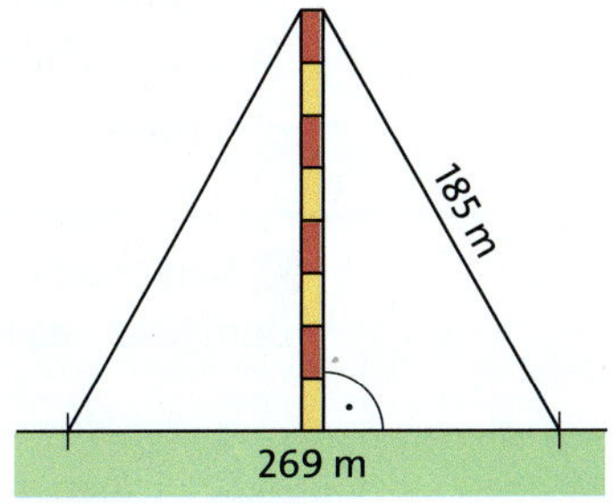

9 Berechne die fehlende Seitenlänge.

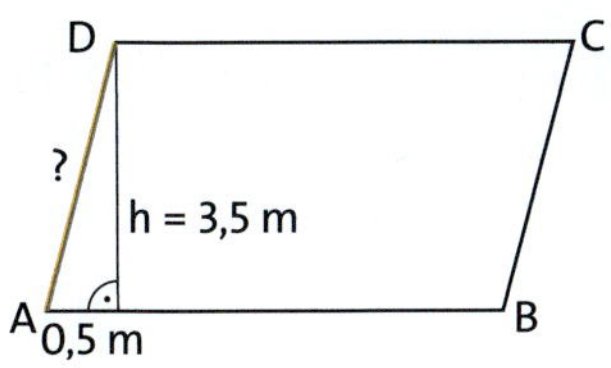

9 Berechne die Höhe h.

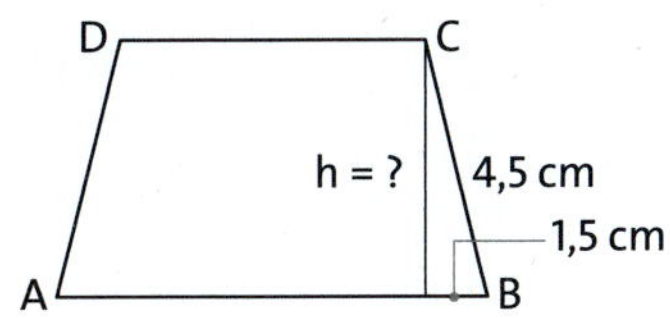

→ Seite 78

Höhensatz und Kathetensatz

10 Berechne die Höhe h.
Nutze den Höhensatz.
Tipp $h^2 = p \cdot q$

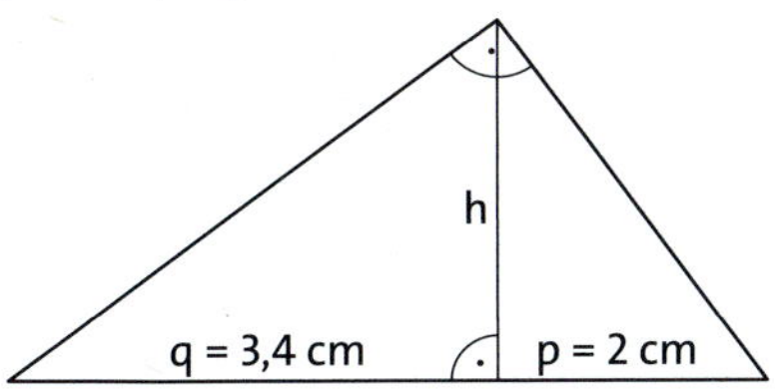

10 Berechne die Höhe h.
Tipp Nutze den Höhensatz.

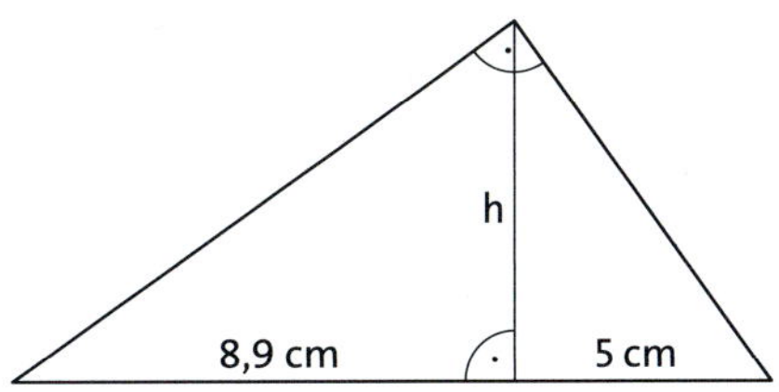

11 Berechne die Länge der Kathete a.
Tipp Nutze den Kathetensatz $a^2 = c \cdot p$.

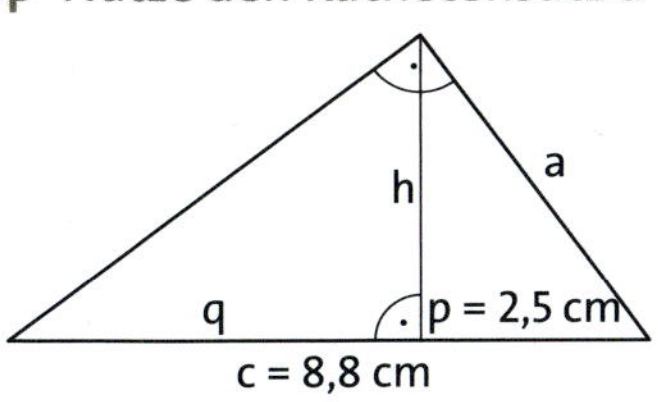

11 Berechne die Länge der Kathete b.
Tipp Nutze den Kathetensatz.

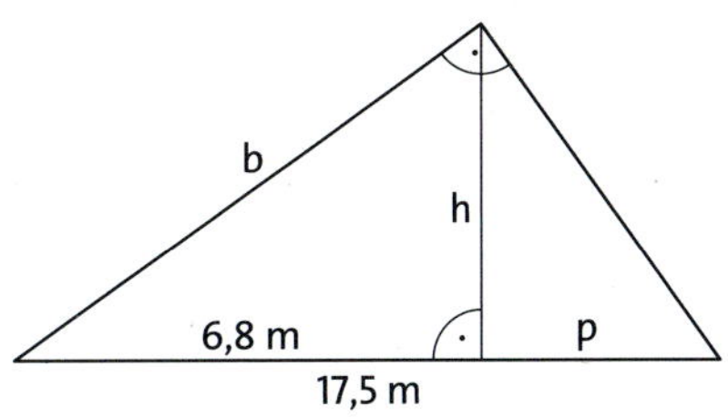

→ Lösungen ab S. 251

Vermischte Übungen

Anwenden

Hinweis
Die Basis ist die Grundzahl, an der die Potenz steht.

1 Welche Quadratzahlen passen zu welcher Basis? Welche Luftballons bleiben übrig?

2 Bestimme die Quadratwurzeln im Kopf.

a) $\sqrt{36}$ b) $\sqrt{121}$ c) $\sqrt{4}$

Berechne die Quadratwurzeln mit dem Taschenrechner und runde sinnvoll.

d) $\sqrt{1000}$ e) $\sqrt{99}$ f) $\sqrt{\frac{1}{65}}$

2 Rechne im Kopf.
Finde eine Quadratwurzel, die du nicht im Kopf berechnen kannst.

a) $\sqrt{10\,000}$ b) $\sqrt{144}$ c) $\sqrt{81}$

d) $\sqrt{90}$ e) $\sqrt{0{,}25}$ f) $\sqrt{\frac{1}{49}}$

3 Berechne die fehlende Seitenlänge mit dem Satz des Pythagoras.

	1. Kathete	2. Kathete	Hypotenuse
a)	3 cm	4 cm	
b)	2 cm		

3 Berechne die fehlende Seitenlänge.

	1. Kathete	2. Kathete	Hypotenuse
a)	8 cm	5 cm	
b)	4 cm		12 cm
c)		3,8 m	500 cm

4 Stelle die Gleichung vom Satz des Pythagoras auf.
Berechne die fehlende Seitenlänge.

a)
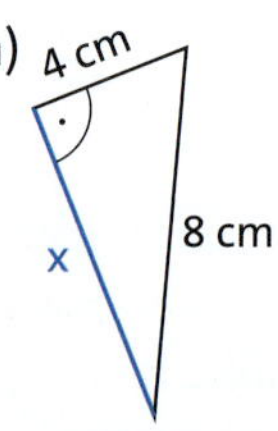

b)
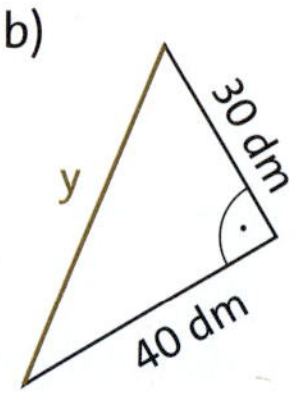

c)
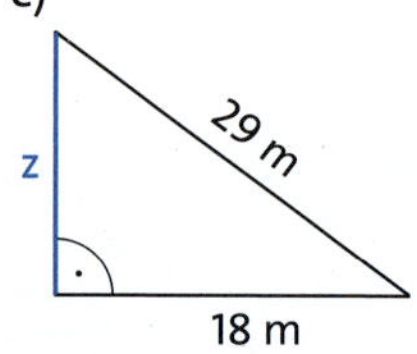

4 Stelle die Gleichung vom Satz des Pythagoras auf.
Berechne die fehlende Seitenlänge.

a)
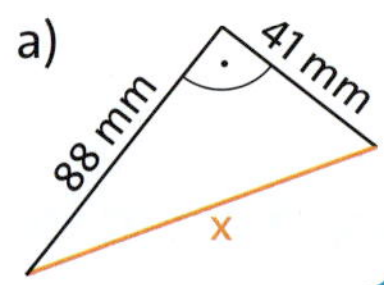

b)
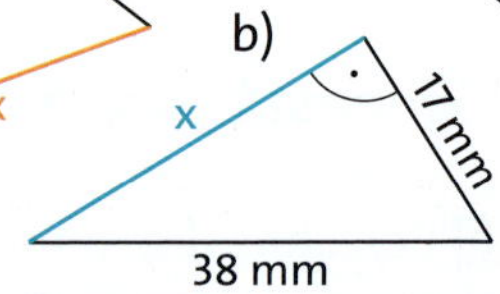

c)
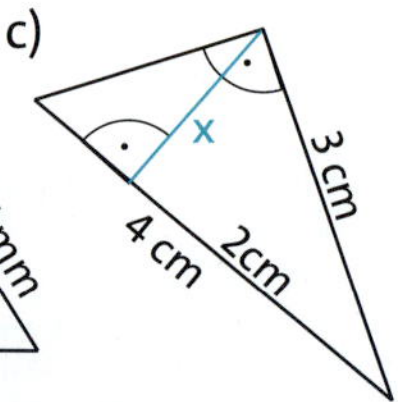

5 Berechne die fehlende Seitenlänge.

a)
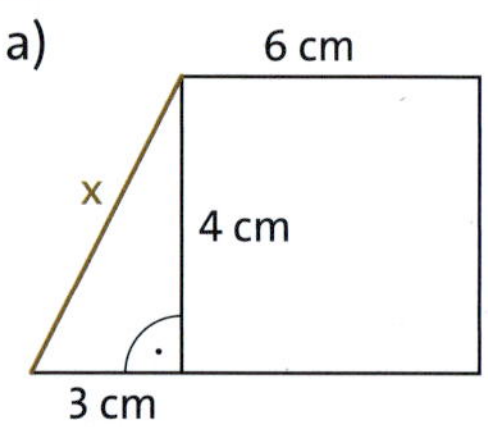

b)
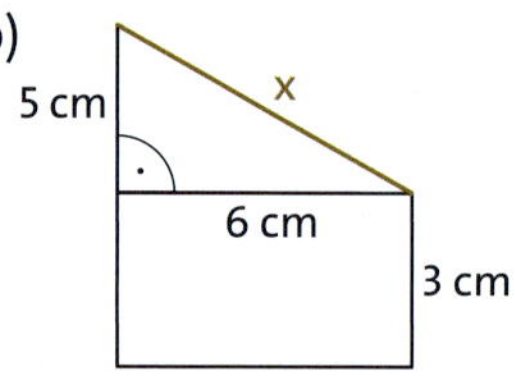

5 Berechne die fehlende Seitenlänge.

a)
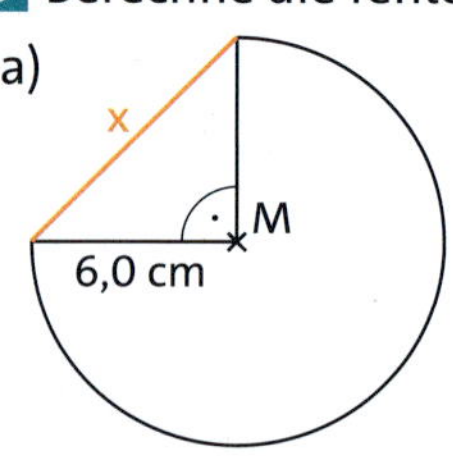

b)
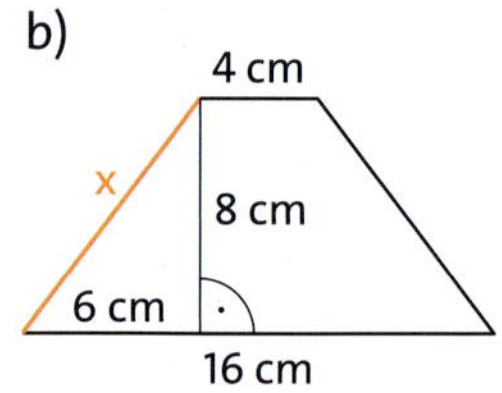

6 Sind die Dreiecke rechtwinklig?
Prüfe mit dem Satz des Pythagoras.

	Seite a	Seite b	Seite c
a)	4 cm	5 mm	6 cm
b)	10 mm	11 cm	21 cm
c)	5 mm	12 mm	13 cm

6 Sind die Dreiecke rechtwinklig?
Begründe.

	Seite a	Seite b	Seite c
a)	15 mm	36 mm	39 mm
b)	6,5 cm	7,8 cm	12,42 cm
c)	10,2 m	16,1 m	2574 cm

7 Eine Leiter wird an eine Hauswand gelehnt und reicht 7,3 m hoch.
Ihr unteres Ende ist 1,8 m von der Hauswand entfernt.
Wie lang ist die Leiter?
Tipp Ist eine Kathete oder die Hypotenuse gesucht?

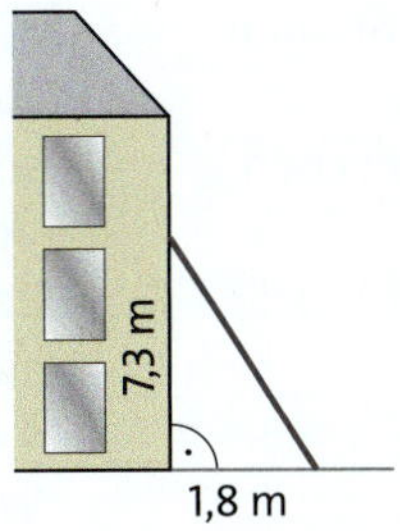

8 Im Kunstunterricht arbeitet die Klasse 9b mit Holz.
Die Jugendlichen sollen dafür Holzbretter, die 20 cm lang und 30 cm breit sind, diagonal zersägen.
Wie lang ist der Schnitt?

9 Feuerwehrfrau Lisa: „Feuerwehrleitern sind 30 m lang und werden in einem Abstand von 12 m zur Hauswand aufgestellt. Ich kann also in 24 m Höhe eine Katze retten."
Hat Lisa recht?

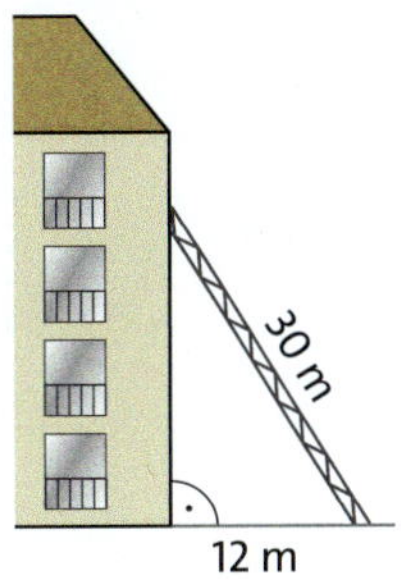

10 Bildschirmdiagonalen werden in Zoll angegeben.
Ein Zoll entspricht 2,54 cm.
Ein Fernseher ist 80 cm breit und 45 cm hoch.
Wie viel Zoll hat die Bildschirmdiagonale des Fernsehers?

11 Matheheft
a) Wie lang ist die längste Strecke auf einer Seite in deinem Matheheft?
b) Wie lang ist die längste Strecke auf einer Doppel-Seite in deinem Matheheft?

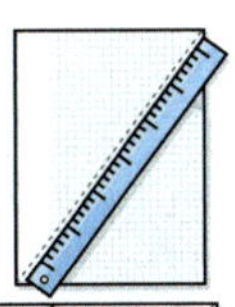

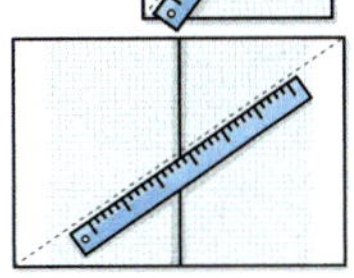

Tipp Die längste Seite ist die Diagonale.

7 Eine Klappleiter ist 2,50 m lang.
Für einen sicheren Stand ist eine Standbreite von 1,20 m vorgeschrieben.
Wie hoch reicht die Leiter?
Tipp Es ist ein Zwischenschritt nötig.

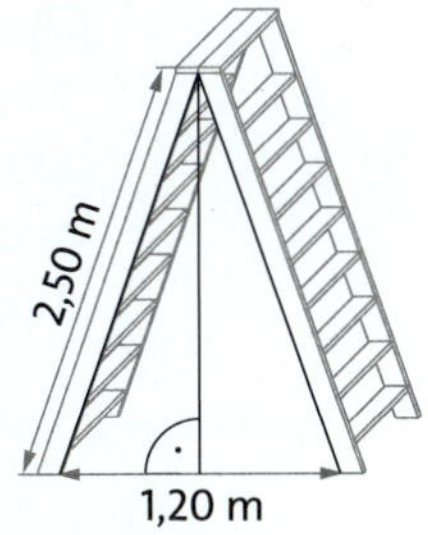

8 Das Zimmer ist 2,40 m hoch und der Kleiderschrank 0,60 m tief.
Wie hoch darf der Schrank sein, damit man ihn wie auf dem Bild aufstellen kann?
Tipp Die Schrankhöhe ist die orange Kathete.

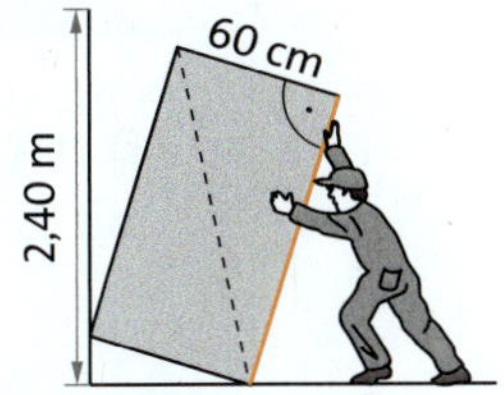

9 Timo läuft beim Lauftraining diagonal über das Spielfeld, das 100 m × 50 m groß ist.
Lilly läuft an der Außenlinie entlang.
Wie viele Meter spart sich Timo?

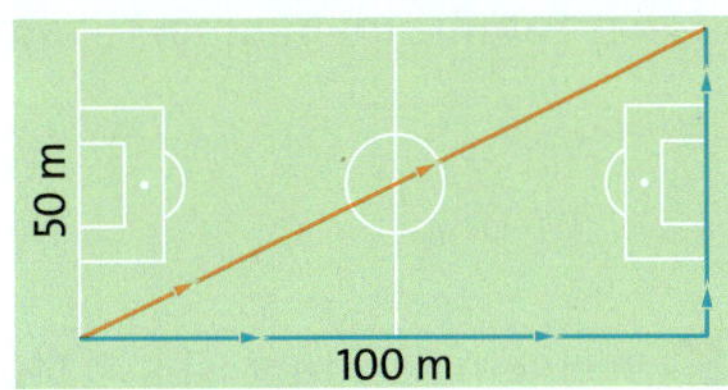

10 Luka möchte an einem Zeichenkurs teilnehmen.
Er nimmt seinen Lieblings-Bleistift mit.
Passt sein Bleistift in das Holzkästchen?
Tipp ① Wie lang ist die Bodenflächen-Diagonale? ② Wie lang die Raumdiagonale?

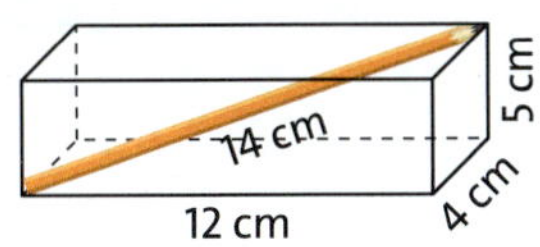

11 In einem Hochhaus brennt es im obersten Stockwerk in 10 m Höhe.
Die Feuerwehrleiter steht 4 m von der Hauswand entfernt und befindet sich in 2 m Höhe.
Wie weit muss sie ausgefahren werden?
Tipp Suche zuerst das rechtwinklige Dreieck

12 In einem Klassenraum ist der Fußboden 7 m breit und 8 m lang.
Berechne die größte Entfernung zwischen zwei Ecken des Fußbodens.
Tipp Die längste Seite ist die Hypotenuse.

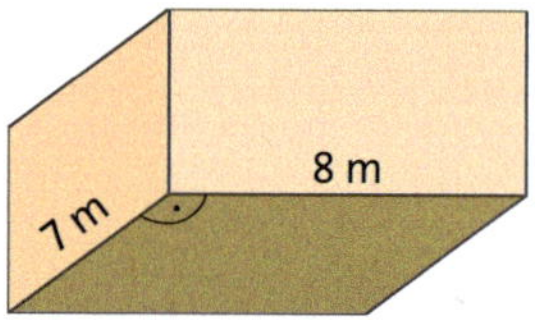

12 Bei einem Weitsprung-Wettkampf springt Yunus 0,14 m neben der Mitte des Balkens schräg ab.
Von der Mitte des Balkens aus wird eine Weite von 4,46 m gemessen.
Wie weit war der Sprung tatsächlich?

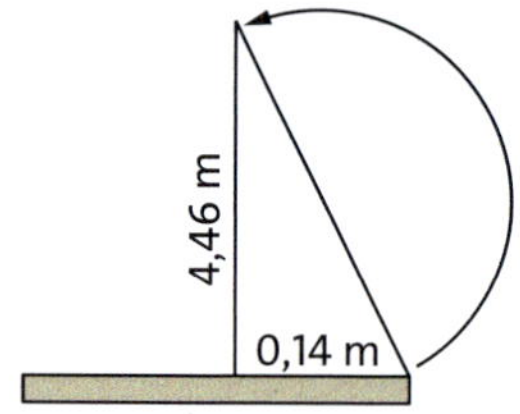

Tipp Finde zuerst das rechtwinklige Dreieck.

13 Das Landhaus von Julias Familie soll neu mit Dachpappe bedeckt werden.

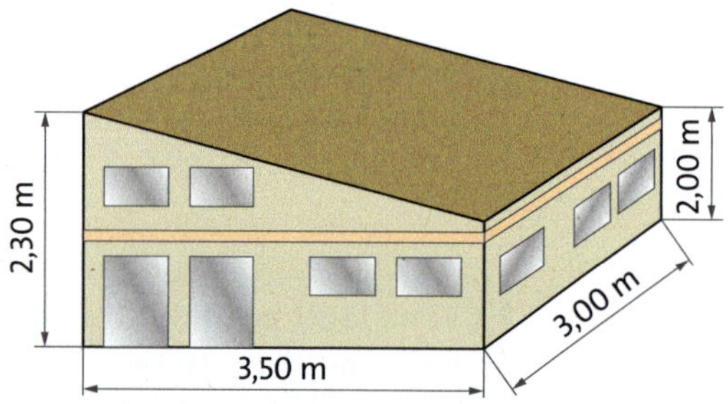

Wie viele Quadratmeter Dachpappe muss Julias Familie im Baumarkt kaufen?

13 Die Firma Bunse bekommt den Auftrag, die Dachsparren des Carports zu erneuern.

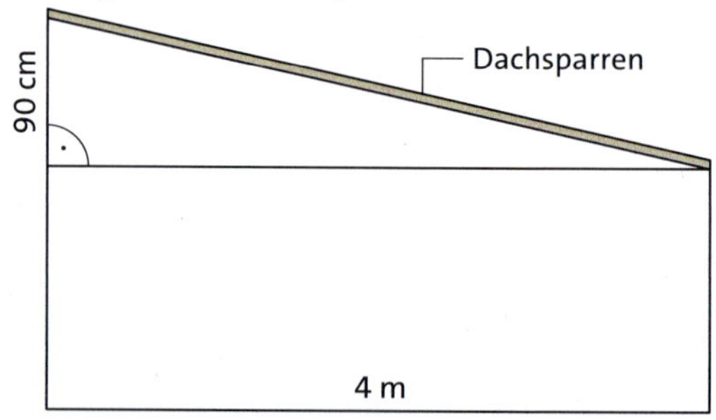

a) Berechne die Länge eines Dachsparrens.
b) Insgesamt werden 4 Dachsparren benötigt. Die Firma Bunse hat nur Dachsparren in 6 m Länge vorrätig. Wie hoch ist der Verschnitt für das Carport?

14 In einem Rechteck ist a = 240 m.
Die Länge der Diagonalen e beträgt 320 m.

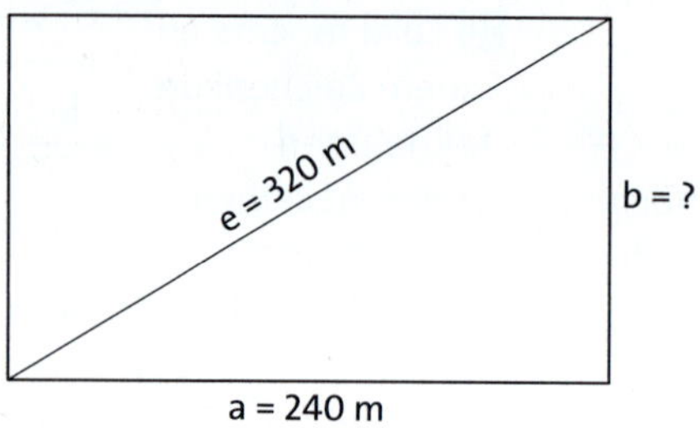

a) Berechne die Seitenlänge b.
b) Berechne den Flächeninhalt.
c) Berechne den Umfang des Rechtecks.

14 Im Dreieck ABC sind b = 12 cm, c = 15 cm und γ = 90° gegeben.

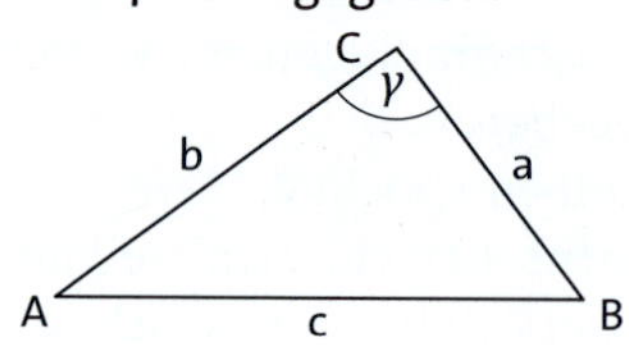

a) Berechne die Länge der Seite a.
b) Berechne den Flächeninhalt des Dreiecks.
Tipp Nimm als Grundseite a und als Höhe b.
c) Berechne den Flächeninhalt, wenn man die Seiten b und c verdoppelt.

Vertiefen

15 Schreibe die Quadratzahlen von 1 bis 100 in eine Liste.
Wie viele Quadratzahlen erhältst du?
a) Betrachte nun die Endziffern der Quadratzahlen.
Sind alle Endziffern von 0–9 vertreten?
Findest du eine Regelmäßigkeit?
b) Schreibe in eine zweite Spalte die Quadratzahlen bis 500 auf und untersuche die Endziffern. Was fällt dir auf?

Quadratzahlen
1
4
9
…

16 Die Schenkel in einem gleichschenkligen Dreieck sind 8 cm lang. Die Basis des Dreiecks ist 12 cm lang. Wie hoch ist das Dreieck?

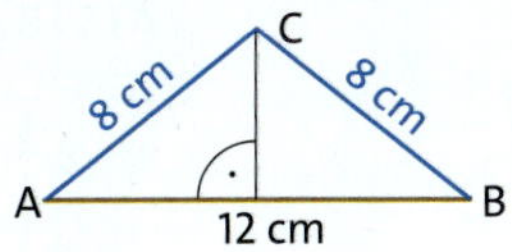

Tipp Die Höhe halbiert die Basis.

16 In einem gleichschenkligen Dreieck ist jeder Schenkel 6,5 cm lang. Die Basis ist 9,8 ist cm lang. Fertige eine Skizze des Dreiecks an. Skizziere auch die Höhe des gleichschenkligen Dreiecks. Berechne die Höhe auf der Basis.

Info Satz des Thales

Für ein Dreieck ABC gilt:
Wenn der Eckpunkt C auf dem Halbkreis über der Seite AB liegt, dann ist das Dreieck rechtwinklig.
Mit dem Thales-Kreis kann man rechtwinklige Dreiecke konstruieren.

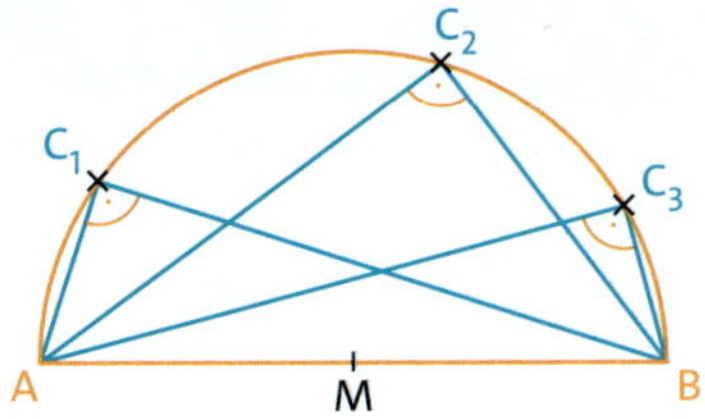

17 Welche Dreiecke sind rechtwinklig? Begründe.

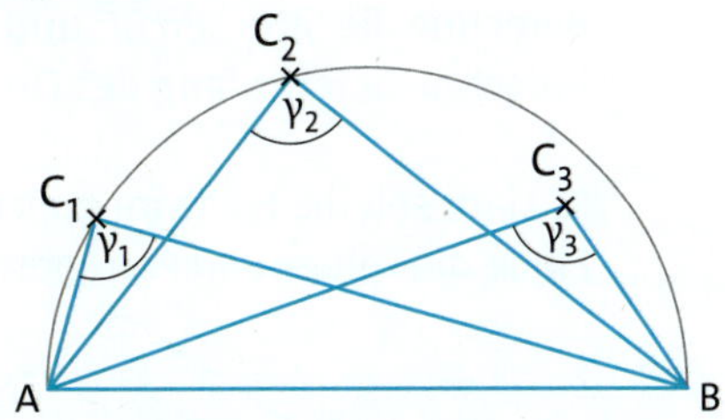

18 Konstruiere einen Halbkreis mit $r = 4$ cm. Zeichne darin ein rechtwinkliges Dreieck ein. Miss die Seitenlängen und überprüfe, ob die Gleichung vom Satz des Pythagoras gilt.

Methode Satz des Thales mit DGS

Führe die Konstruktionsschritte aus:

① Zeichne eine Strecke $\overline{AB}$ und einen Halbkreis über $\overline{AB}$.

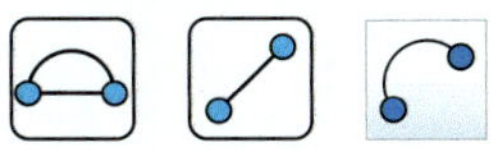

② Markiere einen Punkt C auf dem Halbkreis.

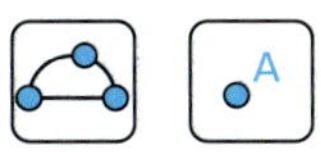

③ Verbinde die Punkte A, B und C zu einem Dreieck.

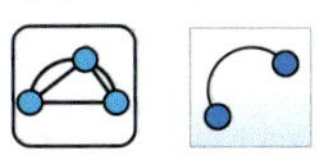

19 Nutze eine DGS und führe die links stehenden Konstruktionsschritte für $\overline{AB} = 5$ cm aus.

a) Bewege C auf dem Halbkreis.
b) Bewege A und B. Was stellst du fest?
c) Konstruiere Quadrate über den Katheten und der Hypotenuse und berechne den Flächeninhalt der Quadrate.

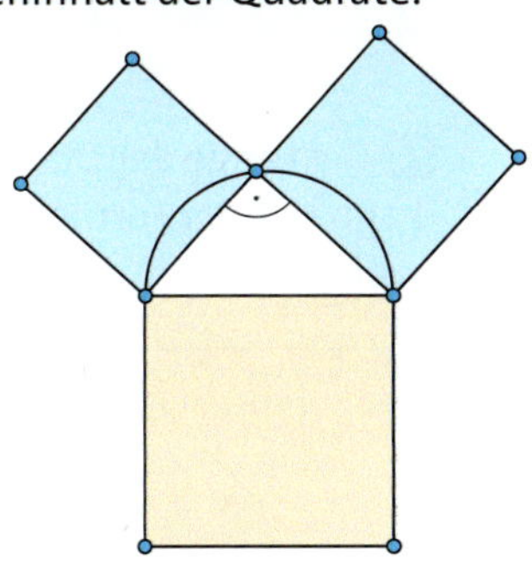

20 Die Diagonalen e und f einer Raute sind 4 cm und 7 cm lang. Berechne die Länge der Seite a.

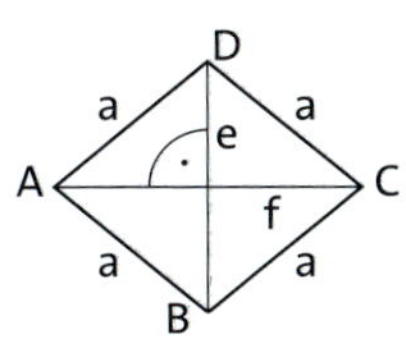

Tipp Die Diagonalen halbieren sich. Gib die Katheten und die Hypotenuse an.

20 Berechne im Drachen rechts die Seiten a und b. Berechne anschließend den Umfang und den Flächeninhalt.

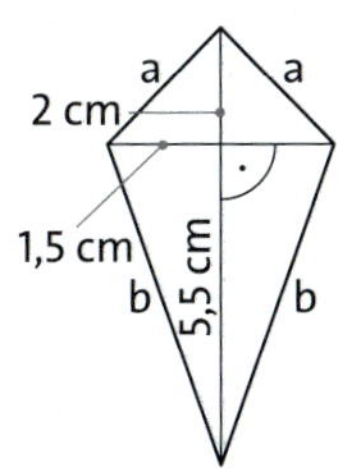

Tipp Addiere die Flächeninhalte der Dreiecke.

21 Betrachte das Dreieck.

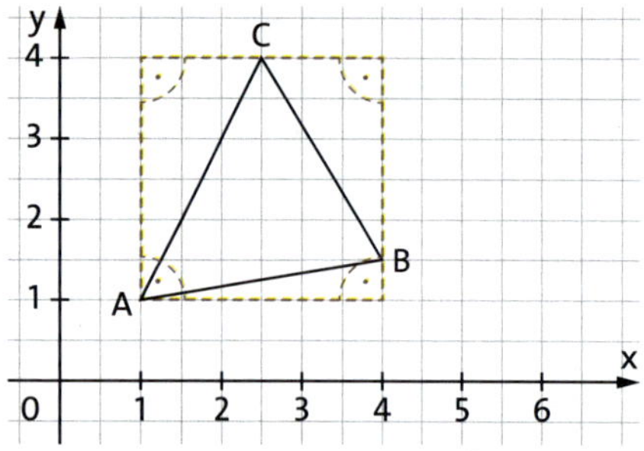

Berechne die Länge der Strecke $\overline{AB}$.
Berechne die Strecken $\overline{BC}$ und $\overline{AC}$.
Berechne den Umfang des Dreiecks

21 Im Koordinatensystem sind die Punkte A(5 | 8), B(3 | 2) und C(4 | 5) gegeben.

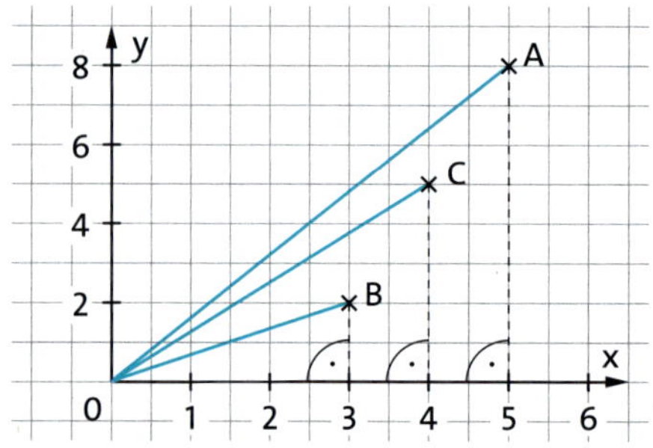

Berechne jeweils die Entfernung zum Ursprung des Koordinatensystems.

22 Liam soll die Höhe im gleichschenkligen Dreieck berechnen. Was hat er falsch gemacht? Finde die Fehler und korrigiere sie in deinem Heft.

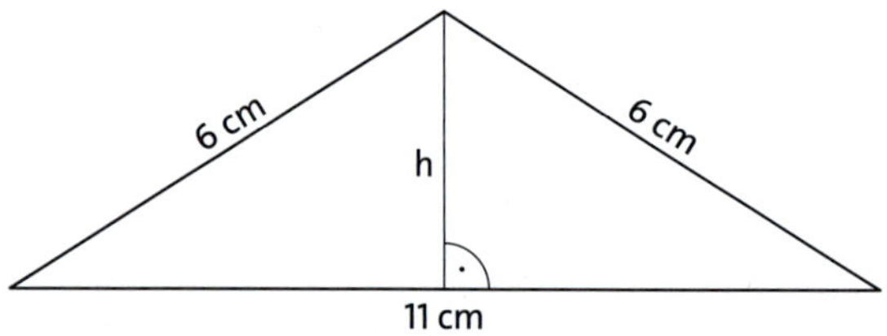

$$6^2 + h^2 = 11^2$$
$$h^2 = 11^2 - 6^2$$
$$h^2 = 5^2$$
$$h = 5$$

23 Berechne den Umfang und Flächeninhalt der Figur.

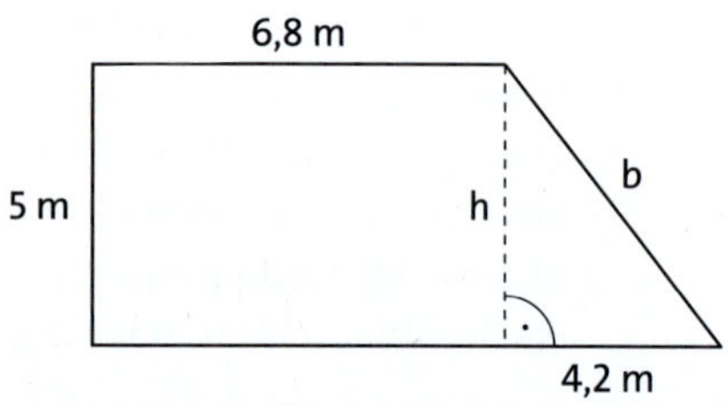

23 Berechne den Umfang und Flächeninhalt des Vierecks.

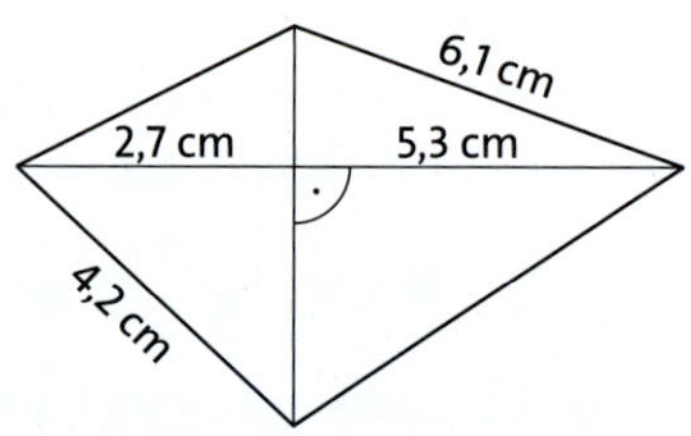

24 Die Länge der Diagonalen eines Quadrats kann mit der Formel $e = \sqrt{2a^2}$ berechnet werden.

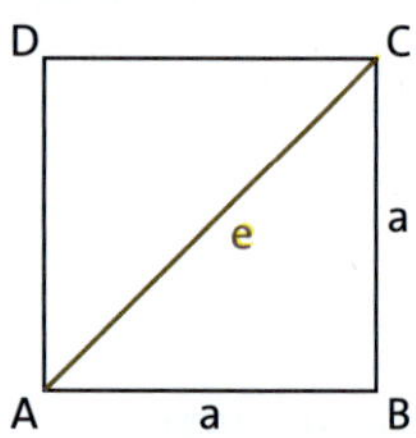

Ordne die Schritte der Rechnung zu:

$e^2 = a^2 + a^2$	Satz des Pythagoras aufstellen
$e = \sqrt{2a^2}$	Wurzel ziehen
$e^2 = 2a^2$	zusammenfassen

24 Die Länge der Höhe h in einem gleichseitigen Dreieck kann mit der Formel $h = \sqrt{\frac{3}{4}a^2}$ berechnet werden.

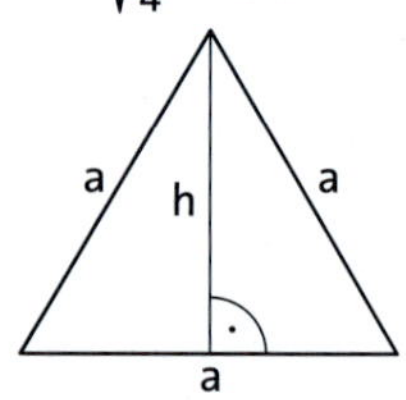

Ordne die Schritte der Rechnung zu:

Wurzel ziehen	$h^2 = \frac{3}{4}a^2$
Satz des Pythagoras aufstellen	$h = \sqrt{\frac{3}{4}a^2}$
$\left(\frac{1}{2}a^2\right) + h^2 = a^2$	zusammenfassen

Weiterdenken

Hinweis
Weitere Informationen findest du im Internet oder bei einer Berufsberatung.

Beruf Zimmerer/Zimmerin

Ausbildungsdauer: 3 Jahre
Häufige Tätigkeiten:
Holzhäuser oder Dachstühle bauen
- Innenausbauten verrichten
- Fachwerkkonstruktionen errichten
- Fenster, Türen, Treppen, Trennwände, Außenwandverkleidungen montieren

Als Zimmer/in solltest du körperlich fit und belastbar sein. Außerdem solltest du technisches Verständnis und ein gutes räumliches Vorstellungsvermögen mitbringen. Handwerkliches Geschick und Teamfähigkeit sind für diesen Beruf ebenfalls von Vorteil.

25 Das Dach eines Carports soll mit Holzbrettern bedeckt werden.
Der Carport ist 6 m lang und 8 m breit.
Die Diagonalen der Dachbedeckung sollen gleich lang sein.
Wie lang müssen die Diagonalen sein, damit der Carport rechtwinklig ist?

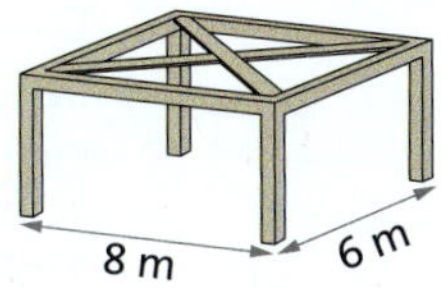

26 Familie Dimitri möchte eine neue Scheune bauen und auf dem Dach eine Photovoltaikanlage installieren lassen.
Die Photovoltaikplatten sind 167 cm lang und 100 cm breit.
a) Welche Länge haben die Dachsparren?
b) Wie groß ist die gesamte Dachfläche?
c) Wie viele Photovoltaikmodule passen maximal auf das Dach?
d) Was würdest du Familie Dimitri raten, damit der Platz für die Anlage besser ausgenutzt wird?

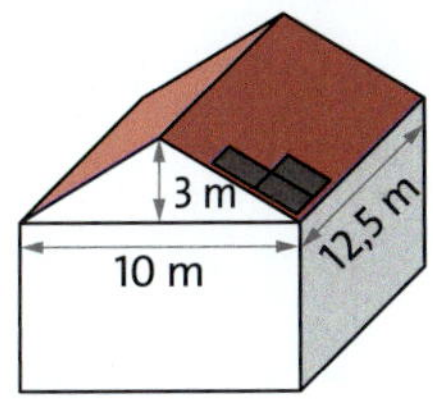

27 Das Dach von Florians Gartenhütte benötigt einen neuen Dachstuhl.
a) Berechne die Länge eines Dachsparrens.
b) Auf der rechten und linken Seite des Dachs befinden sich jeweils drei Dachsparren.
1 m Holz kostet 4,80 €. Berechne die Kosten für die Dachsparren.
c) Der Boden der Hütte soll mit Spanplatten bedeckt werden.
1 m² Spanplatte kostet 12,40 €.
Berechne die Fläche, die mit Spanplatten bedeckt werden soll und die Kosten dafür.

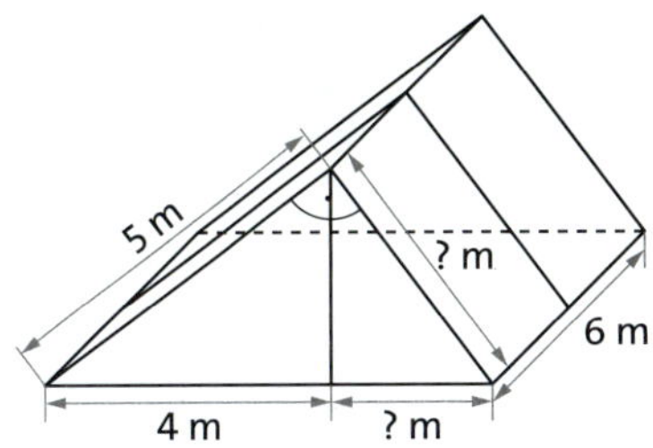

28 Für ein neues Klettergerüst auf dem Pausenhof der Martinusschule muss ein Angebot erstellt werden.
Die Zimmerei hat von der Schulleitung eine grobe Skizze bekommen.
a) Berechne die Länge der fehlenden Stücke des Klettergerüsts a bis f.
b) Wie viel Holzmeter Holzbalken werden für das Klettergerüst benötigt?
c) Die Zimmerei berechnet für die Säge- und Aufbauarbeiten 25 Arbeitsstunden eines Gesellen.
Ein Geselle verdient 45 € plus 19 % Mwst. Wie teuer ist der Arbeitslohn?

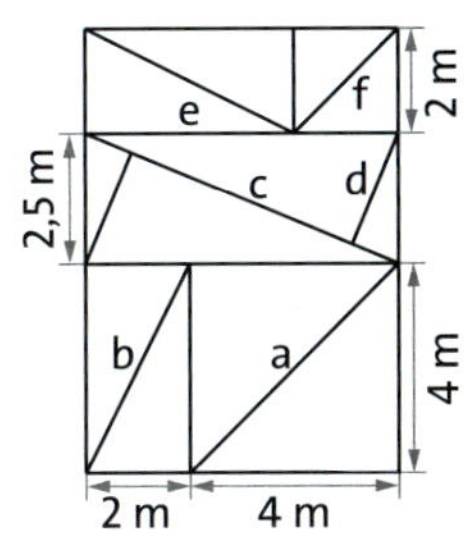

Zusammenfassung

→ Seite 66

Quadrieren und Wurzelziehen

Wenn man eine Zahl mit sich selbst multipliziert, dann heißt das **quadrieren**. Es entsteht die Quadratzahl.

$3^2 = 3 \cdot 3 = 9$

$\left(\frac{1}{6}\right)^2 = \frac{1}{6} \cdot \frac{1}{6} = \frac{1}{36}$

$0{,}5^2 = 0{,}5 \cdot 0{,}5 = 0{,}25$

Wenn man die Zahl sucht, die mit sich selbst multipliziert die Zahl unter dem Wurzelzeichen $\sqrt{\ }$ ergibt, dann heißt das **Wurzel ziehen**.

$\sqrt{9} = 3$, denn $3^2 = 3 \cdot 3 = 9$

$\sqrt{\frac{1}{36}} = \frac{1}{6}$, denn $\left(\frac{1}{6}\right)^2 = \frac{1}{6} \cdot \frac{1}{6} = \frac{1}{36}$

$\sqrt{0{,}25} = 0{,}5$, denn $0{,}5^2 = 0{,}5 \cdot 0{,}5 = 0{,}25$

→ Seite 69

Der Satz des Pythagoras

Das Quadrat über der Hypotenuse hat denselben Flächeninhalt wie die beiden Quadrate über den Katheten zusammen.

Wenn die beiden Katheten mit a und b und die Hypotenuse mit c benannt werden, dann gilt: $a^2 + b^2 = c^2$.

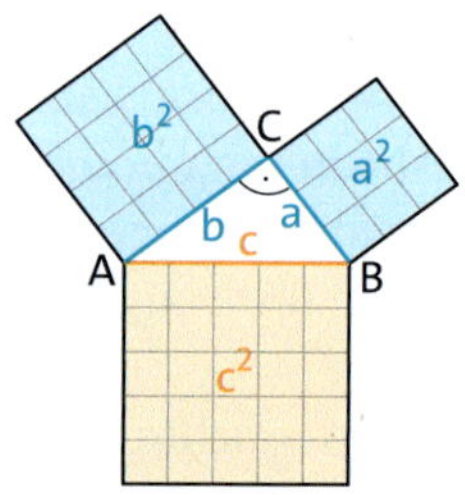

→ Seite 72

Längen mit dem Satz des Pythagoras berechnen

So berechnet man Längen mit dem **Satz des Pythagoras**:

① Schreibe die Gleichung für das rechtwinklige Dreieck auf.
② Setze die gegebenen Größen ein.
③ Quadriere und fasse zusammen.
④ Berechne die gesuchte Länge, indem du die Wurzel ziehst.

Berechne die Hypotenuse c im Dreieck ABC.
gegeben: a = 12 cm und b = 18 cm.
gesucht: c

① $a^2 + b^2 = c^2$
② $12^2 + 18^2 = c^2$
③ $468^2 = c^2 \quad | \sqrt{\ }$
④ $\underline{\underline{21{,}6\,\text{cm}}} \approx c$

→ Seite 78

Höhensatz und Kathetensatz (fakultativ)

In einem rechtwinkligen Dreieck teilt die Höhe die Hypotenuse in zwei Abschnitte p und q.

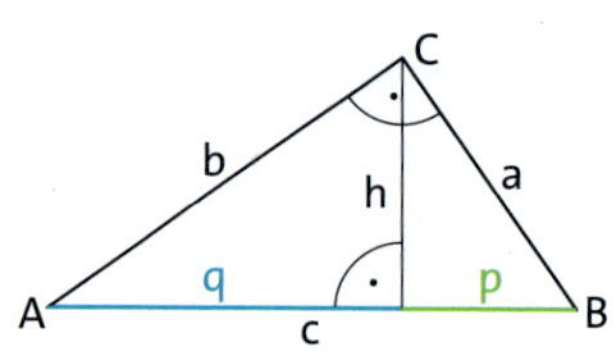

Höhensatz
$h^2 = p \cdot q$

Kathetensatz
$a^2 = p \cdot c$ und $b^2 = q \cdot c$

gegeben: p = 2,5 cm und q = 6,4 cm
gesucht: h

$h^2 = p \cdot q$
$h^2 = 2{,}5 \cdot 6{,}4$
$h^2 = 16$
$h = \underline{\underline{4\,\text{cm}}}$

gegeben: c = 5 cm und p = 3,2 cm
gesucht: a

$a^2 = p \cdot c$
$a^2 = 3{,}2 \cdot 5$
$a^2 = 16$
$a = \underline{\underline{4\,\text{cm}}}$

Teste dich!

1 Bestimme die Quadratwurzeln.
Überprüfe deine Lösung durch Quadrieren.

a) $\sqrt{100}$ b) $\sqrt{144}$ c) $\sqrt{400}$
d) $\sqrt{\frac{1}{49}}$ e) $\sqrt{\frac{4}{9}}$ f) $\sqrt{0{,}64}$

2 Berechne den Flächeninhalt des Quadrats.

a)
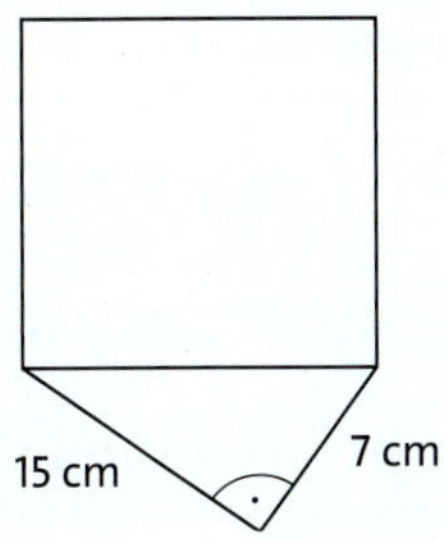

b)
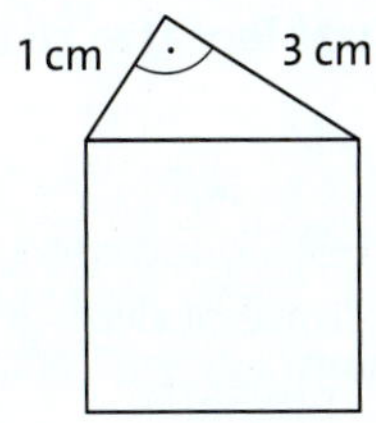

3 Zeichne das Dreieck ABC mit A(2|2), B(2|4) und C(7|4) in ein Koordinatensystem.

a) Markiere den rechten Winkel und die Hypotenuse.
b) Formuliere die Gleichung vom Satz des Pythagoras.

4 Berechne die Länge der gesuchten Strecke.

a)
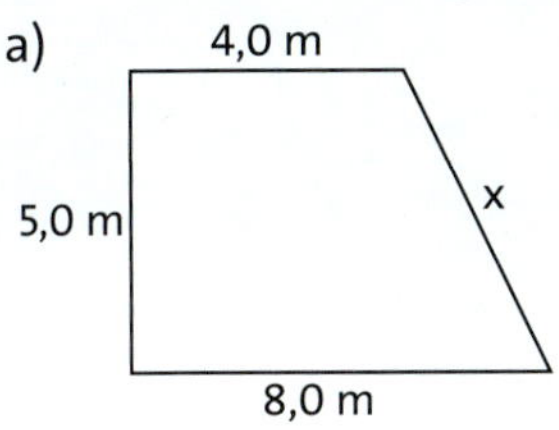

b)
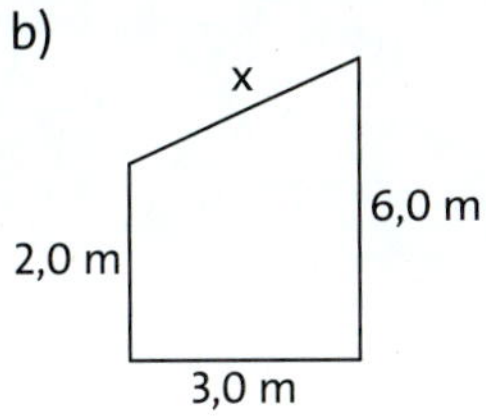

5 Mirko läuft beim Training 15-mal diagonal über den Sportplatz.
Der Sportplatz ist 100 m lang und 70 m breit.
Wie lang ist die Strecke, die Mirko läuft?

6 Zeichne ein beliebiges rechtwinkliges Dreieck.
Kontrolliere mit dem Satz des Pythagoras, ob das Dreieck rechtwinklig ist.

→ *Lösungen ab S. 251*

1 Bestimme die Quadratwurzeln.
Überprüfe deine Lösung durch Quadrieren.

a) $\sqrt{121}$ b) $\sqrt{196}$ c) $\sqrt{225}$
d) $\sqrt{\frac{1}{144}}$ e) $\sqrt{\frac{36}{49}}$ f) $\sqrt{\frac{81}{121}}$

2 Berechne den Flächeninhalt des Quadrats.

a)
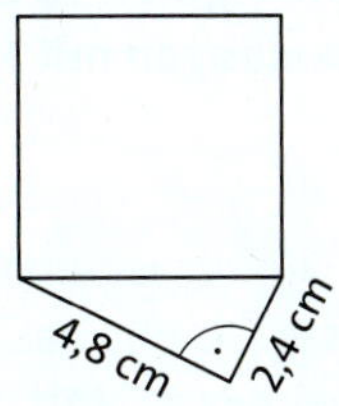

b)
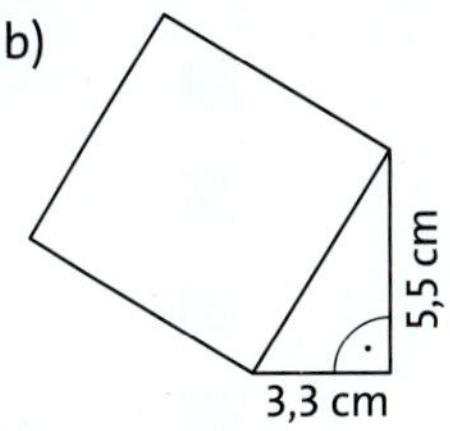

3 Zeichne das Dreieck DEF mit D(1|1), E(8|1) und F(8|4) in ein Koordinatensystem.

a) Formuliere die Gleichung vom Satz des Pythagoras.
b) Berechne den Umfang und den Flächeninhalt des Dreiecks.

4 Berechne die beiden gesuchten Längen.

a)
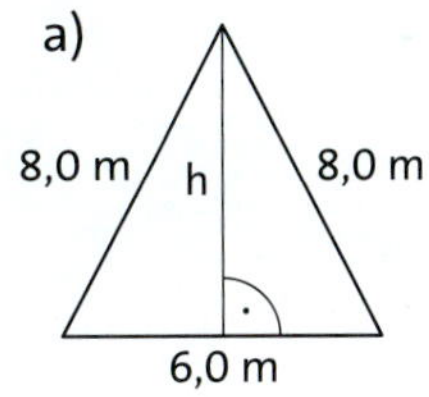

b)
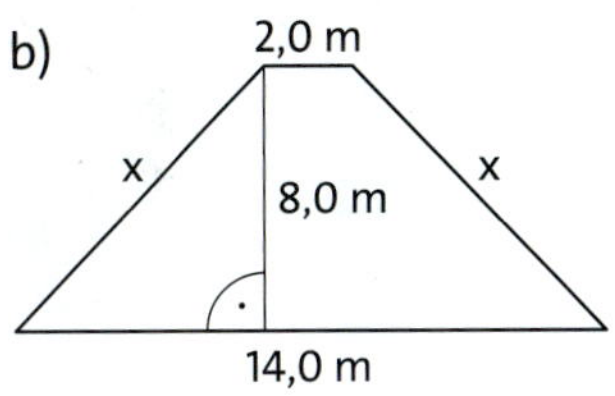

5 Familie Hüther möchte ein Gartentor nach der abgebildeten Zeichnung bauen.
Bestimme die Gesamtlänge der benötigten Stäbe, wenn der Verschnitt 5 % beträgt.

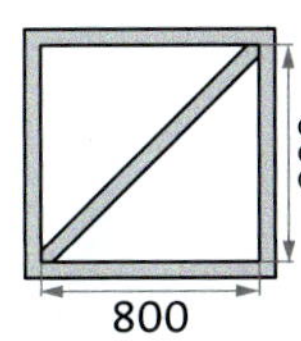

6 Konstruiere ein rechtwinkliges Dreieck mit $c = 7{,}5\,\text{cm}$; $\gamma = 90°$ und $\alpha = 35°$.
Kontrolliere mit dem Satz des Pythagoras, ob das Dreieck rechtwinklig ist.

→ *Lösungen ab S. 252*

Ähnlichkeit

In diesem Kapitel lernst du, …

- → maßstäblich zu vergrößern und zu verkleinern.
- → eine Figur durch eine zentrische Streckung abzubilden.
- → ähnliche Figuren zu erkennen, zu untersuchen und zu erzeugen.
- → Streckenlängen mit Hilfe der Strahlensätze zu berechnen.

Ein Globus ist ein verkleinertes Modell der Erde.
Dieser Globus hat einen Durchmesser von 26 cm und bildet somit die Erde im Maßstab von 1 : 50 Millionen ab.
Die kürzeste Entfernung zwischen Berlin und Sydney ist in Wirklichkeit ungefähr 16 000 km Luftlinie.
Wie viel cm sind das auf dem Globus?
Auf dem Globus ist die Entfernung zwischen New York und Tokyo 22 cm.
Wie weit sind die Städte in Wirklichkeit voneinander entfernt?

Noch fit?

1 Zeichne die Strecke ins Heft.
a) $\overline{AB} = 4\,cm$ b) $\overline{CD} = 1\,cm$
c) $\overline{ZA} = 5{,}5\,cm$ d) $\overline{AA'} = 0{,}5\,cm$

2 Übertrage ins Heft.

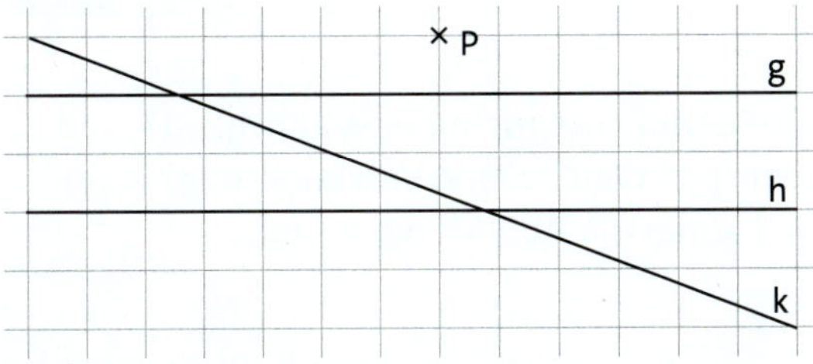

a) Welche Geraden sind parallel zueinander?
b) Zeichne eine Parallele zu k durch Punkt P.

3 Gib den Bruch als Dezimalzahl an.
a) $\frac{1}{10}$ b) $\frac{1}{2}$ c) $\frac{1}{100}$
d) $\frac{2}{1}$ e) $\frac{3}{4}$ f) $\frac{1}{5}$

4 Zeichne ein Koordinatensystem und trage die Punkte ein.
A(3|−2), B(2|4), C(−4|0), D(−4|−3), E(0|0)
a) Verbinde die Punkte ABCD miteinander.
b) Zeichne durch D und E eine Gerade.

Hinweis
Die Winkelsumme im Dreieck beträgt 180°.

5 Übertrage das Dreieck ABC ins Heft.

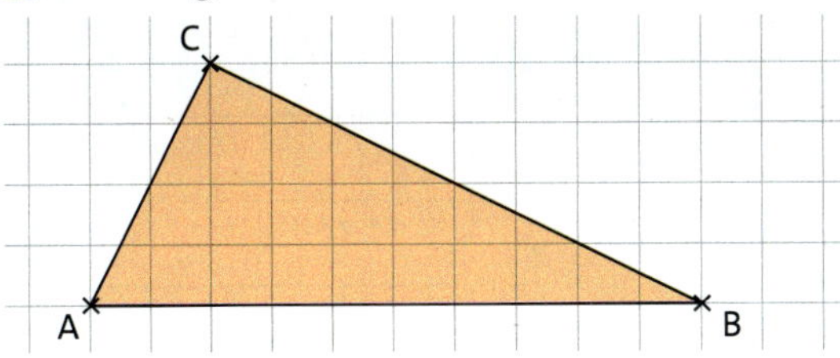

a) Beschrifte die Seiten und die Winkel.
b) Miss die Seitenlängen.
c) Gib die Größe der Winkel α, β, und γ an.

1 Zeichne die Strecke ins Heft.
a) $\overline{AB} = 3{,}5\,cm$ b) $\overline{DE} = 26\,mm$
c) $\overline{ZA} = 4{,}2\,cm$ d) $\overline{BB'} = 0{,}4\,cm$

2 Übertrage ins Heft.

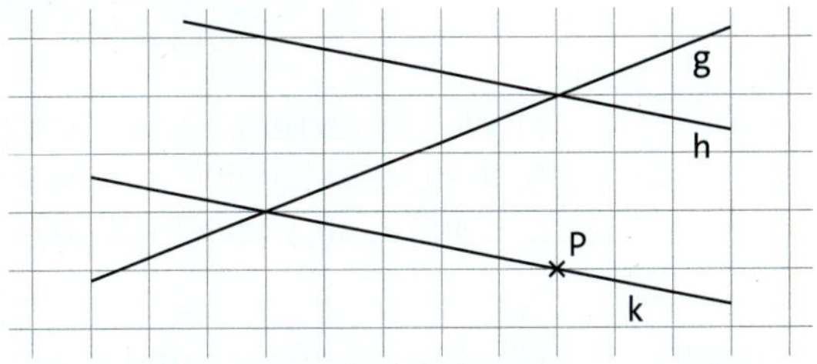

a) Welche Geraden sind parallel zueinander?
b) Zeichne eine Parallele zu g durch Punkt P.

3 Gib den Bruch als Dezimalzahl an.
a) $\frac{1}{10}$ b) $\frac{1}{2}$ c) $\frac{1}{200}$
d) $\frac{3}{1}$ e) $\frac{5}{4}$ f) $\frac{3}{8}$

4 Zeichne ein Koordinatensystem und trage die Punkte ein.
A(−3|2), B(0|−3), C(4|−2), D(6|5), E(2|0)
a) Verbinde die Punkte ABCD miteinander.
b) Zeichne durch D und E eine Gerade.

5 Übertrage das Parallelogramm ins Heft.

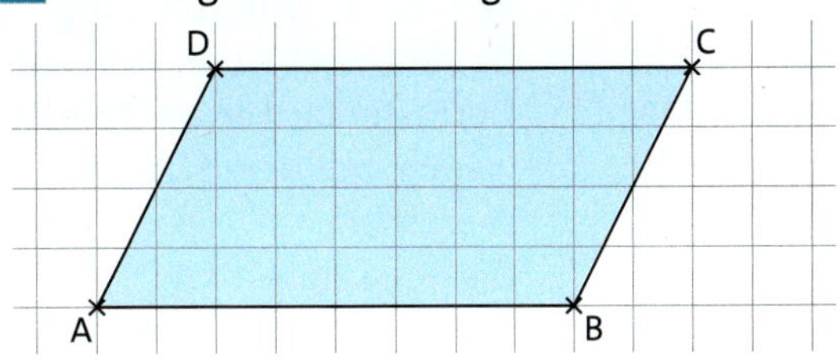

a) Beschrifte die Seiten und die Winkel.
b) Miss die Seitenlängen.
c) Gib die Größe der Winkel α, β, γ und δ an.

→ *Lösungen ab S. 254*

Trainingsplan

Nr.	Ich kann …	Ich muss noch trainieren:
1	Strecken zeichnen.	→ S. 292, Nr. 25
2	zueinander parallele Geraden erkennen und zeichnen.	→ S. 292, Nr. 26, 27
3	Brüche in Dezimalzahlen umwandeln.	→ S. 292, Nr. 28, 29
4	Punkte in ein Koordinatensystem eintragen.	→ S. 292, Nr. 30
5	Seitenlängen und Winkelgrößen messen und beschriften.	→ S. 293/294, Nr. 31 – 33

Maßstäbliche Vergrößerung und Verkleinerung

ENTDECKEN

1 Abbildungen einer Biene

①

②

③

a) Welche Abbildung ist in Originalgröße und entspricht der Wirklichkeit?
b) Welche Abbildung ist eine Vergrößerung? Welche eine Verkleinerung?
c) Schätze ab, wievielmal größer bzw. kleiner die Abbildungen sind.

VERSTEHEN

Für Vergrößerungen und Verkleinerungen wird ein Maßstab benutzt.

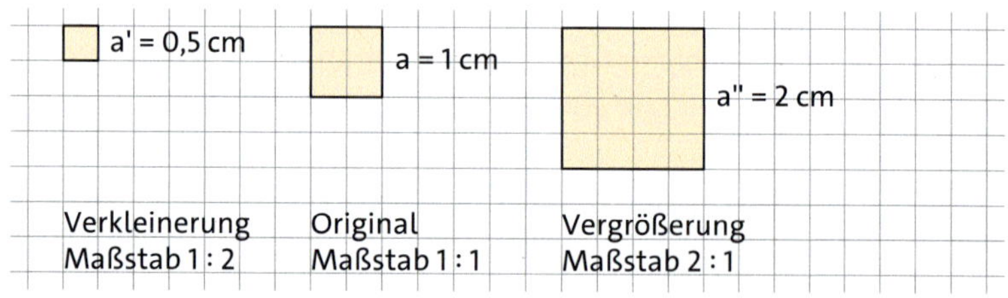

Vokabeln
→ der Maßstab
→ der Streckfaktor
→ die Vergrößerung
→ die Verkleinerung

Merke Der **Maßstab** gibt das Verhältnis zwischen dem **Bild** und dem Original an.
Bei einer maßstäblichen Vergrößerung oder Verkleinerung werden alle Längen mit demselben **Streckfaktor k** multipliziert.

$k = \frac{\text{Länge im Bild}}{\text{Länge im Original}}$

Die Winkel bleiben gleich groß.

Hinweis
Ist k > 1, wird die Figur vergrößert.

Beispiel 1 Vergrößerung

Das Rechteck ist im Maßstab 2 : 1 vergrößert. Der Streckfaktor ist $k = \frac{2}{1} = 2$.
Die Seitenlängen a = 3 cm und b = 1 cm werden mit dem Streckfaktor k = 2 vergrößert.
Die neue Seite a' ist:
$a' = a \cdot k = 3\,\text{cm} \cdot 2 = 6\,\text{cm}$
Die neue Seite b' ist:
$b' = b \cdot k = 1\,\text{cm} \cdot 2 = 2\,\text{cm}$

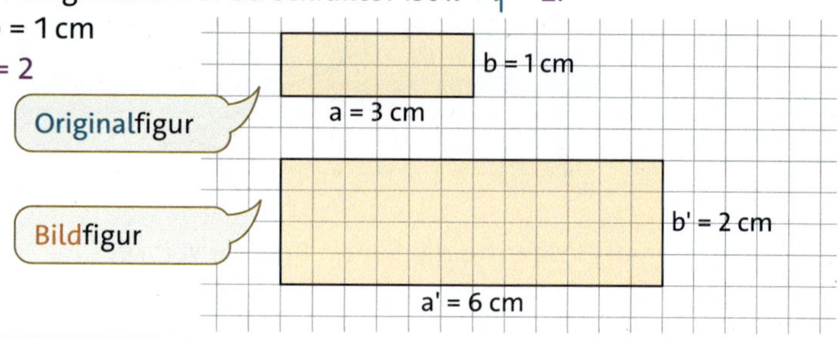

Hinweis
Ist k < 1 und positiv, wird die Figur verkleinert.

Beispiel 2 Verkleinerung

Das Rechteck ist im Maßstab 1 : 2 verkleinert. Der Streckfaktor ist $k = \frac{1}{2} = 0{,}5$.
Die Seitenlängen a = 3 cm und b = 1 cm werden mit dem Streckfaktor $k = \frac{1}{2}$ verkleinert.
$a' = a \cdot k = 3\,\text{cm} \cdot \frac{1}{2} = 1{,}5\,\text{cm}$
$b' = b \cdot k = 1\,\text{cm} \cdot \frac{1}{2} = 0{,}5\,\text{cm}$

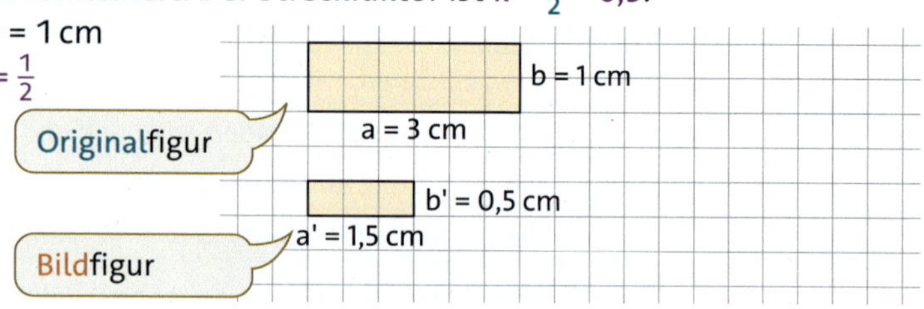

ANWENDEN

1 Wird hier vergrößert oder verkleinert?
a) Maßstab 1 : 7 b) Maßstab 12 : 1 c) Streckfaktor k = 4 d) Streckfaktor $k = \frac{1}{3}$

2 Gib den Streckfaktor k an.
Tipp Der Maßstab ist 1 : 3. Dann ist $k = \frac{1}{3}$
a) Maßstab 1 : 4 b) Maßstab 5 : 1

2 Gib den Streckfaktor k an.
a) Maßstab 1 : 4 b) Maßstab 1 : 10
c) Maßstab 3 : 1 d) Maßstab 8 : 1

3 Übertrage und ergänze die Tabelle im Heft.
Tipp zu a) 2 · 4 cm = ▢

	Streckfaktor k	Länge im Original	Länge im Bild
a)	2	4 cm	
b)	5	3 cm	
c)	$\frac{1}{2}$	8 cm	
d)	0,1	30 cm	

3 Übertrage und ergänze die Tabelle im Heft.
Tipp Gib erst den Streckfaktor k an.

	Maßstab	Streckfaktor k	Länge im Original	Länge im Bild
a)	4 : 1		5 cm	
b)	10 : 1		1,5 cm	
c)	1 : 6		18 cm	
d)	1 : 9		6,3 cm	

4 Zeichne ein Quadrat mit a = 3 cm.
Vergrößere dann das Quadrat im Maßstab 4 : 1. Der Streckfaktor k ist 4.
Tipp Multipliziere die Seitenlänge a = 3 cm mit 4. Zeichne das vergrößerte Quadrat mit der neuen Seitenlänge.

4 Zeichne ein Quadrat mit a = 1,5 cm.
Vergrößere dann das Quadrat im Maßstab.
Tipp Berechne erst die neue Seitenlänge.
a) Maßstab 2 : 1
b) Maßstab 4 : 1
c) Maßstab 3 : 1

5 Maßstäbliche Verkleinerung
Übertrage ins Heft und verkleinere im Maßstab 1 : 2.
Tipp Gib zuerst den Streckfaktor k an. Berechne dann die neue Seitenlänge.

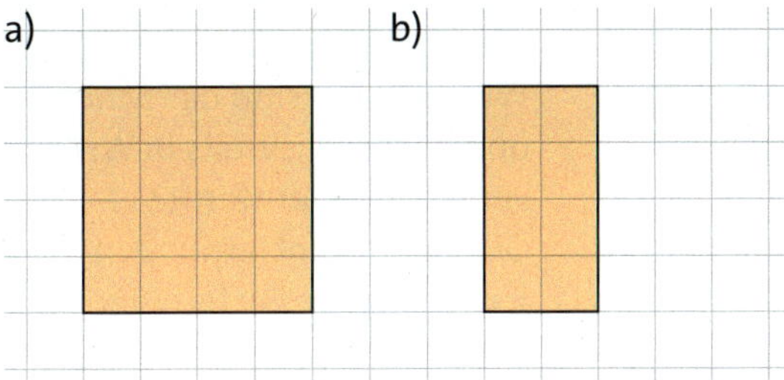

5 Maßstäbliche Verkleinerung
a) Übertrage das Rechteck ins Heft. Verkleinere im Maßstab 1 : 2.
Tipp Gib zuerst den Streckfaktor k an.

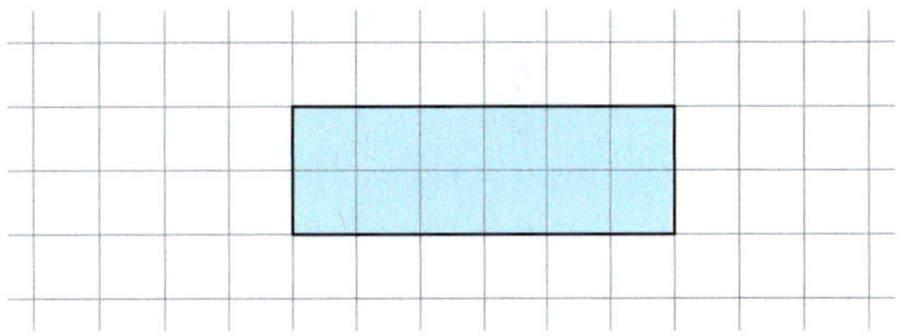

b) Zeichne ein Quadrat mit a = 4,5 cm. Verkleinere im Maßstab 1 : 3. Beschreibe dein Vorgehen.

6 Welche Abbildungen sind maßstäbliche Vergrößerungen oder Verkleinerungen vom gelben Rechteck? Welche nicht? Begründe.

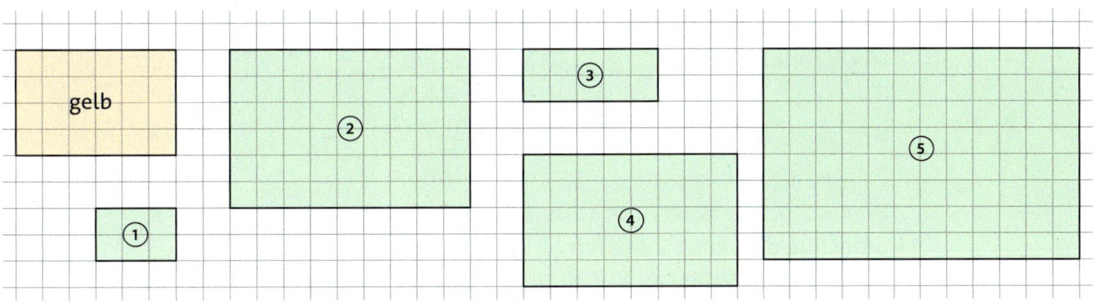

7 Wie verändert sich ein Quadrat bei verschiedenen Maßstäben?
Aylin, Bela und Cora überlegen.
Ordne die Satzenden den Kindern zu.
① ... wird das Quadrat kleiner.
② ... wird das Quadrat größer.
③ ... bleibt das Quadrat so groß wie im Original.

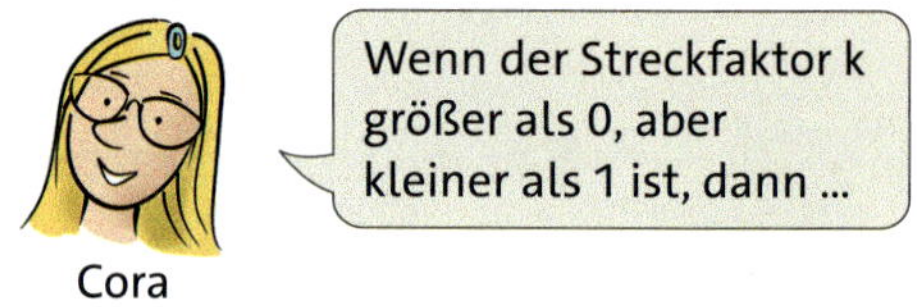

8 Eine Ameise ist 14 mm lang.
Wie lang ist sie unter einer Lupe, die 2-fach vergrößert?
Gib den Maßstab an.

8 Eine Zecke ist 1,2 cm lang.
Wie lang ist sie unter einer Lupe, die 3-fach vergrößert?
Gib den Maßstab an.

9 Ein Garten ist 15 m lang und 20 m breit.
Zeichne im Maßstab 1 : 100 ins Heft.

9 Ein Feld ist 120 m lang und 80 m breit.
Zeichne im Maßstab 1 : 1000 ins Heft.

Hinweis
Der Begriff ***Wirklichkeit*** *bedeutet dasselbe wie* ***Original****.*

10 Bestimme die Entfernungen.

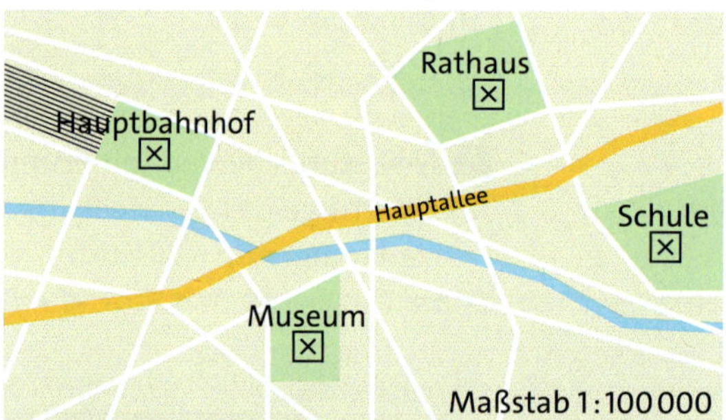

a) Wie viele km ist das Rathaus vom Museum in Wirklichkeit entfernt?
Tipp Miss die Entfernung mit deinem Geodreieck. Berechne dann die Entfernung in Wirklichkeit mit dem Maßstab.
b) Wie viele km ist der Hauptbahnhof von der Schule in Wirklichkeit entfernt?

10 Bestimme die Entfernungen.

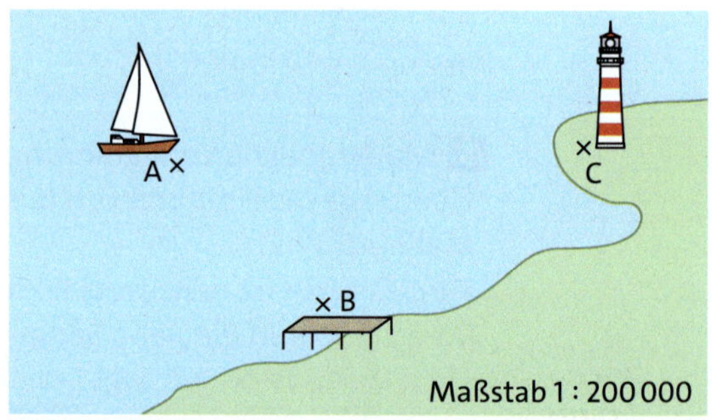

Wie viele km sind das Schiff, der Leuchtturm und der Steg jeweils in Wirklichkeit voneinander entfernt?
Gib die drei Entfernungen an.
Tipp Miss die Entfernung mit deinem Geodreieck. Berechne dann die Entfernung in Wirklichkeit mit dem Maßstab.

11 Länge im Original berechnen
a) Eine Strecke a' ist 3 cm lang. Sie wurden im Maßstab 1 : 200 gezeichnet.
Wie lang ist die Strecke a im Original?

Lily rechnet:
$a = 3\,\text{cm} : \frac{1}{200}$
$a = \frac{3\,\text{cm}}{200}$
$a = 0{,}015\,\text{cm}$

Mats rechnet:
$k = \frac{1}{200} = 0{,}005$
$a = \frac{3\,\text{cm}}{0{,}005}$
$a = 600\,\text{cm}$

Bülent rechnet:
$a = \frac{3\,\text{cm}}{1} : \frac{1}{200}$
$a = \frac{3\,\text{cm}}{1} \cdot \frac{200}{1}$
$a = 600\,\text{cm}$

Wer hat richtig gerechnet? Wer hat Fehler gemacht? Erkläre.
b) Berechne die Länge im Original.
① a' = 5 cm, Maßstab 1 : 400
② b' = 16 cm, Maßstab 8 : 1

Zentrische Streckung (fakultativ)

ENTDECKEN

1 Miro und Sina machen Schattenspiele mit einer Taschenlampe.

a) Beschreibe, was mit dem Schatten passiert, wenn man die Hand dichter an die Taschenlampe hält.

b) Miro möchte, dass der Schatten kleiner wird. Was muss er machen?

c) Probiert es selbst aus. Wie verändert sich der Schatten an der Wand, wenn ihr mit der Handytaschenlampe eure Hand anleuchtet?

VERSTEHEN

Wenn eine Figur maßstäblich **von einem Punkt aus** vergrößert oder verkleinert abgebildet wird, dann ist das eine zentrische Streckung.

Vokabeln
→ die zentrische Streckung
→ das Streckzentrum
→ der Originalpunkt
→ der Bildpunkt

Merke Eine **zentrische Streckung** ist eine Vergrößerung oder Verkleinerung mit einem **Streckzentrum Z** und einem vorgegebenen **Streckfaktor k**.

Miss zuerst die Länge von Z zum Originalpunkt.
Multipliziere dann mit dem Streckfaktor k.
Nun erhält man die Länge von Z zum Bildpunkt.

Originalpunkt und Bildpunkt liegen auf einer Geraden durch das Streckzentrum Z.
Die Winkelgrößen der Figuren bleiben gleich.

Beispiel 1

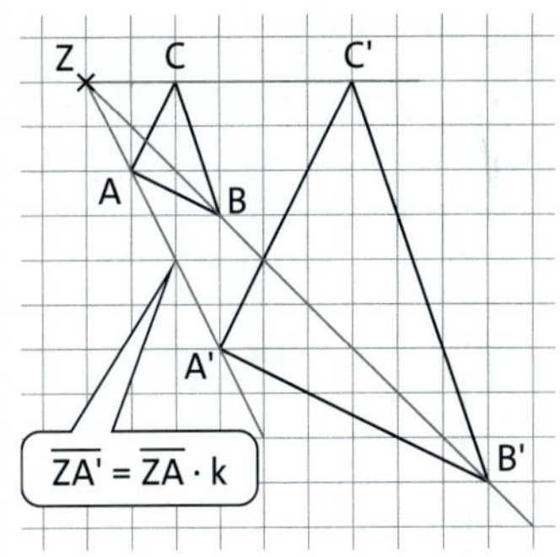

Hinweis
Die Originalpunkte gehören zur Originalfigur und die Bildpunkte gehören zur Bildfigur.

Beispiel 2 Strecke das Dreieck ABC von Z aus mit dem Streckfaktor $k = 2$.

① Zeichne von Z aus einen Strahl durch A.

② Multipliziere die Länge von $\overline{ZA}$ mit k und zeichne A' ein.

③ Ermittle ebenso B' und C'. Verbinde A', B' und C'.

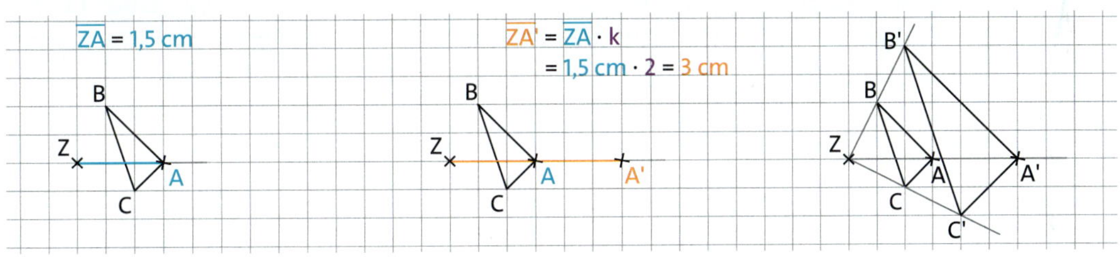

Hinweis
Bei einer zentrischen Streckung kann der Streckfaktor auch negativ sein.
Ist |k| > 1, wird die Figur vergrößert.
Ist |k| < 1, wird die Figur verkleinert.

Beispiel 3 Bestimme das Streckzentrum Z und den Streckfaktor k.

① Verbinde jeden Punkt mit seinem Bildpunkt durch eine Gerade.

② Im Schnittpunkt der Geraden liegt Z.

③ Miss die Längen $\overline{ZA'}$ und $\overline{ZA}$.
Berechne $k = \frac{\overline{ZA'}}{\overline{ZA}} = \frac{1{,}56\,\text{cm}}{3{,}9\,\text{cm}} = \underline{\underline{\frac{2}{5}}}$

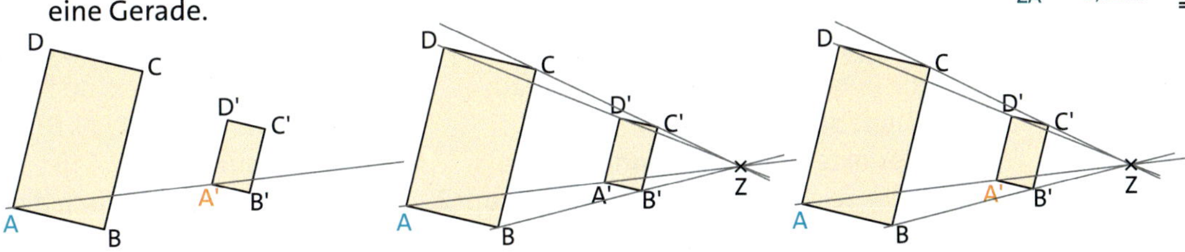

ANWENDEN

1 Übertrage ins Heft.
Strecke das Quadrat ABCD vom Streckzentrum Z aus mit k = 2.

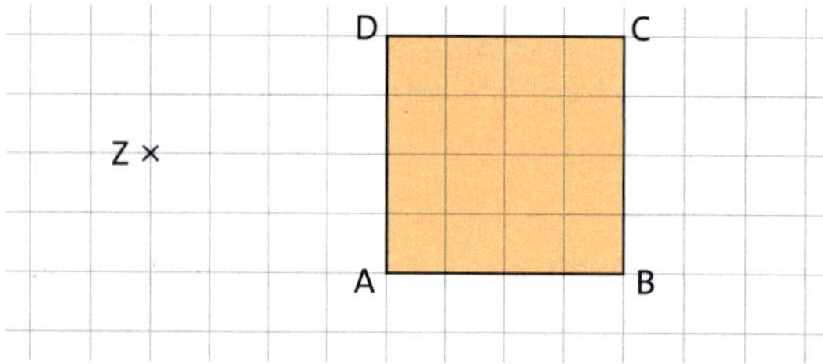

2 Übertrage ins Heft.
Strecke das Rechteck ABCD vom Streckzentrum Z aus mit k = 0,5.

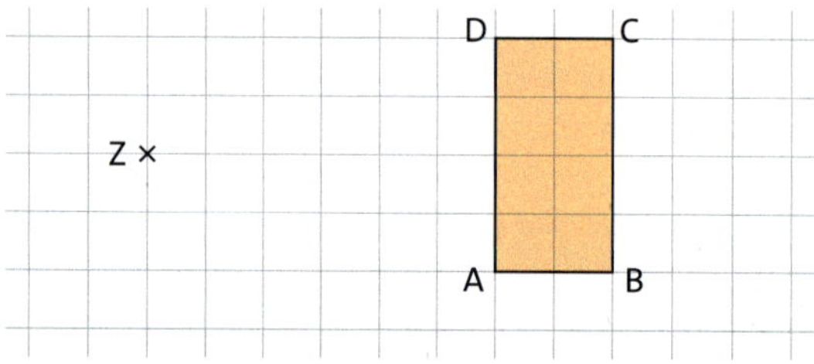

3 Bestimme den Streckfaktor k.

a) $\overline{ZA} = 3\,cm$; $\overline{ZA'} = 9\,cm$

Tipp $k = \frac{\overline{ZA'}}{\overline{ZA}}$

b) $\overline{ZB} = 2\,cm$; $\overline{ZB'} = 5\,cm$

c) $\overline{ZC} = 8\,cm$; $\overline{ZC'} = 12\,cm$

4 Das Rechteck ABCD wurde von Z aus gestreckt. Übertrage ins Heft.
Bestimme das Streckzentrum Z und den Streckfaktor k.

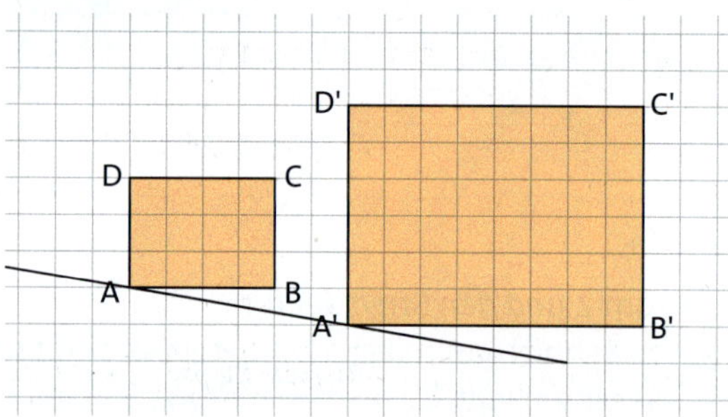

5 Zeichne ein Koordinatensystem.
Trage die Punkte ein und verbinde sie zu einem Dreieck: A(2 | 0), B(1 | 2), C(0 | 1).
Die Bildpunkte sind A'(6 | 0) und C'(0 | 3).

a) Ermittle zeichnerisch das Streckzentrum Z.

b) Wo liegt der Bildpunkt B'?

1 Übertrage ins Heft.
Strecke das Rechteck ABCD vom Streckzentrum Z aus mit k = 3.

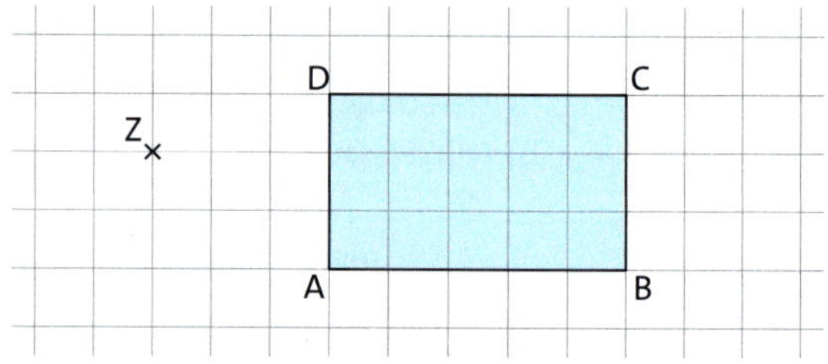

2 Übertrage ins Heft.
Strecke das Dreieck ABC vom Streckzentrum Z aus mit k = 0,5.

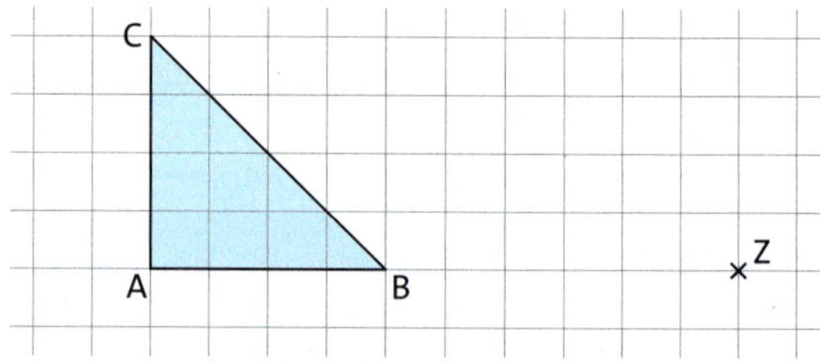

3 Bestimme den Streckfaktor k.

a) $\overline{ZA} = 4\,cm$; $\overline{ZA'} = 16\,cm$

Tipp $k = \frac{\overline{ZA'}}{\overline{ZA}}$

b) $\overline{ZB} = 3\,cm$; $\overline{ZB'} = 1{,}5\,cm$

c) $\overline{ZC} = 1{,}5\,cm$; $\overline{ZC'} = 3{,}6\,cm$

4 Das Parallelogramm ABCD wurde von Z aus gestreckt. Übertrage ins Heft.
Bestimme das Streckzentrum Z und den Streckfaktor k.

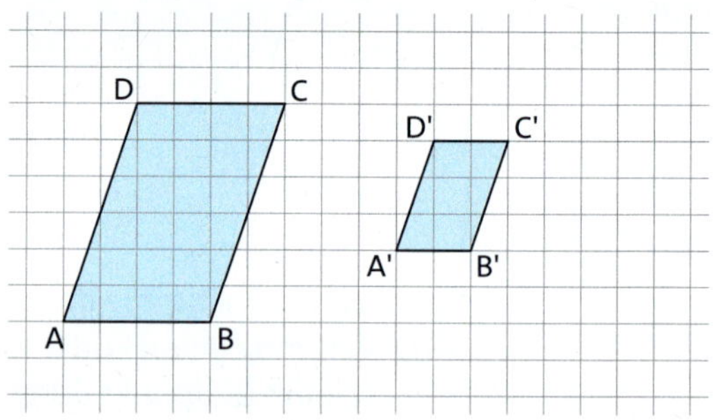

5 Zeichne ein Koordinatensystem.
Trage die Punkte ein und verbinde sie zu einem Dreieck: A(1 | 0), B(1 | 2), C(0 | 3).
Die Bildpunkte sind A'(3 | –2) und B'(3 | 2).

a) Ermittle zeichnerisch das Streckzentrum Z.

b) Wo liegt der Bildpunkt C'?

6 Das Dreieck ABC wurde zwei Mal gestreckt.

a) Die Strecke $\overline{ZA}$ ist 3 cm lang.
Die Strecke $\overline{ZA'}$ ist 4,5 cm lang.
Bestimme den Streckfaktor k.

b) Die Strecke $\overline{ZA''}$ ist 2 cm lang.
① Ist k < 1 oder k > 1? Begründet.
② Bestimmt den Streckfaktor k.

c) Der Streckfaktor ist k = 3. Wo liegen die Punkte A‴, B‴ und C‴? Beschreibe.

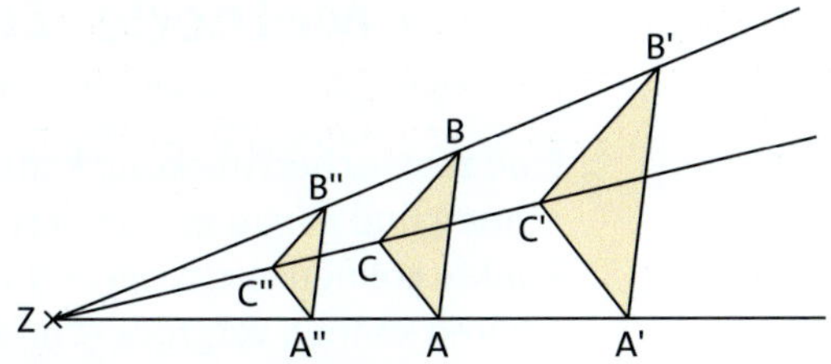

Hinweis
Das Streckzentrum Z kann innerhalb, außerhalb oder auf dem Rand einer Figur liegen.

7 Übertrage ins Heft.
Strecke das Rechteck von Z aus mit ...
a) k = 2
b) k = 0,5

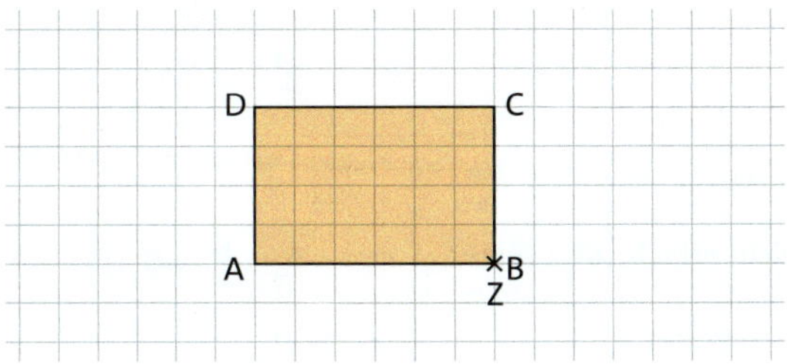

7 Übertrage ins Heft.
Strecke die Figuren von Z aus mit ...
a) k = 2
b) k = 0,5

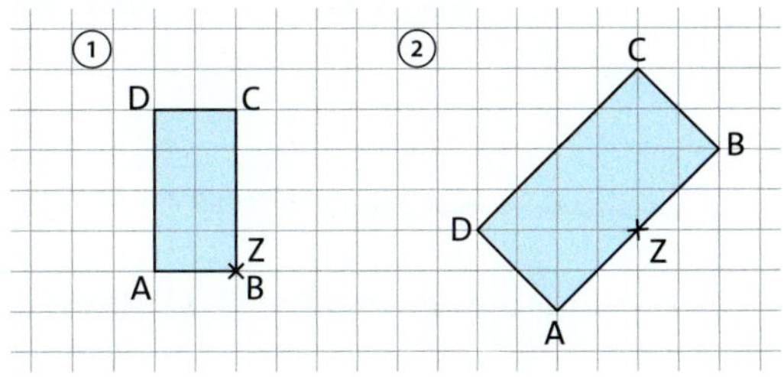

8 Luca weiß: „Der Streckfaktor k kann auch negativ sein."
Hier ist der Streckfaktor k = –2.

a) Erkläre, wie Luca A′ und C′ eingezeichnet hat.

b) Übertrage ins Heft und zeichne B′ ein und verbinde A′, B′ und C′. Beschreibe dein Vorgehen.

c) Beschreibe die Lage von Z bei einem negativen Streckfaktor.

d) Übertrage das Dreieck ABC mit dem Streckzentrum Z ins Heft.
Strecke das Dreieck mit k = –1. Vergleiche die Originalfigur mit der Bildfigur.

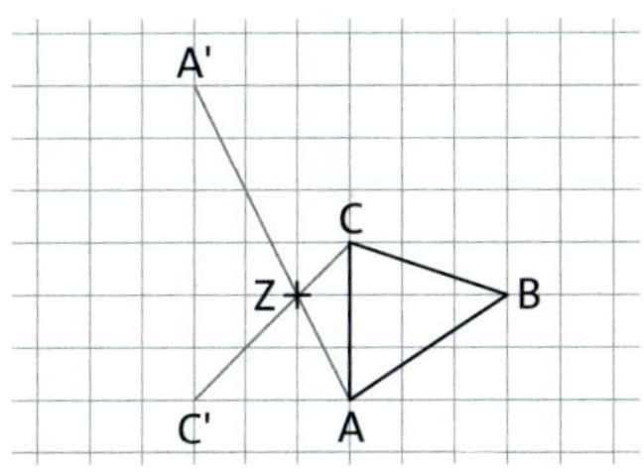

9 Übertrage die Figur ins Heft.
Strecke die Figur von Z aus mit k = –1.

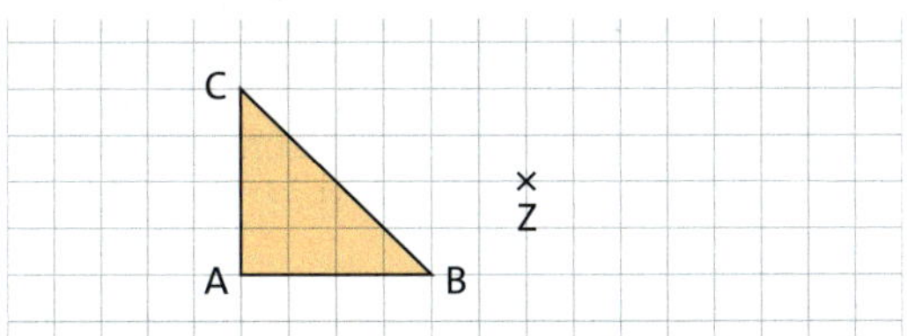

9 Übertrage die Figur ins Heft.
Strecke die Figur von Z aus mit k = –3.

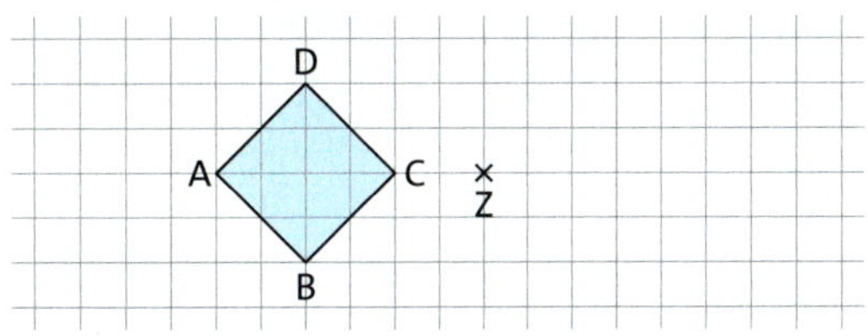

10 Zeichne ein Quadrat mit a = 2 cm ins Heft.

a) Zeichne das Streckzentrum Z an eine beliebige Stelle.

b) Strecke das Quadrat mit dem Streckfaktor.
① k = 3 ② k = 0,5

c) Miss danach die Seitenlängen a′ der gestreckten Quadrate.
Vergleiche mit der Seitenlänge a.
Was fällt dir auf?
Tipp Schau dir den Streckfaktor an.

10 Zeichne ein Rechteck mit a = 2 cm und b = 4 cm ins Heft.

a) Zeichne das Streckzentrum Z an eine beliebige Stelle.

b) Strecke die Figur mit dem Streckfaktor.
① k = 2,5 ② k = 0,5

c) Miss danach die Seitenlängen a′ und b′ der gestreckten Rechtecke.
Vergleiche mit den Seitenlängen a und b.
Was fällt dir auf? Beschreibe.

Methode Zentrische Streckung mit einer DGS

Eine zentrische Streckung kann am Computer mit einer dynamischen Geometrie-Software (DGS) schnell und genau konstruiert werden.
Punkte können leicht bewegt und verändert werden. Strecken lassen sich einfach abmessen. Figuren können vergrößert und verkleinert werden.

Beispiel 1 Strecke das Dreieck ABC vom Streckzentrum Z aus mit dem Streckfaktor k = 3.

Beschreibung	Werkzeug	Konstruktion
Zeichne ein beliebiges Dreieck ABC.	Vieleck Klicke 3-mal in die Zeichenfläche. Verbinde dann nochmal mit Punkt A.	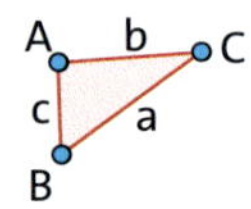
Setze einen Punkt als Streckzentrum. Nenne ihn Z.	Punkt Klicke in die Zeichenfläche und setze einen Punkt. Nenne den neuen Punkt Z: Rechtsklick → Umbenennen.	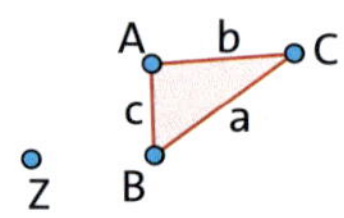
Strecke das Dreieck mit dem Streckfaktor k = 3.	Strecke zentrisch von Punkt aus Klicke irgendwo in das Dreieck und dann auf den Punkt Z. Gib den Faktor 3 ein.	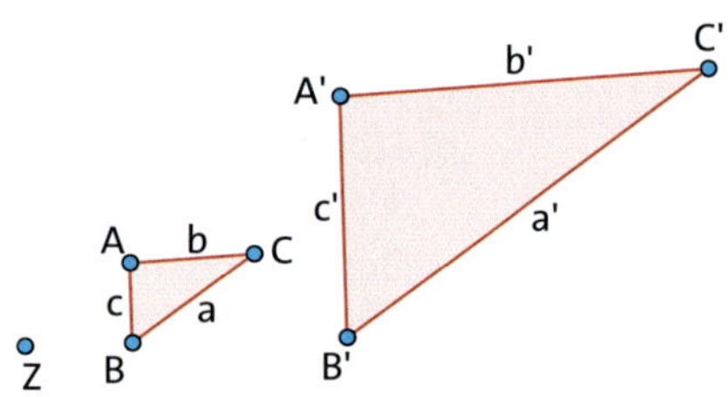

ANWENDEN

Hinweis
In der DGS ist die Einheit von Längen cm.

1 Zeichne ein beliebiges Dreieck ABC.
Setze einen Punkt Z als Streckzentrum.
Strecke das Dreieck ABC mit dem Streckfaktor k = 2.

2 Zeichne ein beliebiges Rechteck ABCD.
a) Lege ein Streckzentrum Z fest, dass rechts oberhalb vom Rechteck liegt.
b) Zeichne vier Strahlen von Z aus durch die Punkte A, B, C und D.
Tipp Verwende dafür das Werkzeug: Strahl
c) Schätze zuerst: Wo liegen die Bildpunkte A′, B′, C′ und D′, wenn du das Rechteck mit k = 0,5 streckst?
d) Strecke das Quadrat ABCD mit k = 0,5. War deine Vermutung aus c) richtig?

1 Zeichne ein beliebiges Rechteck ABCD.
Setze einen Punkt Z als Streckzentrum.
a) Strecke das Rechteck ABCD mit k = 2.
b) Beschreibe dein Vorgehen.

2 Zeichne ein Quadrat ABCD mit a = 3 cm.
a) Lege ein Streckzentrum Z fest, dass rechts oberhalb vom Quadrat liegt.
b) Zeichne vier Strahlen von Z aus durch die Punkte A, B, C und D.
c) Schätze zuerst: Wo liegen die Bildpunkte A′, B′, C′ und D′, wenn du das Quadrat mit k = 0,5 streckst?
d) Strecke das Quadrat ABCD mit k = 0,5. War deine Vermutung aus c) richtig?
e) Strecke das Quadrat ABCD mit k = 1,5. Bestimme die Seitenlänge von a′.

3 Die Lage des Streckzentrums Z verändern.

a) Zeichne ein beliebiges Dreieck ABC. Strecke es an einem Streckzentrum Z mit k = 4.

b) Zeichne drei Strahlen von Z aus durch die Punkte A, B und C.

c) Bewege den Punkt Z.
Verwende dafür das Werkzeug: Bewege
Bewegt sich dabei das Dreieck ABC oder das Dreieck A'B'C'?

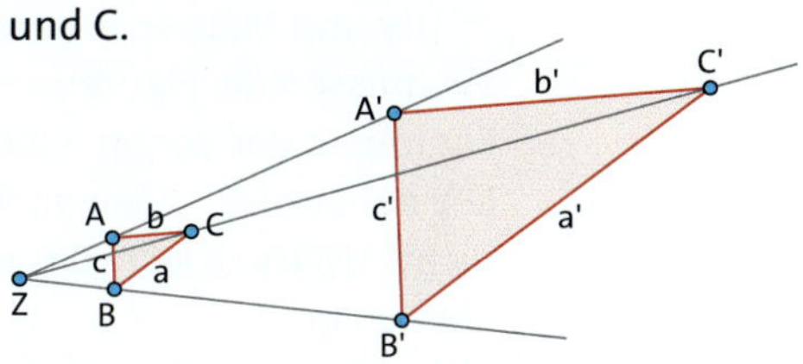

d) Wie verändert sich die Bildfigur, wenn ihr den Punkt Z so bewegt, dass ...
① Z innerhalb von ABC liegt. ② Z auf einer Seite von ABC liegt. ③ Z auf A, B oder C liegt.

4 Eine Figur dynamisch verändern.

a) Zeichne ein beliebiges Viereck ABCD. Strecke es an einem Streckzentrum Z mit k = 2,5.

b) Zeichne vier Strahlen von Z aus durch die Punkte A, B, C und D.

c) Klicke auf den Eckpunkt A des Vierecks und bewege ihn mit dem Werkzeug: Bewege
Verändert sich auch die Bildfigur A'B'C'D'? Beschreibe.

d) Welcher Punkt wurde bei der Abbildung ② verschoben?

e) Begründe, ob sich beim Verschieben der Originalpunkte der Streckfaktor verändert.

①
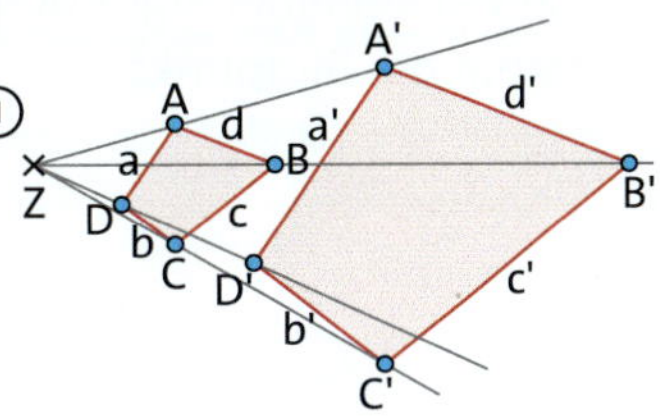

②
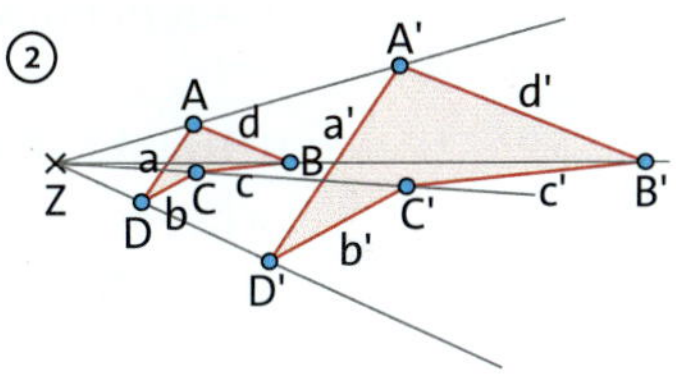

5 Den Schieberegler benutzen.

a) Ordne den Anweisungen die entsprechende Abbildung zu.
① Zeichne ein Dreieck und ein Streckzentrum Z. Zeichne die Strahlen von Z aus durch die Eckpunkte A, B und C.
② Klicke auf das Werkzeug Schieberegler und danach irgendwo in die Zeichenfläche. Es öffnet sich ein Fenster. Trage bei Name „k“ für den Streckfaktor ein.
③ Aktiviere das Werkzeug . Klicke auf das Dreieck und dann auf Z. Trage bei Faktor „k“ ein.
④ Verschiebe den Regler auf k = 0,5.

Ⓐ
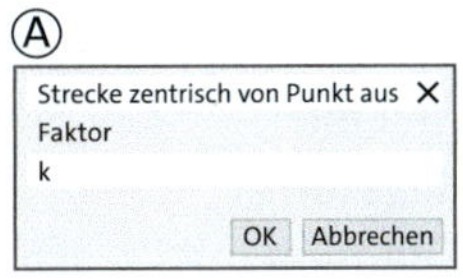

Ⓑ
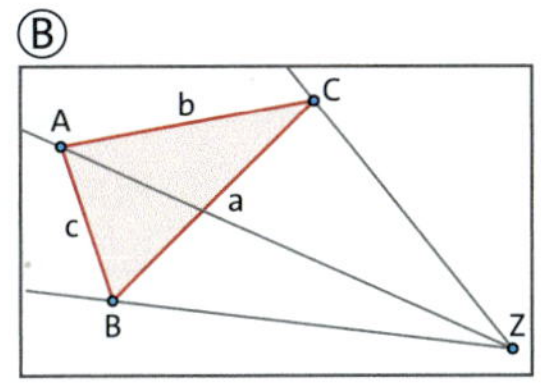

Ⓒ
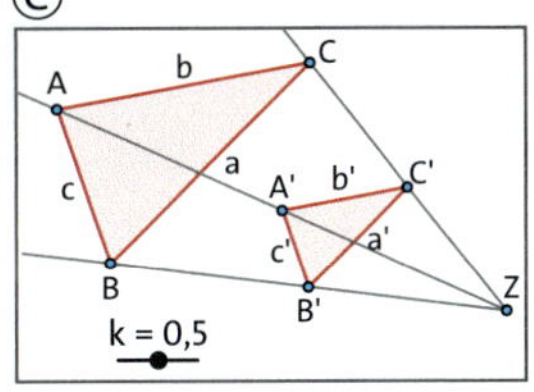

Ⓓ
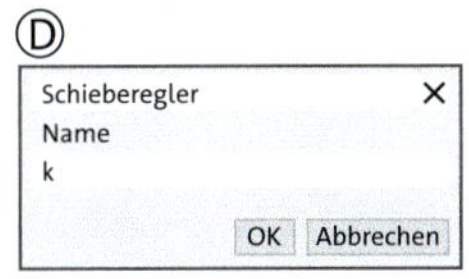

b) Führe die Schritte ① bis ④ selbst durch.

c) Bewege den Schieberegler. Beschreibe, wo die Bildfigur A'B'C' liegt.
① k liegt zwischen 0 und 1 ② k > 1 ③ k = 1 ④ k = 0 ⑤ k < 0

6 Kiara meint: „In einer DGS kann ich auch maßstäblich vergrößern und verkleinern.“
Zeichne ein Viereck ABCD mit den Eckpunkten A(2 | 4); B(2 | 2); C(5 | 2) und D(7 | 4).

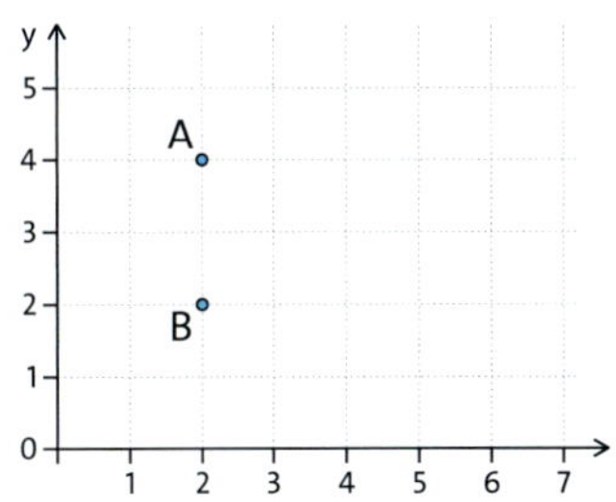

a) Setze den Bildpunkt A'(−1 | −2).

b) Vergrößere ABCD im Maßstab 3 : 1.
Bestimme zuerst den Streckfaktor k.
Tipp Bestimme die Länge $\overline{AB}$. Multipliziere mit k.
Nun hast du die Länge der Strecke $\overline{A'B'}$.
Zeichne B' ein. Ermittle ebenso C' und D'.

Thema Kongruenzabbildungen

1 Lily und Mats spielen ein Spiel.
Sie müssen die Figuren so legen, dass alle Figuren in das vorgegebene Feld passen.
Lily behauptet: „Meine letzte Figur passt nicht!“ Mats: „Doch, das passt! Dreh sie doch einfach um!“

a) Erkläre, was Mats damit meint.

b) Wie kann Mats seine Figuren legen, damit es passt? Zeichne ins Heft.

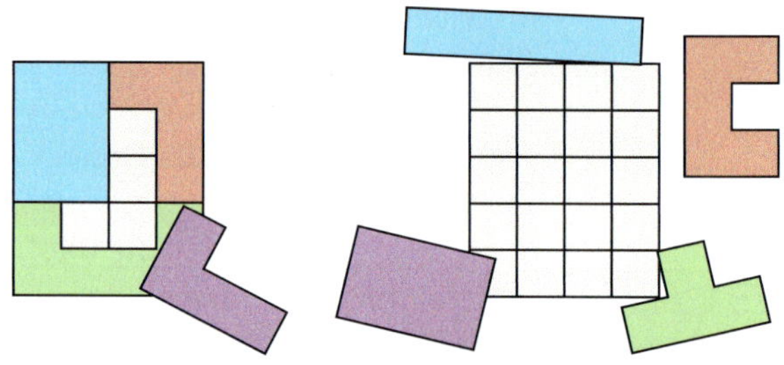

Achsenspiegelung, Punktspiegelung, Drehung und Verschiebung sind **Kongruenzabbildungen**.
Zwei Figuren sind **kongruent zueinander (deckungsgleich)**, wenn man die eine Figur durch Kongruenzabbildung auf die andere Figur abbilden kann.
Die Seitenlängen und Winkel einer Figur bleiben dabei gleich.
Zu jedem Punkt entsteht ein Bildpunkt.

Beispiel 1 Eine **Achsenspiegelung** ist durch eine Spiegelachse s festgelegt.

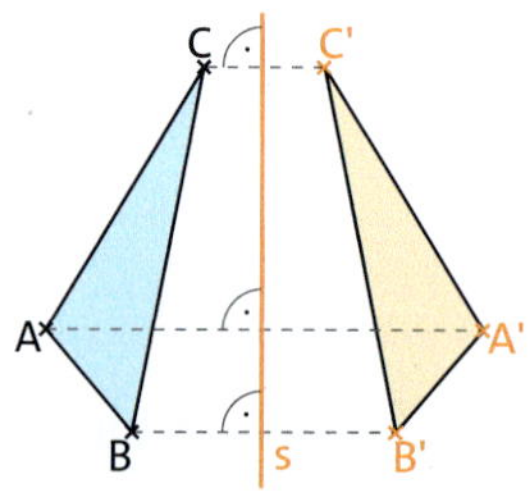

Beispiel 2 Eine **Drehung** ist durch ein Drehzentrum Z und einem Drehwinkel α festgelegt.

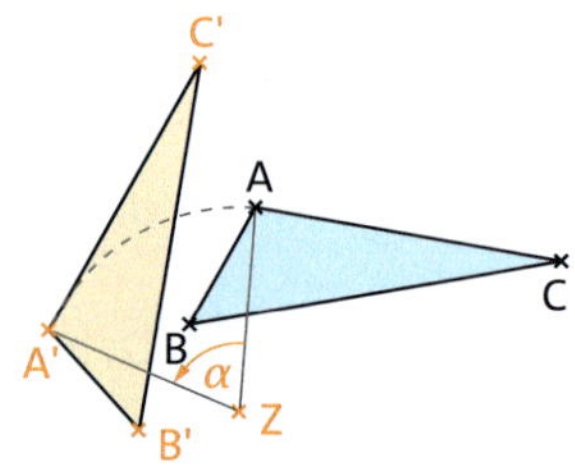

Beispiel 3 Eine **Punktspiegelung** ist eine Drehung mit dem Drehwinkel α = 180°.

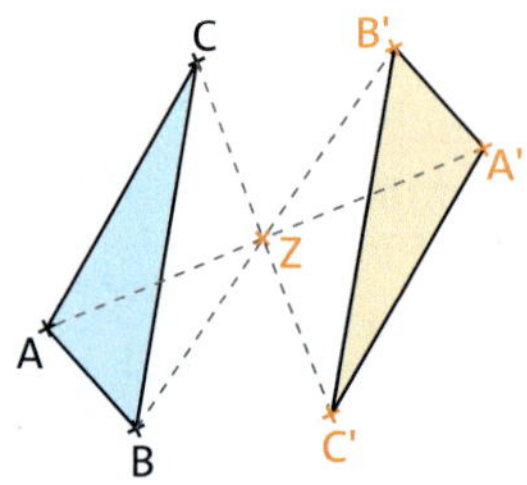

Beispiel 4 Eine **Verschiebung** ist durch einen Verschiebungspfeil festgelegt.

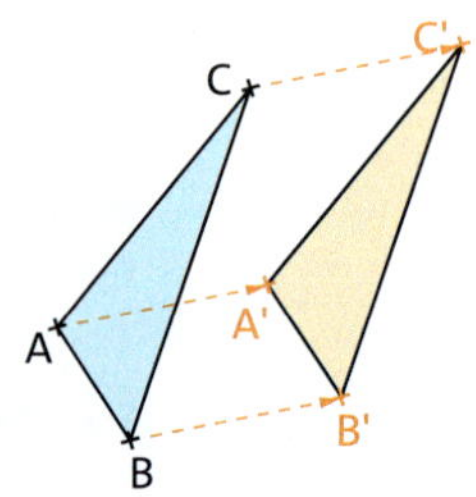

ANWENDEN

2 Welche Kongruenzabbildung ist das? Ordne zu und begründe.

Achsenspiegelung | Drehung | Punktspiegelung | Verschiebung

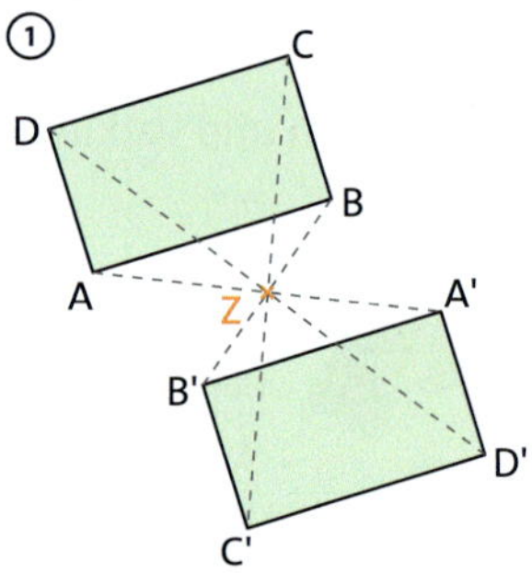

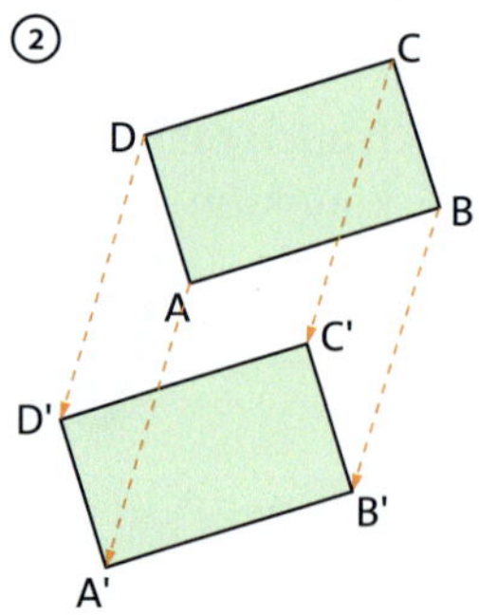

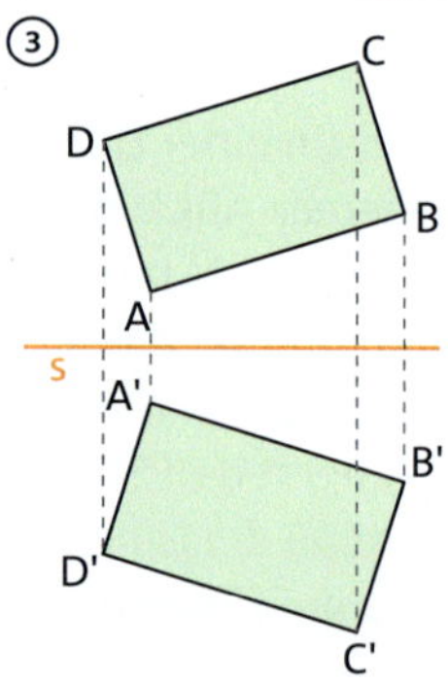

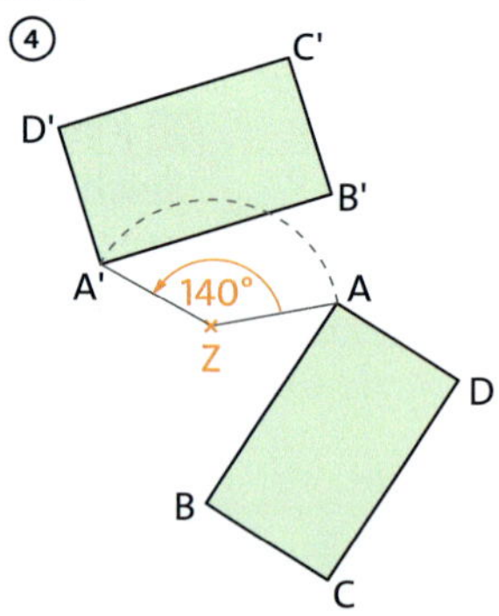

3 Welche zwei Figuren sind kongruent zueinander?
Vergleiche die Seitenlängen und Winkel.

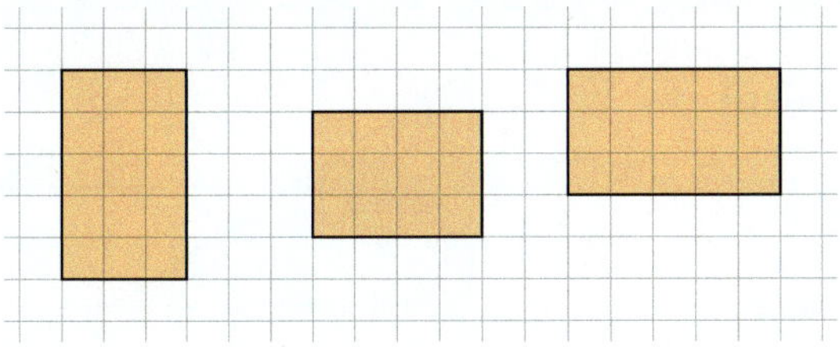

3 Welche zwei Figuren sind kongruent zueinander? Erkläre.
Tipp Vergleiche die Seitenlängen und Winkel.

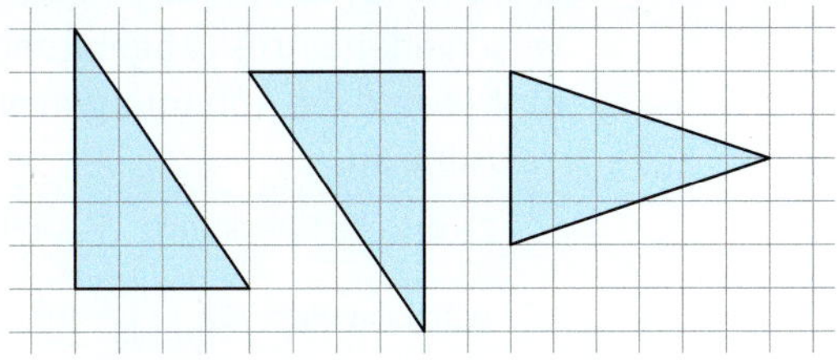

4 Übertrage ins Heft.
a) Spiegle die Figur an der Achse s.
b) Drehe die Figur um Z mit dem Drehwinkel $\alpha = 90°$.

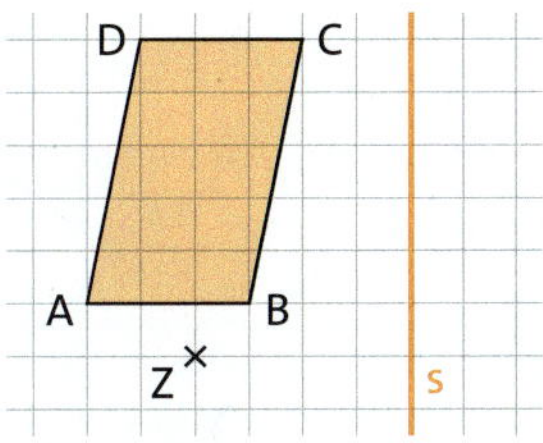

4 Übertrage ins Heft.
a) Spiegle die Figur an der Achse s.
b) Drehe die Figur um Z mit dem Drehwinkel $\alpha = 120°$.

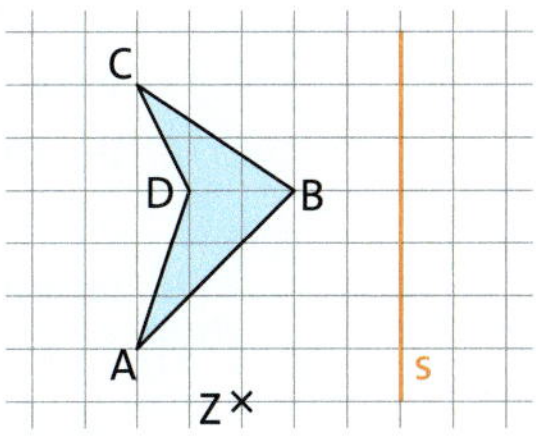

5 Zeichne das Dreieck ABC in ein Koordinatensystem:
A(1 | 1), B(4 | 3), C(1 | 4).
a) Spiegle das Dreieck an der y-Achse.
b) Drehe um Z(0 | 0) mit $\alpha = 180°$.
c) Zeichne von A einen Verschiebungspfeil zu A′(−4 | −3).
Verschiebe dann das Dreieck ABC.

5 Zeichne das Dreieck ABC in ein Koordinatensystem:
A(−4 | 1), B(−1 | 2), C(−2 | 4).
a) Spiegle das Dreieck an der y-Achse.
b) Drehe um Z(0 | 0) mit $\alpha = 180°$.
c) Zeichne von A einen Verschiebungspfeil zu A′(−4 | −3).
Verschiebe dann das Dreieck ABC.

Info Wenn man mehrere Kongruenzabbilungen hintereinander ausführt, ist das eine **Verkettung**.
Es entsteht wieder eine Kongruenzabbildung.

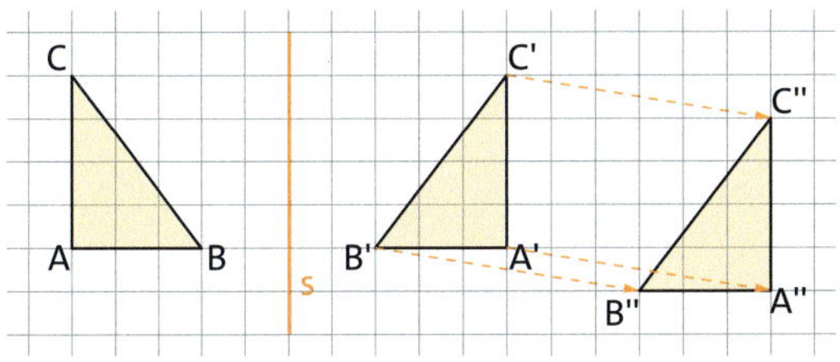

6 Übertrage ins Heft. Spiegle das Rechteck ABCD erst an der Achse s und dann die Bildfigur A′B′C′D′ an der Achse t.
Tipp Du musst beide Achsen verlängern.

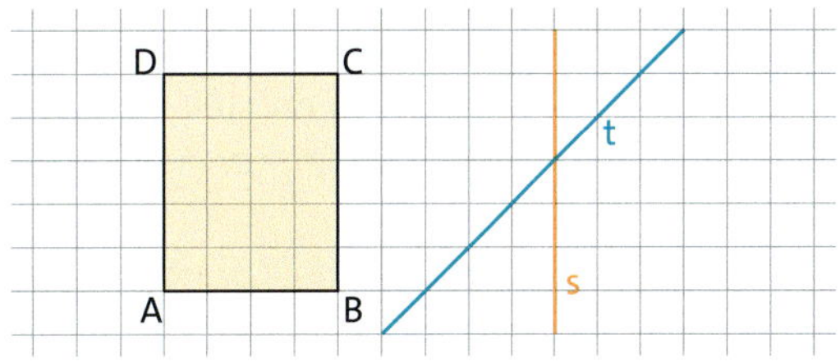

7 Zeichne das Quadrat ABCD in ein Koordinatensystem:
A(−5 | 1), B(−1 | 1), C(−1 | 5), D(−5 | 5).
① Spiegle das Quadrat ABCD an der y-Achse.
② Verschiebe das Quadrat A′B′C′D′ um 4 Einheiten nach unten.
③ Gib die Koordinaten der Bildpunkte A″, B″, C″ und D″ an.

7 Zeichne das Dreieck ABC in ein Koordinatensystem:
A(−3 | 0), B(−1 | 0), C(−2 | 4).
① Drehe das Dreieck ABC um Z(0 | 0) mit $\alpha = 90°$.
② Spiegle das Dreieck A′B′C′ an der x-Achse.
③ Gib die Koordinaten der Bildpunkte A″, B″ und C″ an.

Ähnliche Figuren untersuchen

ENTDECKEN

1 Karlo hat das blaue Original-Dreieck auf verschiedene Arten abgebildet.

a) Wie sind die Abbildungen entstanden? Ordne zu.

Zentrische Streckung | Drehung | Achsenspiegelung | Punktspiegelung

b) Vergleiche die Winkel der Originalfigur und die Winkel der Bildfiguren. Was fällt dir auf?

c) Bei welchen Bildfiguren sind die Seitenlängen genauso lang wie beim Original? Bei welcher nicht?

d) Karlo meint: „Die Punktspiegelungen gehören zu den Drehungen.“ Was meint Karlo damit? Erklärt.

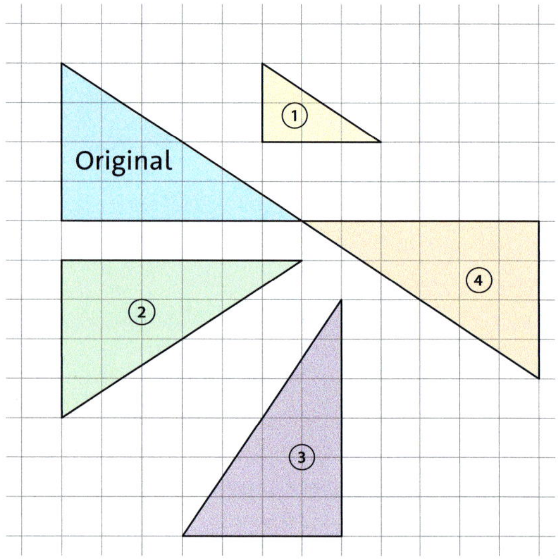

VERSTEHEN

Durch Achsenspiegelung, Punktspiegelung, Drehung, Verschiebung und zentrische Streckung entstehen ähnliche Figuren.
Diese Abbildungen nennt man auch **Ähnlichkeitsabbildungen**.
Aber auch sonst können zwei Figuren ähnlich zueinander sein.

Vokabeln
→ die Ähnlichkeit
→ ähnlich zueinander
→ die Ähnlichkeitsabbildung

Merke Zwei Figuren sind **ähnlich zueinander**, wenn die Originalwinkel und Bildwinkel gleich groß sind und die Verhältnisse der Seitenlängen gleich sind.

Beispiel 1 Bei einer **Achsenspiegelung**, **Punktspiegelung**, **Drehung** und **Verschiebung** bleiben die Winkel und die Seitenlängen gleich groß.
Dies sind immer zueinander ähnliche Figuren.
Der Streckfaktor ist k = 1.

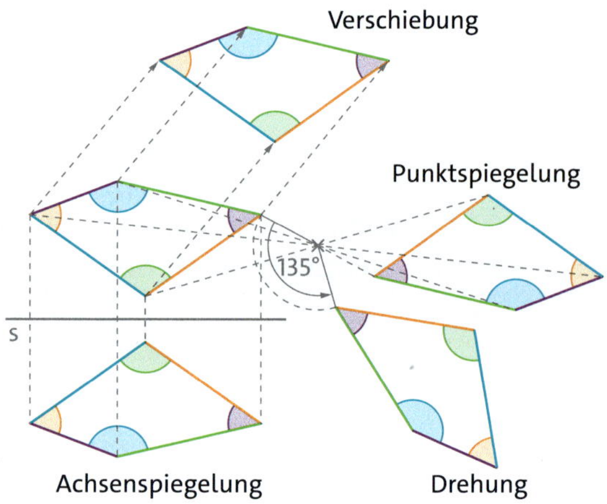

Hinweis
Figuren, die kongruent zueinander sind, sind auch ähnlich zueinander.

Beispiel 2 Bei einer **zentrischen Streckung** bleiben die Winkel gleich groß.
Die Seitenlängen sind unterschiedlich, aber ihr Verhältnis zueinander bleibt gleich.
Dies sind immer zueinander ähnliche Figuren.
Die Seitenlängen wurden hier mit dem Streckfaktor k = 0,5 verkleinert.

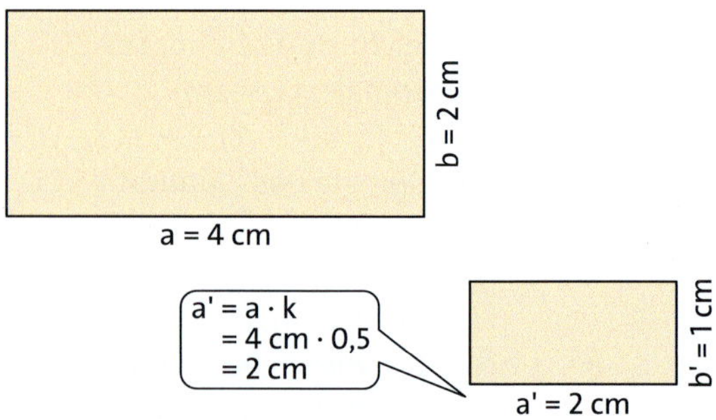

ANWENDEN

1 Jonathan soll entscheiden, welche Figuren ähnlich zueinander sind. Er meint: „Ich sehe sofort, dass Figur ① und Figur ③ nicht ähnlich zueinander sind. Ich habe mir nur die Winkel angeschaut."

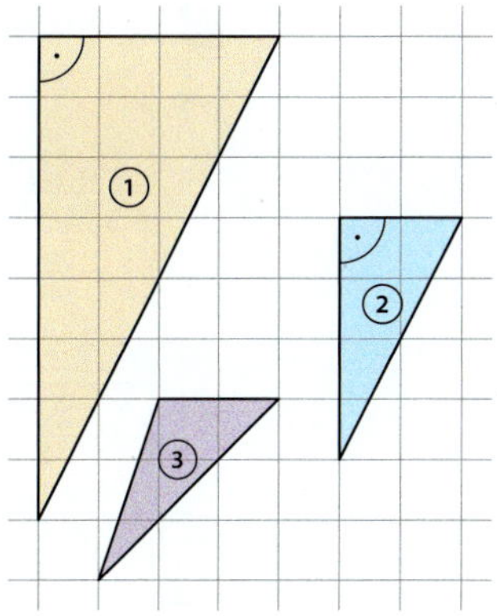

a) Erklärt, was Jonathan meint.
b) Kann man Figur ② durch eine zentrische Streckung von Figur ① erhalten? Begründe.
Sind Figur ① und Figur ② dann ähnlich zueinander?
c) Vervollständige Jonathans Merkzettel im Heft:

Ähnlichkeit feststellen: 1. Winkel ______
2. Seitenlängen ______

2 Sind die Figuren ähnlich zueinander?
Tipp Achte auf die Winkel und das Verhältnis der Seitenlängen.

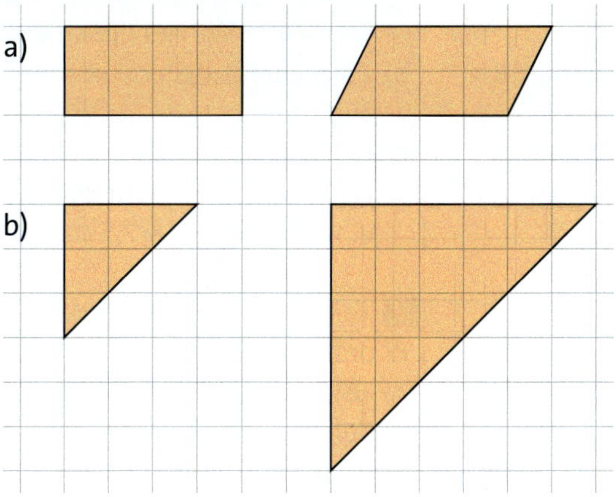

2 Sind die Figuren ähnlich zueinander?
Tipp Achte auf die Winkel und das Verhältnis der Seitenlängen.

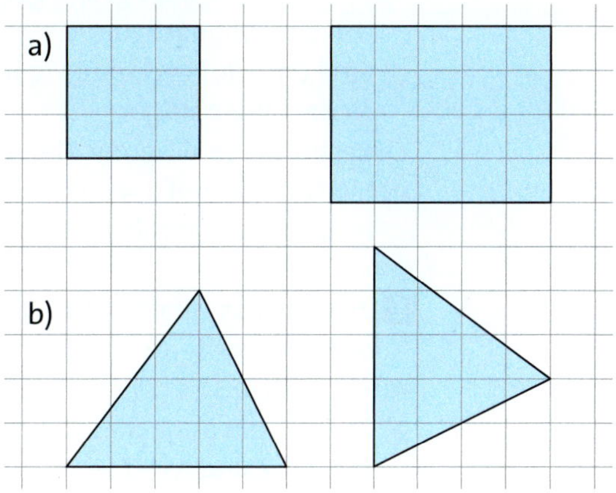

3 Die Figuren sind ähnlich zueinander.
a) Durch welche Ähnlichkeitsabbildungen sind die Figuren ①, ② und ③ entstanden?
Tipp Ordne zu: Verschiebung, Punktspiegelung, Achsenspiegelung
b) Zeichne die Originalfigur ins Heft.
Vergrößere die Figur mit dem Streckfaktor k = 3.
Beschreibe dein Vorgehen.

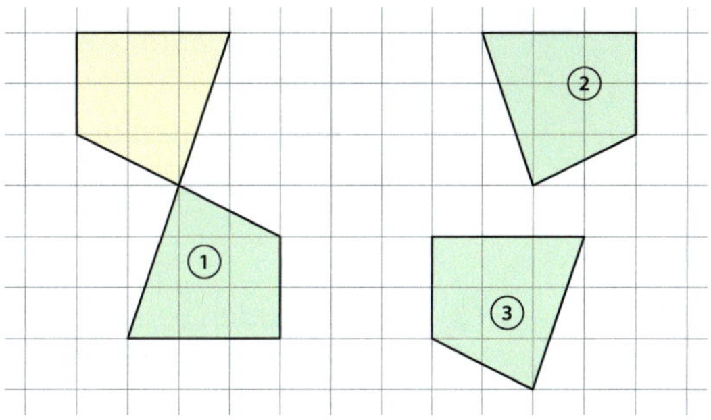

Hinweis
Streckfaktor k $= \frac{\text{Länge im Bild}}{\text{Länge im Original}}$

4 Die zwei Figuren sind ähnlich zueinander.
Ayla soll den Streckfaktor k bestimmen.
a) Ayla meint: „Ich muss dazu die Bildlänge in ein Verhältnis zur Originallänge setzen."
$k = \frac{a'}{a}$ $k = \frac{3}{2} = 1{,}5$
Erkläre, was Ayla meint und gerechnet hat.
b) Bestimme den Streckfaktor k der weiteren Seitenlängen.
Was fällt dir auf?

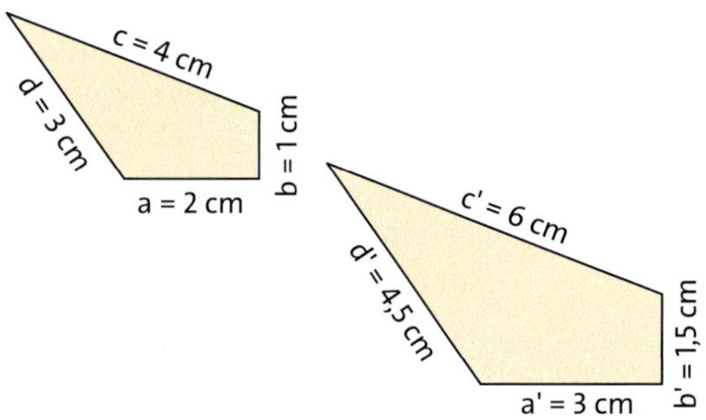

5 Bestimme den Streckfaktor k.

a)

b)

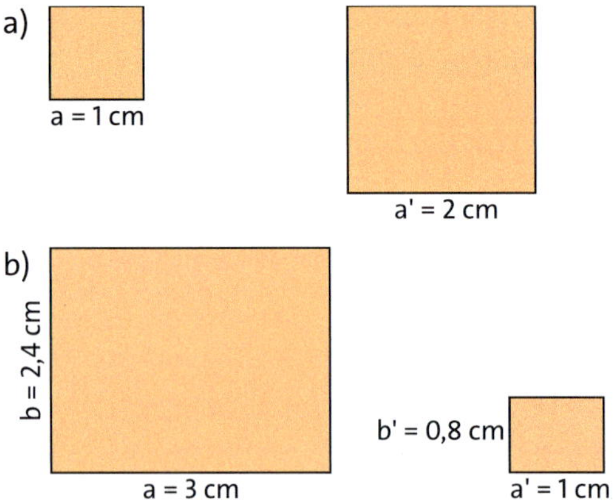

6 Richtig oder falsch? Begründe.

a) Ein Rechteck, dass gespiegelt wird, ist ähnlich zur Originalfigur.

b) Eine um 180° gedrehte Figur ist nie ähnlich zu der Originalfigur.

c) Rechtecke sind immer ähnlich zueinander.

d) Ein Quadrat mit a = 2 cm ist ähnlich zu einem Quadrat mit a' = 4 cm.

7 Zeichne das Quadrat ABCD in ein Koordinatensystem:
A(−1 | 3), B(3 | 3), C(3 | 7), D(−1 | 7).

a) Zeichne ein ähnliches Quadrat A'B'C'D' mit k = 2 und A'(−7 | −7).
Gib die Koordinaten der Bildpunkte B', C' und D' an.

b) Spiegel das Quadrat ABCD an der x-Achse.
Gib die Koordinaten der Bildpunkte an.
Ist das Quadrat A'B'C'D' ähnlich zu ABCD? Begründe.

5 Bestimme den Streckfaktor k.

a)

b)

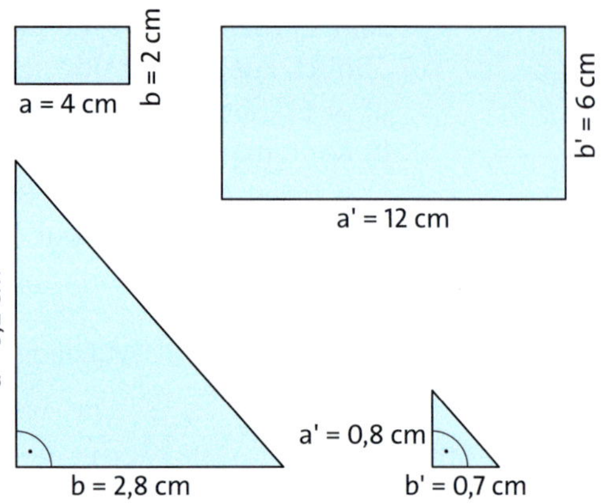

6 Richtig oder falsch? Begründe.

a) Zwei Dreiecke sind ähnlich zueinander, wenn alle Winkel gleich groß sind.

b) Zwei Quadrate sind immer ähnlich zueinander.

c) Ein Rechteck mit a = 2 cm und b = 5 cm ist ähnlich zu einem Rechteck mit a' = 3 cm und b' = 7,5 cm.

7 Zeichne das Rechteck ABCD in ein Koordinatensystem:
A(−2 | 2), B(6 | 2), C(6 | 8), D(−2 | 8).

a) Zeichne ein ähnliches Rechteck A'B'C'D' mit $k = \frac{1}{2}$ und A'(−4 | −4).
Gib die Koordinaten der Bildpunkte B', C' und D' an.

b) Spiegle das Rechteck ABCD an der y-Achse.
Gib die Koordinaten der Bildpunkte an.
Begründe, ob das Rechteck A'B'C'D' ähnlich zu ABCD ist.

8 Hier wurden verschiedenen Ähnlichkeitsabbildungen hintereinander ausgeführt.

a) Welche Ähnlichkeitsabbildungen seht ihr hier?

b) Wie ist aus der grünen (gr) Figur die blaue (b) Figur entstanden?
Beschreibt, welche Ähnlichkeitsabbildungen durchgeführt worden sind.
Tipp grüne Figur → gelbe Figur → blaue Figur

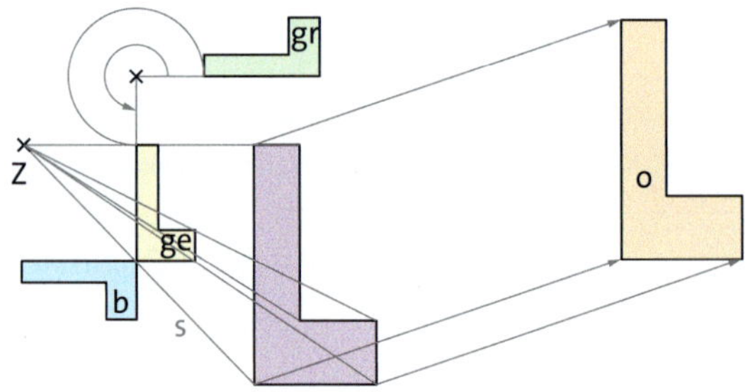

c) Beschreibt, wie aus der blauen (b) Figur die orange (o) Figur entstanden ist.

d) Kann aus der gelben (ge) Figur direkt mit einer Ähnlichkeitsabbildung die orange (o) Figur entstehen?

e) Zeichnet jeweils ein beliebiges Rechteck in euer Heft. Stellt euch gegenseitig Aufgaben zu zwei Ähnlichkeitsabbildungen. Kontrolliert danach gegenseitig.

Strahlensätze (fakultativ für NRW)

ENTDECKEN

1 Die zwei Dreiecke sind ähnlich zueinander.
a) Bestimme den Streckfaktor k.
b) Notiere drei verschiedene Möglichkeiten, um k zu berechnen. Schreibe die Möglichkeiten mit den Strecken $\overline{AB}$, $\overline{A'B'}$, $\overline{BC}$, $\overline{B'C'}$, $\overline{AC}$ und $\overline{A'C'}$ auf.

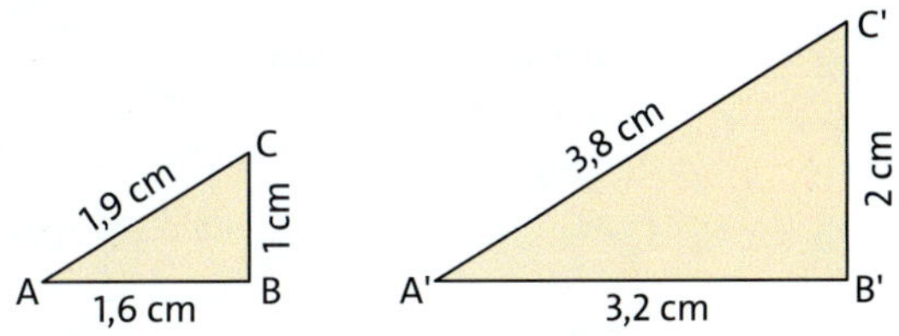

2 Familie Balu schmückt den Garten ihres Hauses mit einer Lichterkette.
a) Schätze die Länge der kompletten Lichterkette.

5 m	12,40 m	15 m	4,20 m

b) Frau Balu sagt: „Die Höhe unseres Hauses kann man mit dem Streckfaktor k berechnen." Wie hoch ist ihr Haus?

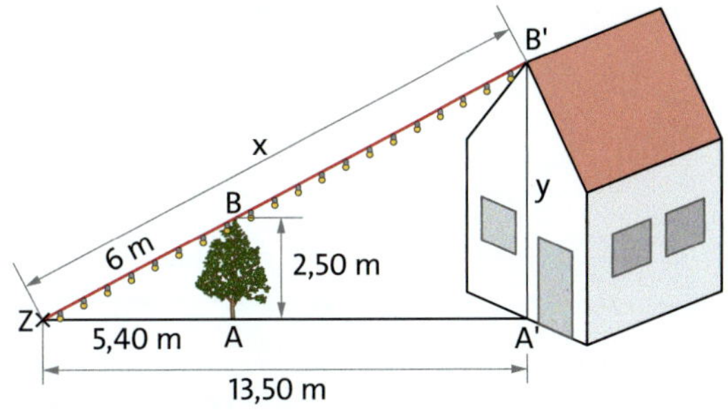

VERSTEHEN

Wenn zwei Strahlen, die im Punkt Z beginnen, zusätzlich von zwei Parallelen geschnitten werden, entstehen zwei ähnliche Dreiecke ZAB und ZA'B'.
In ähnlichen Figuren sind alle Seitenlängen im gleichen Verhältnis.

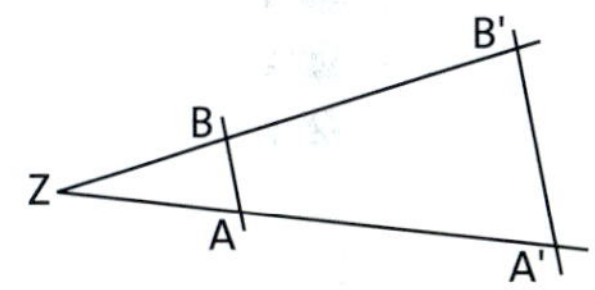

Vokabeln
→ der Strahlensatz
→ die Abschnitte

Merke 1. Strahlensatz
Die Abschnitte auf dem einen Strahl verhalten sich zueinander wie die Abschnitte auf dem anderen Strahl.

Es gilt:

$$\frac{\overline{ZA'}}{\overline{ZA}} = \frac{\overline{ZB'}}{\overline{ZB}}$$

$$\frac{\text{lang}}{\text{kurz}} = \frac{\text{lang}}{\text{kurz}}$$

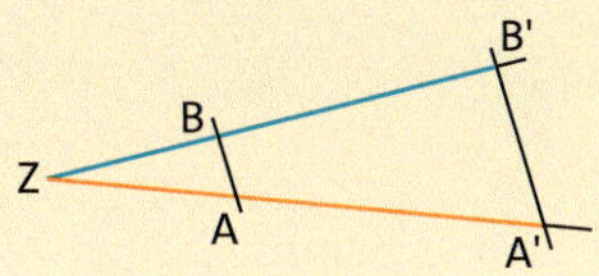

Hinweis
Zähler und Nenner können auch auf beiden Seiten vertauscht werden:
z. B. $\frac{\overline{ZA}}{\overline{ZA'}} = \frac{\overline{ZB}}{\overline{ZB'}}$

Merke 2. Strahlensatz
Die Abschnitte auf den Parallelen verhalten sich zueinander wie die Abschnitte auf einem Strahl.

Es gilt:

$$\frac{\overline{ZA'}}{\overline{ZA}} = \frac{\overline{A'B'}}{\overline{AB}}$$

und

$$\frac{\overline{ZB'}}{\overline{ZB}} = \frac{\overline{A'B'}}{\overline{AB}}$$

$$\frac{\text{lang}}{\text{kurz}} = \frac{\text{lang}}{\text{kurz}}$$

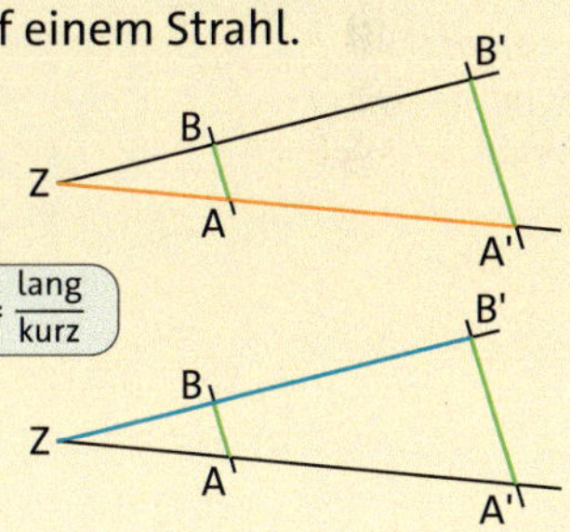

Beispiel 1
Wie lang ist die Strecke $x = \overline{ZA'}$?

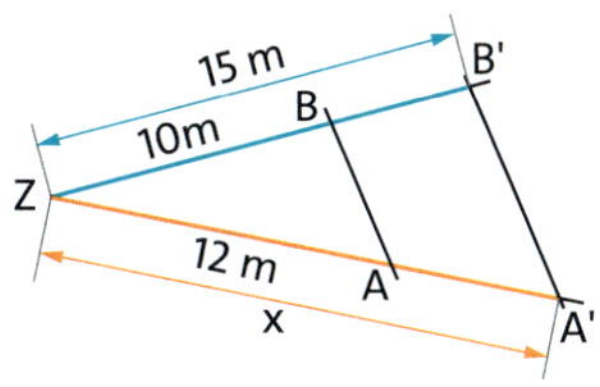

$$\frac{\overline{ZA'}}{\overline{ZA}} = \frac{\overline{ZB'}}{\overline{ZB}}$$

$$\frac{x}{12\,m} = \frac{15\,m}{10\,m} \quad |\cdot 12\,m$$

$$x = \frac{15\,m}{10\,m} \cdot 12\,m$$

$$x = \frac{15\,m \cdot 12\,m}{10\,m} = \frac{180\,m^2}{10\,m} = \underline{\underline{18\,m}}$$

Beispiel 2
Wie lang ist die Strecke $x = \overline{AB}$?

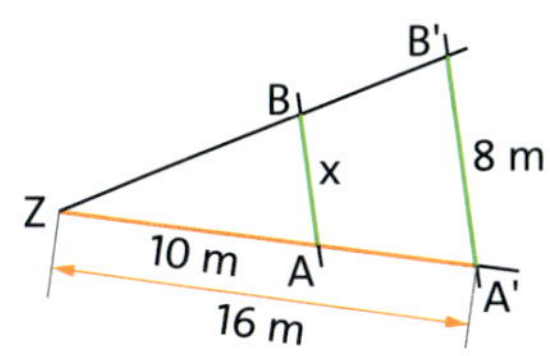

$$\frac{\overline{ZA'}}{\overline{ZA}} = \frac{\overline{A'B'}}{\overline{AB}}$$

$$\frac{16\,m}{10\,m} = \frac{8\,m}{x} \quad |\cdot x$$

$$\frac{16\,m}{10\,m} \cdot x = 8\,m \quad |\cdot 10\,m$$

$$16\,m \cdot x = 80\,m^2 \quad |:16\,m$$

$$x = \underline{\underline{5\,m}}$$

ANWENDEN

1 Zeige mit dem 1. Strahlensatz, dass sich die Abschnitte auf den Strahlen gleich zueinander verhalten.
Tipp $\frac{\overline{ZA'}}{\overline{ZA}} = \frac{\overline{ZB'}}{\overline{ZB}}$

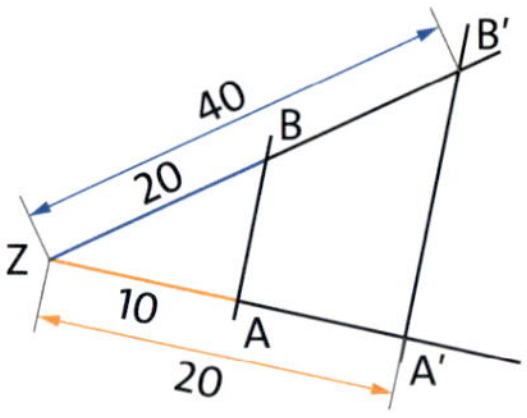

1 Zeige mit dem 1. Strahlensatz, dass sich die Abschnitte auf den Strahlen gleich zueinander verhalten.

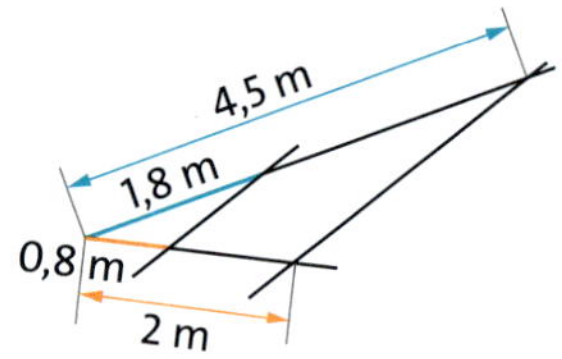

2 Berechne die Länge der Strecke x mit dem 1. Strahlensatz.

a)

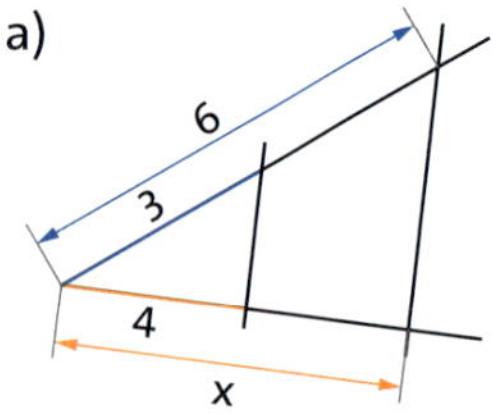

b)

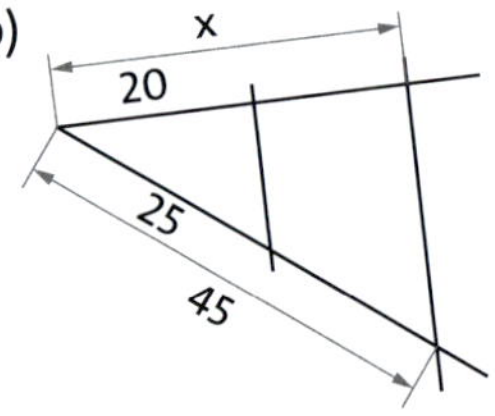

2 Berechne die Länge der Strecke x mit dem 1. Strahlensatz.

a)

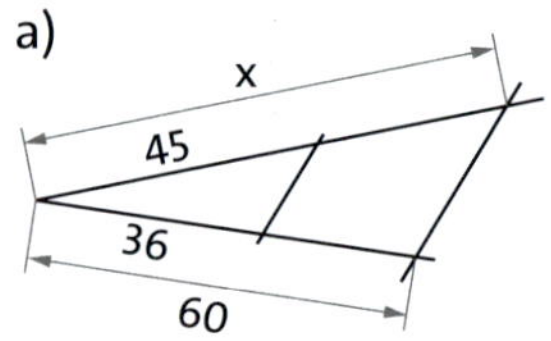

b)

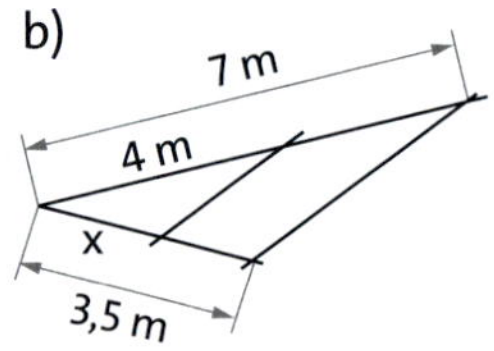

3 Berechne die Länge der Strecke x mit dem 2. Strahlensatz.

a)

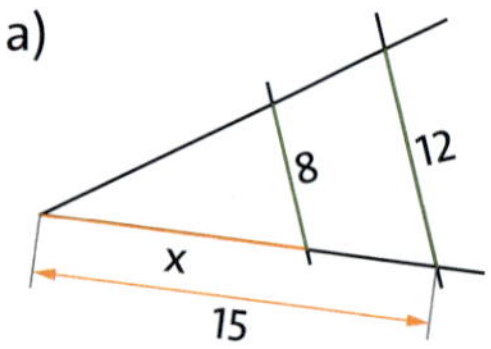

b)

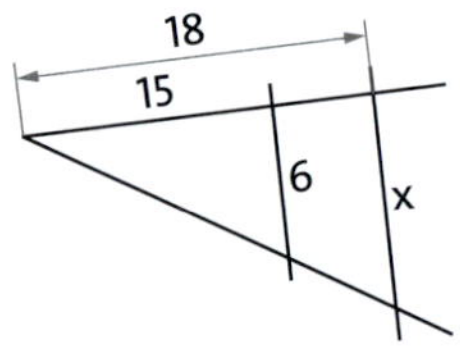

3 Berechne die Länge der Strecke x mit dem 2. Strahlensatz.

a)

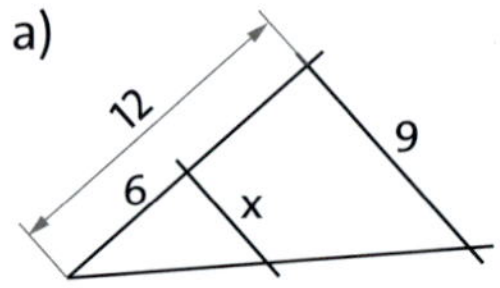

b)

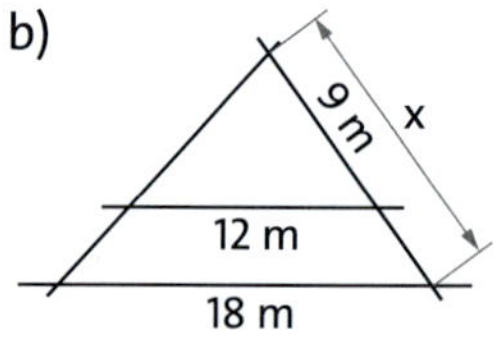

Hinweis
Wenn x im Nenner einer Gleichung steht, nennt man das eine Bruchgleichung.

4 Mario, Tina und Can haben die Länge von x unterschiedlich berechnet.

Mario

$\frac{10}{4} = \frac{15}{x}$ | $\cdot x$

$\frac{10x}{4} = 15$ | $\cdot 4$

$10x = 60$ | $: 10$

$x = 6$

Tina

$\frac{15}{x} = \frac{12{,}5}{5}$ | $\cdot x$

$15 = \frac{12{,}5x}{5}$ | $\cdot 5$

$75 = 12{,}5x$ | $: 12{,}5$

$6 = x$

Can

$\frac{x}{15} = \frac{4}{10}$ | $\cdot 15$

$x = \frac{4 \cdot 15}{10}$

$x = 6$

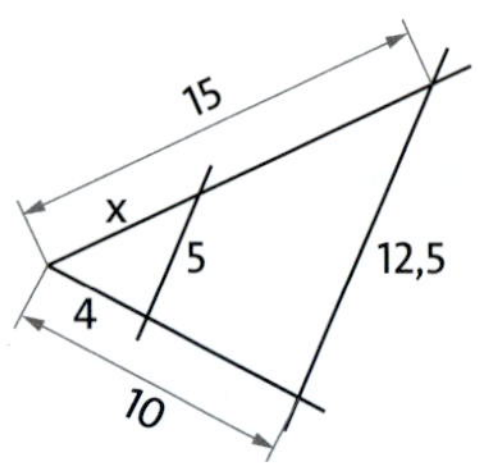

a) Beschreibe, welchen Strahlensatz sie jeweils benutzt haben.
b) Can sagt: „Ich schreibe die gesuchte Strecke x immer in den Zähler. Das ist einfacher." Was meint er damit? Erklärt.
c) Wie hättest du gerechnet? Begründe.

5 Wähle eine Gleichung und berechne die Länge der Strecke x.
Begründe deine Wahl.

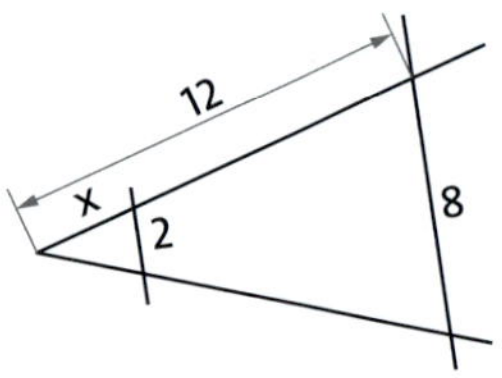

$\frac{x}{12} = \frac{2}{8}$

$\frac{8}{2} = \frac{12}{x}$

5 Wähle eine Gleichung und berechne die Länge der Strecke x.
Begründe deine Wahl.

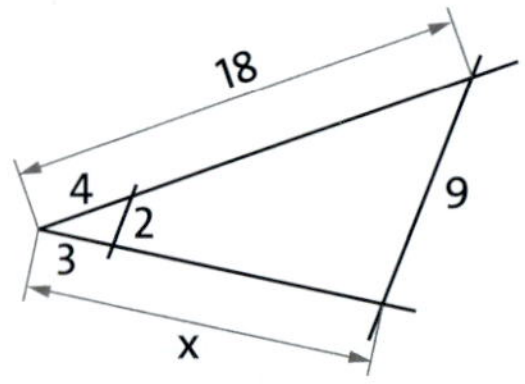

$\frac{2}{9} = \frac{3}{x}$

$\frac{3}{x} = \frac{4}{18}$

$\frac{x}{3} = \frac{18}{4}$

6 Anna-Lena ist im Freibad. Sie sieht in 10 m Entfernung den Bademeister auf einem 2,5 m hohen Stuhl. Dahinter steht ein Sprungturm. Der Sprungturm ist 30 m von Anna-Lena entfernt.

a) Welche Skizze passt zur Aufgabe?

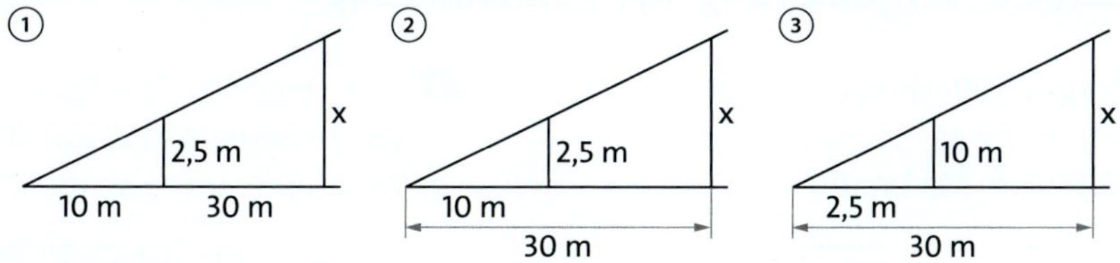

b) Welcher Strahlensatz muss zur Berechnung der Länge von x benutzt werden?

c) Berechne die Höhe des Sprungturms.

7 Über dem See soll eine weitere Brücke gebaut werden.
Berechne mit dem 2. Strahlensatz die Breite der Brücke.

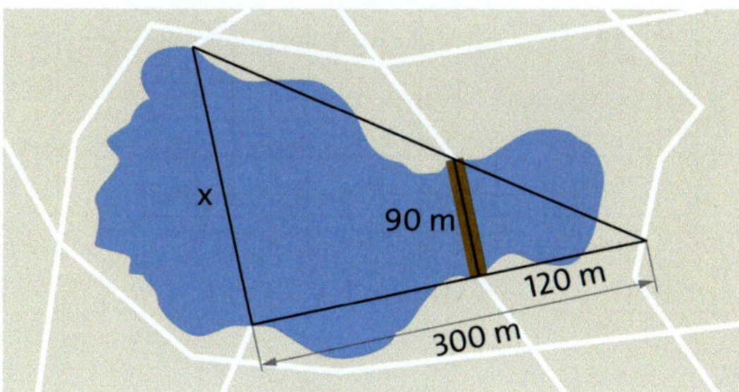

7 Der Schatten einer Puppe wird mit einem Projektor auf einer Leinwand abgebildet. Berechne die Entfernung von der Leinwand zum Projektor.

Tipp Benutze den 2. Strahlensatz.

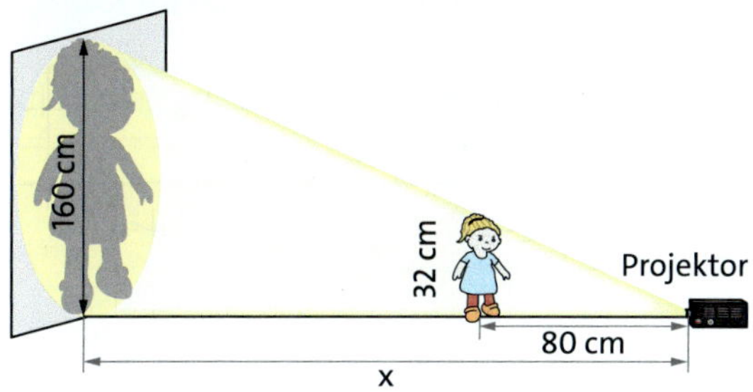

Hinweis
Zähler und Nenner können auch auf beiden Seiten vertauscht werden.

Info Strahlensätze an einer Geradenkreuzung

Die Strahlensätze gelten auch für Geradenkreuzungen. Dabei liegen sich die zwei ähnlichen Dreiecke gegenüber.
Es gilt:

$\frac{\overline{ZA'}}{\overline{ZA}} = \frac{\overline{ZB'}}{\overline{ZB}}$ oder $\frac{\overline{ZA}}{\overline{AA'}} = \frac{\overline{ZB}}{\overline{BB'}}$

und

$\frac{\overline{ZA'}}{\overline{ZA}} = \frac{\overline{A'B'}}{\overline{AB}}$ oder $\frac{\overline{ZB'}}{\overline{ZB}} = \frac{\overline{A'B'}}{\overline{AB}}$

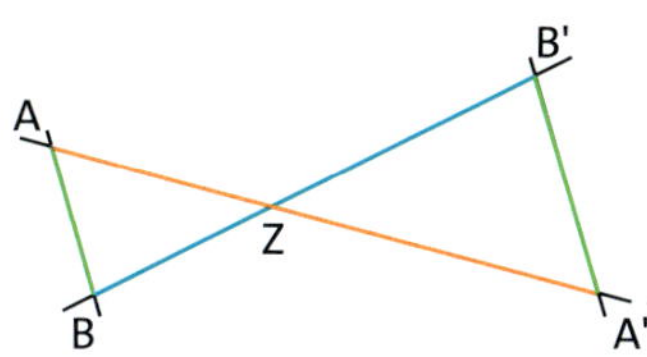

8 Berechne die Länge der Strecke x.

a)

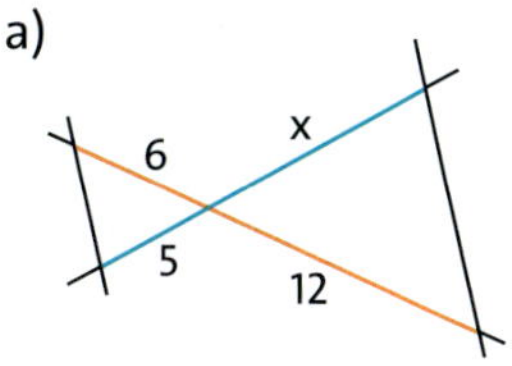

b)

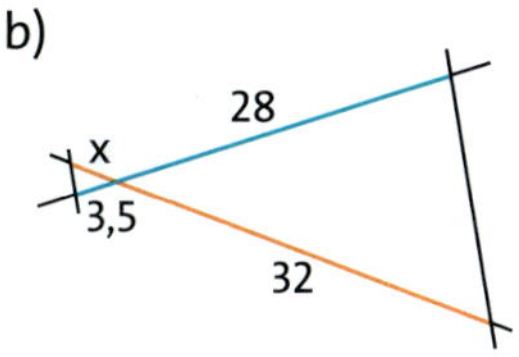

c)

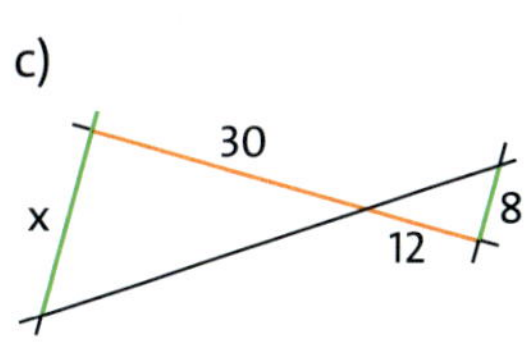

d)

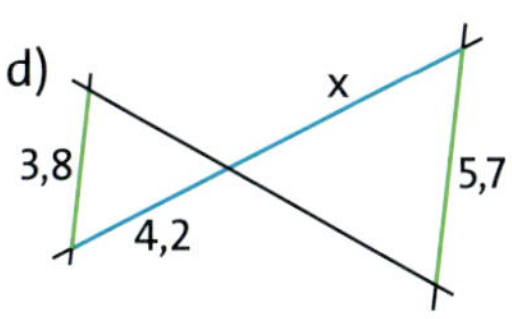

9 Berechne die Länge der Strecke x.

a)

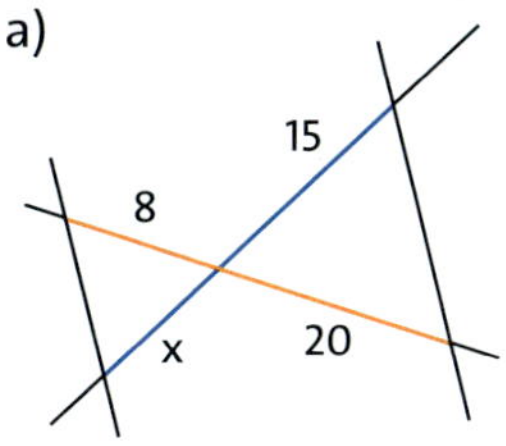

b)

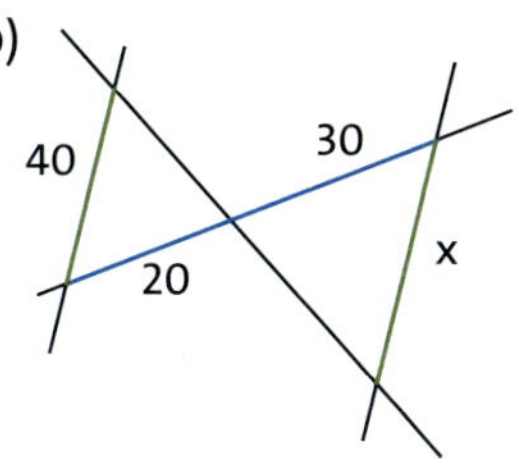

9 Berechne die Länge der Strecke x.

a)

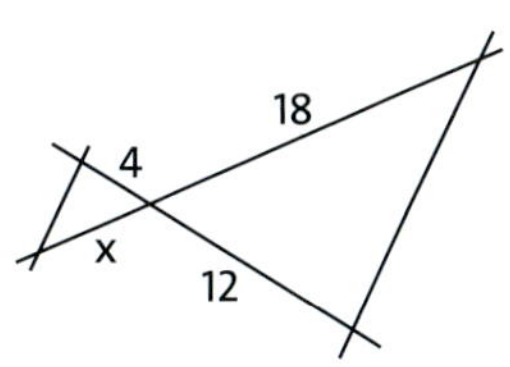

b)

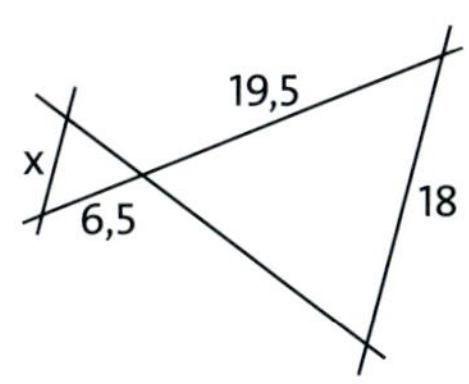

Klar soweit?

→ Seite 92

Maßstäbliche Vergrößerung und Verkleinerung

1 Übertrage das Rechteck ins Heft.
a) Verkleinere im Maßstab 1 : 2.
b) Vergrößere im Maßstab 2 : 1.

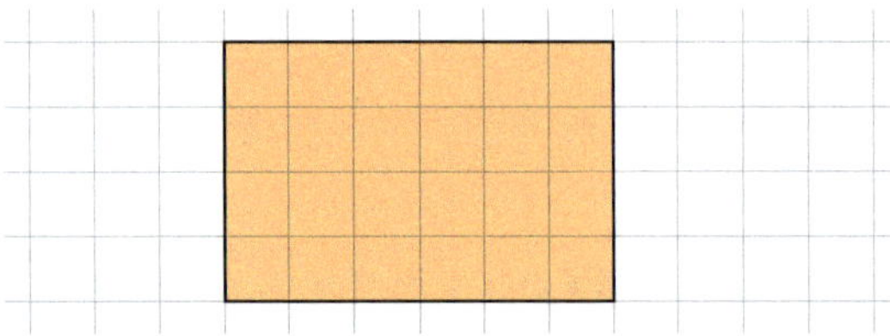

1 Übertrage das Parallelogramm ins Heft.
a) Verkleinere im Maßstab 1 : 2.
b) Vergrößere im Maßstab 3 : 1.

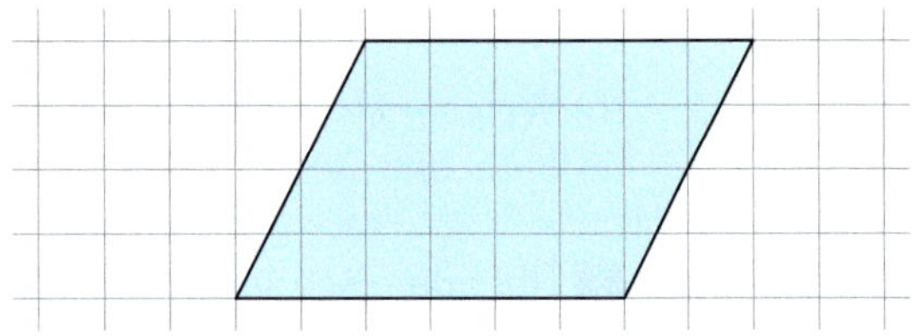

2 Die Figur ist maßstäblich vergrößert oder verkleinert.
a) Gib den Streckfaktor k an.
Tipp $k = \frac{\text{Länge im Bild}}{\text{Länge im Original}} = \frac{a'}{a}$
b) Berechne die Länge der Seite b'.

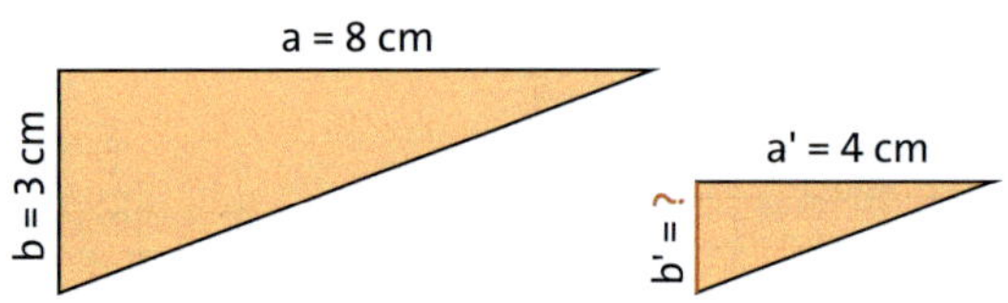

2 Die Figur ist maßstäblich vergrößert oder verkleinert.
a) Gib den Streckfaktor k an.
Tipp $k = \frac{\text{Länge im Bild}}{\text{Länge im Original}} = \frac{a'}{a}$
b) Berechne die Länge der Seite b'.

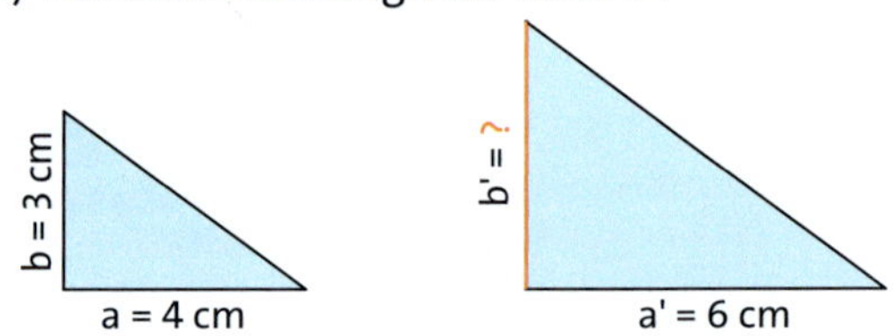

→ Seite 95

+ Zentrische Streckung

3 Übertrage ins Heft. Strecke das Quadrat ABCD vom Streckzentrum Z aus mit k = 2.

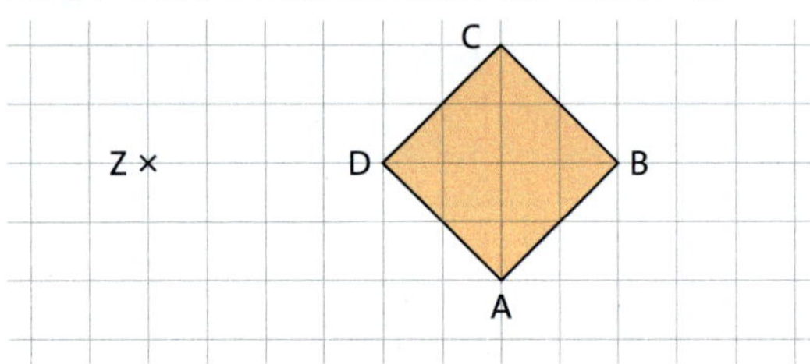

3 Übertrage ins Heft. Strecke das Rechteck ABCD vom Streckzentrum Z aus mit k = 2.

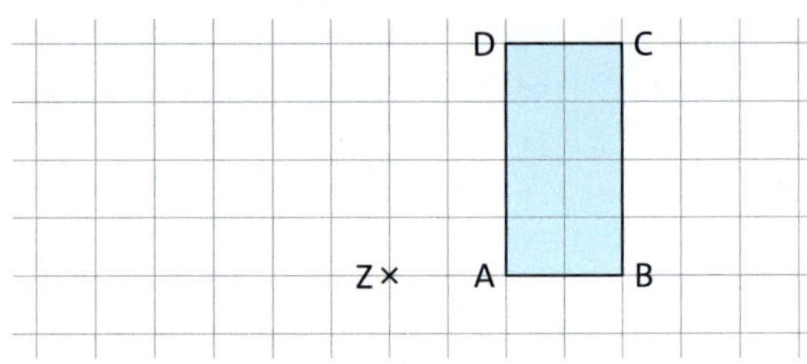

4 Das Dreieck wurde von Z aus gestreckt. Übertrage ins Heft. Bestimme das Streckzentrum Z und den Streckfaktor k.

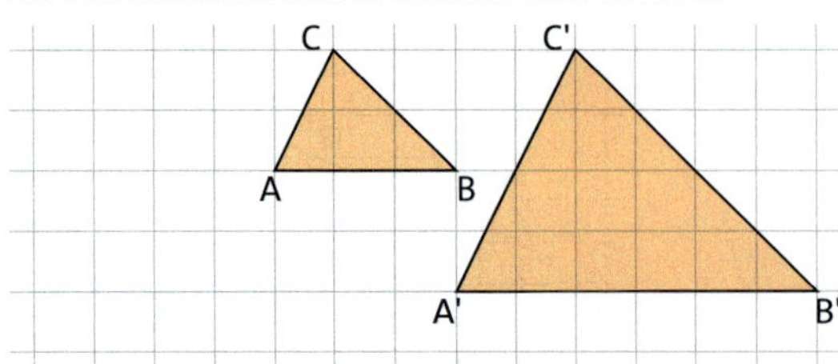

4 Die Figur wurde von Z aus gestreckt. Übertrage ins Heft. Bestimme das Streckzentrum Z und den Streckfaktor k.

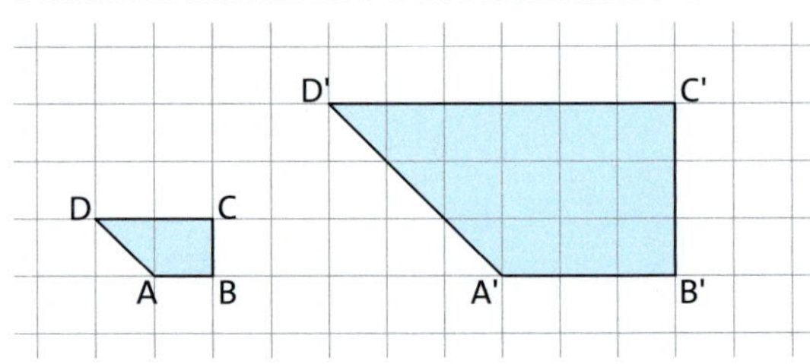

→ Seite 102

Ähnliche Figuren untersuchen

5 Sind die Dreiecke ähnlich zueinander?
Tipp Achte auf die Winkel und das Verhältnis der Seitenlängen.

a)
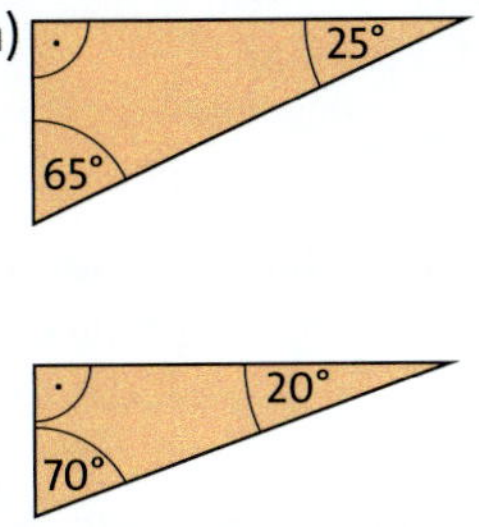

b)
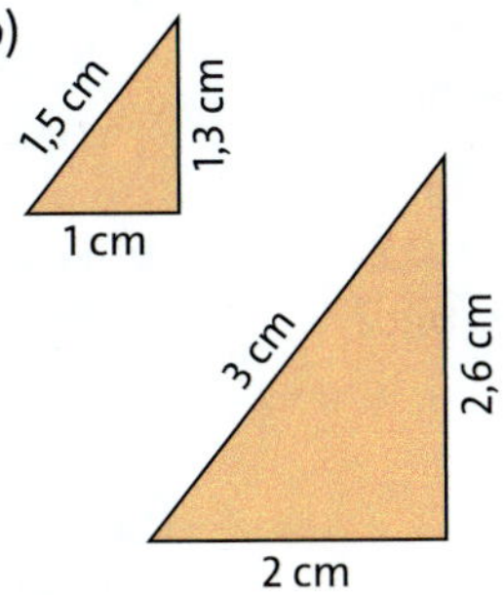

5 Sind die Figuren ähnlich zueinander? Begründe.
Tipp Achte auf die Winkel und die Seiten.

a)
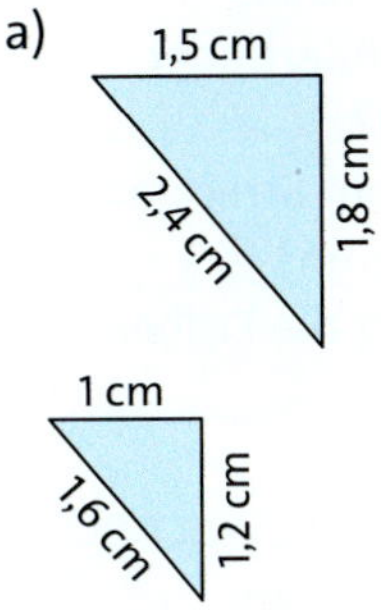

b)
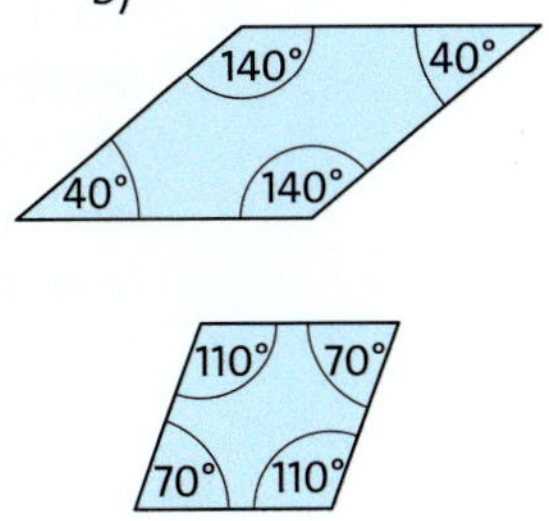

6 Berechne die fehlende Seitenlänge der zueinander ähnlichen Rechtecke.
Gib den Streckfaktor k an.
a) a = 8 cm; b = 4 cm; a′ = 2 cm; b′ = ▢
b) a = 4 mm; b = 6 mm; a′ = ▢; b′ = 9 mm

6 Berechne die fehlende Seitenlänge der zueinander ähnlichen Rechtecke.
Gib den Streckfaktor k an.
a) a = 6 cm; b = 1,5 cm; a′ = 2 cm; b′ = ▢
b) a = 1,2 mm; b = 3,5 mm; a′ = ▢; b′ = 14 mm

→ Seite 105

Strahlensätze

7 Berechne die Länge der Strecke x.

a)
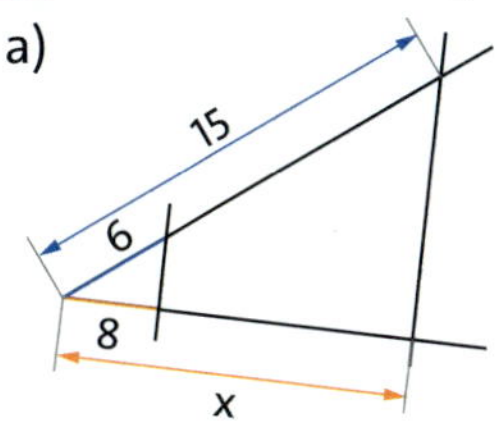

b)
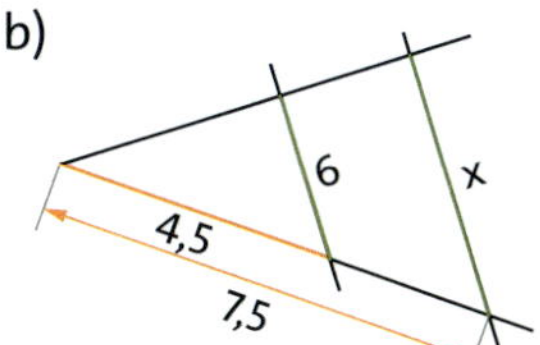

7 Berechne die Länge der Strecke x.

a)
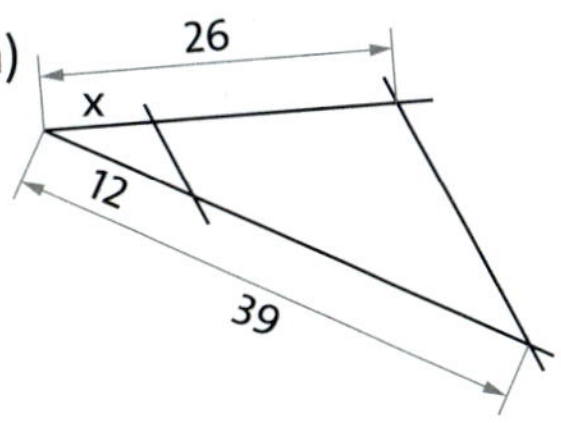

b)
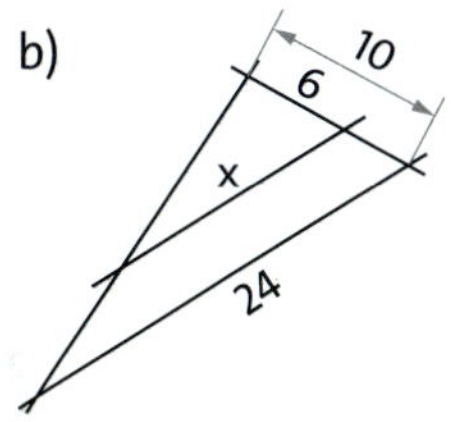

8 Jonas ist 1,70 m groß. Sein eigener Schatten ist 2,60 m lang. Der Schatten des Baums ist 6,50 m lang. Jonas steht so, dass der Schatten des Baums und sein eigener übereinander liegen.
a) Zeichne die Skizze mit den Angaben ins Heft.
b) Welchen Strahlensatz muss man benutzen, um die Höhe des Baums zu errechnen?
c) Berechne die Höhe des Baums.

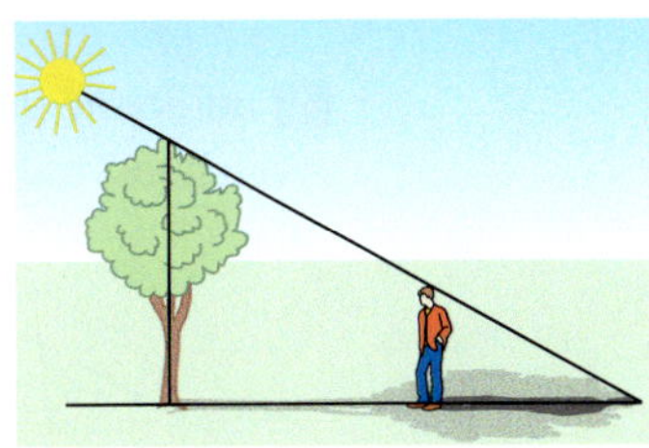

9 Berechne die Länge der Strecke x.

a)
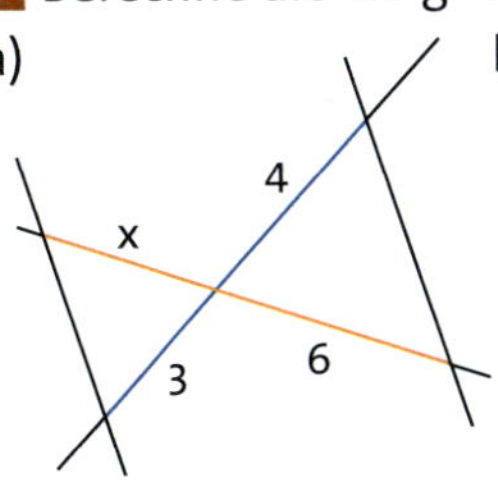

b)
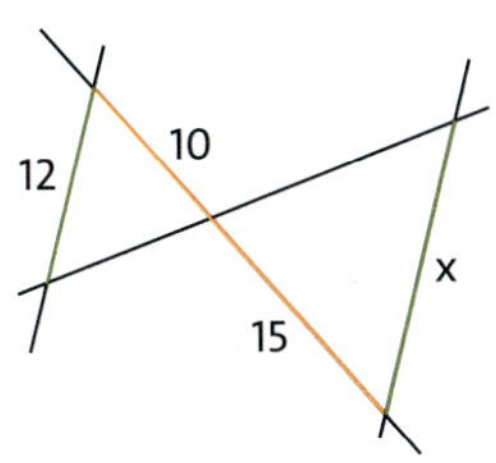

9 Berechne die Längen der Strecken x.

a)
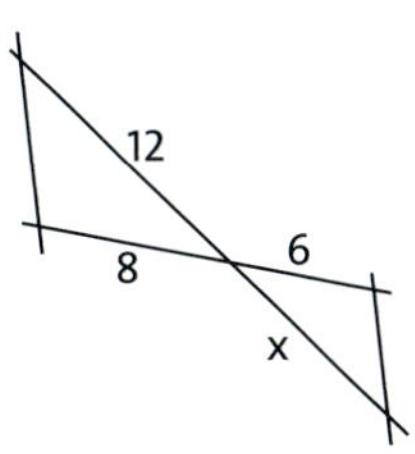

b)
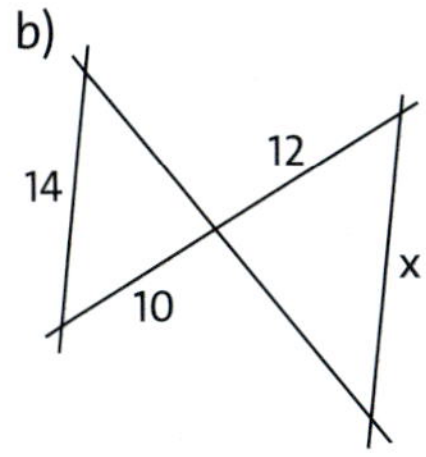

→ Lösungen ab S. 255

Vermischte Übungen

Anwenden

1 Die Erdbeere soll im Maßstab 1 : 5 abgebildet werden.

a) Wird vergrößert oder verkleinert?
b) Mit welchem Streckfaktor musst du multiplizieren? ① k = 5 oder ② k = 0,2
c) Wie lang ist die Erdbeere dann im Bild?
Tipp 30 mm · k

1 Die Kröte soll im Maßstab 1 : 4 abgebildet werden.

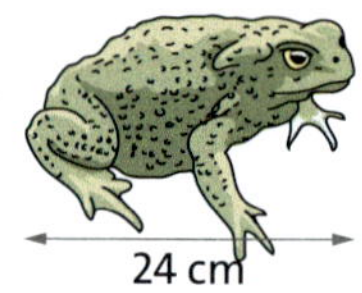

a) Gib den Streckfaktor k an.
Tipp $k = \frac{\text{Länge im Bild}}{\text{Länge im Original}}$
b) Wie lang ist die Kröte dann im Bild?
Tipp Länge im Original · k

2 Zeichne das Dreieck ABC in ein Koordinatensystem:
A(1 | 5), B(1 | 1), C(5 | 1).
a) Strecke von Z(0 | 0) aus mit k = 2.
b) Gib die Koordinaten der Bildpunkte A′, B′ und C′ an.

2 Zeichne das Dreieck ABC in ein Koordinatensystem:
A(5 | 3), B(6 | 6), C(3 | 7).
a) Strecke von Z(8 | 8) aus mit k = 1,5.
b) Gib die Koordinaten der Bildpunkte A′, B′ und C′ an.

3 Hier sind immer zwei Figuren ähnlich zueinander.
a) Übertrage die Figuren ins Heft. Markiere die zueinander ähnlichen Figuren in derselben Farbe.
b) Begründe jeweils, warum die Figuren ähnlich zueinander sind.
c) Bestimme jeweils bei den zueinander ähnlichen Figuren den Streckfaktor k.

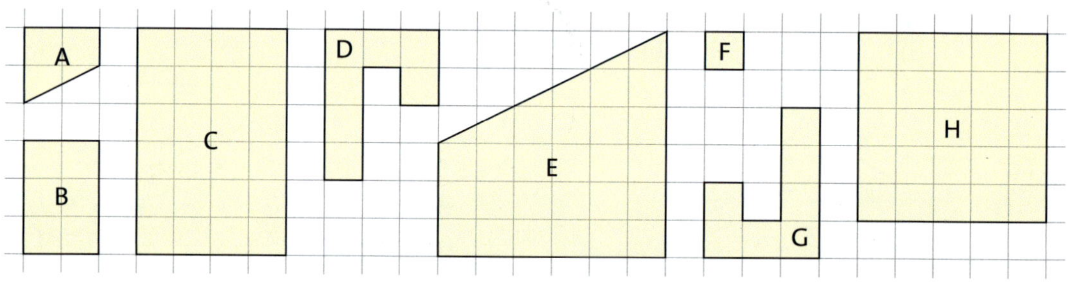

4 Berechne die Länge der Strecke x.
Welchen Strahlensatz hast du benutzt?

a)

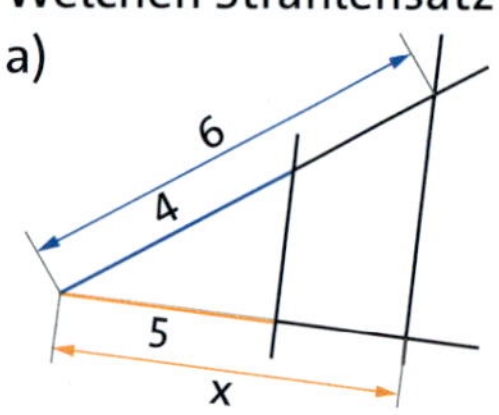

b)

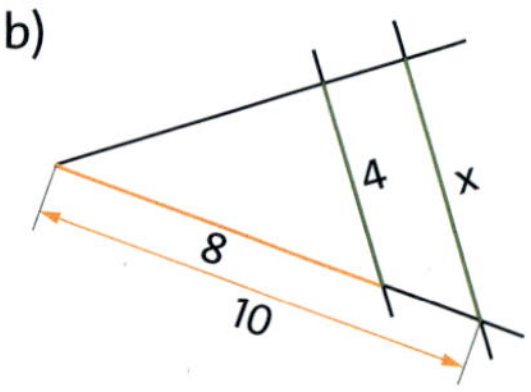

4 Berechne die Länge der Strecken x und y.
Welche Strahlensätze hast du benutzt?

a)

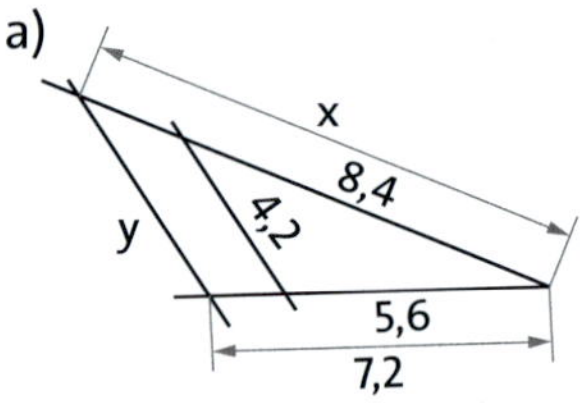

b)

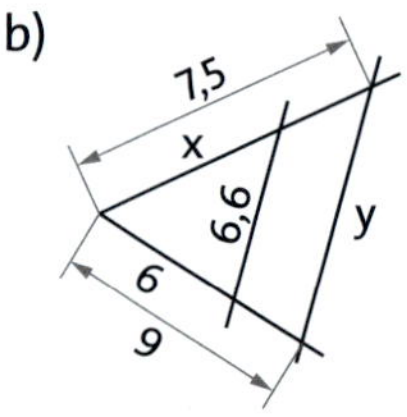

5 Berechne die Längen der Strecken x und y.

a)

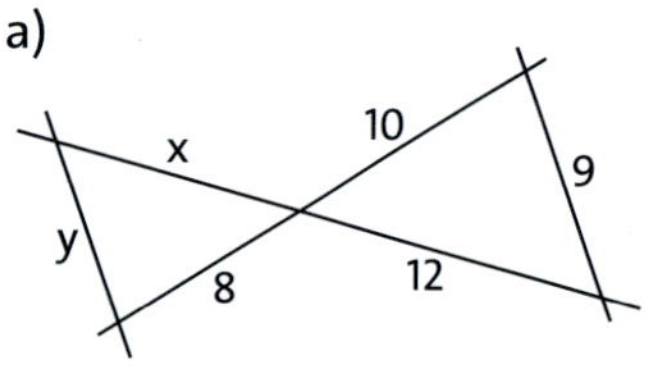

b)

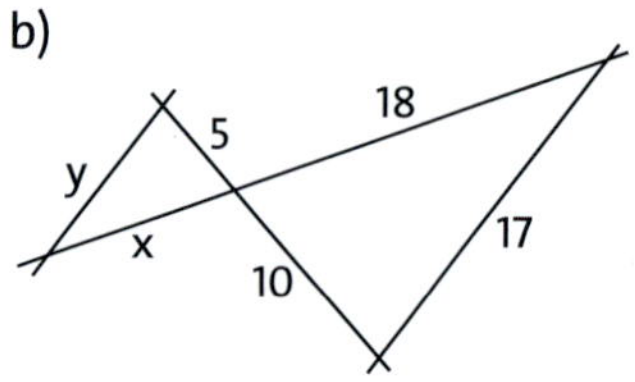

c)

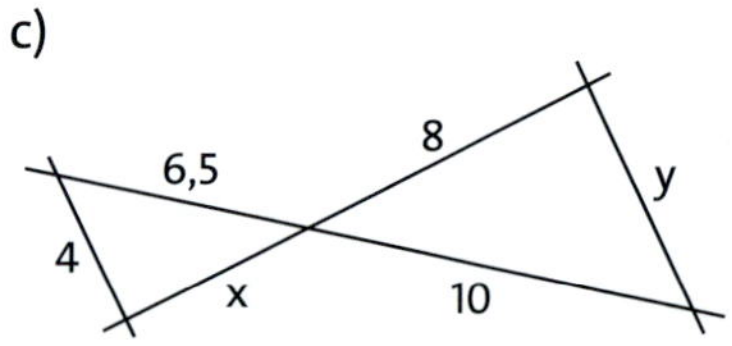

6 Übertrage das Dreieck ins Heft. Strecke von Z aus mit dem Streckfaktor k.
a) k = 2
b) k = 0,5
c) k = 3

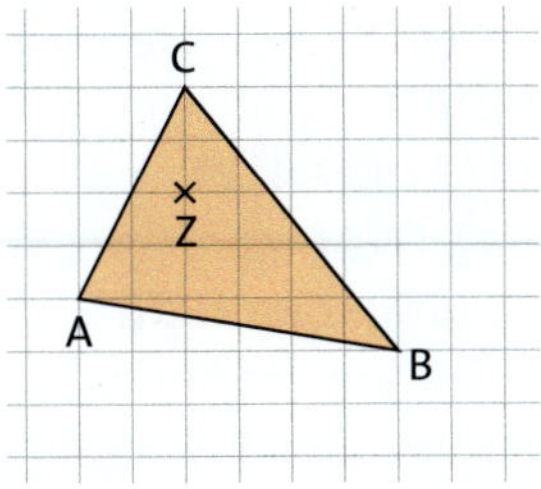

+ **6** Übertrage das Viereck ins Heft. Strecke von Z aus mit dem Streckfaktor k.
a) k = 3
b) k = 0,5
c) k = 2,5

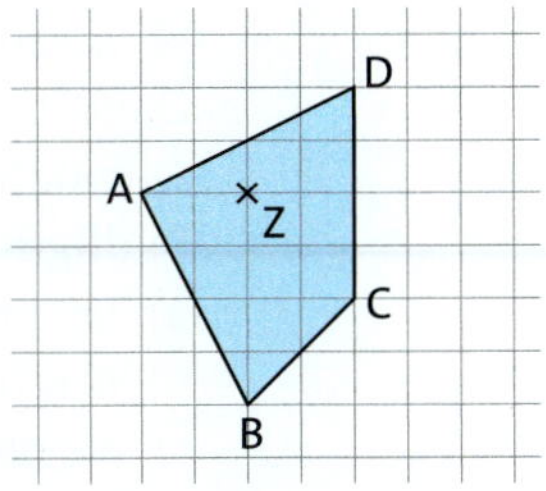

Zum Weiterarbeiten
Berechne jeweils den Flächeninhalt des Rechtecks.

7 Ergänze die Tabelle im Heft.

	Streckfaktor k	Länge im Original	Länge im Bild
a)	4	12 cm	
b)		5 cm	1 cm
c)	0,5		3,5 cm
d)		6,4 cm	16 cm

7 Die Rechtecke sind ähnlich zueinander. Ergänze die Tabelle im Heft.

	k	a	b	a'	b'
a)	3	4 cm	2 cm		
b)		8 cm	1 cm	12 cm	
c)	0,6	25 m			7,2 m
d)		4,2 dm	1,2 dm		6 dm

8 Der See ist im Maßstab 1 : 100 000 verkleinert.

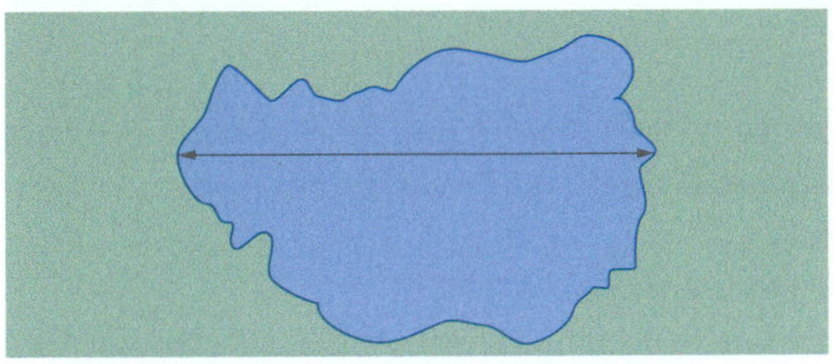

a) Miss die Breite des Sees in der Zeichnung.
b) Wie breit ist der See in Wirklichkeit in km?
Tipp ▢ cm · 100 000 = ▢ cm = ▢ km
c) Dunja wohnt 2 km vom See entfernt. Wie weit wäre das auf der Karte?
Tipp Rechne erst 2 km in cm um.

8 Der See ist im Maßstab 1 : 200 000 verkleinert.

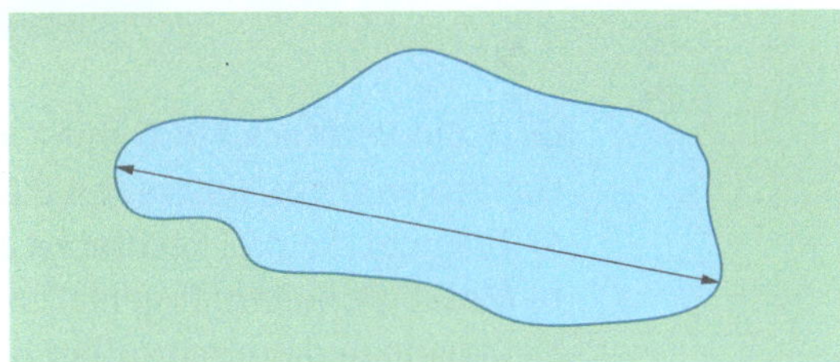

a) Miss die Breite des Sees an seiner breitesten Stelle in der Zeichnung.
b) Gib die Breite des Sees in Wirklichkeit in km an.
c) Ayse läuft in Wirklichkeit 8 km zum See. Wie lang wäre der Weg auf der Karte?

9 Die Bildfigur ist durch eine zentrische Streckung der Originalfigur entstanden.
a) Zeichne die beiden Figuren ins Heft.
b) Ermittle das Streckzentrum Z.
Tipp Verbinde die Bildpunkte mit den Originalpunkten.
c) Gib den Streckfaktor k an.

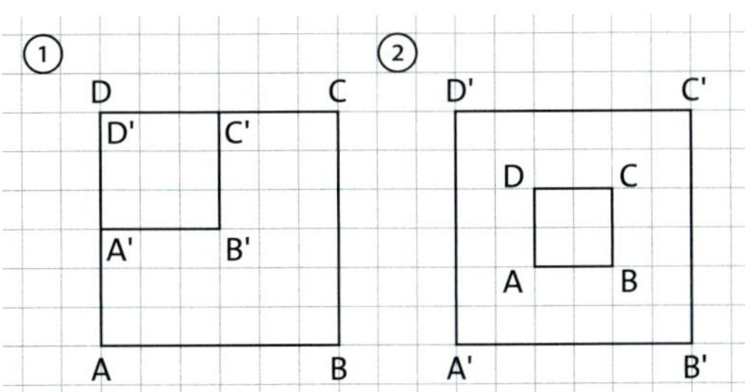

+ **9** Die Bildfigur ist durch eine zentrische Streckung der Originalfigur entstanden.
a) Zeichne die beiden Figuren ins Heft.
b) Ermittle das Streckzentrum Z.
c) Gib den Streckfaktor k an.
d) Begründe, warum die Figuren ähnlich zueinander sind.

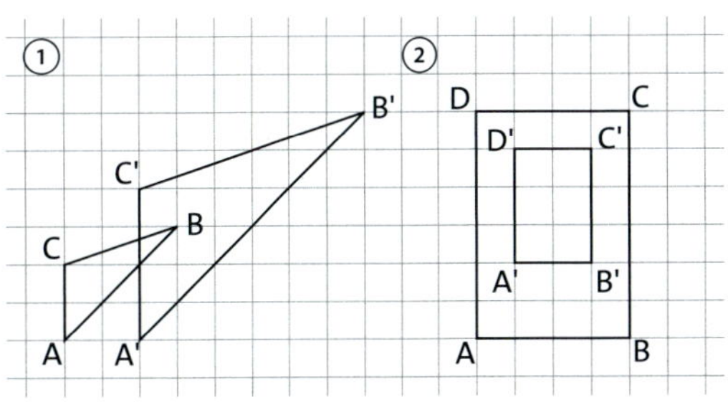

Vertiefen

10 Susanna hat ein Parallelogramm in ein Koordinatensystem gezeichnet und gestreckt.
Dabei hat sie aber einen Fehler gemacht.
Originalfigur: A(−6 | −2), B(2 | −2), C(4 | 2), D(−4 | 2)
Bildfigur: *A′(−1 | −6), B′(2 | −6), C′(4 | −4), D′(0 | −4)*

a) Zeichne die Originalfigur und die Bildfigur ins Heft.
b) Was hat Susanna falsch gemacht? Erkläre den Fehler.
c) Welcher Punkt muss verändert werden, damit es stimmt? Gib die richtige Koordinate an.
d) Bestimme den Streckfaktor k.

11 Wie weit ist das Schiff vom Leuchtturm entfernt?
Tipp Berechne erst die Entfernung vom Mädchen zum Schiff.

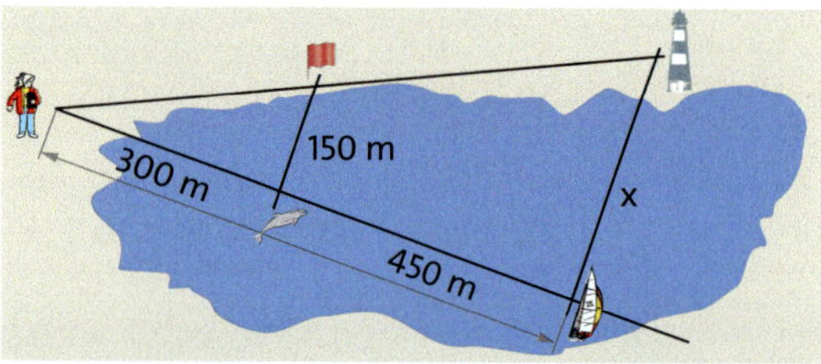

+11 Jonathan fährt mit dem Rad zu Luca und dann zu Nick.
Zusammen fahren sie zum Wald.
Wie lang ist die Strecke durch den Wald?

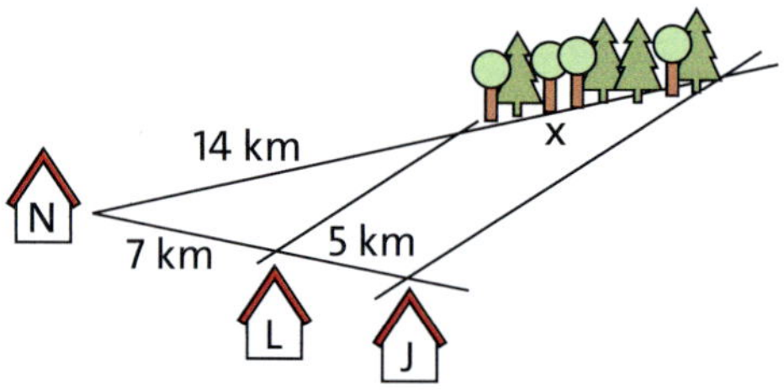

12 Ein Rechteck ABCD mit a = 6 cm und b = 8 cm wird erst im Maßstab 2 : 1 vergrößert.
Danach wird das Rechteck A′B′C′D′ nochmal mit k = 0,75 verkleinert.
a) Zeichnet die drei Rechtecke ins Heft.
b) Messt die Seitenlängen a″ und b″ beim Rechteck A″B″C″D″.
c) Maxine und Konrad sollen bestimmen, in welchem Maßstab das Rechteck ABCD zum Rechteck A″B″C″D″ abgebildet wurde.
Rechnet einmal wie Maxine und einmal wie Konrad.
Was findet ihr einfacher?
Begründet.

13 Vergrößere ein Quadrat mit a = 4 cm mit dem Streckfaktor k = 2.
a) Berechne den Flächeninhalt der Originalfigur und der Bildfigur.
Tipp $A = a^2$ oder $A = a \cdot a$
b) Berechne den Flächeninhalt, wenn gilt:
① k = 0,5 ② k = 3
c) Vergleicht jeweils den Streckfaktor mit dem Flächeninhalt.

13 Vergrößere ein Rechteck mit a = 5 cm und b = 4 cm mit dem Streckfaktor k = 2.
a) Berechne den Flächeninhalt der Originalfigur und der Bildfigur.
b) Berechne den Flächeninhalt, wenn gilt:
① k = 3 ② k = 0,5 ③ k = 5
c) Vergleicht jeweils den Streckfaktor mit dem Flächeninhalt.
Was stellt ihr fest?

Hinweis
Der Maßstab 2 : 3 bedeutet: 2 cm im Bild sind 3 cm im Original.

14 Konstruiere mit einer DGS das Viereck ABCD in einem Koordinatensystem:
A(3 | 6), B(0 | 0), C(12 | 3), D(6 | 9).
① Markiere den Bildpunkt A′(−3 | −6).
② Verkleinere das Viereck ABCD im Maßstab 2 : 3 und beschreibe dein Vorgehen.
③ Verschiebe das Viereck A′B′C′D′ 3 Einheiten nach rechts.
④ Spiegle das Viereck A″B″C″D″ an der x-Achse. Gib die Koordinaten A‴, B‴, C‴ und D‴ an.
⑤ Ist das Viereck ABCD ähnlich zu dem Viereck A‴B‴C‴D‴? Begründe.

Weiterdenken

Hinweis
Weitere Informationen findest du im Internet oder bei einer Berufsberatung.

Beruf Foto- und medientechnische/r Assistent/in

Ausbildungsdauer: 2 Jahre
Häufige Tätigkeiten:
- Bilder, Grafiken usw. erstellen und bearbeiten
- Audio-, Video- und Bildmaterial digital und analog bearbeiten
- Im Fotolabor Anlagen der Foto- und Medientechnik installieren und bedienen
- Kunden beraten und bedienen

Für den Beruf als Foto- und medientechnische/r Assistent/in sollte man den Umgang mit Technik und Computern mögen. Ebenso sollte man Kreativität und Sorgfalt mitbringen.

15 Ira hat mit einem Bildbearbeitungsprogramm eine Aufnahme bearbeitet.

a) Was hat Ira bei den Bildern ①, ② und ③ mit dem Original gemacht? Beschreibe.

Original

①

②

③

b) Welches Bild zeigt eine maßstäbliche Veränderung zum Original?

16 Oles Fernseher ist 52,3 cm hoch und 93 cm breit.
Ole überträgt Fotos im Format 10 cm × 15 cm auf seinen Fernseher und sagt: „Das sieht ja verzerrt aus!"
Erkläre, was er meint und begründe.

Hinweis
Der Bildsensor einer Kamera erzeugt das digitale Bild.

17 Oliver arbeitet mit einer Spiegelreflexkamera.
Diese Kamera hat einen Bildsensor von 22 mm × 15 mm.
Oliver entwickelt seine Bilder in der Größe 15,4 cm × 10,5 cm.

a) Gib den Streckfaktor k an.

b) Kann er seine Bilder auch in der Größe 24,2 cm × 19,5 cm entwickeln? Diskutiert, welche Möglichkeiten es gibt.

18 In einem Fotogeschäft lassen Kunden ihre Bilder ausdrucken, vergrößern oder verkleinern.

a) Lisas Bild hat die Größe 13 cm × 18 cm. Sie möchte das Bild gerne als Poster in ihr Zimmer hängen. Dafür soll das Bild mit dem Maßstab 13 : 2 vergrößert werden. Wie groß ist das Poster dann?

b) Alessandro hat ein Bild mit den Maßen 20 cm × 24 cm. Er hat aber nur einen Bilderrahmen mit den Maßen 15 cm × 18 cm. Berechne den Streckfaktor k, mit dem das Foto verkleinert werden muss.

Hinweis
0,1 = 10 %

19 In der Fotografie wird der Maßstab auch als Skalierungsfaktor in Prozent angegeben.
Ordne den Maßstab, den Streckfaktor k und den Skalierungsfaktor zu.

① Das Bild wird auf das 1,6-Fache vergrößert.
② Das Bild wird auf ein Fünftel verkleinert.

16 : 1 | 16 | 5 : 1 | 160 % | 0,2 | 1 : 5 | 50 % | 16 % | 1,6 | 20 % | 8 : 5

Zusammenfassung

→ Seite 92

Maßstäbliche Vergrößerung und Verkleinerung

Der **Maßstab** gibt das Verhältnis zwischen dem Bild und dem Original an.
Alle Längen werden mit demselben **Streckfaktor k** multipliziert: $k = \frac{\text{Länge im Bild}}{\text{Länge im Original}}$
Die Winkel bleiben gleich groß.

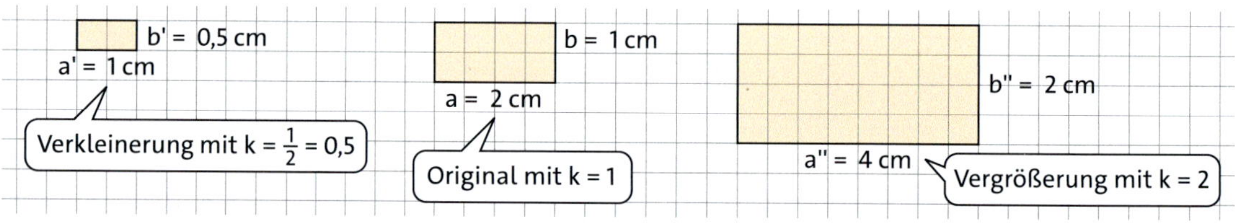

→ Seite 95

Zentrische Streckung (fakultativ)

Eine **zentrische Streckung** ist eine Vergrößerung oder Verkleinerung mit einem **Streckzentrum Z** und einem vorgegebenen **Streckfaktor k**.

Miss zuerst die Länge von Z zum Originalpunkt.
Multipliziere dann mit dem Streckfaktor k.
Nun erhält man die Länge von Z zum Bildpunkt.

Originalpunkt und Bildpunkt liegen auf einer Geraden durch das Streckzentrum Z.
Die Winkelgrößen der Figuren bleiben gleich.

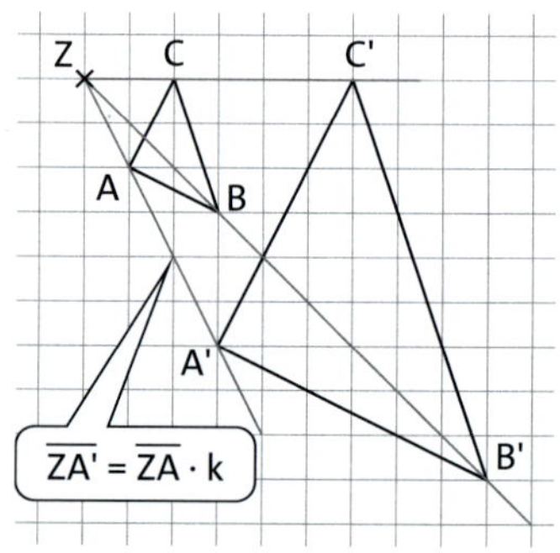

→ Seite 102

Ähnliche Figuren untersuchen

Zwei Figuren sind **ähnlich zueinander**, wenn die Originalwinkel und Bildwinkel gleich groß sind und die Verhältnisse der Seitenlängen gleich sind.

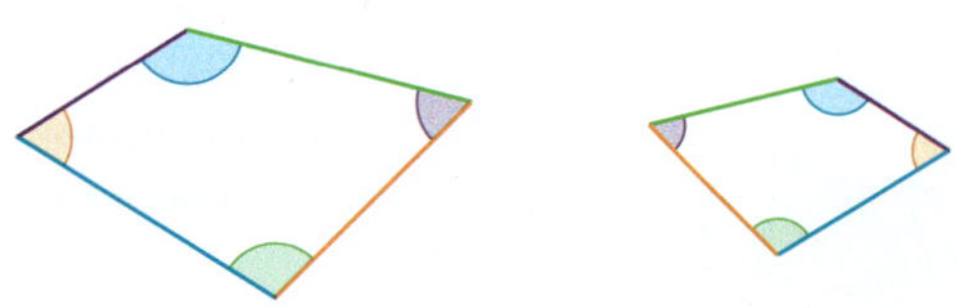

→ Seite 105

Strahlensätze (fakultativ für NRW)

1. Strahlensatz Die Abschnitte auf dem einen Strahl verhalten sich zueinander wie die Abschnitte auf dem anderen Strahl.

Es gilt:

$\frac{\overline{ZA'}}{\overline{ZA}} = \frac{\overline{ZB'}}{\overline{ZB}}$

$\frac{\text{lang}}{\text{kurz}} = \frac{\text{lang}}{\text{kurz}}$

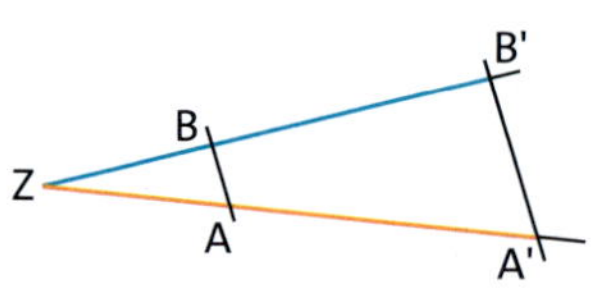

2. Strahlensatz Die Abschnitte auf den Parallelen verhalten sich zueinander wie die Abschnitte auf einem Strahl.

Es gilt:

$\frac{\overline{ZA'}}{\overline{ZA}} = \frac{\overline{A'B'}}{\overline{AB}}$

und

$\frac{\overline{ZB'}}{\overline{ZB}} = \frac{\overline{A'B'}}{\overline{AB}}$

$\frac{\text{lang}}{\text{kurz}} = \frac{\text{lang}}{\text{kurz}}$

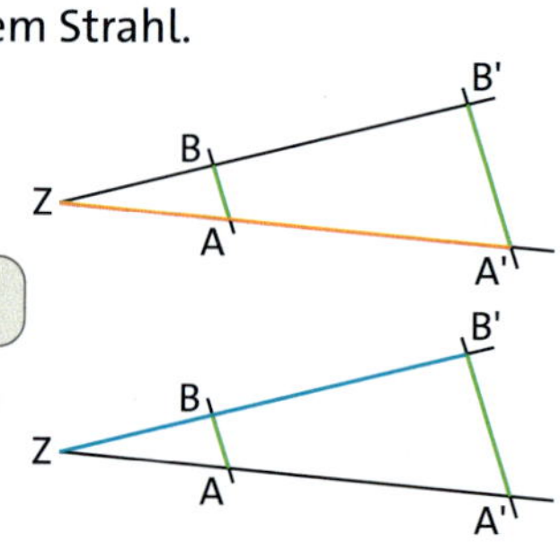

Teste dich!

1 Übertrage und ergänze die Tabelle im Heft.

	Maßstab	Streckfaktor k	Länge im Original	Länge im Bild
a)	2 : 1		3,5 cm	
b)	4 : 1			9 cm
c)	1 : 2		14 cm	

2 Übertrage ins Heft.
Strecke von Z aus mit k = 3.

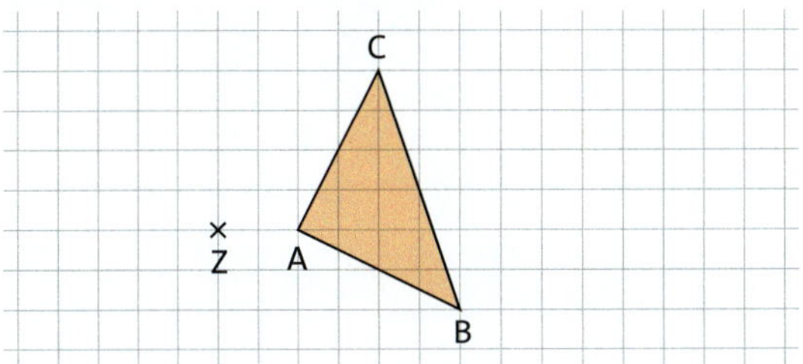

3 Begründe, ob die Figuren ähnlich zueinander sind.
Tipp Achte auf die Winkel und das Verhältnis der Seitenlängen.

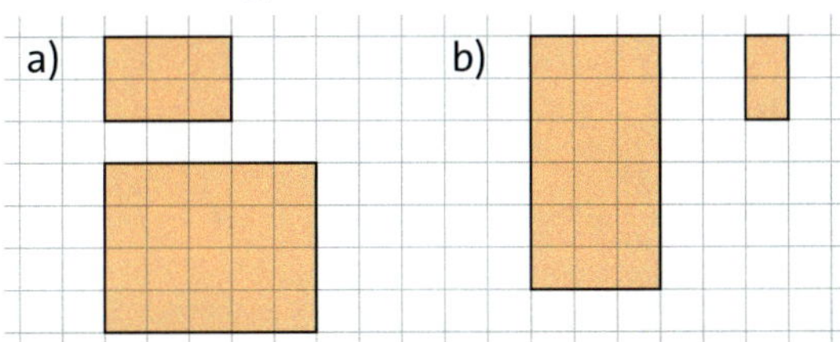

4 Berechne die Höhe des Baums.
Tipp Nutze den 2. Strahlensatz.

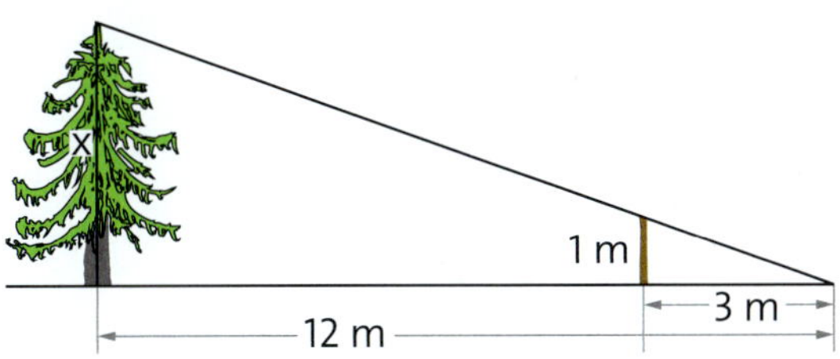

5 Richtig oder falsch? Begründe.
a) Bei einem Maßstab von 1 : 3 ist das Bild in dreifacher Vergrößerung abgebildet.
b) Alle Quadrate sind ähnlich zueinander.
c) Beim Streckfaktor k = 2 wird die Figur verkleinert.

→ *Lösungen ab S. 256*

1 Übertrage und ergänze die Tabelle im Heft.

	Maßstab	Streckfaktor k	Länge im Original	Länge im Bild
a)	1 : 10		23 cm	
b)	1 : 6			0,5 cm
c)			8 cm	12 cm

+ **2** Übertrage ins Heft.
Strecke von Z aus mit k = 0,5.

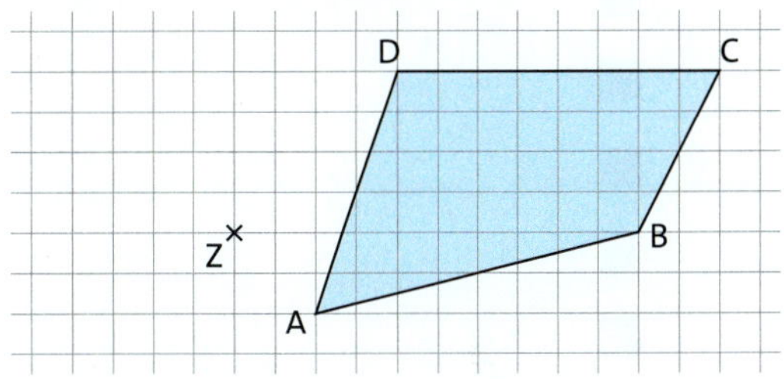

3 Begründe, ob die Figuren ähnlich zueinander sind.
Tipp Achte auf die Winkel und die Seiten.

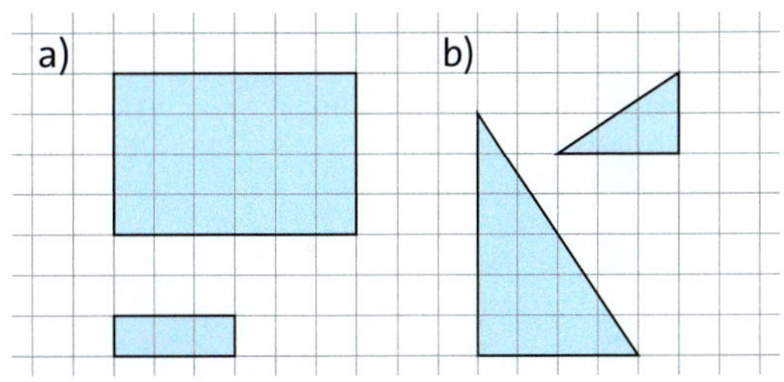

+ **4** Berechne die Höhe des Turms.
Welchen Strahlensatz nutzt du?

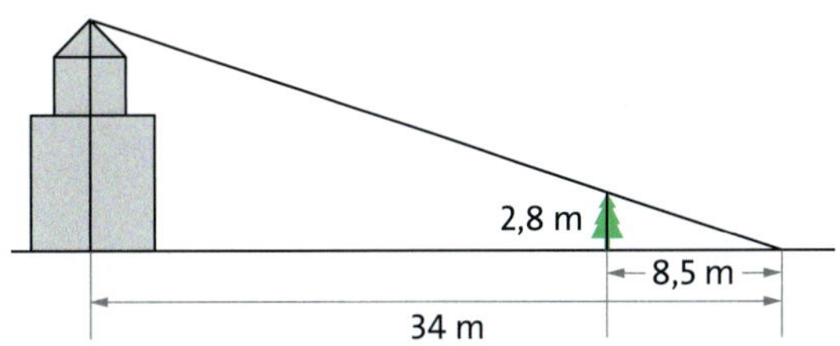

5 Richtig oder falsch? Begründe.
a) Bei einem Maßstab von 1 : 5 ist das Bild 1,5-mal so groß wie das Original.
b) Der Streckfaktor k = 3 verkleinert die Figur.
c) Alle gleichseitigen Dreiecke sind ähnlich zueinander.

→ *Lösungen ab S. 257*

Kreise berechnen

In diesem Kapitel lernst du, …

→ den Umfang von Kreisen zu berechnen.
→ den Flächeninhalt von Kreisen zu berechnen.
→ Kreisausschnitte zu beschreiben und zu berechnen.

Die Armreifen sind aus Holz.
Der Umfang eines Armreifs beträgt 22 cm.
Kiaras Hand ist 7 cm breit.
Schätze: Passt die Hand durch den Armreif?

Noch fit?

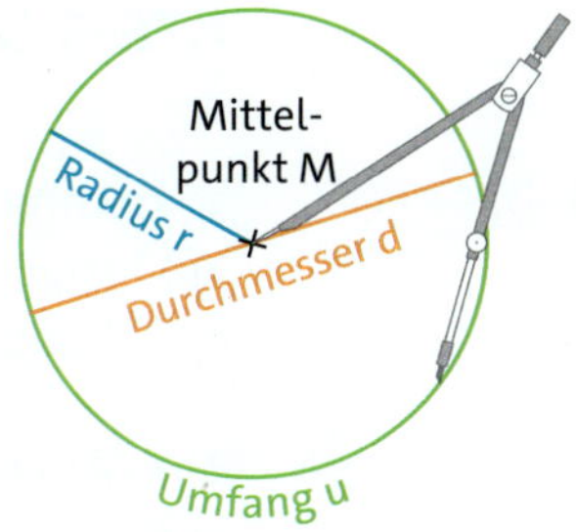

1 Zeichne einen Kreis mit dem Radius r = 4 cm.
Nutze einen Zirkel.
Beschrifte den Kreis mit den vier Fachbegriffen.
Erkläre die Fachbegriffe mit deinen eigenen Worten.

2 Jeder zeichnet zwei Kreise.
Tauscht eure Kreise und messt jeweils den Radius und den Durchmesser.

3 Übertrage das Muster in dein Heft. Beschreibe dein Vorgehen.

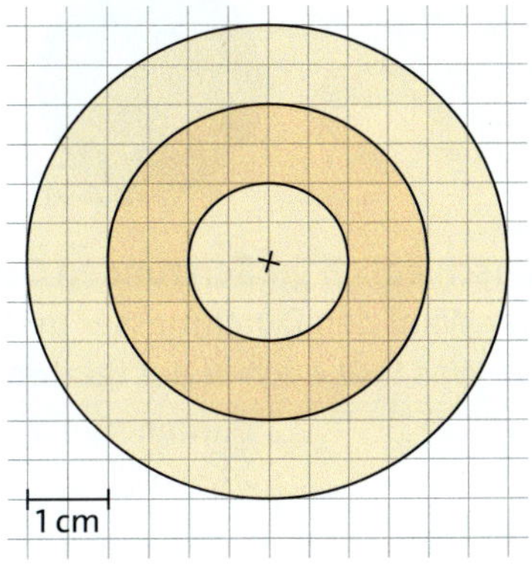

3 Übertrage das Muster in dein Heft. Beschreibe dein Vorgehen.

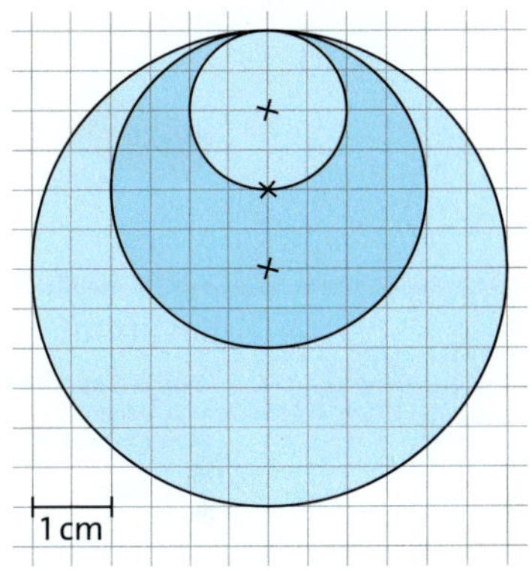

Hinweis
Ein voller Kreis hat die Winkelgröße 360°.

4 Gib die Winkelgröße an.
Tipp Ein ganzer Kreis entspricht 360°.

a)
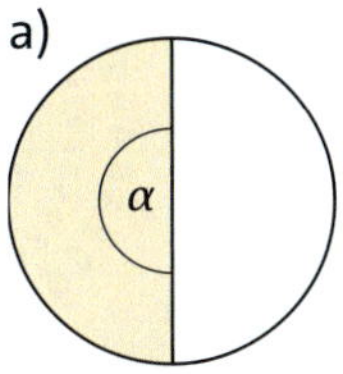

b)
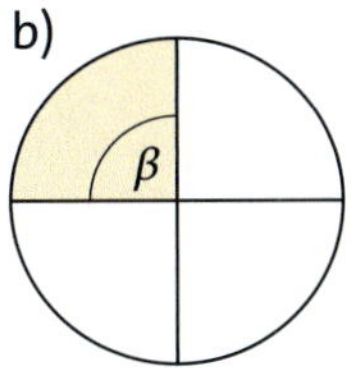

c)
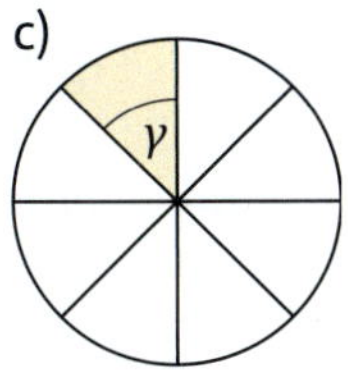

4 Berechne die Winkelgröße α.
Erkläre deine Rechnung.

a)
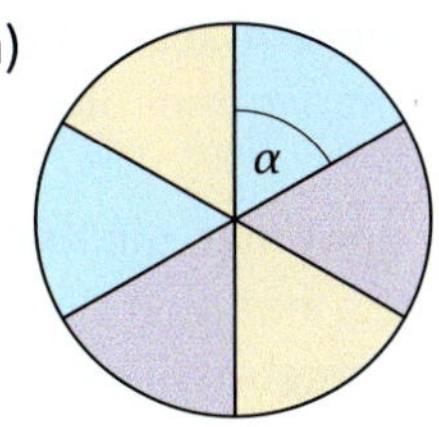

b)
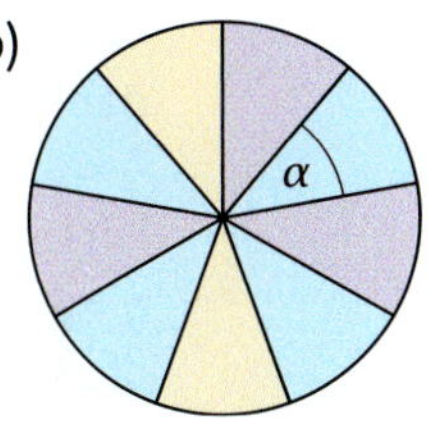

5 Quadriere zuerst, multipliziere dann.
Tipp $10 \cdot 3^2 = 10 \cdot 9 = 90$, denn $3^2 = 3 \cdot 3 = 9$

a) $5 \cdot 3^2$ b) $2 \cdot 7^2$
c) $8 \cdot 10^2$ d) $4 \cdot 6^2$
e) $6 \cdot (5\,\text{cm})^2$ f) $3 \cdot (9\,\text{cm})^2$
g) $2 \cdot (8\,\text{mm})^2$ h) $10 \cdot (12\,\text{cm})^2$

5 Quadriere zuerst, multipliziere dann.
Tipp $3 \cdot 4^2 = 3 \cdot 16 = 48$, denn $4^2 = 4 \cdot 4 = 16$

a) $3 \cdot 5^2$ b) $4 \cdot 8^2$
c) $8 \cdot 9^2$ d) $10 \cdot 7^2$
e) $15 \cdot (10\,\text{cm})^2$ f) $3 \cdot (11\,\text{m})^2$
g) $2{,}5 \cdot (6\,\text{mm})^2$ h) $100 \cdot (2{,}5\,\text{cm})^2$

→ *Lösungen ab S. 258*

Trainingsplan

Nr.	Ich kann …	Ich muss noch trainieren:
1	Kreise zeichnen und mit Fachbegriffen beschreiben.	→ S. 295, Nr. 34
2	Radius und Durchmesser von Kreisen messen.	→ S. 296, Nr. 36
3	Muster mit Kreisen nachzeichnen und beschreiben.	→ S. 295, Nr. 35
4	Winkelgrößen in Kreisen bestimmen.	→ S. 297, Nr. 37, 38
5	Vorrangregeln beim Rechnen mit Potenzen beachten.	→ S. 297, Nr. 39, 40

Kreis und Kreisumfang

ENTDECKEN

1 Zeichne einen Kreis mit dem Radius r = 5 cm. Nutze den Zirkel.
a) Versuche, den Umfang möglichst genau zu ermitteln.
b) Vergleicht eure Ergebnisse. Findet Erklärungen für Unterschiede.

2 Arbeitet zu zweit.
a) Beschreibt, wie man den Umfang von kreisförmigen Gegenständen bestimmen kann. Nutzt die Ideen auf den Bildern.

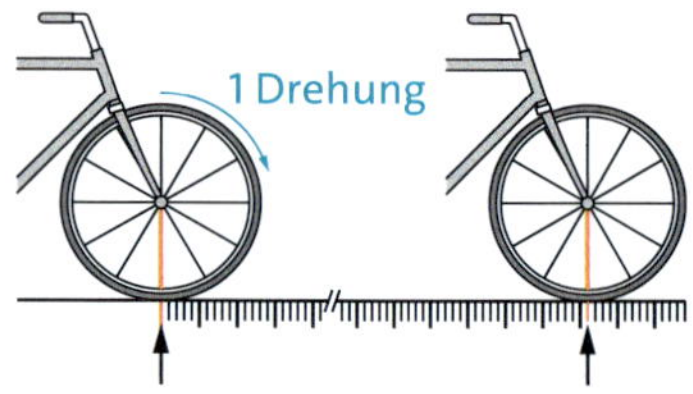

b) Sucht in eurem Umfeld nach unterschiedlich großen runden Gegenständen. Bestimmt mit einer Methode eurer Wahl den Durchmesser und den Umfang.
c) Tragt die Werte in eine Tabelle ein. Was fällt euch in der letzten Spalte auf?

Gegenstand	Umfang u	Durchmesser d	Verhältnis u : d
Frisbee	86 cm	27,5 cm	86 cm : 27,5 cm ≈ 3,13
...			

VERSTEHEN

In jedem Kreis gilt:
Wenn man den Umfang u durch den Durchmesser d teilt, dann erhält man immer die gleiche Zahl als Ergebnis.
$\frac{u}{d}$ = 3,141 592...
Diese Zahl nennt man die **Kreiszahl** π (sprich: Pi).
π = 3,141 592... hat unendlich viele Stellen nach dem Komma, die sich nicht regelmäßig wiederholen. Solche Zahlen heißen **irrational**.

Vokabeln
→ der Umfang
→ die Kreiszahl π
→ der Durchmesser
→ der Radius

Merke Der Quotient aus Umfang u und Durchmesser d heißt Kreiszahl π (sprich: Pi).

Man berechnet den Umfang u, indem man die Kreiszahl π mit dem Durchmesser multipliziert.
Umfang = Kreiszahl π · Durchmesser
$u = \pi \cdot d$
Umfang = 2 · Kreiszahl π · Radius
$u = 2 \cdot \pi \cdot r$

d = 2 · r, also ist
$u = \pi \cdot d$
$u = 2 \cdot \pi \cdot r$

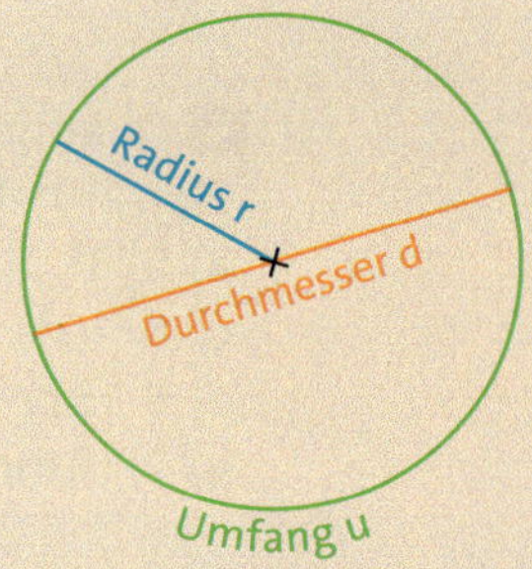

Beispiel 1
gegeben: Durchmesser d = 6,5 cm
gesucht: Umfang u
$u = \pi \cdot d$
$u = \pi \cdot 6{,}5\,\text{cm}$
$u \approx \underline{\underline{20{,}42\,\text{cm}}}$

Runde auf zwei Stellen nach dem Komma.

Beispiel 2
gegeben: Radius r = 12 m
gesucht: Umfang u
$u = 2 \cdot \pi \cdot r$
$u = 2 \cdot \pi \cdot 12\,\text{m}$
$u \approx \underline{\underline{75{,}40\,\text{m}}}$

ANWENDEN

1 Berechne den Umfang u des Kreises.

a) d = 3 cm b) d = 5 cm
c) d = 2 cm d) d = 4 cm
e) d = 12 m f) d = 20 m

1 Berechne den Umfang u des Kreises.

a) d = 7 cm b) d = 1 cm
c) d = 30 mm d) d = 14 m
e) d = 2,5 km f) d = 6,2 cm

2 Berechne den Umfang u des Kreises.

Tipp Für den Umfang gilt: $u = 2 \cdot \pi \cdot r$

a) r = 6 cm b) r = 10 cm
c) r = 8 cm

u = 50,27 cm | u = 62,83 cm | u = 37,70 cm

2 Berechne den Umfang u des Kreises.

Tipp Für den Umfang gilt: $u = 2 \cdot \pi \cdot r$

a) r = 5 cm b) r = 7 cm
c) r = 2 m d) r = 4 mm
e) r = 4,5 cm f) r = 2,8 m

mögliche Lösungen (ohne Einheiten):
9,42; 12,57; 14,14; 17,59; 21,99;
23,56; 25,13; 28,27; 31,42; 43,98

3 Bestimme den Umfang. Schätze zuerst. Berechne dann.

a) r = 9 mm

b) d = 55 cm

c) d = 2,3 cm

d) Mühlstein mit r = 0,85 m

Hinweis
Eine Longe ist eine Leine im Pferdesport.

4 Finya führt ein Pferd an einer 6 m langen Longe im Kreis.

a) Berechne die Länge einer Runde.
b) Das Pferd läuft insgesamt 20 Runden. Wie viele Meter sind das?

4 Wie lang ist der Gartenschlauch etwa? Der Durchmesser der Rolle beträgt ungefähr 40 cm.
Der Schlauch wurde insgesamt 15-mal rundum gewickelt.
Kann dein Ergebnis exakt sein? Begründe.

5 Bestimme den Durchmesser des Kreises.

Tipp zu a) $u = \pi \cdot d$
$15\,\text{cm} = \pi \cdot d \quad |:\pi$
$d \approx \square\,\text{cm}$

a) u = 15 cm b) u = 56 m c) u = 95 cm

5 Bestimme den Durchmesser des Kreises.

Tipp zu a) $u = \pi \cdot d$
$63\,\text{cm} = \pi \cdot d \quad |:\pi$

a) u = 63 cm b) u = 18,8 dm
c) u = 83 mm d) u = 17,5 cm

6 Berechne die fehlenden Werte des Kreises.

	Radius r	Durchmesser d	Umfang u
a)	5 m		
b)		8 m	
c)			6,28 m

6 Berechne die fehlenden Werte des Kreises.

	Radius r	Durchmesser d	Umfang u
a)	7 m		
b)		12,5 cm	
c)			18,85 m

Hinweis
Eine Longe ist eine Leine im Pferdesport.

7 Davina hat einen runden Spiegel zum Geburtstag bekommen. Der Durchmesser ist 1,50 m. Davina möchte für den Spiegel eine Blumenkette basteln.

a) Berechne die Länge der Blumenkette.
b) Die Blumen sollen immer einen Abstand von 1,4 cm haben.
Wie viele Blumen braucht Davina?

7 Ein Pferd wird an einer 9 m langen Longe im Kreis geführt. Es läuft 50 Runden.

a) Welche Strecke legt das Pferd in einer Runde zurück? Wie viel insgesamt?
b) Angenommen, die Longe ist nur halb so lang. Ist die Strecke dann auch nur halb so lang? Rechne und begründe.
c) Berechne, nach wie vielen Runden das Pferd 1000 m gelaufen ist.

8 Das Hinterrad von einem Fahrrad hat den Durchmesser d = 66 cm. Das Hinterrad dreht sich einmal.
Wie weit fährt das Fahrrad?

8 Das Hinterrad eines Traktors hat einen Durchmesser von d = 210 cm.
Das Vorderrad ist mit d = 120 cm viel kleiner.
Der Traktor fährt 660 m zu einem Feld.
a) Berechne, wie oft sich das Hinterrad dreht.
b) Berechne, wie oft sich das Vorderrad dreht.
c) Vergleiche und begründe die Ergebnisse.

9 Wenn man Bäume mit einem Durchmesser von mindestens 25 cm fällen will, dann braucht man eine Genehmigung. Das gilt auch für kleinere Bäume, die in einer Gruppe stehen.
a) Dies sind die Umfänge von drei Bäumen: ① u = 113 cm ② u = 89 cm ③ u = 77 cm
Prüfe, ob sie ohne Genehmigung gefällt werden dürfen.
Tipp zu ① Beginne deine Rechnung so: $113\,cm = \pi \cdot d \mid : \pi$
b) Schaut euch zu zweit auf dem Schulgelände und in der Nähe um. Prüft, welche Bäume ohne Genehmigung gefällt werden dürfen. Schätzt zuerst. Messt dann nach.

10 Ein Anstoßkreis in der Mitte von einem Fußballfeld hat einen Umfang von u = 57 m.
a) Bestimme den Durchmesser.
Tipp Setze ein in die Formel $u = \pi \cdot d$.
b) Einige Spieler stellen sich auf dem Durchmesser auf. Sie halten 1,5 m Abstand.
Wie viele Spieler sind es?

10 Die Zypresse „Árbol del Tule" steht in der mexikanischen Stadt Santa Maria del Tule.
Der Stamm hat einen Umfang von etwa 47 m.
c) Berechne den Durchmesser.
d) Einige Menschen umspannen den Stamm mit ausgestreckten Armen.
Eine Armspanne misst etwa 1,75 m.
Wie viele Menschen sind es?

Thema Die Kreiszahl π

Keine Zahl ist so berühmt wie die Kreiszahl π.
π hat hinter dem Komma unendlich viele Stellen, die sich nicht regelmäßig wiederholen.
Deshalb ist π eine irrationale Zahl.

Wenn π in einer Rechnung vorkommt, dann nimmst du meist den eingespeicherten Wert im Taschenrechner oder du rechnest mit dem gerundeten Wert $\pi = 3{,}14$.
Das reicht in der Praxis aus, um ein brauchbares Ergebnis zu erhalten.

Hinweis
Der Mathematiker Leonard Euler verwendete als Erster den griechischen Buchstaben Pi.

Seit vielen tausend Jahren versuchen Mathematikerinnen und Mathematiker, möglichst viele Ziffern von π genau zu bestimmen.
Mittlerweile sind viele Billionen Ziffern bekannt und es wird weiter geforscht.

π kann mithilfe von geometrischen und rechnerischen Methoden immer genauer bestimmt werden.

Hier ein Überblick, wie sich die Näherungswerte von π im Lauf der Zeit entwickelt haben:

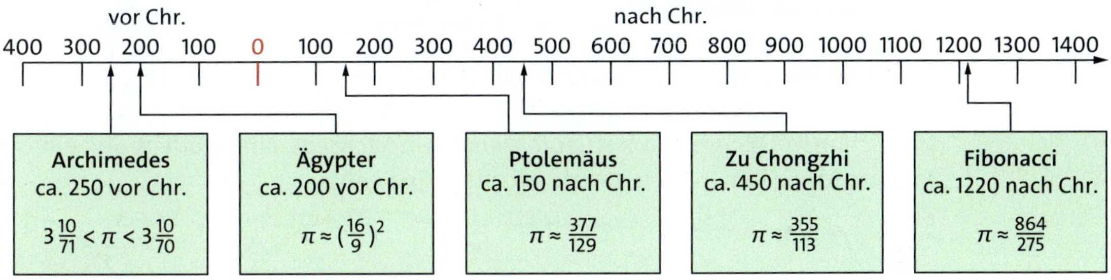

ANWENDEN

1 Wandle die fünf Näherungswerte in der Tabelle in Dezimalzahlen um.
Nutze den Taschenrechner.
Vergleiche mit den heute bekannten Ziffern nach dem Komma.

2 Ein Kreis hat einen Radius von 5 cm. Welcher Umfang ergab sich jeweils?
a) bei den Ägyptern   b) bei Archimedes   c) bei Fibonacci
Vergleiche mit dem Umfang, den du heute berechnen kannst.

3 In den USA wird am 14. März der „Pi Day“ gefeiert.
Besonders genaue Fans feiern sogar um 1:59 a.m.
Weltweit treffen sich dann Mathematikfans zu Wettbewerben, bei denen Berechnungen rund um π durchgeführt werden.
a) Findet heraus, warum das Datum und die Uhrzeit zur Feier von π so gewählt wurden. Notiert eure Überlegungen.
b) Recherchiert weitere Informationen zur Kreiszahl π und präsentiert sie in eurer Klasse.

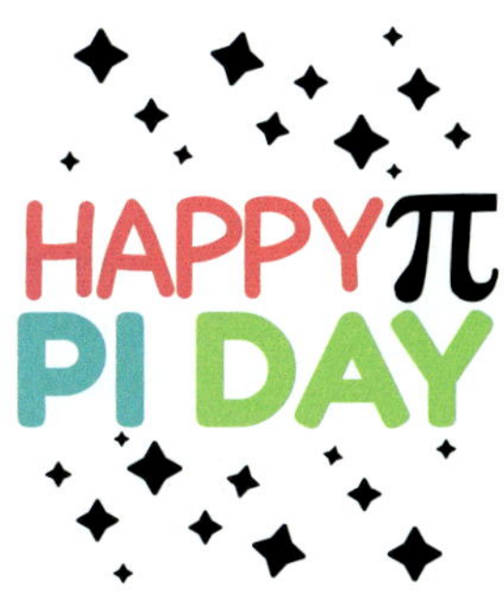

Methode Pi bestimmen mithilfe von Vielecken

Zum Weiterarbeiten
Recherchiere im Internet, welche anderen Methoden es zur Bestimmung von Pi gibt.

Man kann einen Näherungswert für π berechnen, indem man in einen Kreis ein regelmäßiges Vieleck einschreibt und den Kreis mit einem regelmäßigen Vieleck umschreibt.
Der Umfang der Vielecke liefert dann einen Näherungswert für den Kreisumfang.
Diese Methode benutzte der Mathematiker Archimedes ca. 250 vor Christus.

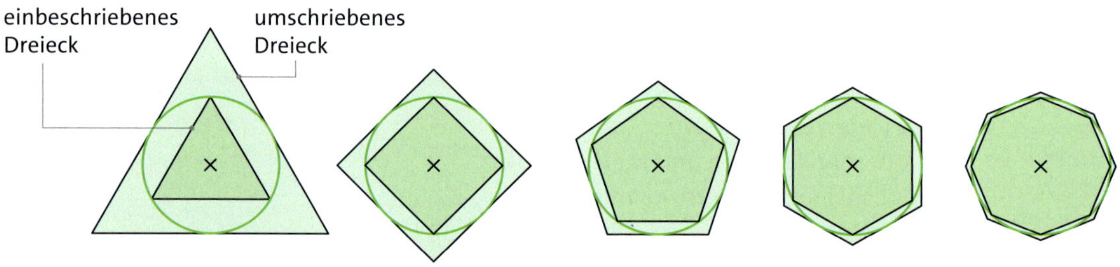

Auch wenn man einfach nur ein regelmäßiges Vieleck in einen Kreis einschreibt, erhält man gute Näherungswerte.

ANWENDEN

1 Zeichne zuerst mit einem Geometrieprogramm ein regelmäßiges Achteck. Nutze dazu das Werkzeug „Regelmäßiges Vieleck".
Zeichne dann einen Kreis, der durch alle Eckpunkte des Achtecks geht.

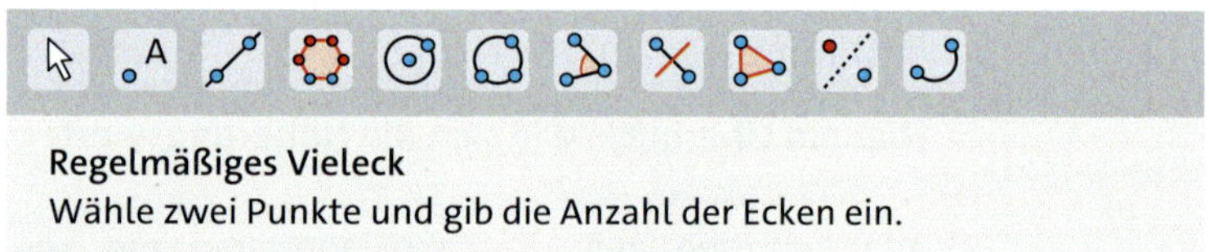

2 Zeichne mit einem Geometrieprogramm ein Sechseck, ein Zwölfeck und ein 24-Eck.
Ergänze immer einen Kreis, der durch alle Ecken geht.

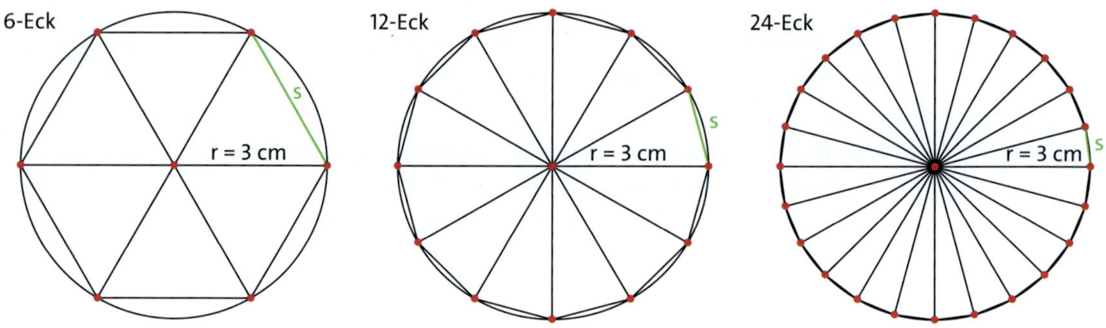

3 Ahmet zeichnet mit einem Geometrieprogramm.

a) Beschreibe die Zeichnung.

b) Ahmet rechnet: *Sechseck:* $u = 6 \cdot s$, *also ist* $u = 6\,\text{cm}$.
$\pi \approx \frac{u}{d}$ *also ist* $\pi \approx \frac{6\,\text{cm}}{2\,\text{cm}}$ *Das heißt* $\pi \approx 3$.
Erkläre, wie Ahmet einen Näherungswert für π berechnet hat.

c) Berechne selbst einen Näherungswert für die Zahl Pi.
Zeichne dazu ein Zwölfeck mit dem Radius r = 1 cm.
Lass dir die Länge von s anzeigen.

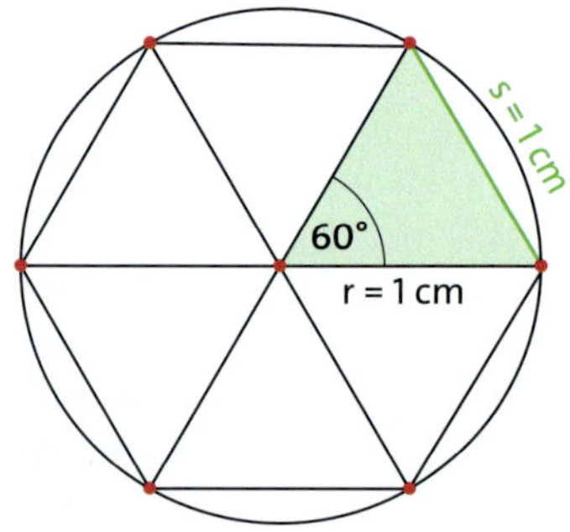

Flächeninhalt von Kreisen

ENTDECKEN

1 Zeichnet auf Millimeterpapier vier Kreise mit den Radien $r = 1\,cm$, $r = 2\,cm$, $r = 3\,cm$ und $r = 4\,cm$.

a) Bestimmt die Flächeninhalte, indem ihr die Kästchen zählt.

b) Berechnet, wie oft der erste Kreis in jeden der anderen Kreise passt. Findet ihr einen Zusammenhang zum Radius r?

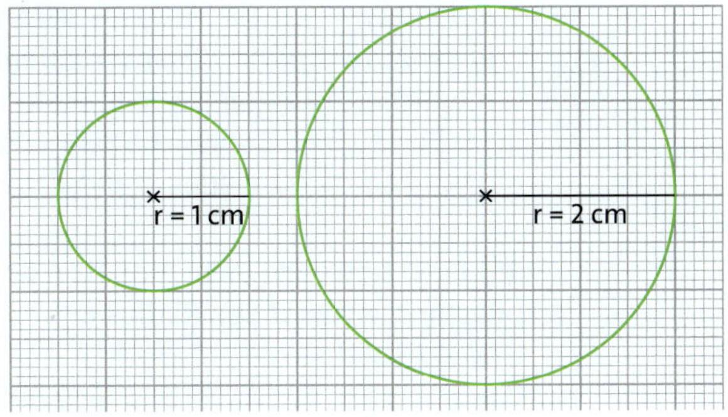

2 Marla sucht eine Formel, mit der sie den Flächeninhalt eines Kreises berechnen kann. Sie vermutet, dass die Formel $A = 3 \cdot r^2$ zu einem guten Näherungswert führt. Erkläre mithilfe der Zeichnungen, wie sie darauf kommt.

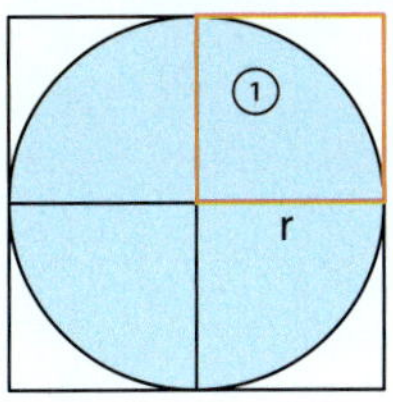

oranges Quadrat (①):
$A = r^2$
großes Quadrat:
$A = 4 \cdot r^2$

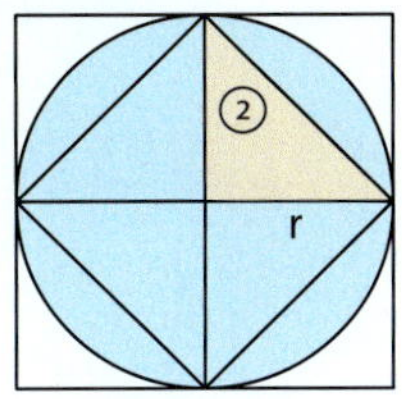

oranges Dreieck (②):
$A = \frac{1}{2} r^2$
inneres Quadrat:
$A = 4 \cdot \frac{1}{2} r^2 = 2 \cdot r^2$

VERSTEHEN

Jegor schneidet einen Kreis in mehrere gleich große Teile. Er legt die Teile ähnlich wie ein Rechteck zusammen. Die Breite ist der Radius r. Die Länge entspricht ungefähr dem halben Umfang, also $\pi \cdot r$. Der Flächeninhalt A ist Länge mal Breite.

$A = \pi \cdot r \cdot r$
$A = \pi \cdot r^2$

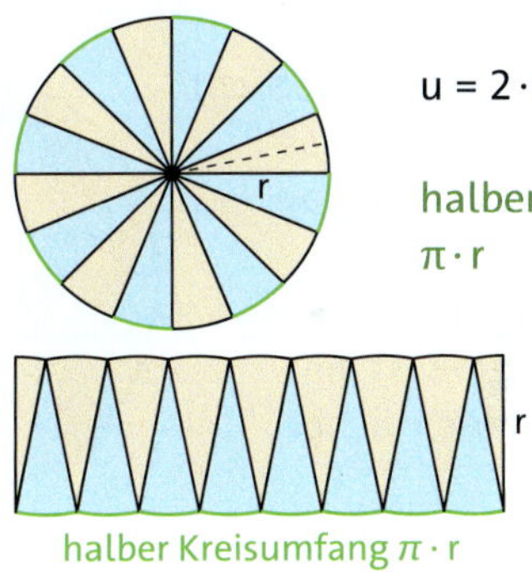

$u = 2 \cdot \pi \cdot r$

halber Umfang: $\pi \cdot r$

Vokabeln
→ der Flächeninhalt
→ der Radius

Merke Flächeninhalt A eines Kreises
Man multipliziert die Kreiszahl π mit dem Radius zum Quadrat.
Flächeninhalt = Kreiszahl π · Radius zum Quadrat
$A = \pi \cdot r^2$

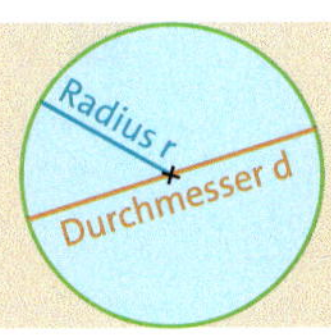

Beispiel 1
gegeben: Radius $r = 3\,cm$
gesucht: Flächeninhalt A
$A = \pi \cdot r^2$
$A = \pi \cdot (3\,cm)^2$
$A = \pi \cdot 9\,cm^2$
$A \approx \underline{\underline{28{,}27\,cm^2}}$

Runde auf zwei Stellen nach dem Komma.

Hinweis
Zuerst wird „hoch 2" gerechnet. Dann wird malgenommen.

Beispiel 2
gegeben: Durchmesser $d = 16\,m$
gesucht: Flächeninhalt A
$r = 16\,m : 2 = 8\,m$
$A = \pi \cdot r^2$
$A = \pi \cdot (8\,m)^2$
$A = \pi \cdot 64\,m^2$
$A \approx \underline{\underline{201{,}06\,m^2}}$

ANWENDEN

1 Berechne den Flächeninhalt A des Kreises.

a) r = 2 cm b) r = 3 cm
c) r = 12 m d) r = 30 mm
e) r = 25 m f) r = 2,5 cm

mögliche Lösungen (ohne Einheiten):
11,23 12,57 20,93 452,39 1963,50
2783,54 28,27 300 2827,43 19,63

2 Berechne den Flächeninhalt A des Kreises. Bestimme zuerst den Radius r.

Tipp zu a) d = 6 cm, also ist r = 3 cm

a) d = 6 cm b) d = 12 m
c) d = 20 m d) d = 50 cm

3 Leon soll den Flächeninhalt berechnen. Setze seine Rechnung im Heft fort.

$A = \pi \cdot r^2$
$A = \pi \cdot (......)^2$

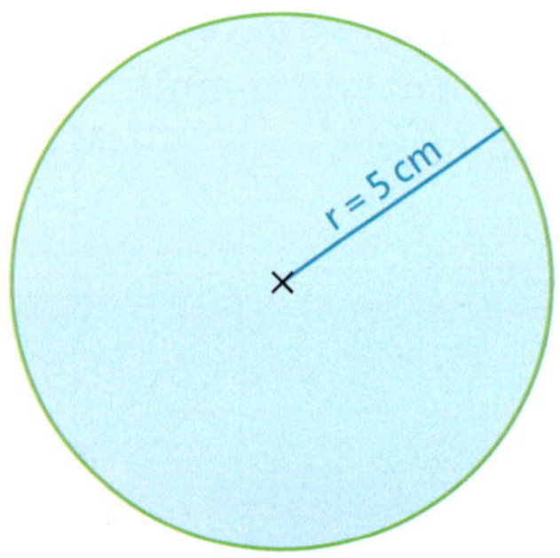

4 Im Kunstunterricht soll ein Farbkreis gestaltet werden. Der Radius ist r = 12 cm. Wie groß ist die gesamte Fläche?

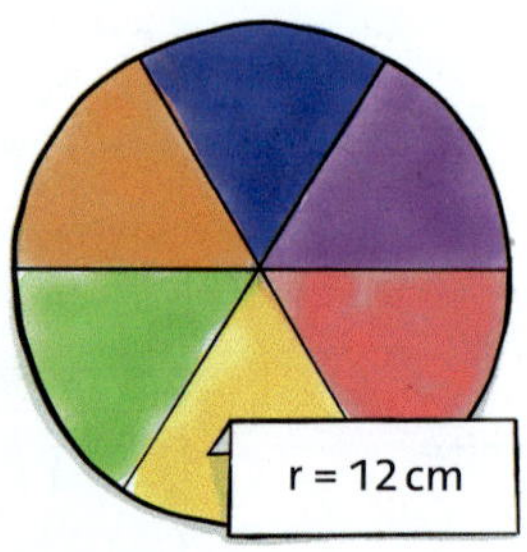

5 Wie groß ist der Radius r des Kreises?

Tipp zu a) $A = \pi \cdot r^2$
$78 = \pi \cdot r^2 \quad | : \pi$
$24{,}83 \approx r^2 \quad | \sqrt{}$
$\sqrt{24{,}83} \approx r$

a) $A = 78\,m^2$ b) $A = 50{,}26\,dm^2$

6 Berechne die fehlenden Werte des Kreises.

	Radius r	Durchmesser d	Flächeninhalt A
a)	4 m		
b)		10 m	
c)			$28{,}27\,m^2$
d)	1,5 m		

1 Berechne den Flächeninhalt A des Kreises.

a) r = 5 cm b) r = 1 cm
c) r = 50 m d) r = 15 mm
e) r = 3,5 m f) r = 12,5 cm

mögliche Lösungen (ohne Einheiten):
81,05 78,5 3,15 7853,98 27,09
3,14 706,86 490,87 38,48 180,1

2 Berechne den Flächeninhalt A des Kreises. Bestimme zuerst den Radius r.

Tipp zu a) d = 8 cm, also ist r = 4 cm

a) d = 8 cm b) d = 18 mm
c) d = 100 m d) d = 5 km

3 Schätze zuerst den Flächeninhalt A. Miss dann den Radius und berechne A.

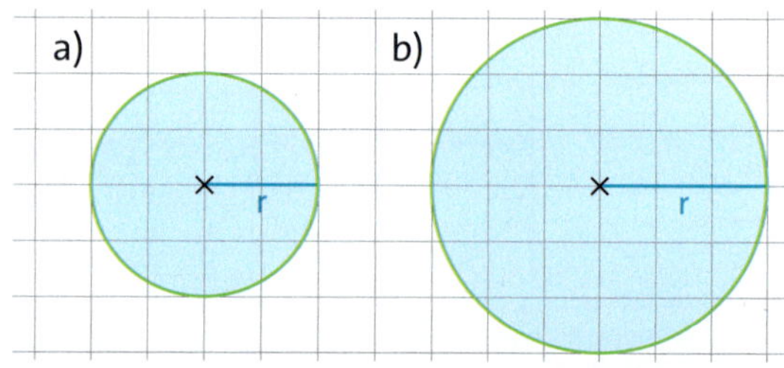

4 Die 9c will auf dem Schulhof ein Mandala mit dem Radius r = 1,5 m gestalten. Wie viel Fläche können sie bemalen?

5 Berechne den Radius r des Kreises.

Tipp zu a) $A = \pi \cdot r^2$
$12{,}57 = \pi \cdot r^2 \quad | : \pi$
$4{,}06 \approx r^2 \quad | \sqrt{}$

a) $A = 12{,}57\,cm^2$ b) $A = 95{,}03\,dm^2$
c) $A = 201{,}06\,mm^2$ d) $A = 530{,}14\,cm^2$

6 Berechne die fehlenden Werte des Kreises.

	Radius r	Durchmesser d	Flächeninhalt A
a)	16 cm		
b)		6,8 m	
c)			$38{,}48\,m^2$
d)	0,04 km		

7 Ein Teller hat einen Flächeninhalt von $A = 700\,cm^2$. Berechne den Radius.

Tipp Beginne so: $A = \pi \cdot r^2$

$700 = \pi \cdot r^2 \quad | : \pi$

7 Eine Schule kauft für den Pausenraum runde Tische mit einem Flächeninhalt von $78\,dm^2$. Berechne den Durchmesser von einem Tisch.

8 Maja, Acun und Kati überlegen: Sollen sie 3 kleine Pizzen kaufen oder 1 große Pizza teilen? Es kostet gleich viel. Wo bekommen sie mehr Pizza? Rechne und begründe.

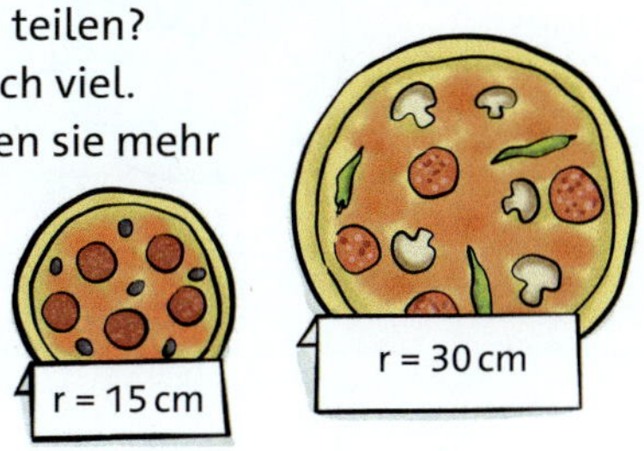

8 Eine Pizzeria bietet Pizzen mit 20 cm und mit 30 cm Durchmesser an.

a) Berechne den Flächeninhalt für jede der beiden Pizzen.

b) Die größere Pizza ist doppelt so teuer wie die kleinere. Ist die größere Pizza auch doppelt so groß?

Tipp Doppelt so groß heißt: zweimal so groß.

9 Ein Azubi aus einer Gärtnerei soll ein kreisförmiges Beet mit einem Durchmesser von 6 m neu bepflanzen. Pro m^2 soll er 5 Pflanzen einsetzen. Wie viele Pflanzen werden benötigt?

9 Auf einer kreisförmigen Fläche mit dem Durchmesser $d = 6\,m$ wird Rasen gesät.

a) Berechne den Flächeninhalt.

b) Für $100\,m^2$ braucht man 3 kg Rasensamen. Wie viel kg Rasensamen werden benötigt?

10 Finde und erkläre die Fehler. Berichtige die Fehler im Heft.

a) gegeben: $r = 2{,}5\,cm$
gesucht: Flächeninhalt A
$A = \pi \cdot r^2$
$A = \pi \cdot 2{,}5\,cm$
$A \approx 7{,}85\,cm^2$

b) gegeben: $d = 4\,m$
gesucht: Flächeninhalt A
$A = \pi \cdot r^2$
$A = \pi \cdot (4\,m)^2$
$A = \pi \cdot 16\,m$
$A \approx 50{,}27\,m$

c) gegeben: $A = 10{,}75\,m^2$
gesucht: Durchmesser d
$A = \pi \cdot r^2$
$10{,}75\,m^2 = \pi \cdot r^2 \quad | : \pi$
$3{,}42\,m^2 \approx r^2$
$d \approx 2 \cdot 3{,}42\,m$
$d \approx 6{,}84\,m$

11 Eine Seite des Quadrats ist 12 cm lang. Berechne den Flächeninhalt des Kreises.

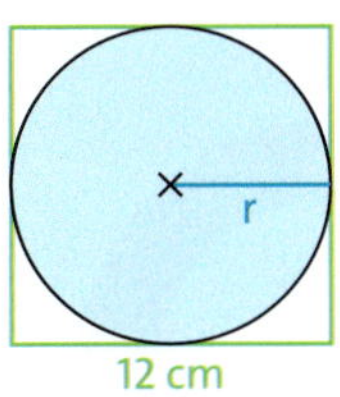

11 Der Kreis hat einen Flächeninhalt von $A = 50\,cm^2$. Berechne den Flächeninhalt des Quadrats.

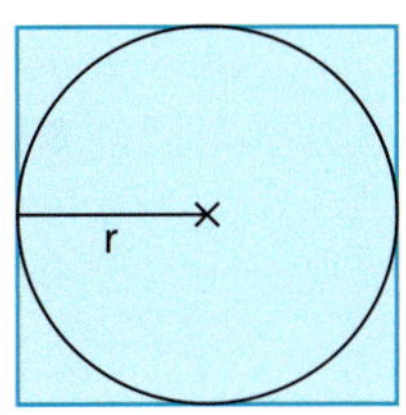

12 Richtig ✓ oder falsch *f*? Rechne und begründe dann. Ein Kreis hat einen Radius von $r = 3\,cm$. Wenn man den Radius verdoppelt, dann verdoppelt sich auch der Flächeninhalt.

12 Richtig ✓ oder falsch *f*? Begründe mithilfe von Beispielen. Korrigiere, wenn nötig. Wenn man den Radius eines Kreises verdoppelt, so verdoppelt sich der Flächeninhalt.

Methode Kreisringe

Hinweis
A_a steht für: Flächeninhalt außen.
A_i steht für: Flächeninhalt innen.

Ein **Kreisring** ist die Fläche zwischen zwei unterschiedlich großen Kreisen mit einem gemeinsamen Mittelpunkt.

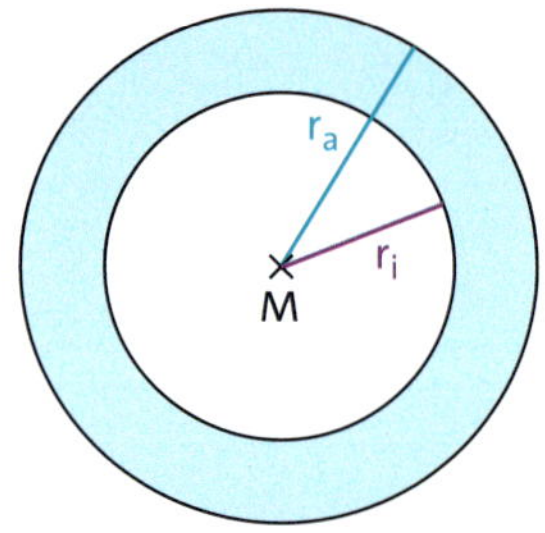

Für den **Flächeninhalt eines Kreisrings** gilt:
Berechne den Flächeninhalt A_a des großen Kreises und den Flächeninhalt A_i des kleinen Kreises.
Subtrahiere dann die beiden Flächeninhalte.
$A = A_a - A_i$

Beispiel 1

gegeben: $r_a = 6\,cm$; $r_i = 3{,}5\,cm$
gesucht: Flächeninhalt A des Kreisrings

$A_a = \pi \cdot r_a^2$	$A_i = \pi \cdot r_i^2$
$A_a = \pi \cdot (6\,cm)^2$	$A_i = \pi \cdot (3{,}5\,cm)^2$
$A_a \approx 113{,}10\,cm^2$	$A_i \approx 38{,}48\,cm^2$

$A = A_a - A_i$
$A \approx \underline{\underline{74{,}62\,cm^2}}$

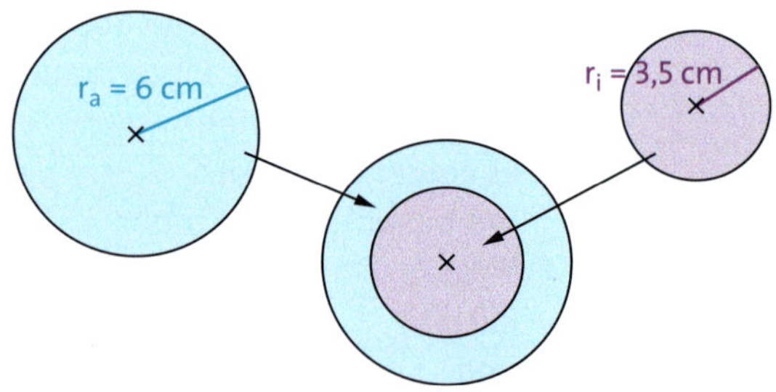

ANWENDEN

1 Berechne den Flächeninhalt des Kreisrings.
Tipp $A = A_a - A_i$
a) $r_a = 10\,cm$; $r_i = 5\,cm$
b) $r_a = 11\,cm$; $r_i = 7\,cm$
c) $r_a = 6\,cm$; $r_i = 3\,cm$

2 Berechne den Flächeninhalt.

a)
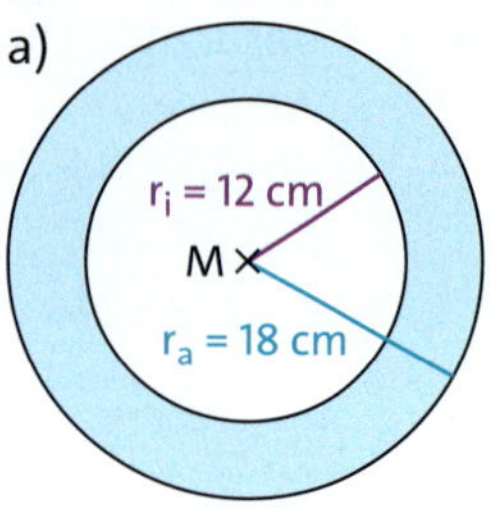

b)
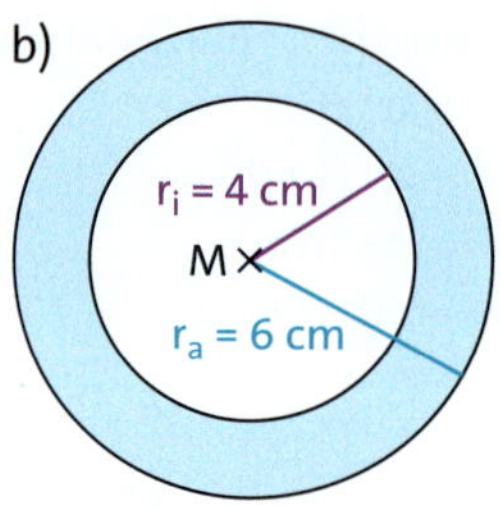

3 Was bedeutet dieses Schild?
a) Berechne den Flächeninhalt des gesamten Schilds.
b) Berechne den Flächeninhalt der weißen inneren Fläche.
c) Welchen Flächeninhalt hat die rote, äußere Fläche?

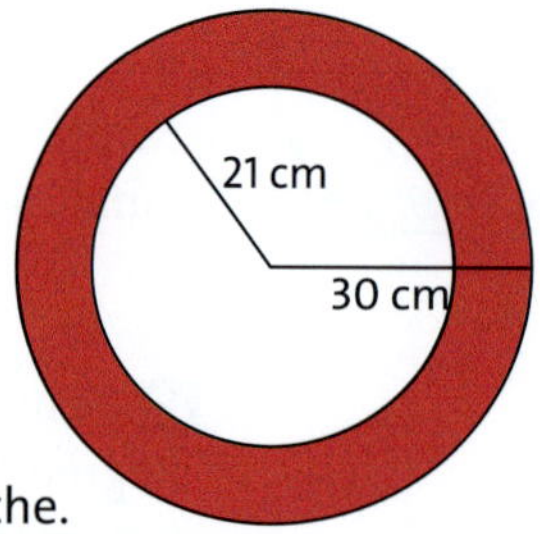

1 Berechne den Flächeninhalt des Kreisrings.
a) $r_a = 14\,cm$; $r_i = 8\,cm$
b) $r_a = 29\,m$; $r_i = 13\,m$
c) $r_a = 9{,}5\,cm$; $r_i = 4{,}6\,cm$
d) $r_a = 75{,}3\,m$; $r_i = 24\,m$

2 Berechne den Flächeninhalt.

a)
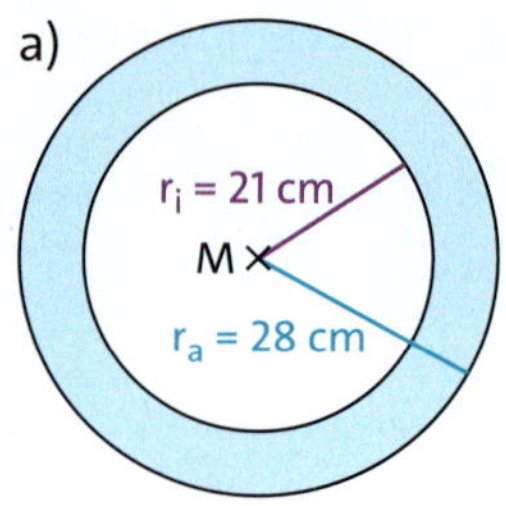

b)
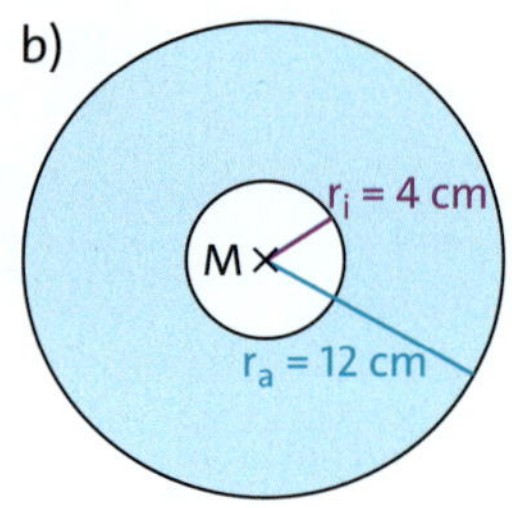

3 Ein Topf mit dem Durchmesser d = 20 cm wird auf eine Herdplatte mit dem Durchmesser 22 cm gestellt.

a) Berechne die Größe der Fläche, die nicht vom Kochtopf bedeckt ist.
b) Wie kann man hier Energie sparen?

Kreisausschnitte

ENTDECKEN

1 Eine Winkelscheibe hat den Radius r = 10 cm.

a) Wie kannst du die Länge des Bogens berechnen, an dem die Gradzahlen stehen? Erkläre und berechne.

b) Welche Gradzahl gehört zu einem Viertelkreis? Berechne auch hier die Länge des Bogens.

c) Übertrage und ergänze die Tabelle im Heft.

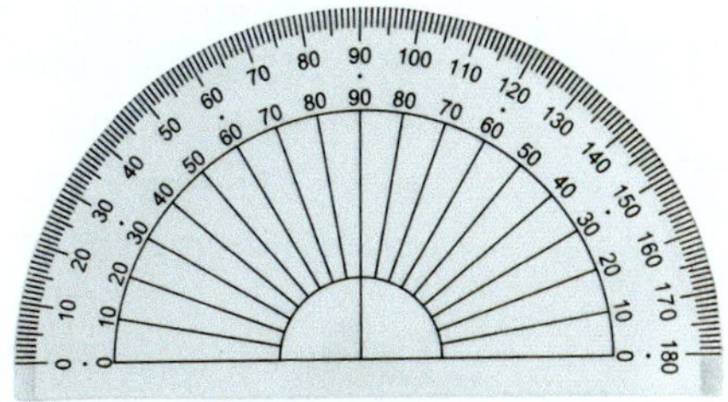

Gradzahl	360°	180°	90°	45°	60°
Länge des Bogens	$2 \cdot \pi \cdot 10\,cm$ $\approx$ ■ cm	$2 \cdot \pi \cdot 10\,cm \cdot \frac{180°}{360°}$ $\approx$ ■	$2 \cdot \pi \cdot 10\,cm \cdot$ ■ $\approx$ ■		

d) Beschreibt, was euch an den Rechnungen in der Tabelle auffällt.

2 Eine Torte hat einen Durchmesser von 33 cm und ist in 12 Stücke geschnitten.

a) Berechne die Gesamtfläche des Tortenbodens.

b) Welchen Flächeninhalt hat ein Tortenstück?

c) Bestimme den Winkel eines Stücks. Finde einen Zusammenhang zwischen Winkelgröße und Flächeninhalt eines Tortenstücks.

VERSTEHEN

Wenn man nur den Ausschnitt von einem Kreis betrachtet, dann sind auch das zugehörige Stück vom Umfang und der Flächeninhalt kleiner als beim ganzen Kreis.
Die Größe des Kreisausschnitts ist abhängig vom Winkel in der Mitte.
Das Stück vom Umfang und der Flächeninhalt sind proportional zur Größe des Winkels.

Vokabeln
- → *der Kreisausschnitt*
- → *der Kreissektor*
- → *der Mittelpunktswinkel*
- → *der Kreisbogen*

Merke Ein **Kreisausschnitt** ist ein Teil eines Kreises.
Er wird von zwei Radien begrenzt.
Der eingeschlossene Winkel heißt der Mittelpunktswinkel α.
Einen Kreisausschnitt nennt man auch **Kreissektor**.

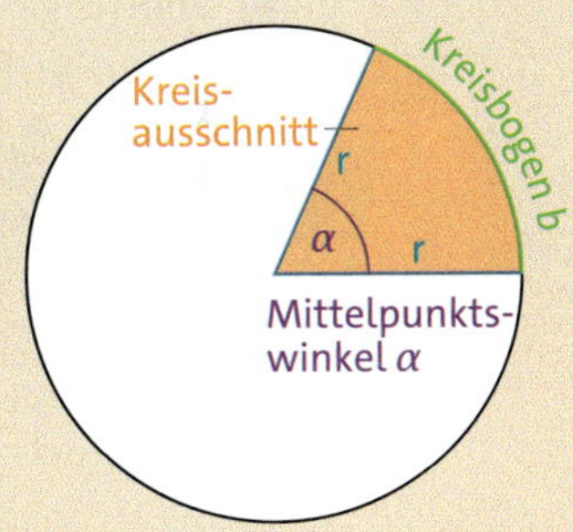

Das zugehörige Stück des Umfangs heißt der Kreisbogen b.
Länge des Kreisbogens = 2 · Kreiszahl π · Radius · Anteil

$$b = 2 \cdot \pi \cdot r \cdot \frac{\alpha}{360°}$$

Flächeninhalt des Kreisausschnitts = Kreiszahl π · Radius zum Quadrat · Anteil

$$A = \pi \cdot r^2 \cdot \frac{\alpha}{360°}$$

Beispiel 1 den Kreisbogen berechnen

gegeben: $r = 5\,cm$; $\alpha = 45°$

gesucht: Länge b des Kreisbogens

$b = 2 \cdot \pi \cdot r \cdot \frac{\alpha}{360°}$

$b = 2 \cdot \pi \cdot 5\,cm \cdot \frac{45°}{360°}$

$b \approx \underline{\underline{3{,}93\,cm}}$

Beispiel 2 den Flächeninhalt berechnen

gegeben: $r = 12\,m$; $\alpha = 119°$

gesucht: Flächeninhalt A des Kreissektors

$A = \pi \cdot r^2 \cdot \frac{\alpha}{360°}$

$A = \pi \cdot (12\,m)^2 \cdot \frac{119°}{360°}$

$A \approx \underline{\underline{149{,}54\,m^2}}$

ANWENDEN

1 Berechne die Länge b des Kreisbogens.
Tipp $b = 2 \cdot \pi \cdot r \cdot \frac{\alpha}{360°}$
a) $r = 5\,cm$; $\alpha = 60°$
b) $r = 15\,dm$; $\alpha = 90°$
c) $r = 9\,m$; $\alpha = 200°$
d) $r = 27\,dm$; $\alpha = 150°$
e) $r = 116\,cm$; $\alpha = 19°$

2 Berechne den Flächeninhalt A des Kreisausschnitts.
Tipp $A = \pi \cdot r^2 \cdot \frac{\alpha}{360°}$
a) $r = 12\,dm$; $\alpha = 30°$
b) $r = 50\,cm$; $\alpha = 120°$
c) $r = 120\,m$; $\alpha = 270°$
d) $r = 45\,cm$; $\alpha = 100°$
e) $r = 250\,mm$; $\alpha = 300°$

3 Berechne die Länge b des Kreisbogens und den Flächeninhalt A des Kreisausschnitts.

a)

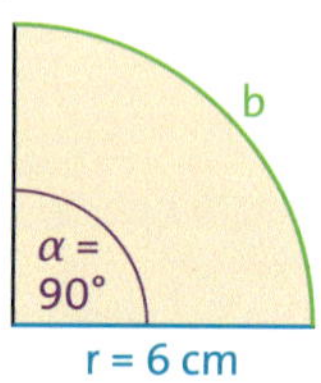

b)

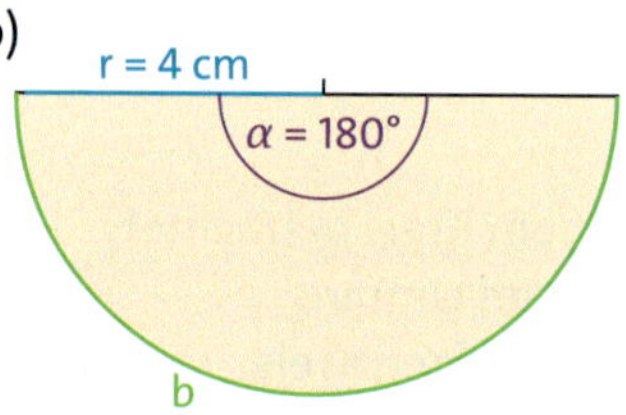

1 Berechne die Länge b des Kreisbogens.
Tipp $b = 2 \cdot \pi \cdot r \cdot \frac{\alpha}{360°}$
a) $r = 11{,}6\,cm$; $\alpha = 60°$
b) $r = 24\,m$; $\alpha = 145°$
c) $r = 46\,dm$; $\alpha = 240°$
d) $r = 9\,cm$; $\alpha = 105°$
e) $r = 14{,}9\,mm$; $\alpha = 75°$

2 Berechne den Flächeninhalt A des Kreisausschnitts.
Tipp $A = \pi \cdot r^2 \cdot \frac{\alpha}{360°}$
a) $r = 18{,}3\,cm$; $\alpha = 80°$
b) $r = 65\,dm$; $\alpha = 167°$
c) $r = 12{,}5\,cm$; $\alpha = 11°$
d) $r = 197\,mm$; $\alpha = 310°$
e) $r = 245\,m$; $\alpha = 349°$

3 Berechne die Länge b des Kreisbogens und den Flächeninhalt A des Kreissektors.

a)

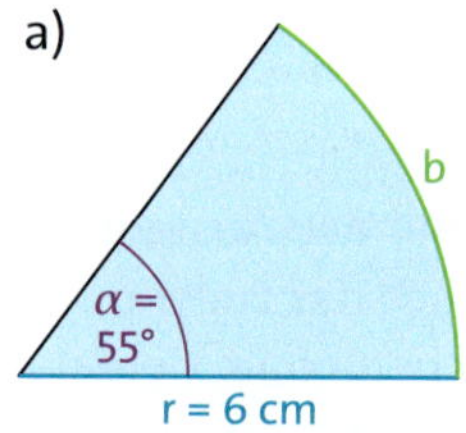

b)

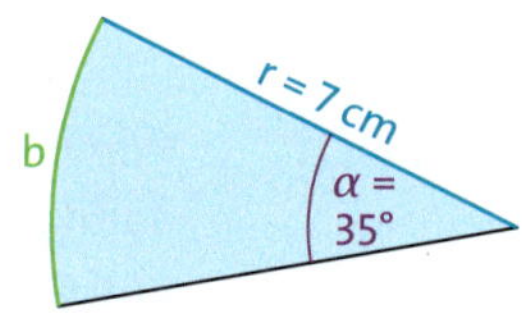

4 Übertrage und fülle die Tabelle im Heft aus. Der Radius des Kreises ist $r = 2\,cm$.
Tipp Fertige für jeden Kreis oder Kreissektor eine Skizze an.

Anzahl der Kreisteile	1	2			6
Mittelpunktswinkel α	360°		90°		
Bezeichnung	ganzer Kreis	Halbkreis		Achtelkreis	Sechstelkreis
Länge b des Kreisbogens					
Flächeninhalt A des Kreissektors					

5 Ein Glücksrad mit dem Radius $r = 70\,cm$ hat 4 gleich große Felder.

a) Bestimme den Winkel von einem Feld.
b) Berechne den Flächeninhalt eines Felds.
c) Berechne für ein Feld die Länge der Strecke, an der der Zeiger entlanggeht.
Tipp Länge b des Kreisbogens

5 Ein Windrad hat den Radius $r = 33\,m$.

a) Wie groß ist der Winkel zwischen zwei Flügeln?
b) Berechne die Strecke, die die Spitze eines Flügels von einer Position bis zur nächsten zurücklegt.
c) Wie viel m^2 Fläche überquert ein Flügel bei einer Drittel-Umdrehung?

6 Welches Stück Pizza ist größer?
„Schätze zuerst, berechne dann."

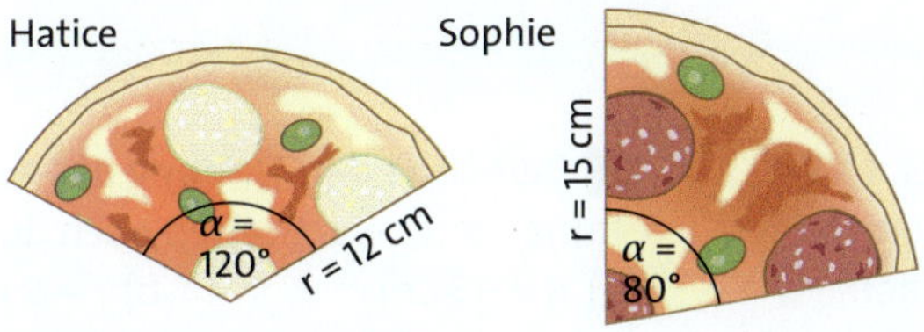

7 Berechne die Länge des Rundbogens.

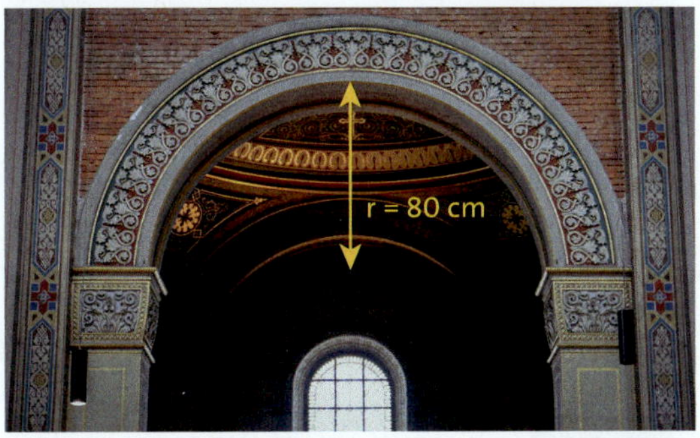

8 Wie groß ist der Radius r des Kreisausschnitts?

Tipp zu a) $b = 2\pi \cdot r \cdot \frac{\alpha}{360^\circ}$

$370\,cm = 2\pi \cdot r \cdot \frac{200^\circ}{360^\circ}$ | : 2π

$58{,}89\,cm \approx r \cdot 0{,}56$ | : 0,56

$r \approx \ldots$

a) b = 370 cm; α = 200°
b) b = 77 cm; α = 35°
c) b = 116 cm; α = 214°

9 Ein Kreisausschnitt mit einem Flächeninhalt von $A \approx 3{,}14\,cm^2$ hat den Radius r = 3 cm und den Mittelpunktswinkel α = 40°. Der Flächeninhalt A wird verdoppelt, aber der Radius r bleibt gleich.
Wie verändert sich der Mittelpunktswinkel?
Lege zuerst eine Skizze an und stelle eine Vermutung auf. Überprüfe dann deine Vermutung mit einer Rechnung.

10 Berechne die fehlenden Werte.

	r	α	b	A
a)	4,5 cm	45°		
b)		50°	36,7 cm	
c)	6 m	270°		

6 Die Stadt plant ein Blumenbeet in der Form eines Kreisausschnitts. Es soll einen Radius von 13 m und einen Winkel von 45° haben.
a) Das zuständige Bauamt plant mit einer Umrandung von 35 m. Prüfe mit einer Rechnung, ob diese Angabe korrekt ist.
b) Die Gartenabteilung fragt an, wie viel m^2 Fläche zu bepflanzen sind. Berechne.

7 In einer Kurve fahren die äußeren Räder einen weiteren Weg als die inneren Räder. Der Abstand der Räder ist 1,50 m. Berechne die Strecke für die inneren und für die äußeren Räder. Berechne die Differenz.

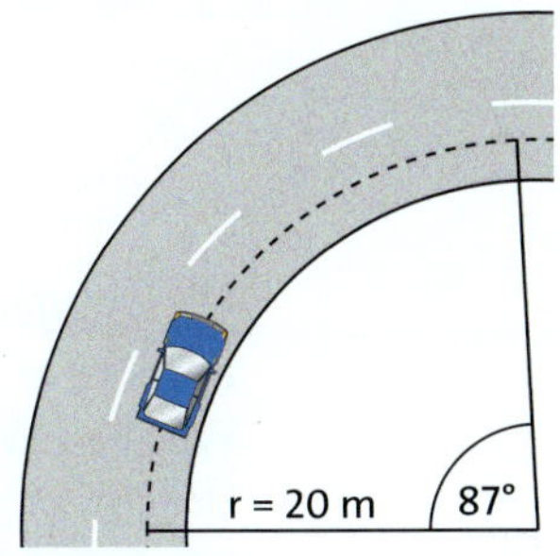

8 Berechne den Mittelpunktswinkel α.

Tipp zu a) $b = 2\pi \cdot r \cdot \frac{\alpha}{360^\circ}$

$20\,m = 2\pi \cdot 5\,m \cdot \frac{\alpha}{360^\circ}$ | : 2π

$3{,}18\,m \approx 5\,m \cdot \frac{\alpha}{360^\circ}$ | : 5 m

$0{,}64 \approx \frac{\alpha}{360^\circ}$ | $\cdot\, 360^\circ$

$\alpha \approx \ldots$

a) b = 20 m; r = 5 m
b) b = 18,8 mm; r = 4 mm
c) b = 6 cm; r = 4,5 cm

9 Berechne den Radius r des Kreissektors.

Tipp zu a) $A = \pi \cdot r^2 \cdot \frac{\alpha}{360^\circ}$

$26{,}2\,cm^2 = \pi \cdot r^2 \cdot \frac{120^\circ}{360^\circ}$ | : π

$8{,}34\,cm^2 \approx r^2 \cdot 0{,}33$ | : 0,33

$25{,}02\,cm^2 \approx r^2$ | $\sqrt{\ }$

a) $A = 26{,}2\,cm^2$; α = 120°
b) $A = 31{,}1\,dm^2$; α = 275°
c) $A = 10{,}5\,mm^2$; α = 75°
d) $A = 14{,}3\,cm^2$; α = 40°

10 Berechne die fehlenden Werte.

	r	α	b	A
a)	19 cm		95 cm	
b)		58°		$5{,}18\,m^2$
c)	1,5 mm		6,3 mm	

Klar soweit?

→ Seite 118

Kreis und Kreisumfang

1 Berechne den Umfang des Kreises.
Runde auf zwei Stellen nach dem Komma.
Tipp Achte darauf, ob d oder r gegeben ist.

a)
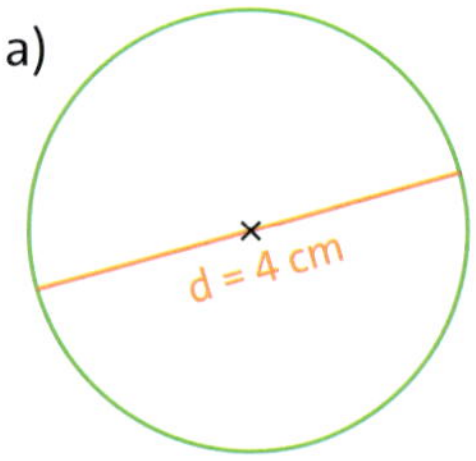

b)
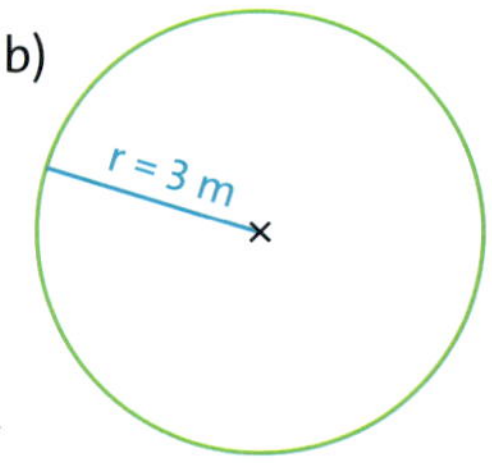

2 Das Wiener Riesenrad hat einen Radius von etwa 30 m.
Welchen Weg legt eine Gondel bei einer Umdrehung zurück?

3 Berechne den Durchmesser d des Kreises.
Tipp Setze ein in die Formel $u = \pi \cdot d$.
a) u = 314 m b) u = 31,4 cm

4 Am Boden hat die Pfanne hat einen Umfang von 65 cm. Berechne den Durchmesser.

1 Berechne den Umfang des Kreises.
Runde auf zwei Stellen nach dem Komma.
a) d = 13 cm b) r = 9 m

c)
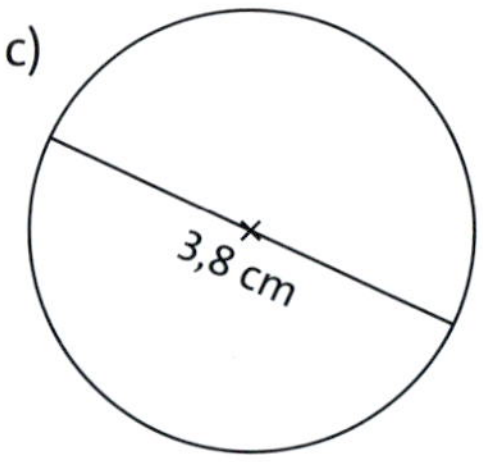

d)
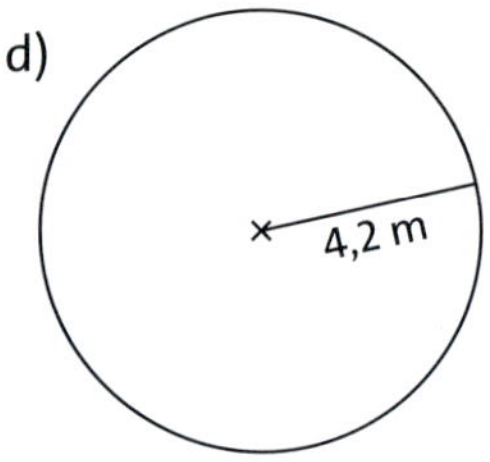

2 Beim Verlegen von Rollrasen wird eine Walze mit einem Durchmesser von 30 cm verwendet. Die Walze dreht sich einmal.
a) Schätze die Strecke, die die Walze zurücklegt: Ist es mehr als 1 m?
b) Berechne und überprüfe deine Schätzung.

3 Berechne den Durchmesser d des Kreises.
Gib auch den Radius r an.
a) u = 25,12 m b) u = 113 mm

4 Jenny misst den Umfang eines Baumstamms. Es sind 127 cm.
Berechne Durchmesser und Radius.

→ Seite 123

Flächeninhalt von Kreisen

5 Berechne den Flächeninhalt des Kreises.
Runde auf zwei Stellen nach dem Komma.
a) r = 4 cm b) r = 7,2 m

5 Berechne den Flächeninhalt des Kreises.
Runde auf zwei Stellen nach dem Komma.
a) r = 13 cm b) r = 2,5 m c) d = 18 cm

6 „Big Ben“ ist der Spitzname der Glocke von Londons berühmtester Uhr im „Palace of Westminster“. Der Minutenzeiger ist 4,3 m lang und der Stundenzeiger 2,74 m. Schätze, ob das Zifferblatt größer als euer Wohnzimmer ist. Berechne dann und vergleiche.

7 Berechne den Radius des Kreises.
Tipp Setze in die Formel $A = \pi \cdot r^2$ ein.
a) $A = 33\,cm^2$ b) $A = 7{,}5\,dm^2$

7 Berechne den Radius des Kreises. Gib auch den Durchmesser an.
a) $A = 491\,cm^2$ b) $A = 8{,}55\,dm^2$

8 Der Teppich hat den Flächeninhalt $A = 5000\,cm^2$. Berechne den Radius. Mögliche Lösungen: 40 cm; 60 cm; 80 cm

8 Ein runder Spiegel hat einen Flächeninhalt von $A = 7853\,cm^2$. Berechne den Durchmesser.

→ Seite 127

Kreisausschnitte

9 Der Radius der Kreise ist immer $r = 2{,}5\,cm$. Gib zuerst die Größe des Mittelpunktwinkels an. Berechne dann die Länge des Kreisbogens b.

a) b) c) d) e)

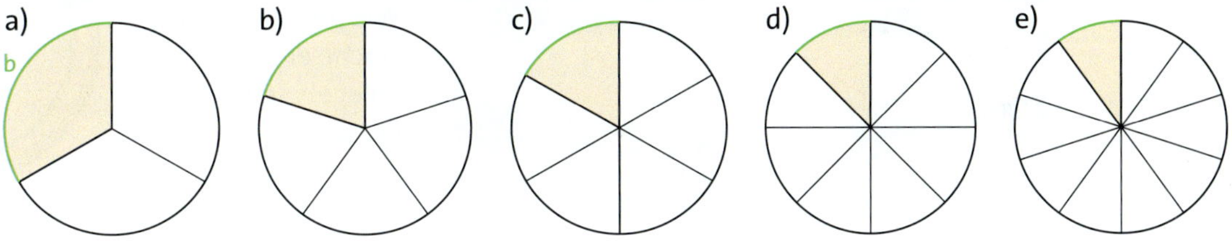

10 Berechne den Flächeninhalt des Kreisausschnitts.
Tipp
$A = \pi \cdot r^2 \cdot \frac{\alpha}{360°}$

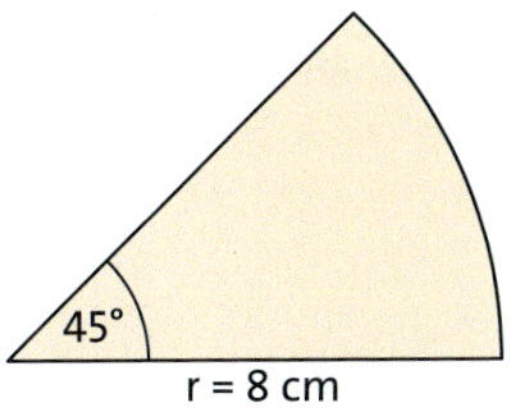

10 Bestimme den Winkel des Kreissektors. Berechne dann den Flächeninhalt.

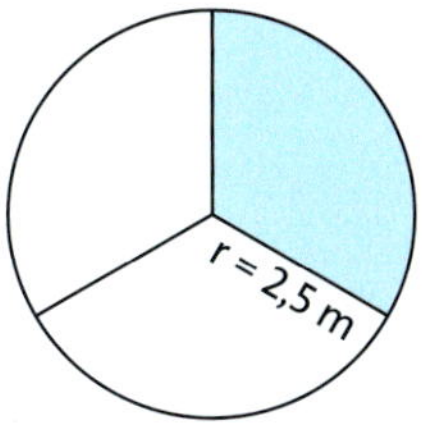

11 Berechne die Länge des Kreisbogens b.
Tipp
$b = 2 \cdot \pi \cdot r \cdot \frac{\alpha}{360°}$

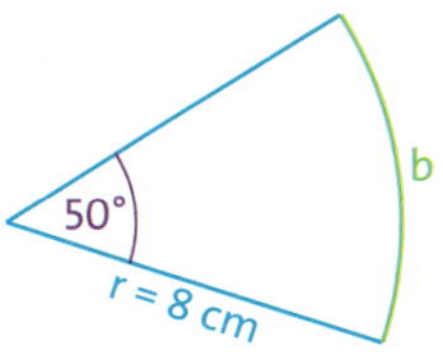

11 Berechne den Radius r.
Tipp Setze ein in die Formel:
$b = 2 \cdot \pi \cdot r \cdot \frac{\alpha}{360°}$

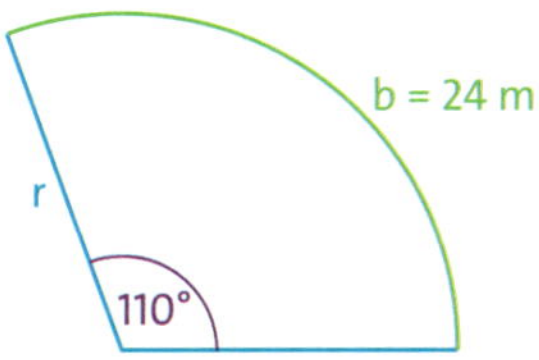

→ Lösungen ab S. 258

Vermischte Übungen

Anwenden

1 Berechne den Umfang und den Flächeninhalt.

a) Dartscheibe
d = 45 cm

b) Pool
d = 2,10 m

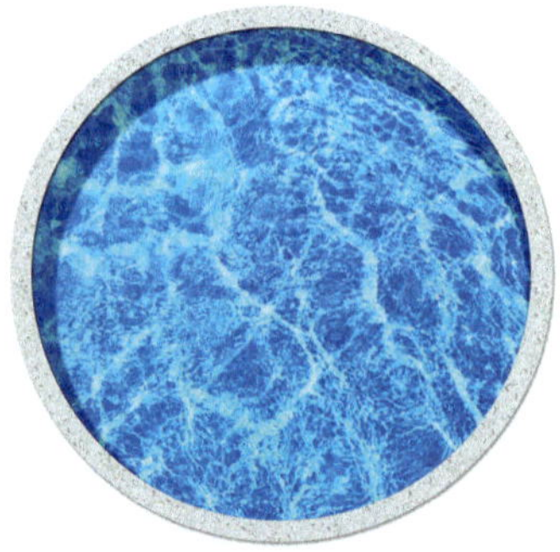

c) 2-Euro-Münze
d = 26 mm

d) Zitronenscheibe
d = 5,8 cm

2 Niko, Amaia, Ivan und Mira berechnen den Umfang eines Kreises mit dem Durchmesser d = 30 cm.
Wer hat richtig gerechnet? Erklärt euch gegenseitig alle Fehler, die die anderen gemacht haben.

Niko	Amaia	Ivan	Mira
$u = 2 \cdot \pi \cdot r$	$u = \pi \cdot d$	$u = 2 \cdot \pi \cdot r$	$u = \pi \cdot d$
$u = 2 \cdot \pi \cdot 30\,cm$	$u = \pi \cdot 30\,cm$	$u = 2 \cdot \pi \cdot 15\,cm$	$u = \pi \cdot 30\,cm$
$u \approx 188{,}50\,cm^2$	$u = 94{,}0\,cm$	$u \approx 94{,}25\,cm$	$u = 94{,}25778\,cm$

3 Der Landeplatz für Hubschrauber hat den Radius r = 9 m. Berechne den Flächeninhalt.

3 Der Rahmen hat einen Umfang von u = 140 cm.
Wie groß muss die Fläche eines Spiegels sein, der genau in den Rahmen passt?
Berechne zuerst den Durchmesser d.

4 Berechne die fehlenden Werte des Kreises.

	Radius r	Durchmesser d	Umfang u	Flächeninhalt A
a)	5 m			
b)		20 cm		
c)			100 cm	
d)				$75\,m^2$

4 Berechne die fehlenden Werte des Kreises.

	Radius r	Durchmesser d	Umfang u	Flächeninhalt A
a)	3,5 cm			
b)		25 mm		
c)			133 m	
d)				$100\,dm^2$

5 Richtig ✓ oder falsch *f*?
Berechne und begründe dann.
Ein Kreis hat einen Radius von r = 5 cm.
Wenn man den Radius verdoppelt, dann verdoppelt sich auch der Umfang.

5 Richtig ✓ oder falsch *f*?
Begründe mithilfe von Beispielen.
Korrigiere, wenn nötig.
Wenn man den Umfang eines Kreises verdoppelt, so verdoppelt sich der Durchmesser.

6 Berechne den Flächeninhalt des Kreisrings.

a) 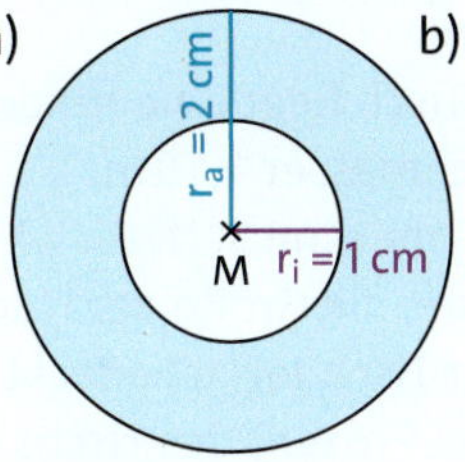

b) 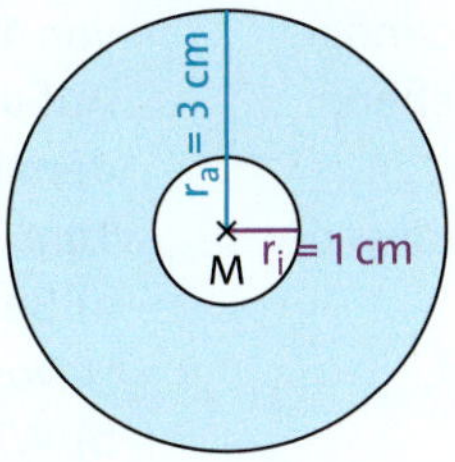

6 Berechne den Flächeninhalt des Kreisrings.

a) 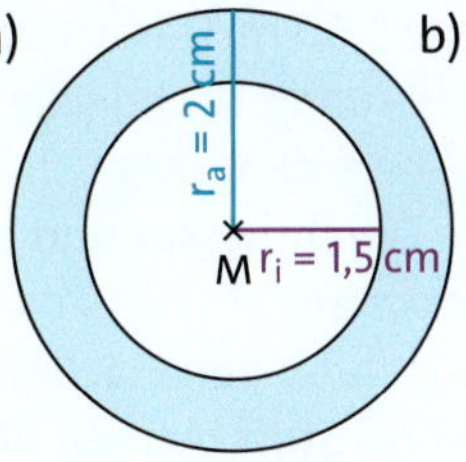

b) 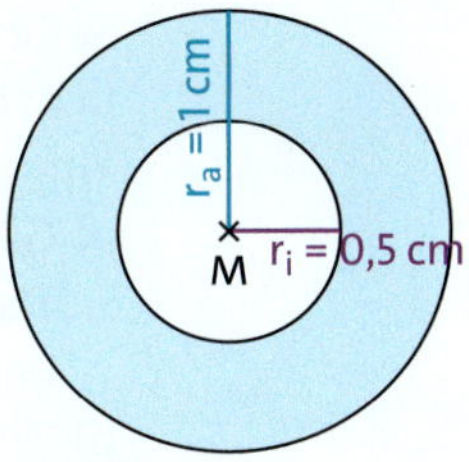

Zum Weiterdenken
Warum ist die Fläche mit der Glasur größer, als du berechnet hast?

7 Der Donut hat außen einen Radius von 4 cm und innen einen Radius von 1 cm. Wie groß ist die Fläche mit der Glasur?
Tipp Gib die Radien r_a und r_i an.

7 Eine runde Rasenfläche hat den Radius r = 7 m. Um die Rasenfläche herum soll ein 80 cm breiter Streifen mit Blumen bepflanzt werden. Wie groß ist die Fläche, die bepflanzt werden soll?
Tipp Zeichne eine Skizze. Trage die Maße ein.

8 Jan soll den Inhalt der Innenfläche berechnen. Er beginnt so:
Quadrat: A = (5 cm)² = 25 cm²
blaue äußere Flächen: vier Viertelkreise, also insgesamt ▬
hellgraue Innenfläche = Quadrat – ▬

a) Erklärt euch gegenseitig, wie Jan vorgegangen ist und was in den Lücken stehen muss.
b) Berechnet den Inhalt der hellgrauen Fläche.

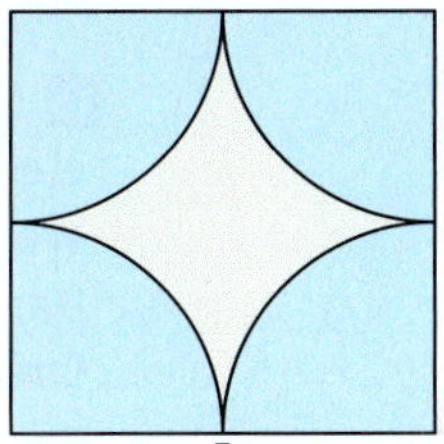
a = 5 cm

9 Berechne den Inhalt der farbigen Fläche ①.

a) 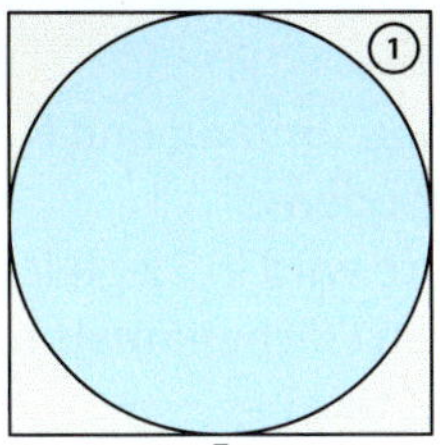

a = 5 cm

b) 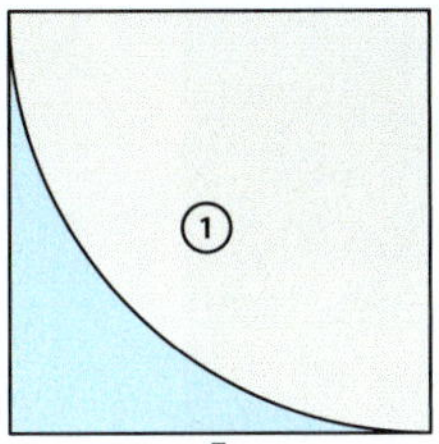

a = 5 cm

9 Berechne den Inhalt der farbigen Fläche ①.

a) 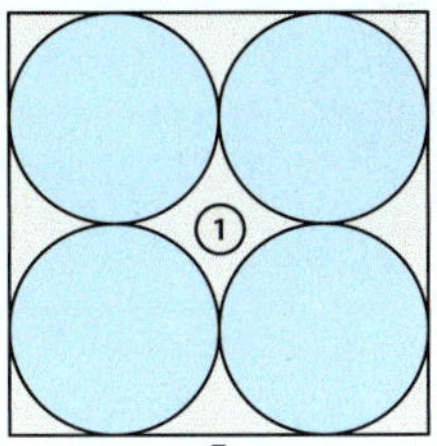

a = 5 cm

b) 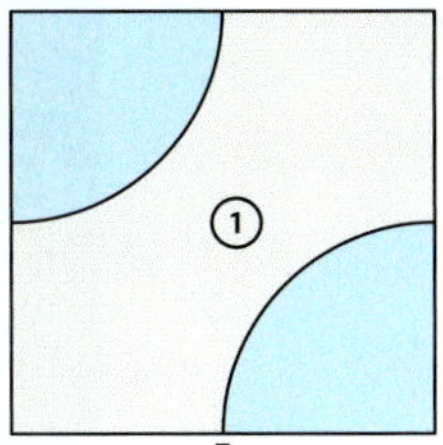

a = 5 cm

10 Bestimme den Umfang der Figur.
Tipp Bestimme zuerst den Durchmesser.

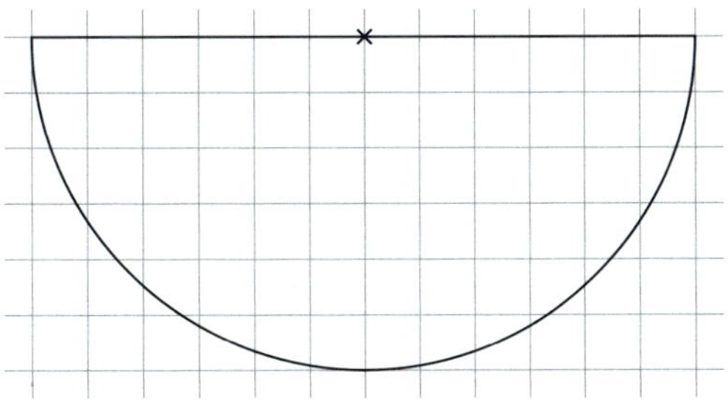

10 Bestimme den Umfang der Figur.
Tipp Finde zuerst die beiden Viertelkreise.

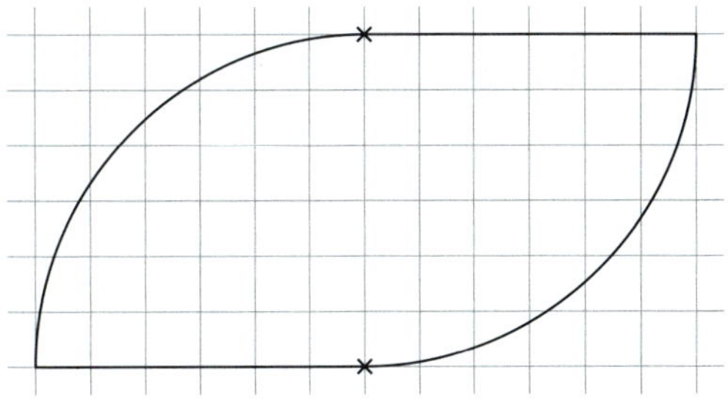

Vertiefen

11 Ein quadratisches Stück Stoff hat die Seitenlänge 1,60 m. Daraus soll eine möglichst große runde Tischdecke entstehen.
Tipp Zeichne eine Skizze.
a) Gib den Durchmesser und den Radius der Tischdecke an.
Berechne dann den Flächeninhalt.
b) Wie viel m^2 Stoff bleiben übrig?
c) Gib dein Ergebnis aus b) in Prozent an.

11 Ein runder Tisch hat einen Durchmesser von 1,50 m.
Auf dem Tisch liegt eine runde Tischdecke mit dem Durchmesser 1,10 m.
Tipp Zeichne eine Skizze.
a) Berechne die Größe der Fläche, die nicht von der Tischdecke bedeckt wird.
b) Wie viel Prozent des Tischs werden von der Tischdecke bedeckt?

12 Die Torwand hat die Maße 2,10 m × 2,10 m. Der Durchmesser eines Lochs beträgt 55 cm.
a) Berechne den Flächeninhalt der gesamten Torwand und den Flächeninhalt der zwei Löcher.
b) Wie viel Prozent der Torwand machen die beiden Löcher aus?
c) Ein Fußball mit einem Umfang von 70 cm wird genau mittig durch ein Loch geschossen.
Wie viel cm Platz sind zwischen Ball und Rand?
d) Kai behauptet: „Da würden sogar zwei Bälle nebeneinander durch ein Loch passen".
Stimmt das? Begründe.

13 Mit einem Radio-Teleskop kann man elektromagnetische Strahlung aus dem Weltall empfangen.
Das Radio-Teleskop Effelsberg war 29 Jahre lang das größte bewegliche Radio-Teleskop der Welt. Sein Durchmesser beträgt 100 m.

a) Berechne den Umfang und Flächeninhalt.
b) Vergleiche den Flächeninhalt mit einem Fußballfeld, das 90 m lang und 60 m ist.

13 Eine Torte hat einen Radius von 14 cm.

a) Berechne Umfang und Flächeninhalt des Tortenbodens.
b) Die Torte wird in 12 gleiche Stücke geteilt. Welchen Flächeninhalt hat der Boden von einem Stück?
c) Eine andere Torte hat den gleichen Radius. Der Boden eines Stücks ist 77 cm^2 groß. Berechne, in wie viele Stücke diese Torte geteilt wurde.

14 Berechne den Flächeninhalt.
Tipp Berechne zuerst den Flächeninhalt des ganzen Kreisrings.

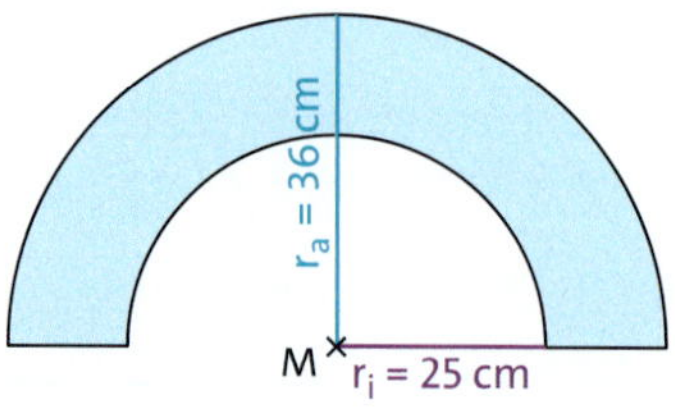

14 Berechne den Flächeninhalt.
Tipp Berechne zuerst den Flächeninhalt des ganzen Kreisrings.

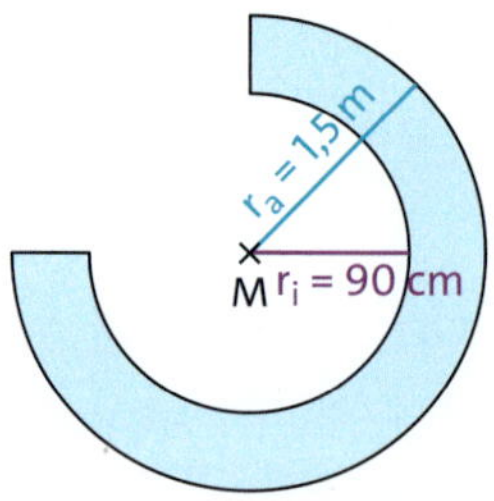

Weiterdenken

Hinweis
Weitere Informationen findest du im Internet oder bei einer Berufsberatung.

Beruf Landschaftsgärtner/in

Ausbildungsdauer: 3 Jahre
Häufige Tätigkeiten:
- Beete anlegen
- Terrassen und Zäune bauen
- Gehölze pflegen
- Teiche, Becken und Wasserläufe herstellen
- Mauern und Treppen bauen
- Wege und Plätze pflastern

Als Landschaftsgärtner oder -gärtnerin arbeitest du bei Wind und Wetter draußen. Du solltest handwerklich geschickt und körperlich belastbar sein und die Natur mögen.

15 Auf einer Rasenfläche wird ein rundes Beet mit dem Durchmesser 3 m angelegt.
a) Wie viel m^2 müssen neu bepflanzt werden?
b) Auf dem Beet werden Wildblumen gesät. Für 1 m^2 braucht man 250 g Samen. 1 kg kostet 9,50 €. Berechne die Kosten.
c) Als Umrandung wird eine kleine Hecke gepflanzt. Pro 70 cm soll eine Heckenpflanze stehen. Wie viele Heckenpflanzen braucht man?

16 Ein großer runder Teich in einem Park wird mit Palisaden umrandet. Der Radius des Teichs beträgt 15 m.
a) Eine Palisade hat einen Durchmesser von 40 cm. Wie viele Palisaden braucht man?
b) Eine Palisade kostet im Einkauf 9,50 €. Dazu kommen noch 19 % Mehrwertsteuer. Wie hoch sind die Kosten?

17 Ein Steinbeet mit einem Muster im Inneren soll gelegt werden. Der gesamte Durchmesser beträgt 5,80 m.
a) Betrachte das Muster im Inneren: Wie viel m^2 Steine benötigt man von jeder Farbe?
b) Die Umrandung außen ist 90 cm breit. 80 Steine reichen für etwa 1 m^2. Wie viele Steine braucht man?
c) 1 t Steine reichen für 4,5 m^2. Wie viel Tonnen Steine sind es insgesamt?

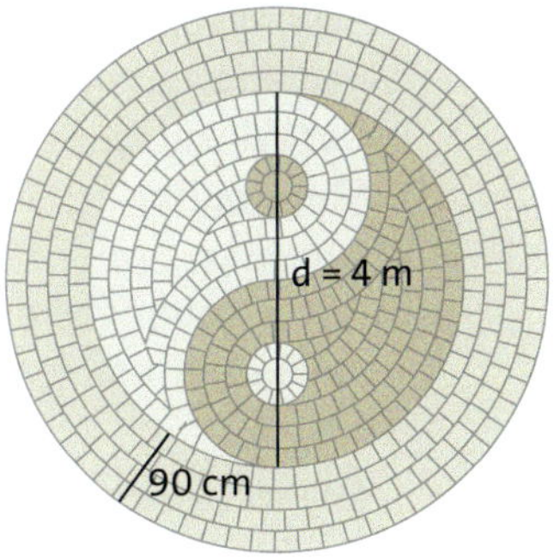

Zusammenfassung

→ Seite 118

Kreis und Kreisumfang

Der Quotient aus Umfang u und Durchmesser d heißt **Kreiszahl** π (sprich: Pi).
$\pi = \frac{u}{d} = 3{,}141\,592...$

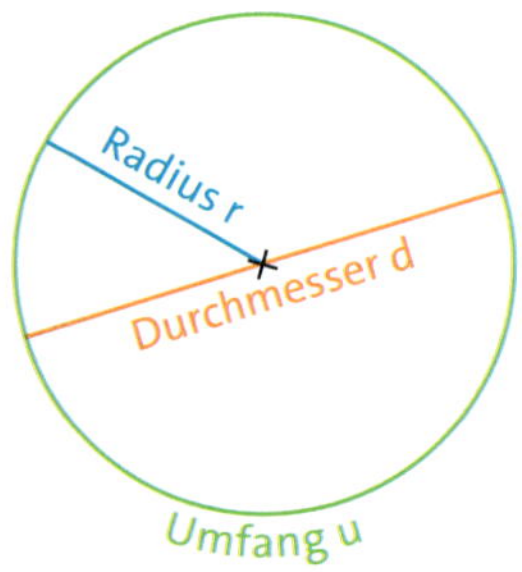

gegeben: Durchmesser $d = 6{,}5\,cm$
gesucht: Umfang u
$u = \pi \cdot d$
$u = \pi \cdot 6{,}5\,cm$
$u \approx \underline{\underline{20{,}42\,cm}}$

Umfang = Kreiszahl π · Durchmesser
$u = \pi \cdot d$
Umfang = 2 · Kreiszahl π · Radius
$u = 2 \cdot \pi \cdot r$

gegeben: Radius $r = 12\,m$
gesucht: Umfang u
$u = 2 \cdot \pi \cdot r$
$u = 2 \cdot \pi \cdot 12\,m$
$u \approx \underline{\underline{75{,}40\,m}}$

→ Seite 123

Flächeninhalt von Kreisen

Flächeninhalt = π · Radius²
$A = \pi \cdot r^2$

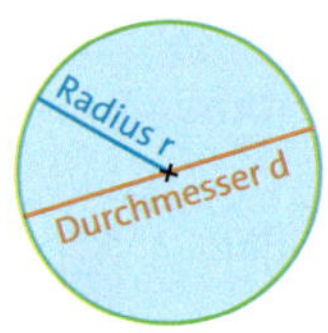

gegeben: Radius $r = 3\,cm$
gesucht: Flächeninhalt A
$A = \pi \cdot r^2$
$A = \pi \cdot (3\,cm)^2$
$A = \pi \cdot 9\,cm^2$
$A \approx \underline{\underline{28{,}27\,cm^2}}$

→ Seite 127

+ Kreisausschnitte

Einen Kreisausschnitt nennt man auch ***Kreissektor****.*

Ein **Kreisausschnitt** ist ein Teil eines Kreises.
Er wird von zwei Radien begrenzt.
Der Winkel heißt Mittelpunktswinkel α.
Das zugehörige Stück auf dem Umfang heißt der Kreisbogen b.

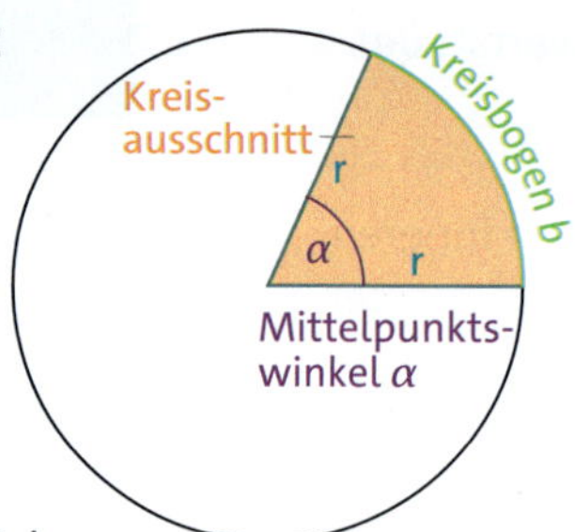

gegeben: $r = 5\,cm$; $\alpha = 45°$
gesucht: Länge des Kreisbogens b
$b = 2 \cdot \pi \cdot r \cdot \frac{\alpha}{360°}$
$b = 2 \cdot \pi \cdot 5\,cm \cdot \frac{45°}{360°}$
$b \approx \underline{\underline{3{,}93\,cm}}$

Kreisbogen = 2 · π · Radius · Anteil
$b = 2 \cdot \pi \cdot r \cdot \frac{\alpha}{360°}$
Flächeninhalt des Kreissektors
A = π · Radius² · Anteil
$A = \pi \cdot r^2 \cdot \frac{\alpha}{360°}$

gegeben: $r = 12\,m$; $\alpha = 119°$
gesucht: Flächeninhalt A des Kreissektors
$A = \pi \cdot r^2 \cdot \frac{\alpha}{360°}$
$A = \pi \cdot (12\,m)^2 \cdot \frac{119°}{360°}$
$A \approx \underline{\underline{149{,}54\,m^2}}$

Teste dich!

1 Berechne den Flächeninhalt A und den Umfang u des Kreises.

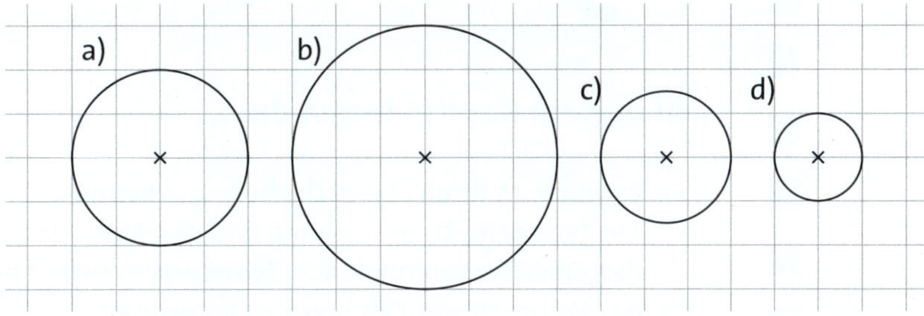

2 Berechne die fehlenden Werte des Kreises.

	Radius r	Durchmesser d	Umfang u	Flächeninhalt A
a)	3 cm			
b)		22 m		
c)	57 mm			

2 Berechne die fehlenden Werte des Kreises.

	Radius r	Durchmesser d	Umfang u	Flächeninhalt A
a)	4 m			
b)			39 cm	
c)		19 mm		

3 Eine Ziege ist mit einer Schnur an einem Pflock befestigt. Das Seil ist 3,50 m lang.
a) Wie groß ist die Fläche, auf der die Ziege grasen kann?
b) Wie lang ist die längste Runde, die die Ziege laufen kann?

3 In einem Park befindet sich eine Uhr aus Blumen. Der Durchmesser beträgt 7 m.
a) Wie groß ist die bepflanzte Fläche?
b) Eine Pflanze hat im Durchschnitt 0,02 m^2 Platz. Wie viele Pflanzen sind es?

4 Berechne den Umfang u und den Flächeninhalt A.

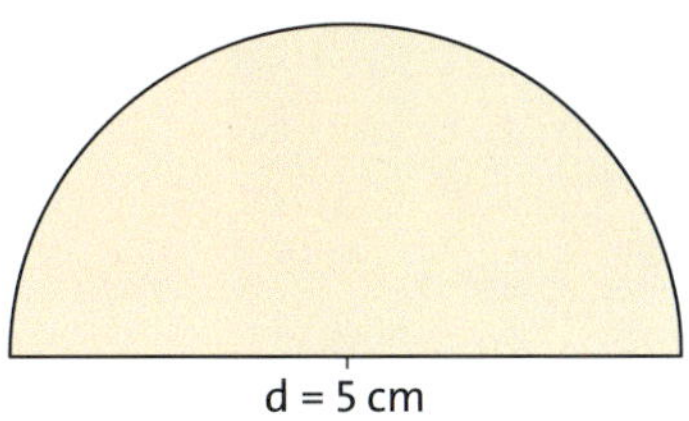

4 Berechne den Umfang u und den Flächeninhalt A.

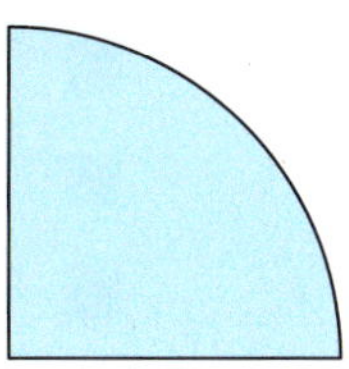

5 Berechne die Länge der Schlangenlinie.

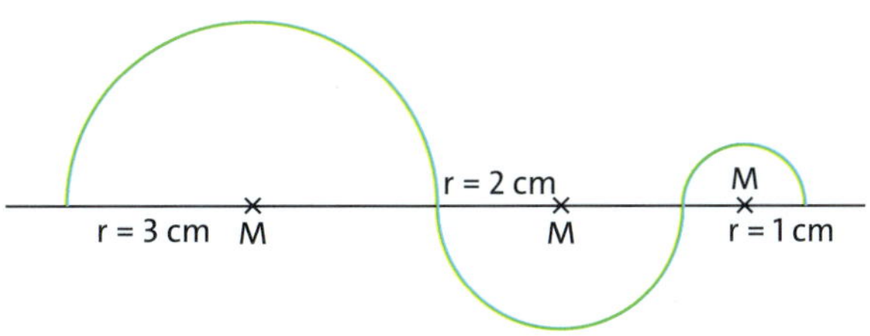

→ Lösungen ab S. 259

→ Lösungen ab S. 260

Zylinder

In diesem Kapitel lernst du, ...

→ Zylinder an ihren Eigenschaften zu erkennen.
→ ein Zylindernetz zu zeichnen und den Mantelflächeninhalt und den Oberflächeninhalt von Zylindern zu berechnen.
→ das Volumen von Zylindern zu berechnen.

Die Torte wurde für eine Hochzeit bestellt.
Jede Etage ist 10 cm hoch. Die unterste Etage hat einen Durchmesser von 25 cm. Darüber verringert sich der Durchmesser um jeweils 5 cm.
Wie hoch ist die Torte insgesamt?
Schätze:
- Wie viel Teig wurde für jede Etage benötigt?
- Mit wie viel Zuckermasse, auch Fondant genannt, wurde die Torte überzogen?

Noch fit?

1 Berechne.
Tipp Runde auf zwei Stellen hinter dem Komma.
a) Durchmesser d
b) Umfang u
c) Flächeninhalt A

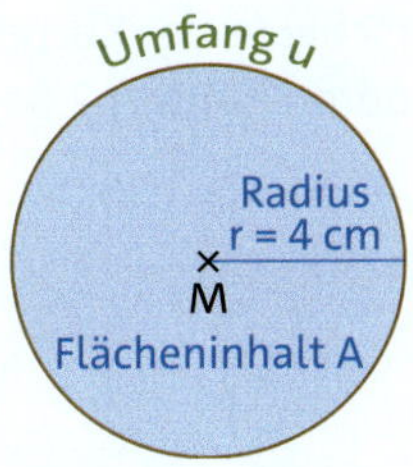

1 Miss den Radius r des Kreises. Berechne dann die gesuchte Größe.
a) Durchmesser d
b) Umfang u
c) Flächeninhalt A

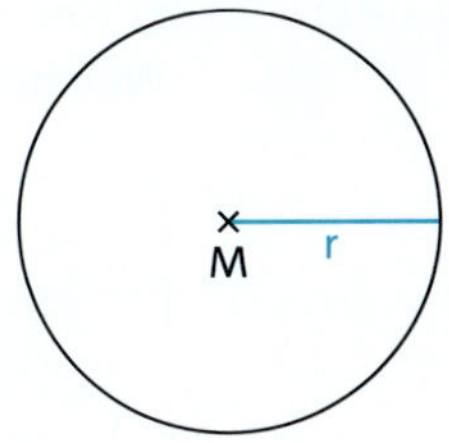

2 Ordne die richtigen Fachbegriffe zu.

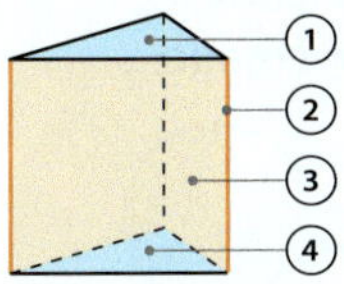

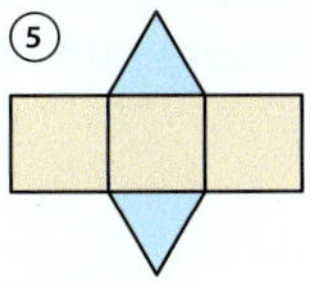

Mantelfläche | Körperhöhe | Netz | Grundfläche | Deckfläche

Hinweis
*Zeichne alle nach hinten verlaufenden Kanten im **45°**-Winkel mit **halber Länge**.*

3 Zeichne die Grundfläche ins Heft. Ergänze zu einem Prisma im Schrägbild.
Körperhöhe: $h_k = 6$ cm.

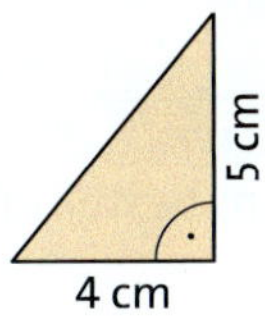

3 Zeichne die Grundfläche ins Heft. Ergänze zu einem Prisma im Schrägbild.
Körperhöhe: $h_k = 9$ cm.

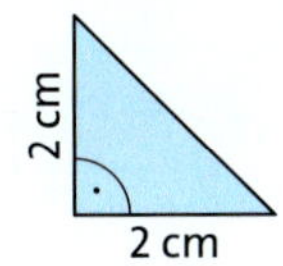

4 Berechne das Volumen V.

a)
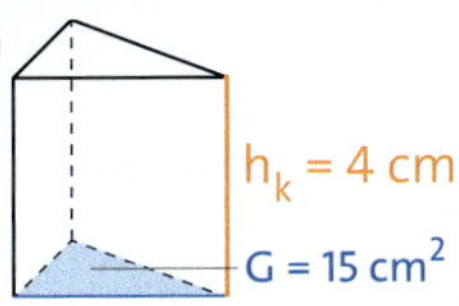

b)
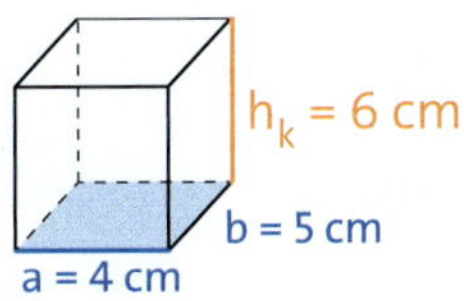

4 Berechne das Volumen V.

a)
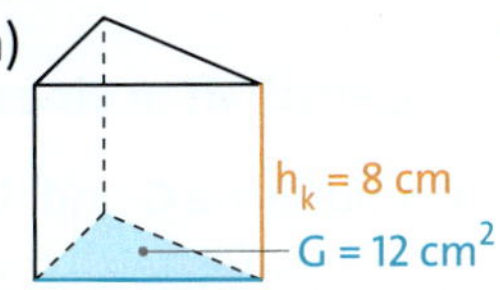

b)
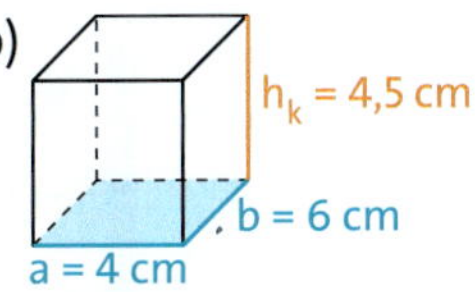

Hinweis
Ein Netz des Prismas kann dir weiterhelfen.

5 Berechne den Oberflächeninhalt O.
Tipp Nutze das Netz: $O = 2 \cdot G + M$

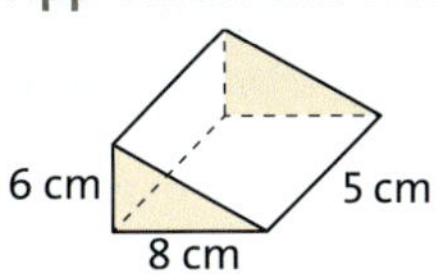

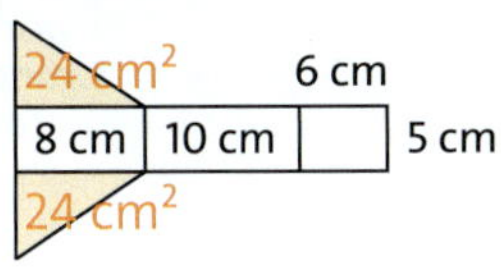

5 Berechne den Oberflächeninhalt O.

a)
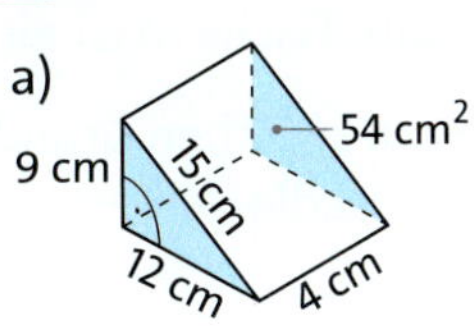

b)
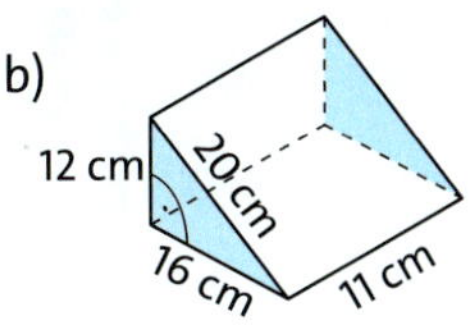

6 Rechne in die nächstgrößere Einheit um.
a) 50 mm
b) 200 cm^2
c) 350 000 dm^3
d) 125 cm
e) 188 000 dm^2
f) 1334 cm^3
g) 1,75 dm
h) 333 cm^3

→ *Lösungen ab S. 260*

Trainingsplan

Nr.	Ich kann ...	Ich muss noch trainieren:
1	den Umfang und den Flächeninhalt von Kreisen berechnen.	→ S. 298, Nr. 41, 42
2	die Fachbegriffe von Prismen anwenden.	→ S. 299, Nr. 43
3	das Schrägbild von einem Prisma zeichnen.	→ S. 299, Nr. 44
4	das Volumen von einem Prisma berechnen.	→ S. 299, Nr. 45
5	den Oberflächeninhalt von einem Prisma berechnen.	→ S. 299, Nr. 46
6	Einheiten umrechnen.	→ S. 300, Nr. 47, 48; S. 303, Nr. 66, 67

Zylinder erkennen und zeichnen

ENTDECKEN

1 Nenne Gemeinsamkeiten und Unterschiede der Körper.
Welche Körper passen nicht zu den anderen Körpern? Begründe deine Wahl.

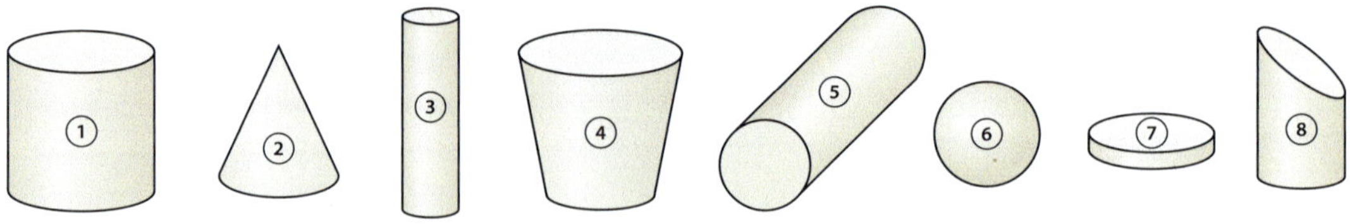

2 Max, Mia und Marla haben einen Zylinder im Schrägbild gezeichnet.

a) Vergleicht die Schrägbilder. Findet Gemeinsamkeiten und Unterschiede.

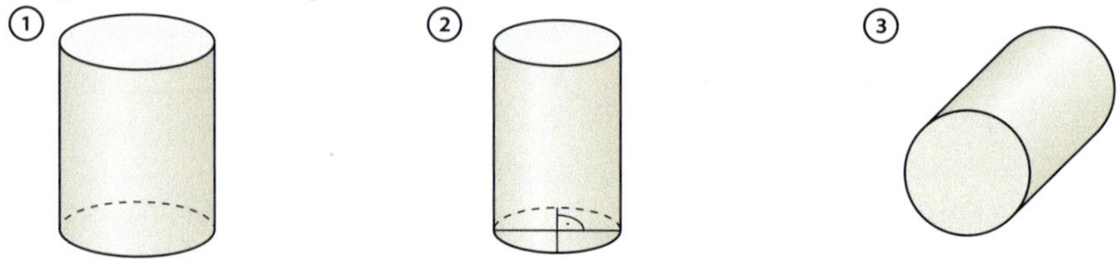

b) Welches Schrägbild gefällt euch am besten? Begründet.

VERSTEHEN

Der Zylinder ist ein Körper mit besonderen Eigenschaften.

Vokabeln
→ der Zylinder
→ die Grundfläche
→ die Deckfläche
→ die Mantelfläche
→ die Körperhöhe

Merke **Eigenschaften eines Zylinders**

- Die **Grundfläche G** und die **Deckfläche** sind Kreise und gleich groß.
- Die Grundfläche und die Deckfläche liegen zueinander parallel.
- Die **Mantelfläche M** ist ein Rechteck.

Der Abstand zwischen Grundfläche und Deckfläche ist die Körperhöhe h_k.

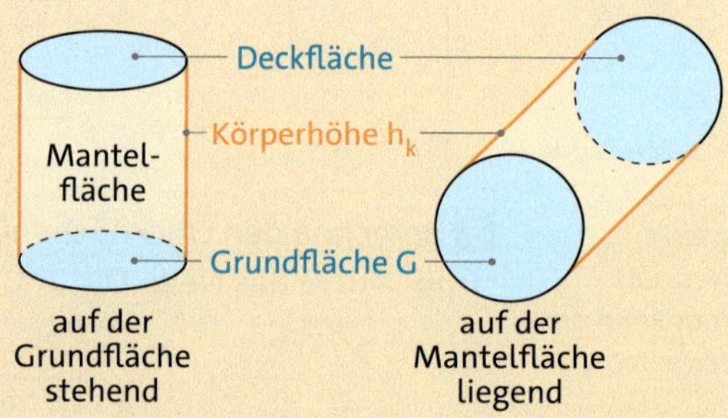

Zylinder können im Schrägbild anschaulich dargestellt werden.

Hinweis
Nicht sichtbare Linien werden gestrichelt. Radiere Hilfslinien zum Schluss weg.

Beispiel 1 So skizzierst du das **Schrägbild** eines Zylinders mit d = 2,2 cm; h_k = 1,5 cm.

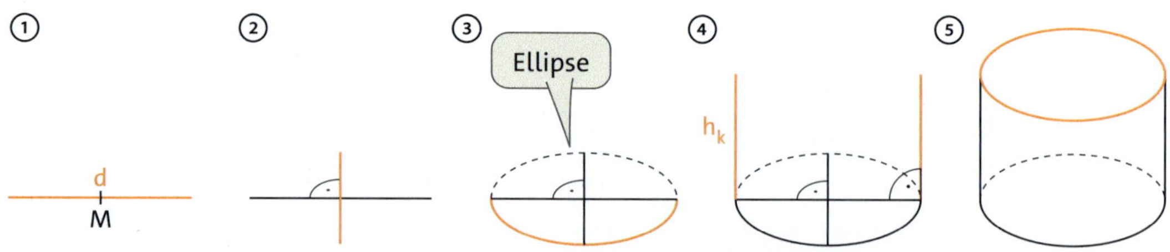

① Zeichne den Durchmesser d = 2,2 cm. Markiere den Mittelpunkt M.

② Zeichne durch M eine Senkrechte mit der halben Länge von d: $\frac{d}{2}$ = 1,1 cm.

③ Skizziere die Grundfläche als **Ellipse**. Das ist ein gestauchter Kreis.

④ Zeichne die Körperhöhe h_k = 1,5 cm senkrecht zu d.

⑤ Skizziere die Deckfläche als **Ellipse**.

ANWENDEN

1 Welche Körper sind Zylinder?
Prüfe die Eigenschaften und begründe.

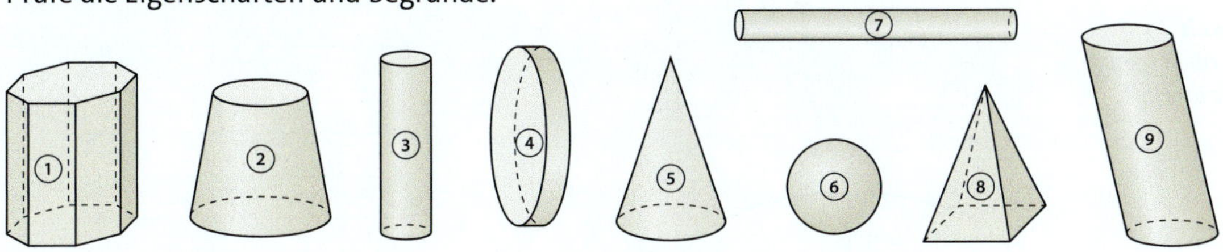

2 Welche Abbildungen zeigen Zylinder?

2 Welches Bild zeigt einen Zylinder? Begründe.

3 Übertrage ins Heft und benenne die Bestandteile beim Zylinder.
Grundfläche, Deckfläche, Mantelfläche, Körperhöhe, Radius und Durchmesser.

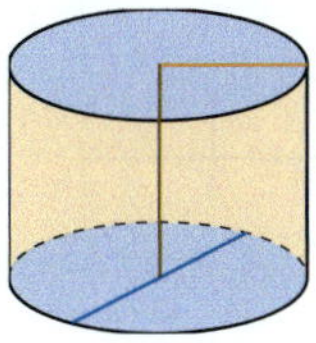

3 Benenne die farbigen Bestandteile des Zylinders.
Tipp Verwende die Begriffe Grundfläche, Deckfläche, Mantelfläche, Körperhöhe, Durchmesser und Radius.

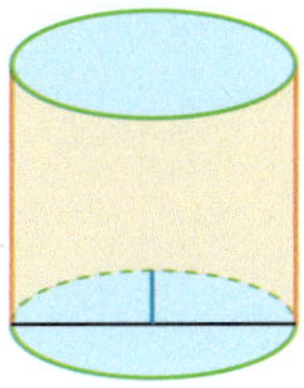

4 Wie unterscheiden sich die Zylinder voneinander? Beschreibe.
Tipp Verwende Gegensatzpaare:
stehend ↔ liegend gerade ↔ schief breit ↔ schmal hoch ↔ flach

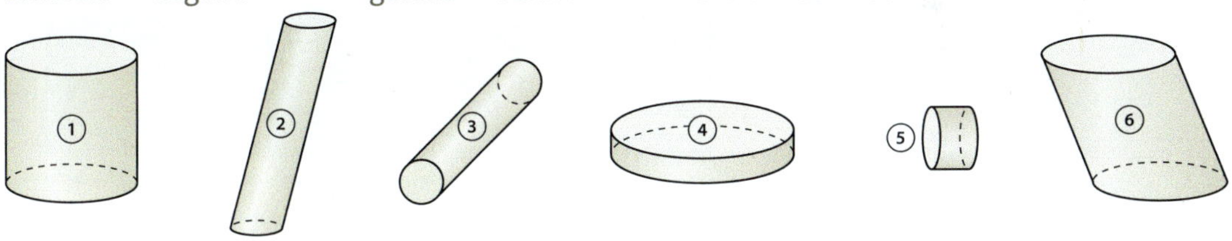

5 Wie skizzierst du ein Schrägbild eines Zylinders?
Nutze die Satzanfänge und ergänze sie.

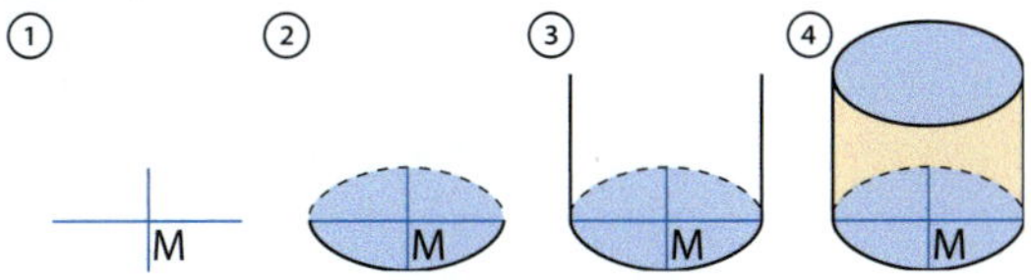

① Zeichne d. Markiere M und zeichne □.
② Skizziere die Grundfläche als eine □.
③ Zeichne h_k.
④ Skizziere die □ als eine □.

5 Ugor hat einen Zylinder im Schrägbild skizziert.
Beschreibe die einzelnen Schritte im Heft.

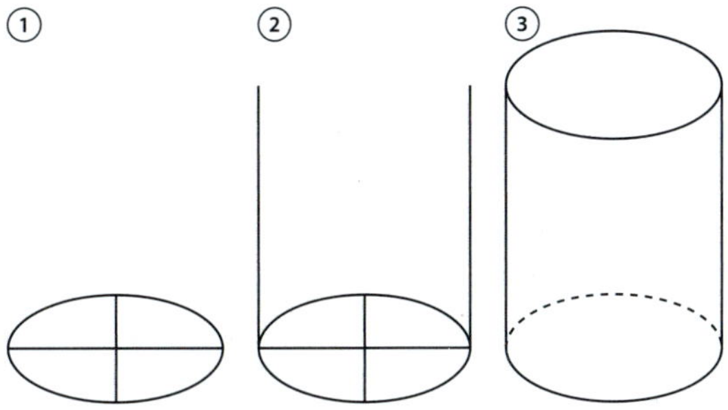

Hinweis
Lass oben genug Platz im Heft.

6 Übertrage ins Heft.
Ergänze das Schrägbild des Zylinders.

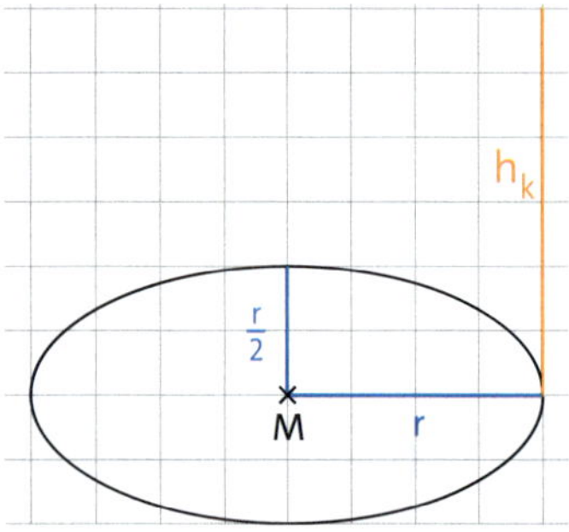

6 Übertrage ins Heft.
Ergänze das Schrägbild des Zylinders.

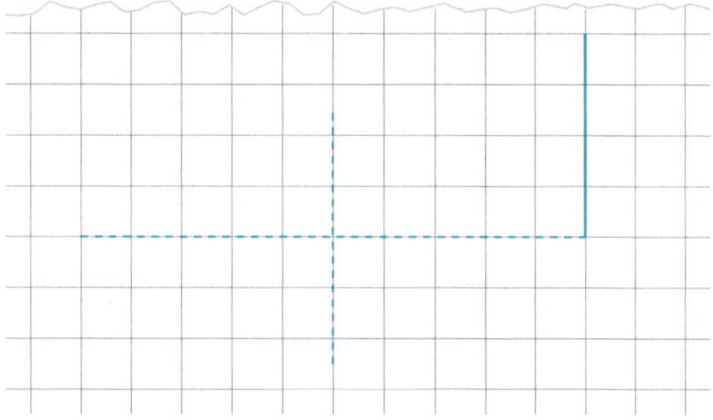

7 Welche Fehler wurden beim Zeichnen des Schrägbilds gemacht?
Ordnet zu.

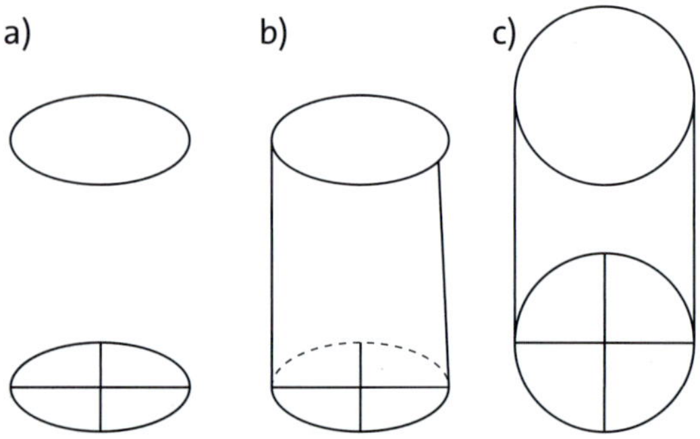

① Die Körperhöhe ist nicht eingezeichnet.

② Die Grundfläche ist ein Kreis.

③ Nicht sichtbare Linien sind …

④ Die Körperhöhe ist …

8 Skizziere das Schrägbild des Zylinders.
Tipp Beginne mit der Grundfläche.

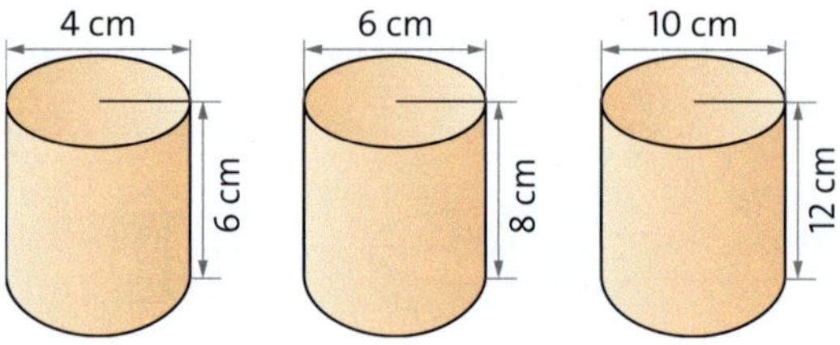

8 Skizziere das Schrägbild des Zylinders.
Tipp Was ist gegeben: r oder d?

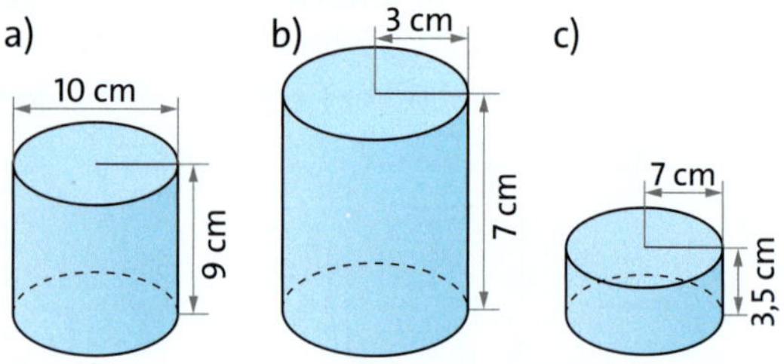

→ Maßstäblich verkleinern: Seite 62

9 Skizziere das Honigglas im Heft.
Tipp Miss die Längen im Buch.

9 Auf dem Marktplatz in Mainz steht eine Säule aus Sandstein. Sie ist 6,4 m hoch und hat einen Durchmesser von 1,2 m. Skizziere die Säule im Maßstab 1:100 im Heft.

Netz und Oberflächeninhalt von Zylindern

ENTDECKEN

Hinweis
Wenn du keine Konservendose hast, kannst du zuerst für einen Zylinder ein Etikett aus Papier zuschneiden.

1 Untersuche eine Konservendose.
a) Wickle vorsichtig das Etikett ab. Welche Form hat es?
b) Miss die Länge und die Breite vom Etikett. Finde entsprechende Maße an der Konservendose.
c) Berechne den Mantelflächeninhalt der Konservendose. Welche Maße brauchst du dafür?

2 Betrachtet die beiden Körpernetze.
a) Vergleicht die Netze: Nennt Gemeinsamkeiten und Unterschiede.
b) Zu welchen Körpern gehören die Netze? Beschreibe die Körper anhand der Netze.
c) Wie kann der Oberflächeninhalt berechnet werden? Stellt eine allgemeine Formel auf.

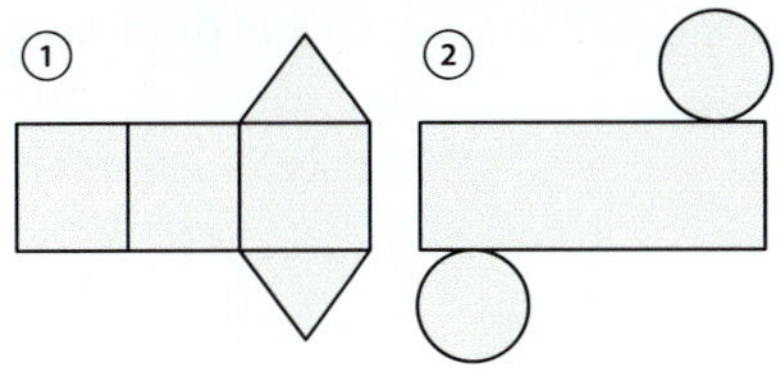

VERSTEHEN

Ein **Netz** eines Zylinders besteht aus der Grundfläche, der Mantelfläche und der Deckfläche.
Die Grundfläche und die Deckfläche sind **Kreise**, die Mantelfläche ist ein **Rechteck**.
Die Mantelfläche ist so lang wie der Umfang u der Kreise und so breit wie die Körperhöhe h_k.

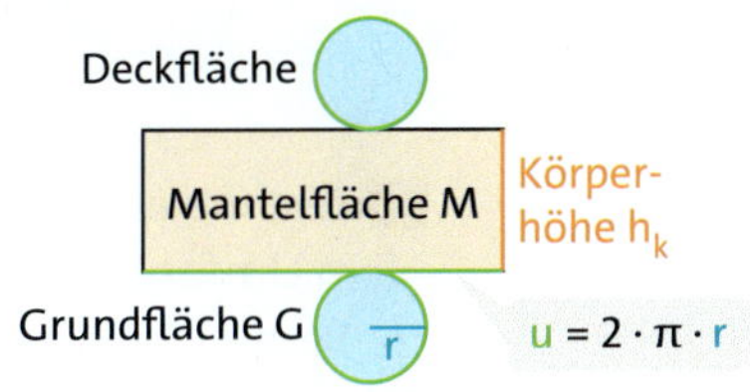

Vokabeln
→ das Netz
→ der Umfang
→ der Mantelflächeninhalt
→ der Oberflächeninhalt

Merke Mantelflächeninhalt M eines Zylinders
Man multipliziert den Umfang u der Grundfläche mit der Körperhöhe h_k:
$M = u \cdot h_k = 2 \cdot \pi \cdot r \cdot h_k$

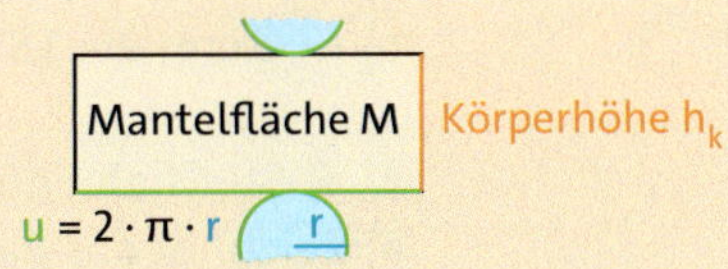

Beispiel 1 Berechne den Mantelflächeninhalt des Zylinders mit r = 5 cm und h_k = 12 cm.
gegeben: r = 5 cm; h_k = 12 cm
gesucht: M
$M = 2 \cdot \pi \cdot r \cdot h_k = 2 \cdot \pi \cdot 5\,cm \cdot 12\,cm \approx \underline{\underline{376{,}99\,cm^2}}$

Merke Oberflächeninhalt O eines Zylinders
Man addiert den Flächeninhalt von Grundfläche, Deckfläche und Mantelfläche:
$O = 2 \cdot G + M$
$O = 2 \cdot \pi \cdot r^2 + 2 \cdot \pi \cdot r \cdot h_k$

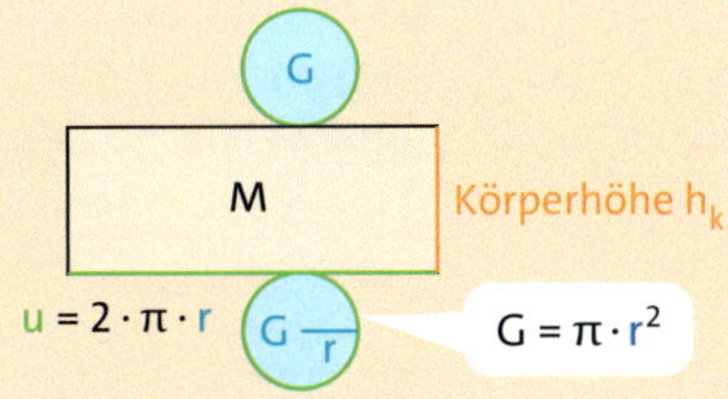

Beispiel 2 Berechne den Oberflächeninhalt des Zylinders mit r = 5 cm und h_k = 12 cm.
gegeben: r = 5 cm; h_k = 12 cm
gesucht: O
$O = 2 \cdot \pi \cdot r^2 + 2 \cdot \pi \cdot r \cdot h_k = 2 \cdot \pi \cdot (5\,cm)^2 + 2 \cdot \pi \cdot 5\,cm \cdot 12\,cm \approx \underline{\underline{534{,}07\,cm^2}}$

ANWENDEN

1 Ist das ein Netz von einem Zylinder? Begründe.

① ②

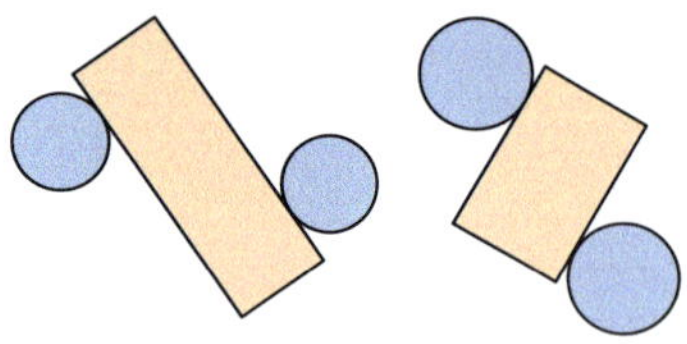

1 Ist das ein Netz von einem Zylinder? Begründe.

① ② ③

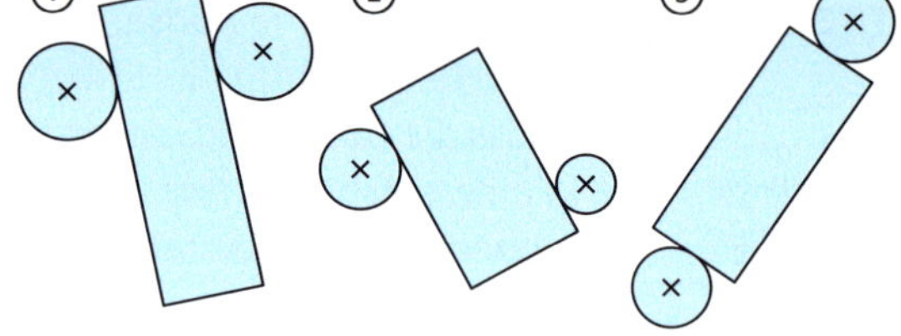

2 Ordne dem Netz einen passenden Zylinder zu.
Tipp Überlege zuerst, wie hoch der Zylinder ist und welchen Durchmesser seine Grundfläche hat. Zwei Zylinder bleiben übrig.

a) b) c)

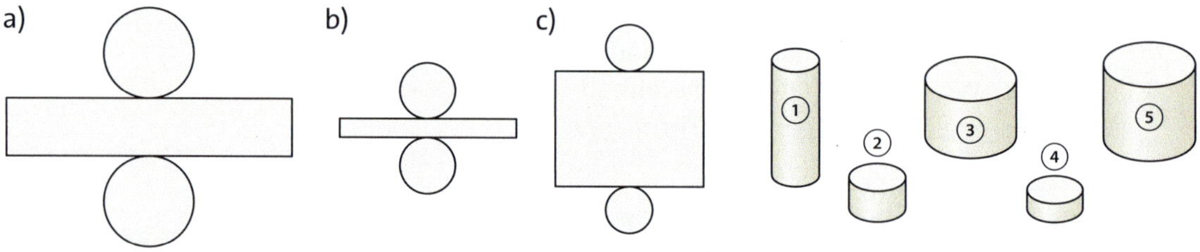

3 Zeichne ein Zylindernetz mit dem Radius r, dem Umfang u und der Höhe h_k.
Vergleicht eure Netze.
Was fällt euch auf?
a) r = 1 cm; u = 6,3 cm; h_k = 3 cm
b) r = 3 cm; u = 18,8 cm h_k = 5 cm

3 Zeichne ein Zylindernetz mit dem Radius r, dem Umfang u und der Körperhöhe h_k.
Vergleicht eure Netze gegenseitig.
Was fällt euch auf?
a) r = 2,5 cm; u = 15,7 cm; h_k = 3 cm
b) r = 1,7 cm; u = 10,7 cm; h_k = 3 cm

4 Stellt einen Zylinder aus Papier her.
a) Zeichnet das Bastelnetz:
Wählt den Radius und die Körperhöhe so, dass alle nötigen Teile auf ein DIN-A4-Blatt passen.
Tipp Denkt auch an Klebelaschen.
b) Beschriftet das Bastelnetz mit G, M, h_k, r und u.
c) Schneidet die Teile aus und klebt sie zusammen.
Stellt euren fertigen Zylinder in der Klasse vor.

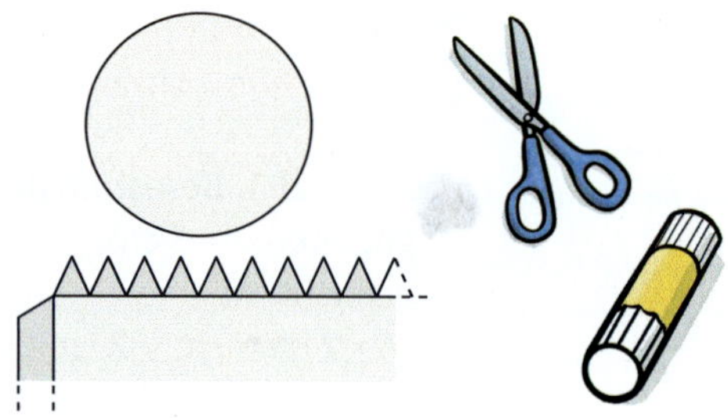

5 Zeichne ein Netz des Zylinders.
Lies ab, welche Maße zum Rechteck gehören und welche zu den Kreisen.
Tipp Beginne mit dem Rechteck, aber lass oben genug Platz für einen Kreis.

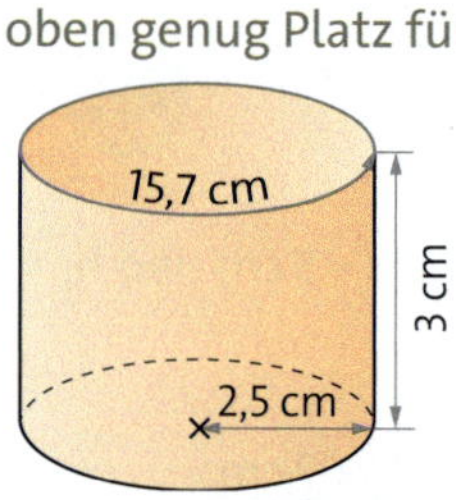

5 In einer Papierfabrik wird Papier auf sehr großen Rollen gelagert.
Zeichne ein Netz der Papierrolle.
Wähle zuerst einen sinnvollen Maßstab.

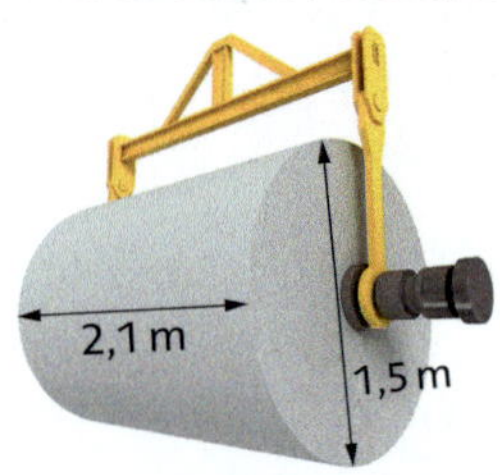

6 Berechne den Mantelflächeninhalt M des Zylinders.
a) $u = 9\,cm$; $h_k = 3\,cm$
b) $u = 12\,cm$; $h_k = 10\,cm$
c) $u = 40\,cm$; $h_k = 5\,cm$

6 Berechne den Mantelflächeninhalt M des Zylinders.
a) $u = 6{,}5\,cm$; $h_k = 11\,cm$
b) $u = 8\,cm$; $h_k = 3{,}6\,cm$
c) $u = 35\,cm$; $h_k = 17{,}6\,cm$

7 Berechne den Mantelflächeninhalt M des Zylinders.
Tipp $u = 2 \cdot \pi \cdot r$;
$M = u \cdot h_k$
a) $r = 2\,cm$; $h_k = 4\,cm$
b) $r = 10\,cm$; $h_k = 6\,cm$
c) $r = 5\,cm$; $h_k = 10\,cm$

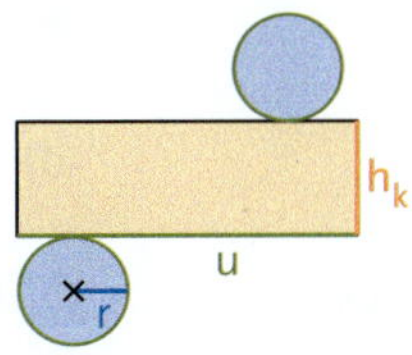

7 Berechne den Mantelflächeninhalt M des Zylinders.
Beschreibe, wie du vorgehst.

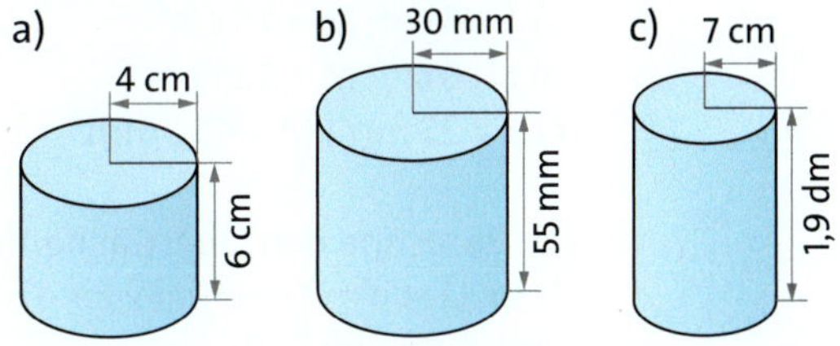

8 Welche Maße gehören zu demselben Zylinder?
Schätzt zuerst, berechnet dann und ordnet zu.
Tipp Zwei Kärtchen bleiben übrig.

① $M = 219{,}91\,cm^2$

② $M = 678{,}58\,cm^2$

③ $M = 395{,}84\,cm^2$

$r = 5\,cm$

$r = 8\,cm$

$u = 31{,}42\,cm$

$r = 3\,cm$
$u = 18{,}85\,cm$
$h_k = 21\,cm$

$r = 9\,cm$
$u = 56{,}55\,cm$
$h_k = 12\,cm$

$h_k = 21\,cm$

$h_k = 7\,cm$

9 Übertrage die Tabelle ins Heft.
Berechne die Größen des Zylinders.

	r	d	u	h_k	M
a)	6 cm			8 cm	
b)		12 mm		7 mm	
c)			24 cm		456 cm²

9 Übertrage die Tabelle ins Heft.
Berechne die Größen des Zylinders.

	r	d	h_k	M
a)	4 cm		9 cm	
b)		26 mm	18 mm	
c)	26 cm			225 cm²

10 Die Werbefläche an der Litfaßsäule
a) Der Durchmesser der Säule beträgt 1 m. Berechne den Umfang der Säule.
b) Die Werbefläche ist 3 m hoch. Berechne die Größe der Werbefläche.

10 An eine Litfaßsäule werden Plakate geklebt. Die Säule ist insgesamt 3 m hoch. Oben und unten werden jeweils 30 cm nicht beklebt. Der Durchmesser der Säule beträgt 1,9 m. Wie groß ist die Fläche für die Plakate?

11 Hat Elif recht? Begründet.
Tipp Begründet mit einer Zeichnung, einer Rechnung oder einem Beispiel.

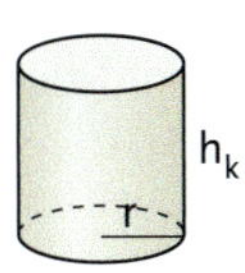

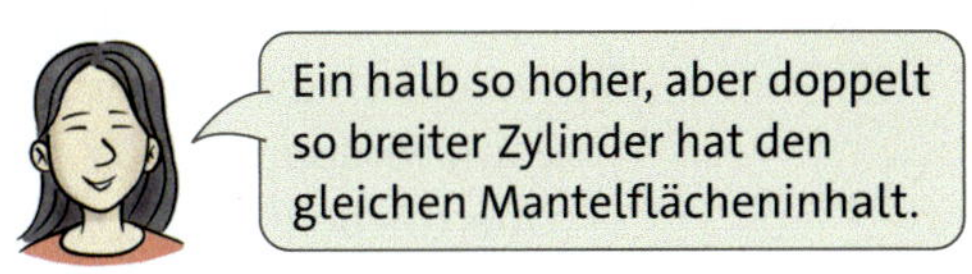

12 Berechne den Oberflächeninhalt O des Zylinders: $O = 2 \cdot G + M$

a) $G = 20\,cm^2$; $M = 50\,cm^2$

b) $G = 40\,m^2$; $M = 110\,m^2$

c) $G = 60\,dm^2$; $M = 140\,dm^2$

13 Berechne den Oberflächeninhalt O des Zylinders.

Tipp $O = 2 \cdot G + M$ mit $G = 2 \cdot \pi \cdot r^2$

a) $r = 4\,cm$; $M = 70\,cm^2$

b) $r = 6\,cm$; $M = 121\,cm^2$

c) $r = 25\,mm$; $M = 410\,mm^2$

14 Berechne den Oberflächeninhalt O.

Tipp Lies den Durchmesser d ab und berechne den Radius.

a)

b)

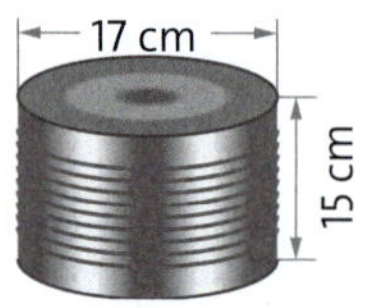

15 Übertrage die Tabelle ins Heft. Berechne die Größen des Zylinders.

	r	h_k	M	O
a)	5 cm	14 cm		
b)	9 dm	21 dm		
c)	22 mm		$210\,mm^2$	
d)	46 dm		$350\,dm^2$	

16 Die runde Tischplatte ist 5 cm hoch. Der Durchmesser beträgt 80 cm.

Die Tischplatte soll von allen Seiten farbig gestrichen werden. Wie viel m^2 sind insgesamt zu streichen?

17 Richtig ✓ oder falsch f?
Überprüfe mit einem Beispiel, ob die Aussage für Zylinder gilt.

a) Wenn sich die Körperhöhe h_k verdoppelt, dann verdoppelt sich auch der Mantelflächeninhalt M.

b) Wenn sich die Körperhöhe h_k verdoppelt, dann verdoppelt sich auch der Oberflächeninhalt O.

12 Berechne den Oberflächeninhalt O des Zylinders.

a) $G = 17\,cm^2$; $M = 42\,cm^2$

b) $G = 33{,}5\,m^2$; $M = 190{,}4\,m^2$

c) $G = 122\,dm^2$; $M = 356\,dm^2$

13 Berechne den Oberflächeninhalt O des Zylinders.

a) $r = 4\,cm$; $h_k = 7\,cm$

b) $r = 6\,cm$; $h_k = 10\,cm$

c) $r = 49\,mm$; $h_k = 21\,mm$

d) $r = 25\,mm$; $h_k = 40\,mm$

14 Berechne den Oberflächeninhalt O.

a)

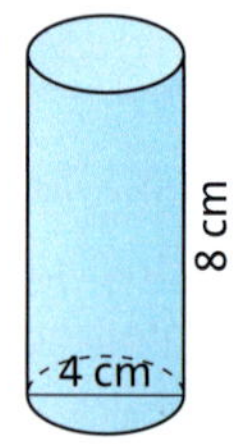

b)

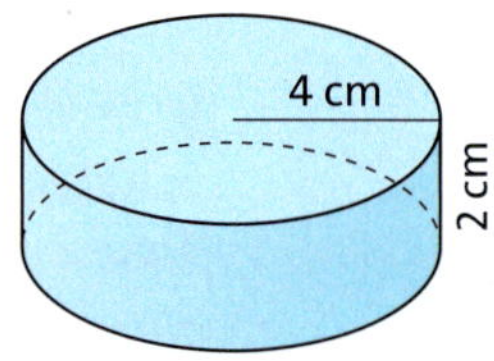

15 Übertrage die Tabelle ins Heft. Berechne die Größen des Zylinders.

	r	h_k	M	O
a)	7 cm	32 cm		
b)	12 cm	28 cm		
c)	49 dm		$460\,dm^2$	
d)		25 mm	$425\,mm^2$	

16 Der Stiftebecher hat einen Durchmesser von 8 cm und ist 10 cm hoch.

a) Wie viel cm^2 Blech wird zur Herstellung benötigt?

b) Der Becher ist innen und außen lackiert. Wie groß ist die lackierte Fläche?

17 Gilt die Aussage für Zylinder? Begründe.

Tipp Finde ein Beispiel oder ein Gegenbeispiel.

a) Wenn sich der Umfang u verdoppelt, dann verdoppelt sich auch der Mantelflächeninhalt M.

b) Wenn sich der Radius r verdoppelt, dann verdoppelt sich der Oberflächeninhalt O.

Volumen von Zylindern

ENTDECKEN

1 Jost und Ella überlegen, wie sie das Volumen von einem Zylinder berechnen können.

a) Bringt zuerst die Bilder in die richtige Reihenfolge.
Beschreibt dann die Bilder.

b) Welche Form hat der neu zusammengesetzte Körper ungefähr?

c) Welche Größen vom Zylinder müssen Jost und Ella kennen?
Wo am Zylinder findet ihr die farbigen Kanten wieder?

d) Wie lang ist die grüne Kante?

e) Stellt eine Formel zur Berechnung des Volumens auf.

2 Vergleiche das Volumen der beiden Körper.

a) Welche Größen stimmen bei dem Prisma und bei dem Zylinder überein?

b) Berechne das Volumen des Prismas.
Beschreibe, wie du dabei vorgehst.

c) Wie lässt sich das Volumen des Zylinders berechnen?
Stelle eine Vermutung auf.

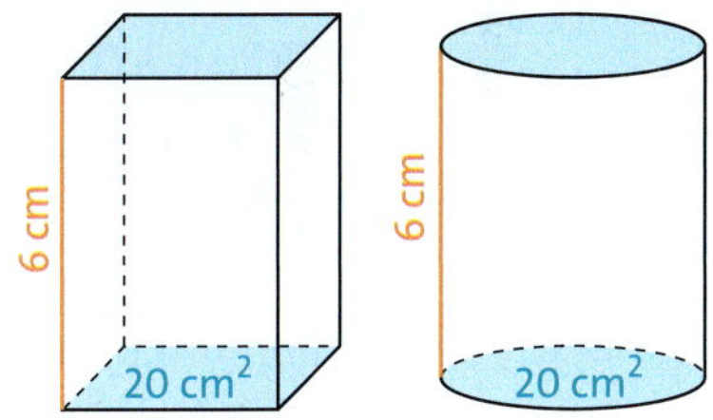

VERSTEHEN

Wie bei einem Prisma kannst du das Volumen von einem Zylinder berechnen, wenn du den Flächeninhalt der Grundfläche G und die Körperhöhe h_k kennst.

Vokabeln
→ das Volumen

Merke Volumen V eines Zylinders

Man multipliziert den **Flächeninhalt G der Grundfläche** mit der **Körperhöhe h_k**.

Volumen = **Grundfläche** · **Körperhöhe**

$V = G \cdot h_k$

$V = \pi \cdot r^2 \cdot h_k$

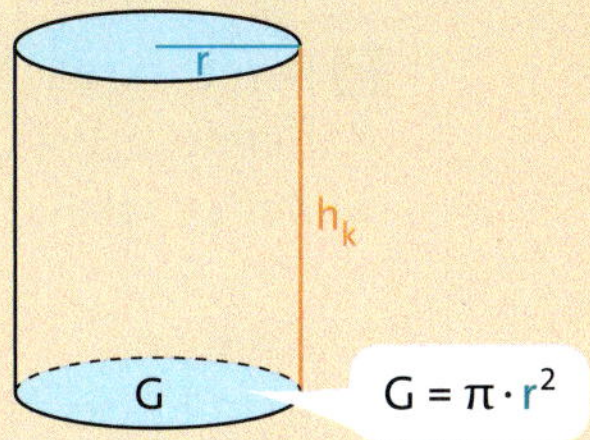

Beispiel 1 Berechne das Volumen des Zylinders mit r = 3,5 cm und h_k = 10 cm.

gegeben: r = 3,5 cm; h_k = 10 cm

gesucht: V

$V = \pi \cdot r^2 \cdot h_k$

$V = \pi \cdot (3{,}5\,cm)^2 \cdot 10\,cm$

$V = \pi \cdot 12{,}25\,cm^2 \cdot 10\,cm$

$V = \pi \cdot 122{,}5\,cm^3$

$V \approx \underline{\underline{384{,}85\,cm^3}}$

Beispiel 2 Berechne die Körperhöhe h_k des Zylinders mit V = 304 cm³ und r = 4 cm

gegeben: V = 304 cm³; r = 4 cm

gesucht: h_k

$V = \pi \cdot r^2 \cdot h_k$

$304\,cm^3 = \pi \cdot (4\,cm)^2 \cdot h_k \mid : \pi$

$\frac{304\,cm^3}{\pi} = 16\,cm^2 \cdot h_k \mid : 16\,cm^2$

$\frac{^{19}\cancel{304}\,\cancel{cm^3}}{\cancel{16}\,\cancel{cm^2} \cdot \pi} = h_k$

$h_k \approx \underline{\underline{6{,}05\,cm}}$

ANWENDEN

1 Berechne das Volumen V des Zylinders.

a) $G = 50\,cm^2$; $h_k = 3\,cm$

b) $G = 4\,m^2$; $h_k = 1{,}5\,m$

c) $G = 25\,000\,mm^2$; $h_k = 40\,mm$

d) $G = 1{,}5\,m^2$; $h_k = 0{,}4\,m$

2 Berechne das Volumen V.

Tipp Berechne zuerst den Flächeninhalt der Grundfläche: $G = r^2 \cdot \pi$

a)

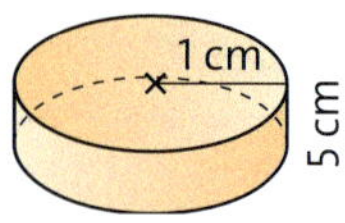

b)

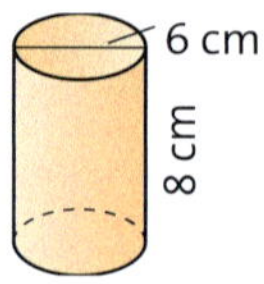

3 Übertrage die Tabelle ins Heft.
Berechne die Größen des Zylinders.

	r	d	h_k	V
a)	4 cm		10 cm	
b)		12 cm	16 cm	
c)	8 cm		24 cm	
d)		5 cm	12 cm	

4 Ergänze die Rechnung im Heft.

gegeben: $V = 754\,cm^3$; $r = 4\,cm$

gesucht: h_k

$V = \pi \cdot r^2 \cdot h_k$

$754\,cm^3 = \pi \cdot (4\,cm)^2 \cdot h_k \mid : \pi$

$\frac{754\,cm^3}{\pi} = 16\,cm^2 \cdot h_k \mid : 16\,cm^2$

Hinweis
$1\,dm^3 = 1\,\ell$
$1\,cm^3 = 1\,m\ell$

5 Berechne das Volumen von Kaffeepaket und Kaffeedose. Was fällt dir auf?

a) Kaffeepaket:
$l = 9{,}5\,cm$;
$b = 6\,cm$;
$h = 17{,}5\,cm$

b) Kaffeedose:
$d = 11\,cm$
$h_k = 17\,cm$

Tipp $d = 2 \cdot r$

6 Ein Kissen ist 5 cm hoch, der Durchmesser beträgt 40 cm. Wie groß ist das Volumen von den 3 Kissen? Begründe.

1 Berechne das Volumen V des Zylinders.

a) $G = 450\,cm^2$; $h_k = 11\,cm$

b) $G = 275\,cm^2$; $h_k = 3{,}5\,cm$

c) $r = 9\,cm$; $h_k = 15\,cm$

d) $r = 0{,}6\,m$; $h_k = 72\,cm$

2 Berechne das Volumen V.

a)

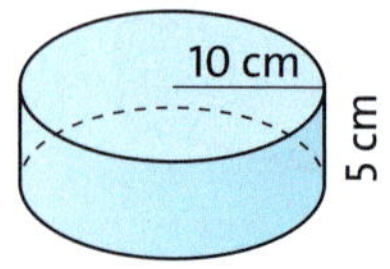

b)

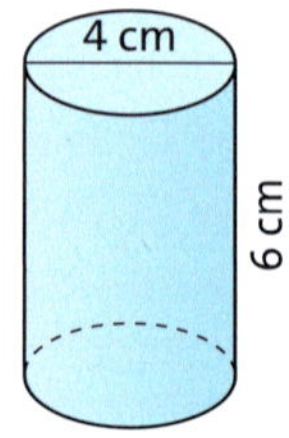

3 Übertrage die Tabelle ins Heft.
Berechne die Größen des Zylinders.

	r	d	h_k	V
a)	3 cm		8 cm	
b)		14 cm	5 cm	
c)		5,8 cm	6 cm	
d)	3,6 cm		12 mm	

4 Berechne die Körperhöhe h_k des Zylinders.

Tipp Stelle die Formel auf. Setze dann die gegebenen Werte ein und löse nach h_k auf.

a) $V = 550\,cm^3$; $r = 3{,}8\,cm$

b) $V = 490\,cm^3$; $r = 12\,cm$

c) $V = 1583\,cm^3$; $r = 6\,cm$

d) $V = 1060\,cm^3$; $r = 7{,}5\,cm$

5 Wie viele 5-ℓ-Gießkannen können mit dem Wasser aus einer vollen Regentonne gefüllt werden?
Maße der Regentonne:
$d = 60\,cm$;
$h_k = 93\,cm$

6 Jede 2-€-Münze hat einen Durchmesser von 25,75 mm und eine Höhe von 2,20 mm.
Stelle mindestens eine Frage zum Bild und beantworte sie.

Methode Zylinder und Hohlzylinder

Ein zusammengesetzter Körper kann aus mehreren Zylindern bestehen. Bei einem Hohlzylinder wurde aus einem Zylinder ein kleinerer Zylinder in der Mitte herausgeschnitten.
Auch von zusammengesetzten Zylindern und Hohlzylindern können der Oberflächeninhalt und das Volumen berechnet werden.

1 Spezielle Zylinder berechnen

a) Ordne die Körper nach ihrem Volumen. Wie kann das Volumen berechnet werden?

b) Ordne die Körper nach ihrem Oberflächeninhalt. Wie kann der Oberflächeninhalt berechnet werden?

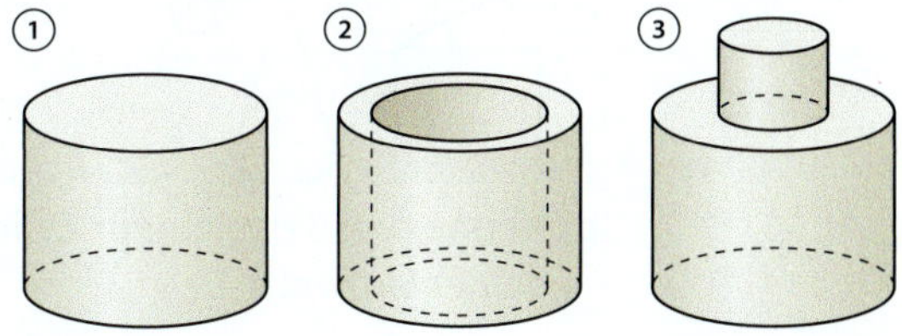

Hinweis
Das kleine a steht für außen und das kleine i steht für innen.

Zusammengesetzte Zylinder

Volumen

① Berechne V_1 und V_2.

② Addiere: $V = V_1 + V_2$

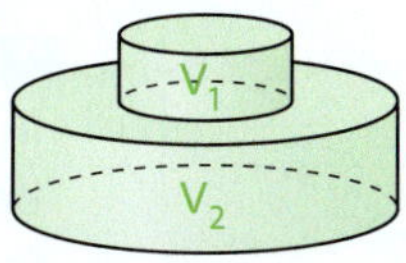

Oberflächeninhalt

① Berechne M_1, M_2 und G.

② Addiere:
$O = M_1 + M_2 + 2 \cdot G$

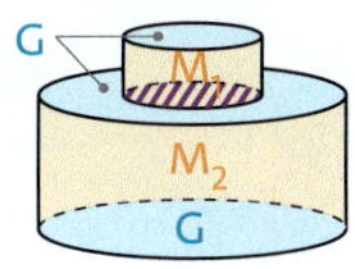

Hohlzylinder

Volumen

① Berechne V_a und V_i.

② Subtrahiere: $V = V_a - V_i$

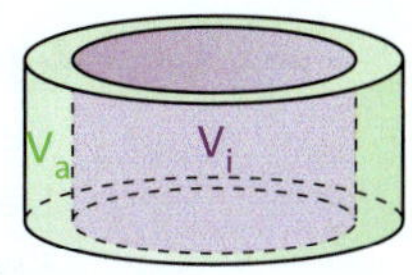

Oberflächeninhalt

① Berechne M_a, M_i und $G_{Kreisring}$.

② Addiere:
$O = M_a + M_i + 2 \cdot G_{Kreisring}$

$G_{Kreisring} = G_a - G_i$

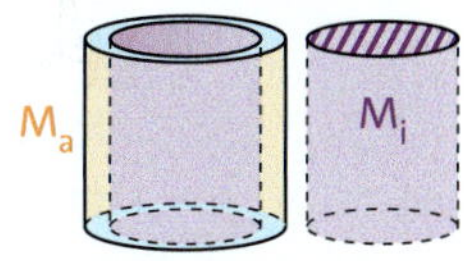

Beispiel 1

gegeben: $r_1 = 4\,cm$; $h_1 = 6\,cm$
$r_2 = 3\,cm$; $h_2 = 2\,cm$

gesucht: V

$V_1 = \pi \cdot 16\,cm^2 \cdot 6\,cm \approx 301{,}59\,cm^3$
$V_2 = \pi \cdot 9\,cm^2 \cdot 2\,cm \approx 56{,}55\,cm^3$
$V = V_1 + V_2 \approx \underline{\underline{358{,}14\,cm^3}}$

gesucht: O

$M_1 = 2 \cdot \pi \cdot 4\,cm \cdot 6\,cm \approx 150{,}80\,cm^2$
$M_2 = 2 \cdot \pi \cdot 3\,cm \cdot 2\,cm \approx 37{,}70\,cm^2$
$G = \pi \cdot 16\,cm^2 \approx 50{,}27\,cm^2$
$O = M_1 + M_2 + 2 \cdot G \approx \underline{\underline{289{,}04\,cm^2}}$

Beispiel 2

gegeben: $r_a = 5\,cm$; $r_i = 4\,cm$; $h_k = 6\,cm$

gesucht: V

$V_a = \pi \cdot 25\,cm^2 \cdot 6\,cm \approx 471{,}24\,cm^3$
$V_i = \pi \cdot 16\,cm^2 \cdot 6\,cm \approx 301{,}59\,cm^3$
$V = V_a - V_i \approx \underline{\underline{169{,}65\,cm^3}}$

gesucht: O

$M_a = 2 \cdot \pi \cdot 5\,cm \cdot 6\,cm \approx 188{,}50\,cm^2$
$M_i = 2 \cdot \pi \cdot 4\,cm \cdot 6\,cm \approx 150{,}80\,cm^2$
$G_a = \pi \cdot 25\,cm^2 \approx 78{,}54\,cm^2$
$G_i = \pi \cdot 16\,cm^2 \approx 50{,}27\,cm^2$
$O = M_a + M_i + 2 \cdot (G_a - G_i) \approx \underline{\underline{395{,}84\,cm^2}}$

ANWENDEN

2 Teilt euch in drei Gruppen auf. Jede Gruppe berechnet von einem Werkstück das Volumen und den Oberflächeninhalt. Stellt eure Ergebnisse in der Klasse vor.

a)

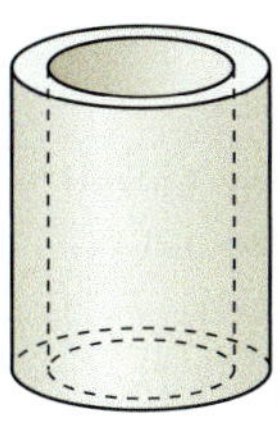

$r_a = 8\,cm$
$r_i = 6\,cm$
$h_k = 14\,cm$

b)

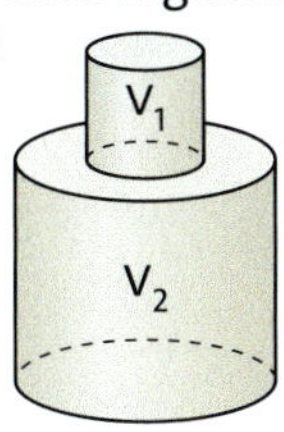

$r_1 = 3\,cm$
$h_1 = 6\,cm$
$r_2 = 7\,cm$
$h_2 = 8\,cm$

c)

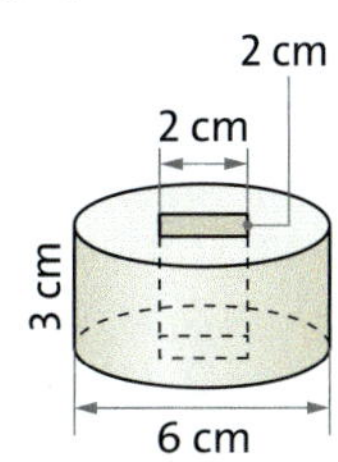

Klar soweit?

→ Seite 140

Zylinder erkennen und zeichnen

1 Zylinder erkennen

a) Welches Bild zeigt einen Zylinder? Begründe.

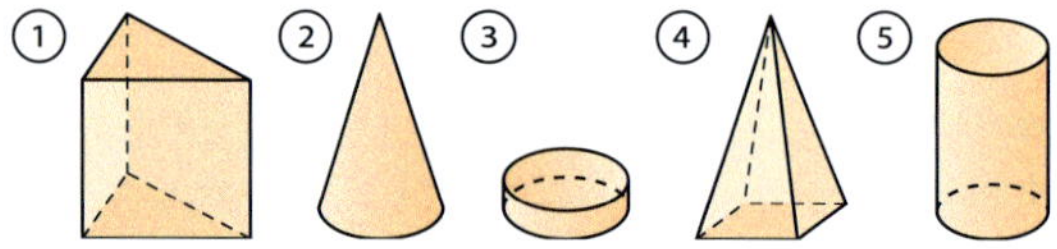

b) Nenne drei Beispiele für Zylinder aus deiner Umwelt.

1 Zylinder erkennen

a) Ist es ein Zylinder? Begründe.

b) Nenne ein Beispiel für einen Zylinder …
① mit einer großen Körperhöhe,
② mit einem kleinen Radius.

2 Skizziere den Zylinder im Heft. Beschrifte: Grundfläche, Deckfläche, Mantelfläche, Körperhöhe, Radius, Umfang

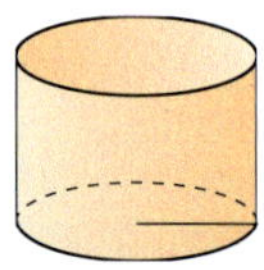

2 Skizziere den Zylinder im Heft. Beschrifte ihn mit den Fachbegriffen.

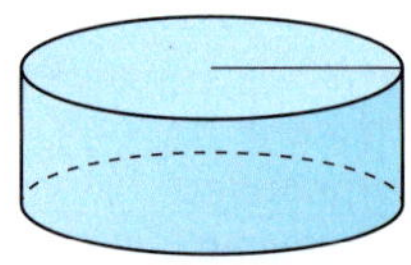

3 Skizziere den Zylinder im Schrägbild in deinem Heft. Beschreibe die Schritte genau.

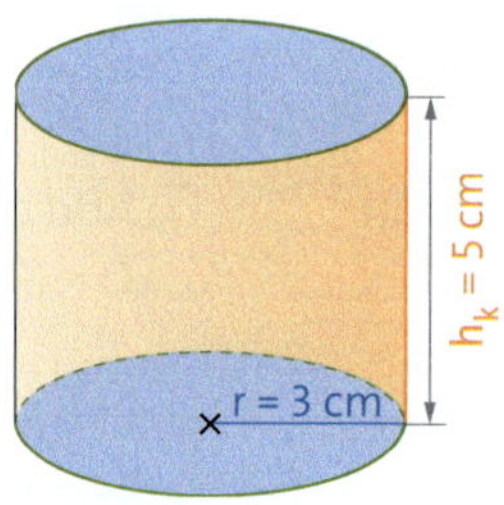

3 Ein Zylinder mit dem Durchmesser d = 6 cm hat eine Körperhöhe h_k = 4 cm.

a) Skizziere den Zylinder im Schrägbild.
Tipp Lass oben genug Platz im Heft.

b) Beschrifte deine Skizze.

c) Beschreibe deine einzelnen Arbeitsschritte genau.

→ Seite 143

Netz und Oberflächeninhalt von Zylindern

4 Ist das ein Netz von einem Zylinder? Begründe.
Tipp Kannst du das Netz zum Zylinder rollen?

a)

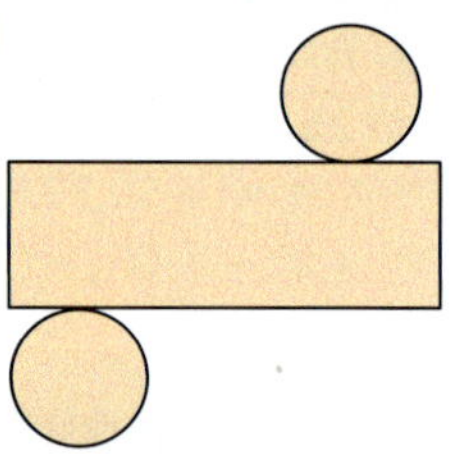

b)

4 Warum ist das kein Netz von einem Zylinder? Begründe mit den Eigenschaften.

a)

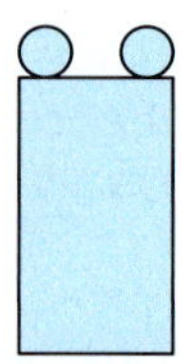

b)

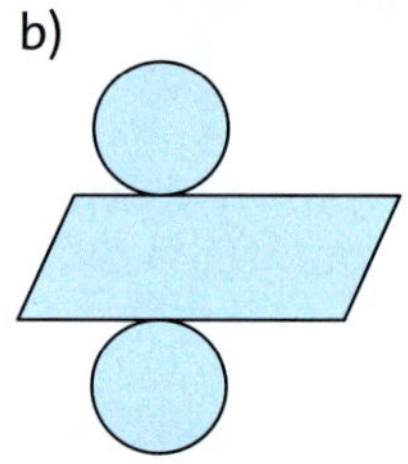

c)

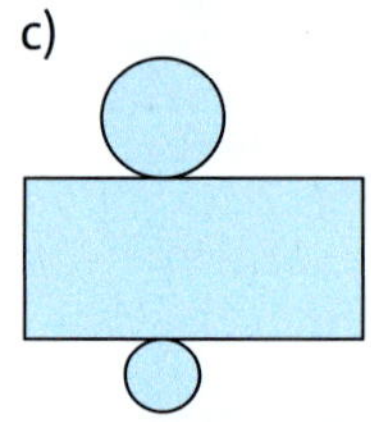

5 Zeichne ein Netz zum Zylinder mit dem Radius r, der Körperhöhe h_k und dem Umfang u.

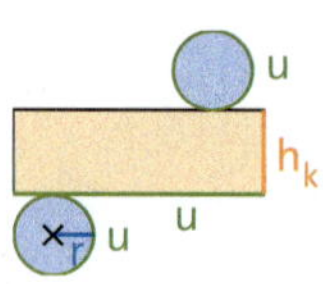

a) r = 1,5 cm; h_k = 8 cm; u = 9,4 cm
b) r = 2,2 cm; h_k = 4,5 cm; u = 13,8 cm

5 Zeichne ein Netz des Zylinders.
Tipp Berechne zuerst den Umfang u, zeichne dann.

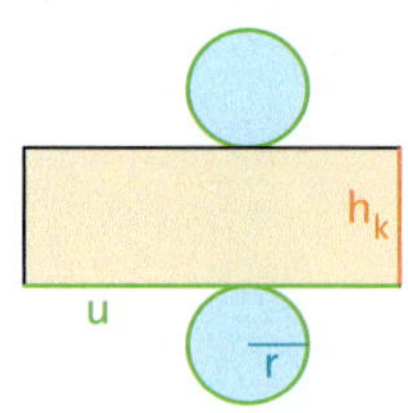

a) r = 2 cm; h_k = 4 cm
b) r = 2,5 cm; h_k = 5 cm

6 Ein Zylinder hat die Maße:
Radius r = 5 cm und Körperhöhe h_k = 10 cm
a) Berechne den Umfang u der Grundfläche.
b) Berechne den Mantelflächeninhalt M.
c) Berechne den Oberflächeninhalt O.

6 Ein Zylinder hat die Maße:
r = 6,5 cm und h_k = 14,2 cm
a) Berechne den Umfang der Grundfläche.
b) Berechne den Mantelflächeninhalt.
c) Berechne den Oberflächeninhalt.

7 Eine Laterne hat einen Durchmesser von 15,3 cm.
a) Wie breit ist das Transparentpapier?
b) Wähle eine Höhe. Berechne dann den Mantelflächeninhalt.

7 Der Mülleimer hat die Maße d = 23 cm und h_k = 28 cm.
a) Wie viel cm^2 Lochblech wird für den Mantel benötigt?
b) Wie viel cm^2 Blech wird für den Boden benötigt?

→ Seite 147

Volumen von Zylindern

8 Berechne das Volumen vom Zylinder. Beschreibe 1-mal, wie du vorgehst.
a) G = 30 cm^2; h_k = 7 cm
b) G = 78 cm^2; h_k = 5 cm
c) G = 100 cm^2; h_k = 2,5 cm

8 Berechne das Volumen des Zylinders.
Tipp Achte auf die Einheiten.
a) G = 30 cm^2; h_k = 5,5 cm
b) G = 65 dm^2; h_k = 6 m
c) G = 1200 cm^2; h_k = 12 m

9 Berechne das Volumen.
a)
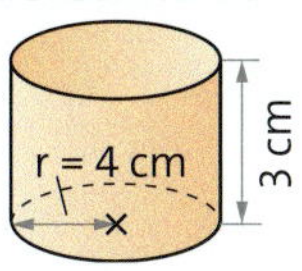

b) r = 2 cm; h_k = 5 cm
c) d = 22 mm; h_k = 66 mm

9 Berechne das Volumen.
a)
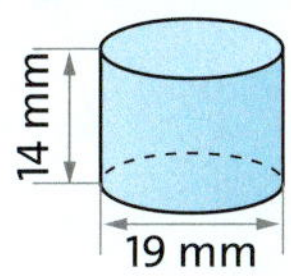

b) r = 2,2 cm; h_k = 6,6 cm
c) d = 5,8 dm; h_k = 3,5 dm

Hinweis
Ein Gasometer ist ein Speicher für z. B. Erdgas. Gasometer haben oft die Form eines Zylinders.

10 Im alten Gasometer in Duisburg kann man heute tauchen.

Das Becken hat einen Durchmesser von 45 m und eine Tiefe von 13 m.
Berechne das Volumen des Beckens.

→ Lösungen ab S. 261

10 Packmaße beim Camping
Der zusammengerollte Schlafsack hat einen Durchmesser von 27 cm und eine Höhe von 42 cm.

a) Berechne das Volumen in Litern.
Tipp 1 dm^3 = 1 ℓ
b) Nach einer Reise soll der Schlafsack locker gelagert werden: Dafür braucht er ein 4-mal so großes Volumen.
Gib für einen Zylinder mit diesem Volumen mögliche Längen für h_k und d an.

Vermischte Übungen

Anwenden

1 Welcher Körper ist ein Zylinder? Begründe.

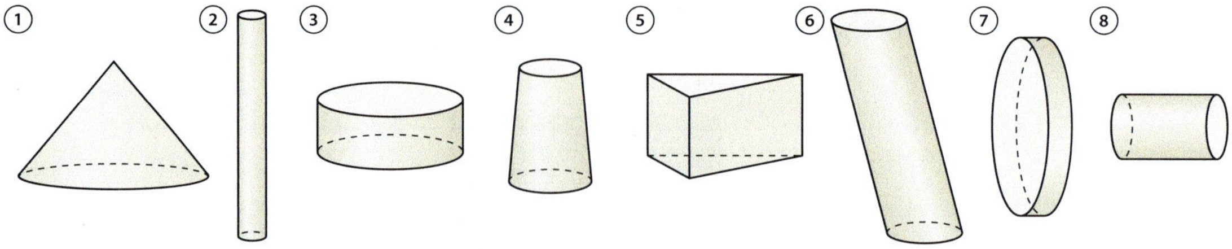

2 Zeichne das Schrägbild des Zylinders.
a) r = 2 cm; h_k = 6 cm
b) r = 4 cm; h_k = 8 cm
c) d = 3 cm; h_k = 3 cm

2 Zeichne das Schrägbild des Zylinders.
a) r = 3,5 cm; h_k = 6,5 cm
b) r = 2,3 cm; h_k = 7,6 cm
c) d = 8 cm; h_k = 8,9 cm

3 Zeichne das Netz des Zylinders

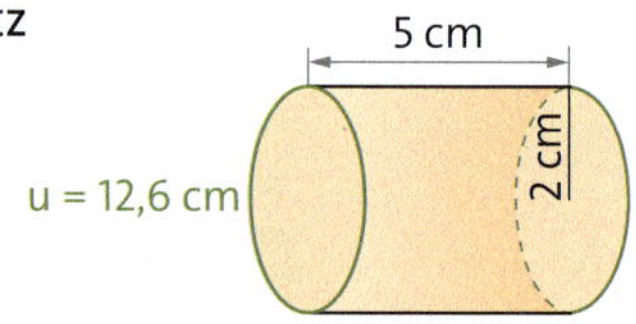

3 Zeichne das Netz des Zylinders.

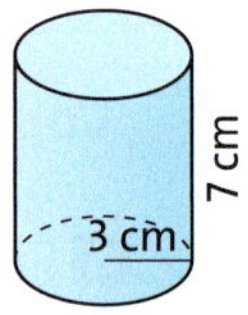

Methode Verschiedene Volumenmaße
Flüssigkeiten werden oft in Litern (ℓ) und in Millilitern (mℓ) gemessen.
Dabei gilt:

4 Rechne das Volumen um.
Tipp Rechne bei c) bis e) zuerst in dm^3 um und dann in ℓ.
a) 5 dm^3 = □ ℓ
b) 0,33 dm^3 = □ ℓ
c) 1 m^3 = □ ℓ
d) 2,5 m^3 = □ ℓ
e) 3000 cm^3 = □ ℓ

Hinweis
1000 mℓ = 1 ℓ

5 Vergleiche. Setze ein: <, > oder =.
a) 4 ℓ □ 4000 mℓ
b) 26 mℓ □ 2,6 ℓ
c) 19 cm^3 □ 1900 mm^3
d) 560 mm^3 □ 5,6 cm^3
e) 2,5 dm^3 □ 2500 cm^3
f) 5000 mℓ □ 5 ℓ

5 Vergleiche. Setze ein: <, > oder =.
a) 4 ℓ □ 400 cm^3
b) 50 mℓ □ 50 dm^3
c) 1,5 ℓ □ 1600 mm^3
d) 1200 m^3 □ 1 200 000 ℓ
e) 2,75 dm^3 □ 27,5 ℓ
f) 13,6 cm^3 □ 13,6 mℓ

6 Ordnet den Zylindern ihr Volumen zu.
Überlegt zuerst, was auf den Bildern gezeigt wird.

① 425 cm^3
② 230 ℓ
③ 3 470 000 m^3
④ 2,4 ℓ

7 Berechne den Oberflächeninhalt O des Zylinders.
a) $G = 24\,cm^2$; $M = 30\,cm^2$
b) $G = 13{,}5\,cm^2$; $M = 45\,cm^2$
c) $G = 104\,cm^2$; $M = 235\,cm^2$

8 Ein zylinderförmiges Fass hat einen Durchmesser von 0,80 m und eine Höhe von 1,50 m.
Berechne den Oberflächeninhalt des Fasses.
Tipp Berechne zuerst M und 2-mal G. Addiere dann.

9 Eine Hundefutterdose ist 11,9 cm hoch, der Durchmesser beträgt 9,9 cm.
Das Etikett wird um die Dose gewickelt und mit einer Klebelasche befestigt.

a) Wie lang und wie hoch ist das Etikett mit Klebelasche?
b) Berechne den Flächeninhalt des Etiketts.

10 Die Posterrolle hat die Maße $M = 660\,cm^2$ und $u = 22\,cm$.
Berechne die Körperhöhe h_k.
Tipp $M = u \cdot h_k$

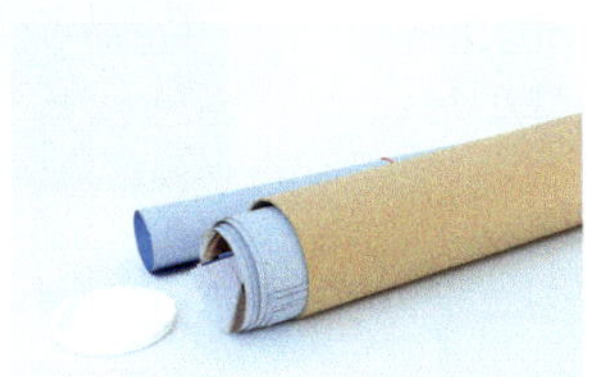

11 Berechne das Volumen V des Zylinders.

a)
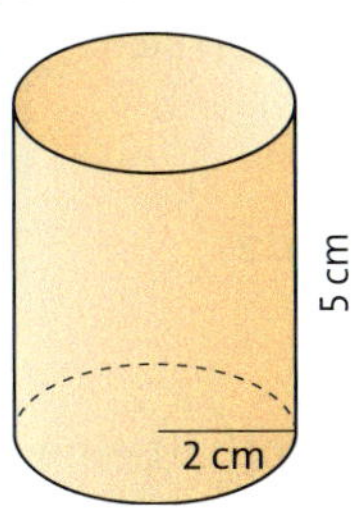

b)
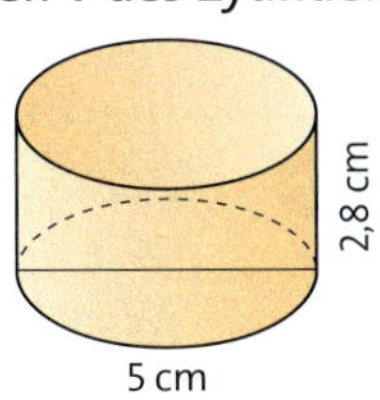

7 Berechne den Oberflächeninhalt O des Zylinders.
a) $G = 38\,cm^2$; $M = 76\,cm^2$
b) $r = 7{,}5\,cm$; $u = 47{,}12\,cm$; $h_k = 10\,cm$
c) $r = 135\,mm$; $h_k = 652\,mm$

8 Eine Konservendose hat eine Höhe von 11 cm und einen Durchmesser von 10 cm.
a) Berechne den Oberflächeninhalt der Dose.
b) Für die Rillen und Falznähte werden 10 % mehr Blech benötigt.
Wie viel cm^2 Blech sind es insgesamt?

9 Maxime gestaltet eine Fototasse. Die Tasse ist 9,6 cm hoch mit einem Durchmesser von 8 cm.

a) Berechne den Mantelflächeninhalt der Tasse.
b) Die Tasse kann auf einer Fläche von 19 cm × 9 cm bedruckt werden.
Wie viel Fläche bleibt frei?

10 Eine Papierrolle hat einen Durchmesser von 4 cm.
Der Mantelflächeninhalt beträgt $326{,}7\,cm^2$.
Wie lang ist die Papierrolle?
Beschreibe dein Vorgehen.

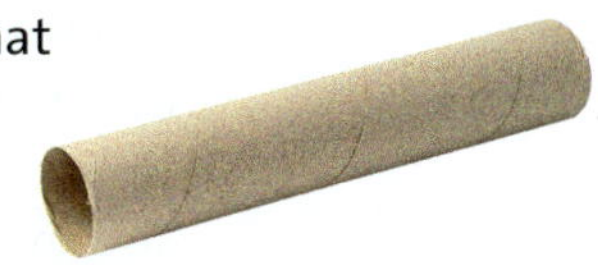

11 Volumen
a) Berechne das Volumen des Zylinders.

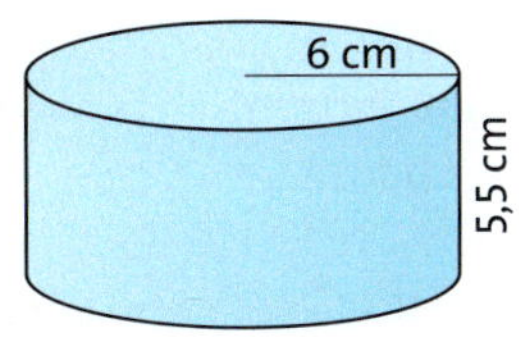

b) Gib die Maße eines Zylinders mit dem doppelten Volumen an.

12 Skizziere das Schrägbild des Zylinders im Heft.
Kontrolliert eure Schrägbilder gegenseitig.
Tipp Beginne mit der Grundfläche, aber lass oben genug Platz.
a) $r = 7\,cm$; $h_k = 9\,cm$
b) $r = 6{,}2\,cm$; $h_k = 7{,}5\,cm$
c) $d = 8{,}4\,cm$; $h_k = 6\,cm$

13 Ein Trinkhalm aus Papier ist 20 cm lang und hat einen Durchmesser von 5 mm.

a) Bestimme das Volumen des Trinkhalms.
b) Wie viel Papier wird bei seiner Herstellung benötigt?

13 Eine Vase hat einen inneren Durchmesser von 15 cm und ist 22 cm hoch.
Die Vase soll zur Hälfte mit Deko-Steinen gefüllt werden.

a) Welches Volumen sollen die Deko-Steine ausfüllen?
b) 500 mℓ Deko-Steine kosten 3,19 €.
Wie viel kosten die Deko-Steine insgesamt?

14 Der Strohballen hat einen Durchmesser von 1,8 m.
a) Der Strohballen wurde mit einem Netz 3-mal ummantelt. Schätze zuerst, wie viel Meter Netz pro Ballen benötigt werden. Berechne dann genau.
b) Wie viele Ballen können mit 3,8 km Netz ummantelt werden?
Runde sinnvoll.
c) Bestimme das Volumen des Strohballens. Schätze dafür zuerst die Körperhöhe des Strohballens.

15 In die Farbdose passen 2,5 ℓ Lack. Der Durchmesser der Farbdose beträgt 12 cm, die Höhe beträgt 18,8 cm. Zu wie viel Prozent ist die Farbdose gefüllt?

15 Eine Regentonne hat einen Innendurchmesser von 50 cm und eine Höhe von 1,30 m.
Insgesamt befinden sich 100 ℓ Wasser in der Tonne.
Wie hoch steht das Wasser?

16 Eine Litfaßsäule hat einen Durchmesser von 1,50 m.
Die Werbefläche hat eine Größe von 12 m^2.
Kann es sein, dass die Plakate eine Höhe von 2,80 m haben? Begründe.

16 Laut Etikett enthält eine Konservendose 320 mℓ Mais. Die Dose hat eine Höhe von 8,3 cm und einen Durchmesser von 7,3 cm.
Sind die Aussagen richtig? Begründe.
a) Es passen auch 350 mℓ in die Dose.
b) Beim doppelten Durchmesser passt die 3-fache Menge in die Dose.

Weiterdenken

Hinweis
Weitere Informationen findest du im Internet oder bei einer Berufsberatung.

Beruf Zerspanungsmechaniker/in

Ausbildungsdauer: 3,5 Jahre
Häufige Tätigkeiten:
- Präzisions-Bauteile fertigen, z. B. für Maschinen, Motoren oder Turbinen
- Dreh-, Fräs- und Schleifmaschinen bedienen
- Prozesse überwachen
- fertige Werkstücke prüfen
- regelmäßige Inspektion und Wartung von Maschinen

Zerspanungsmechaniker/innen arbeiten in Werkhallen, z. B. im Maschinenbau oder im Fahrzeugbau.
Sie arbeiten sorgfältig und verfügen über ein technisches Verständnis.

Hinweis
*Die **Dichte** eines Stoffs beschreibt, wie viel 1 cm³ des Stoffs wiegt.*

17 Mit einem Zylinderstift aus Stahl können zwei Werkstücke miteinander verbunden werden.
Es gibt sie in verschiedenen Größen.
a) Berechne das Volumen eines Stifts mit einer Länge von 60 mm und einem Durchmesser von 3 mm.
b) Berechne die Masse von 500 Stiften.
Stahl hat eine Dichte von 7,8 g pro Kubikzentimeter (cm^3).

18 Jacob hat mit einer Drehmaschine aus einem Zylinder eine Niete hergestellt.
a) Berechne das Volumen des Zylinders und das Volumen der fertigen Niete.
b) Wie viel Prozent des Materials wurde von dem Zylinder abgetragen?
c) Die fertige Niete soll verchromt werden.
Berechne die Oberfläche der Niete.

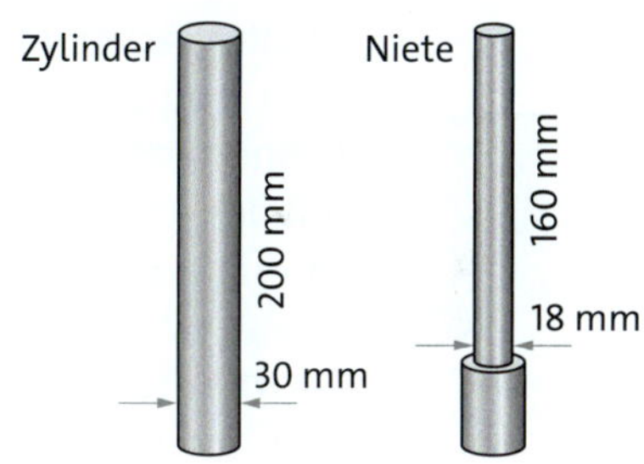

19 Ein Zylinder hat eine Länge von 12 cm und einen Durchmesser von 3 cm.
Der Zylinder wird in die Drehmaschine eingespannt, damit mittig ein 4 cm langes und 1 cm breites Loch gebohrt werden kann.
a) Übertrage die Skizze ins Heft und ergänze die Maße des fertigen Werkstücks.
b) Berechne das Volumen und den Oberflächeninhalt des fertigen Werkstücks.

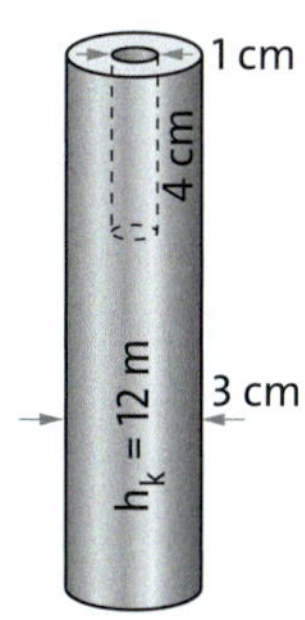

20 Das Werkstück wird aus Aluminium gefertigt.
Aluminium hat eine Dichte von 2,72 g/cm³.
a) Beschreibe den Aufbau des Werkstücks.
b) Berechne die Masse des Werkstücks.
Beschreibe, wie du dabei vorgegangen bist.

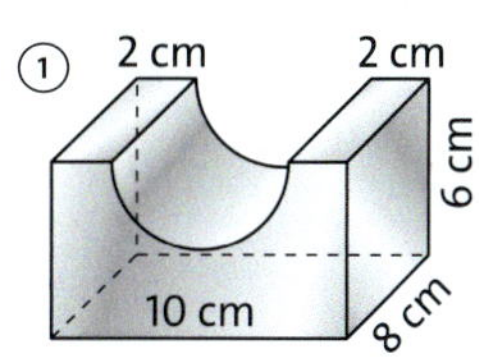

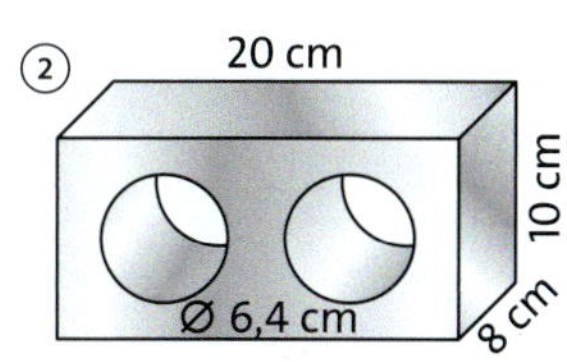

Zusammenfassung

→ Seite 140

Zylinder erkennen und zeichnen

Eigenschaften eines **Zylinders**
- **Grundfläche G** und **Deckfläche** sind Kreise und gleich groß.
- Grundfläche und Deckfläche liegen zueinander parallel.
- Die **Mantelfläche M** ist ein Rechteck.

Der Abstand zwischen Grundfläche und Deckfläche ist die **Körperhöhe h_k**.

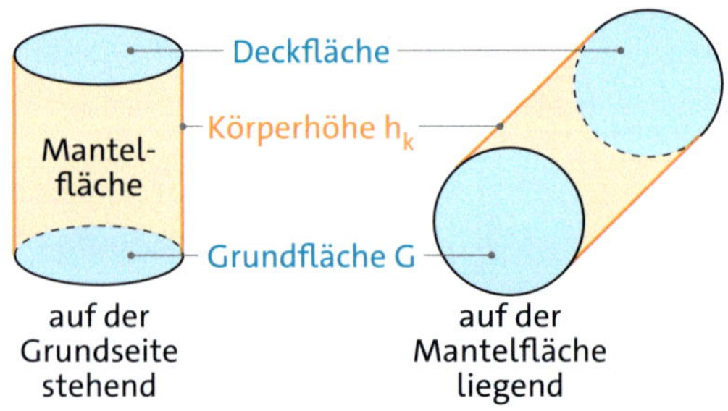

Zylinder können anschaulich im **Schrägbild** skizziert werden.

→ Seite 143

Netz und Oberflächeninhalt von Zylindern

Ein **Netz** eines Zylinders besteht aus der Grundfläche, der Mantelfläche und der Deckfläche. Die Grundfläche und die Deckfläche sind Kreise, die Mantelfläche ist ein Rechteck.

Mantelflächeninhalt M eines Zylinders
Man multipliziert den Umfang u der Grundfläche
mit der Körperhöhe h_k:
$M = u \cdot h_k = 2 \cdot \pi \cdot r \cdot h_k$

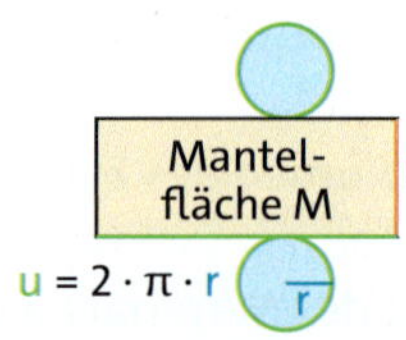

gegeben: $r = 5\,cm$; $h_k = 12\,cm$
gesucht: M
$M = 2 \cdot \pi \cdot r \cdot h_k$
$= 2 \cdot \pi \cdot 5\,cm \cdot 12\,cm$
$\approx \underline{\underline{376{,}99\,cm^2}}$

Oberflächeninhalt O eines Zylinders
Man addiert den Flächeninhalt von Grundfläche, Deckfläche und Mantelfläche:
$O = 2 \cdot G + M$
$O = 2 \cdot \pi \cdot r^2 + 2 \cdot \pi \cdot r \cdot h_k$

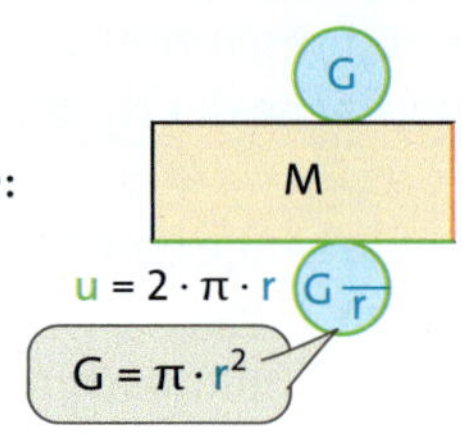

gegeben: $r = 5\,cm$; $h_k = 12\,cm$
gesucht: O
$O = 2 \cdot \pi \cdot r^2 + 2 \cdot \pi \cdot r \cdot h_k$
$= 2 \cdot \pi \cdot 25\,cm^2 + 2 \cdot \pi \cdot 60\,cm^2$
$\approx \underline{\underline{534{,}07\,cm^2}}$

→ Seite 147

Volumen von Zylindern

Volumen V eines Zylinders
Man multipliziert den Flächeninhalt G der Grundfläche mit der Körperhöhe h_k.
Volumen = Grundfläche · Körperhöhe
$V = G \cdot h_k$
$V = \pi \cdot r^2 \cdot h_k$

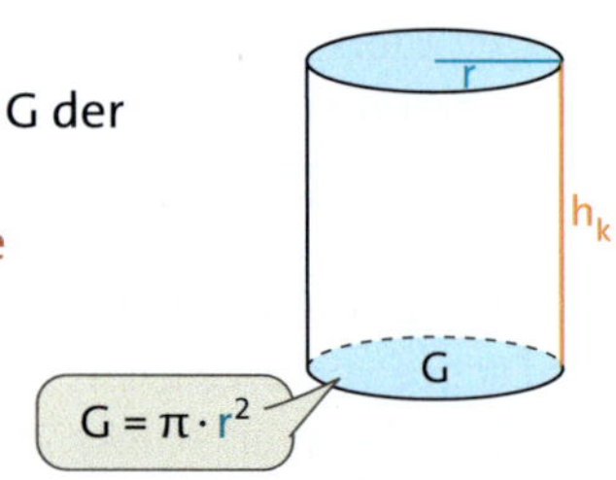

gegeben: $r = 3\,cm$; $h_k = 10\,cm$
gesucht: V
$V = \pi \cdot r^2 \cdot h_k$
$V = \pi \cdot (3\,cm)^2 \cdot 10\,cm$
$V = \pi \cdot 9\,cm^2 \cdot 10\,cm$
$V = \pi \cdot 90\,cm^3$
$V \approx \underline{\underline{282{,}74\,cm^3}}$

Teste dich!

1 Ein Zylinder hat die Maße r = 3,5 cm; u = 22 cm und h_k = 5 cm.
a) Aus welchen Teilen besteht sein Netz?
b) Zeichne ein Netz des Zylinders.

1 Ein Zylinder hat die Maße r = 2,5 cm; u = 15,7 cm und h_k = 4 cm.
Zeichne ein Netz des Zylinders.
Tipp Beginne mit dem Mantel.

2 Was ist gemeint: Volumen, Mantelflächeninhalt oder Oberflächeninhalt? Begründe.
a) Etikett für eine Dose
b) Blech für eine Dose
c) Papier für einen Trinkhalm
d) Kaffee in einer Tasse
e) Holz für ein Fass
f) Plakat für eine Litfaßsäule
g) Anstrich für ein Rundholz
h) Wäsche in der Waschtrommel
i) Wachs von einem Teelicht

3 Berechne den Mantelflächeninhalt M und den Oberflächeninhalt O des Zylinders.
a) r = 3 mm, h_k = 3 mm
b) r = 5 cm; h_k = 8 cm
c) r = 9 cm; h_k = 6 cm

3 Berechne den Mantelflächeninhalt M und den Oberflächeninhalt O des Zylinders.
a) r = 8,5 cm; h_k = 11 cm
b) r = 24 m; h_k = 30,5 m
c) d = 54 cm; h_k = 33 cm

4 Übertrage die Tabelle ins Heft.
Berechne die Größen des Zylinders.

	r	d	u	h_k	M
a)	8 cm			9 cm	
b)		27 mm		13 mm	
c)			25 cm		525 cm^2

4 Übertrage die Tabelle ins Heft.
Berechne die Größen des Zylinders.

	r	d	h_k	M
a)	3,5 cm		17 cm	
b)		32 m	24 m	
c)	78 cm			44 108 cm^2

5 Erdbeerpflanzen werden durch einen Folientunnel geschützt.

Der Tunnel hat die Form eines Halbzylinders und ist 50 m lang und 9 m breit.
Wie viel m^2 Folie wird für den Tunnel benötigt? Schätze zuerst, rechne dann genau.

5 In dem Camping-Fass kann man schlafen. Es ist 4 m lang und 2,4 m hoch.

a) Der Mantel wird mit 4 Metallbändern umspannt. Wie lang sind sie insgesamt?
b) Der halbe Mantel ist mit Dachpappe abgedeckt. Wie viel m^2 sind das?

6 Berechne das Volumen V des Zylinders.

a)
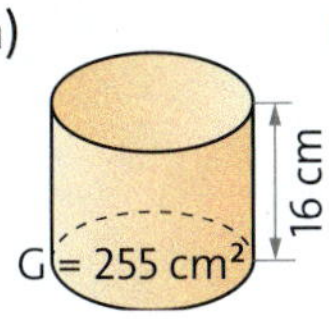

b)
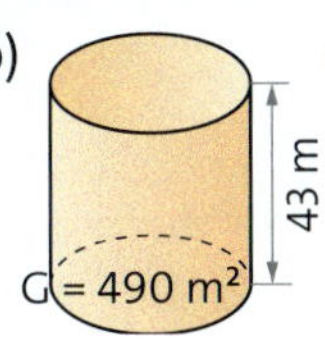

c)
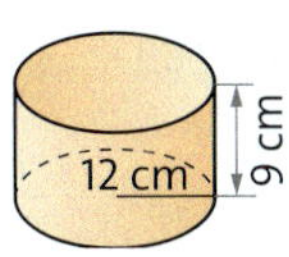

6 Berechne das Volumen V des Zylinders.

a)
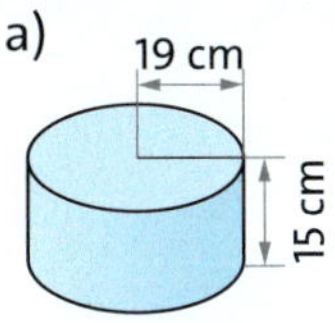

b)
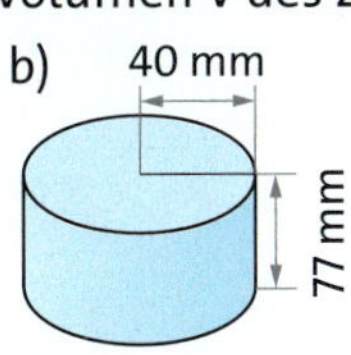

c)
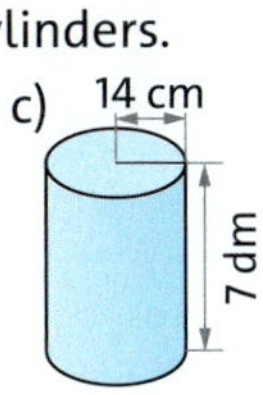

→ Lösungen ab S. 263

→ Lösungen ab S. 264

Quadratische Funktionen

In diesem Kapitel lernst du, …

- → was eine Normalparabel ist, wie sie verläuft und wie der Graph einer quadratischen Funktion nach oben oder unten verschoben wird.
- → wie Parabeln gestreckt und gestaucht werden.
- → wie der Graph einer quadratischen Funktion nach links oder rechts verschoben wird.
- → was die Scheitelpunktform ist und wie man daran die Eigenschaften des Graphen ablesen kann.
- → was die allgemeine Form ist und wie man diese in die Scheitelpunktform umwandeln kann.

Aus einem Springbrunnen trifft Wasser in ein Becken.
Beschreibe den Verlauf des Wasserstrahls.
Der Wasserspender aus Metall ist 10 cm hoch.
Schätze, wie hoch der Wasserstrahl am höchsten Punkt ist.
Schätze dann, wie weit vom Wasserspender entfernt der Wasserstrahl ins Becken trifft.

Noch fit?

1 Punkte im Koordinatensystem

a) Notiere die Koordinaten der Punkte.
Tipp Notiere so: P(x|y)

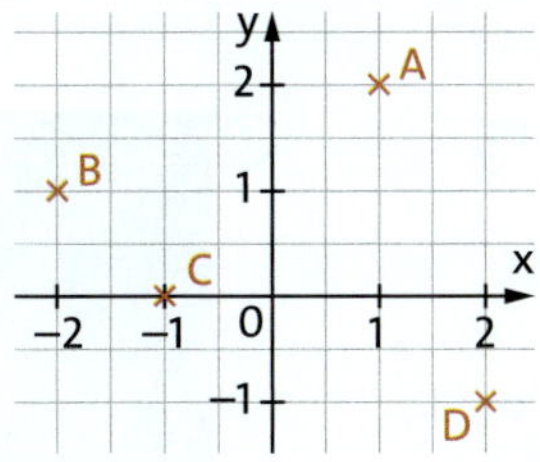

b) Zeichne ein Koordinatensystem. Trage die Punkte ein.
A(0|−4) B(−6|5) C(8,5|3)

2 Berechne den Wert des Terms im Heft.

		x = 0	x = 2	x = 5	x = −2
a)	**x + 4**				
b)	**2·x**				

3 Berechne.

a) 2^2; 6^2; 9^2
b) 1^2; 0^2; 11^2
c) $\sqrt{9}$; $\sqrt{36}$; $\sqrt{100}$
d) $\sqrt{121}$; $\sqrt{1}$; $\sqrt{0}$

4 Bilde vier Aufgaben. Löse die Klammer auf.
Tipp $2 \cdot (x + 1) = 2 \cdot x + 2 \cdot 1$

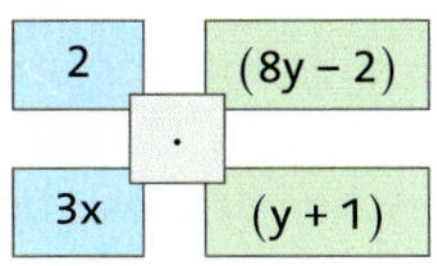

5 Klammere aus.
Tipp $5x + 10 = \mathbf{5} \cdot x + \mathbf{5} \cdot 2 = 5(x + 2)$

a) $4a + 2b$ b) $25x - 60y$ c) $20a + 10$

inweis
$+ b)^2 = a^2 + 2ab + b^2$
$- b)^2 = a^2 - 2ab + b^2$

6 Nutze die binomischen Formeln.

a) Berechne.
① $(x + 1)^2$ ② $(a - 3)^2$

b) Ergänze die Lücken.
① $(\square + 2)^2 = x^2 + 4x + 4$
② $(x - 5)^2 = x^2 \square 10x \square 25$

1 Punkte im Koordinatensystem

a) Notiere die Koordinaten der Punkte.
Tipp P(x|y)

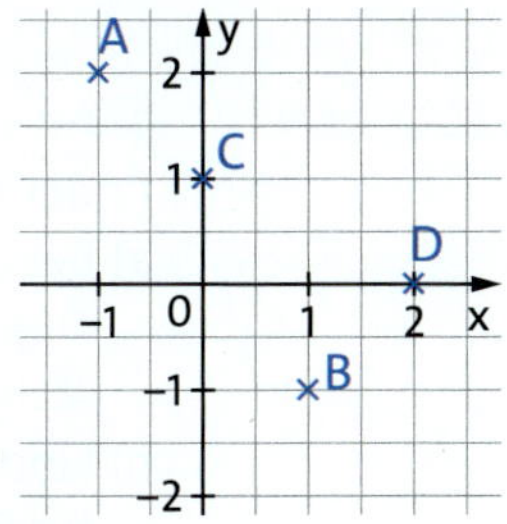

b) Zeichne ein Koordinatensystem und trage die Punkte ein.
A(1|0) B(6|−5) C(−8,5|3)

2 Berechne den Wert des Terms im Heft.

		x = 0	x = 2	x = 0,5	x = −3
a)	**x + 2**				
b)	**3x + 1**				

3 Berechne im Kopf.

a) 5^2; 10^2; 15^2
b) 9^2; 90^2; $0{,}9^2$
c) $\sqrt{16}$; $\sqrt{81}$; $\sqrt{49}$
d) $\sqrt{25}$; $\sqrt{0{,}25}$; $\sqrt{0}$

4 Bilde vier Aufgaben. Löse dann die Klammer auf.
Tipp $x(2 + y) = 2x + \ldots$

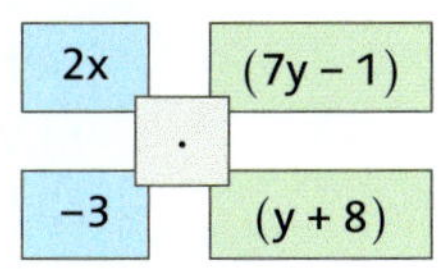

5 Klammere aus.
Tipp $15x + 45 = 15(x + 3)$

a) $4 + 2b$ b) $40a + 20$ c) $21x - 60xy$

6 Nutze die binomischen Formeln.

a) Berechne.
① $(x + 3)^2$ ② $(4a - 5)^2$

b) Ergänze die Lücken.
① $(x \square 11)^2 = x^2 - \square x + 121$
② $(x - \square)^2 = x^2 \square 14x \square 49$

→ *Lösungen ab S. 265*

Trainingsplan

Nr.	Ich kann ...	Ich muss noch trainieren:
1	Punkte aus einem Koordinatensystem ablesen und eintragen.	→ S. 300, Nr. 51/52
2	den Wert eines Terms berechnen.	→ S. 301, Nr. 53/54
3	Quadratzahlen und Quadratwurzeln berechnen.	→ S. 301, Nr. 55–57
4	Klammern auflösen.	→ S. 301, Nr. 58/59
5	Zahlen und Variablen ausklammern.	→ S. 302, Nr. 60/61
6	die binomischen Formeln anwenden.	→ S. 302, Nr. 62–65

Die Normalparabel und nach oben oder unten verschobene Parabeln

ENTDECKEN

1 An vielen Stellen in der Umgebung findet man Bögen.

a) Beschreibe den Verlauf der Bögen.
Tipp Verwende die Wörter fallend, steigend, symmetrisch, tiefster Punkt.

b) Finde in deiner Umgebung Beispiele für Bögen, die ähnlich verlaufen.

①

②

2 Untersuche die Funktion mit der Funktionsgleichung $y = x^2$.

a) Übertrage die Wertetabelle in dein Heft und berechne die fehlenden Werte.

x	−3	−2	−1	0	1	2	3
$y = x^2$	9			0	1		
Punkt	(−3 | 9)			(0 | 0)	(1 | 1)		

b) Zeichne ein Koordinatensystem, trage die Punkte ein und verbinde sie ohne Lineal zu einem Graphen.

c) Welche Eigenschaften hat der Graph?
Tipp Verwende Wörter wie fallend, steigend, symmetrisch, tiefster Punkt.

3 Partner A wählt die linke Karte, Partner B die rechte.

$y = x^2$	$y = x^2$
$y = x^2 + 1$	$y = x^2 - 1$
$y = x^2 + 2$	$y = x^2 - 2$

a) Erstellt für jede Funktion eine Wertetabelle mit x-Werten von −3 bis +3 und der Schrittweite 1.
Zeichnet eure drei Graphen in ein Koordinatensystem.

b) Vergleicht alle sechs Graphen.

c) Findet einen Zusammenhang zwischen den Funktionsgleichungen und den Graphen. Formuliert eine Regel.

VERSTEHEN

Man kann den Verlauf von einem Bogen mit einer quadratischen Funktion beschreiben.
Sie heißt quadratische Funktion, da im Funktionsterm x^2 auftritt.
Den Graph einer quadratischen Funktion nennt man **Parabel**.

Vokabeln
→ *die Normalparabel*
→ *der Scheitelpunkt*
→ *die Parabel*

Merke Die einfachste quadratische Funktion hat die Funktionsgleichung $y = x^2$.
Der Graph heißt **Normalparabel**.

Der tiefste Punkt ist der **Scheitelpunkt** S.
Er liegt im Ursprung (0 | 0).
Die Normalparabel ist symmetrisch zur y-Achse.

Der Graph einer Funktion mit der Funktionsgleichung $y = x^2 + e$ ist eine verschobene Normalparabel.
Sie ist entlang der y-Achse um den Wert e nach oben oder unten verschoben.
Der Scheitelpunkt liegt bei S(0 | e).

Beispiel 1

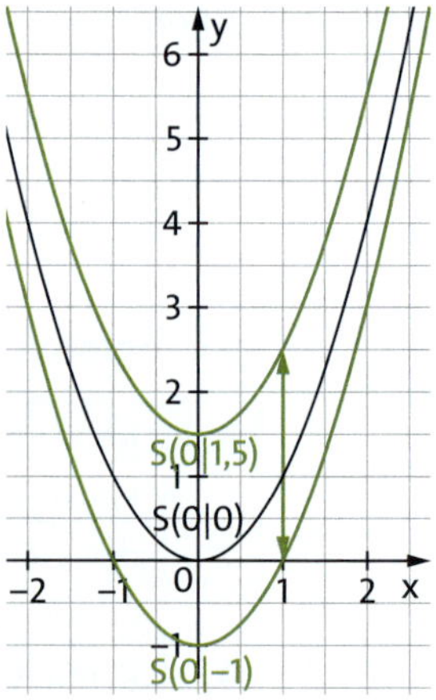

ANWENDEN

1 Gegeben ist die Funktionsgleichung $y = x^2$.
a) Erstelle eine Wertetabelle von −4 bis +4 mit der Schrittweite 0,5.
b) Zeichne die Parabel auf Millimeterpapier, klebe sie auf Pappe und schneide sie aus. Wähle als Einheit im Koordinatensystem 1 cm.

2 Liegen die Punkte auf der Normalparabel? Prüfe durch Ablesen.
a) P(1,5 | 2,25) b) Q(2,1 | 4,9)
c) R(2,5 | 6,8) d) S(−2,5 | 6,25)
e) T(0,6 | 0,5) f) U(−0,7 | 0,49)

3 Die Punkte A bis I liegen auf der Normalparabel mit der Funktionsgleichung $y = x^2$. Ergänze die fehlenden Koordinaten im Heft. Beschreibe dein Vorgehen.
Tipp P(x | y)
a) A(1,5 | ▢) B(2,5 | ▢) C(−1,5 | ▢)
D(−0,5 | ▢) E(0,5 | ▢) F(4,5 | ▢)
mögliche Lösungen:

2,25	20,25	6,25	1,44
3,69	2,56	3,61	0,25

b) G(▢ | 8) H(▢ | 4,5) I(▢ | 0)
Begründe, warum es bei G und H zwei Lösungen gibt.
c) Notiere vier weitere Punkte.

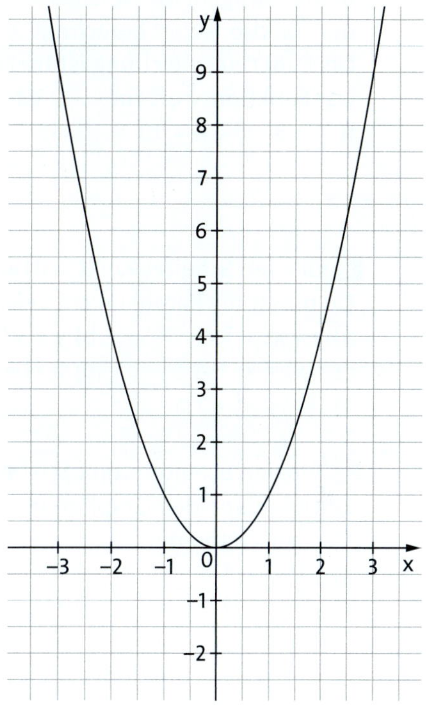

4 Liegen die Punkte auf der Normalparabel? Prüfe durch eine Rechnung.
Tipp Setze P(2 | 4) in $y = x^2$ ein.
$4 = 2^2 = 2 \cdot 2$ ✓ P liegt auf der Normalparabel.
a) R(7 | 49) b) S(8 | 16)
c) T(0,6 | 0,25) d) U(−9 | 81)

4 Liegen die Punkte auf der Normalparabel? Prüfe durch eine Rechnung.
Tipp Setze P(5 | 25) in $y = x^2$ ein.
$25 = 5^2$ ✓ P liegt auf der Normalparabel.
a) R(10 | 20) b) S(1,2 | 1,44)
c) T(−5 | −25) d) U(−1,1 | 1,5)

Hinweis
Du kannst die Wurzel aus a nur berechnen, wenn a positiv ist.

5 P liegt auf dem Graphen von $y = x^2$. Gib beide x-Koordinaten an.
Tipp Für jeden y-Wert erhält man zwei x-Werte.
P(▢ | 4), dann ist x = 2 oder x = −2.

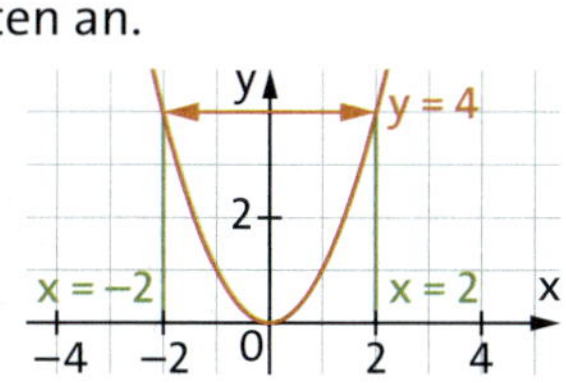

a) P(▢ | 1) b) P(▢ | 16)

5 P soll auf der Normalparabel liegen. Berechne die zwei möglichen x-Koordinaten. Runde auf zwei Stellen nach dem Komma.
Tipp Es gilt $y = x^2$. Also muss man die Wurzel aus y ziehen, um x zu bestimmen.
P(▢ | 36), also $x = \sqrt{36}$ und x = 6 oder x = −6
a) P(▢ | 9) b) P(▢ | 25)
c) P(▢ | 2,56) d) P(▢ | 7)

6 Der Punkt soll auf der Parabel zu $y = x^2 + 1$ liegen. Ergänze die fehlende Koordinate.
Tipp Setze den x-Wert in die Funktionsgleichung ein.
a) P(2 | ▢) b) Q(6 | ▢)

6 Ergänze die Koordinaten des Punkts, der auf der Parabel mit der Funktionsgleichung $y = x^2 + 5$ liegt.
Tipp zu b) Hier gibt es zwei Lösungen.
a) P(4 | ▢) b) Q(▢ | 14)

Info y oder f(x)?
Eine Funktionsgleichung kann man mit $f(x)$ oder y schreiben.
In die Schreibweise $f(x)$ kann man eintragen, für welches x der Funktionswert berechnet wird. *(f von x)*
Die Funktionsgleichung ist $f(x) = 3x^2 + 6$.
Der Funktionswert für $x = 2$ ist
$f(2) = 3 \cdot 2^2 + 6 = 18$.

7 Schreibweise f(x)
Schreibe die Funktionsgleichung mit $f(x)$.
Trage in die Schreibweise mit $f(x)$ die x-Werte $x = 2$, $x = 4$ und $x = -1$ ein.
Berechne die Funktionswerte.
Tipp $y = 2x^2 + 1$ Schreibe $f(x) = 2x^2 + 1$ und setze ein: $f(2) = 2 \cdot 2^2 + 1 = 9$
a) $y = 3x^2 + 2$
b) $y = -4x^2 + 1$
c) $y = 2x^2 - 2$
d) $y = 1{,}5x^2 + 1$

8 Gib den Scheitelpunkt S(0|■) an.
Du musst die Parabel nicht zeichnen.
a) $y = x^2 + 3$ b) $y = x^2 + 5$
c) $f(x) = x^2 - 4$ d) $f(x) = x^2 - 12$
e) $f(x) = x^2 + 1{,}5$

8 Bestimme den Scheitelpunkt, ohne die Parabel zu zeichnen.
a) $y = x^2 + 7$ b) $y = x^2 + 11$
c) $f(x) = x^2 - 33$ d) $f(x) = x^2 - 18$
e) $f(x) = x^2 - 2{,}5$

9 Gib den Scheitelpunkt S(0|■)an.
Zeichne dann den Graphen mit einer Parabelschablone.
a) $y = x^2 + 1$ b) $f(x) = x^2 + 4$
c) $y = x^2 - 2$ d) $f(x) = x^2 - 2{,}5$

9 Bestimme den Scheitelpunkt S.
Zeichne dann den Graphen mit einer Parabelschablone.
a) $y = x^2 + 3$ b) $f(x) = x^2 - 3$
c) $y = x^2 + 1{,}5$ d) $f(x) = x^2 - 1$

10 Ordne den Funktionsgleichungen die Parabeln zu.
① $y = x^2 + 0{,}5$ ② $y = x^2 - 1{,}5$ ③ $y = x^2 + 2$ ④ $y = x^2$

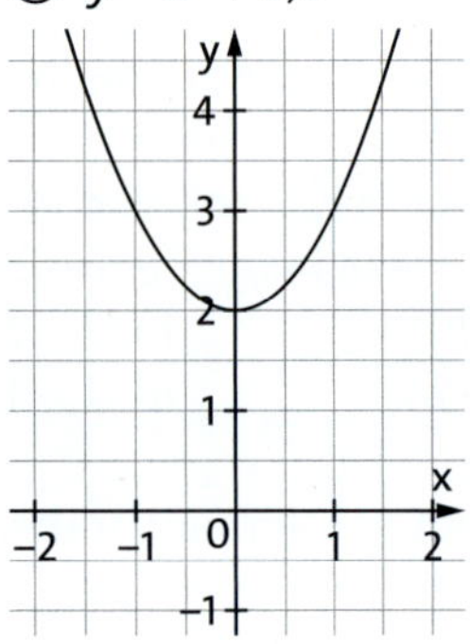

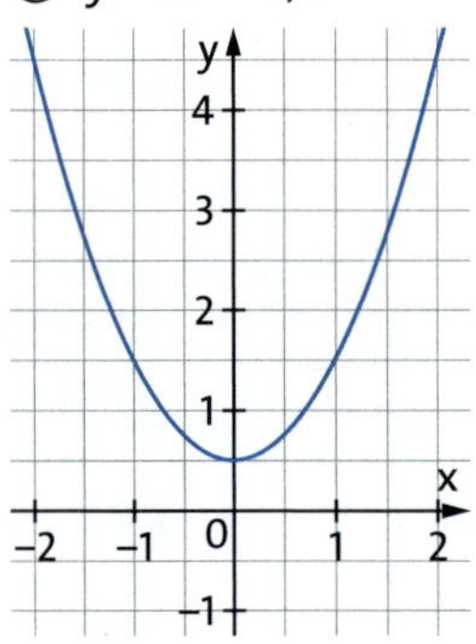

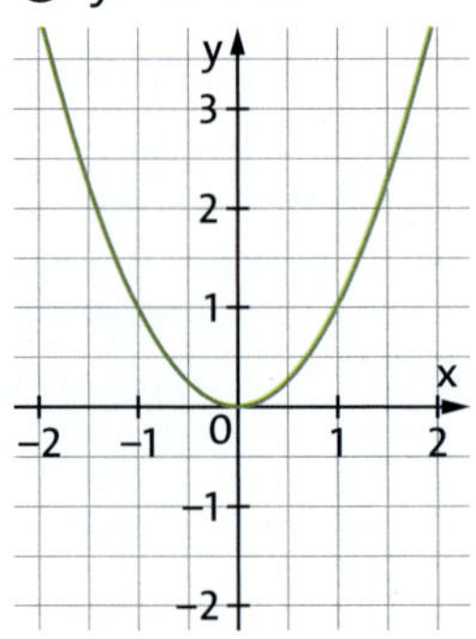

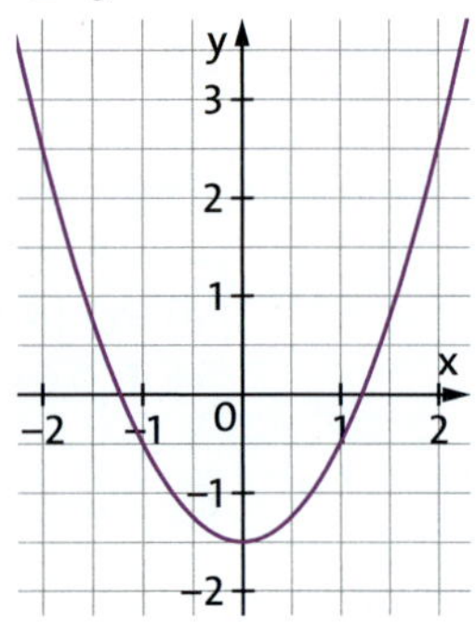

11 Funktionsgleichung und Verschiebung

a) Hat Mara recht? Begründe.
b) Verschiebe die Parabel zu $y = x^2$ um 3 Einheiten nach unten. Gib den neuen Scheitelpunkt an.

11 Verschobene Scheitelpunkte

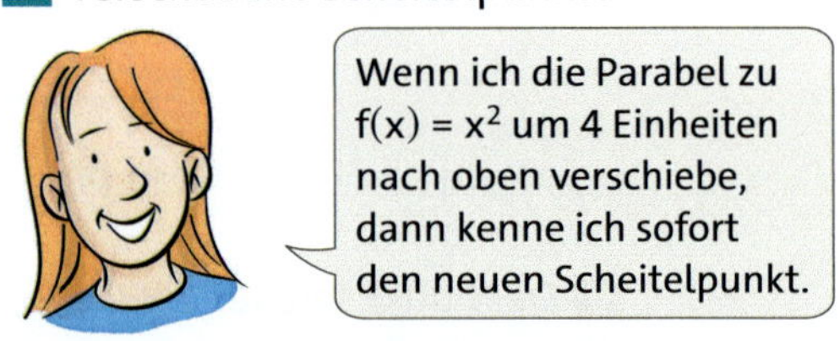

a) Hat Rieke recht? Begründe.
b) Verschiebe die Parabel zu $y = x^2$ um 3 Einheiten nach unten. Gib den neuen Scheitelpunkt an.

Gestreckte und gestauchte Parabeln

ENTDECKEN

1 Vergleiche die Bögen auf den Bildern mit der Normalparabel und notiere, was dir auffällt.

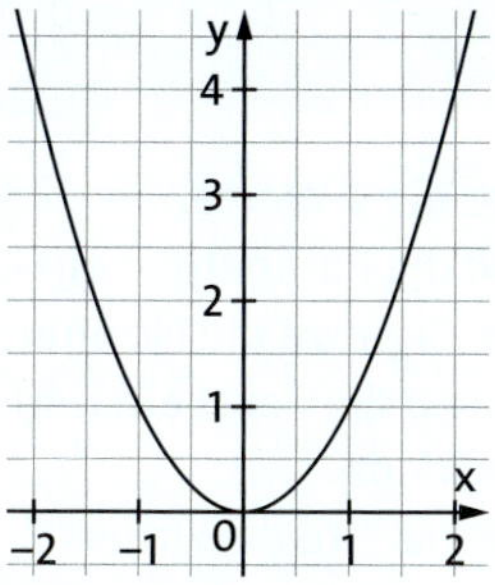

2 Jeder wählt eine Funktionsgleichung und zeichnet den Graphen mithilfe einer Wertetabelle. Wählt die x-Werte von −3 bis 3 mit der Schrittweite 1.

$y = -x^2$ | $y = 0{,}1x^2$ | $y = 9x^2$ | $y = 0{,}5x^2$ | $y = 3x^2$ | $y = -3x^2$

Vergleicht die Graphen mit der Normalparabel.
Findet eine Regelmäßigkeit und formuliert eine Regel.

VERSTEHEN

Es gibt auch Parabeln, die schmaler oder breiter verlaufen als die Normalparabel.
Wie eine Parabel verläuft, kann man an der Funktionsgleichung erkennen.

Vokabeln
→ die Normalparabel
→ gestreckt
→ gestaucht

Merke In der Funktionsgleichung $y = ax^2$ bestimmt der Faktor a, ob die Parabel eine Normalparabel, eine gestreckte Parabel oder eine gestauchte Parabel ist.

$a = 1$ Normalparabel
$a > 1$ oder $a < -1$ **gestreckt**
$0 < a < 1$ oder $-1 < a < 0$ **gestaucht**

Beispiel 1
$y = 5x^2$
$y = 0{,}5x^2$

Normalparabel
$y = x^2$

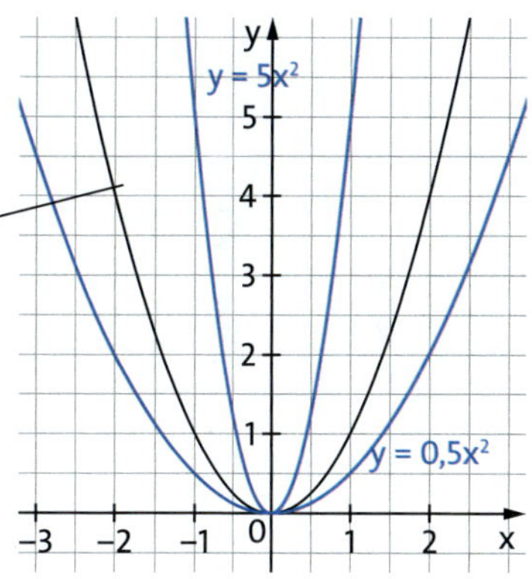

Merke Der Faktor a bestimmt auch, ob die Parabel nach oben oder unten geöffnet ist.

$a > 0$ nach oben geöffnet
$a < 0$ nach unten geöffnet

Beispiel 2
$y = -5x^2$
$y = -0{,}5x^2$

Normalparabel nach unten geöffnet
$y = -x^2$

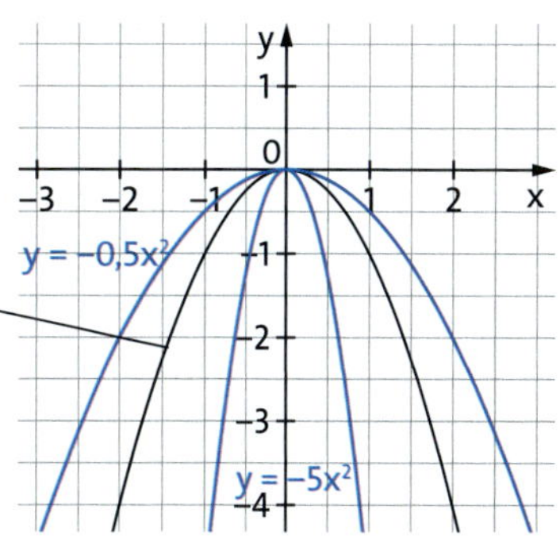

ANWENDEN

1 Übertrage die zwei Wertetabellen ins Heft.

x	−3	−2	−1	0	1	2	3
$y = 2x^2$							

x	−3	−2	−1	0	1	2	3
$y = 0{,}5x^2$							

a) Berechne die fehlenden y-Werte.
b) Zeichne die Parabeln in ein Koordinatensystem. Ergänze die Normalparabel.
c) Vergleiche die Parabeln und beschreibe die Unterschiede.
Verwende die Worte gestreckt; gestaucht; Normalparabel.

2 Ordne jeder Parabel eine Funktionsgleichung zu.

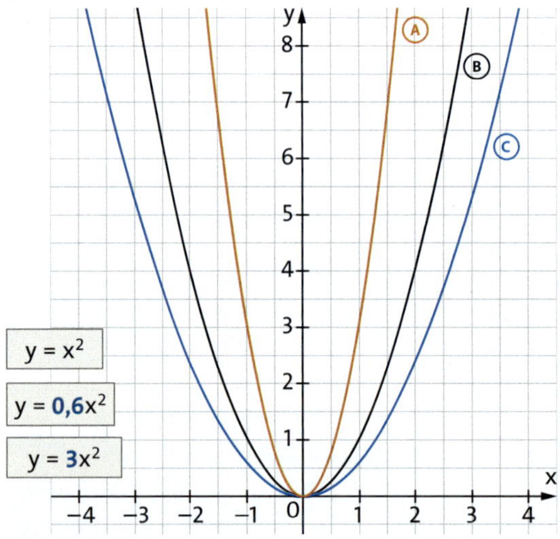

3 Ordne jeder Parabel eine Funktionsgleichung zu.

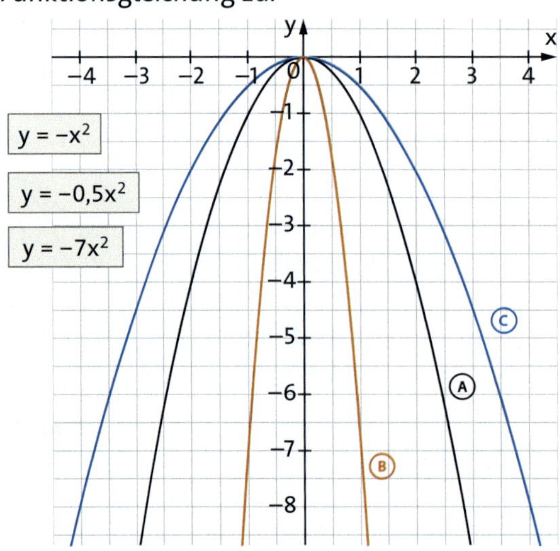

1 Übertrage die zwei Wertetabellen ins Heft.

x	−3	−2	−1	0	1	2	3
$y = 4x^2$							

x	−3	−2	−1	0	1	2	3
$y = 0{,}6x^2$							

a) Ergänze die y-Werte.
b) Zeichne die Parabeln in ein Koordinatensystem. Ergänze die Normalparabel.
c) Vergleiche die Parabeln und beschreibe die Unterschiede.
Tipp Betrachte die Unterschiede bei der Öffnung, der Streckung und der Stauchung.

2 Ordne jeder Parabel eine Funktionsgleichung zu. Beschreibe dein Vorgehen.

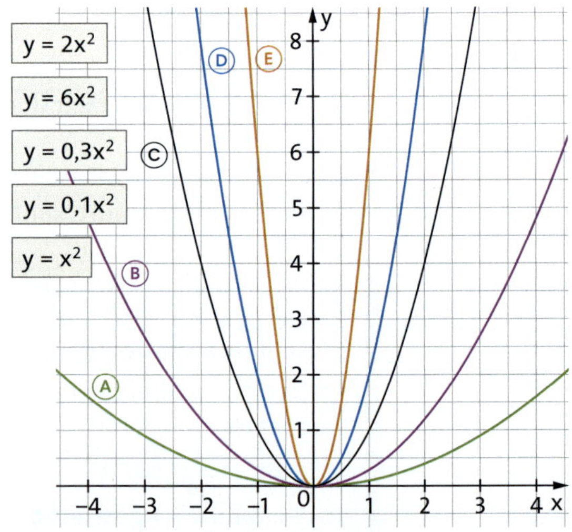

3 Ordne jeder Parabel eine Funktionsgleichung zu. Beschreibe dein Vorgehen.

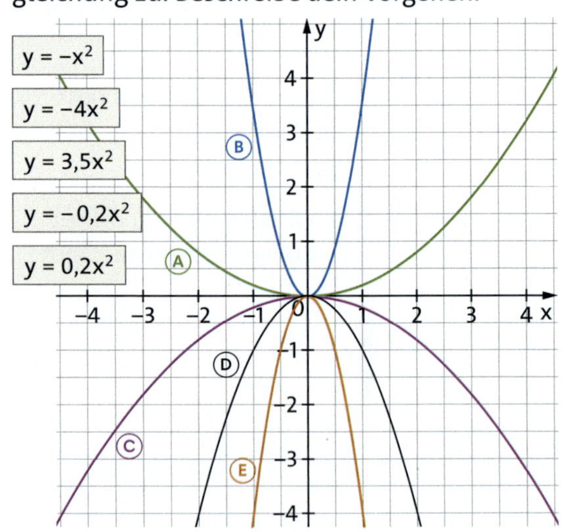

4 Beschreibe den Verlauf der Parabel, ohne zu zeichnen. Verwende die Begriffe:

gestreckt | gestaucht | Normalparabel | nach oben geöffnet | nach unten geöffnet

a) $y = x^2$ b) $y = -0{,}3x^2$ c) $f(x) = 2x^2$

4 Beschreibe den Verlauf der Parabel, ohne zu zeichnen.

Tipp Beschreibe, ob die Parabel nach oben oder nach unten geöffnet ist und ob sie gestreckt oder gestaucht ist.

a) $y = 3x^2$ b) $y = -0{,}5x^2$
c) $f(x) = -x^2$ d) $f(x) = 0{,}1x^2$

5 Der Wert a ist bei den Parabeln unterschiedlich. Ordne zu:

$y = x^2$ $y = 2x^2$ $y = 0{,}4x^2$ $y = 5x^2$

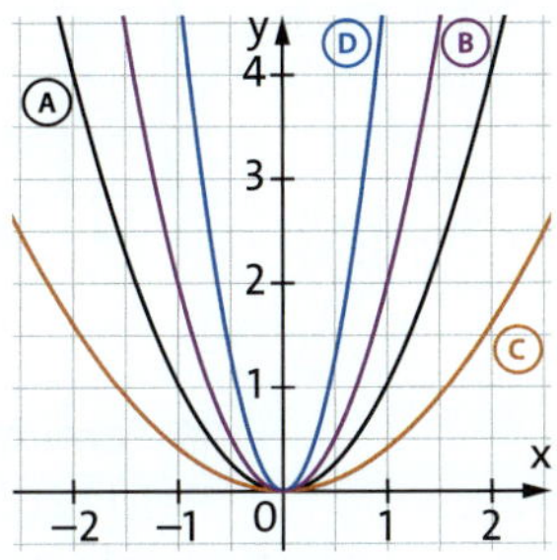

5 Die Parabeln sind nach oben oder nach unten verschoben.

a) Notiere den Scheitelpunkt.
Tipp Für $y = 2x^2 - 4$ gilt $S(0\,|\,-4)$.
① $y = 2x^2 - 2$ ② $y = x^2 + 1$
③ $y = -x^2 - 4$ ④ $y = -3x^2 + 2$
⑤ $y = 0{,}5x^2 - 1$ ⑥ $y = x^2$

b) Wie ändert sich der Scheitelpunkt, wenn der Faktor vor dem x^2 größer wird?

6 Liegen die Punkte auf der Parabel?

$P(0\,|\,0)$
$Q(1\,|\,0{,}5)$
$R(1\,|\,1)$
$S(-2\,|\,2)$
$T(0{,}5\,|\,1)$

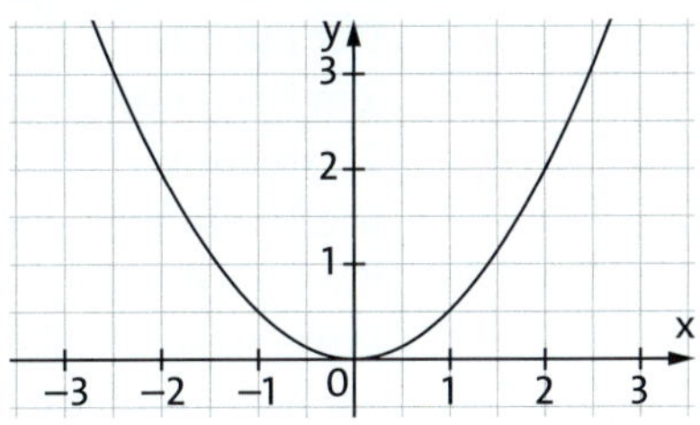

6 Überprüfe, ob die Punkte auf der Parabel liegen.

Tipp Prüfe mit einer Zeichnung oder mit einer Rechnung.

a) $y = x^2$ $P(1\,|\,1)$; $Q(4\,|\,2)$; $R(-2\,|\,4)$
b) $y = -x^2 + 1$ $P(-1\,|\,1)$; $Q(0\,|\,0)$; $R(2\,|\,-3)$
c) $f(x) = 0{,}5x^2$ $P(1\,|\,0{,}5)$; $Q(2\,|\,2)$; $R(-3\,|\,3)$
d) $f(x) = -3x^2 - 5$ $P(0{,}2\,|\,4)$; $Q(2\,|\,3)$; $R(0\,|\,-5)$

7 Gib die passende Funktionsgleichung an.

Tipp Die allgemeine Funktionsgleichung lautet $f(x) = x^2 + e$.

a) Eine Normalparabel ist nach oben geöffnet. Die Parabel ist um 3 Einheiten nach oben verschoben.
b) Eine Normalparabel ist nach unten geöffnet und um 1 Einheit nach unten verschoben.

7 Gib eine passende Funktionsgleichung an.

Tipp Notiere zuerst in der Form $y = ax^2 + e$.

a) Eine Parabel ist mit 2 gestreckt. Die Parabel ist um 2 Einheiten nach unten verschoben.
b) Eine Parabel ist mit 0,5 gestaucht. Die Parabel ist um 3 Einheiten nach oben verschoben.

8 Eine Parabel hat eine Funktionsgleichung der Form $y = ax^2$ und geht durch den Punkt $A(5\,|\,10)$. Yunus soll den Faktor a bestimmen.

Er rechnet: $10 = a \cdot 5^2$
$10 = a \cdot 25 \quad |:25$
$0{,}4 = a$

a) Beschreibe, wie Yunus vorgegangen ist.
b) Die Punkte liegen auf Parabeln der Form $y = ax^2$. Bestimme für jeden Punkt den Faktor a. Gehe vor wie Yunus.
① $A(2\,|\,2)$ ② $B(1\,|\,5)$ ③ $C(-2\,|\,0{,}4)$

9 Gegeben ist eine Parabel mit der Funktionsgleichung $y = ax^2$.
Der Punkt P(1 | 9) liegt auf der Parabel.
Bestimme den Faktor a.

9 Gegeben ist eine Parabel mit einer Funktionsgleichung der Form $y = ax^2 + 4$.
Der Punkt P(2 | 16) liegt auf der Parabel.
Bestimme den Faktor a.

10 Gib die Funktionsgleichungen in der Form $y = ax^2$ an.
Tipp Lies P(1 | ■) ab und setze ein.

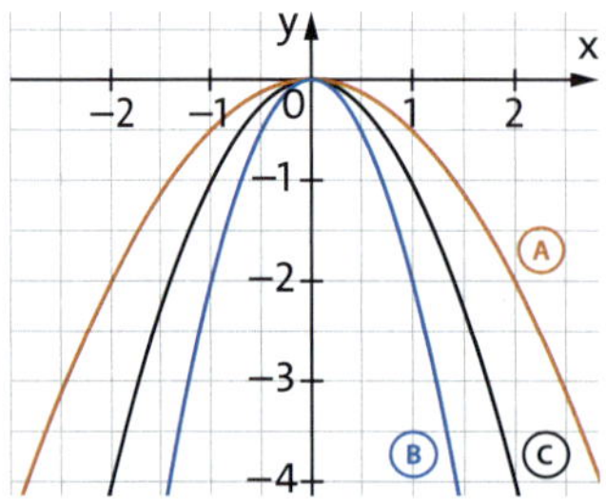

10 Bestimme die Funktionsgleichung des Stahlseils.

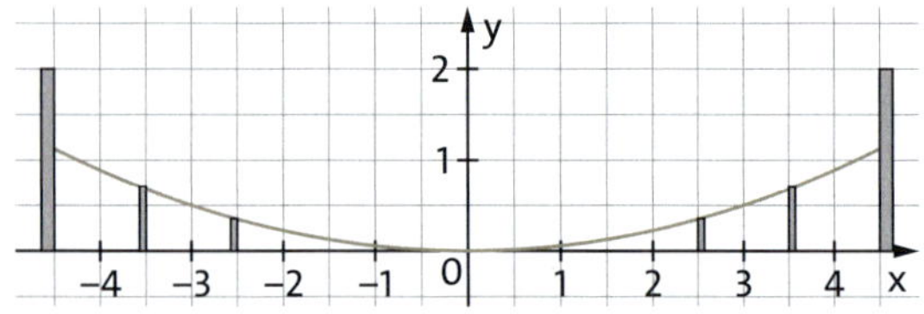

Strategie Sachaufgaben lösen
Eine Tunnelöffnung lässt sich durch die Gleichung $y = -0{,}5x^2 + 4$ beschreiben.
Ein Lkw ist 3 m hoch und 2,5 m breit.
Prüfe rechnerisch, ob der Lkw durch den Tunnel passt.

① Fertige eine Skizze an.

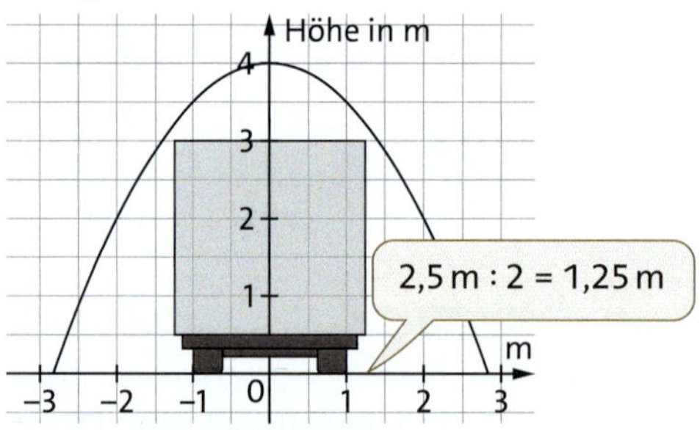

② Betrachte einen Punkt der Funktion: Der Tunnel muss bei 1,25 m (x-Wert) höher sein als 3 m (y-Wert).

③ Setze den Punkt in f(x) ein: $f(1{,}25) = -0{,}5 \cdot 1{,}25^2 + 4 \approx 3{,}22 > 3$

④ Formuliere einen Antwortsatz: Der Tunnel ist hoch genug.

11 Familie Reichert möchte einen Kleinbus kaufen.
Der Bus ist 2 m hoch und 2,2 m breit.

Die Toreinfahrt der Garage lässt sich durch die Gleichung $y = -0{,}4x^2 + 3$ m beschreiben.
Prüfe rechnerisch, ob der Bus durch die Toreinfahrt passt.

12 Der Bogen einer Brücke lässt sich mit $y = -0{,}05x^2 + 3{,}4$ beschreiben.
Ein Schiff ist 8 m breit.

Wie hoch darf das Schiff höchstens sein, damit es unter der Brücke durchfahren kann?

13 Sams kleiner Bruder versucht, einen quaderförmigen Spielstein durch die bogenförmige Öffnung zu stecken.
Der Bogen wird mit $y = -x^2 + 3$ beschrieben.
Der Spielstein ist 2 cm breit und 1,5 cm hoch.
Schafft es Sams Bruder, den Spielstein durch die Öffnung zu stecken?

13 Merves Vater möchte beim Umzug einen Schrank durch einen bogenförmigen Durchgang schieben.
Der Durchgang kann durch $y = -0{,}5x^2 + 2{,}2$ beschrieben werden.
Der Schrank ist 1 m breit und 2 m hoch.
Überprüfe, ob er durch die Tür passt.

Thema Nullstellen von Parabeln

Hinweis
Man kann Nullstellen sowohl zeichnerisch als auch rechnerisch bestimmen.

Wenn eine Parabel die x-Achse schneidet, dann werden die x-Koordinaten dieser Schnittpunkte Nullstellen genannt. Je nach Lage und Öffnungsrichtung der Parabel gibt es entweder eine, zwei oder keine Nullstelle.

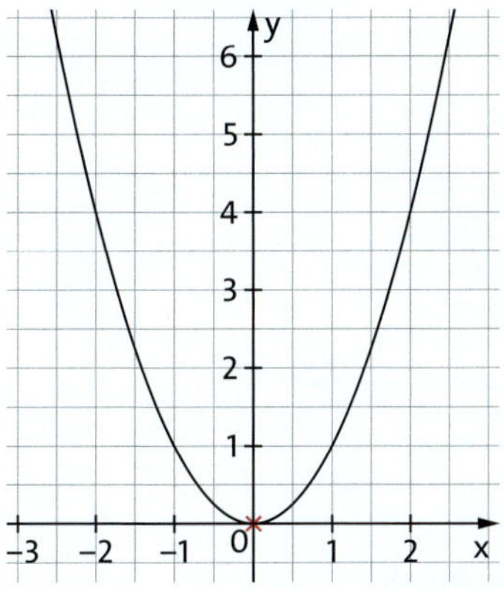

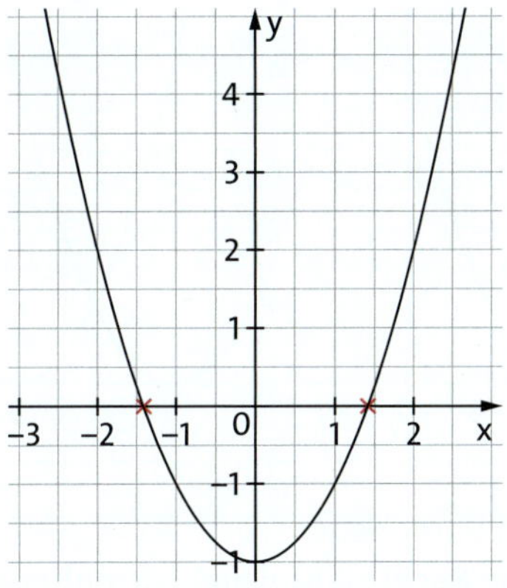

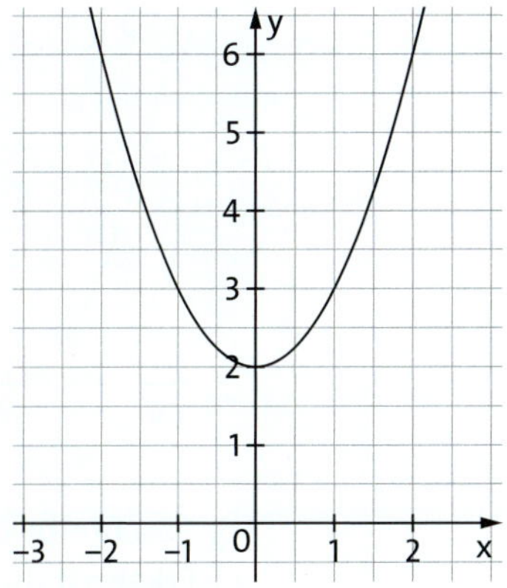

ANWENDEN

1 Zeichne jeweils zwei weitere Parabeln mit einer, keiner oder zwei Nullstellen in ein Koordinatensystem.
Verwende auch nach unten geöffnete Parabeln.

2 Notiere die Nullstellen.
Tipp Schreibe so:
Ⓐ: x = 0;
Ⓑ: x_1 = …;
x_2 = …;
Ⓒ: …

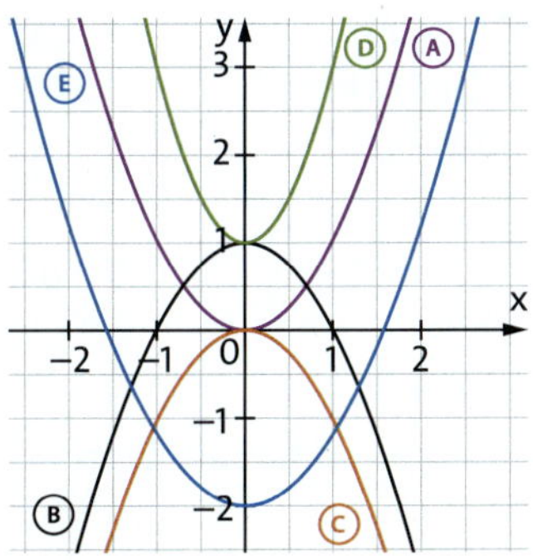

2 Untersuche die quadratischen Funktionen.
① $y = -x^2 + 1$ ② $y = 3x^2$
③ $y = x^2 + 3$ ④ $y = 0{,}5x^2 - 2$
⑤ $y = -x^2 - 3$ ⑥ $y = -x^2 + 4$
a) Zeichne die Parabeln und notiere die Nullstellen.
b) Überlegt euch weitere einfache Funktionsgleichungen.
Tauscht sie untereinander und bestimmt die Nullstellen zeichnerisch.

3 An welchen beiden Stellen trifft der Brückenbogen auf die Fahrbahn?
Wie heißen diese Stellen am Graphen?
Notiere die Koordinaten.

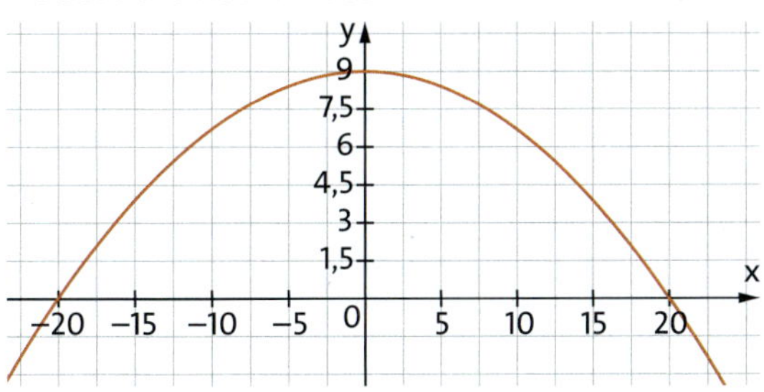

3 Mathilda möchte den Schulrekord von 5 m im Weitsprung schaffen.

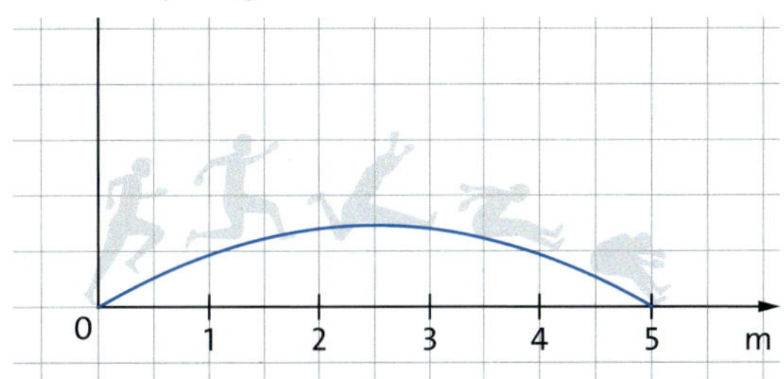

a) Lies Mathildas Sprungweite ab.
Hat sie den Schulrekord geschlagen?
b) Diskutiert, wie genau das Ergebnis sein kann.

Nach links oder rechts verschobene Parabeln

ENTDECKEN

1 Untersuche die vier Parabeln.

a) Gib zuerst die Scheitelpunkte an. Ordne dann jedem Graphen die passende Funktionsgleichung zu. Eine Gleichung bleibt übrig.

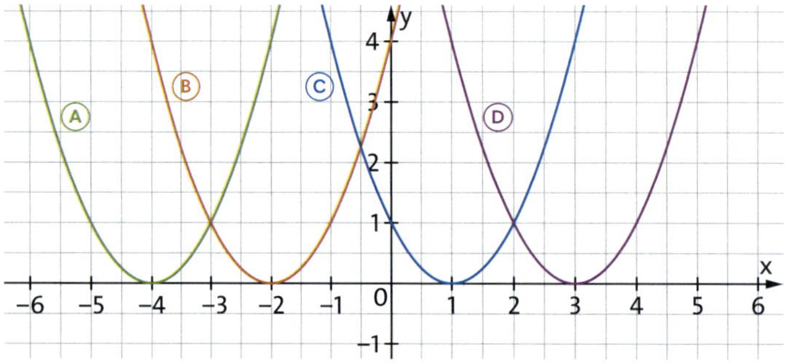

$y = (x+1)^2$

$y = (x+2)^2$

$y = (x+4)^2$

$y = (x-1)^2$

$y = (x-3)^2$

b) Beschreibe dein Vorgehen.

c) Erkennst du eine Regelmäßigkeit? Formuliere eine Regel.

d) Was ändert sich, wenn in den Funktionsgleichungen vor der Klammer ein Faktor steht? Stelle eine Vermutung auf.
Vergleicht eure Vermutungen und überprüft sie zeichnerisch.

VERSTEHEN

Der Graph der Funktion $y = 3(x-4)^2$ ist eine mit dem Faktor 3 gestreckte Parabel. Der Faktor 3 verändert die Lage des Scheitelpunktes nicht.
Der Scheitelpunkt ist $S(4\,|\,0)$.
Die Parabel ist entlang der x-Achse um 4 Einheiten nach rechts verschoben.

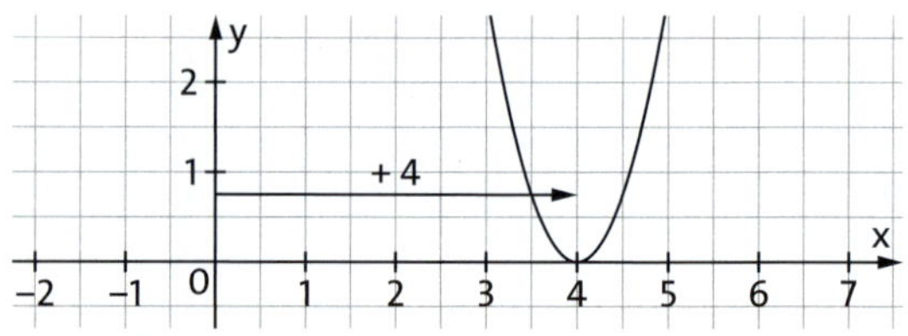

Vokabeln
→ der Scheitelpunkt
→ die verschobene Parabel

Merke Eine Funktion der Form $y = a(x-d)^2$ hat als Graph eine verschobene Parabel mit dem Scheitelpunkt $S(d\,|\,0)$.
Für $-d$ wird die Parabel um d Einheiten nach rechts verschoben und für $+d$ nach links.
Die Symmetrieachse der Parabel ist eine senkrechte Achse an der Stelle $x = d$.
Für den Faktor a gelten die gleichen Regeln wie ohne Verschiebung.

Beispiel 1

a) $y = (x-2)^2$

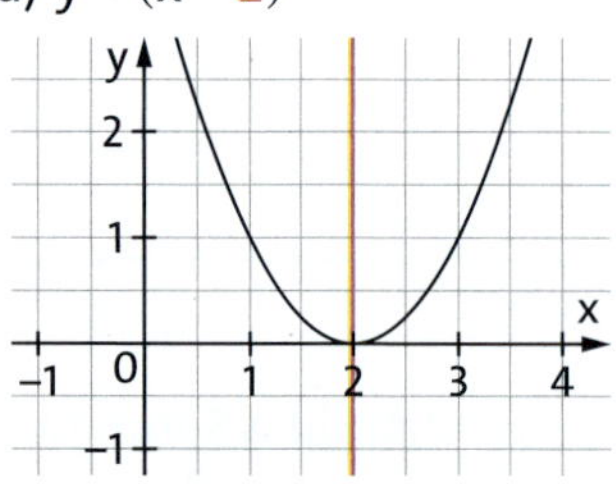

nach oben geöffnet
um 2 Einheiten nach rechts verschoben
Normalparabel

b) $y = 2(x+1)^2$

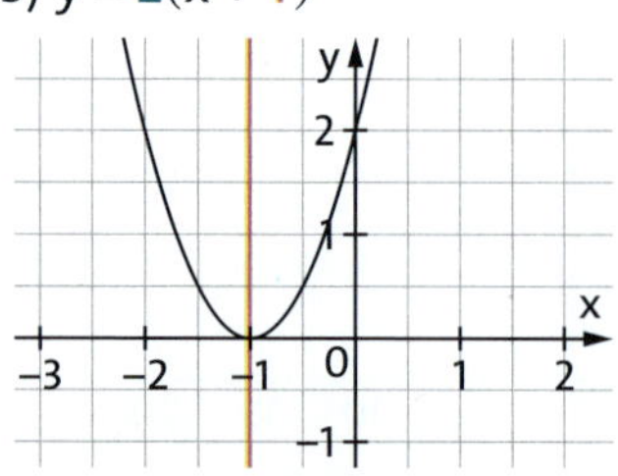

nach oben geöffnet
um 1 Einheit nach links verschoben
mit dem Faktor 2 gestreckt

c) $y = -0{,}5(x-1)^2$

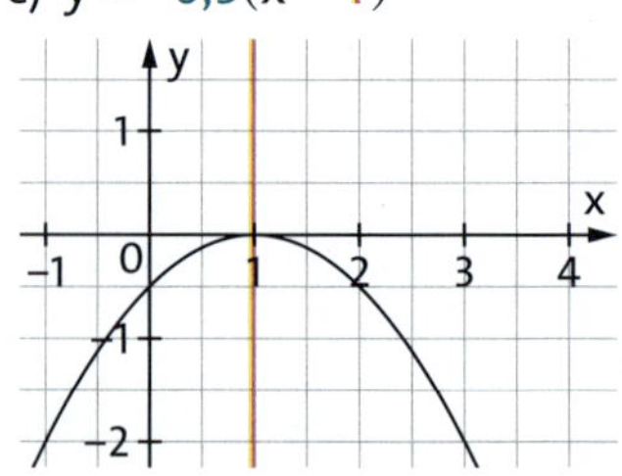

nach unten geöffnet
um 1 Einheit nach rechts verschoben
mit dem Faktor 0,5 gestaucht

ANWENDEN

1 Ordne jedem Graphen die passende Funktionsgleichung zu. Eine Gleichung bleibt übrig. Bestimme dann den Scheitelpunkt S.

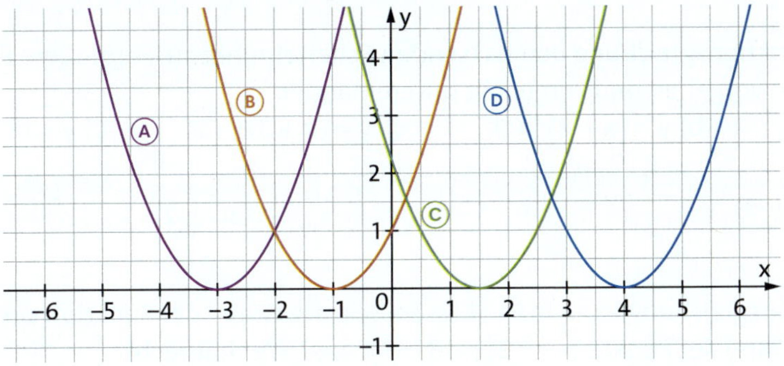

$y = (x - 4)^2$

$y = (x + 3)^2$

$y = (x - 4)^2$

$y = (x - 1{,}5)^2$

$y = (x + 1)^2$

2 Zeichne die verschobene Normalparabel. Trage die Symmetrieachse mit x = d an.
a) $y = (x + 1)^2$ b) $y = (x - 1)^2$

3 Zeichne die verschobene Parabel. Gib dann den Scheitelpunkt an.
a) $y = -(x - 2)^2$ b) $f(x) = -(x + 1)^2$

4 Beim Zeichnen der Parabeln wurden Fehler gemacht. Finde und korrigiere die Fehler.
a) $y = (x + 1)^2$ b) $y = (x - 2)^2$

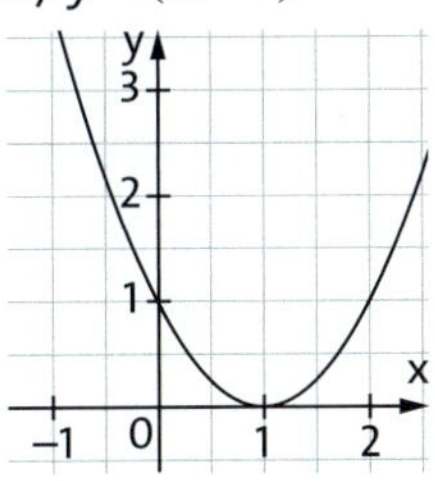

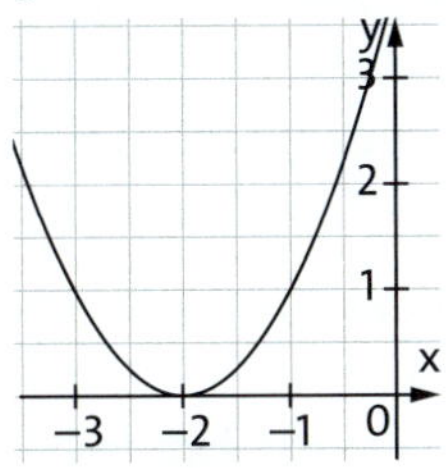

5 Die Parabel ist nach oben geöffnet. Notiere eine Funktionsgleichung, die zum Scheitelpunkt S passt.
Tipp Es gilt $y = (x - d)^2$.
a) S(5 | 0) b) S(−5 | 0) c) S(7 | 0)

6 Liegt der Punkt auf dem Graphen der verschobenen Normalparabel $y = (x + 3)^2$? Löse durch eine Zeichnung.
a) A(−4 | 1) b) B(−1 | 1) c) C(−1 | 4)

7 Liegt der Punkt auf dem Graphen von $y = (x - 4)^2$? Prüfe durch eine Rechnung.
Tipp P(1 | 2) Für x = 1 ist $y = (1 - 4)^2 = (-3)^2$, also y = 9, aber 2 ≠ 9; nicht auf dem Graphen.
a) P(4 | 6) b) Q(6 | 5)
c) R(0 | 16) d) S(0 | 4)

2 Zeichne die verschobene Normalparabel. Gib die Symmetrieachse mit x = d an.
a) $y = (x + 3)^2$ b) $y = (x - 2)^2$

3 Zeichne die verschobene Parabel. Gib dann den Scheitelpunkt an.
a) $y = -(x + 3)^2$ b) $f(x) = -2(x - 1)^2$

4 Beim Zeichnen der Parabeln wurden Fehler gemacht. Finde und beschreibe die Fehler.
a) $y = (x + 2)^2$ b) $y = (x - 5)^2$

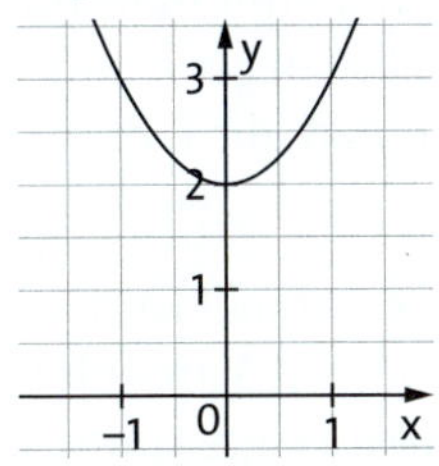

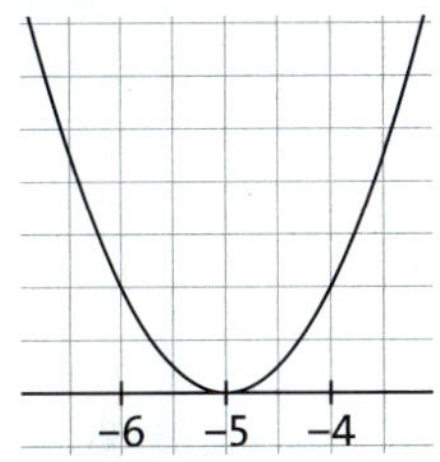

5 Die Parabel ist nach oben geöffnet. Notiere eine Funktionsgleichung, die zum Scheitelpunkt S passt.
a) S(6 | 0) b) S(−3 | 0)
c) S(10 | 0) d) S(0 | 0)

6 Liegt der Punkt auf dem Graphen der nach unten geöffneten Parabel $y = -(x + 1)^2$? Löse durch eine Zeichnung.
a) P(2 | 9) b) Q(−1 | 1) c) R(0 | 1)

7 Liegt der Punkt auf dem Graphen von $y = (x + 5)^2$? Prüfe durch eine Rechnung.
Tipp zu a) Setze für x = 1 ein und prüfe, ob sich für y = 6 eine wahre Aussage ergibt.
a) P(1 | 6) b) Q(0 | 25)
c) R(−3 | 4) d) T(−2 | −9)

Die Scheitelpunktform

ENTDECKEN

1 Ordne jeder Funktionsgleichung den passenden Scheitelpunkt zu. Formuliere eine Regel.
Beschreibe dein Vorgehen und vergleicht untereinander.

a) $y = (x + 1)^2 - 3$ b) $y = (x - 2)^2 + 1$ c) $y = (x + 3)^2 + 2$ d) $y = (x - 1)^2 - 2$

a) S(−1 | 3) S(−1 | −3) S(1 | 3)
b) S(−2 | 1) S(2 | 1)
c) S(3 | −2) S(−3 | 2)
d) S(1 | −2) S(−1 | −2)

2 Aus der Funktionsgleichung kann man ablesen, wie der Graph der Funktion verläuft.

a) Wie sieht der Graph der Funktion $y = 2(x - 3)^2 + 1$ aus? Wer hat recht?

Serkan: Der Scheitelpunkt ist S(6 | 1) und die Parabel ist mit 2 gestaucht.

Kim: Der Scheitelpunkt ist S(−3 | 1) und die Parabel ist mit 2 gestreckt.

Anne: Der Scheitelpunkt ist S(3 | 1) und die Parabel ist mit 2 gestreckt.

Diana: Der Scheitelpunkt ist S(6 | −1) und die Parabel ist mit 2 gestreckt.

b) Beschreibe den Verlauf der Parabeln.
① $y = 3(x + 2)^2 + 3$ ② $y = 0{,}5(x - 4)^2 + 6$ ③ $f(x) = -3(x + 1)^2 - 3$

c) Überprüft eure Aussagen aus b), indem ihr die Graphen zeichnet und vergleicht. Geht arbeitsteilig vor.

VERSTEHEN

Verschiebung, Streckung und Stauchung sind Veränderungen der Normalparabel. Diese Veränderungen nennt man **Transformation**.
Wenn die Funktionsgleichung einer Parabel mit $y = a(x - d)^2 + e$ gegeben ist, dann kann man den Scheitelpunkt, die Öffnungsrichtung und die Streckung oder Stauchung direkt ablesen.

Vokabeln
→ die Scheitelpunktform
→ die Transformation

Merke Jede Parabel kann man mit der Funktionsgleichung $y = a(x - d)^2 + e$ angeben. Diese Form heißt **Scheitelpunktform**.
An der Funktionsgleichung kann man viele Eigenschaften ablesen.

$y = a(x - d)^2 + e$

a > 0 nach oben geöffnet
a < 0 nach unten geöffnet
a = 1 Normalparabel
a > 1 oder a < −1 gestreckt
0 < a < 1 oder −1 < a < 0 gestaucht

verschiebt die Parabel **entgegengesetzt:**
bei − d nach rechts
bei + d nach links

verschiebt die Parabel
bei + e nach oben
bei − e nach unten

Scheitelpunkt S(d | e)

Beispiel 1

a) $y = -(x + 3)^2 + 1$
$= -1(x + 3)^2 + 1$
Scheitelpunkt S(−3 | 1)
nach unten geöffnet
Normalparabel

b) $y = 2(x - 2)^2 - 3$
Scheitelpunkt S(2 | −3)
nach oben geöffnet
mit 2 gestreckt

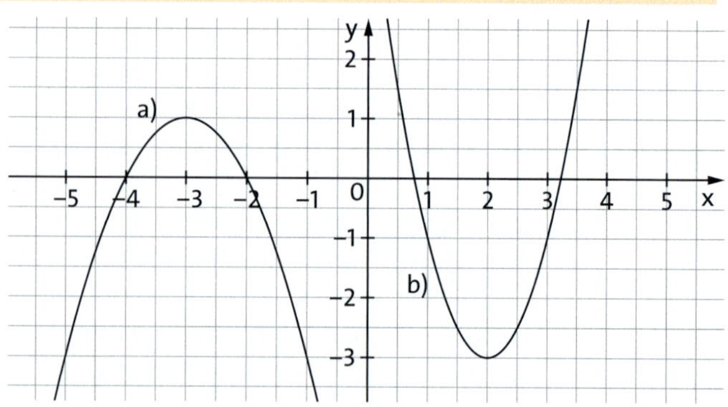

ANWENDEN

1 Ordne jeder Parabel die passende Funktionsgleichung zu.
In der richtigen Reihenfolge ergibt sich ein Lösungswort. Eine Gleichung bleibt übrig.

T $y = (x - 2)^2 - 3$

U $y = (x - 4)^2 + 1$

N $y = (x + 4)^2 - 3$

F $y = (x - 1)^2 + 1{,}5$

P $y = (x + 2)^2 + 3$

K $y = (x + 1)^2 - 1{,}5$

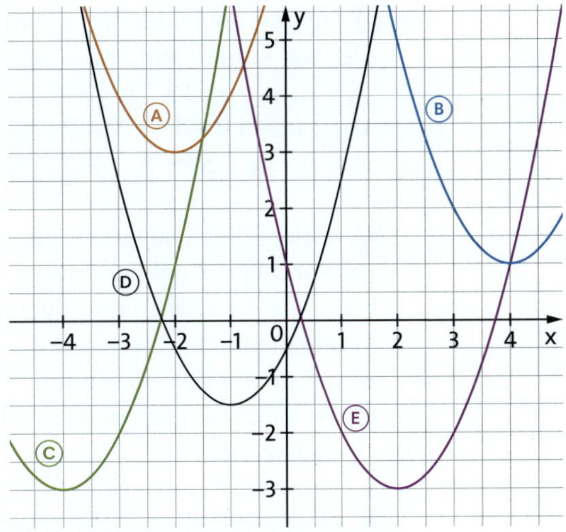

2 Lies den Scheitelpunkt ab.
Bestimme die Funktionsgleichung.

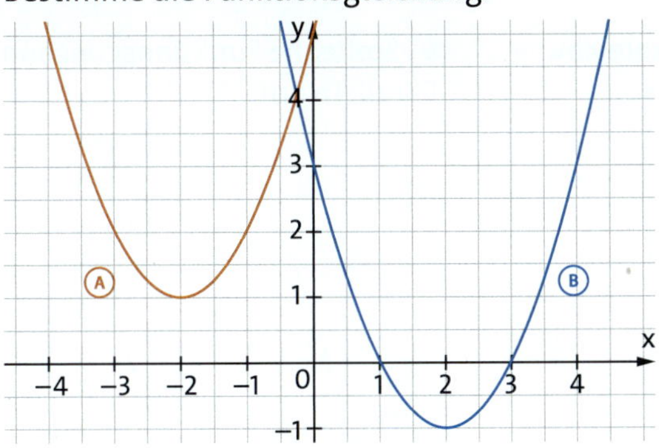

Tipp Es gilt $y = (x - d)^2 + e$.

Ⓐ $S(\square|\square)$, $y = (x \bigcirc \square)^2 \bigcirc \square$

Ⓑ $S(\square|\square)$, $y = (x \bigcirc \square)^2 \bigcirc \square$

2 Lies den Scheitelpunkt ab.
Bestimme die Funktionsgleichung.

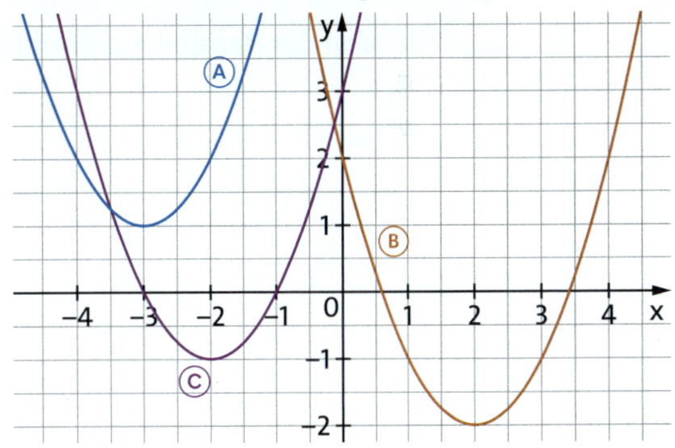

Tipp $y = (x \bigcirc \square)^2 \bigcirc \square$

Ⓐ $S(\square|\square)$ Ⓑ $S(\square|\square)$

Ⓒ $S(\square|\square)$

3 Lies zuerst den Scheitelpunkt ab.
Zeichne die Parabel mit einer Schablone.
Tipp zu c) Hier ist d = 0.

a) $y = (x + 3)^2 + 2$ b) $y = (x - 1)^2 - 3$
c) $y = x^2 + 1$ d) $y = (x - 1)^2 + 0$

3 Lies zuerst den Scheitelpunkt ab.
Zeichne die Parabel mit einer Schablone.
Tipp zu d) Hier ist d = 0.

a) $y = (x - 3)^2 + 2$ b) $y = (x + 1)^2 - 3$
c) $y = (x + 3)^2$ d) $y = x^2 - 2$

4 Bestimme den Scheitelpunkt, zeichne die Parabel und notiere die Nullstellen.

a) $y = (x - 2)^2 - 1$ b) $y = (x + 1)^2 - 4$
c) $y = (x - 3)^2 - 4$ d) $y = (x + 1)^2 + 3$

4 Zeichne zuerst die Parabel.
Notiere dann die Nullstellen.

a) $y = (x - 4)^2 - 1$ b) $y = (x - 1)^2 - 4$
c) $f(x) = (x - 1{,}5)^2 + 0$ d) $f(x) = (x + 4)^2 + 1$

5 Liegen die Punkte auf dem Graphen?
Prüfe zeichnerisch oder rechnerisch.
Tipp Lies am Graphen ab oder setze ein.

a) $y = (x + 1)^2 - 2$ $P(1|2)$; $Q(0|0)$
b) $y = 2(x - 1)^2 + 1$ $R(3|3)$; $S(1|1)$

5 Liegen die Punkte auf dem Graphen?
Prüfe durch eine Zeichnung oder durch eine Rechnung.

a) $y = (x + 2)^2 - 2$ $P(1|7)$; $Q(-2|-2)$
b) $y = 2(x - 3)^2 + 1$ $R(4|3)$; $S(1|5)$

6 Ergänze die fehlenden Koordinaten, sodass die zwei Punkte auf dem Graphen liegen.
Tipp zu a) $y = (2 + 1)^2 + 1 = \ldots$
a) $y = (x + 1)^2 + 1$ A(2 | □); B(□ | 5)
b) $f(x) = (x + 2)^2 - 1$ P(3 | □); Q(□ | 15)

6 Ergänze die fehlenden Koordinaten, sodass die zwei Punkte auf dem Graphen liegen.
Tipp zu a) $y = (2 - 1)^2 + 1 = \ldots$
a) $y = (x - 1)^2 + 1$ A(2 | □); B(□ | 2)
b) $f(x) = (x + 3)^2 - 2$ P(3 | □); Q(□ | 23)

7 Notiere die neue Funktionsgleichung.
Die Parabel mit der Funktionsgleichung $y = (x + 4)^2 + 3$ wird weiter verschoben:
a) um 2 Einheiten nach links
b) um 2 Einheiten nach oben
c) um 1 Einheit nach unten und um 1 Einheit nach rechts

7 Notiere die neue Funktionsgleichung.
Die Parabel mit der Funktionsgleichung $y = (x + 2)^2 - 1$ wird weiter verschoben:
a) um 3 Einheiten nach links
b) um 2 Einheiten nach oben
c) um 5 Einheiten nach unten und zusätzlich mit 3 gestreckt

8 Beschreibe, wie du den Graphen zu $f(x) = -(x + 2)^2 + 1$ mit einer Schablone zeichnen kannst. Schreibe eine Schritt-für-Schritt-Anleitung.

Info Von der Parabel zur Funktionsgleichung

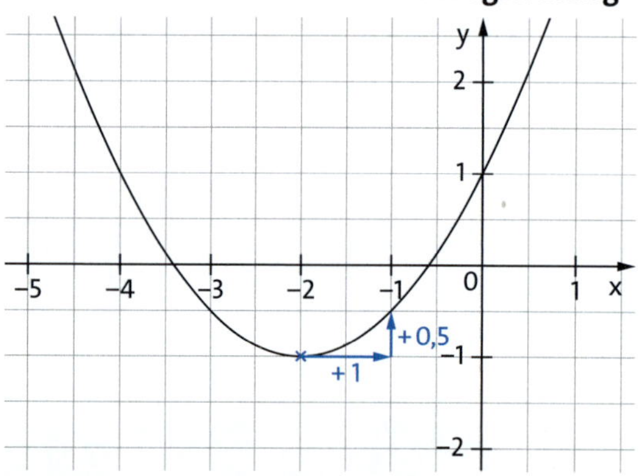

Stelle die Funktionsgleichung auf.
① Lies den Scheitelpunkt ab: S(−2 | −1)
② Setze die Koordinaten des Scheitelpunkts in die allgemeine Funktionsgleichung ein: $y = a\,(x + 2)^2 - 1$ $(x - (-2)) = (x + 2)$
③ Bestimme den Faktor a, indem du von S eine Einheit zur Seite und dann nach oben oder unten bis zur Parabel gehst. Der Wert, den du nach oben oder nach unten gehst, ist der Faktor a:
$y = 0{,}5(x + 2)^2 - 1$

9 Stelle die Funktionsgleichungen zu den Parabeln auf.

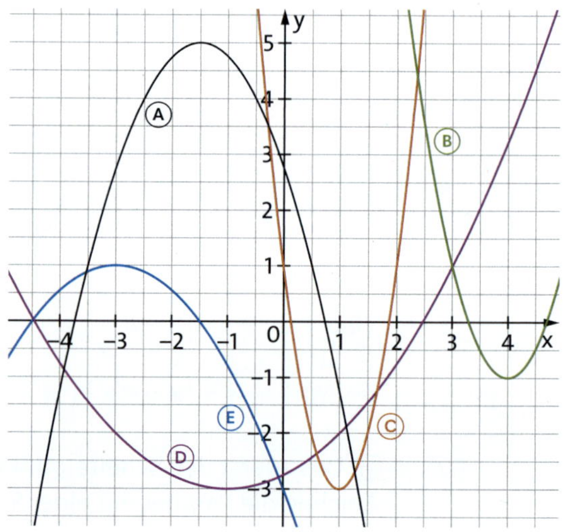

10 Zeichnet eigene Parabeln in ein Koordinatensystem und tauscht dann eure Zeichnungen.
Stellt die Funktionsgleichungen auf und überprüft gegenseitig eure Ergebnisse.

11 Beschreibe den Verlauf des Graphen ohne zu zeichnen. An welchem Wert kann man die Streckung oder Stauchung ablesen?
a) $y = 2(x - 1)^2 + 3$
b) $y = -0{,}5(x + 4)^2 + 6$
c) $f(x) = 3x^2$

11 Beschreibe den Verlauf des Graphen, ohne zu zeichnen. Erkläre, was die einzelnen Werte über den Verlauf des Graphen aussagen.
a) $y = 3(x - 2)^2 + 2$
b) $f(x) = -0{,}6(x + 2)^2 - 5$
c) $f(x) = 2(x - 1)^2$

Methode Parabeln zeichnen mit dem Computer

Dynamische Geometrie-Software oder Apps können das Zeichnen von Parabeln erleichtern. Mithilfe von Schiebereglern erkennt man, wie die Zahlen in der Funktionsgleichung die Parabel verändern.

Hinweis
Kommazahlen werden mit einem Punkt eingegeben, also 1,5 als 1.5.
x^2 wird als x^2 eingegeben.

① Parabel zeichnen
Gib die Funktionsgleichung in das Eingabefeld ein.
Drücke die Enter-Taste.

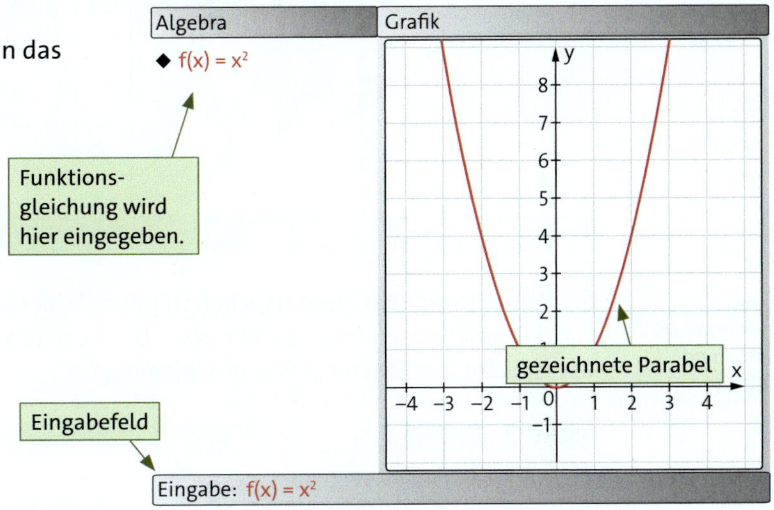

Hinweis
Das Extremum ist der höchste bzw. der tiefste Punkt eines Graphen.

② Scheitelpunkt anzeigen
Gib in das Eingabefeld „Extremum“ und dahinter in Klammern den Funktionsterm ein.

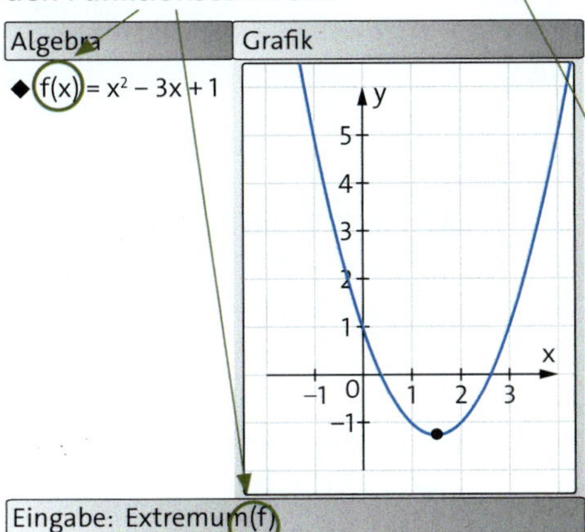

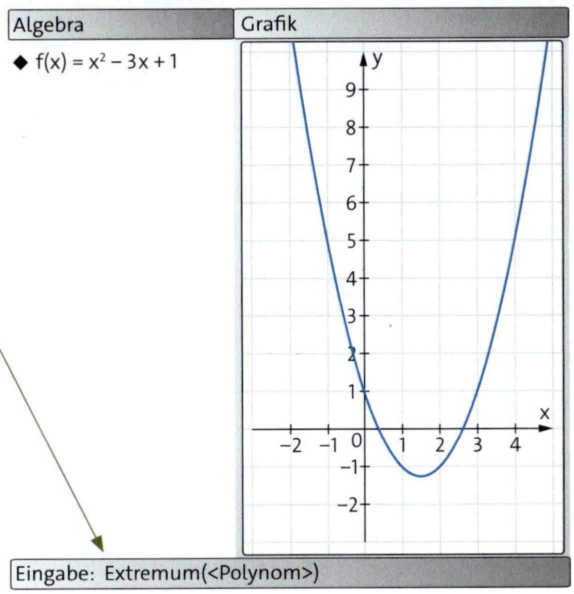

Drücke die Enter-Taste.

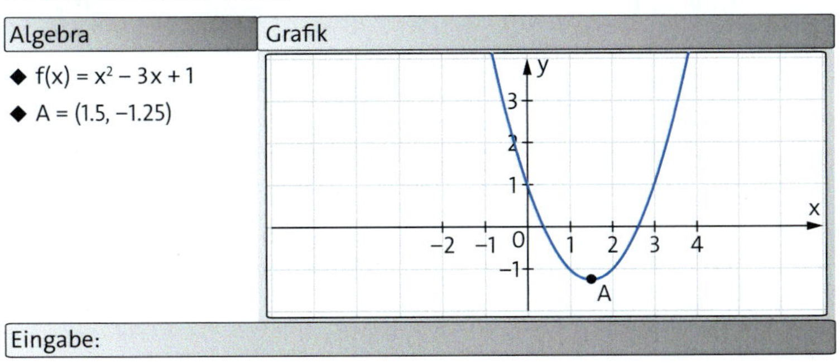

③ Nullstellen anzeigen

Gib in das Eingabefeld „Nullstellen" und dahinter in Klammern den Funktionsterm ein. Drücke die Enter-Taste.

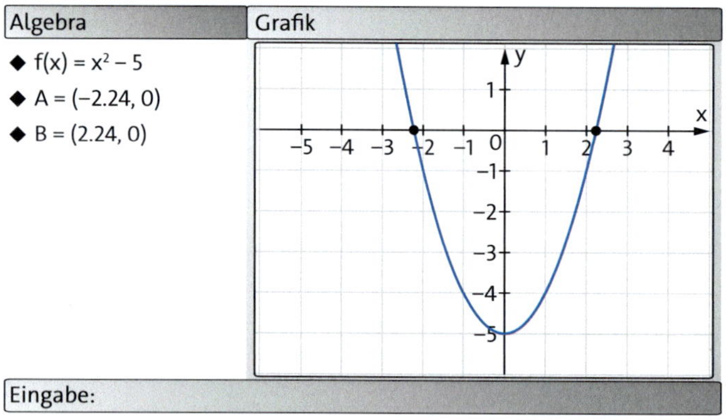

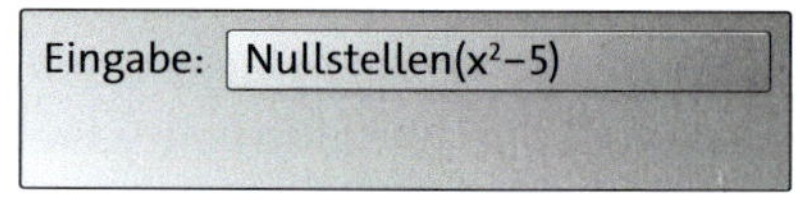

Hinweis
Wähle in der DGS b statt d und c statt e.

④ Parabel verändern/untersuchen mit dem Schieberegler

Gib die Funktionsgleichung $f(x) = a(x - b)^2 + c$ in das Eingabefeld ein und drücke auf Enter. Es erscheint das Fenster „Erstelle Schieberegler".

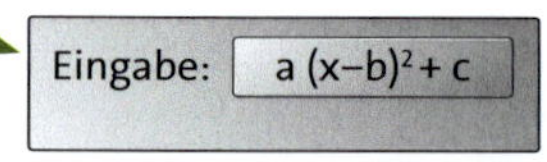

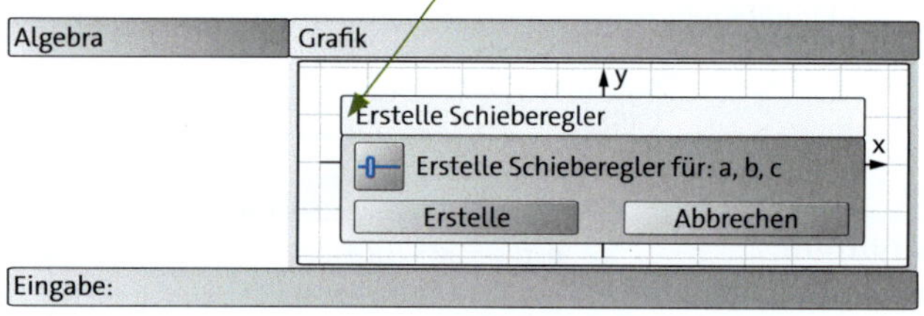

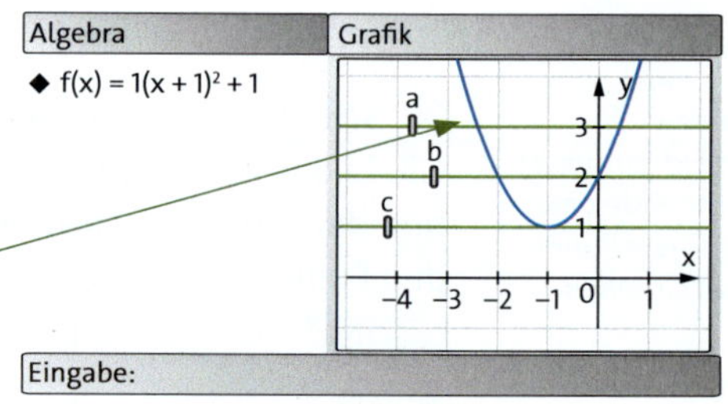

Bewege nun den Punkt auf dem gewünschten Schieberegler mit der Maus.

ANWENDEN

1 Zeichne die Parabel mit einer DGS.
Tipp Nutze das Eingabefeld.
a) $y = x^2$
b) $y = -x^2 + 3$
c) $y = (x - 2)^2$
d) $y = (x + 3)^2 - 2$

2 Zeichne die Parabel mit einer DGS und lass dir die Scheitelpunkte und Nullstellen anzeigen.
a) $y = x^2$
b) $y = x^2 - 5$
c) $y = -x^2 + 2$
d) $y = (x - 1)^2 - 3$

Hinweis
Wähle in der DGS b statt d und c statt e.

3 Erstelle einen Schieberegler für die Funktion $f(x) = ax^2$.
Beschreibe, wie sich die Parabel durch den Faktor a verändert.
Formuliere eine Regel.

1 Zeichne die Parabel mit einer DGS.
a) $y = x^2 + 2$
b) $y = (x + 3)^2$
c) $y = (x - 2)^2 + 4$
d) $y = 0{,}5\,(x + 4)^2 - 2$
e) $y = 5(x + 3)^2$
f) $y = -(x + 1)^2 - 6$

2 Zeichne die Parabel mit einer DGS und lass dir die Scheitelpunkte und Nullstellen anzeigen.
a) $y = x^2 - 2$
b) $y = -x^2 + 6$
c) $y = -(x + 2)^2$
d) $y = -2(x - 1)^2 + 3$

3 Gegeben ist die Funktion $f(x) = ax^2 + c$.
a) Erstelle einen Schieberegler für a.
b) Erstelle einen Schieberegler für c.
c) Beschreibe jeweils, was die Änderungen bei a oder bei c bewirken.
Formuliere eine Regel.

Die allgemeine Form

ENTDECKEN

1 Neben der Scheitelpunktform gibt es noch eine weitere Darstellungsform für Parabeln.
Es gilt $y = x^2 + 4x + 3$.
a) Zeichne den Graphen mithilfe einer Wertetabelle mit x-Werten von −4 bis 2.
b) Welche Eigenschaften kannst du an der Funktionsgleichung ablesen? Welche nicht?

2 Eine quadratische Funktion ist in der Form $y = x^2 + 8x + 3$ gegeben.
Wie kann man die Funktionsgleichung in die Scheitelpunktform bringen?
a) Ordne die Umformungsschritte in die Scheitelpunktform den passenden Kärtchen zu.

$y = x^2 + 8x + 3$

$y = x^2 + 2 \cdot x \cdot 4 + 3$

b = 4, also $b^2 = 4^2$

$y = \underbrace{x^2 + 2 \cdot x \cdot 4 + 16}\ \underbrace{- 16 + 3}$

$y = \quad (x + 4)^2 \quad - 13$

Ⓐ Forme die binomische Formel in die Klammerdarstellung um und fasse die letzten beiden Zahlen zusammen.

Ⓑ Addiere b^2 und subtrahiere b^2 dann wieder, sodass der Wert des Terms unverändert bleibt.

Ⓒ Bestimme b, indem du 8x in $2 \cdot a \cdot b$ aufteilst.

Der Scheitelpunkt liegt also bei S(−4 | −13).

b) Die Funktionsgleichung $y = x^2 + 6x + 4$ soll in die Scheitelpunktform umgewandelt werden. Übertrage in dein Heft und setze die Umformungen fort. Lies dann den Scheitelpunkt ab.
$y = x^2 + 6x + 4$
$y = x^2 + 2 \cdot x \cdot 3 + 4$
$y = x^2 + 2 \cdot x \cdot 3 + \square - \square + 4$
...

VERSTEHEN

Eine Parabel kann auch in der allgemeinen Form dargestellt werden.
Die allgemeine Form lautet $y = ax^2 + bx + c$, wobei $a \neq 0$.
Mithilfe der allgemeinen Form ist es oft einfacher, eine Wertetabelle auszufüllen.
An der allgemeinen Form kann man jedoch den Scheitelpunkt nicht direkt ablesen.
Der Faktor a ist bei beiden Darstellungsformen gleich.

Vokabeln
→ die allgemeine Form
→ die quadratische Ergänzung

Merke Eine Parabel kann man mit der Funktionsgleichung $y = ax^2 + bx + c$ angeben.
Diese Form heißt **allgemeine Form**.
Die Zahl c gibt an, wo die Parabel die y-Achse schneidet.
Mithilfe der **quadratischen Ergänzung** kann man die allgemeine Form in die Scheitelpunktform umwandeln.

Wenn $a = 1$ in $y = ax^2 + bx + c$ ist, dann heißt die allgemeine Form auch die Normalform.

Beispiel 1
① Bestimme die quadratische Ergänzung.
② Addiere und subtrahiere die quadratische Ergänzung.
③ Wende die binomische Formel an und addiere die letzten beiden Zahlen.

$y = x^2 - 10x + 20$
$10 : 2 = 5$ und $5^2 = 25$
$y = x^2 - 2 \cdot x \cdot 5 + 25 - 25 + 20$
$y = (x - 5)^2 - 5$

ANWENDEN

1 Fülle zuerst die Wertetabelle im Heft aus. Zeichne dann die Parabel. Notiere den Scheitelpunkt und die Nullstellen.

a) $y = x^2 - 2x + 1$

x	1	2	3	4	5
y					

b) $y = x^2 - 4x - 3$

x	0	1	2	3	4
y					

2 Gib die Öffnungsrichtung an.
Notiere den Schnittpunkt der Parabel mit der y-Achse.
Tipp Die Zahl ohne x ist die Schnittstelle mit der y-Achse.

a) $y = x^2$
b) $y = x^2 + 5$
c) $y = x^2 + 4x + 3$
d) $y = x^2 - 3x + 6$

3 Finde die passende quadratische Ergänzung.

a) $y = x^2 + 10x + 30$
$+ 10 - 10; + 5 - 5$

b) $y = x^2 - 8x + 10$
$+ 6 - 6; + 4 - 4$

1 Zeichne die Parabel mithilfe einer Wertetabelle. Notiere den Scheitelpunkt und die Nullstellen.

a) $y = x^2 - 6x + 8$

x	1	2	3	4	5
y					

b) $y = x^2 + 2x - 1$

Tipp zu b) Erstelle eine Wertetabelle mit x-Werten von −3 bis +2.

2 Notiere die Eigenschaften, die sich aus der Funktionsgleichung ablesen lassen.
Tipp Die Zahl ohne x ist der y-Achsenabschnitt.
Betrachte Öffnungsrichtung, Scheitelpunkt, Nullstellen und Schnittstelle mit der y-Achse.

a) $y = -x^2 + x$
b) $y = x^2 + 2x - 3$

3 Bei den quadratischen Ergänzungen wurden Fehler gemacht.
Finde und korrigiere die Fehler in deinem Heft.

a) $y = x^2 + 14x + 50$
$y = x^2 + 14x + 7 + 50$

b) $y = x^2 - 2x - 8$
$y = x^2 - 2x + 2 - 2 - 8$

4 Hier ist die quadratische Ergänzung gesucht. Ergänze die Lücken im Heft.

a) $y = x^2 + 6x + 15$
$y = x^2 + 6x + \square - \square + 15$
$y = (x + \square)^2 + \square$

b) $y = x^2 - 12x + 30$
$y = x^2 - 12x + \square - \square + 30$
$y = (x - \square)^2 - \square$

c) $y = x^2 + 5x + 7$
$y = x^2 + 5x + \square - \square + 7$
$y = (x + \square)^2 \bigcirc \square$

5 Wandle in die Scheitelpunktform um.
Notiere dann den Scheitelpunkt.
Tipp zu c) und d) Hier gilt e = 0. Also S(d | 0).

a) $y = x^2 + 4x + 5$
b) $y = x^2 - 6x + 12$
c) $y = x^2 + 2x + 1$
d) $y = x^2 - 6x + 9$
e) $y = x^2 + 4x$
f) $y = x^2 - 10x$

6 Wandle in die allgemeine Form um.
Tipp zu a) $y = x^2 + 2 \cdot x \cdot 4 + 16 + 1 = \ldots$

a) $y = (x + 4)^2 + 1$
b) $y = (x - 6)^2 + 10$
c) $y = (x + 8)^2 - 4$
d) $y = (x - 2)^2 - 6$

7 Finde jeweils die zwei Funktionsgleichungen, die dieselbe Parabel darstellen.
Tipp Wandle in dieselbe Form um.

$f(x) = (x - 1)^2 + 3$
$f(x) = x^2 - 2x + 4$
$f(x) = x^2 + 4x - 1$
$f(x) = (x + 2)^2 - 5$

5 Wandle in die Scheitelpunktform um.
Notiere dann den Scheitelpunkt.
Tipp zu c) und d) Hier gilt e = 0, also S(d | 0).

a) $y = x^2 + 8x + 17$
b) $y = x^2 - 2x + 5$
c) $y = x^2 + 4x + 4$
d) $y = x^2 - 10x + 25$
e) $y = x^2 + 6x$
f) $y = x^2 - 14x$

6 Wandle in die allgemeine Form um.
Tipp zu a) $y = x^2 + 2 \cdot x \cdot 8 + \ldots$

a) $y = (x + 8)^2 + 2$
b) $y = (x - 7)^2 + 9$
c) $y = (x + 9)^2 - 4{,}5$
d) $y = (x - 10)^2 - 20{,}2$

7 Finde jeweils die zwei Funktionsgleichungen, die dieselbe Parabel darstellen.

$f(x) = (x - 2)^2 + 5$
$f(x) = (x + 3)^2 + 10$
$f(x) = (x - 6)^2 - 13$
$f(x) = x^2 - 12x + 23$
$f(x) = x^2 - 4x + 9$
$f(x) = x^2 + 6x - 1$

8 Ordne jeder Parabel eine Funktionsgleichung zu.
In der richtigen Reihenfolge ergibt sich ein Lösungswort.

K $y = -0{,}2x^2 + 0{,}5x - 2$

T $y = 2x^2 - 5x + 4$

R $y = 0{,}7x^2 - 2{,}4x + 1{,}5$

F $y = 0{,}8x^2 + 2{,}6x + 4$

O $y = -0{,}4x^2 - 1{,}1x - 2$

A $y = 0{,}1x^2 - 0{,}7x + 1{,}5$

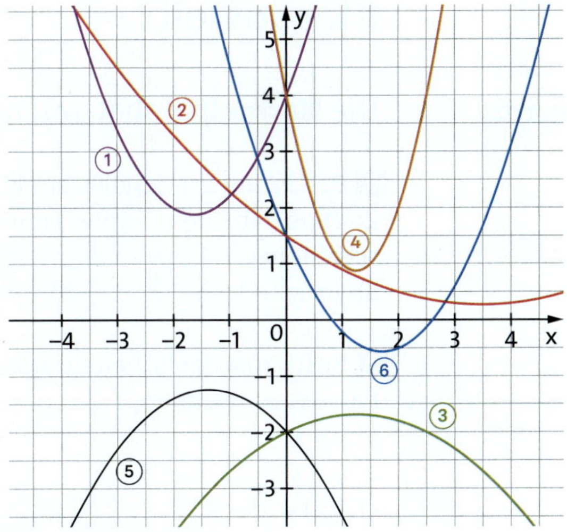

9 Entscheide: Richtig oder falsch? Begründe.
a) $y = -3x^2$
(1) Die Parabel ist gestreckt.
(2) Die Parabel verläuft durch (0 | 0)
b) $y = 0{,}2x^2 - 1x + 1$
(1) Die Parabel ist gestaucht.
(2) Die Parabel ist nach oben geöffnet.

9 Untersuche die Funktion $f(x) = -3x^2 - 8x - 6$.
Begründe, ohne zu rechnen, ob die Behauptungen stimmen.
a) Die Parabel ist gestaucht.
b) Der Scheitelpunkt ist der niedrigste Punkt.
c) Die Parabel schneidet die y-Achse bei $y = -6$.

Methode Allgemeine Form mit Faktor a ≠ 1 in die Scheitelpunktform umwandeln

Es gilt $y = 2x^2 + 8x - 10$.
① Klammere aus. (: 2 | : 2 | : 2)
$y = 2[x^2 + 4x - 5]$
② Nutze die quadratische Ergänzung.
$y = 2[x^2 + 4x + 4 - 4 - 5]$
③ Wende die binomische Formel an.
$y = 2[(x + 2)^2 - 9]$
④ Multipliziere aus.
$y = 2(x + 2)^2 - 18$

10 Wandle in die Scheitelpunktform um.
Ergänze dazu die Lücken im Heft und setze fort.
a) $y = 5x^2 + 10x + 14$
b) $y = 5(x^2 + \square\, x) + 14$
c) $y = 5[(x^2 + \square\, x + \square) - \square] + 14$

11 Wandle in die Scheitelpunktform um.
a) $f(x) = 2x^2 + 12x + 10$
b) $f(x) = -x^2 - 9x + 15$
c) $f(x) = -5x^2 - 10x + 8$

12 Eine Dachrinne hat annähernd die Form einer Parabel mit der Funktionsgleichung $f(x) = x^2 - 20x + 90$.
Bestimme die Tiefe der Dachrinne.
Tipp 1 Einheit entspricht 1 cm.

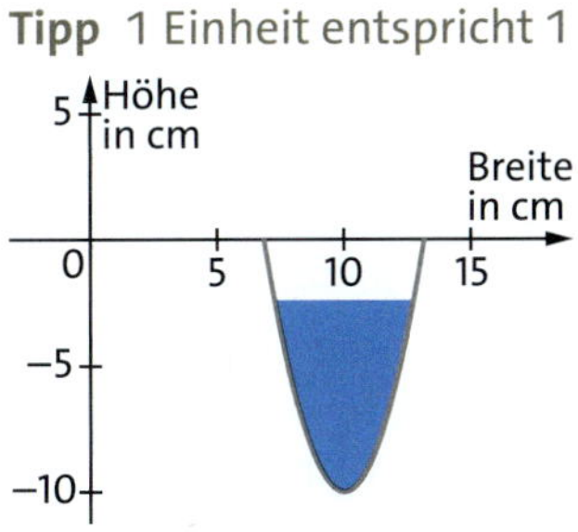

12 Ein Kanal hat annähernd die Form einer Parabel mit $f(x) = x^2 - 4x + 1$.
Bestimme, wie tief der Kanal ist.
Tipp 1 Einheit entspricht 1 m.

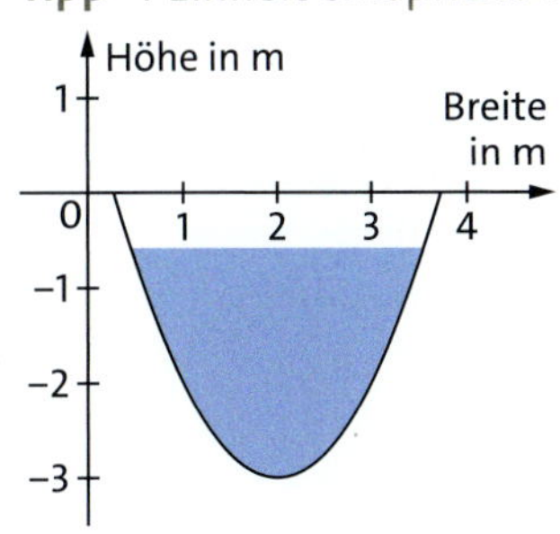

Klar soweit?

→ Seite 160

Die Normalparabel und nach oben und unten verschobene Parabeln

1 Bestimme den Scheitelpunkt S(0 | ▢).
Zeichne dann den Graphen mit einer Parabelschablone.
a) $y = x^2 + 1$ b) $y = x^2 - 2$

2 Bestimme den Scheitelpunkt, ohne die Parabel zu zeichnen.
a) $y = x^2$
b) $y = x^2 + 2$
c) $f(x) = x^2 - 4$
d) $f(x) = x^2 + 10$

1 Bestimme den Scheitelpunkt S.
Zeichne dann den Graphen mit einer Parabelschablone.
a) $y = x^2 + 4$ b) $y = x^2 - 5$

2 Bestimme den Scheitelpunkt, ohne die Parabel zu zeichnen.
Beschreibe die Verschiebung in Worten.
a) $y = x^2 + 5$
b) $f(x) = x^2 - 35$
c) $f(x) = x^2 - 1{,}8$

→ Seite 163

Gestreckte und gestauchte Parabeln

3 Ordne jeder Parabel eine Funktionsgleichung zu.

$y = x^2$

$y = 0{,}5x^2$

$y = 6x^2$

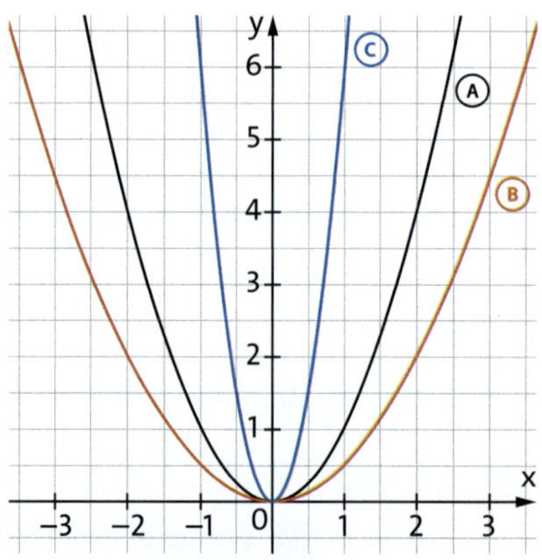

3 Ordne die Parabeln den Funktionsgleichungen zu.

$y = x^2$

$y = 2x^2$

$y = -x^2$

$y = 0{,}3x^2$

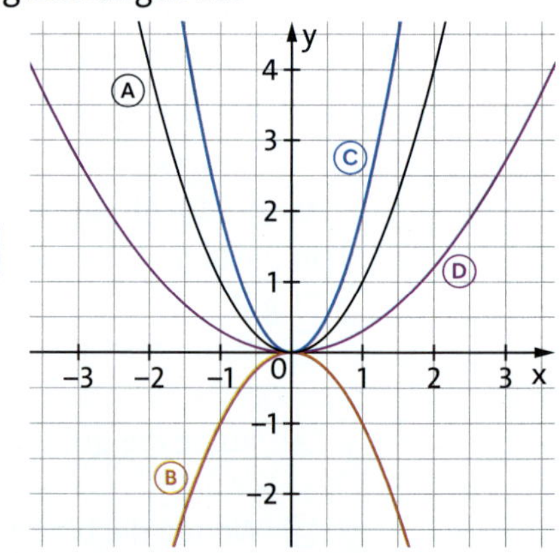

4 Beschreibe den Verlauf der Parabel, ohne zu zeichnen. Verwende die Begriffe:

gestreckt | gestaucht | Normalparabel | nach oben geöffnet | nach unten geöffnet

a) $y = x^2$ b) $y = -0{,}1x^2$ c) $f(x) = 8x^2$

5 Lies die Nullstellen ab und notiere sie in deinem Heft. Begründe, warum es bei manchen Graphen keine Nullstellen gibt.

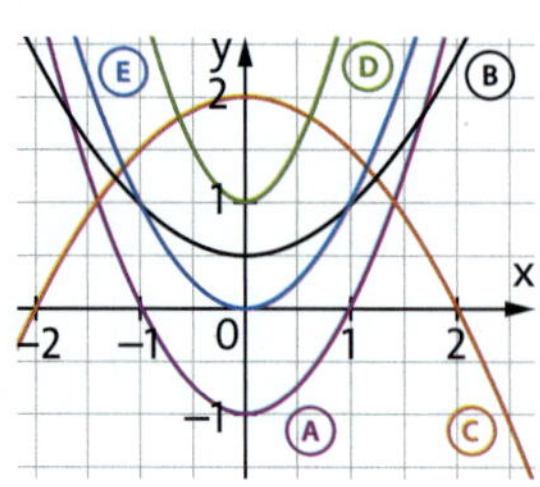

4 Beschreibe den Verlauf der Parabel, ohne zu zeichnen.
Tipp Benenne die Öffnungsrichtung und die Streckung oder Stauchung.
a) $y = x^2$ b) $y = -0{,}4x^2$
c) $f(x) = -x^2$ d) $f(x) = 0{,}7x^2$

5 Untersuche die Nullstellen der Parabeln.
① $f(x) = x^2 + 4$ ② $f(x) = x^2 - 5$
③ $f(x) = -x^2 + 3$ ④ $f(x) = -2x^2 - 6$
a) Skizziere die Parabeln.
b) Bestimme die Anzahl der Nullstellen.
c) Begründe, bei welchen Parabeln es keine Nullstellen gibt.

→ Seite 168

Nach links und rechts verschobene Parabeln

6 Zeichne die verschobene Normalparabel. Gib die Symmetrieachse mit $x = d$ an.
a) $y = (x + 2)^2$ b) $y = (x - 2)^2$

7 Die Normalparabel ist nach oben geöffnet. Notiere die Funktionsgleichung, die zum Scheitelpunkt S passt.
Tipp Es gilt $y = (x - d)^2$
a) $S(3 \mid 0)$ b) $S(-3 \mid 0)$ c) $S(6 \mid 0)$

6 Zeichne die verschobene Normalparabel. Gib die Symmetrieachse mit $x = d$ an.
a) $y = (x + 1)^2$ b) $y = -(x - 2)^2$

7 Die Normalparabel ist nach oben geöffnet. Notiere die Funktionsgleichung, die zum Scheitelpunkt S passt.
a) $S(2 \mid 0)$ b) $S(-2 \mid 0)$
c) $S(11 \mid 0)$ d) $S(0{,}5 \mid 0)$

→ Seite 170

+ Die Scheitelpunktform

8 Lies zuerst den Scheitelpunkt ab. Zeichne die Parabel mit einer Schablone.
Tipp zu c) Hier gilt $S(0 \mid e)$.
a) $y = (x + 2)^2 + 3$ b) $y = (x + 1)^2 - 2$
c) $y = x^2 + 4$ d) $f(x) = (x - 4)^2 + 1$

9 Notiere die neue Funktionsgleichung. Die Parabel mit der Funktionsgleichung $y = (x + 1)^2 + 2$ soll verschoben werden.
a) um 3 Einheiten nach links
b) um 3 Einheiten nach oben
c) um 2 Einheiten nach unten und 2 Einheiten nach rechts

8 Lies zuerst den Scheitelpunkt ab. Zeichne dann die Parabel mit einer Schablone.
Tipp zu d) Beachte die Öffnungsrichtung.
a) $y = (x - 2)^2 + 2$ b) $y = (x + 3)^2 - 2$
c) $f(x) = (x - 4)^2 - 3$ d) $f(x) = -(x + 1)^2 + 1$

9 Notiere die neue Funktionsgleichung. Die Parabel mit der Funktionsgleichung $f(x) = (x + 2)^2 - 2$ soll verschoben werden.
a) um 2 Einheiten nach links
b) um 3 Einheiten nach oben
c) um 4 Einheiten nach unten und zusätzlich mit 3 gestreckt

→ Seite 175

Die allgemeine Form

10 Hier ist die quadratische Ergänzung gesucht. Ergänze die Lücken im Heft.

a) $y = x^2 + 4x + 10$
$y = x^2 + 4x + \square - \square + 10$
$y = (x + \square)^2 + \square$

b) $y = x^2 - 14x + 20$
$y = x^2 - 14x + \square - \square + 20$
$y = (x - \square)^2 - \square$

c) $y = x^2 + 7x + 7$
$y = x^2 + 7x + \square - \square + 7$
$y = (x + \square)^2 \bigcirc \square$

11 Bei den quadratischen Ergänzungen wurden Fehler gemacht. Korrigiere die Fehler in deinem Heft.

a) $y = x^2 + 10x + 30$
$y = x^2 + 10x + 10 - 10 + 30$
$y = (x + 10)^2 + 20$

b) $y = x^2 - 8x - 12$
$y = x^2 - 8x + 16 - 12$
$y = (x - 4)^2 - 12$

12 Wandle in die allgemeine Form um.
a) $y = (x + 2)^2 + 1$
b) $y = (x - 5)^2 + 10$
c) $y = (x + 9)^2 - 4$
d) $y = (x - 1)^2 - 5$

11 Wandle in die Scheitelpunktform um. Notiere dann den Scheitelpunkt. Zeichne die Parabel.
a) $y = x^2 + 4x + 2$
b) $y = x^2 - 5x + 3$
c) $y = x^2 + 2x - 5$
d) $y = x^2 - 8x + 10$

12 Wandle in die allgemeine Form um.
a) $y = (x + 6)^2 + 4$
b) $y = (x - 5)^2 + 9$
c) $y = (x + 7)^2 - 45$
d) $f(x) = (x - 20)^2 - 10$

→ Lösungen ab S. 266

Vermischte Übungen

Anwenden

1 Begründe, ob es sich um eine quadratische Funktion handelt.

a)

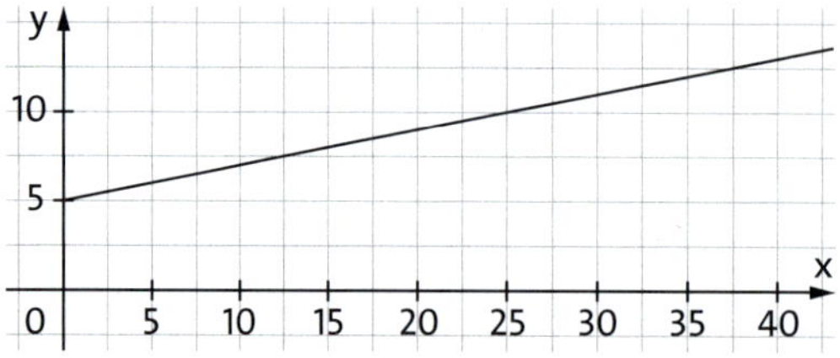

b)

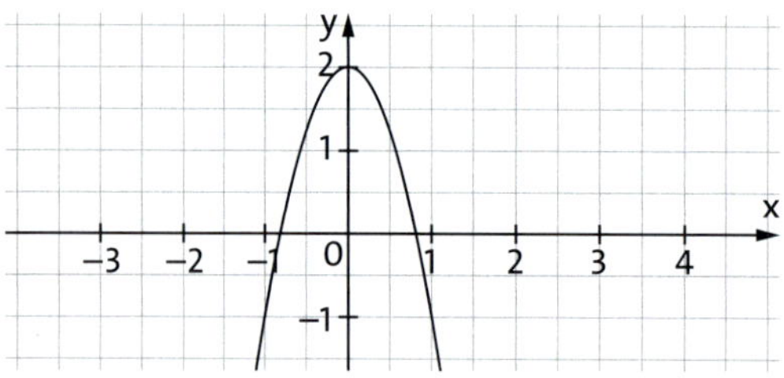

2 Beschreibe, wie die Normalparabel verschoben wurde.
Notiere die Funktionsgleichung.
Tipp Es gilt $y = x^2 + e$.

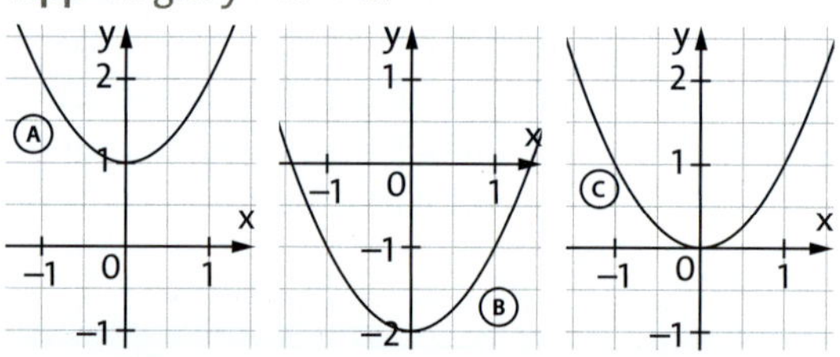

3 Die Normalparabel wurde entlang der y-Achse verschoben.
Bestimme die Funktionsgleichung.
Tipp Finde die gleichen y-Werte.
Bestimme den Scheitelpunkt.
Gib die Scheitelpunktform an.

x	−2	−1	0	1	2
y	5	2	1	2	5

4 Eine Parabel hat die Funktionsgleichung $y = ax^2$.
Die Parabel verläuft durch den Punkt $P(4|80)$.
Berechne zuerst a, indem du die Koordinaten von P in die allgemeine Funktionsgleichung einsetzt.
Notiere dann die Funktionsgleichung.
Tipp $80 = a \cdot 4^2 = \ldots$

1 Begründe, ob es sich um eine quadratische Funktion handelt.

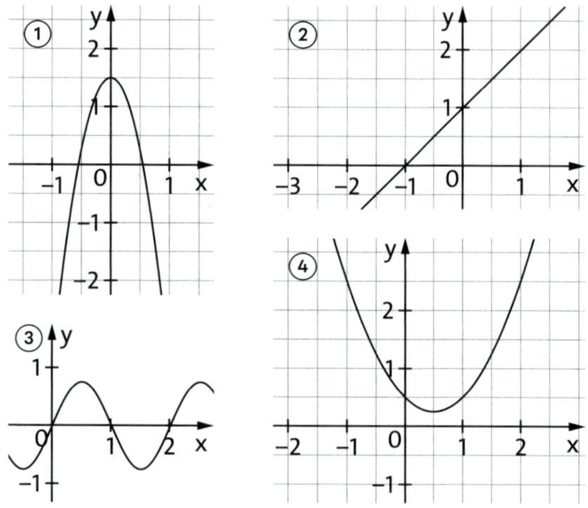

2 Beschreibe, wie die Normalparabel verändert wurde.
Notiere die Funktionsgleichung.
Gib auch den Scheitelpunkt an.

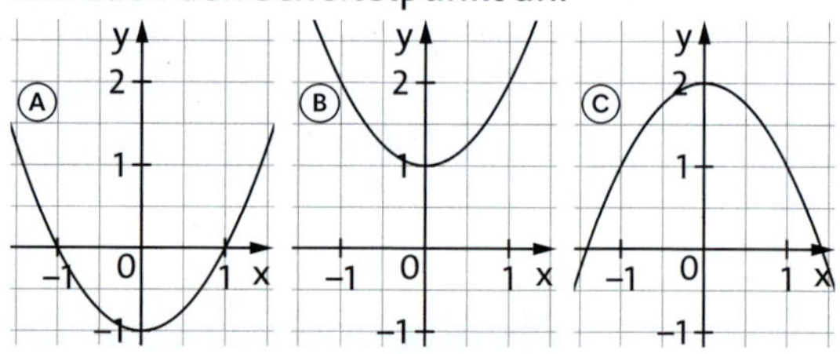

3 Die Normalparabel wurde verschoben.
Bestimme die Funktionsgleichung.
Tipp Bestimme zuerst den Scheitelpunkt.

a)

x	0	1	2	3	4
y	4	1	0	1	4

b)

x	−2	−1	0	1	2
y	2	1	2	5	10

4 Eine Parabel hat die Funktionsgleichung $y = a(x - d)^2$. Der Scheitelpunkt ist $S(5|0)$.
Die Parabel verläuft durch den Punkt $P(8|6)$.
a) Bestimme d und setze es in die Funktionsgleichung ein.
b) Berechne a, indem du die Koordinaten von P in die Funktionsgleichung einsetzt.
c) Stelle die Funktionsgleichung auf.

5 Zeichne die Parabel.
Du kannst eine Schablone verwenden.
Tipp Bestimme zuerst den Scheitelpunkt.
a) $y = -(x-1)^2 + 2$
b) $y = -(x-2)^2 + 3$

6 Fülle die Wertetabelle aus.
Zeichne dann die Parabel.
a) $y = 2(x-1)^2 - 2$

x	−2	−1	0	1	2	3	4
y				−2			

b) $f(x) = -(x+2)^2 + 4$

x	−5	−4	−3	−2	−1	0	1
y				4			

7 Liegt der Punkt auf der Parabel?
Rechne und prüfe durch Zeichnen.
Tipp $f(x) = -(x-1)^2 + 2$; P(0 | 2)
Einsetzen: $-(0-1)^2 + 2$; $1 \neq 2$.
P liegt nicht auf der Parabel.
a) $f(x) = (x-5)^2 - 2$; P(2 | 7)
b) $f(x) = -(x+3)^2 + 1$; P(0 | −7)

5 Zeichne die Parabel.
Du kannst eine Schablone verwenden.
a) $y = -(x+1)^2 + 3$
b) $y = (x-3)^2 + 1$
c) $y = -(x-0)^2 - 1$

6 Zeichne die Parabel.
Bestimme zuerst den Scheitelpunkt.
Erstelle eine Wertetabelle. Wähle als x-Werte drei Werte links und drei Werte rechts vom Scheitelpunkt.
Tipp zu b) Hier geht es mit Schablone.
a) $y = 2(x-1)^2 - 3$
b) $y = -(x+2)^2 + 4$
c) $f(x) = 0{,}5(x-2)^2 - 1$
d) $f(x) = 3(x+3)^2 + 1$

7 Liegt der Punkt auf der Parabel?
Rechne und prüfe durch Zeichnen.
Tipp $f(x) = 2(x-3)^2 + 1$; P(1 | 2)
Einsetzen: $2(1-3)^2 + 1$; $9 \neq 2$.
P liegt nicht auf der Parabel.
a) $f(x) = (x-4)^2 - 16$; P(2 | −20)
b) $f(x) = -(x+5)^2 + 3$; P(0 | −22)

8 Ordne jeder Funktionsgleichung das passende Bild zu. Beschreibe dein Vorgehen.

$y = -0{,}2(x-4)^2 + 5$

$y = -0{,}45(x-3)^2 + 4$

$y = -0{,}8x^2 + 3$

①

②

③

9 Zeichne die Parabeln.
Notiere die Nullstellen.
a) $y = -(x-3)^2 + 4$
b) $y = -0{,}5(x+4)^2 + 2$

10 Beschreibe den Verlauf der Parabel, ohne zu zeichnen. Verwende die Begriffe:

gestreckt | gestaucht | Normalparabel | nach oben geöffnet | nach unten geöffnet

a) $y = 2(x-1)^2 + 3$ b) $y = 3x^2$

9 Zeichne die Parabeln.
Notiere die Nullstellen möglichst genau.
a) $y = -2(x-2)^2 + 8$
b) $y = -0{,}5(x+3)^2 + 6$

10 Beschreibe den Verlauf der Parabel, ohne zu zeichnen.
Tipp Beschreibe die Öffnungsrichtung und die Streckung oder Stauchung.
a) $y = 3(x-2)^2 + 2$
b) $y = 2(x-1)^2$
c) $f(x) = -(x+4)^2 - 6$

11 Bei der quadratischen Ergänzung wurden Fehler gemacht. Korrigiere im Heft.

$y = x^2 + 10x + 1$
$y = x^2 + 10x - 25 + 25 + 1$
$y = (x - 5)^2 + 26$
$S(5|26)$

11 Beim Umformen in die Scheitelpunktform wurden Fehler gemacht. Korrigiere im Heft.

$y = x^2 + 6x - 4$
$y = x^2 + 6x + 36 - 36 - 4$
$y = (x + 6)^2 - 40$
$S(-6|-40)$

12 Wandle die Funktionsgleichung in die allgemeine Form um.
$y = (x + 3)^2 + 1$
$y = x^2 + \square x + \square + 1$
$y = x^2 + \square x + \square$

12 Wandle die Funktionsgleichung in die allgemeine Form um.
a) $y = (x - 4)^2 - 1$
b) $f(x) = (x + 3)^2 - 10$
c) $f(x) = (x - 2)^2 + 8$

13 Untersuche die verschobene Parabel.
a) Notiere:
① den Scheitelpunkt
② die Nullstellen
③ den Schnittpunkt mit der y-Achse
④ den y-Wert für $x = -2$
⑤ den x-Wert für $y = 2$
b) Jeder zeichnet eine Parabel. Tauscht dann eure Parabeln und bestimmt die Werte aus ① bis ⑤.

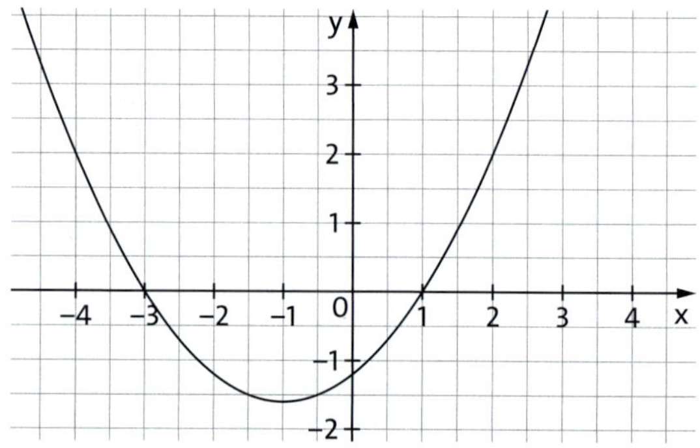

14 Ordne jeder Funktionsgleichung die passende Parabel zu. Eine Funktionsgleichung bleibt übrig.
In der richtigen Reihenfolge ergibt sich ein Lösungswort.
Tipp Bestimme zuerst die Scheitelpunktform.

H $f(x) = x^2 + 4x + 5$
A $f(x) = x^2 - 8x + 16$
M $f(x) = x^2 + 6x - 2$
E $f(x) = x^2 - 2x - 2$
T $f(x) = x^2 - 2x + 3$
M $f(x) = x^2 + 2x - 3$

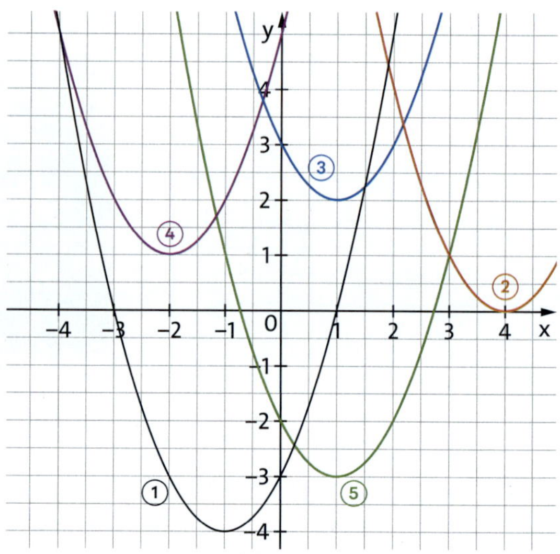

15 Notiere zwei verschiedene Funktionsgleichungen der Form $f(x) = ax^2 + e$, die jeweils zu den Eigenschaften passen.
a) Die Parabel ist nach unten geöffnet.
b) Der Scheitelpunkt ist $S(0|4)$.
c) Sie ist entlang der y-Achse um -2 verschoben.

15 Notiere drei verschiedene Funktionsgleichungen von Parabeln,
a) deren Scheitelpunkt $S(2|0)$ ist.
b) die nach unten geöffnet sind und mit 5 gestreckt sind.
c) die nach oben geöffnet sind und durch den Ursprung gehen.

Vertiefen

16 Übertrage und ergänze die Wertetabelle. Zeichne dann die Parabel.

a) $y = 2x^2 - 4$

x	−3	−2	−1	0	1	2	3
y							

b) $y = 0{,}5x^2 + 2$

x	−3	−2	−1	0	1	2	3
y							

16 Übertrage und ergänze die Wertetabelle. Zeichne dann die Parabel.

a) $y = 2x^2 - 4x - 3$

x	−2	−1	0	1	2	3	4
y							

b) $y = 0{,}5x^2 + 2x + 3$

x	−4	−3	−2	−1	0	1	2
y							

17 Welche Aussagen über den Verlauf der Parabel zu $y = -(x - 2)^2 + 1$ sind wahr? Korrigiere falsche Aussagen.

(1) Die Parabel ist nach oben geöffnet.
(2) Der Scheitelpunkt liegt bei $S(2\,|\,1)$.
(3) Die Parabel ist gestaucht.
(4) Die Parabel hat keine Nullstellen.
(5) Die Symmetrieachse liegt bei $x = -2$.

17 Was kannst du über den Verlauf der Parabeln sagen, ohne zu zeichnen oder zu rechnen?
Gib die Eigenschaften der Parabel an.

a) $y = (x + 5)^2 - 8$
b) $y = -(x - 4)^2$
c) $y = 0{,}5(x + 2)^2 - 3$
d) $y = 2x^2 + 4x + 1$

18 Skizziere zuerst die Parabel und bestimme so die Anzahl der Nullstellen.
Zeichne die Parabel mit einer DGS. Lass die Nullstellen bestimmen und überprüfe.

a) $y = 0{,}5(x - 2)^2$ b) $y = 2(x + 2)^2$
c) $f(x) = -(x + 3)^2 + 4$

18 Zeichne die Parabel mit einer DGS.
Lass die Nullstellen bestimmen.
Beschreibe dein Vorgehen.

a) $y = -2(x + 2)^2$
b) $f(x) = 3(x - 1)^2$
c) $f(x) = (x + 5)^2 - 4$

19 Bestimme die fehlenden Werte ungefähr durch Ablesen am Graphen.
Tipp zu d) Hier gibt es zwei Lösungen.

a) $1{,}6^2 = \square$
b) $(-1{,}3)^2 = \square$
c) $0{,}7^2 = \square$
d) $\square = 2{,}25$

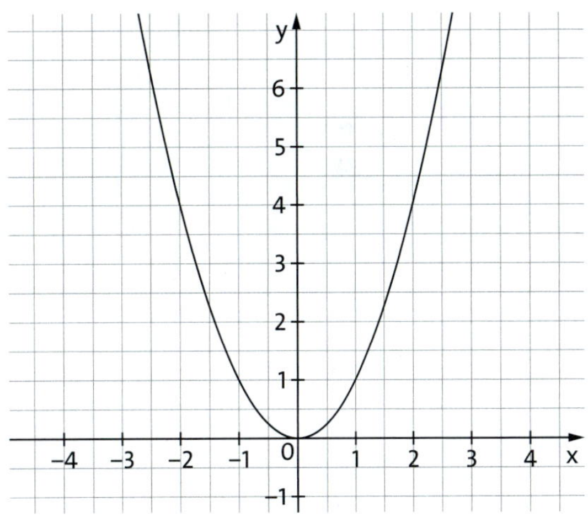

20 Sekou soll Wurzeln berechnen. Er überlegt:

Bestimme die Werte näherungsweise durch Ablesen am Graphen.

a) $\sqrt{1}$ b) $\sqrt{2}$ c) $\sqrt{1{,}5}$ d) $\sqrt{2{,}25}$ e) $\sqrt{0{,}25}$

21 Liam schlägt beim Badminton auf. Die Flugbahn hat annähernd die Form einer Parabel mit $y = -0{,}1x^2 + 4$. Trifft Liam ins Feld, das 13,4 m lang ist? Löse, indem du mit einer DGS zeichnest.

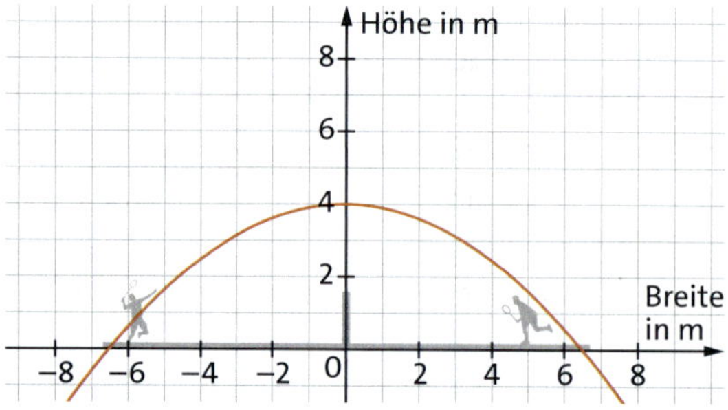

21 Die Tischtennis-Platte ist 2,74 m lang. Louis' Aufschlag hat annähernd die Form einer Parabel mit $y = -0{,}29(x - 1{,}5)^2 + 1{,}5$. Trifft Louis die Platte? Löse, indem du mit einer DGS zeichnest.

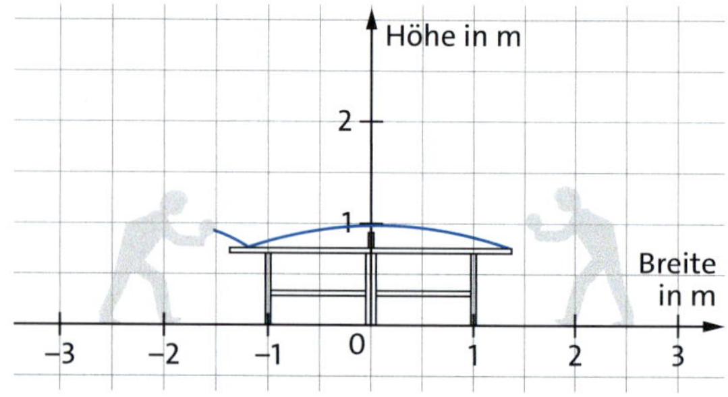

22 Der Schulrekord im Hochsprung liegt bei 1,40 m. Linas Flugbahn kann annähernd durch $y = -x^2 + 2x + 2$ beschrieben werden. Bestimme rechnerisch, ob Lina den Rekord geschafft hat. Begründe.

22 Johns Sprung im Sportunterricht kann annähernd durch $y = -x^2 + 2x + 0{,}4$ beschrieben werden. Wie hoch ist John gesprungen? Löse rechnerisch. Beschreibe dein Vorgehen.

23 Begründe, welche Parabel zur Funktionsgleichung $y = 2x^2 - 4x + 2$ passt.

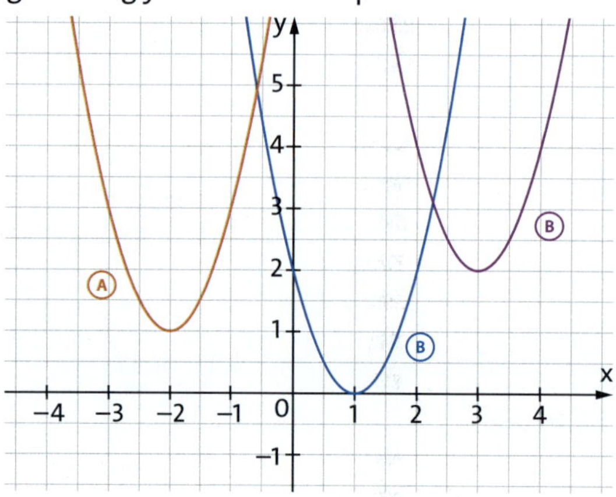

23 Die Fontäne eines Springbrunnens wird annähernd durch die Parabel $y = -2x^2 + 8x + 2$ beschrieben.

a) Bestimme den höchsten Punkt.
   Tipp Wandle in die Scheitelpunktform um.
b) Bestimme zeichnerisch etwa den Punkt, an dem das Wasser auf dem Boden aufkommt.

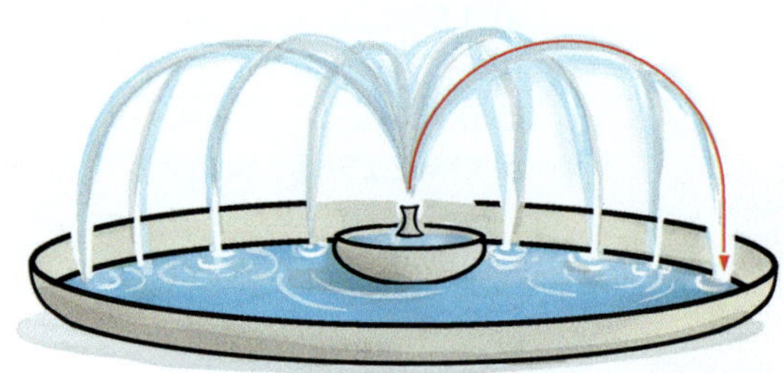

24 Die Flugbahn einer Rakete wird mit der Funktionsgleichung $f(x) = -0{,}5x^2 + 10x + 1$ beschrieben.

Tipp Wandle in die Scheitelpunktform um.

a) Bestimme den höchsten Punkt der Rakete.
b) Bestimme zeichnerisch den Punkt, an dem die Rakete gezündet wird.
c) Bestimme rechnerisch den Punkt, an dem die Rakete auf dem Boden aufkommt.
d) Ändere die Funktionsgleichung so, dass der Weg der Rakete flacher oder steiler wird.
e) Ändere die Funktionsgleichung so, dass der höchste Punkt noch höher liegt.

Weiterdenken

Hinweis
Weitere Informationen findest du im Internet oder bei einer Berufsberatung.

Beruf Maschinen- und Anlagenführer/in

Ausbildungsdauer: 2 Jahre
Häufige Tätigkeiten:
- Fertigungsmaschinen und Fertigungsanlagen einrichten, in Betrieb nehmen und bedienen
- Maschinen umrüsten und instand halten

Als Maschinen- und Anlagenführer/in solltest du bereit sein, in Schichten zu arbeiten und dich bei der Arbeit auch mal schmutzig zu machen. Außerdem solltest du sorgfältig arbeiten, Physikkentnisse mitbringen und technisch interessiert sein.

25 Die Drehzahl eines Motors gibt an, wie viel Umdrehungen der Motor pro Minute macht. Der Graph zeigt die Leistung eines Motors in Abhängigkeit von der Drehzahl. Die Leistung wird in Kilowatt (kW) gemessen.

a) Bei welcher Drehzahl erzielt der Motor die maximale Leistung? Wie hoch ist sie?
b) Welche Leistung erzielt der Motor ungefähr bei 1000 Umdrehungen pro Minute?
c) Ein Motor soll mindestens 150 kW liefern. Wie viele Umdrehungen muss er machen?
d) Welche Form hat die Funktionsgleichung der Parabel? Begründe.
① $f(x) = a(x-d)^2$ ② $f(x) = ax^2 + bx$
③ $f(x) = ax^2 + e$

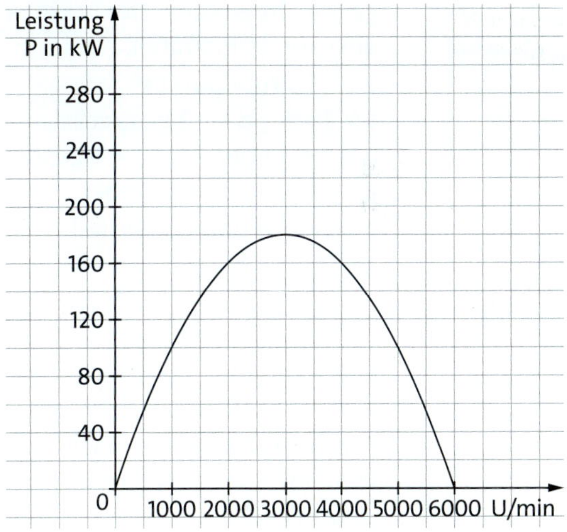

26 Der Graph zeigt die Leistung einer Turbine in Abhängigkeit von der Drehzahl der Turbine. Die Turbine läuft gewinnbringend, wenn sie eine Leistung von mehr als 80 kW erzeugt.

a) Auf welchen Drehzahlbereich sollte die Maschinenführerin die Turbine einstellen? Gib an: zwischen ☐ und ☐ Umdrehungen pro Minute
b) Bei welcher Drehzahl wird die maximale Leistung erzeugt? Wie hoch ist die maximale Drehzahl?

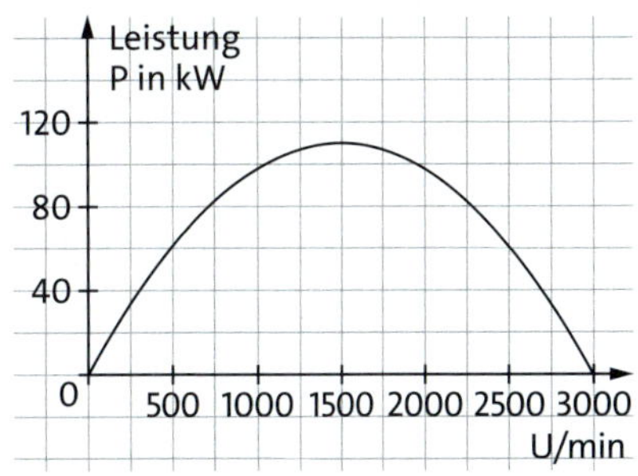

27 Das Drehmoment eines Motors sagt aus, wie viel Kraft der Motor auf einen Drehpunkt übertragen kann. Drehpunkte sind zum Beispiel Räder oder Rollen. Bei einem Motor wird der Zusammenhang zwischen der Drehzahl x und dem Drehmoment M annähernd beschrieben durch $M(x) = -0{,}0025(x - 3000)^2 + 250$.

a) Wie groß ist das maximale Drehmoment?
b) Bei welcher Drehzahl wird das maximale Drehmoment erreicht?

Zusammenfassung

→ Seite 160

Die Normalparabel oder nach oben und unten verschobene Parabeln

Die **Normalparabel** hat die Form $y = x^2$.
Der **Scheitelpunkt** liegt bei $S(0 \mid 0)$.
Die Normalparabel ist symmetrisch zur y-Achse.

Eine Normalparabel mit $y = x^2 + e$ ist entlang der y-Achse um e nach oben oder unten verschoben mit dem Scheitelpunkt $S(0 \mid e)$.

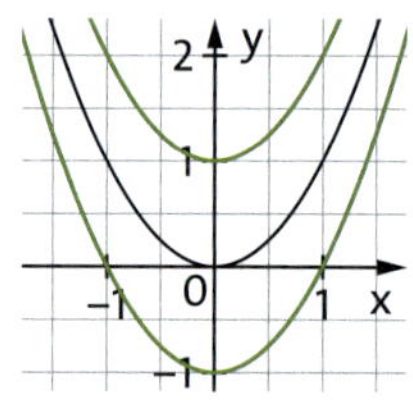

$y = x^2$
$y = x^2 + 1$ mit $S(0 \mid 1)$
$y = x^2 - 1$ mit $S(0 \mid -1)$

→ Seite 163

Gestreckte und gestauchte Parabeln

Eine Parabel mit $y = ax^2$ kann gestreckt oder gestaucht werden. Der Faktor a bestimmt dabei die Form der Parabel:
$a = 1$ Normalparabel
$a > 1$ oder $a < -1$ gestreckt
$0 < a < 1$ oder $-1 < a < 0$ gestaucht
$a > 0$ nach oben geöffnet
$a < 0$ nach unten geöffnet

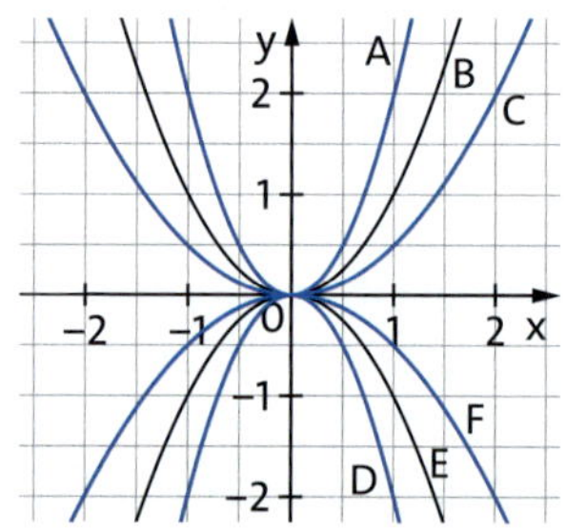

A: $y = 2x^2$
B: $y = x^2$
C: $y = 0{,}5x^2$
D: $y = -2x^2$
E: $y = -x^2$
F: $y = -0{,}5x^2$

→ Seite 168

Nach links oder rechts verschobene Parabeln

Eine Parabel mit $y = a(x - d)^2$ ist entlang der x-Achse um d verschoben mit $S(d \mid 0)$. Für +d ist die Parabel nach links verschoben. Für −d ist die Parabel nach rechts verschoben.

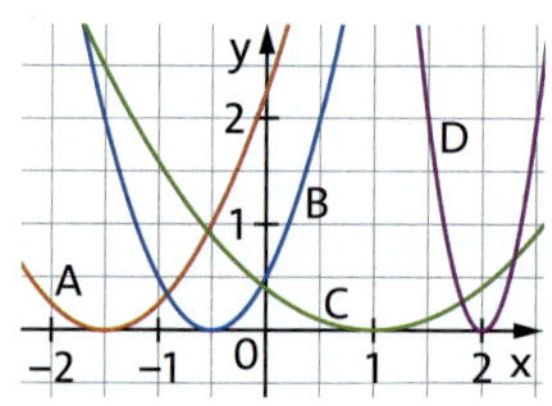

A: $y = (x + 1{,}5)^2$; $S(-1{,}5 \mid 0)$
B: $y = 2(x + 0{,}5)^2$; $S(-0{,}5 \mid 0)$
C: $y = 0{,}4(x - 1)^2$; $S(1 \mid 0)$
D: $y = 8(x - 2)^2$; $S(2 \mid 0)$

→ Seite 170

+ Die Scheitelpunktform

$y = a(x - d)^2 + e$ heißt **Scheitelpunktform**.
An der Scheitelpunktform kann man den Scheitelpunkt, die Öffnungsrichtung sowie Stauchung oder Streckung direkt ablesen.

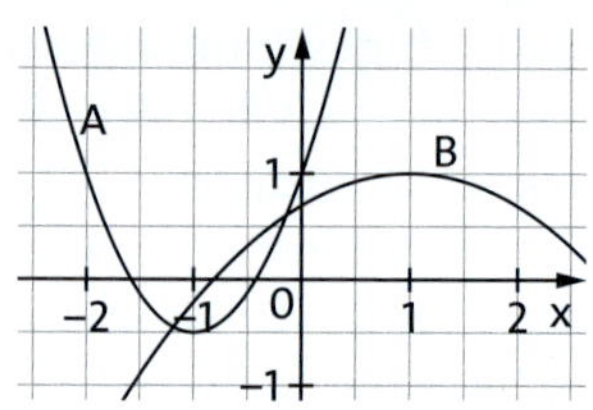

A: $y = 1{,}5(x + 1)^2 - 0{,}5$
$S(-1 \mid -0{,}5)$
B: $y = -0{,}3(x - 1)^2 + 1$
$S(1 \mid 1)$

→ Seite 175

Die allgemeine Form

$y = ax^2 + bx + c$ heißt **allgemeine Form.**
Die Zahl c gibt an, wo die Parabel die y-Achse schneidet.
So wandelt man in die Scheitelpunktform um:
① Bestimme die quadratische Ergänzung.
② Addiere und subtrahiere die quadratische Ergänzung.
③ Wende die binomische Formel an.

$y = x^2 - 10x + 20$
$10x : 2 = 5$ und $5^2 = 25$

$y = x^2 - 2 \cdot x \cdot 5 + 25 - 25 + 20$
$y = (x - 5)^2 - 5$

$y = \underbrace{x^2 + 2 \cdot x \cdot 4 + 16}_{\text{1. bin. Formel}} \underbrace{- 16 + 3}$
$y = (x + 4)^2 \quad -13$

Teste dich!

1 Notiere den Scheitelpunkt und die Scheitelpunktform der verschobenen Normalparabeln.

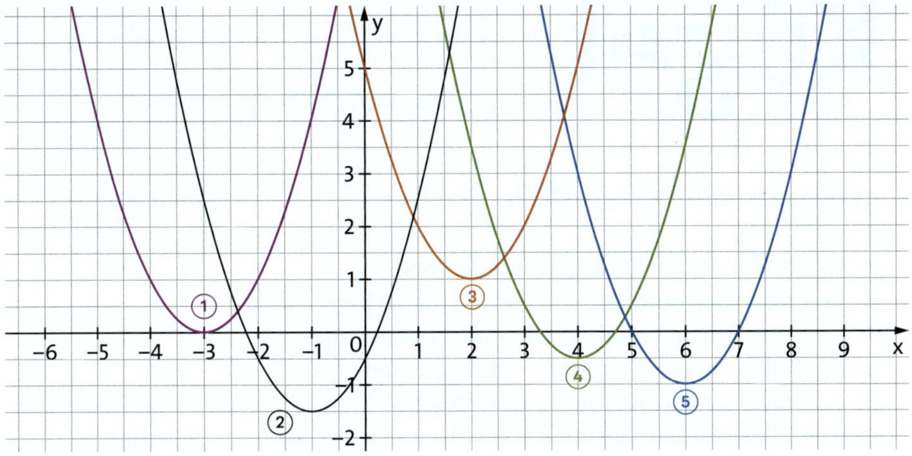

2 Liegen die Punkte P(2 | 0,5) und Q(−1 | −0,6) auf der Parabel? Überprüfe mithilfe der Zeichnung.

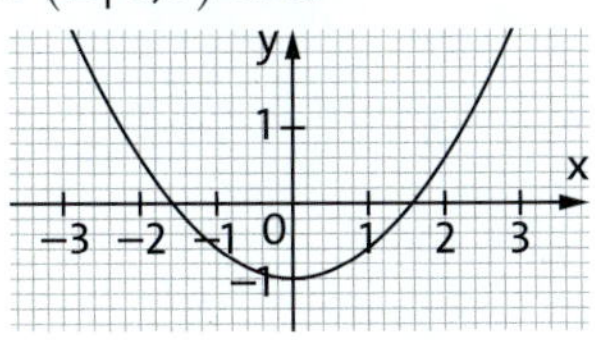

3 Prüfe, auf welcher Parabel der Punkt P(10 | 400) liegt.

$y = 2x^2$ | $y = 4x^2$

Tipp Setze die Koordinaten von P ein.

4 Zeichne die Parabel. Notiere die Nullstellen möglichst genau.
a) $y = x^2 - 1$
b) $f(x) = (x - 3)^2 - 1$
Tipp Beginne mit dem Scheitelpunkt.

5 Welche Aussagen sind wahr?
$y = (x + 3)^2 - 2$
(1) Die Parabel ist nach oben geöffnet.
(2) Die Parabel ist gestreckt.
(3) Der Scheitelpunkt ist S(3 | −2).
(4) Die Parabel hat zwei Nullstellen.
Tipp zu (4) Eine Skizze hilft dir.

6 Wandle um.
a) $y = x^2 + 6x + 1$ in die Scheitelpunktform
b) $f(x) = (x + 4)^2 + 1$ in die allgemeine Form

→ *Lösungen ab S. 269*

2 Prüfe rechnerisch. Beschreibe dein Vorgehen.
a) Liegen die Punkte P(4 | 17) und Q(−6 | 35) auf der Parabel zu $y = x^2 + 1$?
b) Liegen die Punkte R(2 | 12) und S(−3 | −5) auf der Parabel zu $y = (x + 2)^2 - 4$?

3 Der Punkt P(4 | 80) soll auf einer Parabel mit der Funktionsgleichung $y = ax^2$ liegen. Bestimme a.

4 Zeichne die Parabel. Notiere die Nullstellen möglichst genau.
a) $y = x^2 - 3$
b) $y = (x + 2)^2 - 1$
c) $f(x) = -x^2 + 4$
d) $f(x) = -(x + 1)^2$

5 Beschreibe den Verlauf der Parabel, ohne zu zeichnen.
Tipp Beschreibe die Öffnungsrichtung, die Streckung oder Stauchung und Verschiebung.
a) $y = (x - 5)^2 - 1$
b) $y = x^2 + 3$
c) $y = -x^2 + 2$

6 Wandle um.
a) $y = x^2 - 10x + 7$ in die Scheitelpunktform
b) $f(x) = (x + 3)^2 - 2$ in die allgemeine Form

→ *Lösungen ab S. 270*

Pyramide, Kegel, Kugel

In diesem Kapitel lernst du, ...

- → Pyramide, Kegel und Kugel zu erkennen.
- → den Oberflächeninhalt von Pyramiden zu berechnen.
- → den Oberflächeninhalt von Kegeln zu berechnen.
- → das Volumen von Pyramiden zu berechnen.
- → das Volumen von Kegeln zu berechnen.
- → den Oberflächeninhalt und das Volumen von Kugeln zu berechnen.

Beschreibt die Körper auf dem Bild.
Was haben sie gemeinsam, worin unterscheiden sie sich?
Wo könnt ihr in eurem Alltag solche Gegenstände finden?

Noch fit?

1 Rechne die Längen um.

a) 12 cm = ▢ mm b) 150 dm = ▢ m
c) $20\,cm^2$ = ▢ mm^2 d) $300\,cm^2$ = ▢ dm^2

1 Rechne in die angegebene Einheit um.

a) 200 m = ▢ dm b) 250 cm = ▢ dm
c) $53\,dm^2$ = ▢ cm^2 d) $4000\,dm^2$ = ▢ m^2

2 Benenne die Flächen. Berechne Umfang und Flächeninhalt. Miss benötigte Längen.

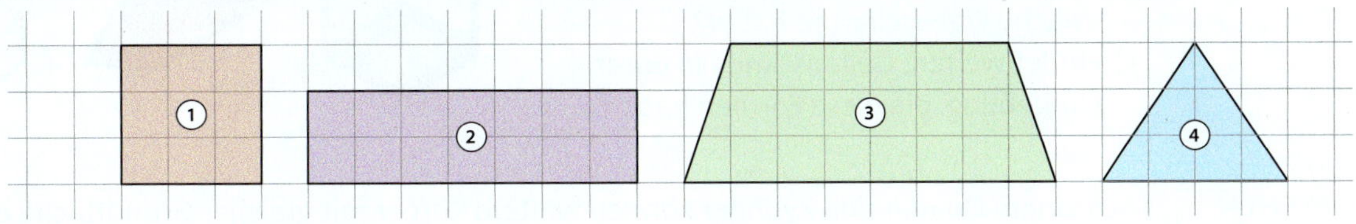

3 Berechne den Flächeninhalt des Dreiecks.

a) g = 3 cm; h_g = 2 cm b) g = 10 cm; h_g = 5 cm
c) g = 6 cm; h_g = 4 cm d) g = 12 m; h_g = 5 m

3 Berechne den Flächeninhalt des Dreiecks.

a) g = 7 cm; h_g = 5 cm b) g = 12 cm; h_g = 8 cm
c) g = 6,5 cm; h_g = 3 cm d) g = 9 m; h_g = 4 m

4 Berechne das Volumen und den Oberflächeninhalt.

a)

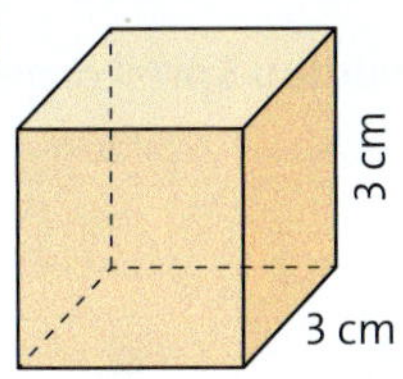

b)

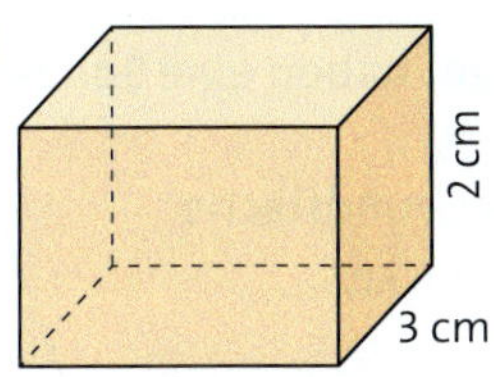

4 Berechne das Volumen und den Oberflächeninhalt.

a)

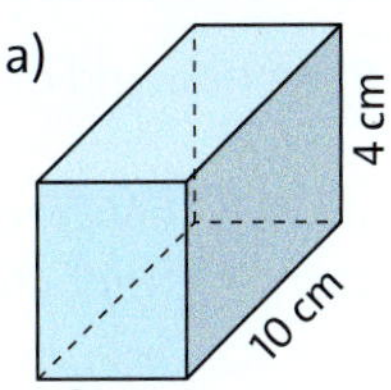

b)

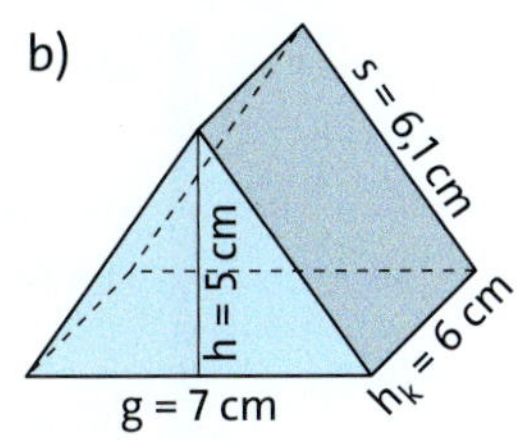

5 Berechne die gesuchte Seitenlänge im rechtwinkligen Dreieck.

a)

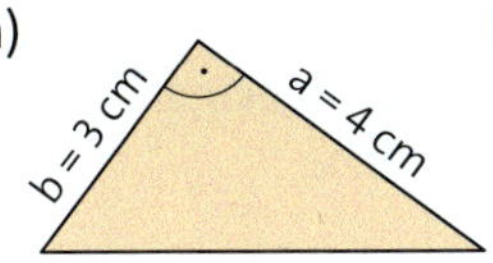

b)

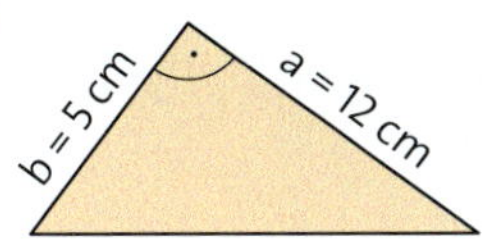

5 Berechne die gesuchte Seitenlänge im rechtwinkligen Dreieck.

a)

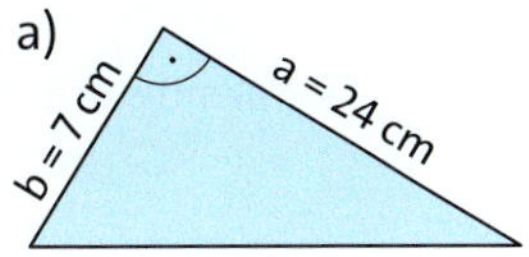

b)

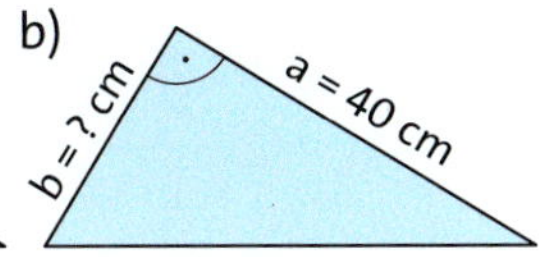

6 Berechne für den Kreis

a) den Umfang für d = 12 cm (r = 5 cm).
b) den Flächeninhalt für r = 8 cm (d = 14 cm).

6 Berechne den Umfang und den Flächeninhalt des Kreises.

a) r = 12 cm b) d = 25 cm c) r = 7 m

→ *Lösungen ab S. 272*

Trainingsplan

Nr.	Ich kann ...	Ich muss noch trainieren:
1	Einheiten umrechnen.	→ S. 303, Nr. 66, 67
2	Umfang und Flächeninhalt von Vierecken und Dreiecken berechnen.	→ S. 291, Nr. 24; S. 303 Nr. 68, 69
3	den Flächeninhalt von Dreiecken berechnen.	→ S. 304, Nr. 71
4	Volumen und Oberflächeninhalt eines Prismas berechnen.	→ S. 299, Nr. 45, 46
5	Seitenlängen in einem rechtwinkligen Dreieck berechnen.	→ S. 304, Nr. 72
6	Umfang und Flächeninhalt eines Kreises berechnen.	→ S. 298, Nr. 41, 42

Körper erkennen

ENTDECKEN

1 Was sind das für Körper?

a) Benennt die Körper.

b) Erstellt für jeden Körper einen Steckbrief.
Tipp Wie viele Ecken, Kanten und Flächen hat der Körper? Welche Eigenschaften hat er?

c) Findet weitere Gegenstände in eurer Umgebung, die diese Formen haben.

VERSTEHEN

Aus einem Quader und Zylinder können weitere Körper mit gleicher Grundfläche entstehen.

Vokabeln
→ *die Pyramide*
→ *der Kegel*
→ *die Kugel*
→ *die gekrümmte Fläche*

Merke Die **Pyramide** und der **Kegel** haben eine Spitze. Sie werden Spitzkörper genannt.

Eine **Pyramide** hat ein Vieleck als Grundfläche.
Die Mantelfläche besteht aus Dreiecken.

Ein **Kegel** hat einen Kreis als Grundfläche.
Die Mantelfläche ist gekrümmt.

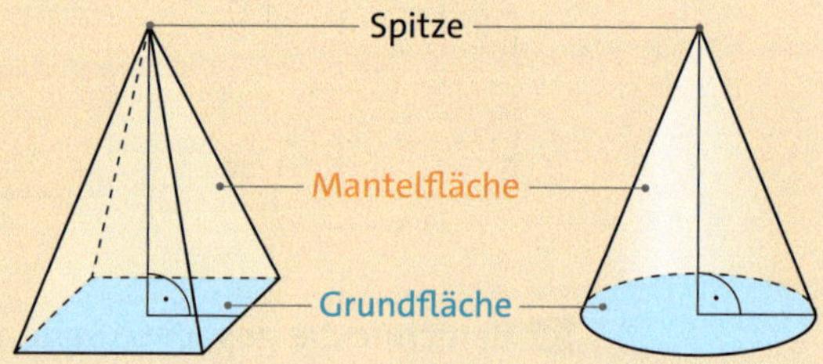

Beispiel 1

Pyramide mit quadratischer Grundfläche | Pyramide mit rechteckiger Grundfläche | Kegel

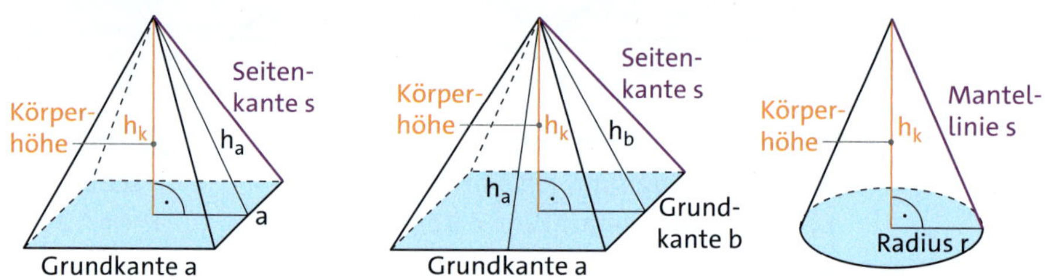

Merke Die Oberfläche einer **Kugel** besteht aus einer gekrümmten Fläche. Der Radius geht vom Mittelpunkt bis zu einem beliebigen Punkt auf der Oberfläche.

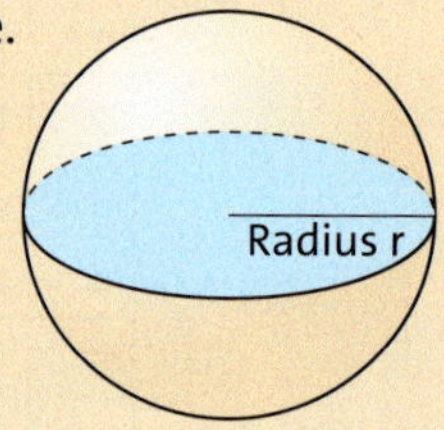

ANWENDEN

1 Welche Form haben die Gegenstände?

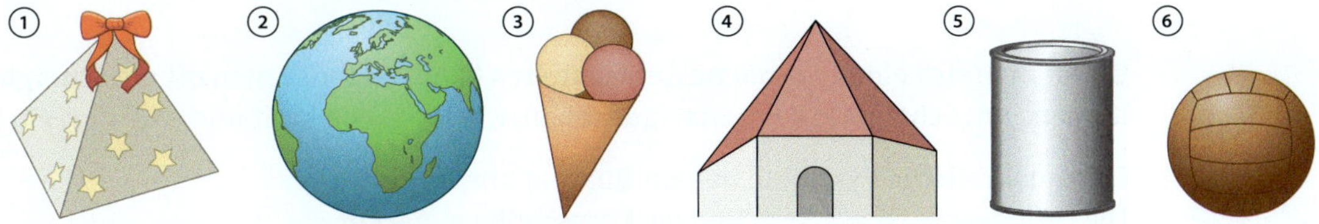

a) Benenne die Gegenstände als Körper.
b) Nenne Unterschiede und Gemeinsamkeiten.
Tipp Nutze die Begriffe Spitze, Grundfläche, Mantelfläche und gekrümmt.
c) Findet weitere Gegenstände in eurer Umgebung, die diese Formen haben.

2 Gib an: Welche Körper sind Pyramiden, welche sind Kegel und welche sind Kugeln?

2 Gib an, welche Körper Pyramiden, Kegel oder Kugeln sind.
Begründe.

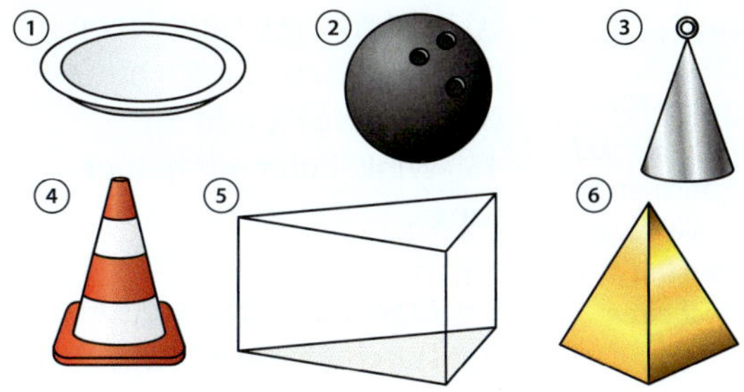

3 Benenne den Körper.

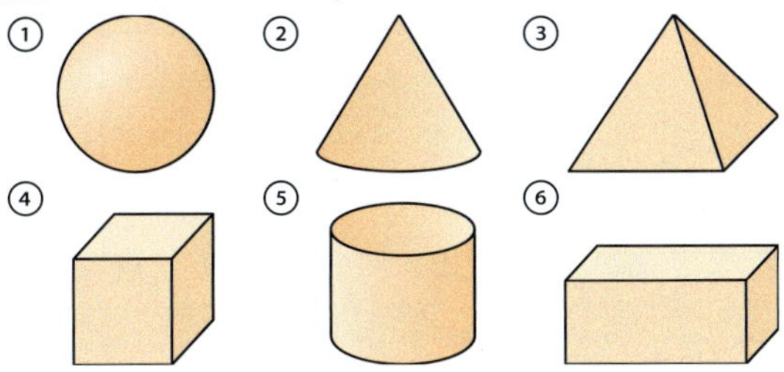

a) Schreibe auf, wie viele Ecken, Kanten und Flächen der Körper hat.
b) Benenne die Grundfläche, wenn möglich.

3 Übertrage die Tabelle ins Heft.

	Ecken	Kanten	Flächen
Quader		12	
Zylinder	0		
quadratische Pyramide			
Kegel			
Kugel			

a) Skizziere die fünf Körper.
b) Markiere die Grundfläche.
c) Fülle die Tabelle aus.

4 Entscheide: Ist die Aussage richtig oder falsch?
a) Ein Würfel besteht aus 6 gleich großen Quadraten.
b) Eine Pyramide hat einen Kreis als Grundfläche.
c) Ein Kegel hat als Grundfläche und als Deckfläche einen Kreis.
d) Eine Pyramide hat immer 8 Kanten.
e) Ein Kegel besteht aus 4 Flächen.
f) Eine Pyramide hat immer eine quadratische Grundfläche.

4 Entscheide: Ist die Aussage richtig oder falsch? Korrigiere im Heft, wenn nötig.
a) Ein Zylinder hat als Grundfläche und als Deckfläche einen Kreis.
b) Ein Kegel hat als Grundfläche ein Quadrat.
c) Eine Kugel hat eine gekrümmte Fläche.
d) Eine Pyramide hat nur Dreiecke als Mantelfläche.
e) Eine Pyramide besteht immer aus 5 Flächen.
f) Jeder formuliert eine Aussage. Tauscht die Aussagen und überprüft sie.

Methode Schrägbilder zeichnen

Damit man sich einen Körper besser vorstellen kann, zeichnet man oft ein **Schrägbild** des Körpers. Am Schrägbild kann man gut sehen, wie lang, wie breit und wie hoch ein Körper ist.

Eine **quadratische Pyramide** hat ein Quadrat als Grundfläche.
Die Grundkante ist a = 3 cm und die Körperhöhe h_k = 2 cm.

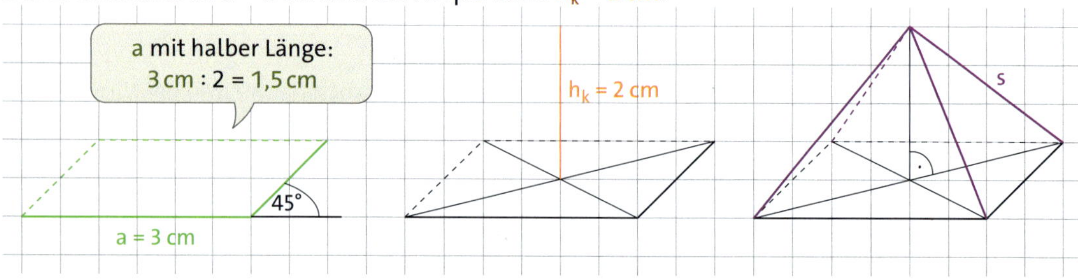

① Zeichne die Grundfläche mit a = 3 cm und nach hinten verlaufende Kanten im 45°-Winkel und mit halber Länge.

② Trage die Diagonalen ein. Zeichne die Körperhöhe h_k = 2 cm im Schnittpunkt.

③ Zeichne die Seitenkanten s, indem du die Spitze mit den Ecken der Grundfläche verbindest.

Hinweis
Nutze die Kästchen für den 45°-Winkel und zeichne die nicht sichtbaren Kanten mit gestrichelten Linien.

Ein **Kegel** hat einen Kreis als Grundfläche.
Der Durchmesser beträgt d = 4 cm und die Körperhöhe h_k = 3 cm.

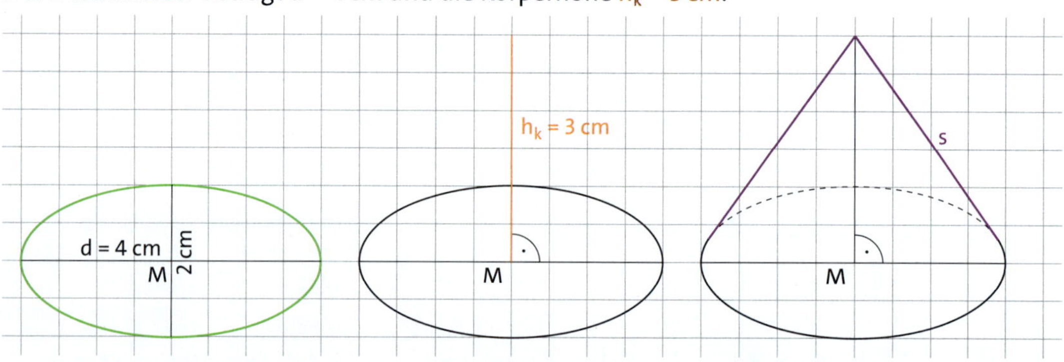

① Skizziere die Grundfläche als verzerrten Kreis. Nutze den Durchmesser d = 4 cm und den halben Durchmesser.

② Zeichne die Körperhöhe h_k = 3 cm im Mittelpunkt.

③ Zeichne die Mantellinien s, indem du die Spitze mit den Endpunkten des Durchmessers verbindest.

ANWENDEN

1 Beim Zeichnen der Schrägbilder einer quadratischen Pyramide wurden Fehler gemacht. Beschreibe die Fehler.

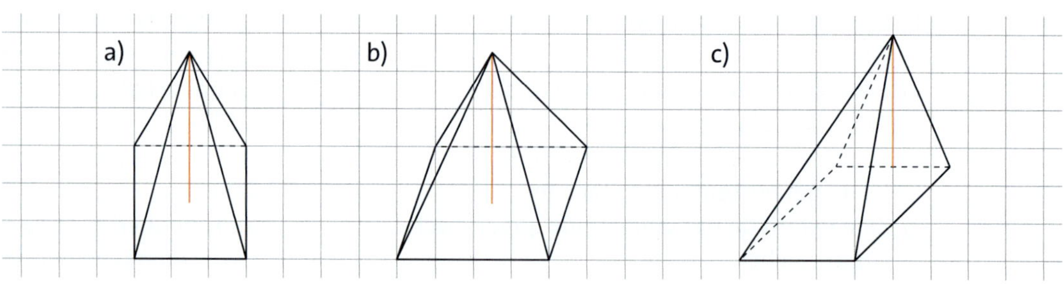

2 Mehmed hat notiert, wie er das Schrägbild einer quadratischen Pyramide zeichnet. Bringe die Schritte in die richtige Reihenfolge.

Ⓐ Ich bestimme den Mittelpunkt der Grundfläche.

Ⓑ Ich verbinde die Spitze mit den Ecken.

Ⓒ Ich trage die Diagonalen ein.

Ⓓ Ich zeichne die Körperhöhe h_k ein.

Ⓔ Ich zeichne die Grundfläche. Nach hinten verlaufende Kanten zeichne ich im 45°-Winkel und mit halber Länge.

3 Übertrage ins Heft.
Ergänze zum Schrägbild einer Pyramide mit der Körperhöhe h_k = 5 cm.

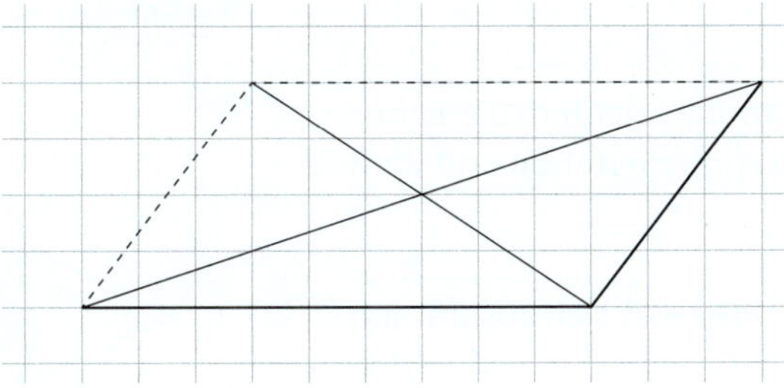

3 Übertrage ins Heft.
Ergänze zum Schrägbild einer Pyramide mit der Körperhöhe h_k = 4 cm.

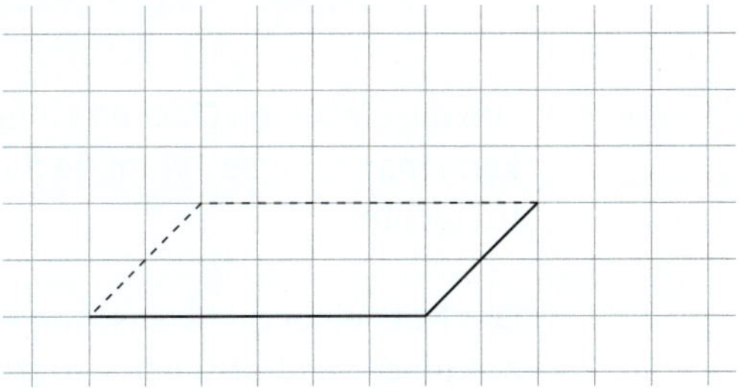

4 Zeichne das Schrägbild einer quadratischen Pyramide.
a) a = 8 cm; Körperhöhe h_k = 8 cm
b) a = 6 cm; Körperhöhe h_k = 6 cm
c) a = 4 cm; Körperhöhe h_k = 5,5 cm
d) a = 5 cm; Körperhöhe h_k = 4 cm
e) a = 4 cm und genauso hoch wie breit

4 Zeichne das Schrägbild einer quadratischen Pyramide.
a) a = 4 cm; Körperhöhe h_k = 5 cm
b) a = 6 cm; Körperhöhe h_k = 7,5 cm
c) a = 5 cm; Körperhöhe h_k = 8 cm
d) a = 4,5 cm; Körperhöhe h_k = 9 cm
e) a = 5 cm und genauso hoch wie breit

5 Übertrage so genau wie möglich ins Heft.
Ergänze zum Schrägbild eines Kegels mit der Körperhöhe h_k = 5 cm.

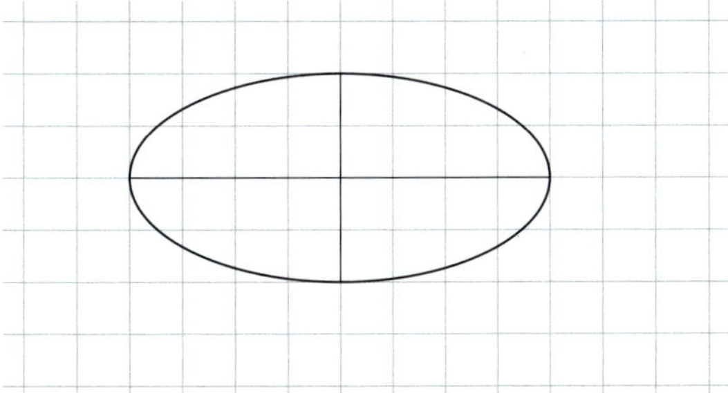

5 Übertrage so genau wie möglich ins Heft.
Ergänze zum Schrägbild eines Kegels mit der Körperhöhe h_k = 7 cm.

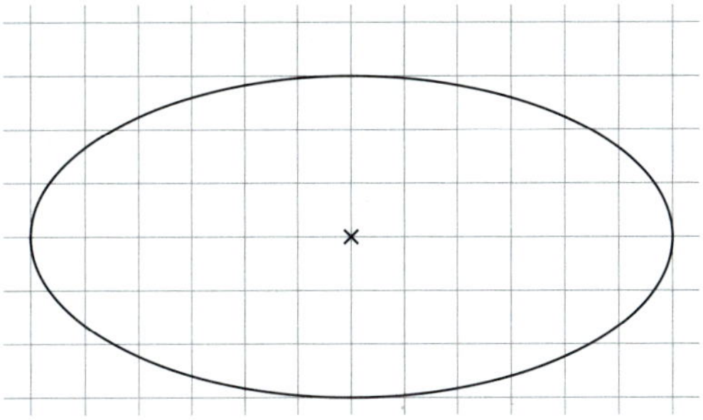

6 Skizziere das Schrägbild des Kegels.
a) d = 6 cm; Körperhöhe h_k = 5 cm
b) d = 6 cm; Körperhöhe h_k = 6 cm
c) d = 4 cm; Körperhöhe h_k = 4,5 cm
d) r = 3 cm; Körperhöhe h_k = 4 cm
e) d = 4 cm und genauso hoch wie breit

6 Skizziere das Schrägbild des Kegels.
a) d = 6 cm; Körperhöhe h_k = 7 cm
b) d = 8 cm; Körperhöhe h_k = 4,5 cm
c) r = 2 cm; Körperhöhe h_k = 5 cm
d) r = 3 cm; Körperhöhe h_k = 3,5 cm
e) d = 5 cm und genauso hoch wie breit

Netz und Oberflächeninhalt von Pyramiden

ENTDECKEN

1 Emilia möchte ein Zelt bauen.
Das Zelt soll eine Kantenlänge von 4 m und eine Seitenhöhe von 4,5 m haben.

a) Zeichne ein Netz zu diesem Zelt.
b) Bestimme, aus welchen Flächen das Zelt besteht.
c) Berechne, wie viel Stoff Emilia mindestens braucht.

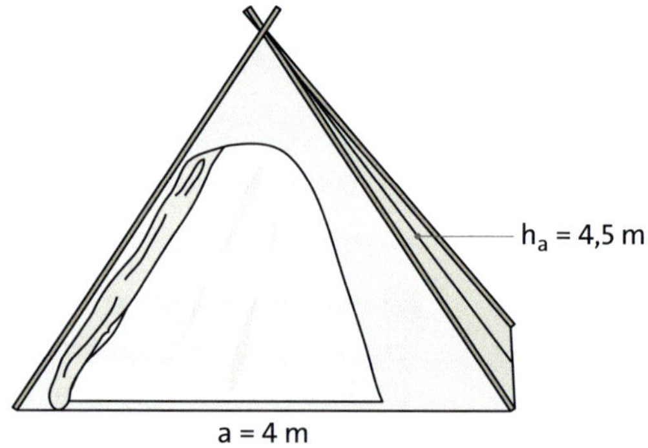

VERSTEHEN

Um die einzelnen Flächen einer Pyramide leichter zu erkennen, kann man sich die Pyramide aufgeklappt vorstellen und ihr Netz betrachten.

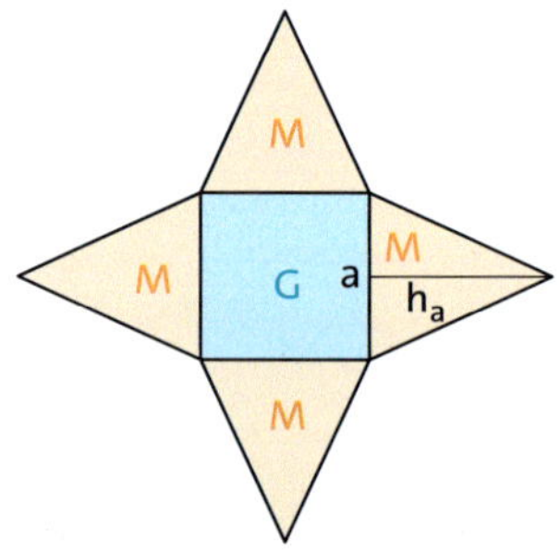

Das Netz einer quadratischen Pyramide setzt sich zusammen aus einer quadratischen Grundfläche G und einer Mantelfläche M.
Die Mantelfläche M besteht aus vier deckungsgleichen Dreiecken.

Das Netz hilft auch bei der Berechnung des Oberflächeninhalts.
Man berechnet zuerst alle Flächeninhalte und addiert sie dann.

Beispiel 1 Berechne den Oberflächeninhalt der quadratischen Pyramide.
Die Höhe auf der Grundkante a kürzt man mit h_a ab.
gegeben: $a = 5\,cm$, $h_a = 7\,cm$
gesucht: O

$$O = \square + 4 \cdot \triangle$$
$$O = a^2 + 4 \cdot \frac{a \cdot h_a}{2}$$
$$O = a^2 + 2 \cdot a \cdot h_a$$
$$O = (5\,cm)^2 + 2 \cdot 5\,cm \cdot 7\,cm$$
$$O = 25\,cm^2 + 70\,cm^2$$
$$O = \underline{\underline{95\,cm^2}}$$

Die Pyramide hat einen Oberflächeninhalt von $95\,cm^2$.

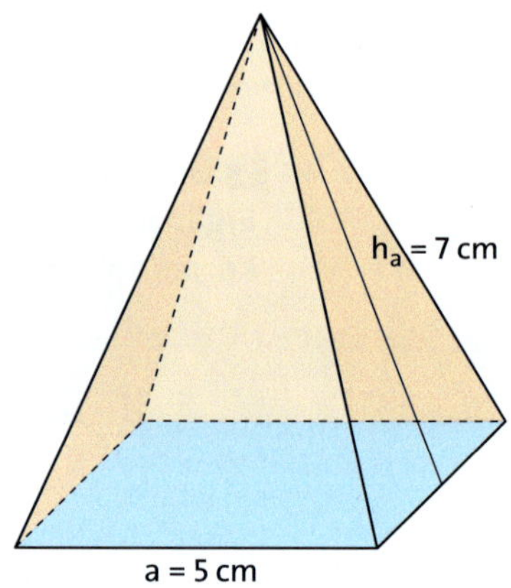

Vokabeln
→ *das Netz*
→ *die Grundfläche*
→ *die Mantelfläche*
→ *der Oberflächeninhalt*

Merke Die Oberfläche einer Pyramide besteht aus der Grundfläche G und der Mantelfläche M.
Es gilt: $\mathbf{O = G + M}$
Die Grundfläche kann verschiedene Formen haben.
Die Mantelfläche besteht aus gleichschenkligen Dreiecken.
Für den Oberflächeninhalt einer quadratische Pyramide gilt:
$O = a^2 + 2 \cdot a \cdot h_a$

ANWENDEN

1 Gehört das Netz zu einer quadratischen Pyramide?
Begründe deine Antwort.

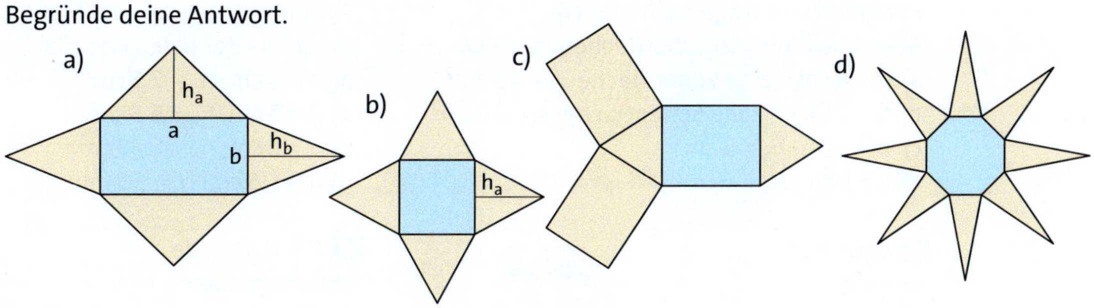

2 Berechne den Mantelflächeninhalt M.
Tipp zu b) Für ein Dreieck gilt: $A = \frac{a \cdot h_a}{2}$

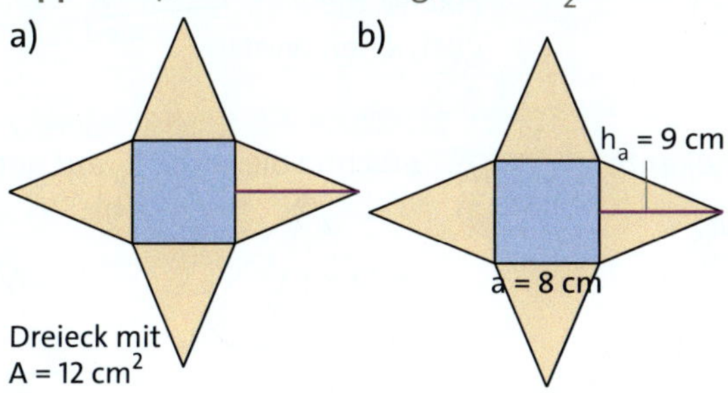

2 Berechne den Mantelflächeninhalt M.
Tipp Nutze die Formel $M = 4 \cdot \frac{a \cdot h_a}{2}$.

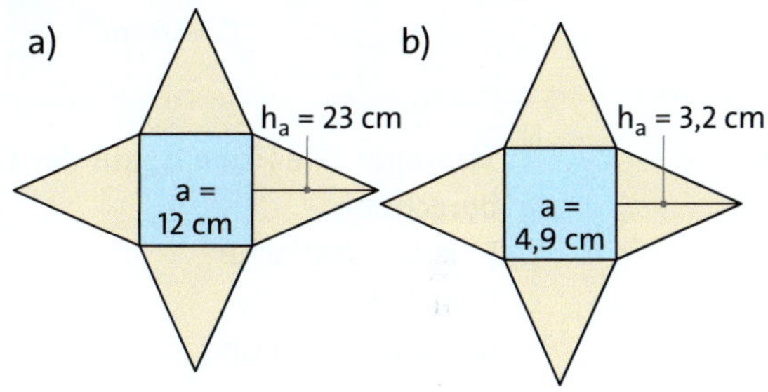

3 Berechne nacheinander:
① den Flächeninhalt der Grundfläche G
② den Flächeninhalt der Mantelfläche M
③ den Flächeninhalt der Oberfläche O

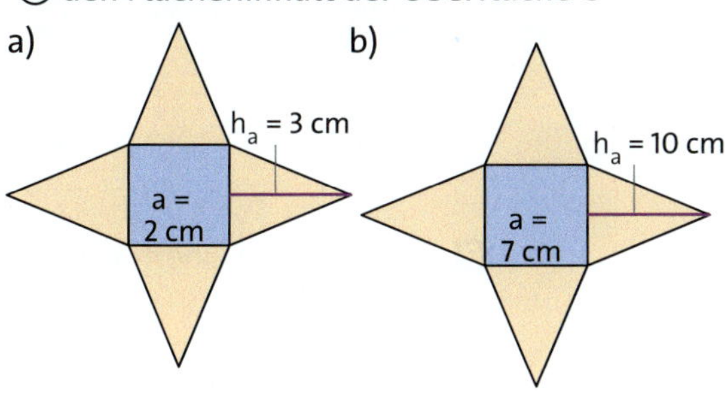

3 Berechne nacheinander:
① den Flächeninhalt der Grundfläche G
② den Flächeninhalt der Mantelfläche M
③ den Flächeninhalt der Oberfläche O

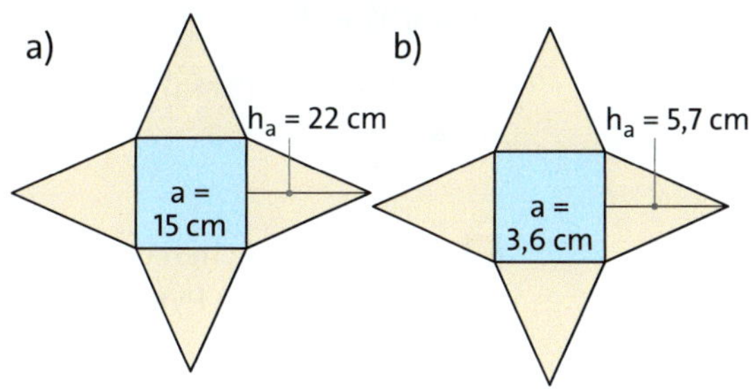

4 Skizziere ein Netz und trage die Maße ein.
Berechne dann den Oberflächeninhalt O.

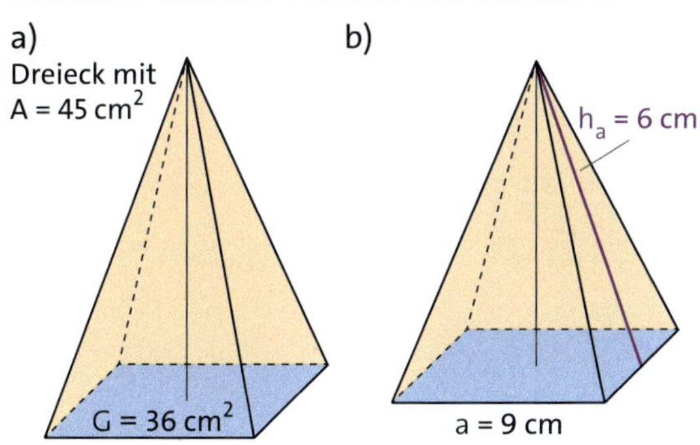

4 Skizziere ein Netz und trage die Maße ein.
Berechne dann den Oberflächeninhalt O.

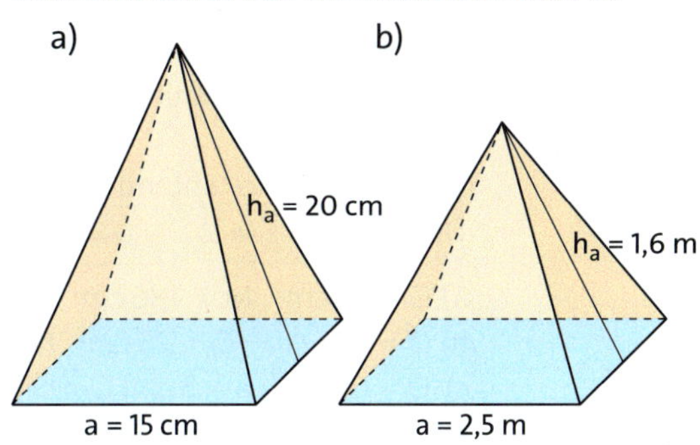

5 Skizziere ein Netz der quadratischen Pyramide und trage die Maße ein. Berechne dann den Oberflächeninhalt O.

a) $G = 9\,cm^2$; eine Seitenfläche: $A = 15\,cm^2$
b) $G = 25\,cm^2$; eine Seitenfläche: $A = 20\,cm^2$
c) $a = 3\,cm$; $h_a = 3\,cm$
d) $a = 5\,cm$; $h_a = 6\,cm$

5 Skizziere ein Netz der quadratischen Pyramide und trage die Maße ein. Berechne dann den Oberflächeninhalt O.

a) $a = 8\,cm$; $h_a = 7{,}5\,cm$
b) $a = 3\,cm$; $h_a = 6{,}5\,cm$
c) $a = 6\,cm$; $h_a = 8{,}49\,cm$
d) $a = 6{,}5\,cm$; $h_a = 55\,mm$

6 Berechne, wie viel Verpackungsmaterial benötigt wird.

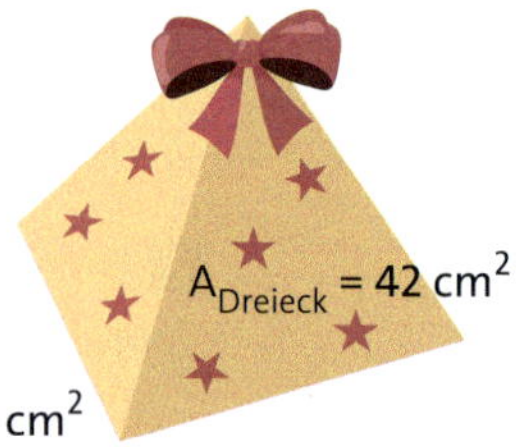

6 Die Pyramide soll gestrichen werden. Berechne die Größe der Fläche, die gestrichen wird.

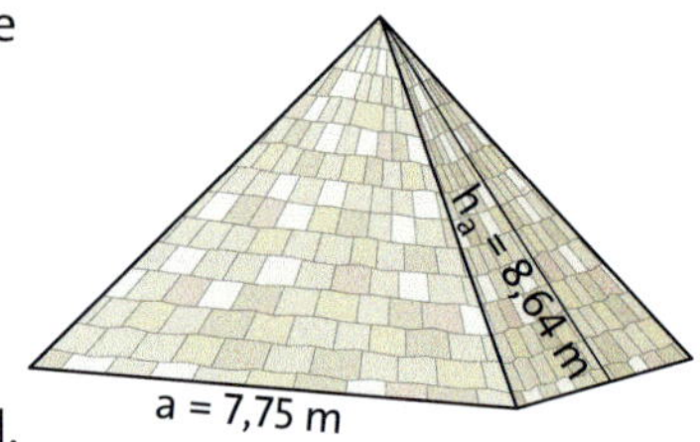

Strategie Die Höhe h_a auf der Grundkante berechnen

Eine quadratische Pyramide hat die Maße $a = 6\,cm$ und $h_k = 4\,cm$.
Berechne die Höhe h_a auf der Grundkante.

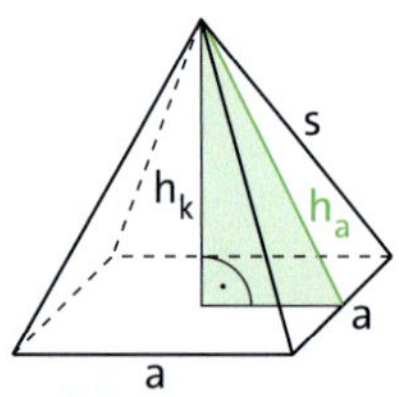

Mit dem Satz des Pythagoras ergibt sich:

$h_a^2 = h_k^2 + \left(\frac{a}{2}\right)^2 \quad |\sqrt{}$

$h_a = \sqrt{h_k^2 + \left(\frac{a}{2}\right)^2}$

$h_a = \sqrt{(4\,cm)^2 + (3\,cm)^2}$

$h_a = \underline{\underline{5\,cm}}$

7 Berechne die Höhe h_a auf der Grundkante.

a)
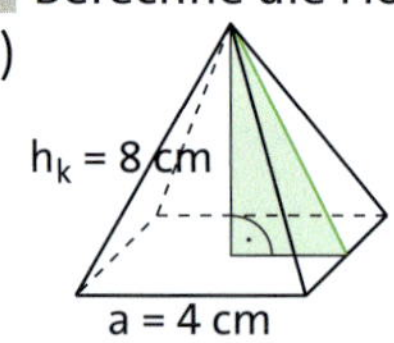

b)
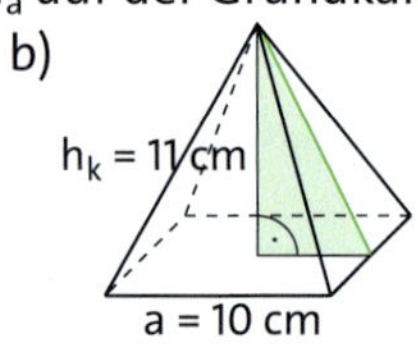

8 Berechne h_a mit dem Satz des Pythagoras. Berechne dann den Inhalt der Mantelfläche.

a)
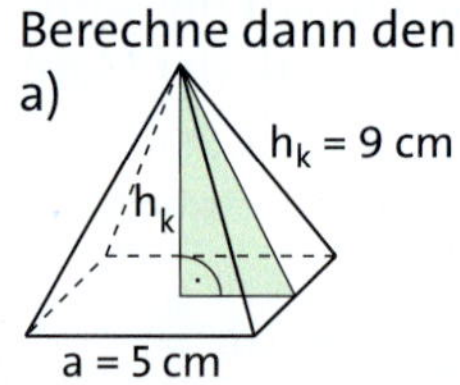

b)
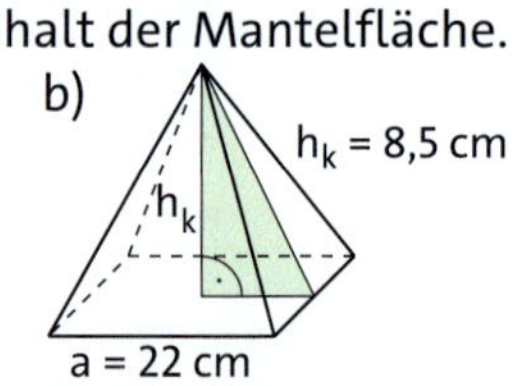

9 Das Trinkpäckchen ist eine quadratische Pyramide mit den Maßen $a = 10\,cm$ und $h_a = 6\,cm$.

a) Skizziere das Netz.
b) Markiere die Grundfläche grün und die Mantelfläche blau.
c) Berechne den Inhalt der Grundfläche G, der Mantelfläche M und der Oberfläche O.

9 Berechne den Oberflächeninhalt O der Pyramide.
Berechne zunächst h_a.

Tipp $h_a^2 = \left(\frac{a}{2}\right)^2 + h_k^2$

a) $\frac{a}{2} = 2\,cm$; $h_k = 5\,cm$
b) $\frac{a}{2} = 4\,cm$; $h_k = 8\,cm$
c) $a = 12\,cm$; $h_k = 10\,cm$

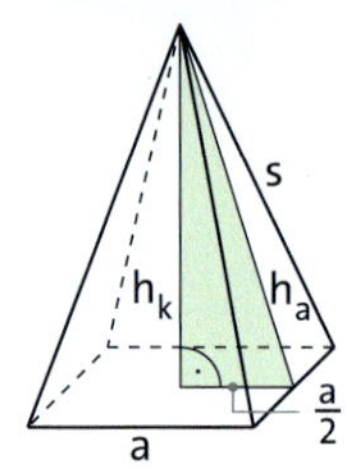

10 Berechne die fehlenden Werte für eine quadratische Pyramide.

Tipp $O = G + M$ $G = O - M$ $M = O - G$

a) $G = 64\,cm^2$; $M = 186\,cm^2$; $O = ■$
b) $O = 125\,cm^2$; $G = 25\,cm^2$; $M = ■$
c) $O = 69\,cm^2$; $a = 5\,cm$; $G = ■$; $M = ■$
d) $O = 100\,cm^2$; $G = 9\,cm^2$; $M = ■$; $a = ■$

11 Berechne die fehlenden Werte für eine quadratische Pyramide.

	a	G	M	O
a)	5 m			150 m^2
b)		36 cm^2	60 cm^2	
c)	8 m		85 cm^2	

11 Berechne die fehlenden Werte für eine quadratische Pyramide.

	a	h_a	G	M	O
a)	12 cm	9 cm			
b)		8,5 m	36 m^2		
c)				160 cm^2	185 cm^2

Hinweis
Das ist ein Kantenmodell.

12 Die Grundfläche von einer quadratischen Pyramide ist G = 49 cm^2 groß.
Die Seitenkante ist 9 cm lang.
a) Baue ein Kantenmodell
Tipp Bestimme zuerst die Grundkante a.
b) Miss die Höhe h_a auf der Grundkante a und berechne den Oberflächeninhalt O.

12 Die Grundfläche einer quadratischen Pyramide beträgt G = 36 cm^2.
Der Mantelflächeninhalt ist M = 60 cm^2.
Baue ein Kantenmodell.
Tipp Bestimme zuerst die Länge der Grundkante a. Nutze dazu G = 36 cm^2. Berechne dann die Höhe h_a.

Info Für den **Oberflächeninhalt einer rechteckigen Pyramide** gilt:
$O = G + M$
$O = a \cdot b + 2 \cdot \frac{a \cdot h_a}{a} + 2 \cdot \frac{a \cdot h_b}{b}$
$O = a \cdot b + a \cdot h_a + b \cdot h_b$

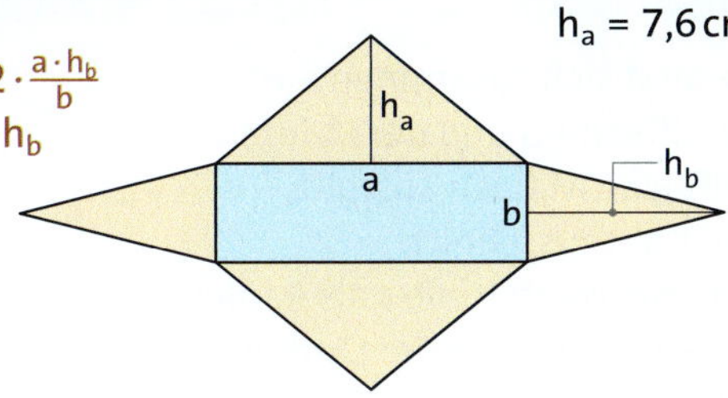

13 Berechne den Oberflächeninhalt O der rechteckigen Pyramide mit: a = 7 cm, h_a = 7,6 cm, b = 5 cm und h_b = 8 cm.

14 Diese Pyramide hat keine quadratische Grundfläche.
a) Beschreibe, aus welchen fünf Flächen das Netz besteht. Welche Flächen sind gleich?
b) Berechne den Oberflächeninhalt O.

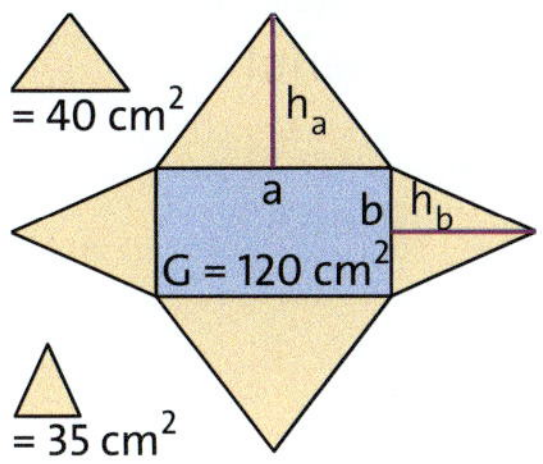

14 Die Pyramide hat eine rechteckige Grundfläche.
a) Beschreibe, aus welchen Flächen sich die Oberfläche zusammensetzt.
Welche Flächen sind gleich?
b) Berechne den Oberflächeninhalt O.

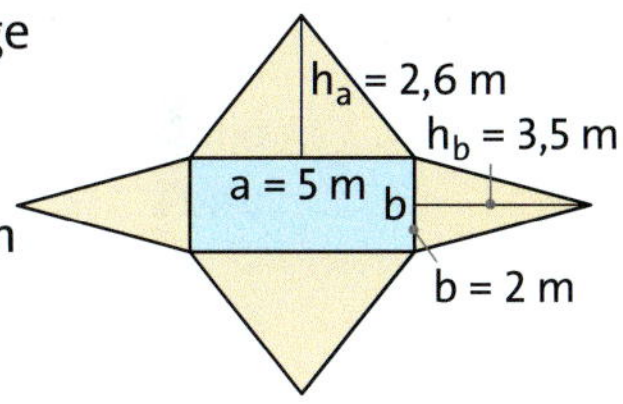

15 Jeder wählt eine Pyramide aus. Es gilt immer a = 10 cm und h_a = 9 cm.
a) Skizziere ein Netz für deine Pyramide.
b) Beschreibe, aus welchen Teilflächen sich die Oberfläche zusammensetzt.
c) Berechne den Oberflächeninhalt O. Erklärt euch gegenseitig eure Rechnungen.

① 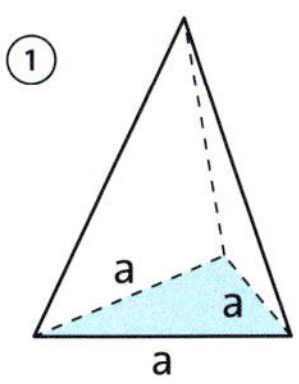
② 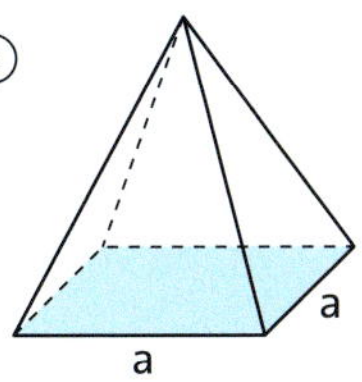
③ 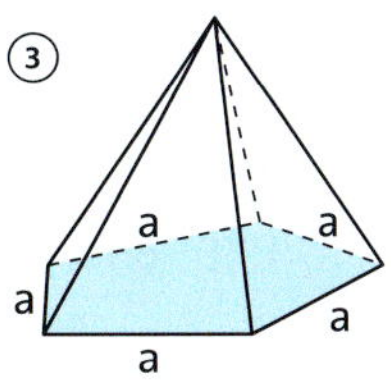
④ 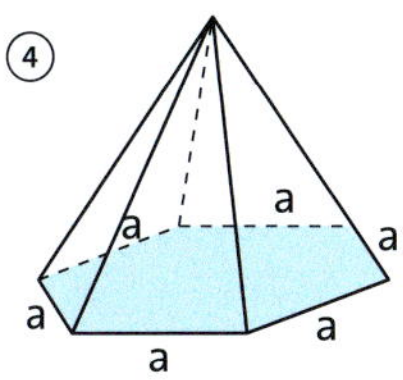

Netz und Oberflächeninhalt von Kegeln

ENTDECKEN

1 Jasper möchte für seinen Bruder eine kleine Schultüte basteln.

① Zuerst nimmt er ein Blatt Papier und zeichnet einen großen Kreis.

② Er schneidet den Kreis aus. Dann markiert er einen Kreisausschnitt und schneidet ihn aus.

③ Er fügt die Schnittkanten aneinander und verklebt sie.

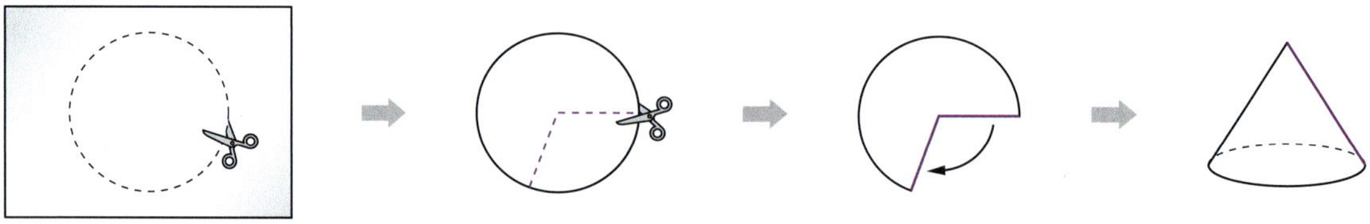

a) Probiere Jaspers Bastelanleitung aus.
b) Wie verändert sich der Kegel, wenn der Winkel des Kreisausschnitts größer oder kleiner wird?
c) Jasper möchte die Schultüte mit einem Deckel verschließen. Welche Form hat der Deckel?
d) Kannst du andere Wege finden, um eine Schultüte zu basteln?

VERSTEHEN

Das **Netz eines Kegels** setzt sich zusammen aus der kreisförmigen Grundfläche G und der Mantelfläche M. Wenn man die Mantelfläche M flach ausrollt, dann erhält man einen Kreisausschnitt. Der Kreisausschnitt hat die Mantellinie s als Radius. Die Bogenlänge ist genauso lang wie der Umfang der kreisförmigen Grundfläche.

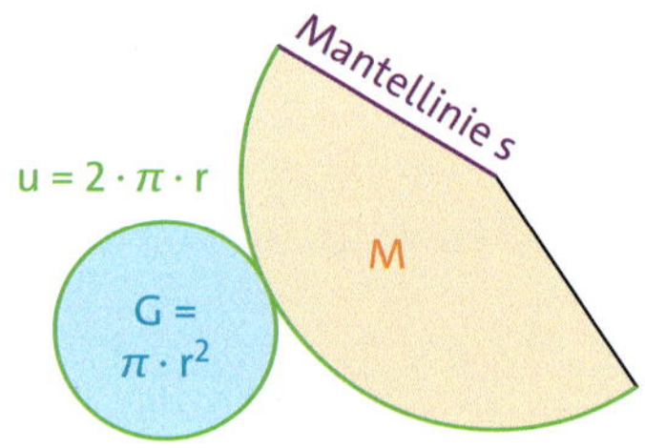

Wie groß ist der Flächeninhalt der Mantelfläche M? Aus dem Kreisausschnitt erhält man annähernd ein Rechteck mit den Seitenlängen $\underbrace{\pi \cdot r}_{\text{halber Kreisumfang}}$ und s.

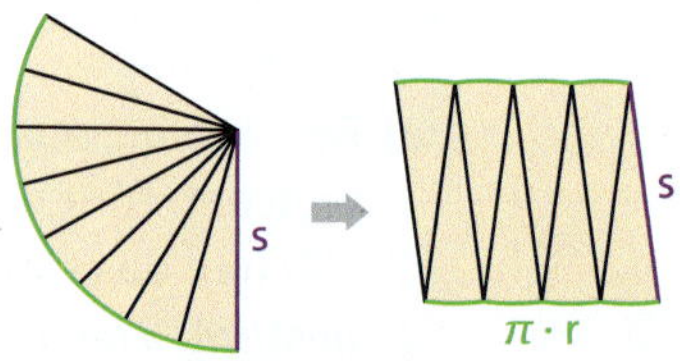

Der Flächeninhalt ist $M = \pi \cdot r \cdot s$.

Vokabeln
→ das Netz
→ die Grundfläche
→ die Mantelfläche
→ der Kreisausschnitt
→ die Mantellinie

Merke Die Oberfläche eines Kegels besteht aus der Grundfläche G und der Mantelfläche M.
Es gilt: $O = G + M$
Die Grundfläche ist ein Kreis mit dem Flächeninhalt $G = \pi \cdot r^2$
Die Mantelfläche ist ein Kreisausschnitt mit dem Flächeninhalt $M = \pi \cdot r \cdot s$
Für den **Oberflächeninhalt O** eines Kegels gilt: $O = \pi \cdot r^2 + \pi \cdot r \cdot s$

Beispiel 1 Berechne den Oberflächeninhalt O des Kegels.
gegeben: $r = 2\,cm$; $s = 3\,cm$
gesucht: O
$O = \pi \cdot r^2 + \pi \cdot r \cdot s$
$O = \pi \cdot (2\,cm)^2 + \pi \cdot 2\,cm \cdot 3\,cm$
$O \approx 12{,}57\,cm^2 + 18{,}85\,cm^2$
$O = \underline{\underline{31{,}42\,cm^2}}$

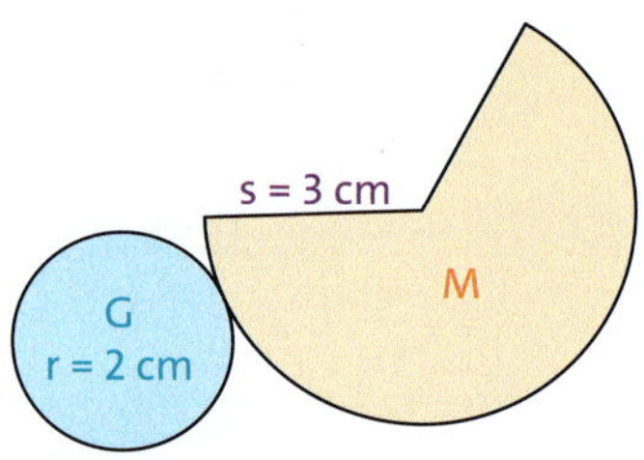

ANWENDEN

1 Prüfe, ob das Netz zu einem Kegel gehört. Begründe deine Antwort.

a)
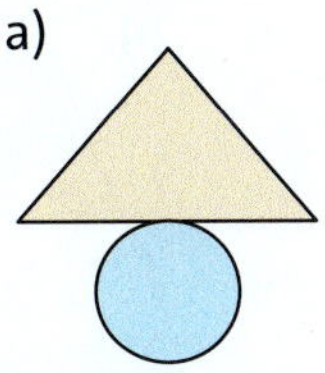

b)
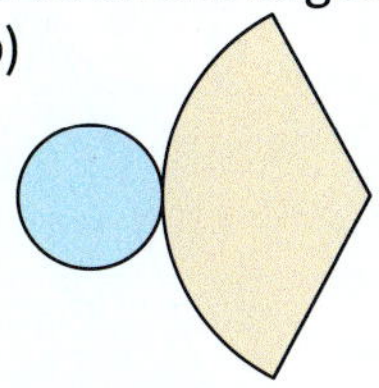

c)
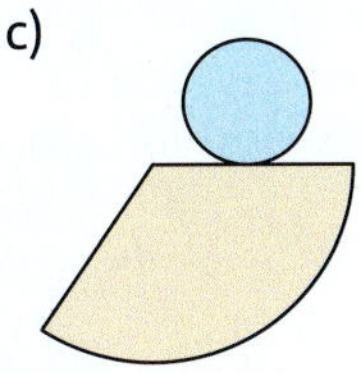

d)
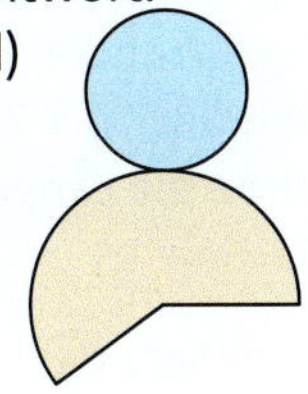

e)
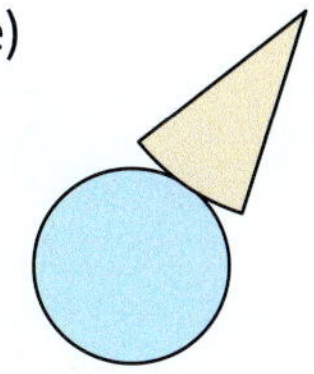

2 Berechne den Mantelflächeninhalt M des Kegels.

a)
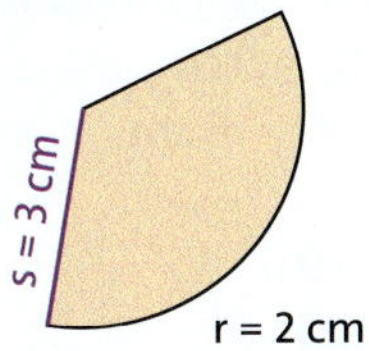

b)
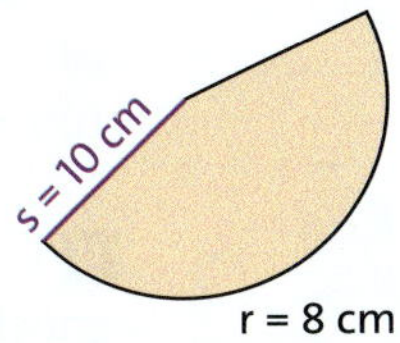

2 Berechne den Mantelflächeninhalt M des Kegels.

a)
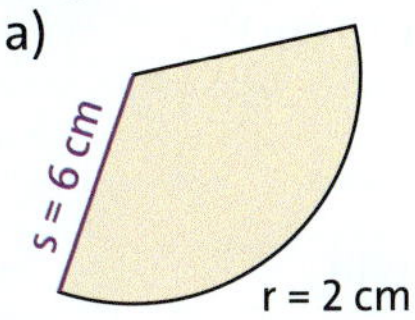

b)
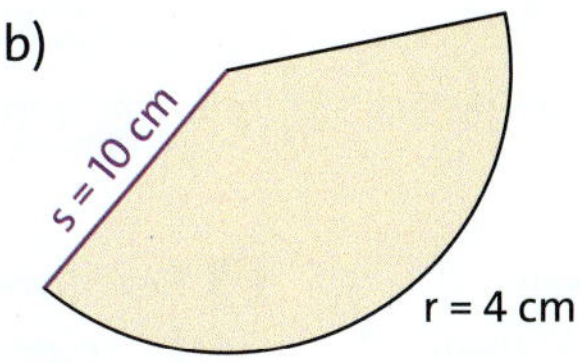

3 Berechne in dieser Reihenfolge:
① den Flächeninhalt der Grundfläche G
② den Flächeninhalt der Mantelfläche M
③ den Flächeninhalt der Oberfläche O

a)
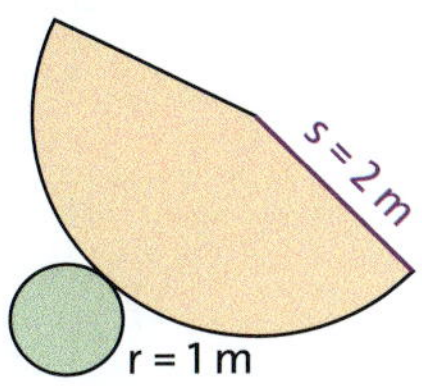

b)
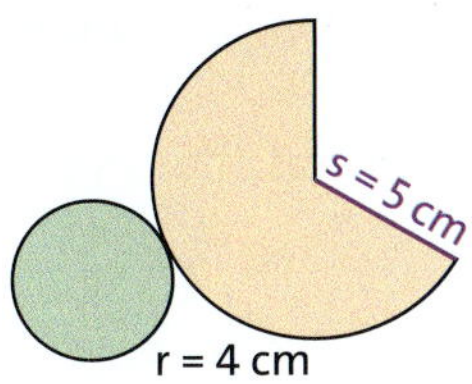

3 Berechne nacheinander:
① den Flächeninhalt der Grundfläche G
② den Flächeninhalt der Mantelfläche M
③ den Flächeninhalt der Oberfläche O

a)
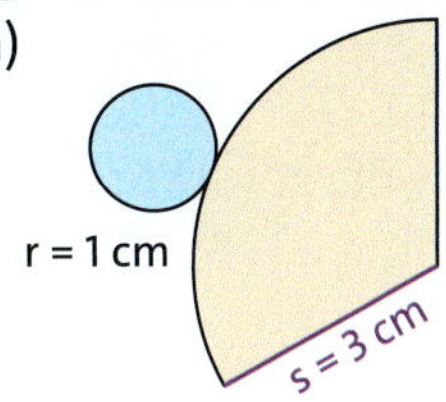

b)
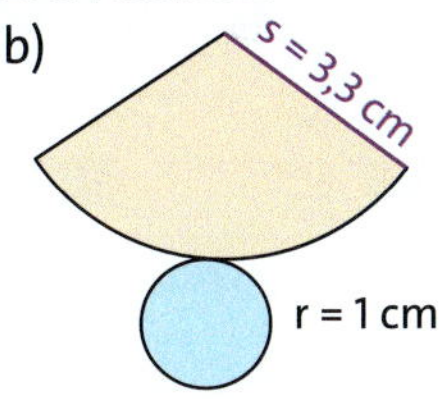

4 Berechne den Oberflächeninhalt O.

a)
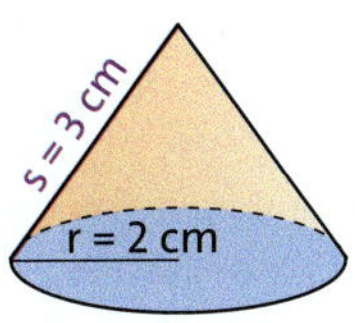

b)
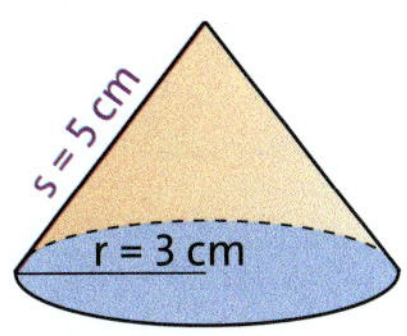

4 Berechne den Oberflächeninhalt O.

a)
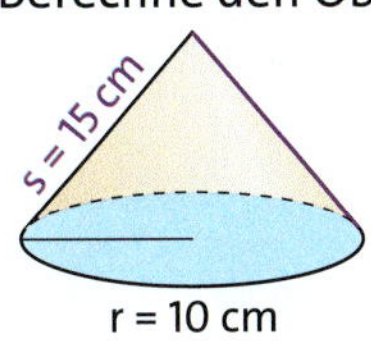

b)
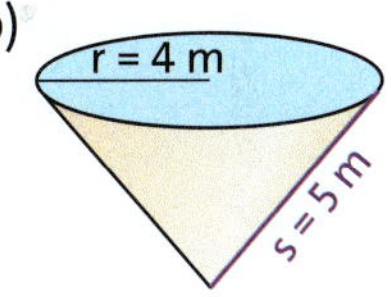

5 Berechne den Mantelflächeninhalt M und dann den Oberflächeninhalt O des Kegels.

a) r = 6 cm; s = 10 cm b) r = 8 cm; s = 9 cm
c) d = 4 cm; s = 9 cm d) d = 10 m; s = 20 m

5 Berechne zuerst den Mantelflächeninhalt M und dann den Oberflächeninhalt O des Kegels.

a) r = 5 m; s = 6 m b) r = 3 cm; s = 8 cm
c) d = 18 mm; s = 11 mm d) d = 60 m; s = 40 m

6 Stell dir vor, du könntest die Waffel aufschneiden und flach ausrollen. Wie groß wäre die Fläche dann?
Tipp Bestimme zuerst den Radius.

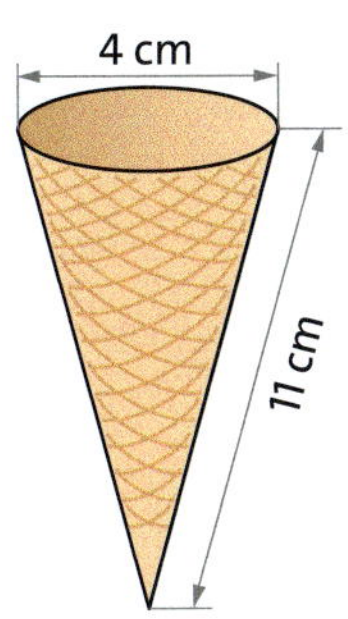

6 Berechne die Größe der Dachfläche des Turms.

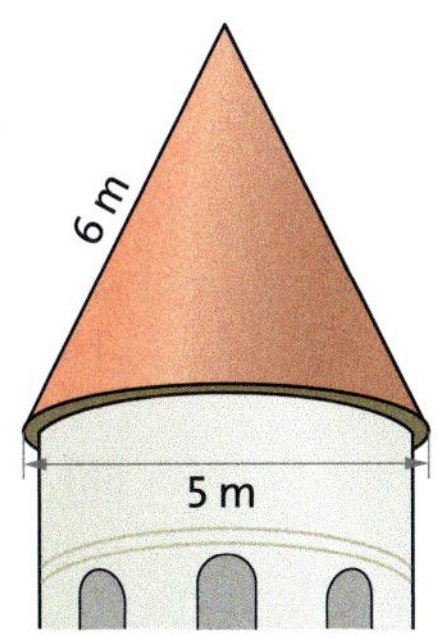

Strategie Die Mantellinie s berechnen

Ein Kegel hat die Maße $r = 3\,cm$ und $h_k = 7\,cm$. Berechne die Länge der Mantellinie s.

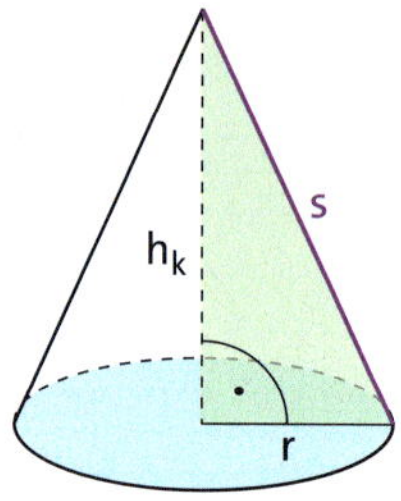

Mit dem Satz des Pythagoras ergibt sich:

$s^2 = h_k^2 + r^2 \quad |\sqrt{\ }$

$s = \sqrt{h_k^2 + r^2}$

$s = \sqrt{(7\,cm)^2 + (3\,cm)^2}$

$s \approx \underline{\underline{7{,}62\,cm}}$

7 Berechne die Länge der Mantellinie s.

a)

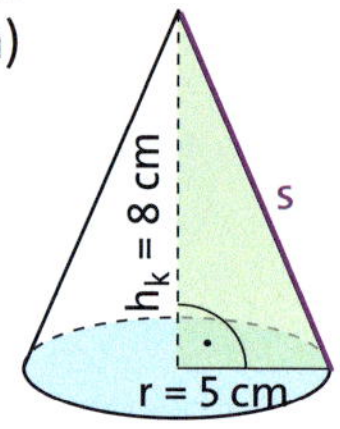

b)

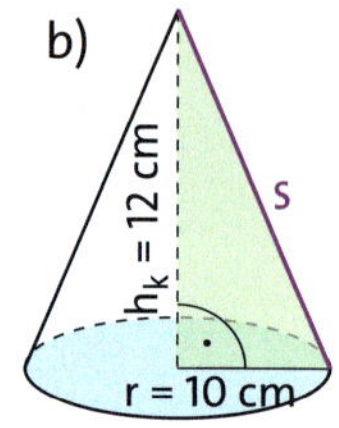

8 Berechne s mit dem Satz des Pythagoras. Berechne dann den Inhalt der Mantelfläche.

a) $r = 3\,cm$; $h_k = 9\,cm$

b) $r = 20\,cm$; $h_k = 8\,cm$

Hinweis
Ein Wigwam ist ein traditionelles Indianerzelt.

9 Berechne, wie viel Papier man für einen Papierbecher braucht.

Tipp Bestimme zuerst den Radius.

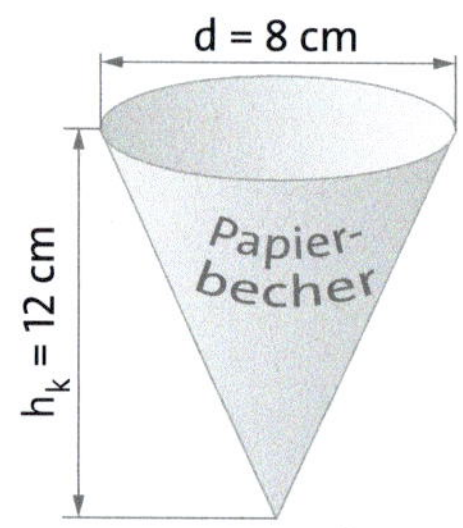

9 Die Klasse 9d möchte für ein Schulfest ein Wigwam mit Boden bauen. Berechne, wie viel m^2 Stoff sie brauchen.

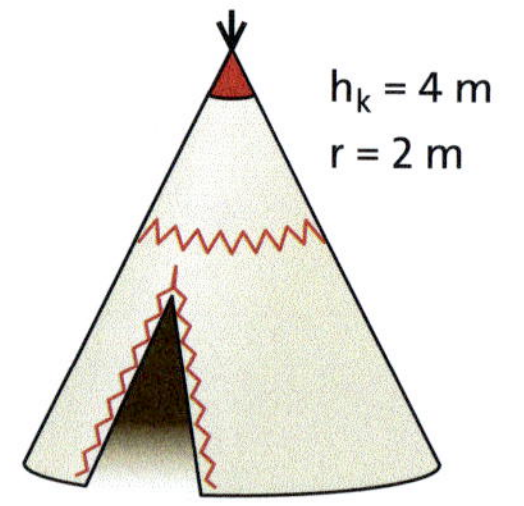

Hinweis
$h_k^2 + r^2 = s^2$

10 Berechne die gesuchte Länge mit dem Satz des Pythagoras.

Tipp zu b) $h_k^2 + r^2 = s^2$ und $r^2 = s^2 - h_k^2$

a)

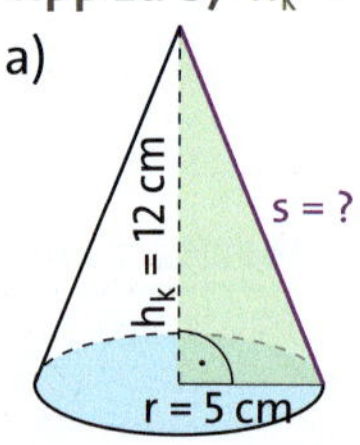

b)

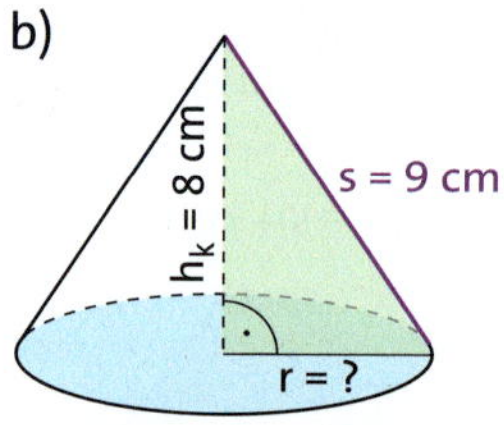

c)

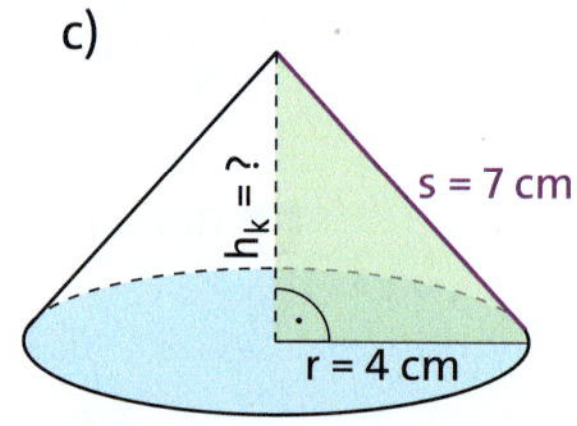

11 Berechne den Mantelflächeninhalt M und den Oberflächeninhalt O des Kegels.

Tipp Du brauchst nicht alle Maße.

a) $r = 10\,cm$; $s = 12{,}8\,cm$

b) $r = 6\,cm$; $h_k = 8\,cm$; $s = 10\,cm$

c) $r = 10\,cm$; $s = 22{,}4\,cm$

d) $r = 7\,cm$; $h_k = 35\,cm$; $s = 35{,}7\,cm$

12 Ein Kegel hat den Mantelflächeninhalt $M = 100\,cm^2$ und die Mantellinie $s = 7\,cm$. Mia möchte den Radius r berechnen. Sie beginnt so: $100 = \pi \cdot 7 \cdot r$

Hilf Mia, r zu berechnen.

13 Überlege dir für einen Kegel den Radius r und die Mantellinie s. Berechne O.

11 Berechne den Mantelflächeninhalt und den Oberflächeninhalt des Kegels. Berechne zuerst die Länge der Mantellinie s mit dem Satz des Pythagoras.

a) $r = 5\,m$; $h_k = 8\,m$

b) $r = 30\,cm$; $h_k = 40\,cm$

c) $r = 12\,cm$; $h_k = 15\,cm$

12 Berechne die Länge der Mantellinie s von einem Kegel.

Tipp Nutze die Formel $M = \pi \cdot r \cdot s$.

a) Mantelflächeninhalt $M = 314\,cm^2$; $r = 9\,cm$

b) Mantelflächeninhalt $M = 200\,cm^2$; $r = 4\,cm$

13 Finde zwei Kegel mit $M = 80\,cm^2$. Gib für jeden Kegel den Radius r und die Mantellinie s an.

Volumen von Pyramiden

ENTDECKEN

1 Amin soll das Volumen einer Pyramide berechnen.
Im Internet findet er eine Abbildung dazu.
a) Beschreibt die Abbildung.
b) Welche Maße haben der Quader und die Pyramiden gemeinsam?
c) Versucht, eine Formel für das Volumen einer Pyramide herzuleiten.

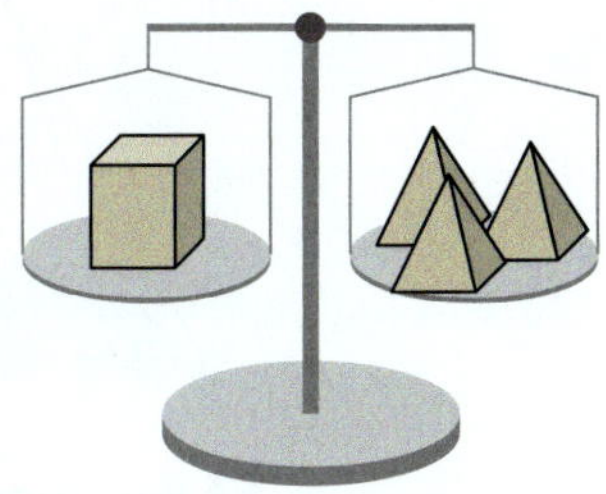

VERSTEHEN

Die Pyramide und der Quader haben die gleiche Grundfläche G und die gleiche Körperhöhe h_k.
Das Volumen des Quaders ist 3-mal so groß wie das Volumen der Pyramide.
Wenn man das Volumen des Prismas durch 3 dividiert, erhält man das Volumen der Pyramide. Statt durch 3 zu dividieren, kann man auch mit $\frac{1}{3}$ multiplizieren.

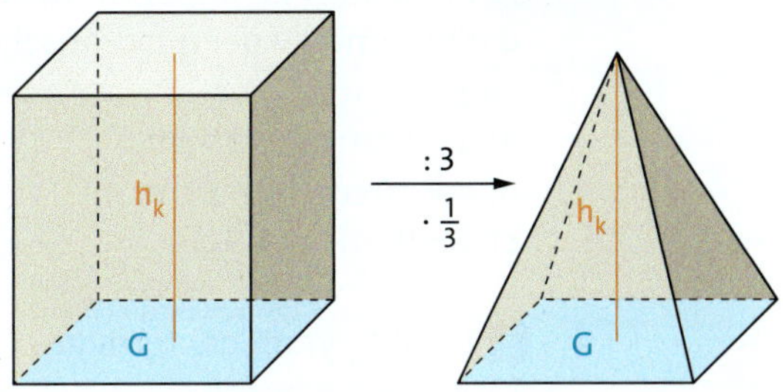

Vokabeln
→ das Volumen

Merke Um das Volumen V einer Pyramide zu berechnen, multipliziert man ein Drittel mit der Grundfläche G und der Körperhöhe h_k:
$V = \frac{1}{3} \cdot G \cdot h_k$
Die Berechnung der Grundfläche hängt von ihrer Form ab.
Für das **Volumen V** einer **quadratische Pyramide** gilt: $V = \frac{1}{3} \cdot a^2 \cdot h_k$

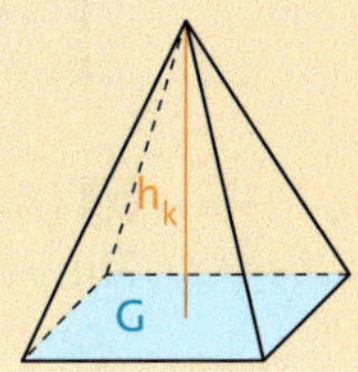

Beispiel 1 Berechne das Volumen V der quadratischen Pyramide.

a) gegeben: $G = 4\,cm^2$, $h_k = 6\,cm$
gesucht: V
$V = \frac{1}{3} \cdot G \cdot h_k$
$V = \frac{1}{3} \cdot 4\,cm^2 \cdot 6\,cm$
$V = \frac{1}{3} \cdot 4\,cm^2 \cdot 6\,cm$
$V = \underline{\underline{8\,cm^3}}$

b) gegeben: $a = 3\,cm$, $h_k = 5\,cm$
gesucht: V
$V = \frac{1}{3} \cdot a^2 \cdot h_k$
$V = \frac{1}{3} \cdot (3\,cm)^2 \cdot 5\,cm$
$V = \frac{1}{3} \cdot 9\,cm^2 \cdot 5\,cm$
$V = \underline{\underline{15\,cm^3}}$

Oft kennt man die Körperhöhe h_k nicht. Man kann sie mit dem Satz des Pythagoras berechnen.

Beispiel 2 Berechne die Körperhöhe h_k.

a) gegeben: $\frac{a}{2} = 2\,cm$; $h_a = 8\,cm$
gesucht: h_k
$h_a^2 = h_k^2 + \left(\frac{a}{2}\right)^2$
$(8\,cm)^2 = h_k^2 + (2\,cm)^2$
$64\,cm^2 = h_k^2 + 4\,cm^2$
$h_k^2 = 60\,cm^2 \quad |\sqrt{\ }$
$h_k \approx \underline{\underline{7{,}75\,cm}}$

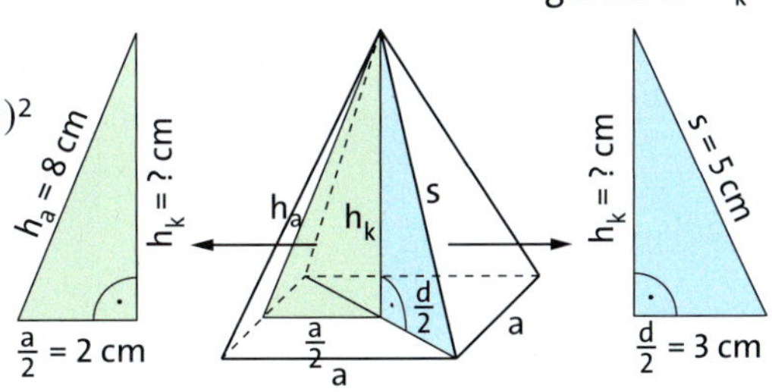

b) gegeben: $s = 5\,m$; $\frac{d}{2} = 3\,m$
gesucht: h_k
$s^2 = h_k^2 + \left(\frac{d}{2}\right)^2$
$(5\,m)^2 = h_k^2 + (3\,m)^2$
$25\,m^2 = h_k^2 + 9\,m^2 \quad | -9\,m^2$
$h_k^2 = 16\,m^2 \quad |\sqrt{\ }$
$h_k = \underline{\underline{4\,m}}$

ANWENDEN

1 Berechne das Volumen V der quadratischen Pyramide.

a)

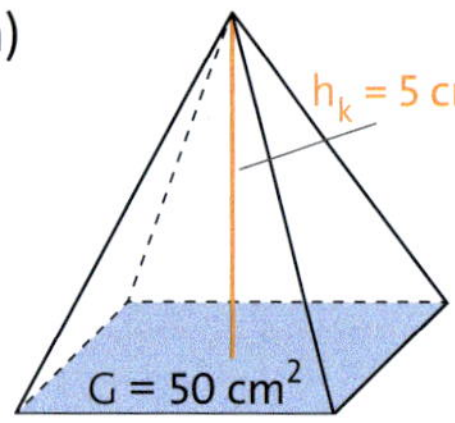

b)

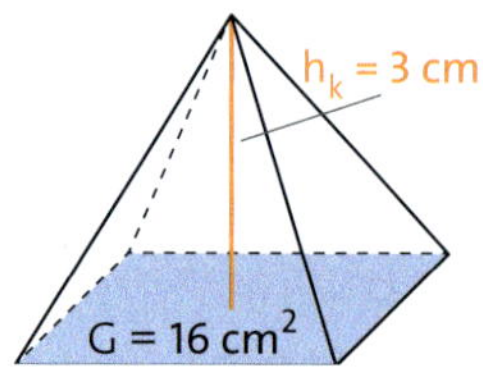

2 Berechne erst die Grundfläche G und dann das Volumen V der quadratischen Pyramide.
Tipp $G = a^2$

a) a = 5 cm; h_k = 10 cm
b) a = 10 cm; h_k = 8 cm
c) a = 9 cm; h_k = 9 cm

3 Es gibt pyramidenförmige Lautsprecherboxen mit a = 10 cm und h_K = 12 cm. Berechne das Volumen V der Box.

4 Das Denkmal hat eine Körperhöhe von 9 m und eine Grundkante von 7,5 m. Berechne, wie viel m³ Steine verbaut wurden.

5 Eine quadratische Pyramide hat das Volumen V = 300 cm³ und die Grundkante a = 10 cm. Berechne die Körperhöhe h_k.
Tipp Verwende die Formel $V = \frac{1}{3} \cdot a^2 \cdot h_k$. Setze die bekannten Werte ein.

6 Berechne die fehlenden Größen für eine quadratische Pyramide im Heft.

	Grundkante a	Körperhöhe h_k	Grundfläche G	Volumen V
a)	5 cm	7 cm		
b)		6 m	16 m²	
c)	2 cm			20 cm³
d)		4 cm	36 cm²	

1 Berechne das Volumen V der quadratischen Pyramide.

a)

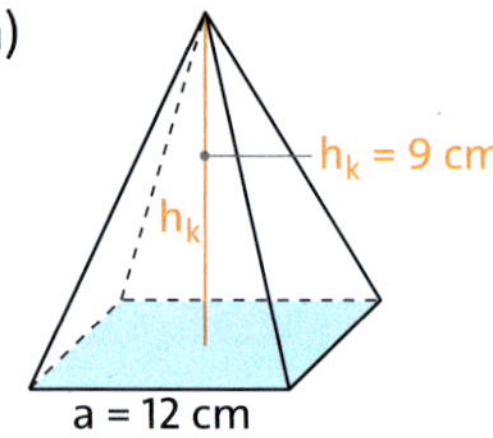

b)

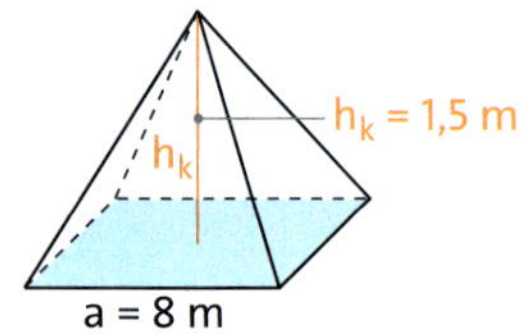

2 Berechne das Volumen V der quadratischen Pyramide.

a) a = 11 cm; h_k = 10 cm
b) a = 15 cm; h_k = 40 cm
c) a = 60 mm; h_k = 75 mm
d) a = 3 m; h_k = 4,5 m

3 Ein Glasschaukasten hat die Form einer Pyramide mit a = 25 cm und h_k = 35 cm. Berechne das Volumen V.

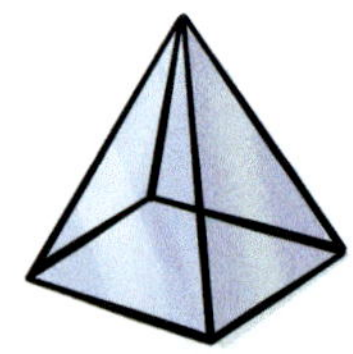

4 Das Werkstück eines Auszubildenden ist ein Briefbeschwerer aus Kupfer. Die Körperhöhe h_k beträgt 11 cm.

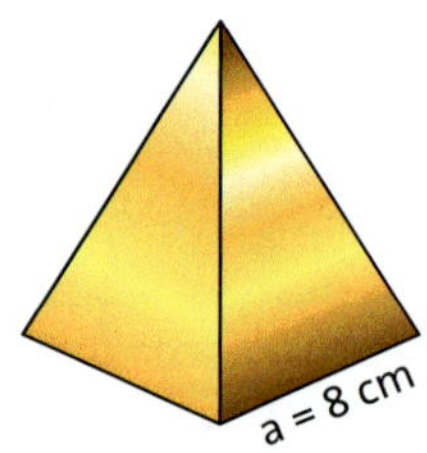

a) Berechne das Volumen.
b) 1 cm³ Kupfer wiegt 8,9 g. Berechne das Gewicht des Werkstücks.

5 Eine quadratische Pyramide hat das Volumen V = 500 cm³ und die Grundkante a = 10 cm. Berechne die Körperhöhe h_k.
Tipp Verwende die Formel für das Volumen. Setze die bekannten Werte ein.

6 Berechne die fehlenden Größen für eine quadratische Pyramide im Heft.

	Grundkante a	Körperhöhe h_k	Grundfläche G	Volumen V
a)	6 cm	8 cm		
b)		6,5 m	16 m²	
c)	4 cm			400 cm³
d)		12 cm	49 cm²	

7 Berechne zuerst h_k.
Finde dazu das passende Dreieck. Nutze den Satz des Pythagoras.
Berechne dann das Volumen V.
a) $a = 6\,cm$; $h_a = 4\,cm$
b) $a = 8\,cm$; $h_a = 17\,cm$
c) $a = 5\,cm$; $h_a = 8\,cm$
d) $\frac{d}{2} = 3\,cm$; $s = 7\,cm$; $a = 4{,}2\,cm$
e) $\frac{d}{2} = 2\,cm$; $s = 4\,cm$; $a = 2{,}8\,cm$

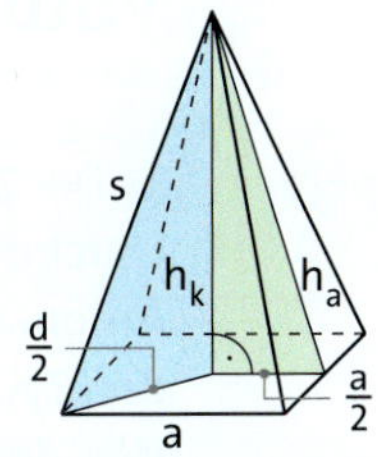

8 Abel möchte das Volumen V der Lampe berechnen.
Zuerst berechnet er die Höhe h_K.

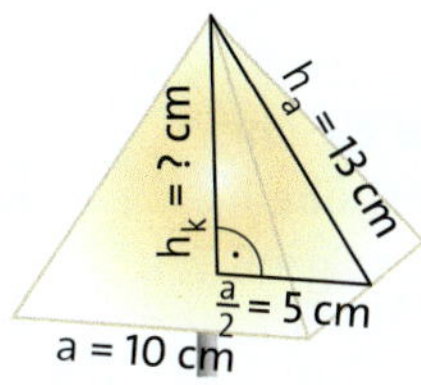

a) Beende die Rechnung für Abel.
$h_k^2 = (13\,cm)^2 - (5\,cm)^2$
$h_k^2 = 169\,cm^2 - ...$
b) Berechne das Volumen V der Lampe.

8 Herr Burger möchte seinen Blumenkübel bepflanzen.
a) Berechne die Höhe h_k.
b) Berechne, wie viel cm^3 Blumenerde in den Kübel passen.

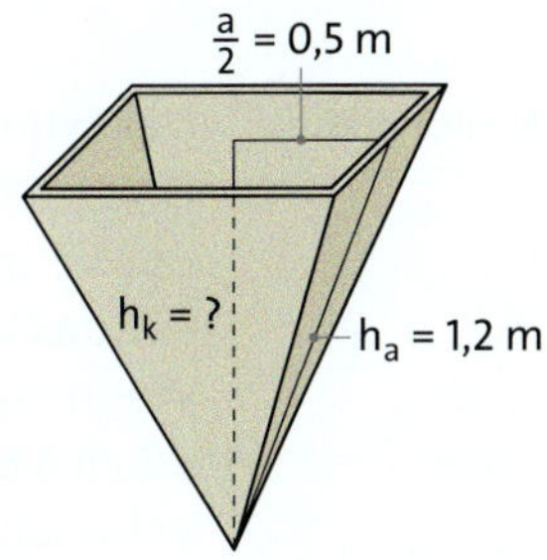

Info Für das **Volumen V** einer **rechteckigen Pyramide** gilt:
$V = \frac{1}{3} \cdot a \cdot b \cdot h_k$

9 Berechne das Volumen V der rechteckigen Pyramide mit $a = 8\,cm$, $b = 5\,cm$ und $h_k = 6\,cm$.

10 Die Grundfläche der Pyramide ist nicht quadratisch.
a) Benenne die Form der Grundfläche.
b) Berechne den Flächeninhalt der Grundfläche G.
c) Berechne das Volumen V der Pyramide.

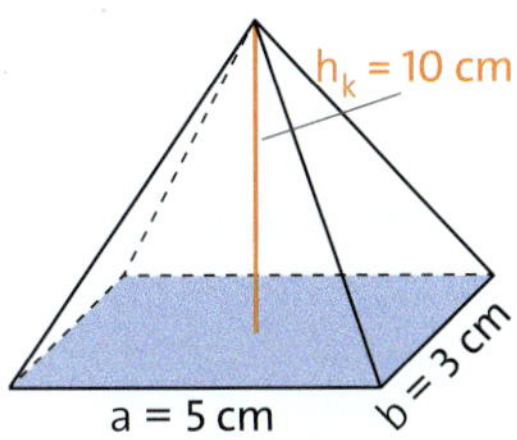

10 Die Grundfläche der Pyramide ist nicht quadratisch.
a) Benenne die Form der Grundfläche.
b) Berechne den Flächeninhalt der Grundfläche G.
c) Berechne das Volumen V der Pyramide.

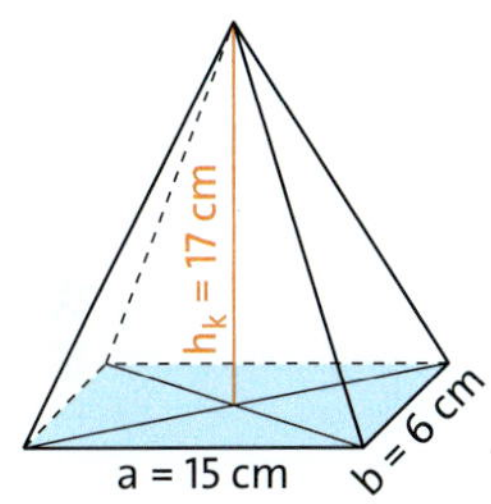

11 Zwei quadratische Pyramiden haben die gleiche Grundkante $a = 10\,cm$.
Die erste Pyramide ist 3 cm hoch.
Die zweite Pyramide ist 6 cm hoch.
Vergleiche das Volumen V der Pyramiden.
Beschreibe, was dir auffällt.

11 Entscheide und begründe, ob die Aussage richtig oder falsch ist.
Für eine quadratische Pyramide gilt:
Wenn sich der Inhalt der Grundfläche G verdoppelt, so verdoppelt sich das Volumen V.
Tipp Probiere es an einem Beispiel aus.

12 Berechne annähernd das Volumen V der Pyramide.
Überlege, wie du die nötigen Maße schätzen kannst.

Volumen von Kegeln

ENTDECKEN

1 Der Zylinder und der Kegel haben oben den gleichen Durchmesser und die gleiche Höhe.
Antonia überlegt, wie oft man den Inhalt des Kegels in den Zylinder füllen kann.
Was denkst du?
Wenn ihr Modelle von Zylinder und Kegel an eurer Schule habt, könnt ihr es ausprobieren.

VERSTEHEN

Der Zylinder und der Kegel haben die gleiche Grundfläche G und die gleiche Körperhöhe h_k.
Das Volumen des Zylinders ist 3-mal so groß wie das Volumen des Kegels.
Wenn man also das Volumen des Zylinders durch 3 dividiert, dann erhält man das Volumen des Kegels.
Statt durch 3 zu dividieren, kann man auch mit $\frac{1}{3}$ multiplizieren.

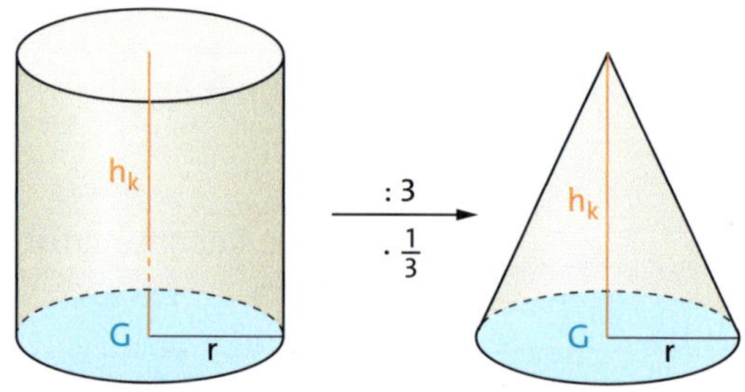

Vokabeln
→ das Volumen

Merke Um das Volumen V eines Kegels zu berechnen, multipliziert man ein Drittel mit der Grundfläche G und der Körperhöhe h_k: $V = \frac{1}{3} \cdot G \cdot h_k$
Die Grundfläche ist ein Kreis, also ist $G = \pi \cdot r^2$.
Für das **Volumen V** eines **Kegels** gilt:
$V = \frac{1}{3} \cdot \pi \cdot r^2 \cdot h_k$

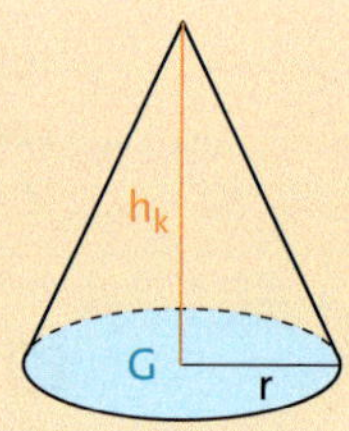

Beispiel 1 Berechne das Volumen V des Kegels.
gegeben: $r = 4\,cm$; $h_k = 6\,cm$
gesucht: V

$V = \frac{1}{3} \cdot \pi \cdot r^2 \cdot h_k$

$V = \frac{1}{3} \cdot \pi \cdot (4\,cm)^2 \cdot 6\,cm$

$V \approx \underline{\underline{100{,}53\,cm^3}}$

Manchmal muss man die Köperhöhe h_k erst noch mit dem Satz des Pythagoras berechnen.

Beispiel 2 Berechne das Volumen V.

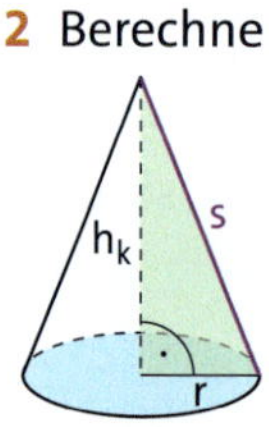

gegeben: $r = 3\,cm$; $s = 8\,cm$
gesucht: V
h_k muss man noch berechnen.

Mit dem Satz des Pythagoras gilt:
$s^2 = h_k^2 + r^2$
$(8\,cm)^2 = h_k^2 + (3\,cm)^2$
$64\,cm^2 = h_k^2 + 9\,cm^2 \quad | -9\,cm^2$
$h_k^2 = 55\,cm^2 \quad | \sqrt{\;}$
$h_k \approx 7{,}42\,cm$

$V = \frac{1}{3} \cdot \pi \cdot r^2 \cdot h_k$

$V = \frac{1}{3} \cdot \pi \cdot 9\,cm^2 \cdot 7{,}42\,cm$

$V \approx \underline{\underline{629{,}39\,cm^3}}$

ANWENDEN

1 Berechne das Volumen V des Kegels.

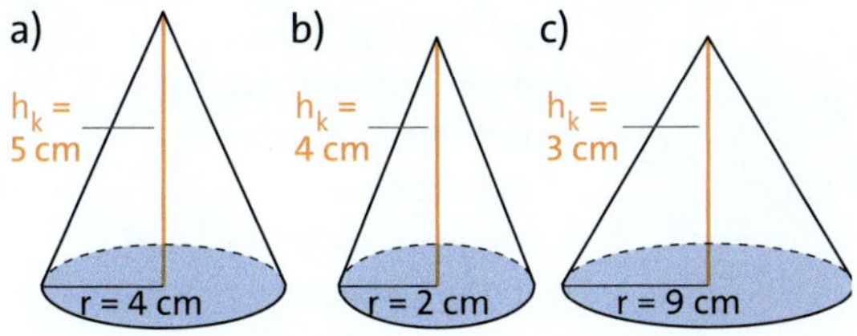

2 Berechne das Volumen V des Kegels.
a) $r = 6\,cm$; $h_k = 10\,cm$
b) $r = 20\,cm$; $h_k = 10\,cm$
c) $d = 4\,cm$; $h_k = 5\,cm$

3 Berechne, aus wie viel cm^3 Bronze das Schmuckstück besteht.

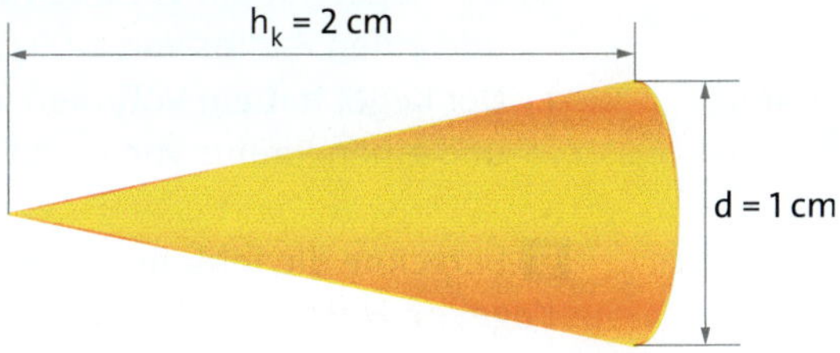

4 Berechne, wie viel cm^3 Platz im Innern des Verkehrskegels ist.
Tipp Bestimme zuerst den Radius.

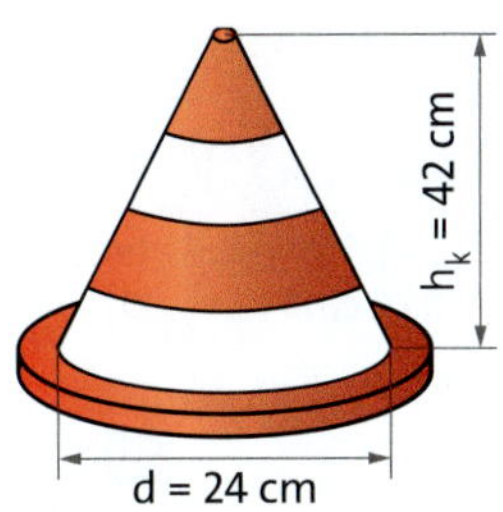

5 Berechne das Volumen V des Kegels.
Tipp $s^2 = h_k^2 + r^2$ und $h_k^2 = s^2 - r^2$
a) $r = 2\,cm$; $s = 3\,cm$
b) $r = 4\,cm$; $s = 5\,cm$
c) $r = 8\,cm$; $s = 10\,cm$
d) $r = 9\,cm$; $s = 12\,cm$

6 Berechne das Volumen V des Kegels.
Tipp Berechne zuerst den Radius r mit dem Satz des Pythagoras.
$10^2 = r^2 + 8^2$

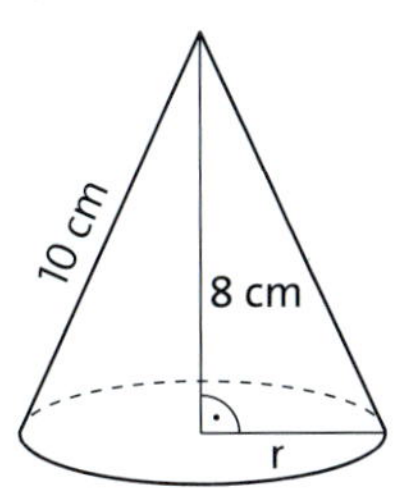

1 Berechne das Volumen V des Kegels.

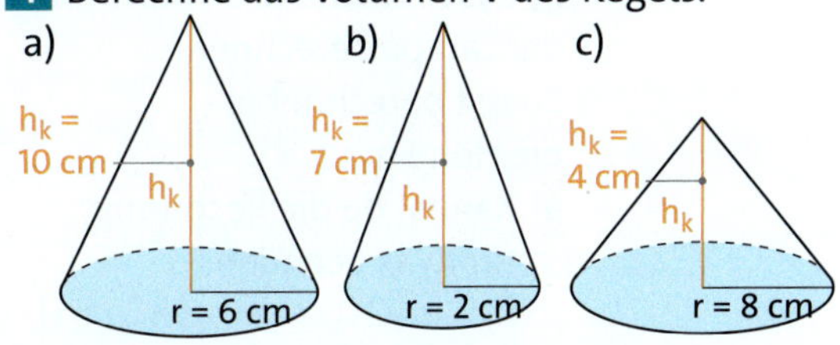

2 Berechne das Volumen V des Kegels.
a) $r = 30\,mm$; $h_k = 20\,mm$
b) $r = 40\,cm$; $h_k = 50\,cm$
c) $d = 2\,m$; $h_k = 2\,m$

3 Berechne, wie viel cm^3 Platz in der Schultüte für kleine Geschenke sind.
Tipp Bestimme zuerst den Radius.

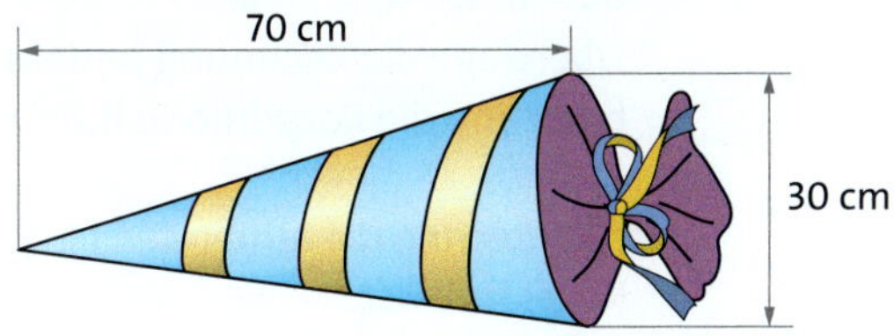

4 Berechne, wie viel m^3 Platz im Inneren des Zelts sind.

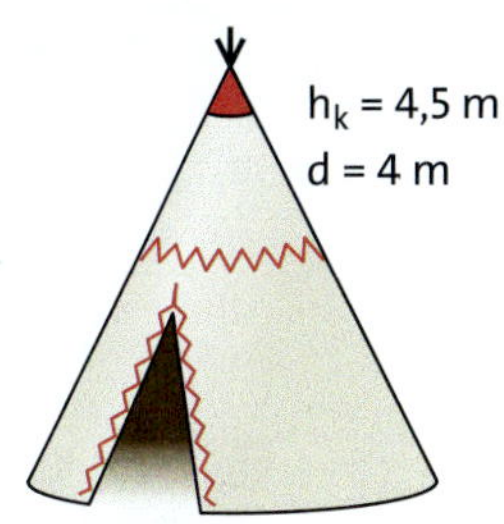

5 Berechne das Volumen V des Kegels.
Tipp $s^2 = h_k^2 + r^2$
a) $r = 4\,cm$; $s = 6\,cm$
b) $r = 5\,cm$; $s = 10\,cm$
c) $r = 3\,cm$; $s = 7\,cm$
d) $r = 6\,cm$; $s = 8\,cm$

6 Berechne das Volumen V des Kegels.
Tipp Berechne zuerst die Höhe des Kegels mit dem Satz des Pythagoras.

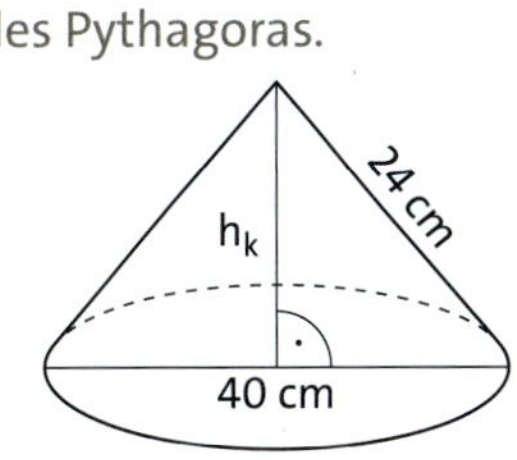

7 Ilyas möchte das Volumen V der Lampe berechnen. Zuerst berechnet er die Höhe h_k.
a) Kannst du die Rechnung für Ilyas beenden?
$h_k^2 + (20\,cm)^2 = (80\,cm)^2$
$h_k^2 + 400\,cm^2 = 6400\,cm^2$
b) Berechne das Volumen der Lampe.

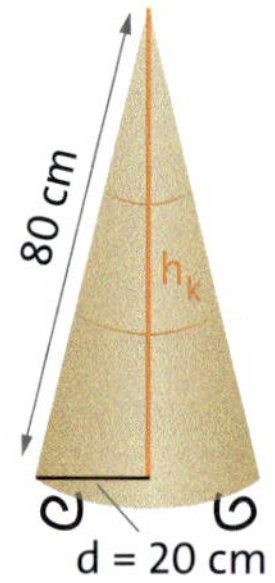

7 Frau Ömer hat eine kegelförmige Vase.
a) Berechne den Radius r mit dem Satz des Pythagoras.
Beginne so: $s^2 = h_k^2 + r^2$
b) Berechne das Volumen.
c) Wie viel mℓ Wasser passen in die Vase?
Tipp 1 mℓ = 1 cm^3

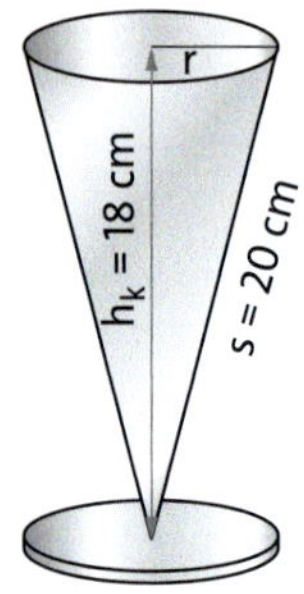

8 Ein Kegel hat ein Volumen von V = 20 cm^3 und einen Radius von r = 6 cm.
Kayra soll die Körperhöhe h_k berechnen.
Sie beginnt so:
$20 = \frac{1}{3} \cdot \pi \cdot 6^2 \cdot h_k \quad | \cdot 3$
$60 = \pi \cdot 6^2 \cdot h_k \quad | : ■$
Übertrage die Rechnung in dein Heft und berechne die Körperhöhe h_k.

8 Berechne die Körperhöhe h_k des Kegels.
Tipp Verwende die Formel $V = \frac{1}{3} \cdot \pi \cdot r^2 \cdot h_k$.
a) Der Kegel hat ein Volumen von V = 10 m^3 und einen Radius von r = 2 m.
b) Der Kegel hat ein Volumen von V = 500 cm^3 und einen Radius von r = 9 cm.
c) Der Kegel hat ein Volumen von V = 40 m^3 und einen Radius von r = 1,6 m.

9 Berechne die fehlenden Größen für einen Kegel im Heft.
Tipp Setze in die Formel $V = \frac{1}{3} \cdot \pi \cdot r^2 \cdot h_k$ ein.

	Radius r	Körperhöhe h_k	Grundfläche G	Volumen V
a)	2 cm	10 cm		
b)	6 m	20 m		
c)	10 cm			120 cm^3

9 Berechne die fehlenden Größen für einen Kegel im Heft.

	Radius r	Körperhöhe h_k	Grundfläche G	Volumen V
a)	4 cm	20 cm		
b)	60 m	50 m		
c)	20 cm			200 cm^3
d)		2 m		15 m^3

10 Zwei Kegel haben den gleichen Radius r = 5 cm.
Der erste Kegel ist 10 cm hoch.
Der zweite Kegel ist 30 cm hoch.
Vergleiche das Volumen V der beiden Kegel.
a) Beschreibe, was dir auffällt.
b) Überprüfe deine Beobachtungen an einem weiteren Beispiel.

10 Entscheide und begründe, ob die Aussage richtig oder falsch ist.
Tipp Probiere es an einem Beispiel aus.
Für einen Kegel gilt:
a) Wenn sich die Körperhöhe h_k verdoppelt, dann verdoppelt sich auch das Volumen V.
b) Wenn sich das Volumen V halbiert, dann halbiert sich auch die Körperhöhe h_k.

11 Ein Kegel hat ein Volumen von V = 60 cm^3.
Finde einen solchen Kegel.
Gib den Radius r und die Körperhöhe h_k an.
Tipp Probiere verschiedene Werte für r aus.

11 Ein Kegel hat ein Volumen von V = 30 cm^3.
Finde zwei Beispiele für einen solchen Kegel.
Gib für jeden Kegel den Radius r und die Körperhöhe h_k an.

12 Berechne die fehlende Größe.
a) r = 3 cm; h_k = 8 cm; s = ?; V = ?
b) r = 4 cm; s = 6 cm; h_k = ?; V = ?
Tipp $h_k^2 + r^2 = s^2$
c) V = 36 cm^3; r = 5 cm; h_k = ?

12 Berechne die fehlende Größe.
a) r = 3 cm; s = 5 cm; h_k = ?; V = ?
b) u = 37,7 cm; h_k = 9 cm; r = ?; V = ?
Tipp $u = 2 \cdot \pi \cdot r$
c) V = 70 cm^3; h_k = 2,1 cm; r = ?

Volumen und Oberflächeninhalt von Kugeln

ENTDECKEN

1 Pauline möchte herausfinden, wie man das Volumen einer Kugel berechnet.
Dafür nimmt sie einen Zylinder, einen Kegel und eine Halbkugel.
Alle drei Körper haben als Grundfläche den gleichen Kreis mit dem Radius r.
Die Körperhöhe ist immer $h_k = r$.
Pauline füllt zuerst den Zylinder mit Wasser. Dann gießt sie das Wasser in den Kegel und den Rest in die Halbkugel.
Das geht genau auf.

a) Erkläre die Formeln in den Zeichnungen.
b) Ergänze die Formel für das Volumen der Halbkugel: $V = \frac{\square}{\square} \cdot \pi \cdot r^3$
c) Nutze deine Formel für die Halbkugel und stelle damit eine Formel für die Kugel auf.

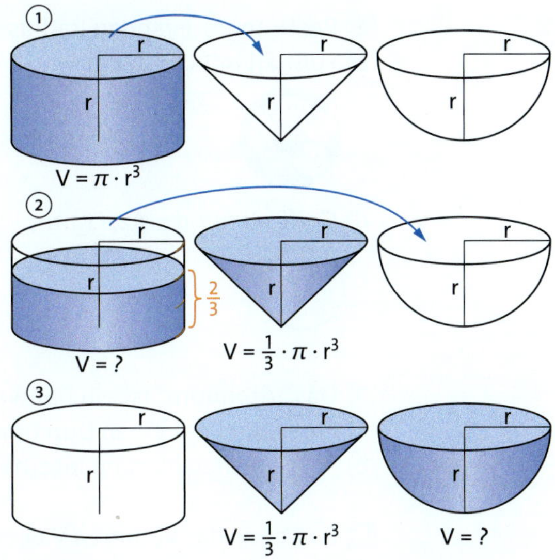

2 Ihr braucht eine Orange.
a) Bestimmt den Radius möglichst genau.
b) Zeichnet einige Kreise mit dem gleichen Radius.
c) Nun schält die Orange. Wie viele Kreise könnt ihr mit der Schale auslegen?
d) Stellt eine Vermutung auf, wie die Formel für den Oberflächeninhalt lauten könnte.

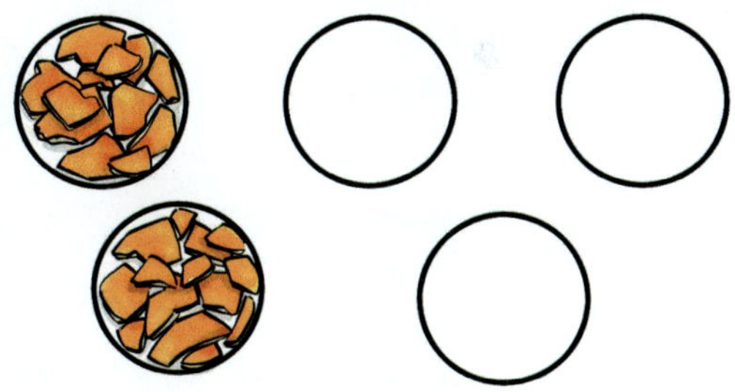

VERSTEHEN

Die Formel für das **Volumen** einer Kugel kann man bestimmen, indem man es mit dem Volumen anderer Körper vergleicht.
Es gibt kein Netz für die **Oberfläche** einer Kugel. Aber wenn man die Oberfläche mit kleinen Stücken annähert, dann kann man eine Formel aufstellen.

Vokabeln
→ das Volumen
→ der Oberflächeninhalt

Merke Für das **Volumen V** einer Kugel gilt: $V = \frac{4}{3} \cdot \pi \cdot r^3$

Beispiel 1 Eine Kugel hat einen Radius von r = 5 cm.
Berechne das Volumen V.

$V = \frac{4}{3} \cdot \pi \cdot (5\,\text{cm})^3$

$V \approx \underline{\underline{523{,}60\,\text{cm}^3}}$

Merke Der **Oberflächeninhalt O** einer Kugel gilt: $O = 4 \cdot \pi \cdot r^2$

Beispiel 2 Eine Kugel hat einen Radius von r = 5 cm.
Berechne den Oberflächeninhalt O.

$O = 4 \cdot \pi \cdot (5\,\text{cm})^2$

$O \approx \underline{\underline{314{,}16\,\text{cm}^2}}$

ANWENDEN

1 Berechne das Volumen V der Kugel.
a) r = 2 cm b) r = 5 cm c) d = 20 cm

1 Berechne das Volumen V der Kugel.
a) r = 4 cm b) r = 20 cm c) d = 50 cm

2 Bestimme zuerst den Radius r. Berechne dann das Volumen V.
a) Fußball mit d = 22 cm

b) Billardkugel mit d = 5,7 cm

c) Fitnessball mit d = 78 cm

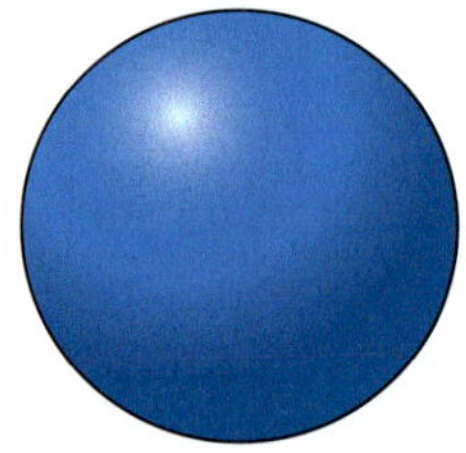

d) Golfball mit d = 42,7 mm

e) Wassertropfen mit d = 3 mm

3 Das „Atomium" ist ein Bauwerk in Brüssel. Es besteht aus 9 Stahl-Kugeln.
a) Eine Kugel hat einen Durchmesser von d = 18 m. Berechne ihr Volumen.
b) Recherchiert im Internet und erstellt ein Plakat zum Atomium.

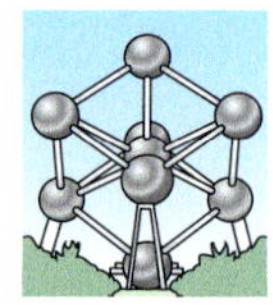

4 Berechne das Volumen V der verschiedenen Obstsorten.
a) Apfel: Radius ca. 11 cm

b) Weintraube: Radius ca. 1 cm

c) Wassermelone: Radius ca. 22 cm

4 Berechne das Volumen V der Himmelskörper.
a) Erde: Radius ca. 6371 km

b) Mond: Radius ca. 1737 km

c) Jupiter: Radius ca. 71 500 km

5 Berechne das Volumen V einer Halbkugel.
a) r = 1 cm
b) r = 3 cm
c) r = 20 m

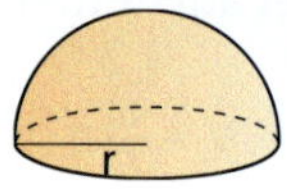

5 Berechne das Volumen V einer Halbkugel.
a) r = 2 m
b) r = 1,5 cm
c) d = 8 m

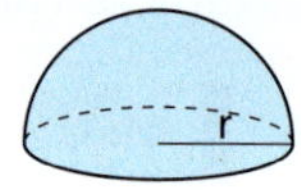

6 Eine Kugel mit dem Radius r = 1 cm besteht aus Gold.
1 cm^3 Gold wiegt 19,3 g.
Wie schwer ist die Kugel?

6 Eine Kugel aus Messing hat den Radius r = 5 cm. Die Dichte von Messing ist 8,5 $\frac{g}{cm^3}$.
Das heißt: 1 cm^3 Messing wiegt 8,5 g.
Wie schwer ist die Kugel?

7 Berechne das Volumen V der Kugel möglichst genau.
Tipp Schätze zuerst den Radius.

7 Bestimme das Volumen V der Kugel möglichst genau.
Tipp Schätze zuerst den Durchmesser.

8 Berechne den Oberflächeninhalt O der Kugel.
a) $r = 2\,cm$ b) $r = 5\,cm$ c) $d = 10\,cm$

8 Berechne den Oberflächeninhalt O der Kugel.
a) $r = 4\,cm$ b) $r = 20\,cm$ c) $d = 40\,cm$

9 Berechne zuerst den Radius r und dann den Oberflächeninhalt O.
a) Tischtennisball, $d = 40\,mm$

b) Weihnachtskugel, $d = 9\,cm$

c) Medizinball, $d = 25\,cm$

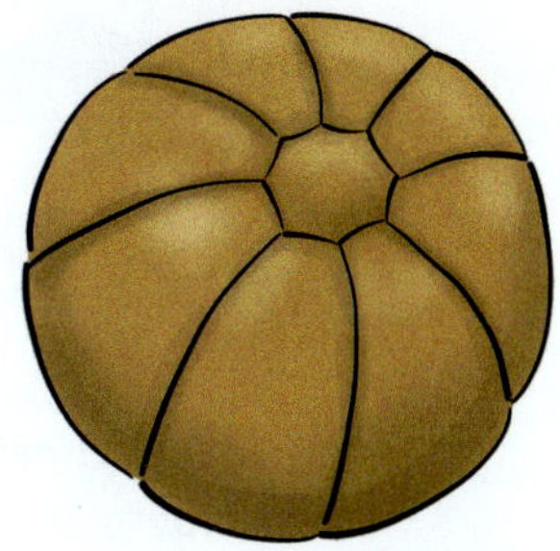

d) Volleyball, $d = 19\,cm$

e) Tennisball, $d = 6{,}7\,cm$

10 Berechne den äußeren Oberflächeninhalt der Schüssel.

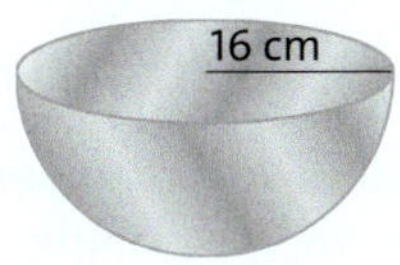

10 Die Tischklingel hat ungefähr die Form einer Halbkugel. Berechne den Oberflächeninhalt.

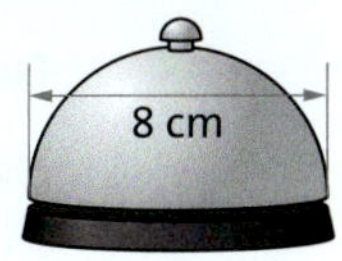

11 Eine Kugel hat einen Oberflächeninhalt O von $40\,m^2$. Linus soll den Radius berechnen. Er beginnt so:

$40 = 4 \cdot \pi \cdot r^2$ $\quad | : 4$

$10 = \pi \cdot r^2$ $\quad | : \blacksquare$

Übertrage ins Heft und berechne den Radius r.

11 Berechne den Radius r der Kugel.
Tipp Nutze die Formel $O = 4 \cdot \pi \cdot r^2$. Setze die bekannten Werte ein.
a) Die Kugel hat einen Oberflächeninhalt von $O = 80\,cm^2$.
b) Die Kugel hat einen Oberflächeninhalt von $O = 50\,cm^2$.

12 Berechne die fehlenden Größen für eine Kugel im Heft.

	Radius r	Oberfläche O	Volumen V
a)	12 cm		
b)		$90\,m^2$	
c)		$50\,cm^2$	

12 Berechne die fehlenden Größen für eine Kugel im Heft.

	Radius r	Oberfläche O	Volumen V
a)	9 cm		
b)		$400\,cm^2$	
c)		$10\,m^2$	

13 Schätze das Volumen V und den Oberflächeninhalt O einer Orange.
Miss zuerst den Durchmesser und bestimme den Radius. Berechne dann.
Erkläre, warum die wirklichen Größen von deinen Ergebnissen abweichen.

13 Schätze das Volumen V und den Oberflächeninhalt O deines Kopfs.
Miss und entscheide dich für einen Wert für r. Berechne anschließend.
Erkläre, warum die wirklichen Größen von deinen Ergebnissen abweichen.

14 Eine Kugel hat einen Radius von $r = 5\,cm$. Eine zweite Kugel hat den doppelten Radius. Berechne jeweils das Volumen V und den Oberflächeninhalt O.
Vergleiche die Werte. Was fällt dir auf?

14 Wie verändert sich der Oberflächeninhalt der Kugel?
Begründe mit einer Rechnung.
a) Der Radius r wird verdoppelt.
b) Der Radius r wird verdreifacht.

Methode Zusammengesetzte Körper berechnen

1 Beschreibt: Aus welchen Körpern setzen sich die Gegenstände zusammen?
Oder welche Körper wurden herausgenommen?
Findet in eurer Umgebung weitere Beispiele für solche Körper.

a) 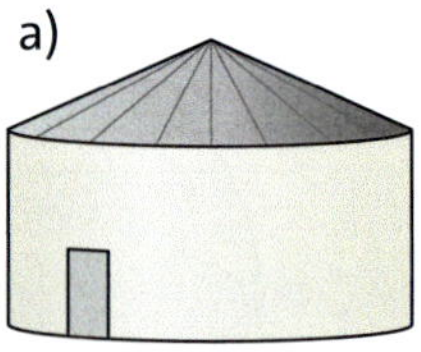
b) 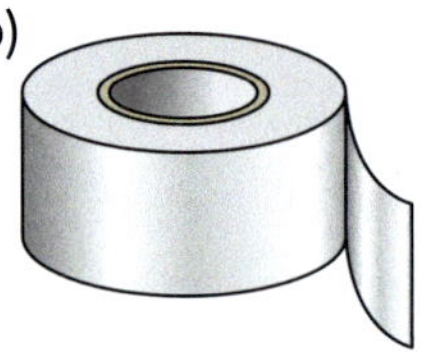
c) 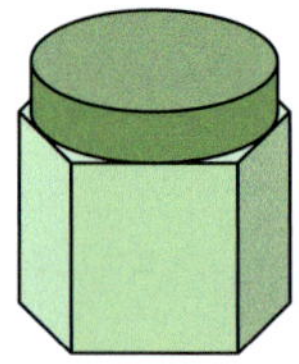
d) 
e) 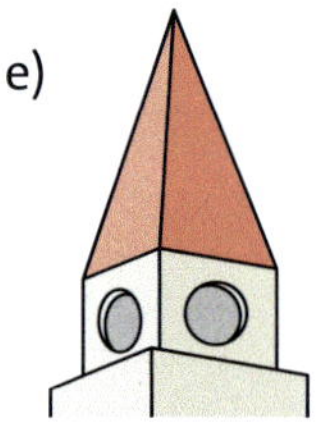

So berechnet man den Oberflächeninhalt O oder das Volumen V von zusammengesetzten Körpern:
Man zerlegt die Körper in bekannte Teilkörper oder man ergänzt bekannte Teilkörper.

Der **Oberflächeninhalt O** ist die Summe der Flächeninhalte aller außen liegenden Teilflächen.

Das **Volumen V** berechnet man aus dem Volumen der Teilkörper.
Man addiert oder subtrahiert die Volumen der Teilkörper.

Beispiel 1 Würfel mit aufgesetzter quadratischer Pyramide
gegeben: Würfel mit $a = 6\,cm$
Pyramide mit $a = 6\,cm$; $h_k = 4\,cm$ und $h_a = 5\,cm$

Oberflächeninhalt
außen liegende Teilflächen:
5 Quadrate mit $a = 6\,cm$
4 Dreiecke mit $a = 6\,cm$ und $h_a = 5\,cm$
$O = 5 \cdot a^2 + 4 \cdot \frac{a \cdot h_a}{2}$
$O = 5 \cdot (6\,cm)^2 + 4 \cdot \frac{6\,cm \cdot 5\,cm}{2}$
$O = 180\,cm^2 + 60\,cm^2$
$O = \underline{\underline{240\,cm^2}}$

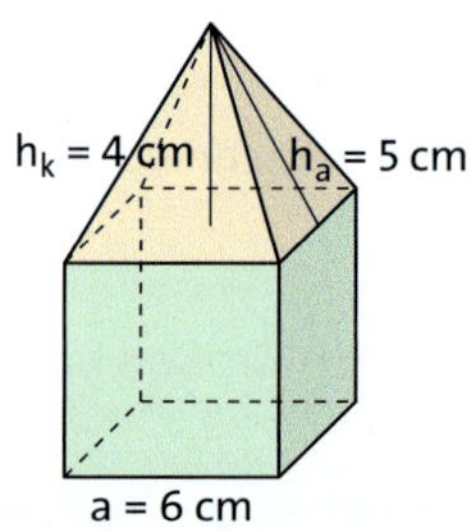

Volumen
$V = V_{Würfel} + V_{Pyramide}$
$V = a^3 + \frac{1}{3} \cdot a^2 \cdot h_k$
$V = (6\,cm)^3 + \frac{1}{3} \cdot (6\,cm)^2 \cdot 4\,cm$
$V = 216\,cm^3 + 48\,cm^3$
$V = \underline{\underline{264\,cm^3}}$

Hinweis
*Wenn aus einem Körper ein anderer Körper ausgeschnitten wird, dann entsteht ein **Hohlkörper**.*

Beispiel 2 Zylinder mit ausgeschnittenem Kegel
gegeben: Zylinder mit Radius $r = 3\,cm$ und Körperhöhe $h_1 = 9\,cm$
Kegel mit Radius $r = 3\,cm$; Körperhöhe $h_2 = 4\,cm$; Seitenkante $s = 5\,cm$

Oberflächeninhalt
außen liegende Teilflächen:
Kreis mit $r = 3\,cm$
Zylinder-Mantel mit $r = 3\,cm$; $h_1 = 9\,cm$
Kegel-Mantel mit $r = 3\,cm$; $s = 5\,cm$
$O = \pi \cdot r^2 + 2 \cdot \pi \cdot r \cdot h_1 + \pi \cdot r \cdot s$
$O = \pi \cdot (3\,cm)^2 + 2 \cdot \pi \cdot 3\,cm \cdot 9\,cm$
$+ \pi \cdot 3\,cm \cdot 5\,cm$
$O = \pi \cdot 9\,cm^2 + \pi \cdot 54\,cm^2 + \pi \cdot 15\,cm^2$
$O \approx \underline{\underline{245{,}04\,cm^2}}$

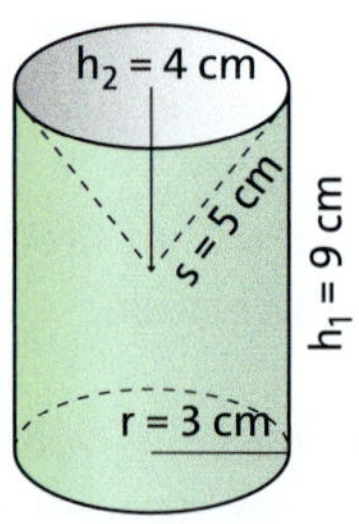

Volumen
$V = V_{Zylinder} - V_{Kegel}$
$V = \pi \cdot r^2 \cdot h_1 - \frac{1}{3} \cdot \pi \cdot r^2 \cdot h_2$
$V = \pi \cdot (3\,cm)^2 \cdot 9\,cm$
$- \frac{1}{3} \cdot \pi \cdot (3\,cm)^2 \cdot 4\,cm$
$V = \pi \cdot 81\,cm^3 - \pi \cdot 12\,cm^3$
$V \approx \underline{\underline{216{,}77\,cm^3}}$

ANWENDEN

1 Beschreibe, aus welchen Körpern die zusammengesetzten Körper bestehen. Berechne das Volumen V.

a)
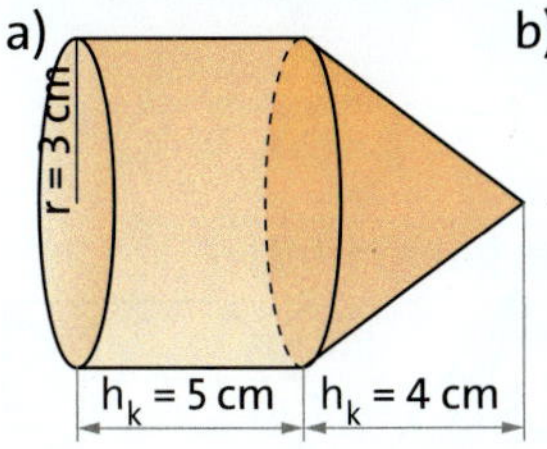

b)
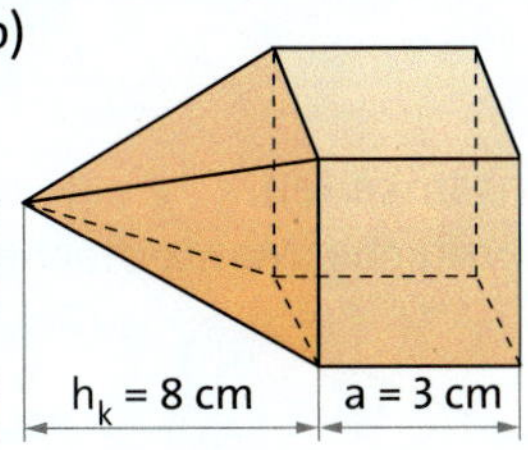

1 Berechne das Volumen V.

a)
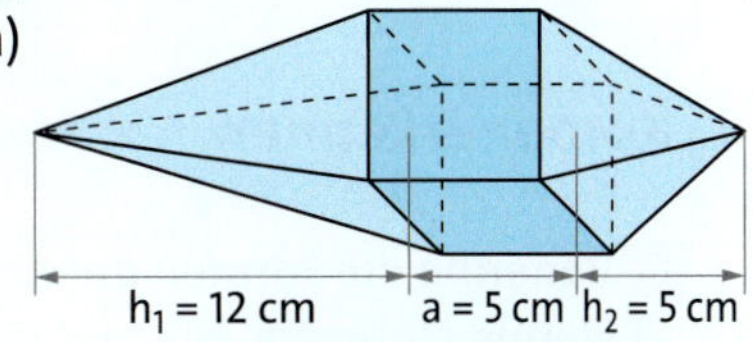

b)
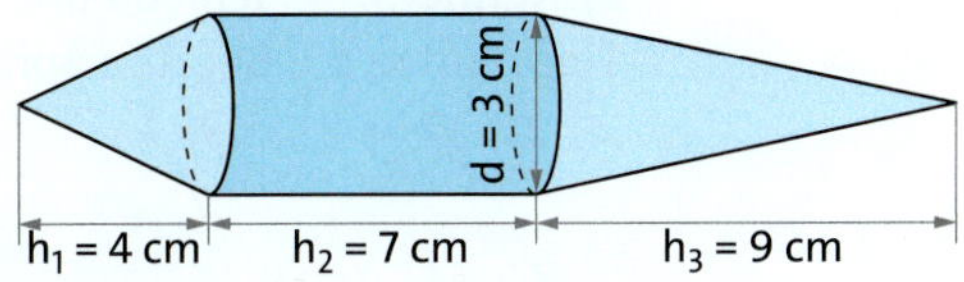

2 Beschreibe, aus welchen Flächen der Körper besteht, und berechne den Oberflächeninhalt O.

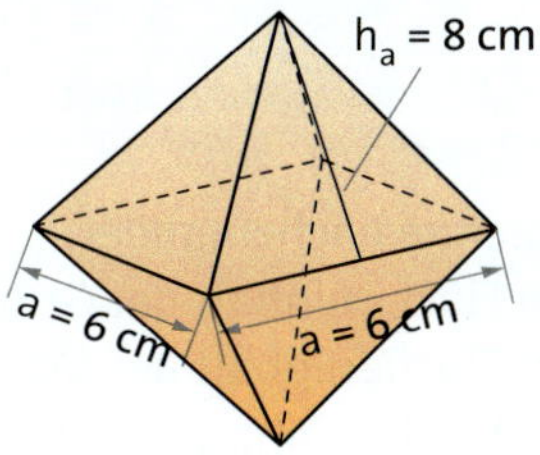

2 Berechne den Oberflächeninhalt O. Aus welchen Körpern besteht das Gebäude?

a)
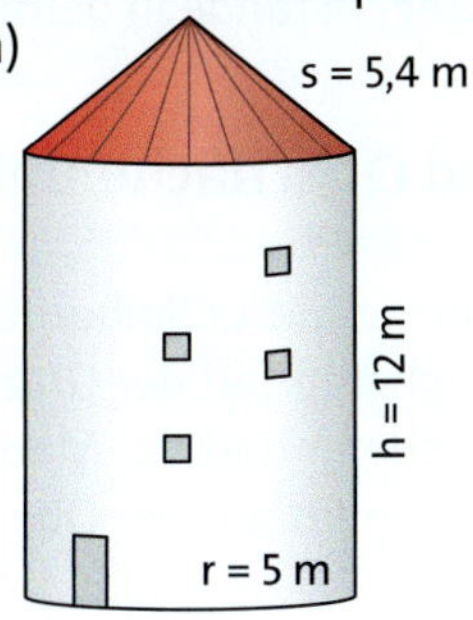

b)
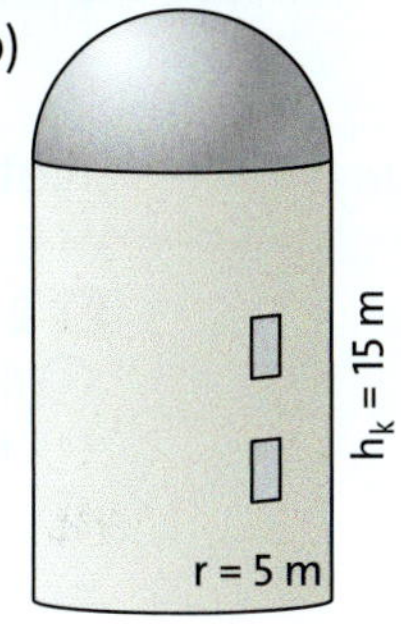

3 Ein Zirkuszelt besteht aus einem wasserfesten Stoff.

a) Berechne, wie viel m^3 Luft in das Zelt passen.

b) Berechne, aus wie viel m^2 Stoff das Zelt besteht (ohne Boden).

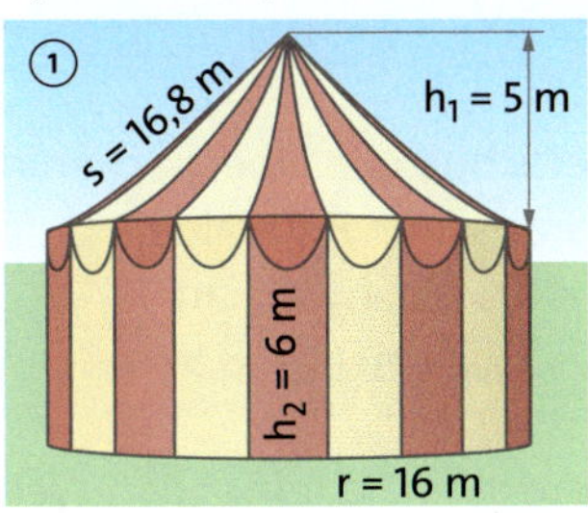

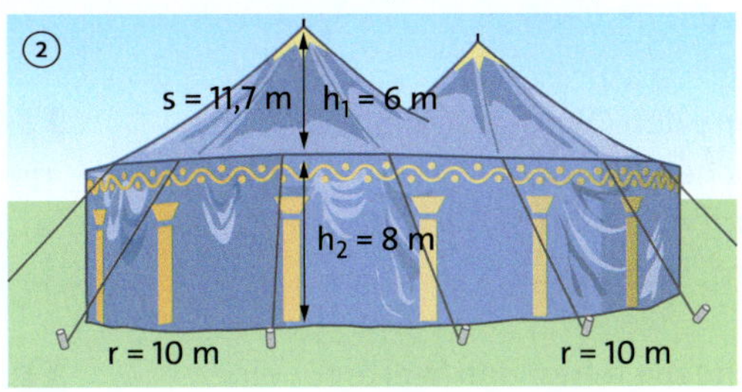

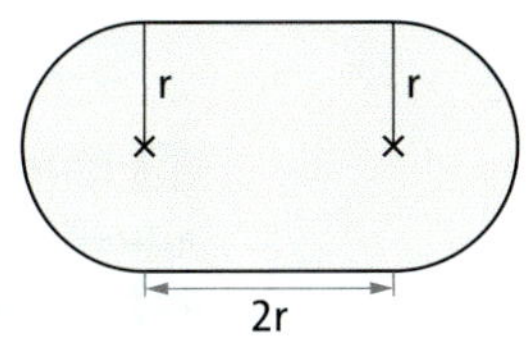

4 Berechne das Volumen V und den Oberflächeninhalt O.

a)
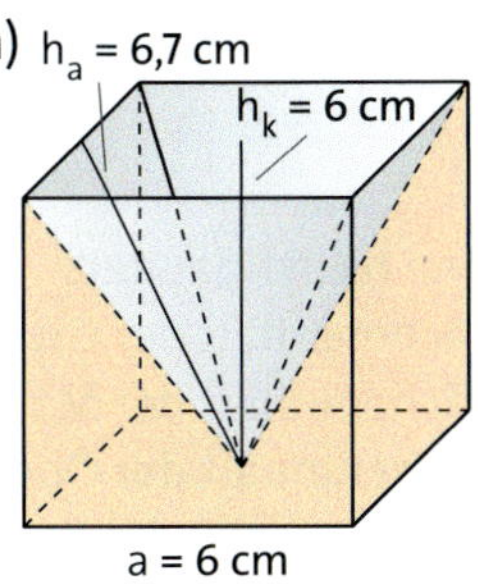

b)
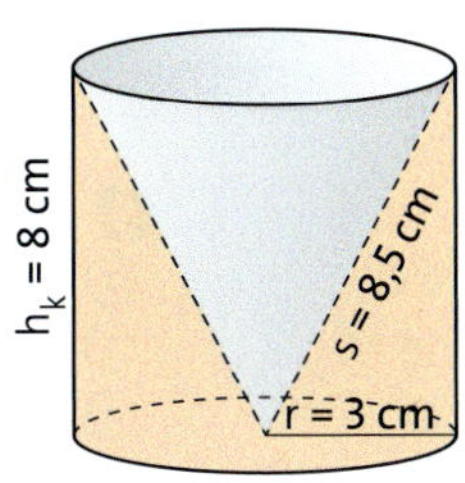

4 Berechne das Volumen V und den Oberflächeninhalt O.

a)
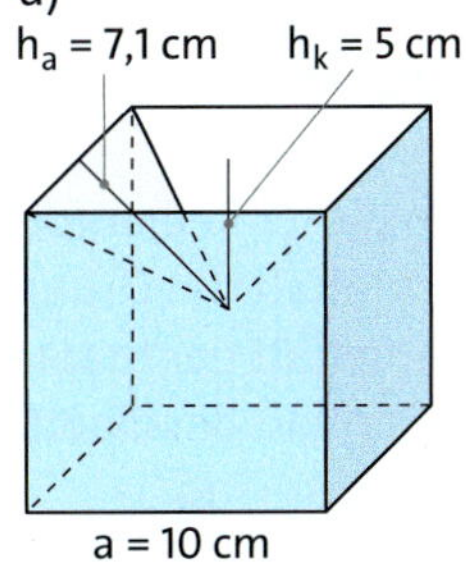

b)
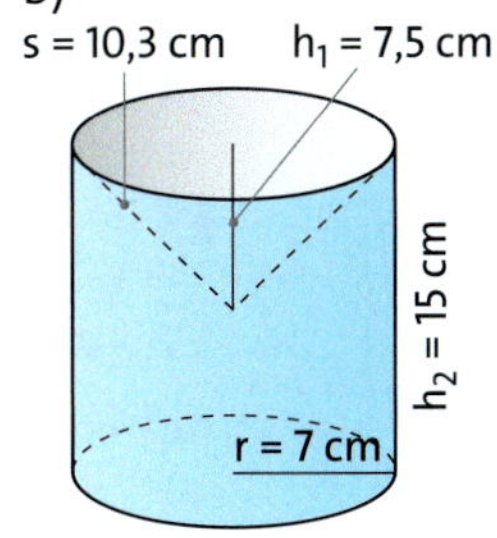

5 Jeder denkt sich eigene Körper aus und skizziert ein Schrägbild mit den Maßen. Tauscht eure Körper. Berechnet das Volumen V und den Oberflächeninhalt O.

Klar soweit?

→ Seite 190

Körper erkennen

1 Benenne die Formen der Körper.

a) Nenne Unterschiede und Gemeinsamkeiten.

Tipp Nutze die Begriffe Spitze, Grundfläche, Mantelfläche, gekrümmt.

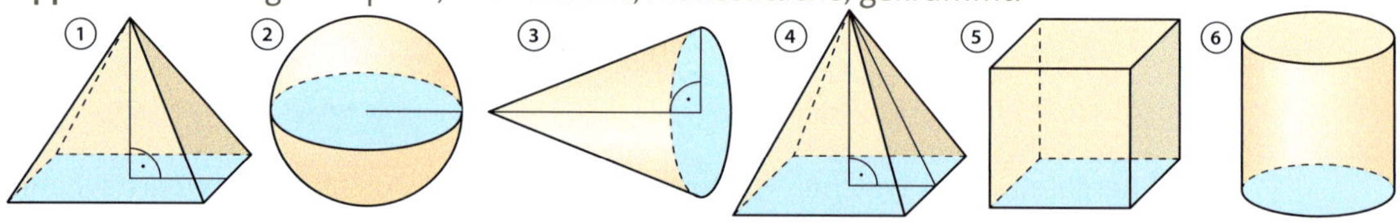

b) Finde Gegenstände in deiner Umgebung, die diese Formen haben.

→ Seite 194

Netz und Oberflächeninhalt von Pyramiden

2 Berechne in dieser Reihenfolge:

① den Flächeninhalt der Grundfläche G
② den Flächeninhalt der Mantelfläche M
③ den Flächeninhalt der Oberfläche O

a)

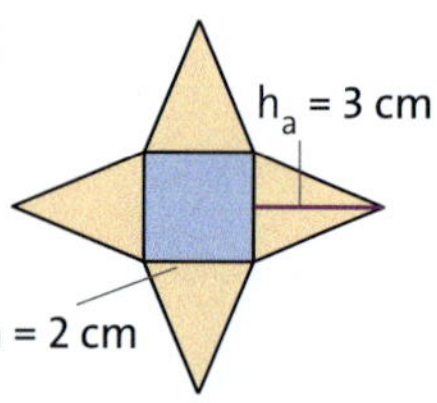

b)

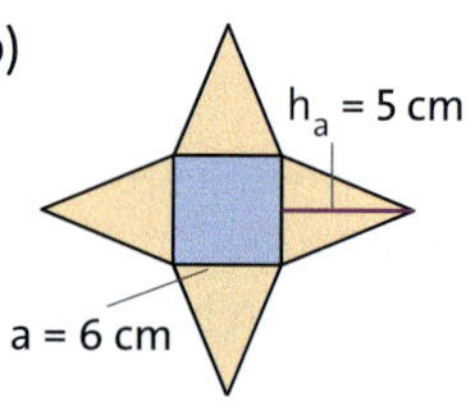

2 Berechne nacheinander:

① den Flächeninhalt der Grundfläche G
② den Flächeninhalt der Mantelfläche M
③ den Flächeninhalt der Oberfläche O

a)

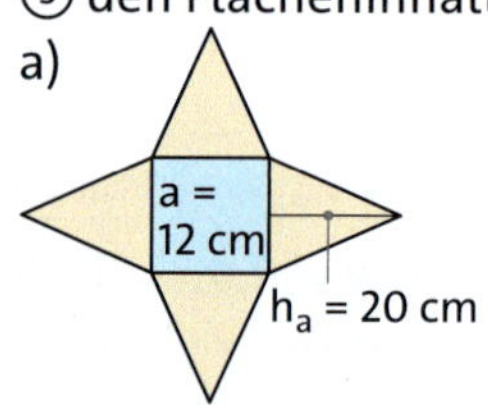

b)

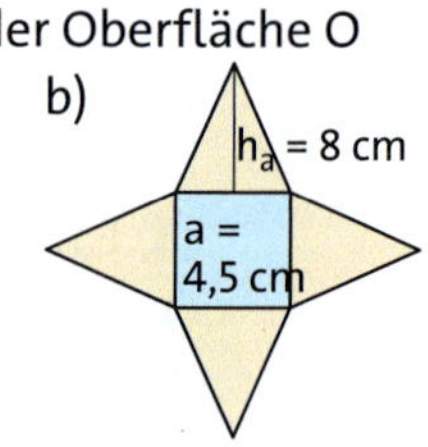

3 Berechne den Oberflächeninhalt O einer quadratischen Pyramide.

a) a = 4 cm; h_a = 4 cm
b) a = 8 cm; h_a = 9 cm

3 Berechne den Oberflächeninhalt O einer quadratischen Pyramide.

a) a = 8,5 cm; h_a = 7 cm
b) a = 13,2 cm; h_a = 8,5 cm

4 Berechne die fehlenden Werte für eine quadratische Pyramide.

a) G = 36 cm²; M = 80 cm²; O = ▢
b) O = 177 cm²; G = 81 cm²; M = ▢

4 Berechne die fehlenden Werte für eine quadratische Pyramide.

a) O = 260 cm²; a = 10 cm; G = ▢; M = ▢
b) O = 264 cm²; G = 121 cm²; M = ▢; a = ▢

→ Seite 198

Netz und Oberflächeninhalt von Kegeln

5 Berechne in dieser Reihenfolge:

① den Flächeninhalt der Grundfläche G
② den Flächeninhalt der Mantelfläche M
③ den Flächeninhalt der Oberfläche O

a)

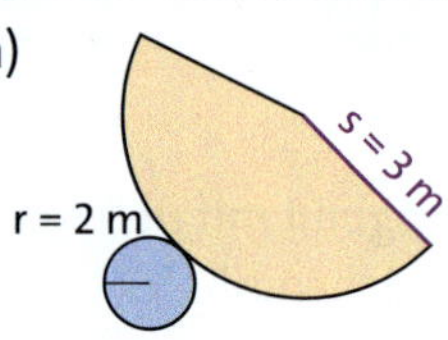

b)

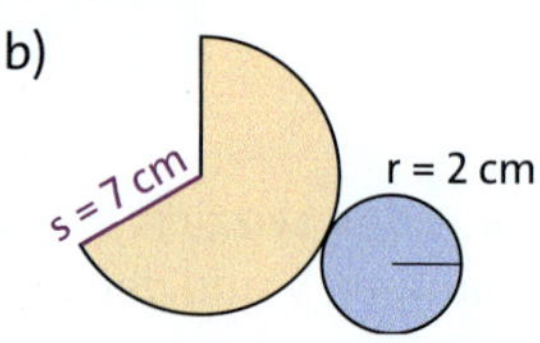

5 Berechne nacheinander:

① den Flächeninhalt der Grundfläche G
② den Flächeninhalt der Mantelfläche M
③ den Flächeninhalt der Oberfläche O

a)

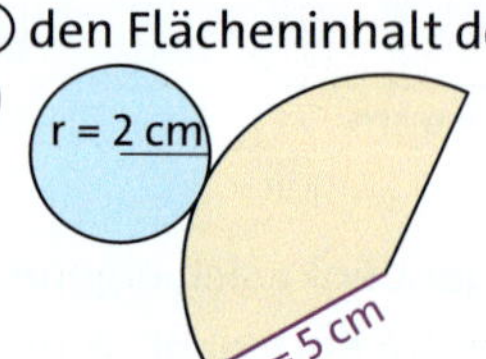

b)

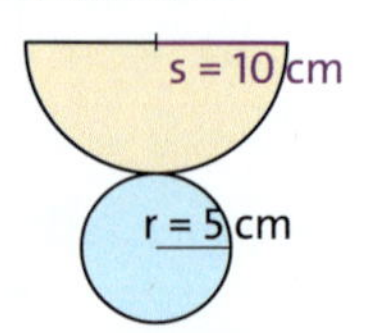

6 Berechne zuerst den Mantelflächeninhalt M, dann den Oberflächeninhalt O des Kegels.
Tipp zu c) und d) Berechne zuerst s.
Es gilt: $r^2 + h_k^2 = s^2$.
a) r = 5 m; s = 9 m b) r = 7 cm; s = 8 cm
c) r = 3 cm; h_k = 5 cm d) r = 2 m; h_k = 3 m

6 Berechne erst den Mantelflächeninhalt M, dann den Oberflächeninhalt O des Kegels.
Tipp zu c) und d) Berechne s mit dem Satz des Pythagoras.
a) r = 5 m; s = 7 m b) r = 4 cm; s = 8 cm
c) r = 5 mm; h_k = 12 mm d) r = 8 m; h_k = 15 m

→ *Seite 201*

Volumen von Pyramiden

7 Berechne erst den Flächeninhalt der Grundfläche G und dann das Volumen V der quadratischen Pyramide.
Tipp zu c) Berechne zuerst h_k.
Es gilt: $\left(\frac{a}{2}\right)^2 + h_k^2 = h_a^2$ und $h_k^2 = h_a^2 - \left(\frac{a}{2}\right)^2$.
a) a = 4 cm; h_k = 9 cm
b) a = 8 cm; h_k = 5 cm
c) a = 10 cm; h_a = 15 cm

7 Berechne das Volumen V der quadratischen Pyramide.
Tipp zu c) und d) Berechne zuerst die Körperhöhe h_k mit dem Satz des Pythagoras.
a) a = 12 cm; h_k = 10 cm
b) a = 14 cm; h_k = 20 cm
c) a = 15 mm; h_a = 20 mm
d) a = 6 m; h_a = 8 m

8 Berechne die fehlenden Größen für eine quadratische Pyramide.

	Grundkante a	Körperhöhe h_k	Grundfläche G	Volumen V
a)	4 cm	6 cm		
b)	5 m	7 m		
c)	4 cm			48 cm³

8 Berechne die fehlenden Größen für eine quadratische Pyramide.

	Grundkante a	Körperhöhe h_k	Grundfläche G	Volumen V
a)	7 cm	9 cm		
b)		7,5 m	36 m²	
c)	8 cm			256 cm³

→ *Seite 204*

Volumen von Kegeln

9 Berechne das Volumen V des Kegels.
a) r = 5 mm; h_k = 8 mm
b) r = 10 cm; h_k = 5 cm
c) r = 3 m; h_k = 6 m

9 Berechne das Volumen V des Kegels.
a) r = 40 mm; h_k = 30 mm
b) r = 20 cm; h_k = 30 cm
c) d = 4 m; h_k = 4 m

10 Ein Kegel hat ein Volumen von V = 60 cm³ und einen Radius von r = 4 cm. Kyro soll die Körperhöhe h_k berechnen. Er beginnt so:
$60 = \frac{1}{3} \cdot \pi \cdot 4^2 \cdot h_k \quad | \cdot 3$
$180 = \pi \cdot 4^2 \cdot h_k \quad | : ■$
Übertrage und beende die Rechnung.

10 Berechne die Körperhöhe h_k des Kegels.
Tipp zu b) Nutze den Satz des Pythagoras.
a) Der Kegel hat ein Volumen von V = 20 m³ und einen Radius von r = 3 m.
b) Der Kegel hat eine Mantellinie s = 8 cm und einen Radius von r = 5 cm.

→ *Seite 207*

Volumen und Oberflächeninhalt von Kugeln

11 Berechne das Volumen V der Kugel.
a) r = 3 cm b) r = 4 cm c) d = 10 cm

11 Berechne das Volumen V der Kugel.
a) r = 8 cm b) r = 40 cm c) d = 70 cm

→ *Lösungen ab S. 273*

12 Berechne den Oberflächeninhalt O.
a) r = 4 cm b) r = 3 cm c) d = 12 cm

12 Berechne den Oberflächeninhalt O.
a) r = 6 cm b) r = 15 cm c) d = 60 cm

Vermischte Übungen

Anwenden

1 Benenne die Körper.

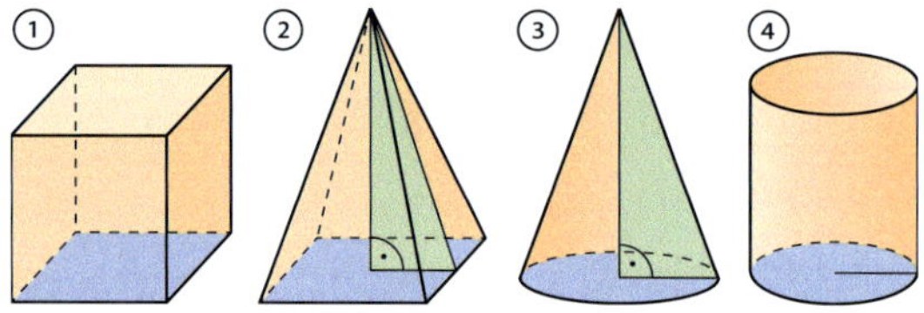

a) Sortiere nach der Anzahl der Flächen.
b) Sortiere nach der Anzahl der Kanten.
c) Sortiere nach der Anzahl der Ecken.

1 Benenne die Körper.

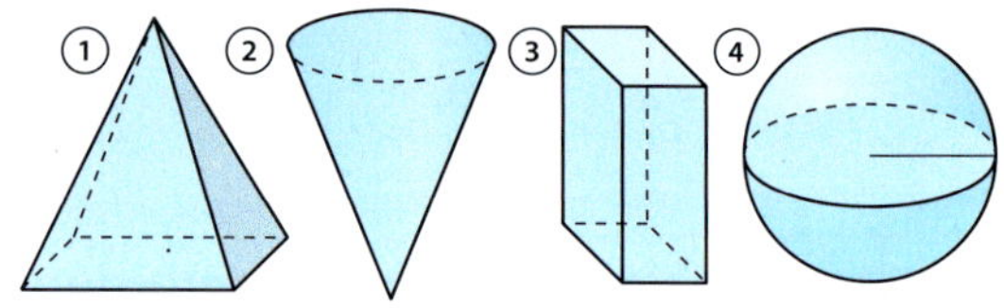

a) Sortiere nach der Anzahl der Flächen.
b) Sortiere nach der Anzahl der Kanten.
c) Sortiere nach der Anzahl der Ecken.

2 Zeichne das Schrägbild.
a) quadratische Pyramide mit $a = 6\,cm$ und $h_k = 7\,cm$
b) Kegel mit $d = 60\,mm$ und $h_k = 8\,cm$

3 Zu welchem Körper gehört das Netz?

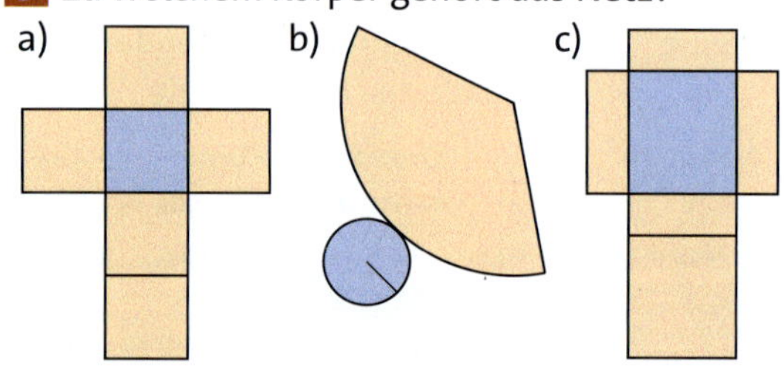

3 Zu welchem Körper gehört das Netz?

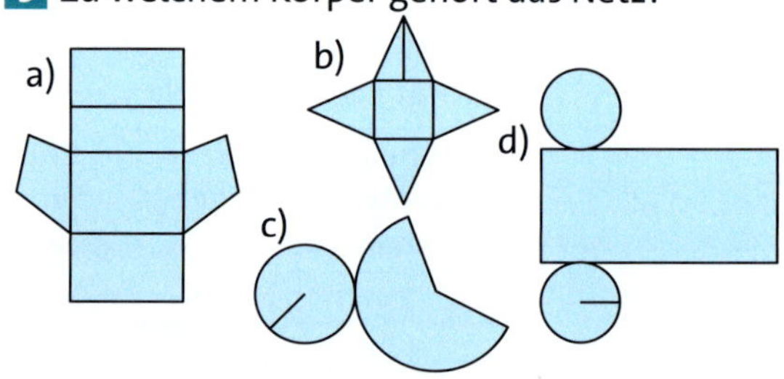

4 Zeichne zu jedem Körper ein Netz.
Welches Netz war für dich am schwierigsten? Begründe.

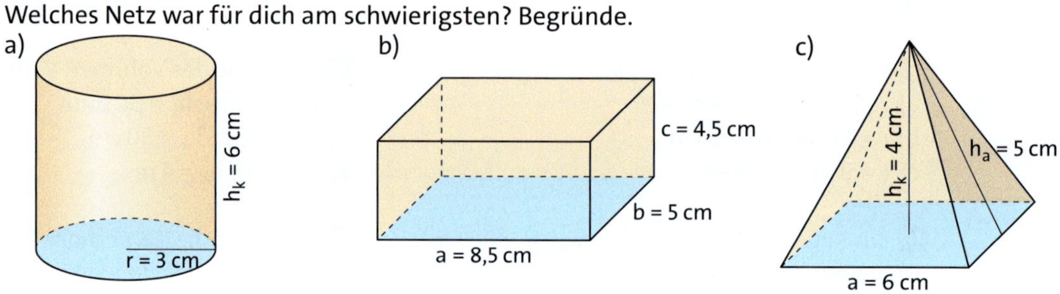

5 Berechne nacheinander den Flächeninhalt
① der Grundfläche G.
② der Mantelfläche M.
③ der Oberfläche O.

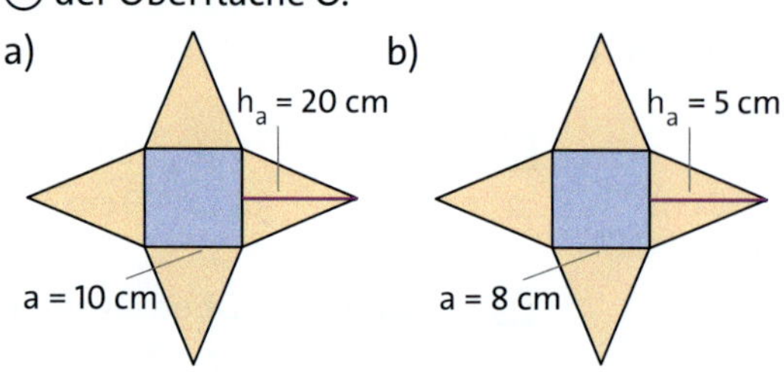

5 Skizziere zuerst ein Netz in beliebiger Größe und trage die Maße ein.
Berechne dann den Oberflächeninhalt.

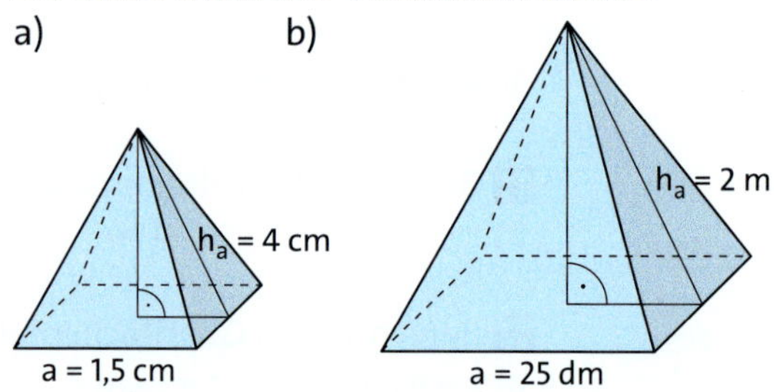

6 Eine quadratische Pyramide hat die Maße $a = 5\,cm$ und $h_a = 6\,cm$.

a) Zeichne das Netz.

b) Berechne den Oberflächeninhalt.

Tipp Berechne zuerst G und M. Addiere dann beides.

7 Berechne den Flächeninhalt der
① Grundfläche G ② Mantelfläche M
③ Oberfläche O

a)

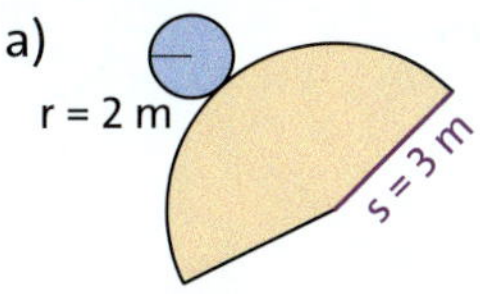

b)

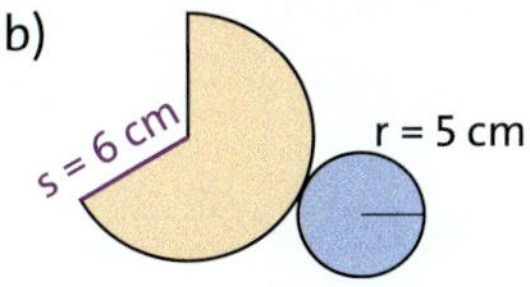

8 Berechne den Oberflächeninhalt.

a)

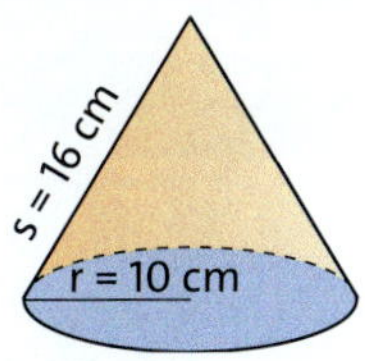

b)

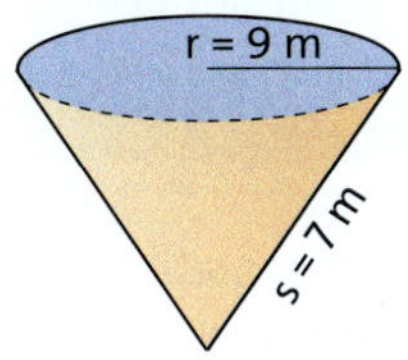

9 Die Chepren-Pyramide in Ägypten hatte eine Höhe von 144 m und eine Grundkante von 225 m. Berechne das Volumen der Pyramide.

Tipp $V = \frac{1}{3} \cdot G \cdot h_k$

10 Eine quadratische Pyramide hat das Volumen $V = 50\,cm^3$ und die Grundkantenlänge $a = 5\,cm$. Mia möchte die Körperhöhe h_k der Pyramide berechnen. Sie beginnt so: $50 = \frac{1}{3} \cdot 5^2 \cdot h_k$

Hilf Mia, h_k zu berechnen.

11 Der Sandhaufen hat annähernd die Form eines Kegels. Berechne das Volumen in m^3.

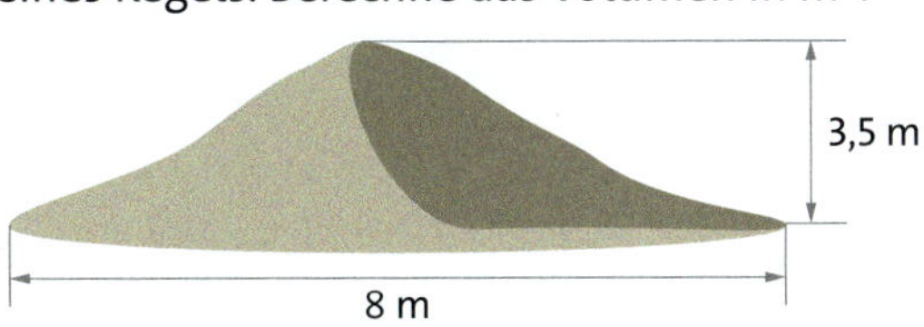

6 Eine quadratische Pyramide hat die Maße $a = 6\,cm$ und $s = 5\,cm$.

a) Berechne die Seitenhöhe h_a mit dem Satz des Pythagoras.

b) Zeichne das Netz.

c) Berechne den Oberflächeninhalt.

7 Berechne den Oberflächeninhalt.

a)

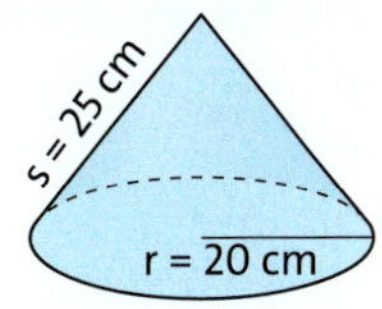

b)

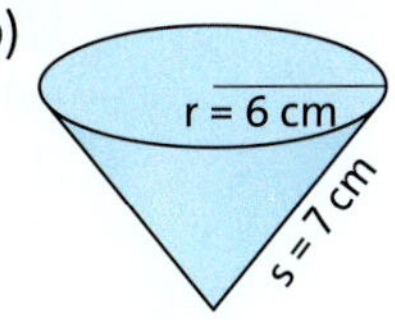

8 Berechne den Oberflächeninhalt.

Tipp Berechne zuerst die Mantellinie s.

a)

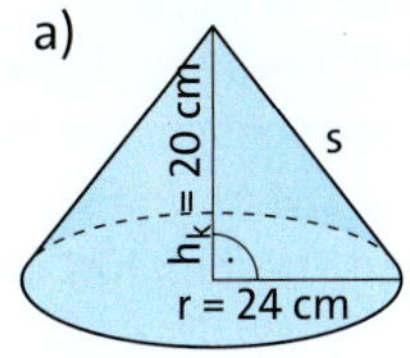

b)

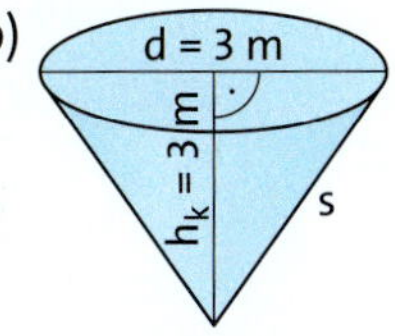

9 Die Cheops-Pyramide ist heute 139 m hoch. Die Grundkante ist 230 m lang. Berechne das Volumen der Pyramide.

10 Berechne die Körperhöhe h_k.

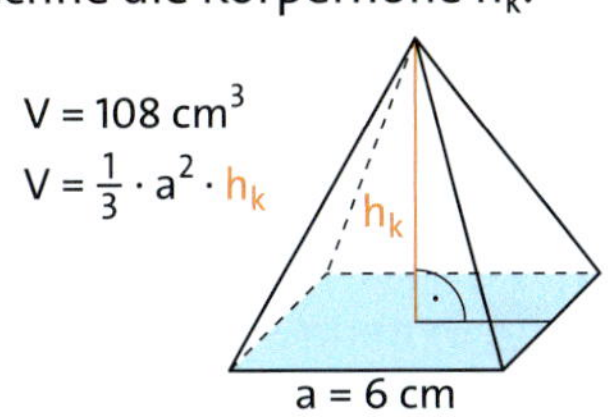

11 Berechne, wie viel Erde hineinpasst.

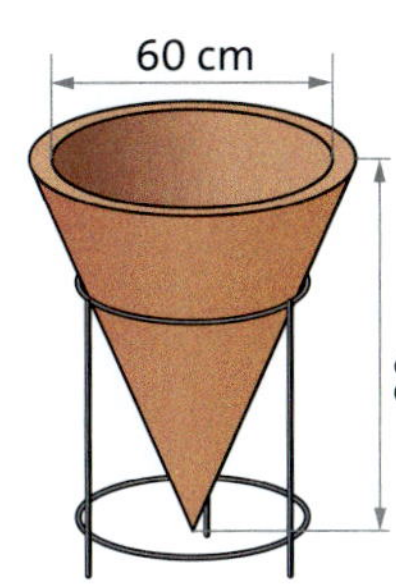

12 Ein Kegel hat das Volumen $V = 315\,cm^3$ und den Radius $r = 10\,cm$.
Merle möchte die Körperhöhe h_k berechnen.
Sie beginnt so:
$315 = \frac{1}{3} \cdot \pi \cdot 10^2 \cdot h_k$
Hilf Merle weiter, h_k zu berechnen.

12 Berechne die Körperhöhe h_k.
Es ist
$V = 100\,cm^3$.
Tipp
$V = \frac{1}{3} \cdot \pi \cdot r^2 \cdot h_k$

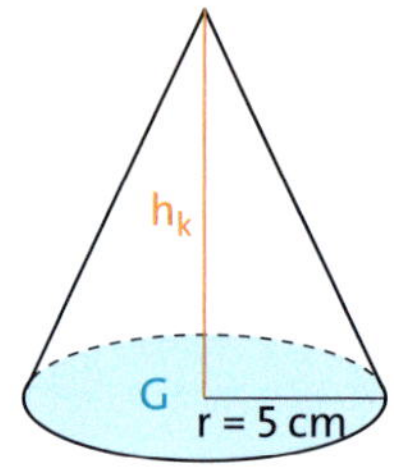

13 Berechne das Volumen der Kugel.
a) $r = 3\,cm$
b) $r = 6\,cm$
c) $r = 20\,cm$

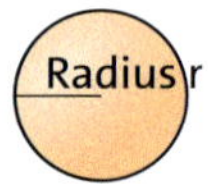

13 Berechne das Volumen der Kugel.
a) $r = 8\,cm$
b) $r = 30\,cm$
c) $r = 49\,cm$

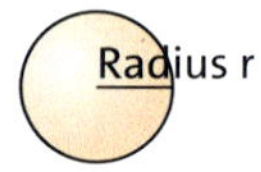

14 Ein Süßigkeiten-Spender enthält viele bunte Bonbons.
a) Der Radius von einem Bonbon beträgt 1 cm.
Berechne den Oberflächeninhalt für ein Bonbon.
b) Maja kauft 25 Bonbons.
Sie bildet mit ihren Händen eine Schale.
Passen die Bonbons in ihre Hände?
Tipp Schätze zuerst den Radius der „Schale".
c) Majas Freund Thorben hat eine 1-Liter-Tüte dabei.
Wie viele Bonbons kann er in die Tüte füllen?
Tipp $1\,\ell = 1\,dm^3$

15 Benenne die Teilkörper.
Berechne den Oberflächeninhalt

a)
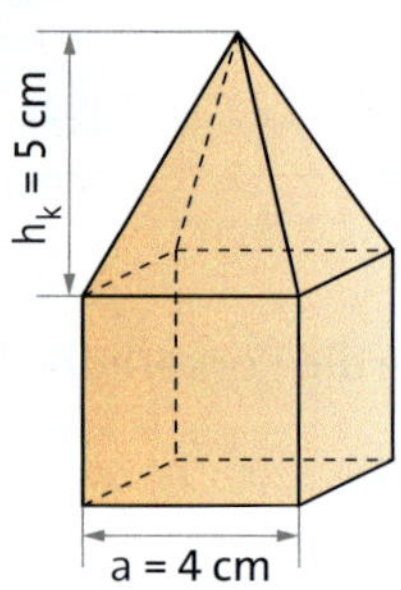

b)
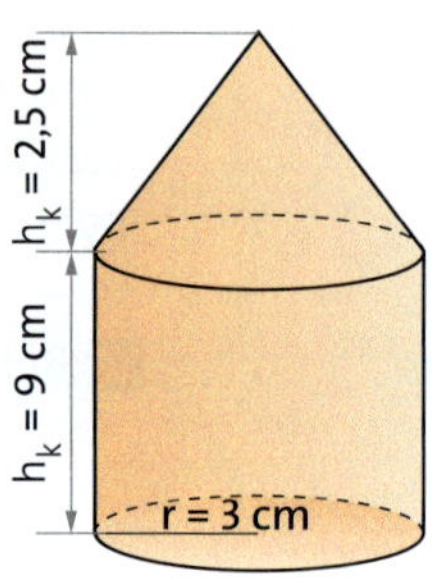

15 Benenne die Teilkörper.
Berechne den Oberflächeninhalt.

a)
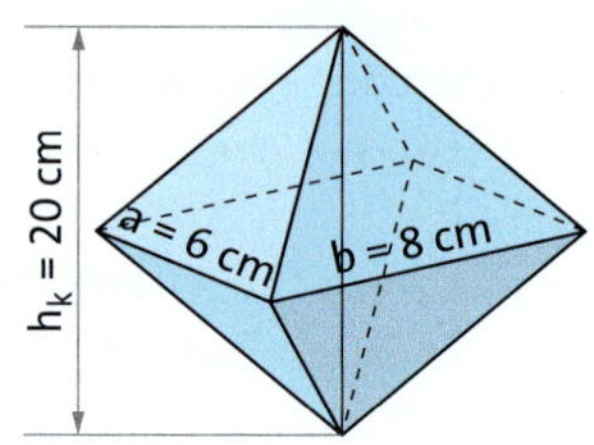

b)
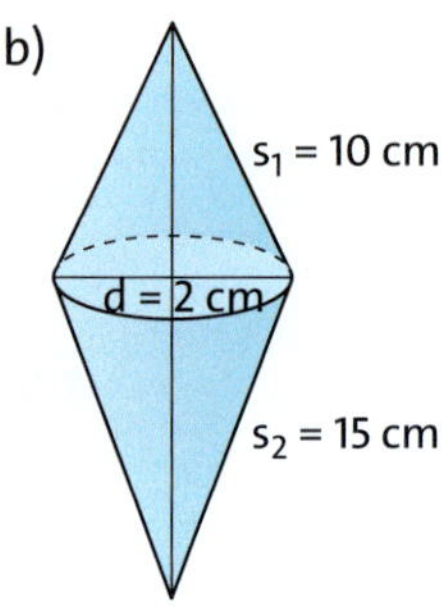

16 Benenne die Teilkörper.
Berechne das Volumen.

a)
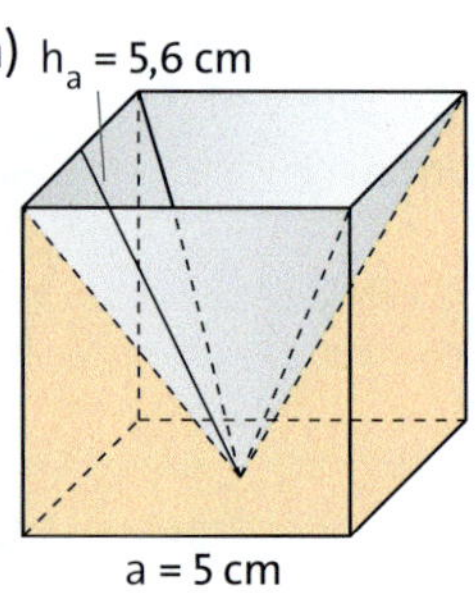

b)
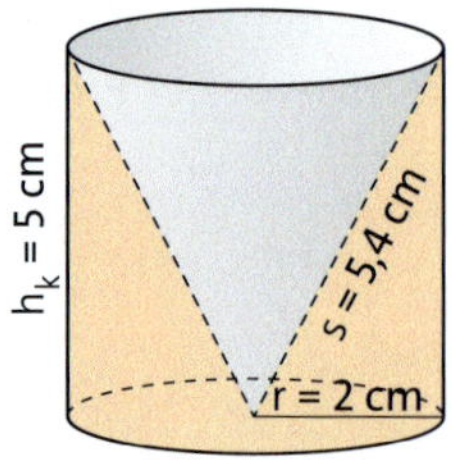

16 Benenne die Teilkörper.
Berechne das Volumen.

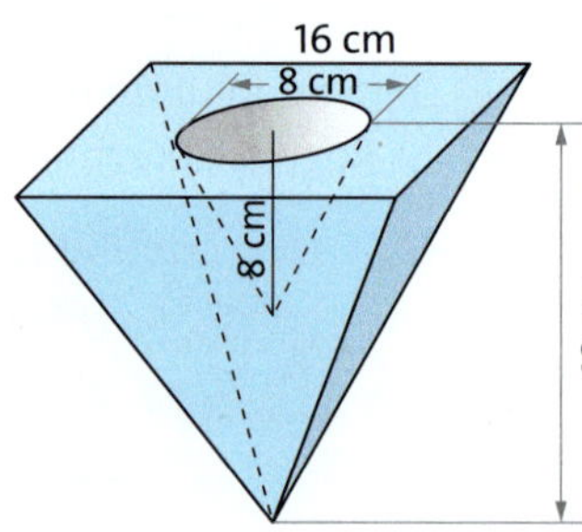

Vertiefen

17 Die Pyramide wurde aus Ziegeln gebaut.
a) Berechne das Volumen des Denkmals.
b) $1\,m^3$ wiegt 2,1 t. Berechne das Gewicht des Denkmals.

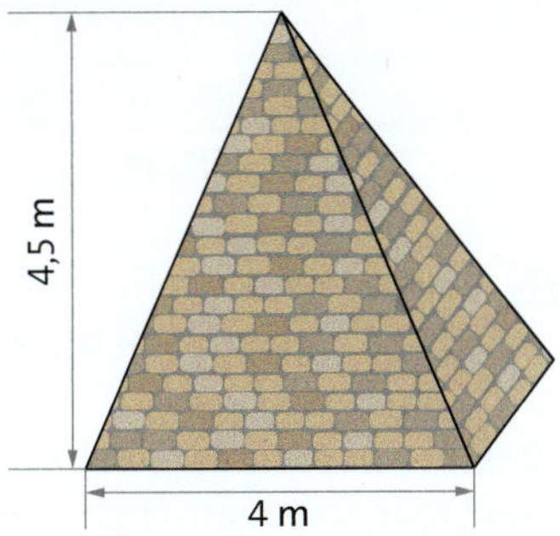

17 Das Dach soll neu gedeckt werden.
$1\,m^2$ Dachziegel kostet 40 €.
Berechne die Kosten.
Tipp Berechne zuerst h_a.

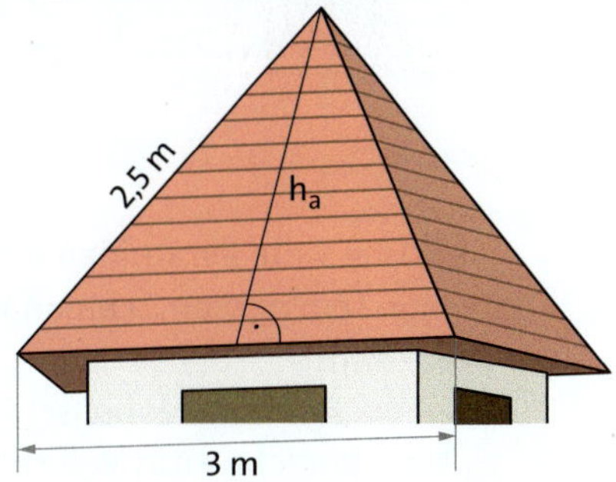

18 Du brauchst Strohhalme und Knete.
a) Schätze die Höhe der Pyramide.
b) Miss die Höhe der Pyramide.
c) Überlege dir die Maße für eine Pyramide und bastle sie dann.

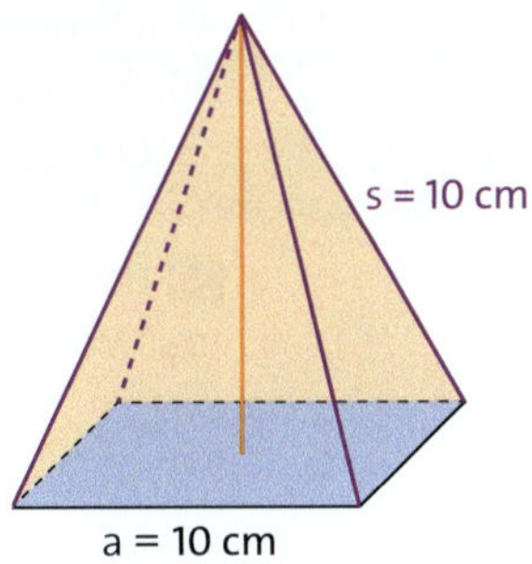

18 Du brauchst eine Schere und Papier.
a) Schätze die Länge der Seitenkante s.
b) Bastle die Pyramide.
c) Miss die Länge von s an deiner Pyramide. Vergleiche mit deiner Schätzung.

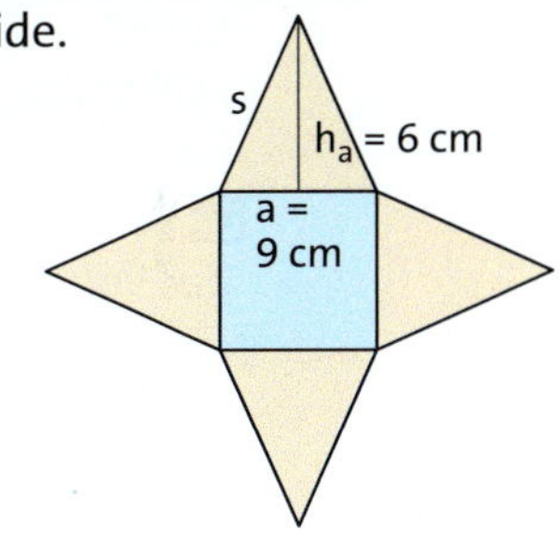

19 Welche Körper entstehen?

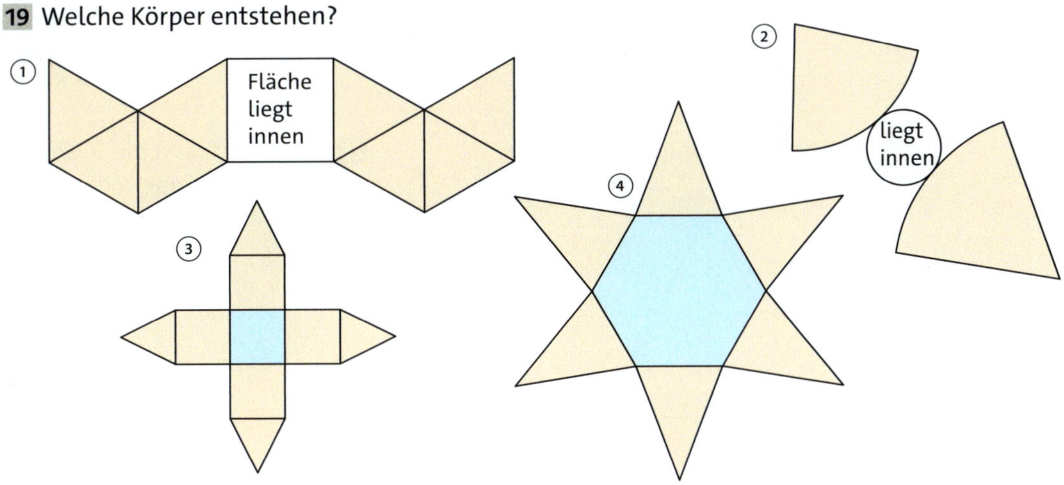

20 Die Cheopspyramide ist ca. 139 m hoch, ihre Grundkante 230 m lang. Zeichne das Schrägbild der Pyramide in einem geeigneten Maßstab auf ein DIN-A3-Blatt.
Tipp 100 m entsprechen 10 cm.

20 Zeichne das Schrägbild einer Pyramide, die auf einem Würfel steht.
Die Pyramide hat die Körperhöhe $h_k = 4{,}5\,cm$ und der Würfel hat die Kantenlänge $a = 5\,cm$.
Tipp Nutze einen 45°-Winkel beim Zeichnen.

21 Berechne, wie viel cm^3 Platz frei bleiben.
Tipp Berechne zuerst das Volumen von beiden Körpern.

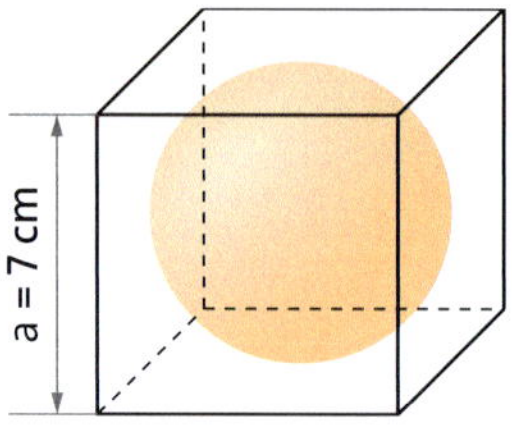

21 Wie viele Bälle passen hinein?
Berechne, wie viel cm^3 Platz frei bleiben.
Schätze zuerst.

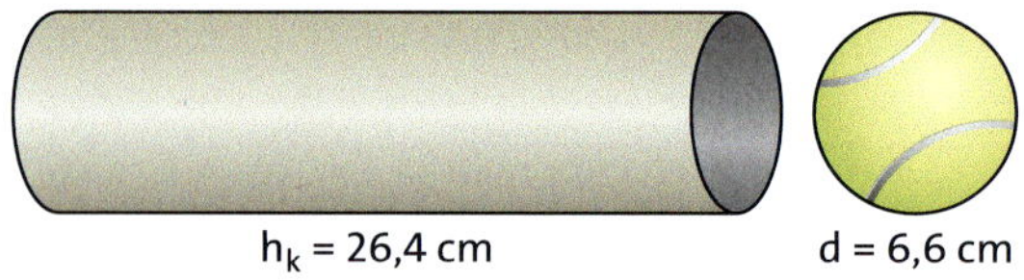

22 Wie viele Pyramiden mit a = 4 cm und h_k = 2 cm passen in einen Würfel mit a = 4 cm?
Ist die Antwort realistisch?
Tipp Berechne das Volumen.

22 Wie viele Kugeln mit dem Radius r = 2 cm passen in eine quadratische Pyramide mit a = 6 cm und h_k = 8 cm?
Beschreibt euer Vorgehen.
Beurteilt, wie realistisch euer Ergebnis ist.

23 Eine Kugel hat einen Oberflächeninhalt von O = 70 cm^2. Ariane möchte den Radius r berechnen. Sie beginnt so: $70 = \pi \cdot 4 \cdot r^2$
Hilf Ariane, r zu berechnen.

23 Bestimme den Radius und den Durchmesser der Kugel.
a) O = 400 cm^2
b) O = 50 cm^2
c) O = 25 cm^2
d) O = 1 m^2

24 Berechne das Volumen.

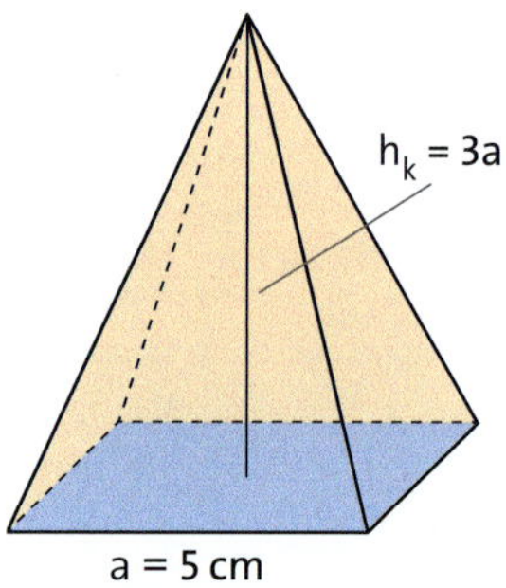

24 Berechne das Volumen.

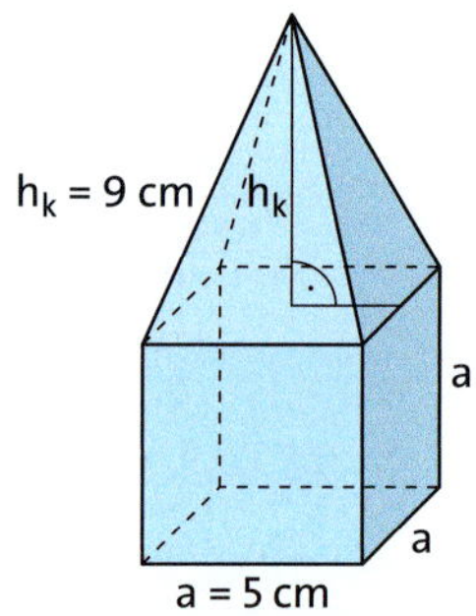

25 Berechne das Volumen für r = 5 cm.
TIPP $h_k^2 = s^2 - r^2$

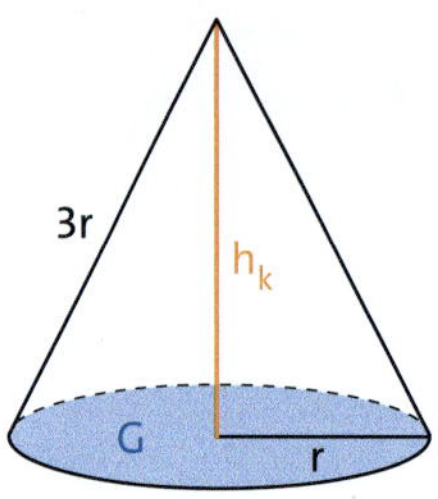

25 Benenne zuerst die Teilkörper.
Berechne dann das Volumen für r = 10 cm.

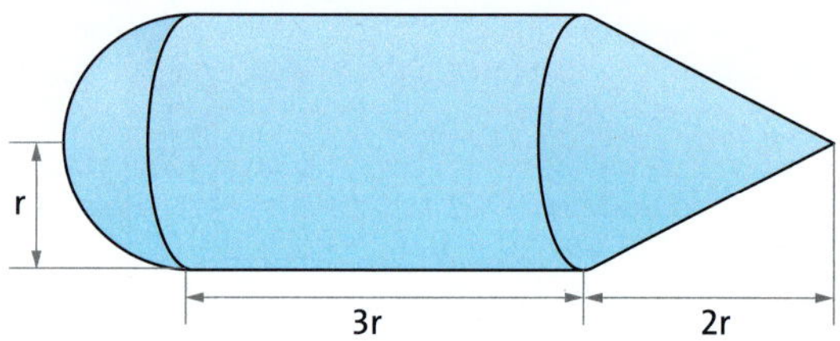

Hinweis
Die Dichte eines Stoffs beschreibt, wie viel 1 cm^3 des Stoffs wiegt.

26 Frau Kierstein möchte für ihren Enkel einen Kreisel bauen. Der Kreisel soll aus Eichenholz bestehen.
a) Aus welchen Teilkörpern besteht der Kreisel?
b) Berechne das Gewicht des Kreisels.
Recherchiere dafür die Dichte von Eichenholz.
c) Der Kreisel soll lackiert werden. Berechne die Fläche, die lackiert werden muss.

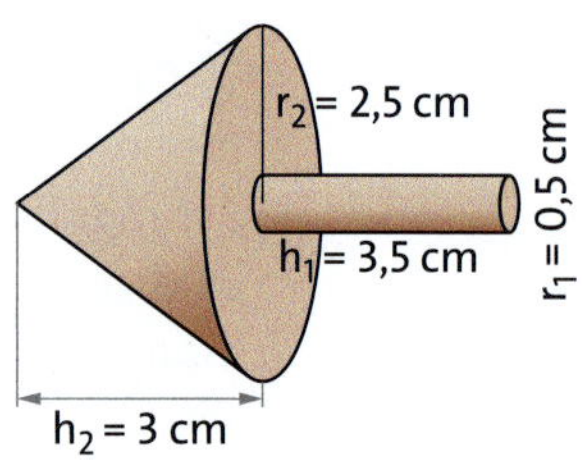

Weiterdenken

Hinweis
Weitere Informationen findest du im Internet oder bei einer Berufsberatung.

Beruf Goldschmied/in

Ausbildungsdauer: 3,5 Jahre
Häufige Tätigkeiten:
- Schmuckstücke entwerfen und fertigen
- Edelsteine, Gold oder andere Edelmetalle bearbeiten
- mit Werkzeugen arbeiten
- Schmuckstücke reparieren und anpassen
- bei maschineller Produktion: Maschinen einstellen und Fertigung überwachen

Als Goldschmied/in kannst du in verschiedenen Fachrichtungen arbeiten, z. B. in der Fachrichtung „Schmuck". Du solltest handwerklich geschickt sein und Kreativität mitbringen.

27 Eine Goldschmiedin fertigt ein Paar Ohrringe, die die Form einer quadratischen Pyramide haben.
a) Zeichne das Schrägbild eines Ohrrings.
b) Berechne das Volumen für beide Ohrringe zusammen.
c) Berechne den Oberflächeninhalt für beide Ohrringe zusammen.

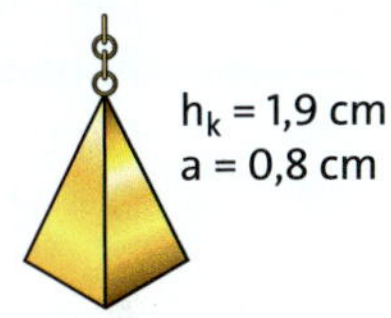

28 Ein Kettenanhänger hat die Form von einem Doppel-Kegel.
An einem Ende wird eine Öse angebracht.
Der Anhänger soll mit Blattgold verziert werden.
a) Berechne das Volumen des Anhängers.
b) Für die Öse kommen 5 % Material hinzu. Wie viel cm^3 sind das?
c) Berechne, wie viel cm^2 Blattgold benötigt werden.

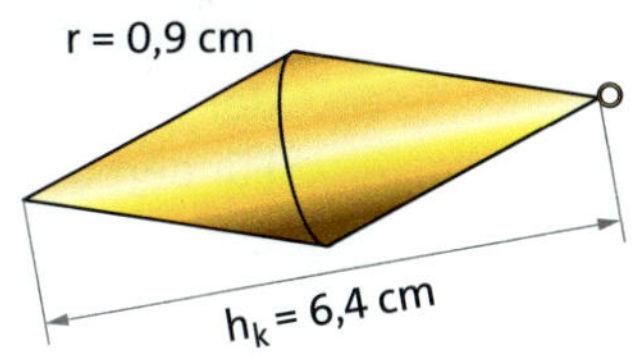

Zum Weiterarbeiten
Recherchiere die aktuellen Gold- und Silberpreise.

29 Ein Goldschmied soll einen Ring mit zwei Kugeln anfertigen.
Die Kugeln haben Durchmesser von d_1 = 3 mm und von d_2 = 5 mm.
Für die Kugeln kann er Gold 750 oder Platin 950 verwenden.
a) Recherchiere, was die Zahlen hinter dem Material bedeuten.
b) Berechne für jede Kugel das Volumen.
c) Berechne den Preis für Gold 750 und für Platin 950.

	Dichte	Preis für 1 g
Gold 333	11 g pro cm^3	18,64 €
Gold 585	13,7 g pro cm^3	32,90 €
Gold 750	15,4 g pro cm^3	42,19 €
Platin 950	21,5 g pro cm^3	23,53 €

30 In den Ring soll ein halbkugelförmiger Edelstein eingesetzt werden.
Entscheide rechnerisch, welcher Stein passt.

V = 261,8 mm^3 V = 134,04 mm^3 V = 452,39 mm^3 V = 523,6 mm^3

Zum Weiterarbeiten
Recherchiere die Dichte von euren Materialien im Internet.

31 Entwirf ein Schmuckstück mit einer Kugel, einer Pyramide oder einem Kegel.
Zeichne dazu ein Schrägbild mit Maßen.
Entscheide, aus welchem Material dein Schmuckstück besteht.
Tauscht eure Entwürfe. Berechnet das Gewicht und den Oberflächeninhalt.

Zusammenfassung

→ Seite 190

Körper erkennen

Eine **Pyramide** hat ein Vieleck als Grundfläche.
Die Mantelfläche besteht aus Dreiecken.
Ein **Kegel** hat einen Kreis als Grundfläche.
Die Mantelfläche ist gekrümmt.
Die **Oberfläche einer Kugel** besteht aus einer gekrümmten Fläche.

→ Seite 194

Netz und Oberflächeninhalt von Pyramiden

Die **Oberfläche** einer Pyramide besteht aus der Grundfläche G und der Mantelfläche M. Die Grundfläche kann verschiedene Formen haben.
Für eine **quadratische Pyramide** gilt:
$O = a^2 + 2 \cdot a \cdot h_a$

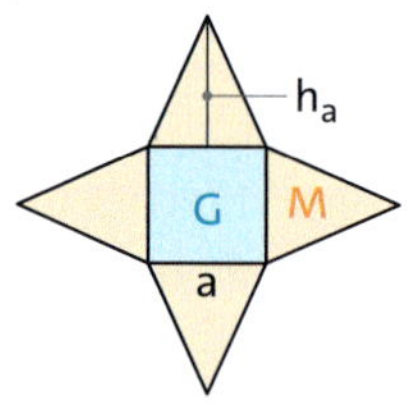

gegeben: $a = 5\,cm$; $h_a = 7\,cm$
$O = a^2 + 2 \cdot a \cdot h_a$
$O = (5\,cm)^2 + 2 \cdot 5\,cm \cdot 7\,cm$
$O = 25\,cm^2 + 70\,cm^2$
$O = \underline{\underline{95\,cm^2}}$

→ Seite 198

Netz und Oberflächeninhalt von Kegeln

Die **Oberfläche** eines Kegels besteht aus der Grundfläche G und der Mantelfläche M.
Für den **Oberflächeninhalt** eines Kegels gilt:
$O = \pi \cdot r^2 + \pi \cdot r \cdot s$

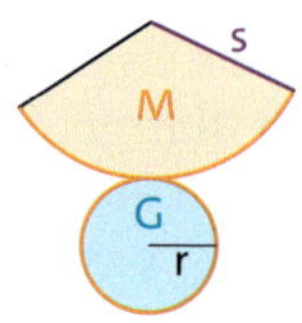

gegeben: $r = 2\,cm$; $s = 3\,cm$
$O = \pi \cdot r^2 + \pi \cdot r \cdot s$
$O = \pi \cdot (2\,cm)^2 + \pi \cdot 2\,cm \cdot 3\,cm$
$O = \pi \cdot 4\,cm^2 + \pi \cdot 6\,cm^2$
$O = \underline{\underline{31{,}42\,cm^2}}$

→ Seite 201

Volumen von Pyramiden

Für das **Volumen** einer Pyramide gilt:
$V = \frac{1}{3} \cdot G \cdot h_k$
Für das **Volumen** einer quadratischen Pyramide gilt: $V = \frac{1}{3} \cdot a^2 \cdot h_k$

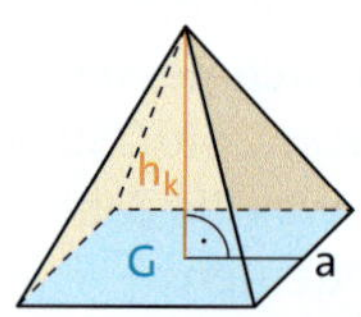

gegeben: $a = 3\,cm$; $h_k = 5\,cm$
$V = \frac{1}{3} \cdot a^2 \cdot h_k$
$V = \frac{1}{3} \cdot (3\,cm)^2 \cdot 5\,cm$
$V = \frac{1}{3} \cdot 9\,cm^2 \cdot 5\,cm$
$V = \underline{\underline{15\,cm^3}}$

→ Seite 204

Volumen von Kegeln

Für das **Volumen** eines Kegels gilt:
$V = \frac{1}{3} \cdot \pi \cdot r^2 \cdot h_k$

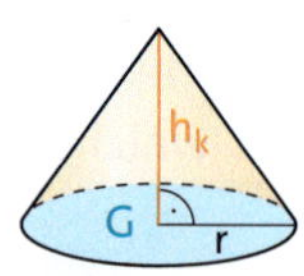

gegeben: $r = 4\,cm$; $h_k = 6\,cm$
$V = \frac{1}{3} \cdot \pi \cdot r^2 \cdot h_k$
$V = \frac{1}{3} \cdot \pi \cdot (4\,cm)^2 \cdot 6\,cm$
$V \approx \underline{\underline{100{,}53\,cm^3}}$

→ Seite 207

Volumen und Oberflächeninhalt von Kugeln

Für das **Volumen** einer Kugel gilt:
$V = \frac{4}{3} \cdot \pi \cdot r^3$
Für den **Oberflächeninhalt** einer Kugel gilt:
$O = 4 \cdot \pi \cdot r^2$

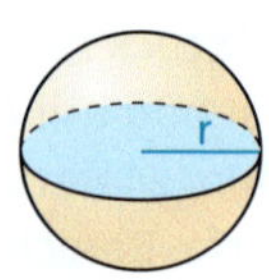

gegeben: $r = 5\,cm$
$V = \frac{4}{3} \cdot \pi \cdot (5\,cm)^3$
$V = \underline{\underline{523{,}6\,cm^3}}$
$O = 4 \cdot \pi \cdot (5\,cm)^2$
$O \approx \underline{\underline{314{,}16\,cm^2}}$

Teste dich!

1 Benenne die Körper.

2 Betrachte die quadratische Pyramide.
a) Zeichne das Netz.
b) Berechne den Oberflächeninhalt.
c) Berechne das Volumen.

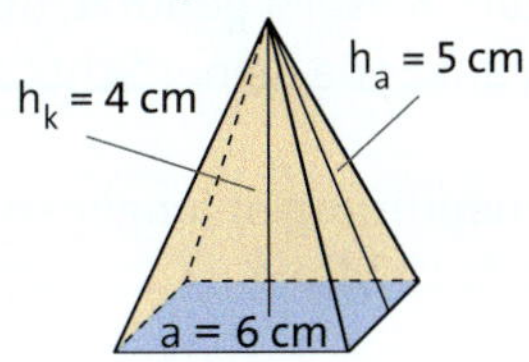

3 Der Kreisel besteht aus Holz.
a) Berechne den Oberflächeninhalt des Kegels.
b) Berechne das Volumen des Kegels.
c) 1 cm³ wiegt 0,5 g.
Berechne das Gewicht des Kreisels.
Runde dein Ergebnis auf zwei Stellen nach dem Komma.

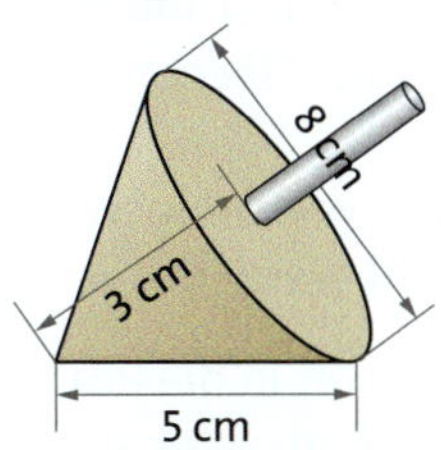

4 Der Stein ist aus Granit.
a) Berechne den Oberflächeninhalt.
b) 1 cm³ Granit wiegt 2,7 g.
Berechne das Gewicht des Steins.

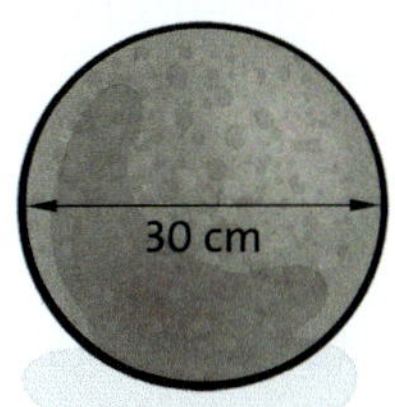

5 Benenne die beiden Teilkörper.
Berechne das Volumen.

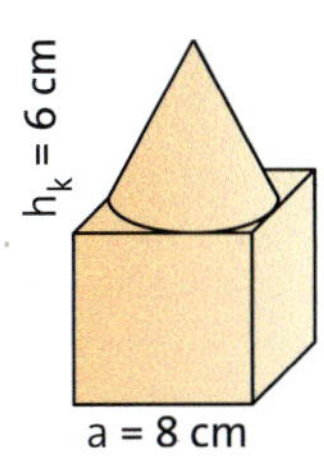

→ Lösungen ab S. 274

1 Benenne die Körper.
Notiere für jeden Körper, wie viele Ecken, Kanten und Flächen er hat.

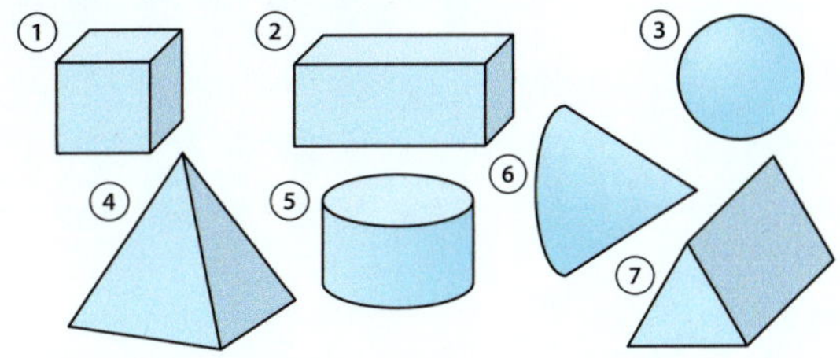

2 Betrachte die quadratische Pyramide.
a) Zeichne das Netz.
b) Berechne den Oberflächeninhalt.
c) Berechne das Volumen.

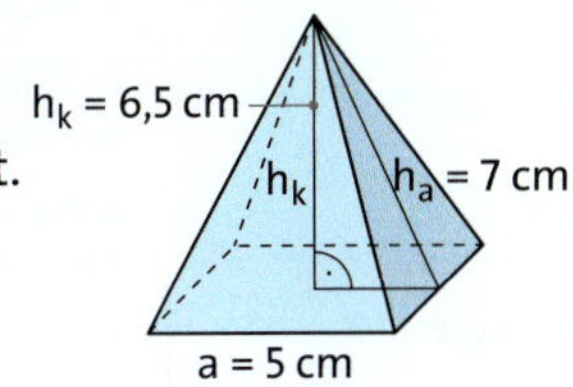

3 Der Kettenanhänger besteht aus Kupfer.
a) Berechne die Länge der Mantellinie s mit dem Satz des Pythagoras.
b) Der Anhänger soll lackiert werden.
Berechne den Oberflächeninhalt.
c) 1 cm³ Kupfer wiegt 8,96 g.
Berechne das Gewicht des Anhängers.

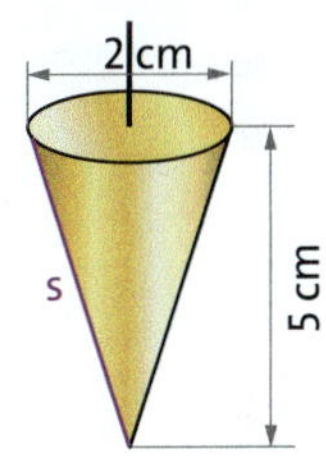

4 Die kugelförmige Kerze ist aus Wachs.
a) Berechne den Oberflächeninhalt.
b) 1 cm³ Wachs wiegt 0,95 g.
Berechne das Gewicht der Kerze.

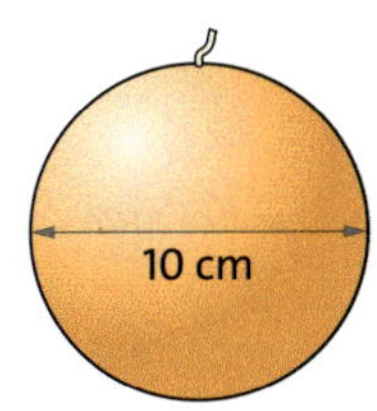

5 Benenne die beiden Teilkörper.
Berechne das Volumen.

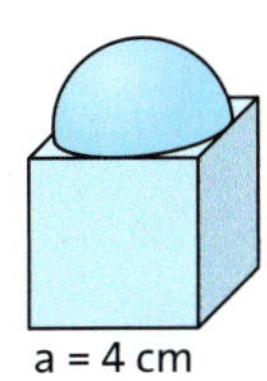

→ Lösungen ab S. 275

Vorbereitung auf Prüfungen und Einstellungstests

Prüfungen und Tests gibt es in unterschiedlichen Formen, sowohl schriftlich wie auch mündlich.
Abschlussprüfungen werden zum Beispiel genutzt, um deine erworbenen Kompetenzen und Fähigkeiten am Ende deiner Schulzeit oder Ausbildungszeit zu überprüfen.
Einstellungstests und Aufnahmeprüfungen hingegen dienen zur ersten Einschätzung, ob die gewählte Ausbildung zu dir passt und ob du zum Unternehmen passt.

Mathematik spielt in den Prüfungen und Einstellungstests immer eine wichtige Rolle.
Es werden Kenntnisse aus verschiedenen Bereichen der Mathematik vorausgesetzt.
Zum Beispiel wird oft das Wissen über Grundrechenarten, Maße und Einheiten, Prozent- und Zinsrechnung, Dreisatz, Flächen und Körper und einiges mehr abgefragt und geprüft.
Außerdem können auch Aufgaben vorkommen, bei denen verschiedene mathematische Bereiche gemischt werden.

Am besten startest du gut vorbereitet in die Prüfung oder den Einstellungstest.
Hilfreich ist ein regelmäßiges Training unter ähnlichen Bedingungen.
Je nach Umfang der Prüfung oder des Einstellungstests bekommst du eine bestimmte Zeitvorgabe, in der du die Aufgaben lösen musst.
Meist ist kein Taschenrechner erlaubt.

Die Aufgaben auf den folgenden Seiten sollen dir bei der Vorbereitung helfen.

Hier einige Tipps für das Bearbeiten der Aufgaben:
1. Lies die Aufgabenstellung sehr sorgfältig durch.
2. Löse zuerst die Aufgaben, die dir leicht fallen.
3. Halte dich nicht zu lange mit der Lösung einer Aufgabe auf.
4. Bleibe ruhig! Oft wollen Arbeitgeber testen, wie du in einer Stresssituation reagierst.

Eingangstest

Hier findest du heraus, in welchen Bereichen du sicher bist und wo du noch trainieren solltest.
Löse die Aufgaben ganz in Ruhe in deinem Heft.
Nutze keinen Taschenrechner und keine Formelsammlung.

→ *Lösungen ab S. 277*

1 Grundrechenarten
Berechne.
a) 308 + 9930
b) 704 – 187
c) 409 · 814
d) 48 656 : 8
e) 34 + 66 · 2
f) (462 – 228) : 26
g) 1440 : 32 – 470 · 3

2 Maße und Einheiten
Rechne im Heft um.
a) 30 mm = ▢ cm
b) 0,6 km = ▢ m
c) 7 kg 500 g = ▢ kg
d) 35 kg = ▢ t
e) 2 h 10 min = ▢ min
f) $2{,}5\,m^2$ = ▢ cm^2
g) $20\,cm^3$ = ▢ mm^3

3 Maße und Einheiten
Gib die Einheit an.
a) Die Größe einer Handfläche beträgt ungefähr 1 ▢.
b) Eine Seitenfläche eines normalen Spielwürfels beträgt ungefähr 1 ▢.

4 Brüche und Dezimalzahlen
Wandle um.
a) Schreibe $\frac{7}{25}$ als Dezimalzahl.
b) Schreibe 0,25 als Bruch.

5 Brüche und Dezimalzahlen
Berechne.
a) $\frac{2}{3} + \frac{2}{9}$
b) $2{,}35 - 1\frac{2}{5}$
c) $\frac{4}{15} \cdot \frac{5}{8}$
d) 1,988 : 0,7
e) $2{,}5 + 3\frac{1}{4} \cdot 5{,}8$
f) $\frac{23}{30} - \frac{3}{5}$

6 Prozent- und Zinsrechnung
Wandle um.
a) Schreibe 8 % als Dezimalzahl.
b) Schreibe 0,3 als Prozentzahl.
c) Schreibe $\frac{8}{10}$ als Prozentzahl.

7 Prozent- und Zinsrechnung
Berechne.
a) 7 % von 800 €
b) 20 % von 600 kg
c) 7 von 25 Autos
d) 6 % sind 240 Schüler, 100 % sind ▢.
e) 2000 € werden 8 Monate zu 3 % angelegt.
f) Nach Reduzierung um 20 % kostet die CD 12 €. Wie viel kostete sie vorher?
g) 120 € werden angelegt. Nach einem Jahr sind es 126 €.
Wie hoch war der Zinssatz?

8 Dreisatz
Ein Heft kostet 0,39 €.
Wie viel kosten sechs Hefte?

9 Dreisatz
Drei Schokoriegel kosten 2,25 €.
Wie viel kosten neun Schokoriegel?

10 Dreisatz
Ein Maler benötigt 8 h für eine Arbeit.
Wie viel Stunden benötigen zwei Maler?

11 Dreisatz
Für einen Ausflug zahlen 26 Personen je 15 €. Wie viel zahlt jeder, wenn nur 25 Personen mitfahren?
Die Gesamtkosten bleiben gleich.

12 Dreisatz
Ein Teich wird mit vier Pumpen in 3,5 Stunden leer gepumpt.
Wie lange dauert es, wenn fünf Pumpen im Einsatz sind?

13 Flächen und Körper
Ein Rechteck hat einen Flächeninhalt von $51\,cm^2$. Seite a ist 6 cm lang.
Wie lang ist Seite b?

14 Flächen und Körper
Bestimme das Volumen eines Quaders mit den Kantenlängen a = 5 m, b = 6 m und c = 9 m.

15 Flächen und Körper
Bestimme den Oberflächeninhalt eines Würfels mit der Kantenlänge a = 10 cm.

16 Flächen und Körper
Die Kantenlänge eines Würfels wird verdoppelt. Wie ändert sich sein Volumen?

17 Flächen und Körper
Ein gleichseitiges Dreieck hat einen Umfang von 12 cm.
Berechne den Flächeninhalt.

18 Algebra
Vereinfache den Term.
a) $3a + 8b + 7a - 5b$
b) $7(2x + 5) - (6 - 3x)$

19 Algebra
Löse die Gleichung nach x auf.
a) $3x + 5 = 5x - 9$
b) $5x - 13 = 5 - 4x$

20 Algebra
Stelle eine Gleichung auf und löse sie.
a) Jens ist doppelt so alt wie Daniel. Zusammen sind sie 27 Jahre alt. Wie alt ist Jens?
b) Die Differenz aus dem Fünffachen einer Zahl und 87 ist 43. Bestimme die Zahl.

21 Ergebnisse schätzen
Überschlage.
Gib an, welches Ergebnis passt.
a) 7541 + 5823 + 8751
① 22 089 ② 22 115 ③ 19 115
④ 19 089 ⑤ 25 085
b) $2 \cdot 3 \cdot 4 \cdot 5$
① 12 ② 120 ③ 234
④ 2345 ⑤ 12 345
c) $38 \cdot 125 + 19 \cdot 125 + 43 \cdot 125$
① 125 ② 125 ③ 12 500
④ 38 125 ⑤ 381 943

22 Zahlenfolgen und Muster
Setze um drei Zahlen bzw. Figuren fort.
a) 2; 5; 8; 11; ■; ■; ■
b) 45; 43; 49; 47; 53; ■; ■; ■
c) 2; 5; 7; 12; 19; ■; ■; ■
d) 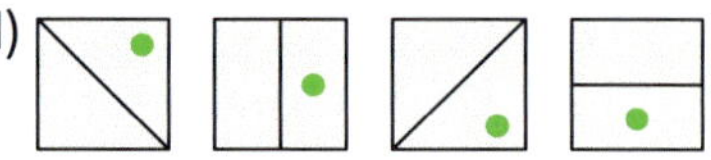

23 Kopfgeometrie
Welcher der vier Körper passt zum Netz?

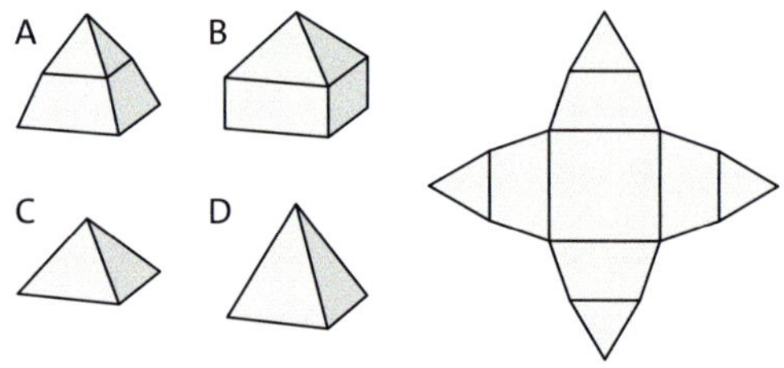

24 Kopfgeometrie
Welche Figur passt nicht in die Folge?

a) 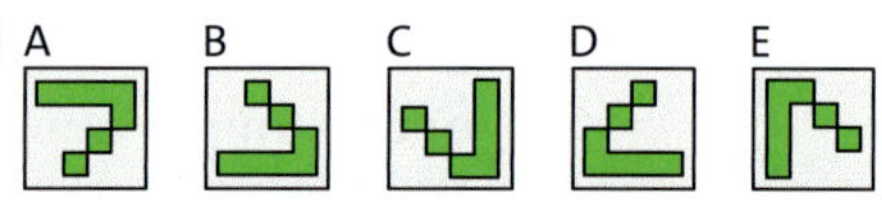

b) 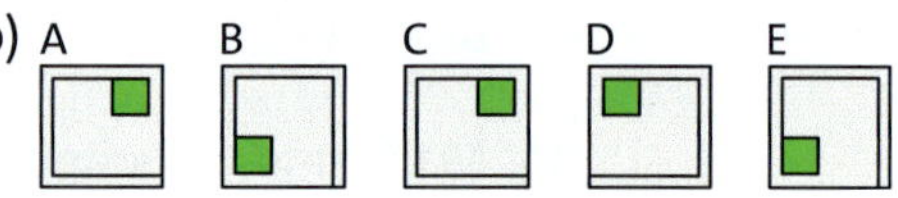

25 Kopfgeometrie
Wie viele Flächen hat der Körper insgesamt?

a) 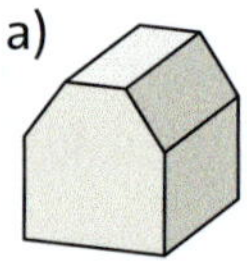

b) 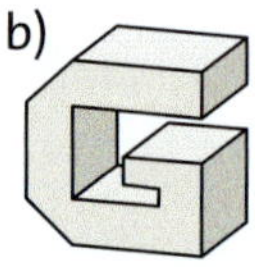

26 Funktionen
Gegeben ist die Funktion
$f(x) = 2x - 0{,}5$.
a) Bestimme die Funktionswerte für $x = -1$, $x = 0$ und $x = 2$.
b) Verläuft der Graph steigend oder fallend? Begründe.

27 Funktionen
Welche der Funktionen sind linear und welche quadratisch? Begründe.
① $f(x) = 6x - 2{,}5$
② $f(x) = x^2 + 7x - 8$
③ $f(x) = x(x + 5{,}5)$

Trainieren

Aufgaben zum Trainieren

Grundrechenarten

→ *Lösungen ab S. 278*

1 Berechne.
a) $7546 + 53\,805 + 1929$
b) $18\,024 + 256 + 20\,147 + 2308$
c) $15\,748 - 8952$
d) $205\,801 - 58\,942$
e) $14\,987 - 2547 - 8835$

2 Berechne.
a) $7294 \cdot 917$
b) $40\,802 \cdot 5810$
c) $45\,027 \cdot 2065$
d) $3024 : 4$
e) $14\,399 : 7$
f) $78\,012 : 12$

3 Berechne.
Beachte die Rechenregeln.
a) $1364 : 31 - 225 \cdot 4$
b) $655 - 14 \cdot (37 + 85) + 216 : (199 - 187)$
c) $(132 + 68) \cdot 17 + 21 \cdot (437 - 77) - 230$

4 Rechne vorteilhaft.
a) $86 + 573 + 207 - 36$
b) $25 \cdot 7 \cdot 4 \cdot 5$
c) $277 : 7 - 137 : 7$
d) $27 \cdot 24 + 27 \cdot 76$

5 Achte auf die Reihenfolge beim Rechnen.
a) $147 + 105 \cdot 23 + 64$
b) $(147 + 105) \cdot 23 + 64$
c) $147 + 105 \cdot (23 + 64)$
d) $(147 + 105) \cdot (23 + 64)$
e) $678 - 246 : 6 - 38$
f) $(678 - 246) : (6 - 38)$

Maße und Einheiten

6 Rechne in die angegebene Einheit um.
a) 14 dm (cm)
b) 14,6 m (dm)
c) 7,8 km (m)
d) 54 mm (dm)
e) 8500 g (kg)
f) 2,8 t (kg)
g) 4 kg 50 g (g)
h) 2 h (min)
i) 12 min (s)
j) $2\frac{1}{4}$ h (min)

7 Rechne um.
a) in Minuten: 3600 s, 2520 s
b) in Stunden und Minuten: 24 000 s

8 Schreibe in der angegebenen Einheit.
a) $2\,m^2$ (dm^2)
b) $6000\,mm^2$ (cm^2)
c) $0{,}5\,km^2$ (m^2)
d) 5 ha (m^2)
e) $3\,m^3$ (dm^3)
f) $2\,m^3\,50\,dm^3$ (m^3)
g) $1280\,cm^3$ (ℓ)
h) $0{,}3\,m^3$ (ℓ)

Brüche und Dezimalzahlen

9 Wandle in eine Dezimalzahl um.
a) $\frac{7}{10}$
b) $\frac{47}{100}$
c) $\frac{33}{1000}$
d) $\frac{1}{2}$
e) $\frac{3}{5}$
f) $\frac{12}{25}$
g) $\frac{17}{20}$
h) $3\frac{7}{50}$
i) $12\frac{3}{8}$

10 Berechne.
a) $0{,}3 + 2{,}4$
b) $3{,}9 + 4{,}71$
c) $5{,}1 - 3{,}8$
d) $2{,}05 - 0{,}5$
e) $8{,}6 \cdot 6{,}3$
f) $0{,}9 \cdot 6$
g) $21{,}44 : 8$
h) $3{,}048 : 6$
i) $1{,}9 : 0{,}5$
j) $3{,}0228 : 0{,}12$
k) $9 : 3{,}6 + 4{,}8$
l) $2{,}6 + 3{,}4 \cdot 0{,}8$
m) $53{,}2 - 9 - 8{,}07$
n) $1{,}44 : (0{,}9 + 0{,}3) : 0{,}6$

11 Berechne und kürze das Ergebnis, falls möglich.
a) $\frac{2}{7} + \frac{4}{7}$
b) $\frac{1}{9} + \frac{5}{9}$
c) $\frac{13}{24} + \frac{5}{24}$
d) $\frac{2}{5} + \frac{2}{10}$
e) $\frac{3}{4} + \frac{1}{5}$
f) $\frac{5}{9} + \frac{1}{12}$
g) $\frac{2}{9} + \frac{9}{10}$
h) $1\frac{1}{2} + 3\frac{5}{8}$
i) $\frac{7}{8} - \frac{5}{8}$
j) $\frac{5}{12} - \frac{1}{4}$
k) $\frac{4}{9} - \frac{5}{18}$
l) $\frac{7}{15} - \frac{1}{6}$
m) $5\frac{7}{8} - 3\frac{1}{6}$
n) $7\frac{1}{2} - 3\frac{5}{6}$
o) $6\frac{4}{5} + 3$

12 Berechne. Kürze, falls möglich.
a) $\frac{2}{7} \cdot \frac{3}{5}$
b) $\frac{3}{8} \cdot \frac{4}{5}$
c) $\frac{5}{6} \cdot \frac{9}{10}$
d) $1\frac{1}{4} \cdot 6$
e) $2\frac{1}{2} \cdot 3\frac{1}{4}$
f) $3\frac{3}{4} \cdot 4\frac{3}{5}$

13 Berechne. Kürze, falls möglich.
a) $\frac{1}{3} : \frac{1}{6}$
b) $\frac{4}{9} : \frac{5}{18}$
c) $\frac{2}{5} : \frac{3}{7}$
d) $1\frac{2}{5} : \frac{3}{19}$
e) $1\frac{4}{5} : 2\frac{1}{2}$
f) $\frac{15}{16} : 27$

14 Berechne.
a) $\frac{3}{4} - \frac{1}{5} \cdot \frac{3}{4}$
b) $\frac{3}{4} \cdot \frac{2}{3} + \frac{1}{4} \cdot \frac{2}{3}$
c) $\left(\frac{2}{3} + \frac{5}{6}\right) : \frac{5}{12}$
d) $7 : \left(\frac{7}{5} - \frac{21}{28}\right)$

Trainieren

Prozent- und Zinsrechnung

15 Berechne den Prozentwert.
a) 8 % von 200 kg
b) 25 % von 120 m
c) 20 % von 15 000 Stimmen
d) 15 % von 1200 Personen
e) 4,75 % von 5000 €
f) 138 % von 2540 ℓ

16 Bestimme den Prozentsatz.
a) 38 Aufgaben von 50 Aufgaben
b) 8 m von 25 m
c) 138 Punkte von 200 Punkten
d) 45 kg von 375 kg
e) 12 Minuten von einer Stunde
f) 9 von 24 Personen

17 Berechne den Grundwert.
a) 25 % sind 8 kg.
b) 16 % sind 32 m.
c) 8 % sind 14 Punkte.
d) 23 % sind 184 Personen.
e) 37,5 % sind 937,5 €.
f) 12,1 % sind 2 h 1 min.

18 Bei einer Produktion sind 3 % fehlerhafte Artikel angefallen. Wie viele von 6400 Artikeln sind nicht zu gebrauchen?

19 Sami will sich ein Fahrrad für 300 € kaufen. Es fehlen ihm noch 240 € an der Gesamtsumme. Wie viel Prozent sind das?

20 Eine Versicherung zahlt Herrn Moll bei einem Unfallschaden von insgesamt 1800 € nur 85 %.
a) Wie viel Euro zahlt die Versicherung an Herrn Moll?
b) Wie viel Euro muss Herr Moll noch selbst bezahlen?

21 Der Preis für einen Tisch wurde von 255 € auf 224,40 € reduziert.
a) Auf wie viel Prozent ist der Preis gesenkt worden?
b) Um wie viel Prozent ist der Preis gefallen?

22 Ein Sportler hat seinen Wettkampf mit 5123 Punkten beendet. Das sind 94 % der Höchstpunktzahl. Wie viele Punkte waren zu erreichen?

23 Eine Reparatur kostet 470 €. Auf diese Kosten werden 19 % Mehrwertsteuer erhoben.
a) Wie viel Euro entspricht die Mehrwertsteuer?
b) Wie viel Euro kostet die Reparatur einschließlich Mehrwertsteuer (Endpreis)?

24 Nach einer 7%igen Mieterhöhung müssen 660,19 € Miete gezahlt werden. Wie viel Miete musste vor der Erhöhung bezahlt werden?

25 Frau Klein bekommt beim Kauf eines Mantels 6 % Rabatt. Sie zahlt jetzt nur noch 219,02 €. Gib den alten Preis an.

26 Franz erhält für sein Sparguthaben, das mit 3,5 % verzinst wurde, 7 € Zinsen. Wie hoch war das Sparguthaben?

27 Wie viel Zinsen bringt ein Kapital von 4000 € bei einem Zinssatz von 4,5 % in 9 Monaten?

Dreisatz

28 Welche der Zuordnungen können proportional oder antiproportional sein? Begründe und gib gegebenenfalls notwendige Bedingungen an.
a) Alter → Körpergröße
b) Schriftgröße → Zeilen pro Seite
c) Anzahl der Eiskugeln → Preis
d) Anzahl der Lkw → Zeit, um 50 m³ Sand zu liefern
e) Anzahl der 1-Euro-Stücke → Masse
f) Anzahl der Colaflaschen → Zuckergehalt
g) Anzahl der Rasenmäher → Zeit, um einen Rasenplatz zu mähen
h) Seitenlänge eines Quadrats → Umfang
i) Geschwindigkeit → Dauer einer Fahrt

Trainieren

29 Gib Beispiele aus dem Alltag an.
a) Je größer ■, desto größer ■.
b) Je größer ■, desto kleiner ■.
c) Wenn sich ■, verdoppelt, dann verdoppelt sich auch ■.
d) Wenn sich ■ halbiert, so verdoppelt sich ■.

30 Welche der Zuordnungen sind proportional oder antiproportional?

a)

x	0	1	2	3	4
y	1	4	8	12	16

b)

x	0	1	2	3	4
y	2	3	4	5	6

c)

x	1	2	3	4	5
y	2	5	8	11	14

d)

x	1	2	3	4	6
y	24	12	8	6	4

e)

x	2	4	5	12	15
y	1	2	2,5	6	7,5

31 Sind die Aussagen richtig oder falsch?
a) Proportionale Zuordnungen sind produktgleich.
b) Antiproportionale Zuordnungen sind quotientengleich.
c) Bei proportionalen Zuordnungen gehört zum Doppelten der Ausgangsgröße das Doppelte der zugeordneten Größe.
d) Der Graph einer proportionalen Zuordnung ist eine Halbgerade durch den Ursprung.

32 Ergänze die Tabellen so, dass eine proportionale Zuordnung vorliegt. Ergänze im Heft.

a)

x	1	2	3	4	5
y	6	■	■	■	■

b)

x	1	2	3	4	5
y	■	1,5	■	■	■

c)

x	0,5	1	1,5	2	2,5
y	■	8	■	■	■

33 Ergänze die Tabelle im Heft, sodass eine antiproportionale Zuordnung vorliegt.

a)

x	1	2	3	4	5
y	180	■	■	■	■

b)

x	1	2	3	4	5
y	■	30	■	■	■

c)

x	1	2	4	5	2,5
y	■	■	■	16	■

34 850 g Fleisch kosten 8,33 €.
Gib den Preis für 1 kg Fleisch an.

35 Ein Pkw verbraucht auf einer Strecke von 45 km 3,6 ℓ Benzin. Wie hoch ist der Benzinverbrauch auf 100 km?

36 Ein Vater benötigt bei einer Schrittweite von 75 cm für einen Weg 620 Schritte. Wie groß ist die Schrittweite seiner Tochter, die für diese Strecke 930 Schritte benötigt?

37 Ein Mieter muss für 20 m^3 Wasser ohne Nebenkosten 46 € bezahlen.
Wie viel zahlt man für 25 m^3 Wasser?

38 Bei einer Durchschnittsgeschwindigkeit von 120 $\frac{km}{h}$ benötigt Herr Meyer für die Strecke Nürnberg – Lübeck $5\frac{1}{2}$ Stunden. Wie lange benötigt ein Lkw mit einer Durchschnittsgeschwindigkeit von 80 $\frac{km}{h}$ für die gleiche Strecke?

39 Herr Bleistein hat 15 m^2 Wandfläche im Bad gekachelt und dafür 675 Kacheln benötigt. In der Küche möchte er auf einer 4 m^2 großen Wandfläche die gleichen Kacheln verwenden.
Wie viele Kacheln benötigt er?

40 150 Taschenrechner kosten 1723,50 €.
Eine Klasse hat 28 Stück bestellt.
Wie viel kostet ein Taschenrechner?

41 Der Futtervorrat einer Hundepension reicht 21 Tage für 15 Hunde. Wie lange reicht der Vorrat für 18 Hunde?

Trainieren

Flächen und Körper

42 Ein Rechteck ist 90 m lang und 55 m breit. Berechne den Flächeninhalt und gib den Umfang an.

43 Der Umfang eines Rechtecks beträgt 28 cm und die Breite 6 cm. Bestimme die Länge und den Flächeninhalt.

44 Eine quadratische Fläche hat eine Größe von 4 ha.
a) Wie viel m^2 sind das?
b) Gib die Seitenlänge in m an.

45 Eine rechteckige Fläche soll mit quadratischen Fliesen ausgelegt werden. Die Fläche ist 3,5 m lang und 2,8 m breit.
a) Wie viel cm^2 ist die Rechteckfläche groß?
b) Wie viele Fliesen braucht man, wenn jede Fliese 49 cm^2 groß ist?

46 Ein Kreis hat einen Radius von 3 cm. Berechne den Umfang und den Flächeninhalt.

47 Ein 5 m langes und 3 m breites quaderförmiges Schwimmbecken enthält 30 000 ℓ Wasser.
a) Rechne die Wassermenge in m^3 um.
b) Wie hoch steht das Wasser im Becken?

48 Ein zylinderförmiges Glas hat einen Durchmesser von 6 cm und ist 7 cm hoch.
a) Berechne das Volumen des Glases.
b) Wie lang muss ein Strohhalm mindestens sein, damit er aus dem Glas herausragt und man gut aus ihm trinken kann?

49 Welcher Körper hat das größere Volumen?
a) Quader mit $a = 3$ cm, $b = 4$ cm, $c = 5$ cm oder Würfel mit $a = 4$ cm
b) Zylinder mit $d = h = 10$ cm oder Würfel mit $a = 10$ cm
c) Pyramide mit quadratischer Grundfläche und $a = h = 5$ cm oder Kegel mit $d = h = 6$ cm

Algebra

50 Vereinfache.
a) $7x + 12 - 5x + 23$
b) $4a - 5b + 12a - 9b - 10a$
c) $7(3x - 12)$
d) $(3a + 10)(3a - 7)$
e) $2(3x + 5) + 3(7 - 8x)$
f) $8x - (3x + 9) + 4(5x - 13)$
g) $(3x + 4)(4x - 8)$

51 Löse die Gleichungen.
a) $x + 12 = 3x + 8$
b) $7t - 9 = 4t + 15$
c) $y - 11 - 10y = 29 - 7y$
d) $\frac{1}{4}v + 7 = \frac{1}{3}v + 6$
e) $2s + 5 - (s + 3) = 11$
f) $3(4 - 3x) + 112 = -5(x - 8)$

52 Die Summe aus dem Siebenfachen einer Zahl und 5 ist −37.
Wie heißt die Zahl?

53 Die Summe von drei Zahlen ist 357.
Die erste Zahl ist doppelt so groß wie die zweite.
Die dritte Zahl ist halb so groß wie die zweite.
Wie lauten die drei Zahlen?

54 Addiere zu einer Zahl 3 und multipliziere die Summe mit 2.
Du erhältst ebenso viel, wie wenn du von der Zahl 11 subtrahierst und die Differenz versechsfachst.
Wie lautet die Zahl?

55 Robert ist 13 Jahre älter als Enno.
Zusammen sind sie 35 Jahre alt.
Wie alt ist Enno?
Wie alt ist Robert?

56 Eine Mutter ist 3-mal so alt wie ihr Sohn. Der Sohn ist 26 Jahre jünger als der Vater. Zusammen sind Vater, Mutter und Sohn 86 Jahre alt.
a) Wie alt ist der Sohn?
b) Wie alt ist der Vater und wie alt ist die Mutter?

Trainieren

57 Ein 2 m langes Brett soll in die gleiche Anzahl von Brettchen mit je 1 cm, 2 cm und 5 cm Länge zersägt werden.
a) Wie viele Brettchen gibt es von jeder Sorte?
b) Gib die Gesamtzahl der Brettchen an.

58 Eine 40 m^2 große Terrasse wird mit quadratischen Platten mit 20 cm Länge ausgelegt. Wie viele Platten sind nötig?

59 Drei Personen teilen sich 3360 € im Verhältnis 3 : 4 : 5. Die Gesamtsumme wird zuerst in 12 Teile geteilt.
Person A erhält 3 Anteile, Person B 4 Anteile und Person C 5 Anteile.
a) Wie viel Euro beträgt ein Anteil?
b) Wie viel Euro erhält Person C?

60 In einem Dreieck ist der Winkel β um 60° größer als der Winkel α. Der Winkel γ ist 4-mal so groß wie der Winkel α.
a) Wie groß ist der Winkel α?
b) Wie groß ist der Winkel β bzw. γ?

61 Löse die Gleichungssysteme.
a) $y = 7x - 21$; $y = 4x - 12$
b) $x + y = 19$; $y = x + 1$
c) $2x + 2y = 8$; $-2x + 3y = 12$
d) $2x + y = -1$; $8x + 4y = 7$

Ergebnisse schätzen

62 Gib an, welches Ergebnis passt. Nutze einfache rechnerische Überlegungen oder überschlage.
a) 794 + 559
① 1293 ② 1243
③ 1343 ④ 1353
b) 18 035 – 8233
① 9802 ② 9808
③ 10 802 ④ 10 808
c) $98 \cdot 3587$
① 3526 ② 35 126
③ 351 526 ④ 3 515 126
d) 3796 : 4
① 949 ② 949,5
③ 824 ④ 824,5

63 Überschlage.
Gib an, welches Ergebnis passt.
a) 3596 + 3654 + 3584
① 9834 ② 9837
③ 10 834 ④ 10 837
b) $245 \cdot 23 + 245 \cdot 77$
① 24 500 ② 24 523
③ 245 100 ④ 2 452 377
c) $\sqrt{39\,204}$
① 98 ② 198
③ 1098 ④ 10 098
d) $9 \cdot 10 \cdot 11 \cdot 12 \cdot 13$
① 1540 ② 15 440
③ 154 440 ④ 1 544 440
e) $\frac{120}{4} \cdot \frac{330}{3}$
① $\frac{3960}{12}$ ② $\frac{3300}{3}$
③ 3300 ④ $\frac{13\,200}{4}$

64 Überschlage die Ergebnisse.
a) $345 \cdot 28$
b) $52\,100 \cdot 0{,}04$
c) $0{,}045 \cdot 0{,}24$
d) 1144 : 52
e) 489,3 : 0,028
f) 0,28 : 0,039

65 Überschlage die Ergebnisse.
a) Ein Flug über 4900 km dauert 6,5 h. Wie viel km werden pro Stunde ungefähr zurückgelegt?
b) Die Miete für ein Restaurant beträgt 20,50 € pro m^2.
Schätze die ungefähre Höhe der Miete für 110 m^2.
c) 30 Flaschen einer Weinsorte kosten 177 €.
Wie viele Flaschen der gleichen Weinsorte erhält man ungefähr für 500 €?

Zahlenfolgen und Muster

66 Ergänze die fehlende Zahl.
a) 12; 17; 22; 27; ☐
b) 12; 13; 15; 18; 22; ☐
c) 16; 12; 17; 13; 18; ☐
d) 19; 17; 20; 16; 21; 15; ☐
e) 3; 8; 15; 24; 35; ☐
f) 5; 3; 6; 3; 9; 5; ☐
g) 1; 4; 9; 16; ☐
h) 5; 6; 11; 17; 28; ☐

Trainieren

67 Vier der fünf Zeichen gehen durch Drehung auseinander hervor, eines nicht. Welches Zeichen ist das?

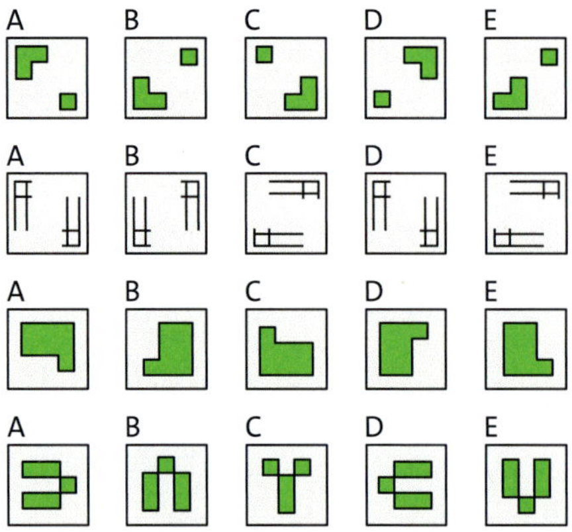

68 Ergänze das fünfte Zeichen in der Folge.

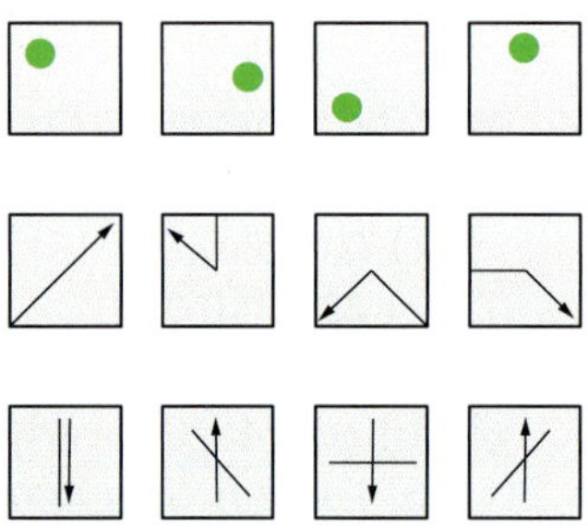

Kopfgeometrie

69 Welcher der vier Körper passt zum Netz?

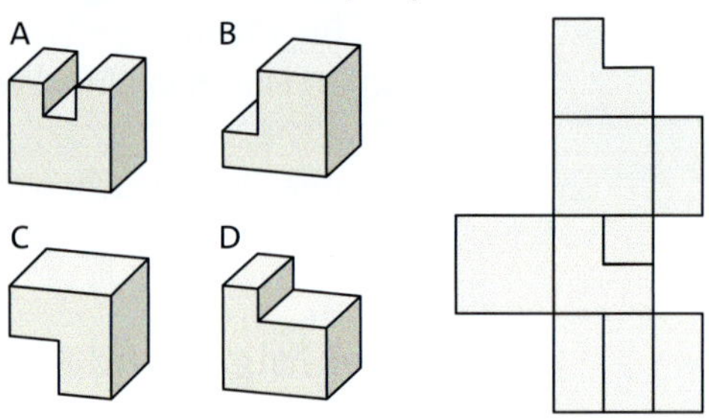

70 Wie viele Flächen hat der Körper? Zähle auch nicht sichtbare Flächen mit.

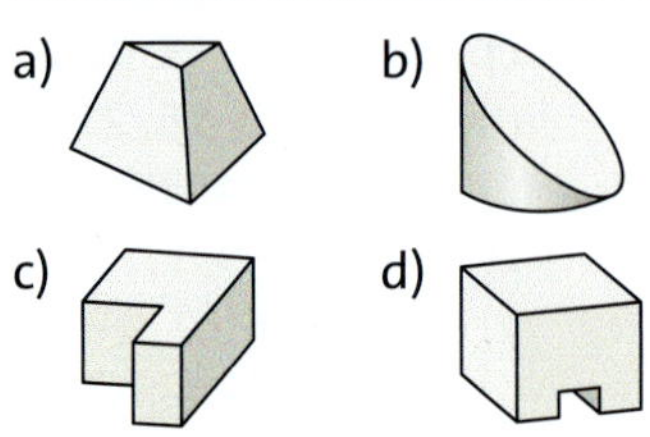

71 Zu jeder schwarzen Zahl (Kante) gehört ein schwarzer Buchstabe im Netz. Zu jeder roten Zahl (Fläche) gehört ein roter Buchstabe. Ordne passend zu.

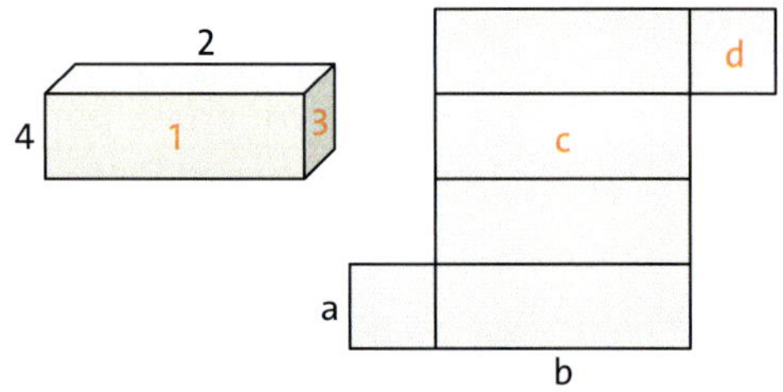

72 Die gleichen 6 verschiedene Zeichen (z. B. ein Punkt in der Mitte, eine Diagonale, zwei Diagonalen) sind auf den Seiten von jedem Würfel abgebildet, aber in unterschiedlicher Lage.

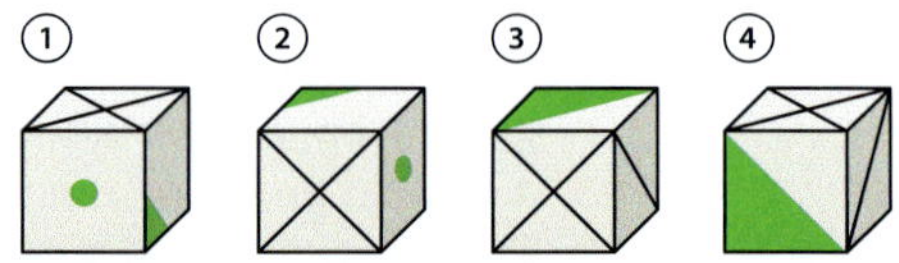

Drei der Würfel finden sich unten in veränderter Lage. Ordne zu.

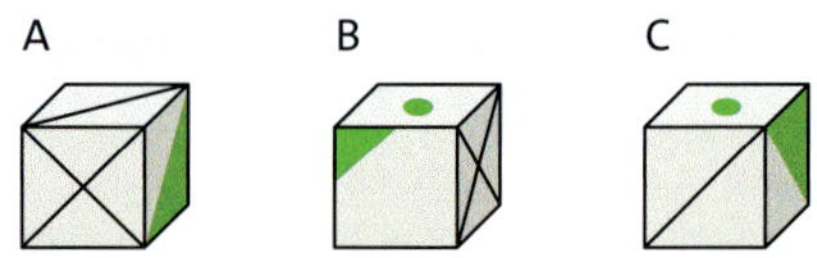

Funktionen

73 Gegeben ist die Funktion $f(x) = 2x^2 - 3x + 1$.
Bestimme die Funktionswerte für $x = -1$, $x = 0$ und $x = 2{,}5$.

74 Bestimme die Nullstellen der Funktion.
a) $f(x) = 4x - 3$
b) $f(x) = 1{,}5x + 9$
c) $f(x) = -x + 6{,}5$

75 Gegeben ist die Funktion $f(x) = -0{,}5x + 2{,}5$.
a) Bestimme die Nullstelle.
b) Bestimme den y-Achsenabschnitt.
c) Bestimme die Steigung m.

Abschlusstest

→ Lösungen ab S. 281

1 Berechne.
a) 358 401 + 58 942
b) 59 602 − 5897
c) 1582 + 5407 + 418 + 93
d) 2305 · 6187
e) 210 126 : 6
f) 65 042 : 17
g) 13 + 7 · 3
h) 139 − (39 + 25)

2 Die 306 Schülerinnen und Schüler sowie 8 Lehrerinnen und Lehrer einer Gesamtschule wollen ein Theaterstück besuchen. In einem Bus können 52 Personen transportiert werden.
Wie viele Busse müssen bestellt werden?

3 Rechne in die angegebene Einheit um.
a) 12 cm (mm) b) 800 cm (dm)
c) 3,5 km (m) d) 150 m (km)
e) 6000 kg (t) f) 450 g (kg)
g) 7 t 50 kg (kg) h) 3 kg 50 g (kg)
i) 7 € 4 ct (€) j) 2 € (ct)
k) 7 min (s) l) 540 min (h)
m) 1 h (s) n) 0,6 h (min)

4 Berechne und kürze das Ergebnis, falls möglich.
a) $\frac{5}{11} + \frac{3}{11}$ b) $\frac{5}{9} - \frac{2}{9}$
c) $\frac{5}{12} + \frac{1}{6}$ d) $8\frac{1}{2} - 5\frac{1}{6}$
e) $\frac{5}{6} + \frac{3}{8}$ f) $3\frac{3}{4} - 1\frac{7}{8}$
g) $\frac{3}{5} \cdot \frac{2}{7}$ h) $\frac{3}{4} \cdot 6$
i) $\frac{9}{14} \cdot \frac{7}{36}$ j) $1\frac{2}{3} \cdot 1\frac{4}{5}$
k) $\frac{6}{11} : 3$ l) $12 : \frac{3}{4}$
m) $\frac{1}{4} : \frac{3}{8}$ n) $2\frac{5}{11} : 1\frac{4}{5}$

5 Berechne.
a) 18,36 + 16,4
b) 3,572 + 0,28
c) 2 − 0,24
d) 7,654 − 4,567
e) 4,25 · 0,87
f) 8,99 · 12
g) 16,92 : 3
h) 1,221 : 0,6

6 Setze die Zahlenfolgen fort.
a) 57; 61; 65; 69; ☐; ☐; ☐
b) 76; 73; 70; 67; ☐; ☐; ☐
c) 10; 7; 14; 11; 22; ☐; ☐; ☐
d) 13; 15; 19; 25; 33; ☐; ☐; ☐
e) 5; 15; 7; 21; 13; ☐; ☐; ☐
f) 3; 5; 8; 13; 21; 34; ☐; ☐; ☐

7 Bestimme die fehlenden Werte.

	p %	G	W
a)	50 %	700 €	
b)	9 %	600 kg	
c)	56 %	1350 m	
d)		80 Personen	20 Personen
e)		300 €	12 €
f)	5 %		13 t
g)	34 %		85 Stück

8 Herr Wassenberg hat 8000 € zu einem Zinssatz von 4,5 % bei einer Bank angelegt.
a) Berechne die Zinsen für ein Jahr.
b) Wie hoch sind die Zinsen im Folgejahr? Berücksichtige den Zinseszinseffekt.

9 Bei der Bürgermeisterwahl erhielt Herr Knickfeld 53 % der Stimmen.
Er wurde von 9858 Bürgern gewählt.
a) Wie viele Bürger haben bei der Wahl ihre Stimme abgegeben?
b) Gegenkandidat Mittermayer erhielt 5896 Stimmen.
Berechne den Prozentsatz.

10 Ein quaderförmiges Aquarium ist 50 cm lang, 30 cm breit und 40 cm hoch.
a) Berechne das Volumen des Aquariums. Gib das Fassungsvermögen in Liter an.
b) Das Aquarium ist zu 95 % mit Wasser gefüllt. Wie viel Wasser ist enthalten?

11 Ein Landwirt besitzt ein rechteckiges Feld. Das Feld hat einen Flächeninhalt von 27 000 m^2 und ist 300 m lang.
a) Wie breit ist das Feld?
b) Eine Anlage bewässert 21 000 m^2 des Felds. Wie viel Prozent sind das?

12 Bei Bäckermeister Reffeling kostet ein Brötchen 0,24 €. 10 Brötchen verkauft er zum Sonderpreis von 2,10 €.
a) Mona kauft drei Brötchen. Wie viel Geld muss sie bezahlen?
b) Mona zahlt mit einer 1-€-Münze. Wie viel Geld erhält sie zurück?
c) Herr Kleinen hat für 5,40 € Brötchen gekauft. Wie viele Brötchen hat er dafür erhalten?

13 An einer Großbaustelle sind 15 Arbeiter für ein Unternehmen tätig. Der Chef schätzt, dass die Arbeiten in 21 Tagen erledigt sind.
Wie viele Arbeiter muss er beschäftigen, wenn die Arbeit in 14 Tagen beendet sein muss? Runde das Ergebnis sinnvoll.

14 Ein Kreis hat einen Umfang von 94,25 cm.
a) Berechne den Radius.
b) Bestimme den Flächeninhalt.
c) Besitzt ein Kreis mit doppeltem Radius den doppelten Umfang?
d) Hat ein Kreis mit dem doppelten Radius den doppelten Flächeninhalt?

15 Ein Dreieck hat die Seitenlängen
$a = 14\,cm$, $b = 11{,}5\,cm$ und $c = 8\,cm$.
Ist das Dreieck rechtwinklig? Begründe.

16 Löse die folgenden Gleichungen.
a) $15x + 48 = 20x - 12$
b) $3(4x + 6) = 2(8x - 3)$
c) $5x - (6 - 3x) = 18$

17 Ein Hotel hat 42 Zimmer mit insgesamt 66 Betten. Es gibt Einzelzimmer und Doppelzimmer.
Wie viele Einzelzimmer und wie viele Doppelzimmer hat das Hotel?

18 Inas Vater ist drei Jahre älter als ihre Mutter. Zusammen sind sie 99 Jahre alt. Bestimme das Alter von Inas Vater.

19 Ein Ehepaar ist zusammen 80 Jahre alt. Der Mann ist 4 Jahre älter als die Frau. Wie alt sind die Frau und der Mann?

20 Überschlage. Gib an, welches Ergebnis passt.
a) $1895 + 5865 + 3584$
① 9344 ② 9345
③ 11 344 ④ 11 345
b) $7215 - 217$
① 6992 ② 6998
③ 7002 ④ 7008
c) $17 \cdot 45 - 7 \cdot 45$
① 100 ② 450
③ 1045 ④ 1450
d) $997 \cdot 1002$
① 8994 ② 98 994
③ 998 994 ④ 9 998 994

21 Eines der fünf Zeichen passt nicht in die Folge. Welches Zeichen ist es?
a)
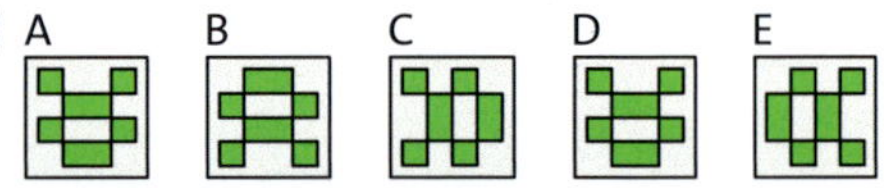

b)
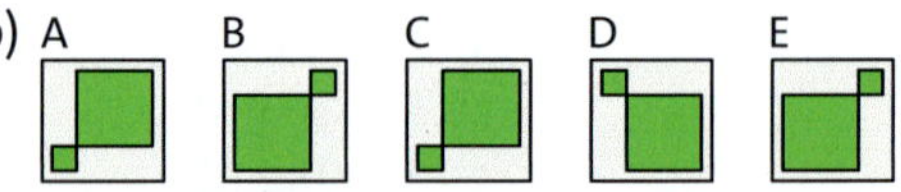

22 Welcher der vier Körper passt zum Netz?
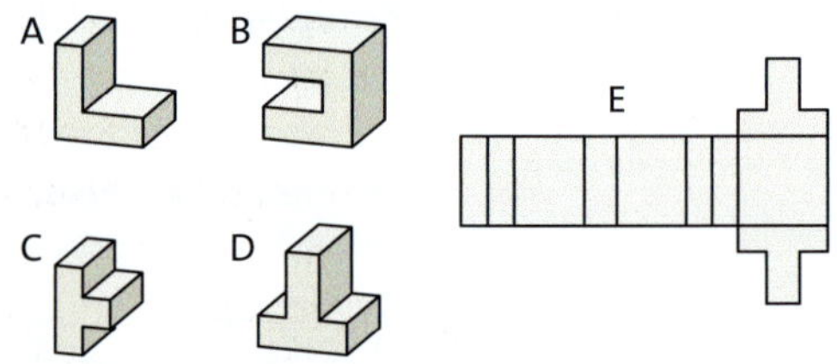

23 Wie viele Flächen hat der Körper? Zähle auch nicht sichtbaren Flächen mit.
a)

b)
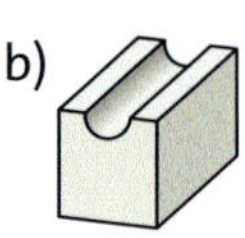

24 Welche drei Figuren sind gleich?
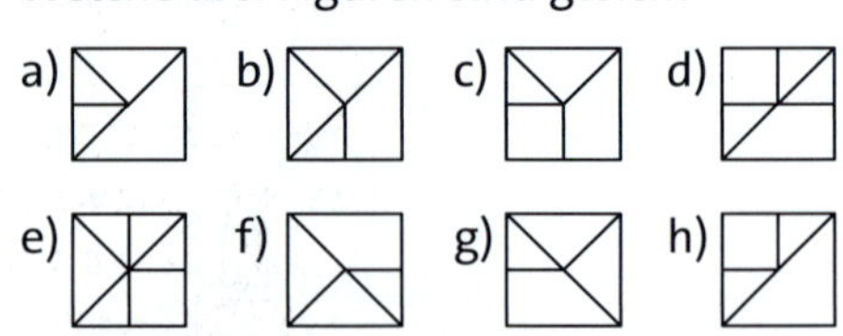

Aufgaben zum Weiterdenken

Weiterdenken

Thema Umwelt- und Klimaschutz

Die Umwelt ist im weitesten Sinne die Erde, auf der wir leben.
In den letzten 100 Jahren ist die Durchschnittstemperatur auf ihr um circa 1 Grad Celsius gestiegen. Das nennt man Klimawandel. Er hat für Tiere, Menschen und Pflanzen schwere Folgen wie schmelzende Gletscher, steigenden Meeresspiegel, vermehrte Überschwemmungen, Starkregen, Hagel, Stürme, Dürre, Hitzewellen und Waldbrände. Beim Umwelt- und Klimaschutz geht es darum, der Umwelt nicht weiter zu schaden, Schäden zu beheben und die Erwärmung der Erde zu stoppen.

→ Lösungen ab S. 282

1 Daten und Diagramme

Aus einigen Abfällen können Rohstoffe gewonnen und zu neuen Produkten verarbeitet werden. Das spart natürliche Rohstoffe wie Wasser, Bäume oder Mineralien und schont die Umwelt. Daher wird in Deutschland der Müll getrennt.

a) Beschreibe das Diagramm.
b) Berechne die fehlenden Anteile.
Gib jeweils als Bruch und in Prozent an.
c) In Toms Stadt erzeugt jeder Mensch jedes Jahr 476 kg Müll.
① Wie viel kg Müll sind das für die jeweiligen Anteile? Berechne.
② Zeichne ein Säulendiagramm. Wähle eine passende Achseneinteilung. Beschreibe dein Vorgehen.
d) Überlegt gemeinsam, wie man Müll vermeiden kann oder besser wiederverwenden kann.

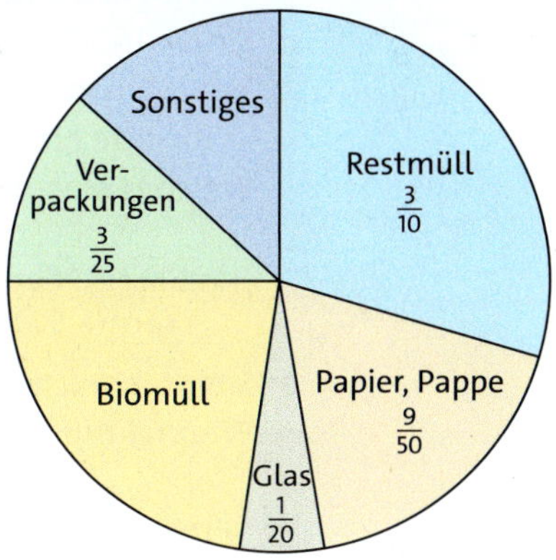

2 Gleichungen

Um mehr Müll zu vermeiden, benutzen viele Menschen Mehrwegverpackungen. Dadurch wird der normale Verpackungsmüll reduziert und die Umwelt geschont.
Das Café Kaffeekränzchen bestellt für sein Lager Mehrwegbecher. Ein Becher kostet im Einkauf 1,10 €.

a) Sie haben insgesamt 440 € für die Mehrwegbecher bezahlt. Wie viele Mehrwegbecher haben sie bestellt? Stelle eine Gleichung auf und löse sie.
b) Im Café werden die Mehrwegbecher 80 Cent teurer als im Einkauf verkauft. Insgesamt wurden 108,30 € an einem Tag eingenommen. Wie viele Becher wurden verkauft? Stelle eine Gleichung auf und löse sie.
c) Im Café kann man auch Kuchen zum Mitnehmen bestellen. Ein Stück Kuchen kostet 2,75 €, eine Portion Schlagsahne 90 Cent und eine Mehrwegverpackung 3,99 €.
① Stelle eine Gleichung für den Gesamtpreis auf.
② Magdalena kauft 4 Kuchenstücke, 3 Portionen Schlagsahne und eine Mehrwegverpackung. Wie viel muss sie bezahlen?

Zum Weiterarbeiten
Was bedeutet der Begriff CO_2-Ausstoß? Recherchiere im Internet.

3 Preise und Flächeninhalte

Viele Menschen möchten regional einkaufen. Das heißt, dass sie nur Produkte kaufen, welche in ihrer Region produziert oder angepflanzt worden sind.
Dadurch verringern sich lange Transportwege und man verursacht weniger CO_2-Ausstoß.
Frau Regner möchte in ihrem Garten verschiedene Gemüsesorten anbauen.

a) Ihr Garten ist 396 m^2 groß. $\frac{1}{3}$ der Fläche möchte sie zum Gemüseanbau nutzen.
Wie viel m^2 sind das?

b) Im Frühling möchte Frau Regner Karotten, Zwiebeln, Spinat und Erbsen anbauen. Dafür kauft sie verschiedene Samen. Sie kauft 8 Tüten Karottensamen, 4 Tüten Zwiebelsamen, 3 Tüten Spinatsamen und 6 Tüten Erbsensamen.
Wie viel kostet das insgesamt?

Samen	Preis pro Tüte
Karotten	1,89 €
Zwiebeln	2,95 €
Spinat	1,19 €
Erbsen	3,49 €

c) Ihre Freunde achten auch auf regionale Produkte und kaufen bei ihr ein.
① Wie viel muss ihre Freundin Sahara für 1 kg Erbsen, 1250 g Spinat, 3 Zwiebeln und 4,5 kg Karotten bezahlen?
② Was bekommt man bei Frau Regner ungefähr für 10 €? Nenne drei verschiedene Möglichkeiten.

d) Simon möchte auch selbst Gemüse anbauen.
Sein Balkon ist 1,50 m breit und 3,20 m lang.
Er möchte höchstens 20 % davon für ein Hochbeet nutzen.
Welches Hochbeet sollte er kaufen?

Hochbeet „Pflanzen"	Hochbeet „Gemüse"	Hochbeet „Kräuter"
144 cm × 60 cm	150 cm × 73 cm	125 cm × 59 cm

e) Simon braucht 260 ℓ Erde. Ein 60-ℓ-Sack kostet 12,99 €.
Wie viel muss er insgesamt bezahlen?

Zum Weiterarbeiten
Wie kommt ihr zur Schule? Mit dem Fahrrad, mit dem Bus, zu Fuß oder mit dem Auto der Eltern? Macht eine Umfrage und stellt diese in einem Diagramm dar.

4 Prozente und Zinsen

Beim Autofahren entstehen viele Gase, die dann in die Umwelt gelangen und schädlich sind.
Viele Menschen steigen deshalb auf Bus, Bahn oder Fahrrad um.

a) Sinan möchte sich ein neues Fahrrad kaufen.
Er bekommt vom Händler zwei Angebote zum Finanzieren.

Angebot A
12 Monate je 50,99 €

Angebot B
Sofort 250 €
Rest in einem Jahr + 5 % Zinsen

Kaufpreis 589 €

Ist Angebot A oder Angebot B günstiger?

b) Frau Möller möchte sich ein Fahrrad für 1800 € kaufen. Sie leiht sich das Geld zu einem Zinssatz von 4,5% p.a. bei der Bank.
Wie viele Zinsen muss sie nach einem Jahr bezahlen?

Fahrradzubehör
Fahrradhelm: 49,99 €
Fahrradschloss: 37,52 €
Fahrradklingel: 8,50 €
Fahrradkorb: 17,99 €

c) Luca kauft sich einen Fahrradhelm, eine neue Fahrradklingel, ein Fahrradschloss und einen Fahrradkorb.
Der Händler gibt ihm einen Preisnachlass von 3,5 %. Wie viel muss Luca bezahlen?

5 Körper

Bienen sind sehr wichtig für unsere Umwelt. Durch das Bestäuben sorgen sie dafür, dass sich Pflanzen fortpflanzen. Viele Obst- und Gemüsesorten entstehen erst durch das Bestäuben der Bienen. In der Landwirtschaft ist die Biene daher ein wichtiges Nutztier.
Leider sind viele Wildbienenarten vom Aussterben bedroht. Um den Wildbienen zu helfen, kann man zum Beispiel ein Wildbienenhotel bauen, in dem sie nisten und überwintern können.
Sarah und Diego wollen zusammen ein Wildbienenhotel für den Garten bauen.

a) Die Dachschrägen sollen von allen Seiten farbig angestrichen werden. Wie groß ist die zu streichende Fläche? Das Holz ist 1 cm dick.
Tipp Die Bretter sind unterschiedlich lang, da sie sich oben überlappen.

b) Der obere Teil soll mit Rundhölzern gefüllt werden. Berechne das Volumen des Dreiecksprismas.
Die Dachschrägen stehen unten jeweils 1,5 cm über.
Vernachlässige die Stärke der Rückwand.
Tipp Berechne die Höhe mit dem Satz des Pythagoras.

c) In der Mitte sollen drei gleich große Zylinder platziert werden.
Welchen Radius dürfen sie maximal haben?

d) Der obere Zylinder soll einen Durchmesser von 7 cm haben. Berechne das Volumen.
Vernachlässige die Stärke der Rückwand.

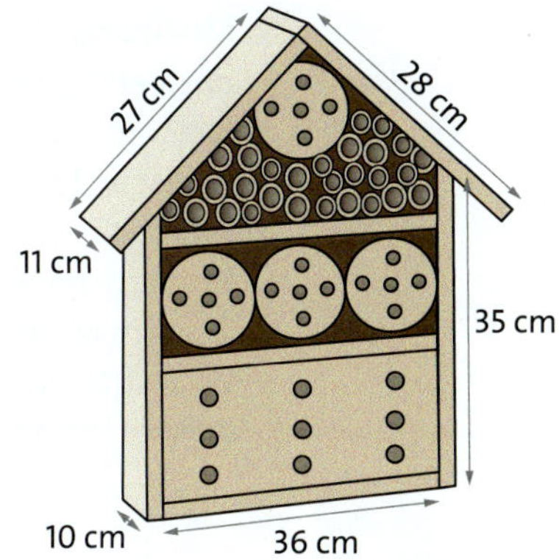

Zum Weiterarbeiten
Welche anderen Energiequellen gibt es? Recherchiere im Internet.

6 Zuordnungen

Energie brauchen wir meistens in Form von Wärme und Elektrizität. Es gibt verschiedene Möglichkeiten, um Energie zu gewinnen.
Brennstoffe wie Kohle und Erdöl sind fossile Energiequellen, welche begrenzt und umweltschädigend sind.
Zur sogenannten erneuerbaren Energie zählen zum Beispiel Windenergie und Sonnenenergie.
Diese Energiequellen werden nicht aufgebraucht und stehen somit unbegrenzt zur Verfügung.
Außerdem leistet die erneuerbare Energie einen großen Beitrag zum Klimaschutz.

a) Der Stromverbrauch wird in Kilowattsunden (kWh) berechnet. Die Formel dafür lautet:
Stromverbrauch (in kWh) = Leistung (in kW) · Zeit (in h)
1000 Wattstunden sind 1 Kilowattstunde.
Ein Föhn hat eine Leistung von 2000 Watt. Frau Hackel föhnt sich täglich durchschnittlich 10 Minuten die Haare. Berechne den Stromverbrauch in Kilowattstunden pro Jahr.

b) Frau Wang möchte sich eine Solaranlage für ihren Balkon kaufen, damit sie kostengünstig und umweltschonend Strom erzeugen kann. Sie möchte sich die „Sunset“-Solaranlage kaufen und spart jeden Monat 75 €.
Wie lange muss sie mindestens sparen?

c) Herr und Frau Winter verbrauchen 2000 kWh pro Jahr in ihrem Haushalt. Sie zahlen bei ihrem Stromanbieter 34 Cent pro kWh. Ihre Solaranlage produziert 26 % vom Gesamtverbrauch.
① Wie viel sparen sie dadurch pro Jahr?
② Die Solaranlage hat 712,99 € gekostet. Nach wie vielen Jahren hat sich der Kauf gelohnt?

Weiterdenken

Thema Gesunde Ernährung und Bewegung

Eine ausgewogene und gesunde Ernährung ist wichtig für den menschlichen Körper.
Pflanzliche Produkte wie Getreide oder Kartoffeln liefern dem Körper wichtige Kohlenhydrate in Form von Stärke.
Obst, Gemüse und Salat beinhalten viele Vitamine und Ballaststoffe, welche wichtig für den Stoffwechsel und die Gesundheit sind.
Milch und Milchprodukte liefern dem Körper das notwendige Eiweiß und auch Mineralien wie Kalzium, welches wichtig für den Knochenaufbau ist.
Tierische Produkte wie Fleisch, Fisch und Eier beinhalten ebenfalls hochwertigen Eiweiße.
Wichtig ist, immer genug Flüssigkeit zu sich zu nehmen, zum Beispiel in Form von Wasser.
Körperliche Aktivitäten wirken sich ebenso positiv auf die Gesundheit aus.
Regelmäßige Bewegung trainiert das Herz-Kreislaufsystem, das Immunsystem und viele wichtige Funktionen im Körper.
Zu wenig Bewegung erhöht das Risiko für Herzerkrankungen, Schlaganfälle und Diabetes.

__Zum Weiterarbeiten__
Ernährst du dich gesund? Schreibe eine Woche lang auf, was du gegessen hast und vergleiche mit dem Diagramm.

1 Daten und Diagramme

Der Ernährungskreis zeigt, wie die Verteilung einer gesunden Ernährung mit den lebensnotwendigen Nährstoffen aussieht. Wenn man sich gesund ernähren will, sollte man sich täglich für seine Mahlzeiten ein Nahrungsmittel aus jedem Anteil auswählen.

a) Beschreibe das Diagramm.
Was bedeuten die einzelnen Anteile?
b) Schreibe die Prozente auch als Dezimalzahlen und Brüche.
c) Zeichne ein Streifendiagramm.
Beschreibe dein Vorgehen.
Tipp Zeichne das Streifendiagramm 10 cm lang.
10 cm entsprechen 100 %

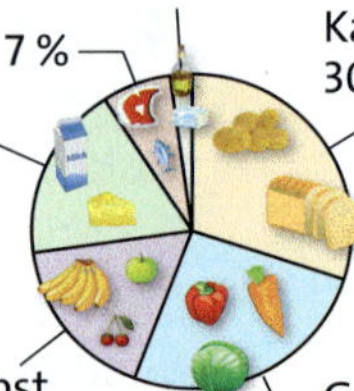

d) Leonie isst an einem Tag Brötchen mit Butter und Käse, Joghurt und Blumenkohl mit Kartoffeln und Würstchen. Welcher Anteil aus dem Ernährungskreis fehlt ihr an dem Tag?

__Zum Weiterarbeiten__
Schaut euch eine Nährwerttabelle auf einem verpackten Lebensmittel an. Was kann man dort alles ablesen?

2 Dreisatz

NAHRWERTE DURCHSCHNITTLICH IN 100g:	
Brennwert	385 kJ / 91 kcal
Eiweiß	3,2 g
Kohlenhydrate	14,2 g
davon Zucker	14,2 g
Fett	2,4 g
davon gesättigte Fettsäuren	1,7 g
Ballaststoffe	0,1 g
Natrium	0,04 g

Bei verpackten Lebensmitteln muss der Hersteller eine Nährwerttabelle angeben.
Dort kann man zum Beispiel ablesen, wie viel Eiweiß, Fett oder Kohlenhydrate ein Produkt hat.
Die Angaben werden meistens für 100 g angegeben.

a) Berechne die Eiweißmenge und die Zuckermenge des Joghurts für 50 g, 150 g und 250 g.
b) Der Brennwert gibt an, wie viel Energie dir ein Lebensmittel liefert. Dieser Wert wird in Kilokalorien (kcal) oder Kilojoule (kJ) angegeben.
Gib die Energie der Lebensmittel in Kilokalorien pro 100 g an.

① 
200 g; 114 kcal

② 
85 g; 323 kcal

③ 
25 g; 122 kcal

④ 
250 g; 585 kcal

3 Dreisatz und Diagramme

Viele Menschen möchten aufgrund der Gesundheit weniger Zucker zu sich nehmen. Jedoch ist das nicht so einfach. Denn Zucker versteckt sich in vielen Lebensmitteln, in denen man ihn gar nicht vermutet. Dazu gehören zum Beispiel Konserven, Fertigprodukte, Säfte und Joghurt.

a) Vergleiche die Zuckeranteile in den Lebensmitteln.
Beschreibe dein Vorgehen.

b) Wie viel Gramm Zucker ist in 2 ℓ Orangensaft enthalten?

c) Berechne wie viel Gramm Zucker jeweils in 100 mℓ enthalten sind.
Zeichne dazu ein Diagramm und wähle eine geeignete Diagrammart.
Beschreibe dein Vorgehen.

d) Informiert euch im Internet über den Zuckeranteil in Lebensmitteln und vergleicht die Anteile.

Eistee 1 ℓ	Apfelsaft 0,5 ℓ	Orangensaft 0,75 ℓ

Ein Würfelstück steht für 3 g.

Hinweis
Die Abkürzungen stehen für englische Begriffe:
m mass
l length
t time

4 Gleichungen

Der Grundumsatz gibt an, wie viel Energie unser Körper pro Tag zum Überleben benötigt. Der Wert ist abhängig vom Geschlecht, der Größe, dem Gewicht und dem Alter.

Grundumsatz (in kcal pro Tag)
Frauen: Grundumsatz = $665{,}1 + (9{,}6 \cdot m) + (1{,}8 \cdot l) - (4{,}7 \cdot t)$
Männer: Grundumsatz = $66{,}47 + (13{,}7 \cdot m) + (5 \cdot l) - (6{,}8 \cdot t)$

m: Gewicht in kg; l: Größe in cm; t: Alter in Jahren

a) Berechne den Grundumsatz.
① Cloe wiegt 63 kg, ist 168 cm groß und 22 Jahre alt.
② Markus wiegt 88 kg, ist 1,82 m groß und 51 Jahre alt.
③ Betül ist 36 Jahre alt, 172 cm groß und wiegt 70,5 kg.
④ Josef ist 72 Jahre alt, 1,85 m groß und wiegt 91,2 kg.

b) Berechnet euren eigenen Grundumsatz und vergleicht.

5 Zuordnung

Der Körper verbrennt ständig Energie, welche er aus Nahrung bezieht. Je mehr man sich bewegt, umso höher ist der Energiebedarf.

a) Jonathan hat 5 Pizzastücke gegessen, die jeweils 124 kcal haben.
Abends geht er zum Badminton und verbrennt pro Stunde 410 kcal.
Wie lange muss er mindestens spielen, um die Pizza zu verbrennen?

b) Jane hat ein Viertel einer Schokoladentafel gegessen.
Eine Tafel hat 515 kcal.
Sie geht Fahrrad fahren und verbraucht 232 kcal pro 30 min.
Wie lange muss sie mindestens fahren?

c) Francis isst zum Frühstück Joghurt mit 105 kcal, Himbeeren mit 42 kcal und Honig mit 35 kcal.
Danach macht sie einen Spaziergang und verbrennt 178 kcal pro Stunde.
Wie lang muss sie spazieren gehen, bis sie das Mittagessen verbrannt hat?

Weiterdenken

Thema Partnerschule in Afrika

Nicht alle Kinder auf der Welt haben die Möglichkeit zur Schule zu gehen. In Afrika gibt es zum Beispiel zu wenig Schulen und die Lehrkräfte sind teilweise schlecht ausgebildet. Viele Kinder sind daher benachteiligt. Sie brauchen Unterstützung, um Lesen und Schreiben zu lernen. Denn eine gute Schulbildung hebt die Chance auf eine bessere Berufsausbildung. Nur so können sie der Armut entfliehen. Viele Organisationen unterstützen die Kinder in benachteiligten Ländern und ermöglichen ihnen somit ein besseres Leben.

Zum Weiterarbeiten
Sucht euch ein Land in Afrika aus und erstellt dazu ein Plakat. Stellt es in der Klasse vor.

1 Preise

Die Klasse 9 c aus Deutschland möchte ihrer Partnerschule in Namibia Spendenpakete schicken. Es gibt verschiedene Arten von Spenden.

a) In der Klassenkasse sind insgesamt 80 €.
Die Versandkosten übernimmt die Klassenlehrerin.
Stellt verschiedene Kombinationen zusammen.
Welche Säcke würdet ihr wählen und warum?

b) Die Klasse 9 b möchte ebenfalls spenden:
4 Säcke Kleidung, 3 Säcke Lebensmittel, 5 Säcke Schulsachen und 2 Säcke Spielsachen.
Der Versand eines Pakets nach Afrika kostet 45,99 € pro angefangene 5 kg.
Wie teuer ist alles insgesamt?

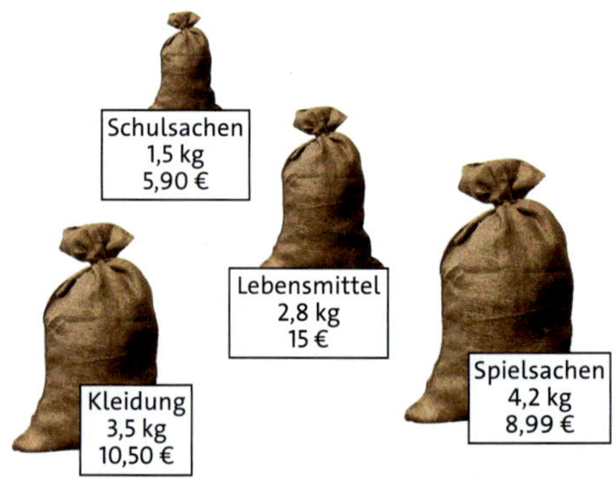

2 Flächeninhalt und Umfang

Ein Klassenzimmer der Partnerschule in Afrika soll renoviert werden.

a) Bevor gestrichen wird, müssen die Fußleisten, der Türrahmen und die Fensterrahmen mit Klebeband abgeklebt werden.
Wie lang muss das Klebeband sein?

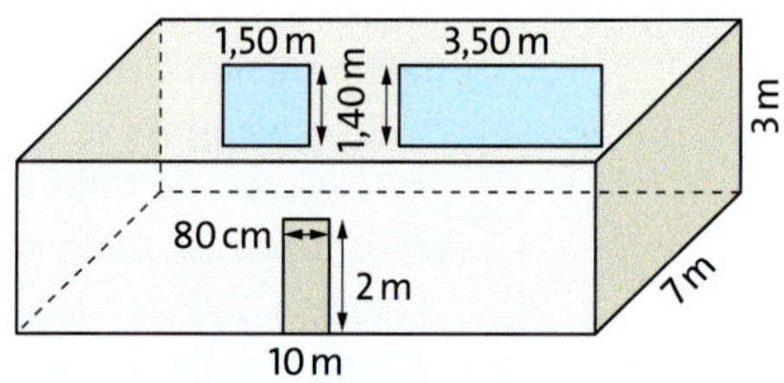

b) Die Wände sollen mit Farbe gestrichen werden.
① Berechne den Flächeninhalt.
Tipp Subtrahiere beide Fenster und die Tür.
② Ein Eimer Farbe reicht für 20 m^2.
Wie viele Eimer werden mindestens benötigt?
③ Ein Eimer kostet 19,99 €. Das Klebeband kostet 8,20 €. Sie haben insgesamt 540,60 € Spenden für die Renovierung eingeplant. Vom Rest wollen sie neue Stühle für je 24,95 € kaufen. Wie viele Stühle können sie kaufen?

3 Zylinder

Viele Menschen auf der Erde haben keinen Zugang zu sauberem Wasser. Oft müssen sie stundenlang zu Seen oder Flüssen laufen, um Wasser in Krügen zu transportieren. Selbst dieses Wasser ist oft verschmutzt und enthält viele Keime. Damit die Menschen schneller an keimfreies Wasser kommen, werden Brunnen benötigt.

a) Der Brunnen für die Partnerschule soll ein Volumen von 88 m^3 haben und 54,50 m tief sein. Er hat die Form eines Zylinders.
Berechne den Durchmesser. Runde sinnvoll.

b) Wie viel Liter Wasser passen in den Holzeimer? Runde auf volle Liter.

Hinweis
1 cm^3 ist 1 ℓ

Lineare Funktionen Noch fit?

Seite 7

1 a) 3 b) 20 c) −5 d) 6,5

2 a) x = 6 b) x = 3 c) x = −2
d) x = 75 e) x = −18 f) x = −2

3 A(4 | 1); B(2 | 2); C(1 | 0); D(1 | −2); E(−3 | 1); F(−3 | −2)

4

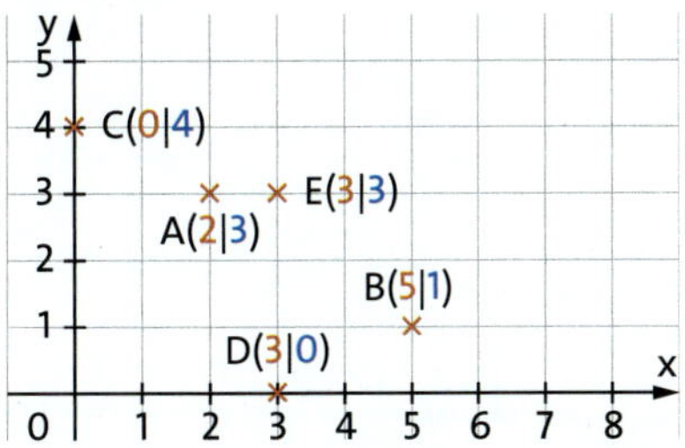

1 a) 3 b) 20 c) −5 d) 6,5

2 a) x = 16 b) x = −3 c) x = −7
d) x = 75 e) x = 18 f) x = −2

3 A(4 | 1); B(2 | 2); C(1 | 0); D(1 | −2); E(−3 | 1); F(−3 | −2)

4

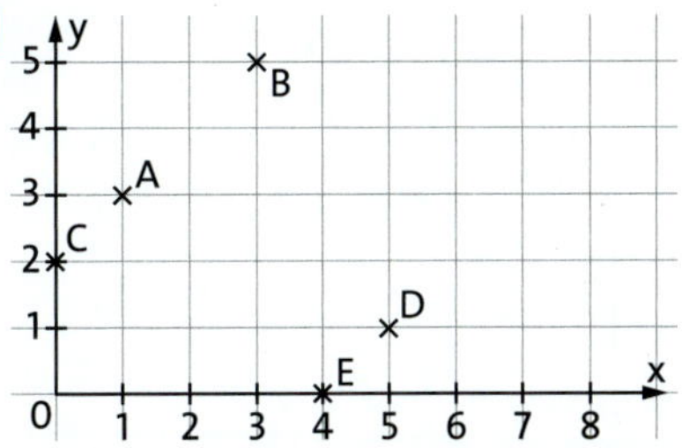

5 Die steigende Gerade gehört zu ①, denn je mehr Brötchen gekauft werden, desto höher wird der Preis. Der fallende Graph gehört zu ②, denn je mehr Bauarbeiter es gibt, desto kürzer ist die benötigte Zeit.

Lineare Funktionen Klar soweit?

Seite 26/27

1 a) Der Anzahl der Birnen wird der Preis in € zugeordnet. Beispiel: (1 | 0,25); B(4 | 1,00)
b) Der Zeit in Stunden wird die Regenmenge in Litern zugeordnet. A(1 | 5); B(2 | 10)

2 a)

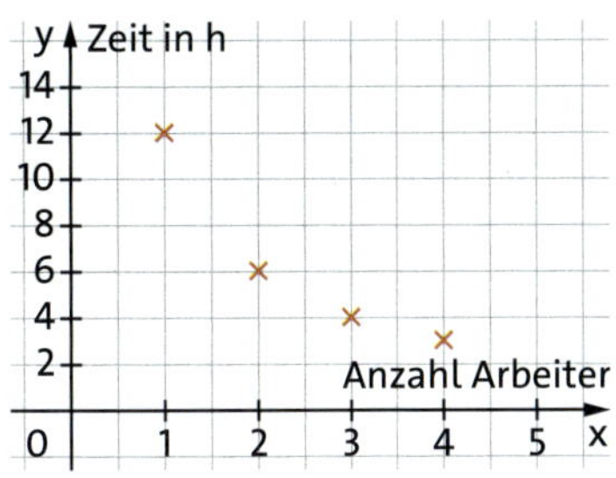

b)

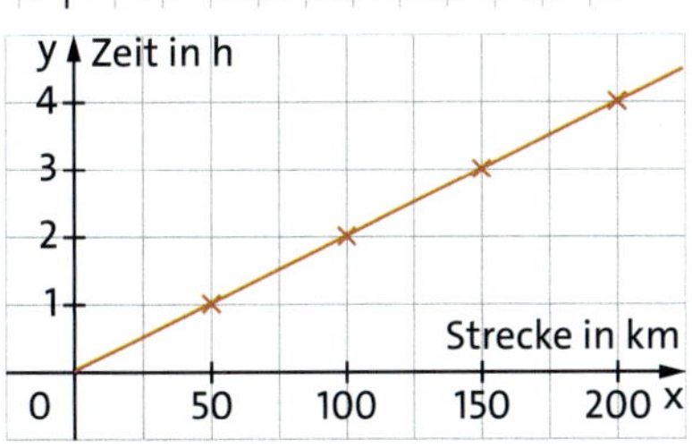

3 a) y = 4 b) y = 10 c) y = 13

1 a) Der Anzahl an Flaschen wird der Pfandpreis in € zugeordnet. A(1 | 0,25); B(2 | 0,50)
b) Der Zeit in Stunden wird die Regenmenge in Litern zugeordnet. A(1 | 5); B(2 | 10)

2 a)

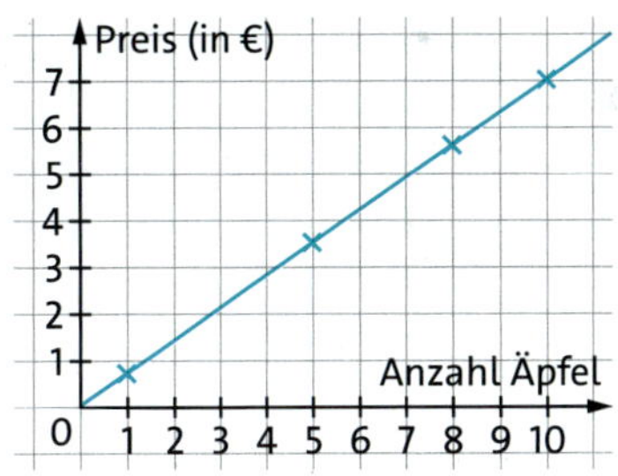

b)

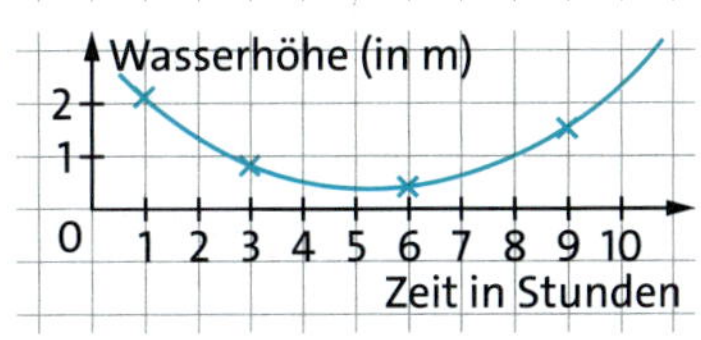

3 a) y = 13 b) y = −32 c) y = 48

4 a)

x	0	1	2	3
y	−2	2	6	10

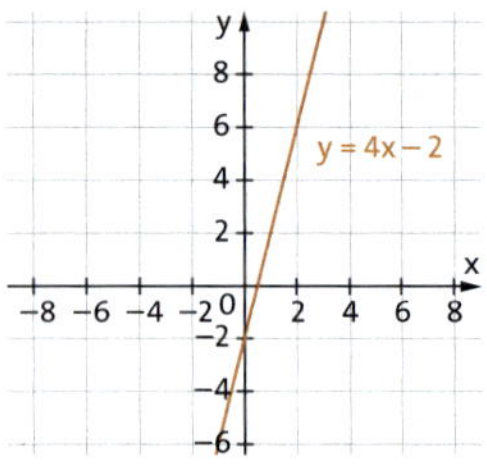

b)

x	0	1	2	3
y	1	−1	−3	−5

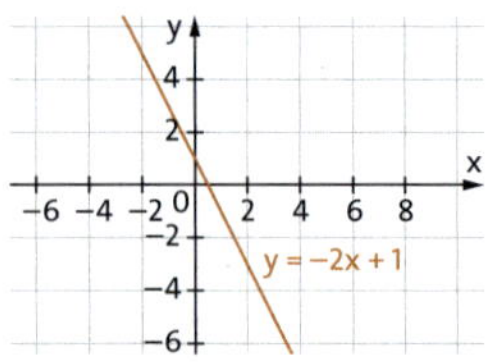

5 a)

Anzahl Wochen	1	2	5	10
Höhe in cm	12	14	20	30

b) $y = 2x + 10$

6 a)

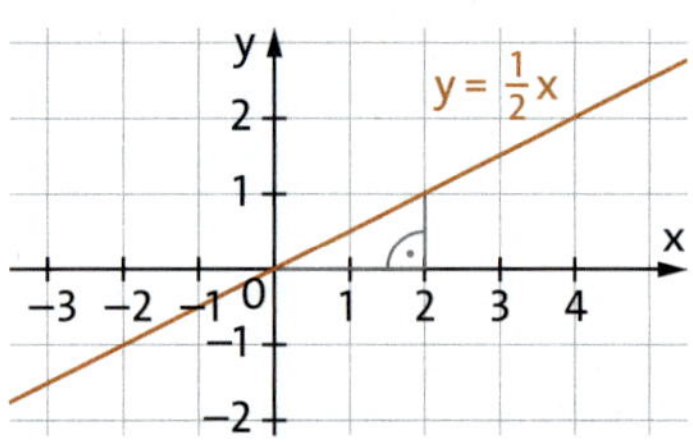

b)

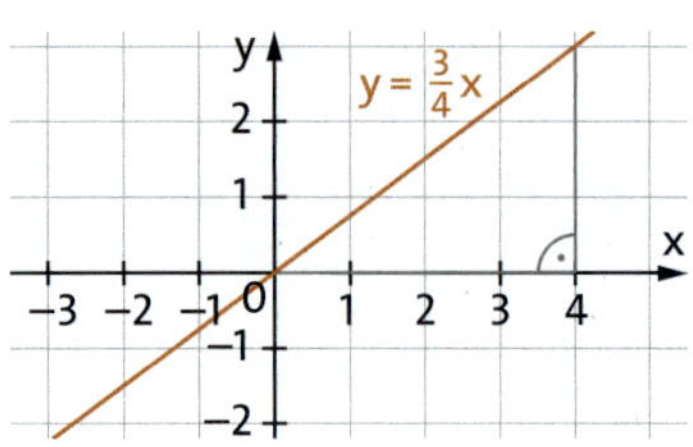

7 a) $m = \frac{2}{3}$ b) $m = \frac{3}{2}$

8 a) $b = 0;\ y = 3x$ b) $b = -1;\ y = \frac{1}{x} - 1$

4 a)

x	−2	−1	0	1	2
y	−5,5	−3,5	−1,5	0,5	2,5

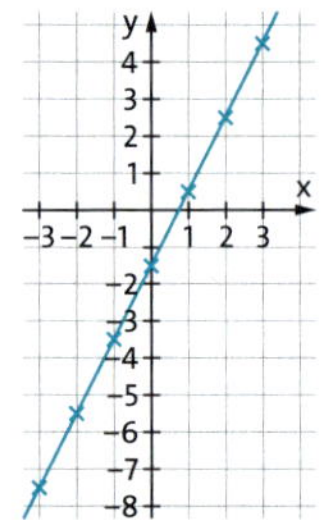

b)

x	−2	−1	0	1	2
y	3	2,5	2	1,5	1

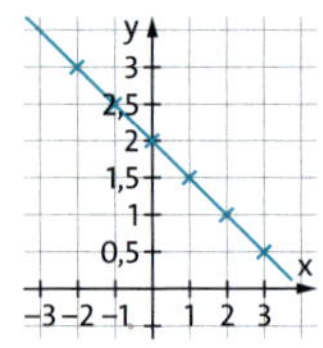

5 a)

Anzahl km	5	10	15	20	25
Preis in €	5,00	7,50	10,00	12,50	15,00

b) $y = 0{,}50x + 2{,}50$

6 a)

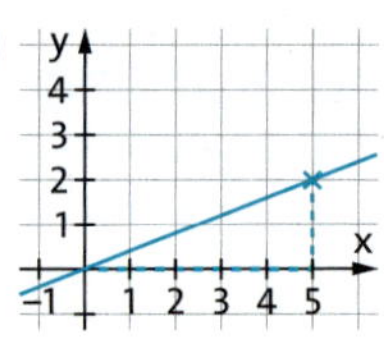

b)

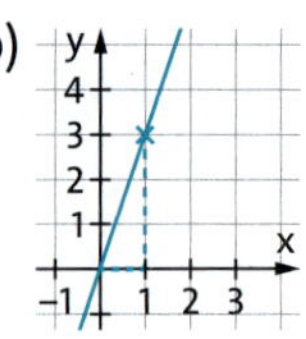

c)

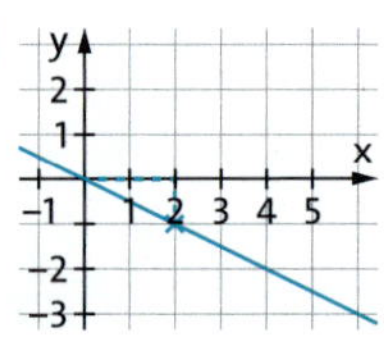

7 a) $m = \frac{3}{5}$ b) $m = \frac{2}{1} = 2$

8 a) $b = 1;\ y = \frac{1}{2}x + 1$ b) $b = 3;\ y = -2x + 3$

9 a)

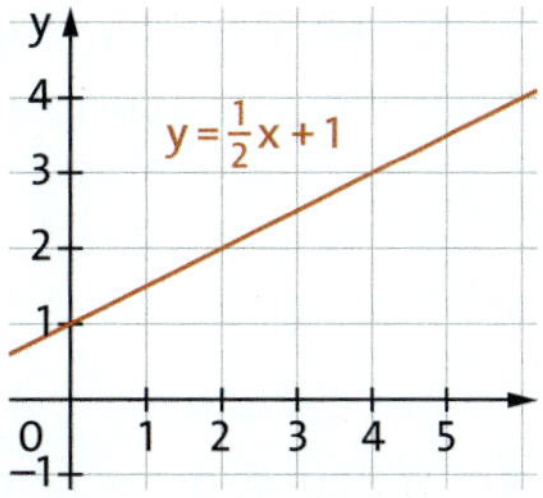

b)

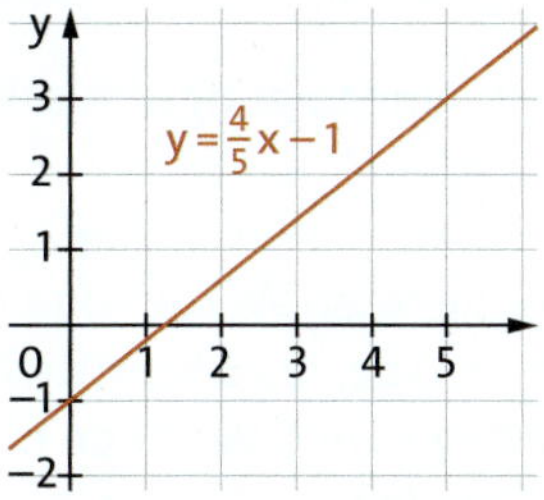

9 a)

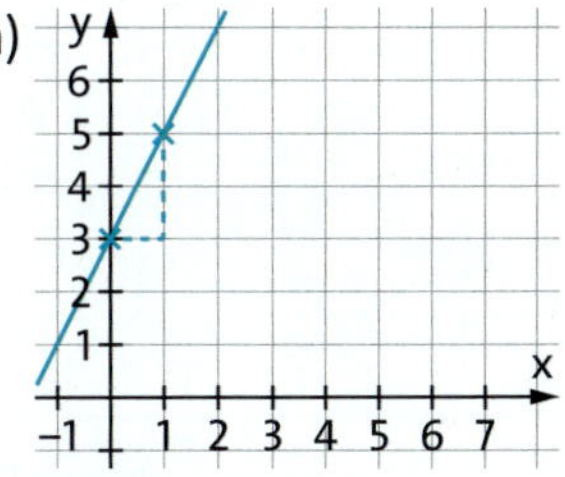

b)

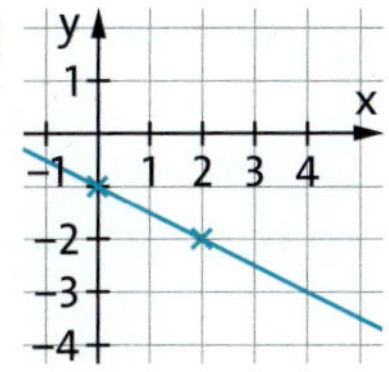

c)

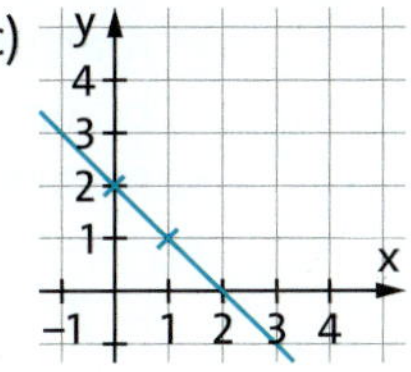

d)

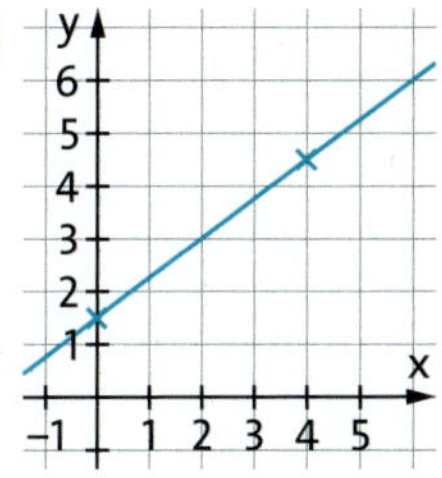

10 a) $m = \frac{1}{2}$ b) $m = \frac{3}{2}$ c) $m = \frac{3}{4}$ d) $m = -1$

11 a) $y = x + 1$ b) $y = \frac{3}{2}x + 3$
c) $y = x + 2$

11 a) $y = 0{,}5x + 1$ b) $y = 3x - 3$
c) $y = x + 2$

Lineare Funktionen Teste dich!

Seite 35

1 proportionale Funktion:

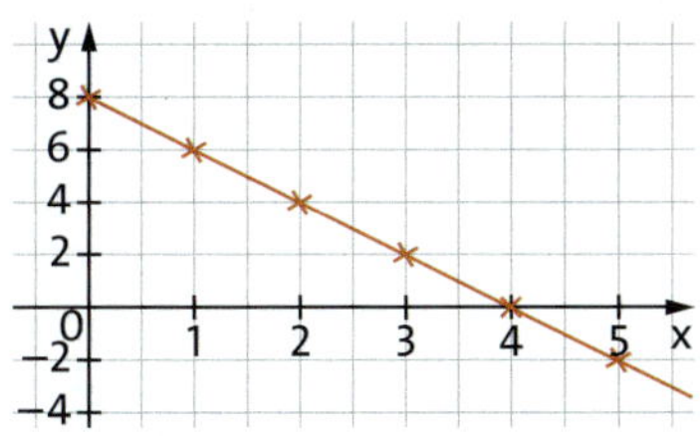

2 a) $y = 11$ b) $y = 2$

a) $y = 3 \cdot 2 + 5 = 6 + 5 = 11$ b) $y = 3 \cdot (-1) + 5 = -3 + 5 = 2$

3 a) Der Zeit in Tagen wird die Höher der Pflanze in cm zugeordnet.
b) $y = 1{,}5x + 10$
c)

Zeit in Tagen	0	1	2	5
Höhe in cm	10	11,5	13	17,5

a) Jedem Tag wird eine bestimmte Höher der Pflanze zugeordnet.

b) Am Anfang ist die Pflanze 10 cm hoch. Das ist der feste Wert. Der Wert 1,5 wird entsprechend der Anzahl der Tage multipliziert. Das ist die Steigung.

c) Man erstellt eine Wertetabelle mit den angegebenen x-Werten 0, 5, 10 und 15 und setzt sie nacheinander in die Funktionsgleichung ein.

d) 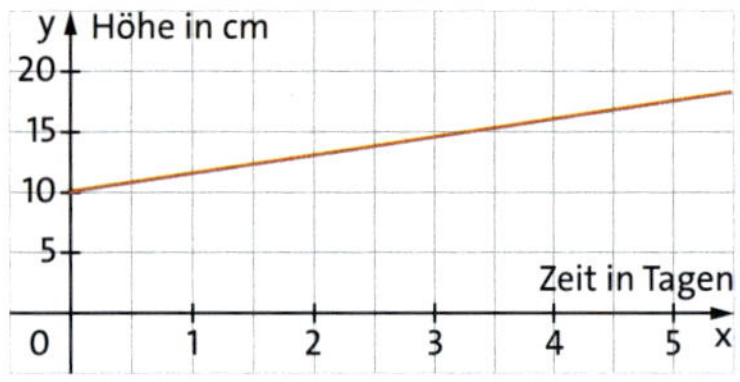

d) Zeichne ein Koordinatensystem mit den Werten 0 bis 5 auf der x-Achse und 0 bis 20 auf der y-Achse. Trage dann die Werte ein und verbinde sie.

4 a) $y = \frac{1}{2}x + 2$

b) $y = x - 1$

blau: Der y-Achsenabschnitt liegt bei 2. Am Steigungsdreieck liest man die Steigung $\frac{1}{2}$ ab.
braun: Der y-Achsenabschnitt liegt bei −1. Am Steigungsdreieck liest man die Steigung $\frac{1}{1} = 1$ ab.

5 a) 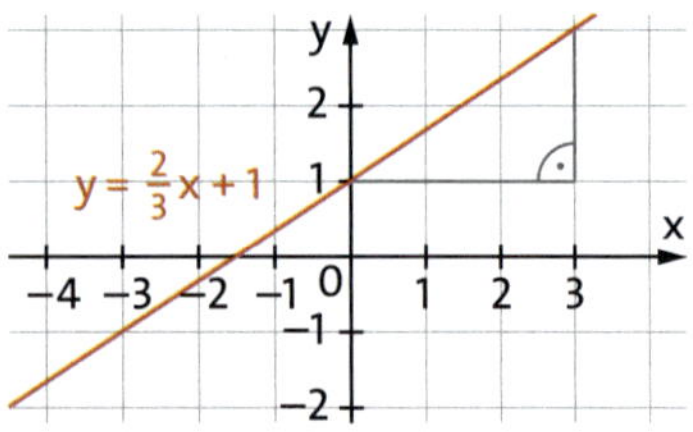

a) Zeichne ein Koordinatensystem mit geeigneten Werten und trage den y-Achsenabschnitt bei 1 ein. Gehe von da aus 3 Schritte nach rechts und 2 nach oben und markiere den Punkt. Verbinde diesen mit dem y-Achsenabschnitt zu einer Geraden.

b) 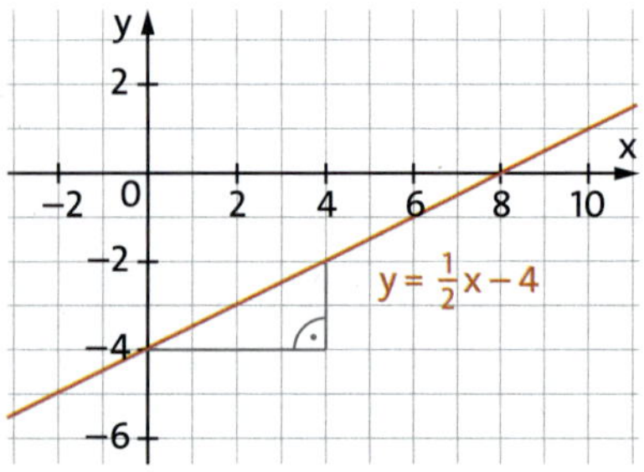

b) Zeichne ein Koordinatensystem mit geeigneten Werten und trage den y-Achsenabschnitt bei −4 ein. Gehe von da aus 2 Schritte nach rechts und 1 nach oben und markiere den Punkt. Verbinde diesen mit dem y-Achsenabschnitt zu einer Geraden.

6 a) $m = \frac{1}{2}$; $b = 4$; $y = \frac{1}{2}x + 4$

b) $m = 1$; $b = 5$; $y = x + 5$

a) ① $m = \frac{(6-4)}{(4-0)} = \frac{2}{4} = \frac{1}{2}$
② P_1 einsetzen: $4 = \frac{1}{2} \cdot 0 + b = 0 + b$; $b = 4 - 0 = 4$
③ m und b einsetzen: $y = \frac{1}{2}x + 4$

b) ① $m = \frac{(8-5)}{(3-0)} = \frac{3}{3} = 1$
② P_1 einsetzen: $5 = -2 \cdot 0 + b = 0 + b$; $b = 5 - 0 = 5$
③ m und b einsetzen: $y = x + 5$

Lineare Funktionen Teste dich!

Seite 35

1 proportionale Funktion:

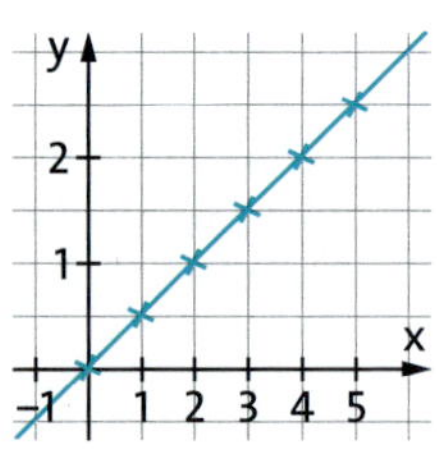

2 a) $y = 9{,}5$ b) $y = 0{,}5$

a) $1{,}5 \cdot 2 + 6{,}5 = 9{,}5$ b) $1{,}5 \cdot (-4) + 6{,}5 = 0{,}5$

---

3 a) Der Zeit in Minuten ist die abgelassene Wassermenge in Litern zugeordnet.

a) Jeder Minute wird eine bestimmte Menge an Wasser zugeordnet.

b) $y = 120 - 8x$

b) Am Anfang befinden sich 120 Liter in der Wanne. Das ist der feste Wert. Der Wert 8 wird entsprechend mit der Anzahl der Minuten multipliziert. Das ist die Steigung.

c)

Zeit in min	0	5	10	15
Wassermenge in l	120	80	40	0

c) Man erstellt eine Wertetabelle mit den angegebenen x-Werten 0, 5, 10 und 15 und setzt sie nacheinander in die Funktionsgleichung ein.

d)

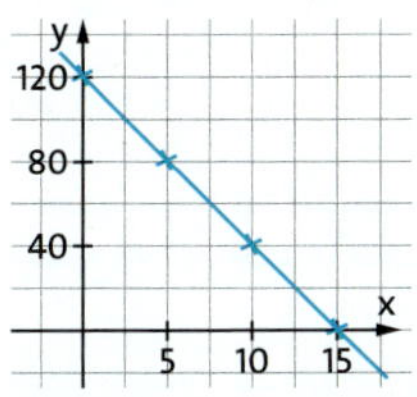

d) Zeichne ein Koordinatensystem mit den Werten 0 bis 15 auf der x-Achse und 0 bis 120 auf der y-Achse. Trage dann die Werte ein und verbinde sie.

e) Der Wert 0 bei 15 Minuten bedeutet, dass die Badewanne leer ist.

e) Wenn die Wassermenge 0 beträgt, heißt das, dass die Badewanne kein Wasser mehr enthält.

---

4 orange: $y = 3 - x$

blau: $y = -2 + \frac{1}{3}x$

orange: Der y-Achsenabschnitt liegt bei 3. Am Steigungsdreieck liest man die Steigung $-\frac{1}{1} = -1$ ab.
blau: Der y-Achsenabschnitt liegt bei −2. Am Steigungsdreieck liest man die Steigung $\frac{1}{3}$ ab.

---

5 a)

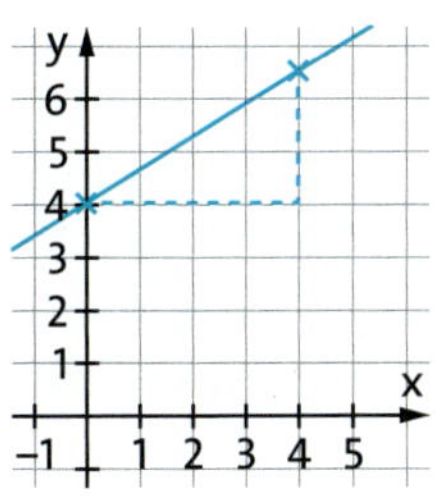

a) Zeichne ein Koordinatensystem mit geeigneten Werten und trage den y-Achsenabschnitt bei 4 ein. Gehe von da aus 8 Schritte nach rechts und 5 nach oben und markiere den Punkt. Verbinde diesen mit dem y-Achsenabschnitt zu einer Geraden.

b)

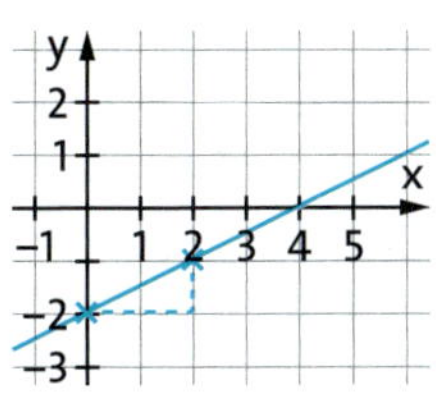

b) Zeichne ein Koordinatensystem mit geeigneten Werten und trage den y-Achsenabschnitt bei −2 ein. Gehe von da aus 2 Schritte nach rechts und 1 nach oben und markiere den Punkt. Verbinde diesen mit dem y-Achsenabschnitt zu einer Geraden.

---

6 a) $m = \frac{2}{3}$; $b = \frac{14}{3}$; $y = \frac{2}{3}x + \frac{14}{3}$

a) ① $m = \frac{(8-4)}{(5-(-1))} = \frac{4}{6} = \frac{2}{3}$

② P_1 einsetzen: $8 = \frac{2}{3} \cdot 5 + b = \frac{10}{3} + b$; $b = 8 - \frac{10}{3} = \frac{14}{3}$

③ m und b einsetzen: $y = \frac{2}{3}x + \frac{14}{3}$

b) $m = -2$; $b = 3$; $y = -2x + 3$

b) ① $m = \frac{(7-3)}{(-2-0)} = \frac{4}{-2} = -2$
② P_1 einsetzen: $7 = -2 \cdot (-2) + b = 7 - 4$; $b = 3$
③ m und b einsetzen: $y = -2x + 3$

Lineare Gleichungssysteme Noch fit? Seite 37

1 a) $x + 8$ b) $15 - x$ c) $2 \cdot x$

2 a) 10 b) 0 c) 16

3 a) $x = 10$ b) $x = 3$ c) $x = 8$ d) $x = 2$

4 a) ① $m = 1$; $b = -1{,}5$ ② $m = -2$; $b = 2$
b) A $y = 2x - 1 \rightarrow$ ①; B $y = -2x + 2 \rightarrow$ ②

5

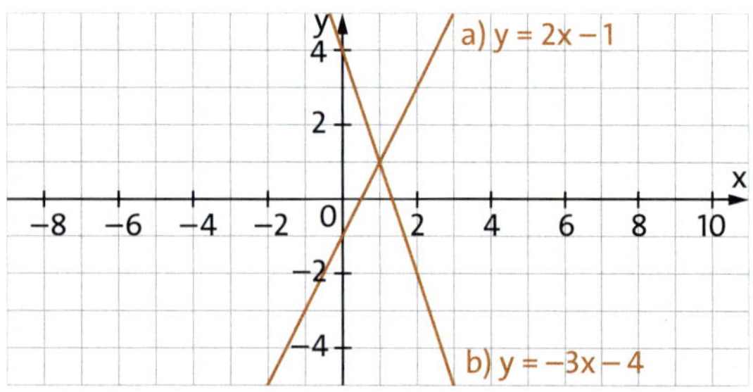

6 a) $y = x + 7$ b) $y = -8x + 10$

1 a) $3x$ b) $2y + 8$ c) $(z - 5) \cdot 3$

2 a) 11 b) −26 c) 17

3 a) $x = 25$ b) $x = 8$ c) $x = 5$ d) $x = -7$

4 a) ① $m = 2$; $b = -1$ ② $m = -1$; $b = 1{,}5$
b) A $y = 2x - 1 \rightarrow$ ①; B $y = -x + 1{,}5 \rightarrow$ ②

5

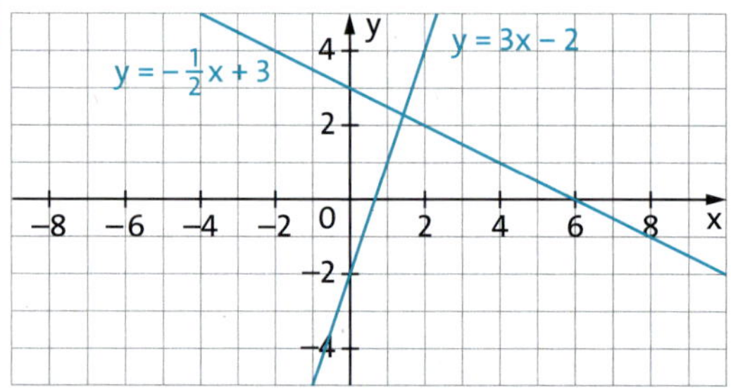

6 a) $y = -5x - 6$ b) $y = 3x + 5$

Lineare Gleichungssysteme Klar soweit? Seite 56/57

1 a) $(-1|9)$ ist eine Lösung, denn $9 = 8 - (-1)$.
b) $(4|-2)$ ist Lösung, denn $2 \cdot 4 + 3 \cdot 2 = 14$.
c) $(1|4)$ ist keine Lösung, denn $-2 \cdot 1 + 5 \neq 1{,}5 \cdot 4$.

2 a)

x	0	1	2	3
y	−3	−1	1	3

$L = \{(0|-3), (1|-1), (2|1), (3|3), \ldots\}$

b)

x	−2	0	1	2
y	2	1	0,5	0

$L = \{(-2|2), (0|1), (1|0{,}5), (2|0), \ldots\}$

1 a) $(2|5)$ ist eine Lösung, denn $5 = 3 \cdot 2 - 1$.
$(-1|-3)$ ist keine Lösung, denn $-3 \neq 3 \cdot (-1) - 1$.
b) $(4|-2)$ ist keine Lösung, denn $1{,}5 \cdot 4 + (-2) \neq -2$.
$(2|0)$ ist eine Lösung, denn $1{,}5 \cdot 2 + 0 = 3$.
c) $(1|1)$ ist eine Lösung, denn $5 \cdot 1 - 3 \cdot 1 = 2$.
$(-2|-4)$ ist eine Lösung, denn $5 \cdot (-2) - 3 \cdot (-4) = 2$.

2 a)

x	0	1	2	3
y	−9	−6	−3	0

$L = \{(0|-9), (1|-6), (2|-3), (3|0), \ldots\}$

b)

x	−2	−1	0	1,5
y	5	3,5	2	−0,25

$L = \{(-2|5), (-1|3{,}5), (0|2), (1{,}5|-0{,}25), \ldots\}$

3

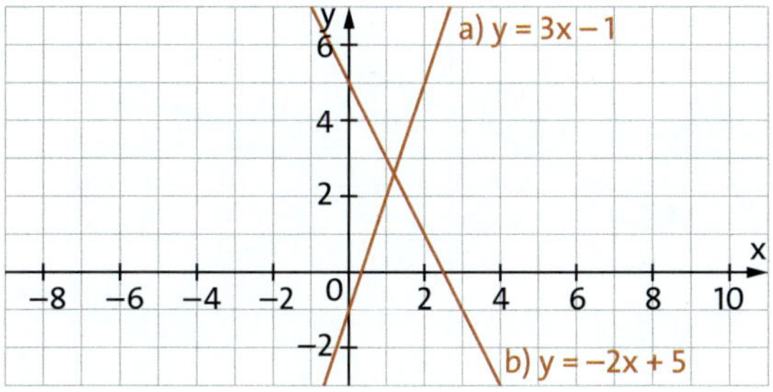

z. B.

a) L = {(0 | –1), (1 | 2), (1,5 | 3,5), (2 | 5), (2,5 | 6,5),…}

b) L = {(–1 | 7), (0 | 5), (0,5 | 4), (2 | 1), (2,5 | 0),…}

4 a) (I)

x	0	1	2
y	–2	1	4

(II)

x	0	1	2
y	2	1	0

L = {(1 | 1)} erfüllt beide Gleichungen.

5 a)

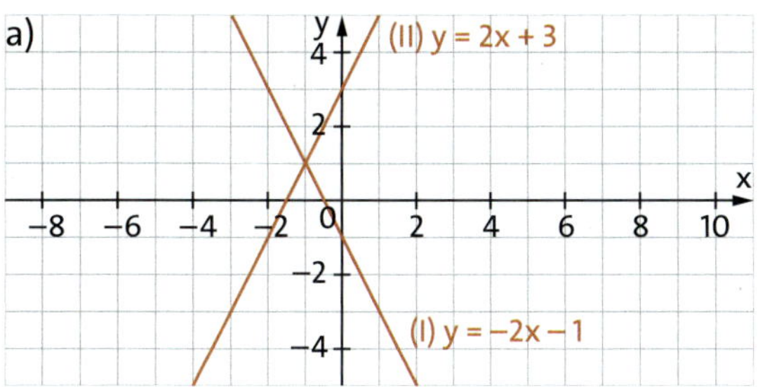

L = {(–1 | 1)}

b)

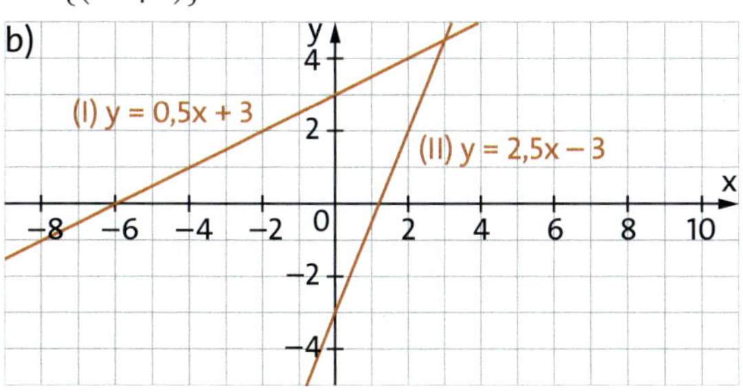

L = {(3 | 4,5)}

3

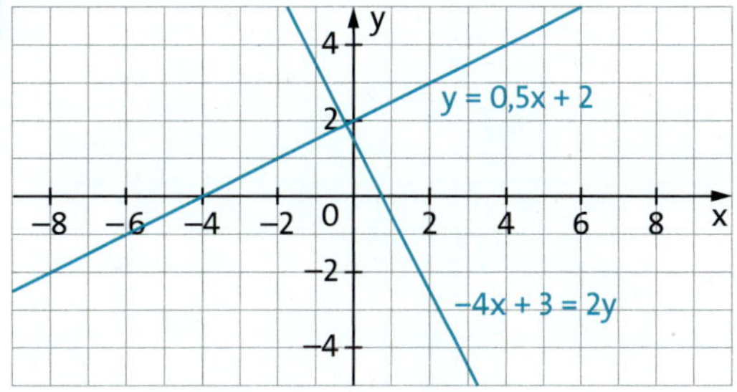

z. B.

a) L = {(–4 | 0), (–2 | 1), (0 | 2), (1 | 2,5), (2 | 3), (3 | 3,5),…}

b) L = {(–2 | 5,5), (–1 | 3,5), (0 | 1,5), (1 | –0,5), (2 | –2,5),…}

4 a) (I)

x	–2	–1	0	1	2
y	–2	–1,5	–1	–0,5	0

(II)

x	–2	–1	0	1	2
y	–1	–1,5	–2	–2,5	–3

L = {(–1 | –1,5)}

b) (I)

x	–2	–1	0	1	2
y	0	1	2	3	4

(II)

x	–2	–1	0	1	2
y	12	9	6	3	0

L = {(1 | 3)}

5

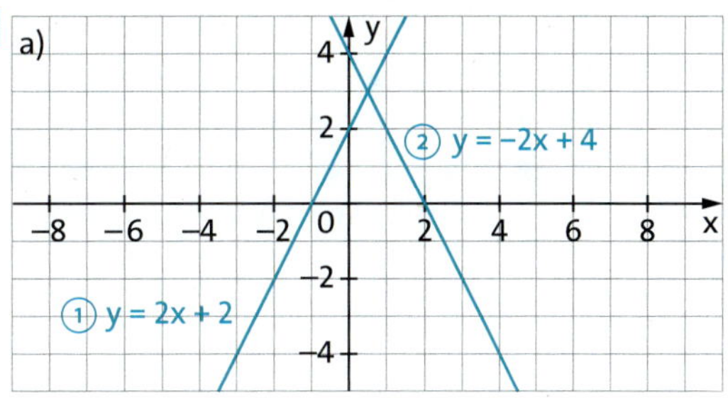

L = {(0,5 | 3)}

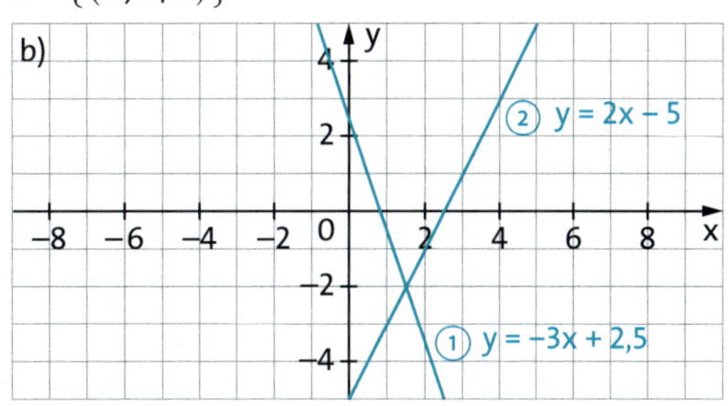

L = {(1,5 | –2)}

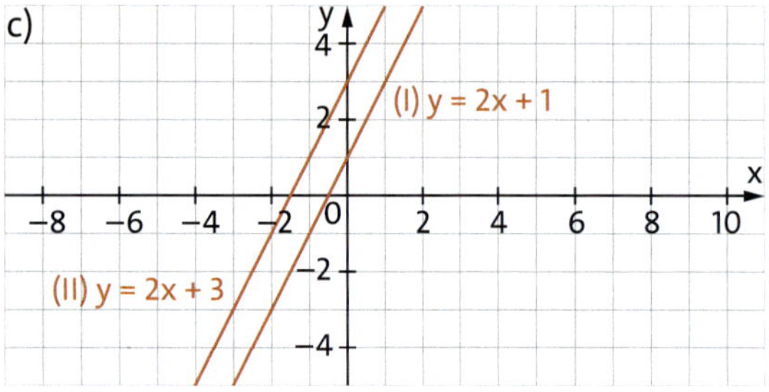

L = { }

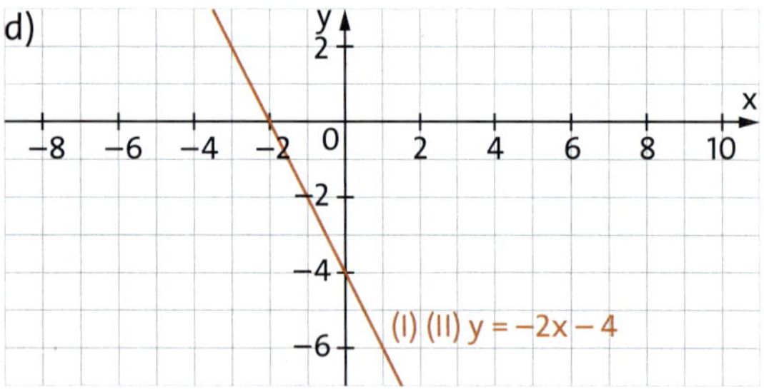

unendlich viele Lösungen

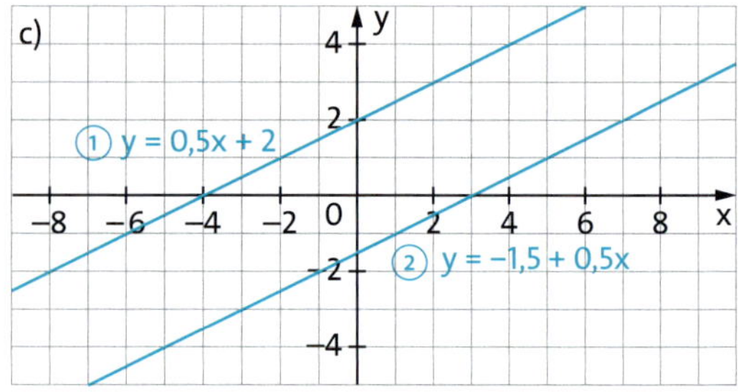

L = { }

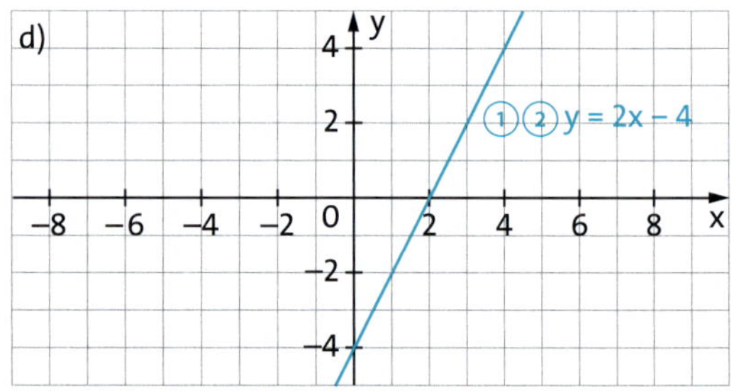

unendlich viele Lösungen

6 a) (I) $4x + 2y = 56$
x steht für die Anzahl der Vierer-Zimmer.
y steht für die Anzahl der Doppel-Zimmer.
b) (II) $x + y = 24$
c) (I)

x	2	**4**
y	22	**20**

(II)

x	2	**4**
y	24	**20**

Es gibt 4 Vierer-Zimmer und 20 Doppel-Zimmer.

6 a) (I) $10x + y = 3$ (II) $15x + y = 4$
b) (I)

x	0,1	**0,2**
y	2	**1**

(II)

x	0,1	**0,2**
y	2,5	**1**

c) Eine Minute kostet 0,20 €. Die Grundgebühr beträgt 1 €.

7 a) Ⓔ, Ⓒ, Ⓑ, Ⓐ, Ⓓ
b) Ⓔ – ③ Gleichung (I) umformen in y = ...
Ⓒ – ① Die Terme gleichsetzen und x berechnen
Ⓑ – ⑤ Die Lösung für x in (II) einsetzen und y berechnen
Ⓐ – ④ Die Lösungsmenge angeben
Ⓓ – ② Die Probe rechnen

8 a) $L = \{(1\,|\,1)\}$ b) $L = \{(11\,|\,17)\}$

8 a) $L = \{(2\,|\,20)\}$ b) $L = \{(1\,|\,0)\}$

9 a) Es gibt keine Lösung, da die Geraden die gleiche Steigung $\left(0{,}5 = \frac{1}{2}\right)$ und unterschiedliche y-Achsenabschnitte haben und somit zueinander parallel verlaufen.
rechnerisch: (gleichsetzen)
$0{,}5x + 1 = 0{,}5x - 1 \quad | -0{,}5x$
$1 = -1$ f
b) Es gibt unendlich viele Lösungen, da die Geraden nach Umformung von (II) identisch sind.
rechnerisch: (II) $2y = 4x - 2 \quad | :2$
$y = 2x - 1$

9 a) Es gibt keine Lösung, da die Geraden die gleiche Steigung $\left(0{,}5 = \frac{1}{2}\right)$ und unterschiedliche y-Achsenabschnitte haben und somit zueinander parallel verlaufen.
rechnerisch: (gleichsetzen)
$0{,}5x + 2 = \frac{1}{2}x - 1 \quad | -0{,}5x$
$2 = -1$ f
b) Es gibt unendlich viele Lösungen, da die Geraden nach Umformung von (I) identisch sind.
rechnerisch: (I) $2y = -x + 5 \quad | :2$
$y = -0{,}5x + 2{,}5$

10 a) $L = \{(-8|2)\}$ Probe: (I) $-8 = 7 \cdot 2 - 22$
$-8 = -8$ ✓
(II) $5 \cdot 2 + (-8) = 2$
$2 = 2$ ✓

b) $L = \left\{\left(-9\left|\frac{1}{3}\right.\right)\right\}$ Probe: (I) $-9 = 3 \cdot \frac{1}{3} - 10$
$-9 = -9$ ✓
(II) $45 \cdot \frac{1}{3} + (-9) = 6$
$6 = 6$ ✓

c) $L = \{(10|-5)\}$ Probe: (I) $2 - 10 = 10 - (-10)$
$20 = 20$ ✓
(II) $2 \cdot 10 + 3 \cdot (-5) = 5$
$5 = 5$ ✓

d) $L = \{(2|0)\}$ Probe: (I) $0 = 2 - 2$
$0 = 0$ ✓
(II) $5 \cdot 2 = 10 + 0$
$10 = 10$ ✓

10 a) $L = \{(6|7)\}$ Probe: (I) $6 = 13 - 7$
$6 = 6$ ✓
(II) $36 + 6 = 7 \cdot 6$
$42 = 42$ ✓

b) $L = \{(-4|1)\}$ Probe: (I) $3 \cdot (-4) = 15 \cdot 1 - 27$
$-12 = -12$ ✓
(II) $4 \cdot 1 + 3 \cdot (-4) = -8$
$-8 = -8$ ✓

c) $L = \{(5|-3)\}$ Probe: (I) $5 = 2 - (-3)$
$5 = 5$ ✓
(II) $3 \cdot 5 + 10 \cdot (-3) = -15$
$-15 = -15$ ✓

d) $L = \{(-2|3)\}$ Probe: (I) $2 \cdot 3 = 0{,}5 \cdot (-2) + 7$
$6 = 6$ ✓
(II) $2 \cdot 3 + 1{,}5 \cdot (-2) = 3$
$3 = 3$ ✓

11 ① (I) $x + y = 30$
(II) $2x = y$
$L = \{(10|20)\}$

② (I) $x + 30 = y$
(II) $60 - y = x$
$L = \{(15|45)\}$

11 a) (I) $x + y = 30$
(II) $x - y = 4$ $L = \{(17|13)\}$

b) (I) $x - y = 36$
(II) $2y = x$ $L = \{(72|36)\}$

c) (I) $x + y = 70$
(II) $3x + 4y = 235$ $L = \{(45|25)\}$

Lineare Gleichungssysteme Teste dich!

Seite 63

1 a) $(4|6)$ und $(1|0)$
b) $(6|5)$ und $(1|2{,}5)$

a) $6 = 2 \cdot 4 - 2$ und $0 = 2 \cdot 1 - 2$
b) $5 = 2 + 0{,}5 \cdot 6$ und $2{,}5 = 2 + 0{,}5 \cdot 1$

2 a)

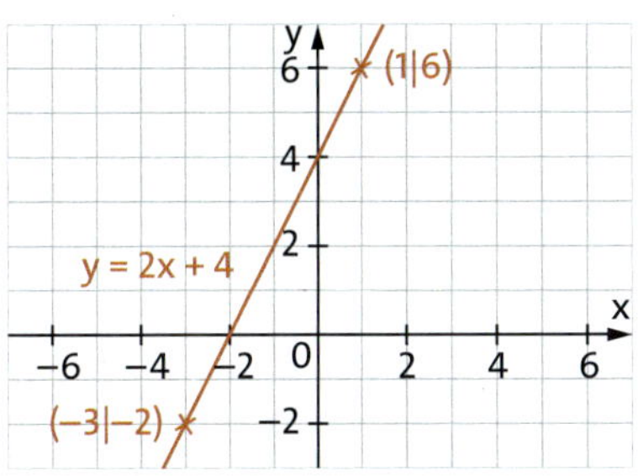

c) z. B. $(-2|0)$, $(-1|2)$, $(0|4)$

a) Umformen der Gleichung in die Geradengleichung $y = 2x + 4$ und zeichnen des Graphens ins Koordinatensystem.

b) Die Punkte, die Lösung der Gleichung sind, liegen alle auf dem Graphen aus b).

3 a)

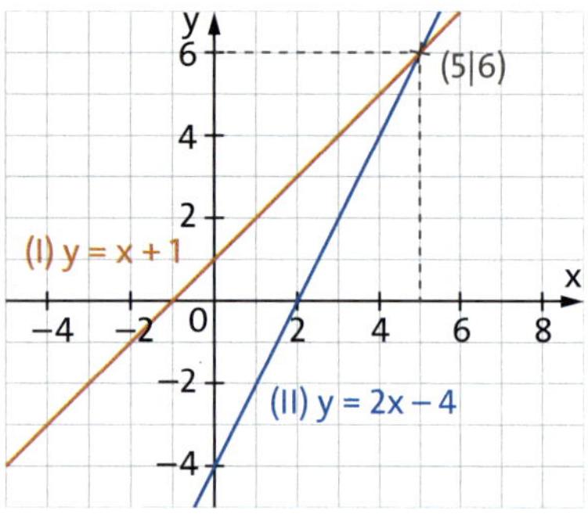

a) Zeichne die beiden Graphen.
Lies den Schnittpunkt ab.
L = {(5 | 6)}

b)

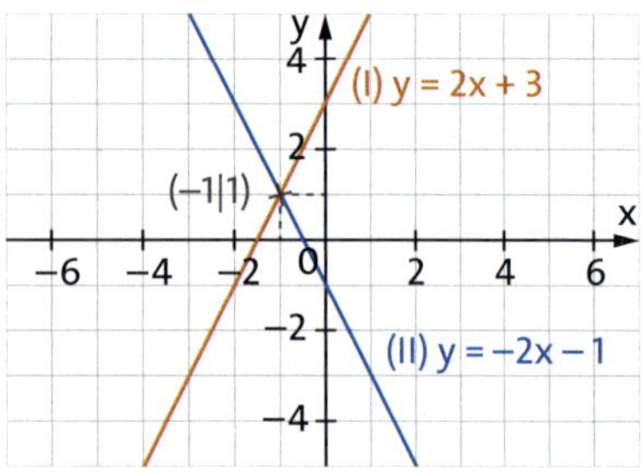

b) Zeichne die beiden Graphen.
Lies den Schnittpunkt ab.
L = {(−1 | 1)}

---

4 a) (1 | 3)

Probe: (I) $3 = 5 - 2 \cdot 1$
$3 = 3$ ✓
(II) $3 = 6 - 3 \cdot 1$
$3 = 3$ ✓

a) (I) mit (II) gleichsetzen und x berechnen: $5 - 2x = 6 - 3x$
$x = 1$
einsetzen in (I): $y = 5 - 2 \cdot 1$
$y = 3$

b) (−10 | −23)

Probe: (I) $-23 = 2 \cdot (-10) - 3$
$-23 = -23$ ✓
(II) $-23 = 3 \cdot (-10) + 7$
$-23 = -23$ ✓

b) (I) mit (II) gleichsetzen und x berechnen: $2x - 3 = 3x + 7$
$-x = 10$
$x = -10$
einsetzen in (II) $y = 3 \cdot (-10) + 7$
$x = -23$

c) (3 | 4)

Probe: (I) $3 = 15 - 3 \cdot 4$
$3 = 3$ ✓
(II) $2 \cdot 3 = 38 - 8 \cdot 4$
$6 = 6$ ✓

c) (I) in (II) einsetzen und y berechnen: $2 \cdot (15 - 3y) = 38 - 8y$
$30 - 6y = 38 - 8y$
$y = 4$
einsetzten in (I): $x = 15 - (3 \cdot 4)$
$x = 3$

d) (0 | 1,5)

Probe: (I) $2 \cdot 0 = 6 - 4 \cdot 1{,}5$
$0 = 0$ ✓
(II) $0 = 2 \cdot 1{,}5 - 3$
$0 = 0$ ✓

d) (II) in (I) einsetzten und y berechnen: $2 \cdot (2y - 3) = 6 - 4y$
$4y - 6 = 6 - 4y$
$y = 1{,}5$
einsetzen in (II) $x = 2 \cdot 1{,}5 - 3$
$x = 0$

---

5 a) Es gibt keine Lösungen.
Die Geraden liegen parallel zueinander.

a) (I) $y = -2x + 4$
(II) $y = -2x - 4$
⇒ gleiche Anstiege, unterschiedliche y-Achsenabschnitte

b) Es gibt unendlich viele Lösungen.
Umformen von (II) ergibt
(II') $y = -x + 1$
also identische Geraden.

b) (I) $y = -x + 1$
(II) $-2x - 2y = 10$
$-2x = 2y - 2 \quad | : 2$
$-x = y - 1 \quad | + 1$
$-x + 1 = y$ oder $y = -x + 1$; also (I) = (II)

6 Ein T-Shirt kostet 10 €.
Ein Short kostet 15 €.

(I) $x + 2y = 40$ und (II) $3x + y = 45$
Umformen von (II) nach y ergibt $y = 45 - 3x$.
Einsetzen in (I) ergibt $x + 2 \cdot (45 - 3x) = 40$ bzw. $x + 90 - 6x = 40$
$L = \{(10 \mid 15)\}$

Lineare Gleichungssysteme Teste dich!

Seite 63

1 a) $(10 \mid 1)$ und $(6 \mid -1)$
b) $(-1 \mid 2)$ und $(0 \mid -2)$

a) $10 - 2 \cdot 1 = 8$ und $6 - 2 \cdot (-1) = 8$
b) $-4 \cdot 0 = -2 + 2$ und $-4 \cdot (-1) = 2 + 2$

2 a) $(1 \mid -4)$
b)

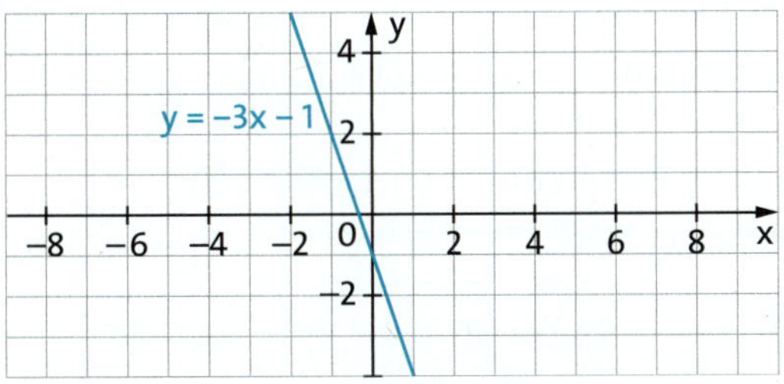

c) z. B. $(-3 \mid 8)$, $(-2 \mid 5)$, $(0 \mid -1)$, $(2 \mid -7)$

a) $-4 + 3 \cdot 1 = -1$
b) Umformen der Gleichung in die Geradengleichung $y = -3x - 1$ und zeichnen des Graphen ins Koordinatensystem.
c) Die Punkte, die Lösung der Gleichung sind, liegen alle auf dem Graphen aus b).

3 a)

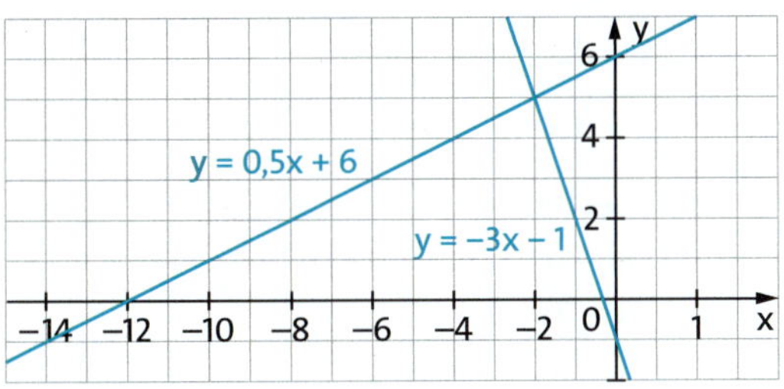

$L = \{(-2 \mid 5)\}$

b)

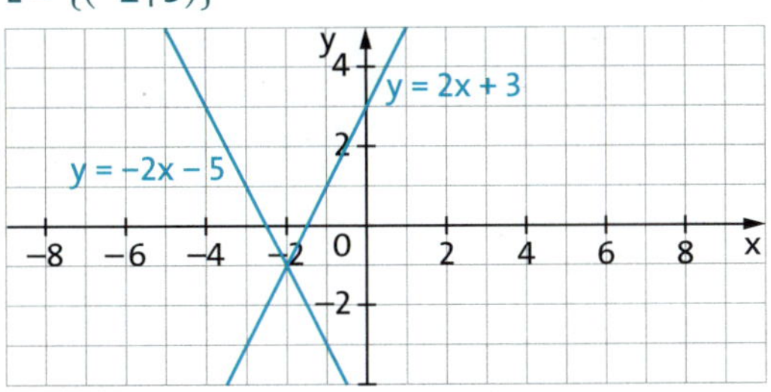

$L = \{(-2 \mid -1)\}$

a) Schnittpunkt der beiden Graphen ablesen.
b) Umformen der Gleichung (I) in die Geradengleichung $y = -2x - 5$.
Zeichnen der Graphen ins Koordinatensystem.
Ablesen des Schnittpunkts der beiden Graphen.

4 a) $(-1 \mid -3)$
Probe: (I) $-3 = 2 \cdot (-1) - 1$
$-3 = -3$ ✓
(II) $-3 = 5 \cdot (-1) + 2$
$-3 = -3$ ✓

a) (I) mit (II) gleichsetzen und x berechnen:
$2x - 1 = 5x + 2$
$-3x = 3$
$x = -1$
einsetzen in (I): $y = 2 \cdot (-1) - 1$
$y = -3$

b) (2 | 4)
Probe: (I) $3 \cdot 4 - 2 = 10$
$-3 = -3$ ✓
(II) $2 \cdot 2 = 24 - 5 \cdot 4$
$4 = 4$ ✓

b) Umformen von (II): (II) $2x = 24 - 5y$
$x = 12 - 2{,}5y$
Einsetzten in (I) ein und y berechnen:
(I) $3y - (12 - 2{,}5y) = 10$
$5{,}5y - 12 = 10$
$5{,}5y = 22$
$y = 4$
einsetzen in (II) $2x = 24 - 5 \cdot 4$
$x = 2$

c) (1 | −2)
Probe: (I) $0{,}6 \cdot -2 + 2{,}2 = 1$
$1 = 1$ ✓
(II) $1 + 0{,}2 \cdot (-2) = 0{,}6$
$0{,}6 = 0{,}6$ ✓

c) (I) in (II) einsetzen und y berechnen:
(II) $0{,}6y + 2{,}2 + 0{,}2y = 0{,}6$
$0{,}8y = -1{,}6$
$y = -2$
einsetzten in (I): $0{,}6 \cdot (-2) + 2{,}2 = x$
$x = 1$

d) (−1 | 1)
Probe: (I) $1 = -3 - 4 \cdot (-1)$
$1 = 1$ ✓
(II) $2 \cdot 1 = -4 - 6 \cdot (-1)$
$2 = 2$ ✓

d) (I) in (II) einsetzten und x berechnen:
(II) $2 \cdot (-3 - 4x) = -4 - 6x$
$-6 - 8x = -4 - 6x$
$-2x = 2$
$x = -1$
einsetzen in (I) $y = -3 - 4 \cdot (-1)$
$y = 1$

---

5 a) unendlich viele Lösungen;
Umformen von (I) ergibt
(I) $y = -2x + 6$, also identische Geraden
b) keine Lösung; Umformen ergibt (I) $y = -1{,}5x - 4$
(II) $y = -1{,}5x + 5$, also zueinander parallele Geraden

a) (I) $4y = 24 - 8x \quad | : 4$
$y = 6 - 2x$

b) (I) $y + 1{,}5x = -4$
$y = -1{,}5x - 4$
(II) $-3x - 2y = 10$
$-2y = 10 + 3x$
$y = -5 + 1{,}5x$

---

6 Eine Portion Pommes kostet 1,80 €, eine Bratwurst kostet 2,50 €.

(I) $x + 2y = 6{,}8$
(II) $2x + 3y = 11{,}1$ $\quad L = \{(1{,}8 | 2{,}5)\}$

Der Satz des Pythagoras Noch fit?

Seite 65

1 a) $3 \cdot 3 = 3^3$ b) $5 \cdot 5 \cdot 5 = 5^3$
c) $2 \cdot 2 \cdot 2 \cdot 2 = 2^4$ d) $7 \cdot 7 \cdot 7 \cdot 7 = 7^4$

1 a) $4 \cdot 4 \cdot 4 = 4^3$ b) $6 \cdot 6 \cdot 6 \cdot 6 \cdot 6 = 6^5$
c) $10 \cdot 10 \cdot 10 \cdot 10 = 10^4$ d) $9 \cdot 9 \cdot 9 \cdot 9 = 9^4$

2 a) $4^2 = 4 \cdot 4 = 16$ b) $2^2 = 2 \cdot 2 = 4$
c) $6^2 = 6 \cdot 6 = 36$ d) $10^2 = 10 \cdot 10 = 100$

2 a) $3^2 = 3 \cdot 3 = 9$ b) $5^2 = 5 \cdot 5 = 25$
c) $9^2 = 9 \cdot 9 = 81$ d) $100^2 = 100 \cdot 100 = 10\,000$

3 a) rechtwinklig, unregelmäßig b) spitzwinklig, gleichseitig c) spitzwinklig, gleichschenklig
d) stumpfwinklig, unregelmäßig e) spitzwinklig, unregelmäßig

4 a) $A = 4\,cm^2$ b) $A = 18\,cm^2$ c) $A = 15\,cm^2$

4 a) $A = 16\,cm^2$ b) $A = 21\,cm^2$ c) $A = 15\,cm^2$ d) $A = 24\,cm^2$

5 a) $x = 9$ b) $x = 2$ c) $x = 5$ d) $x = 7$ e) $x = 1$ f) $x = 5$

5 a) $x = 7$ b) $x = 3$ c) $x = 4$ d) $x = 7$ e) $x = 0{,}5$ f) $x = 7$

Der Satz des Pythagoras Klar soweit?

Seite 80/81

1 a) 4 b) 25 c) 1 d) $\frac{1}{9}$

1 a) 81 b) 400 c) 0,16 d) $\frac{1}{4}$

2 a) 2 b) 6 c) 9 d) 10 e) 20 f) $\frac{1}{30}$

2 a) 3 b) 13 c) 11 d) $\frac{1}{12}$ e) $\frac{5}{14}$ f) $\frac{1}{2}$

3 a) $a = 10\,cm$ b) $a \approx 14{,}14\,mm$ c) $a \approx 3{,}16\,m$ d) $a \approx 7{,}07\,mm$ e) $a = 0{,}4\,mm$ f) $a = \frac{1}{2}\,m$

3 a) $a = 20\,dm$ b) $a = 13\,mm$ c) $a \approx 6{,}32\,m$ d) $a = 0{,}7\,mm$ e) $a = \frac{1}{6}\,cm$ f) $a \approx 0{,}949\,m$

4 a) $a^2 + b^2 = c^2$ b) $d^2 + e^2 = f^2$

4 a) $g^2 + e^2 = f^2$ b) $z^2 + x^2 = y^2$ c) $b^2 + c^2 = a^2$

5 $m^2 = k^2 + l^2$ $r^2 + t^2 = k^2$ $r^2 + s^2 = l^2$

6 a), c) nicht rechtwinklig b) rechtwinklig

6 a) rechtwinklig b), c) nicht rechtwinklig

7 a) $x \approx 18{,}16\,cm$ b) $x \approx 28{,}70\,m$

7 a) $x \approx 9{,}93\,m$ b) $x \approx 12{,}71\,cm$

8 Der Drachen ist 31,5 m hoch.

8 Der Funkturm ist 127 m hoch.

9 $\approx 3{,}54\,m$

9 $h = 4{,}24\,cm$

10 $h \approx 2{,}61\,cm$

10 $h \approx 6{,}67\,cm$

11 $a \approx 4{,}69\,cm$

11 $b \approx 10{,}91\,cm$

Der Satz des Pythagoras Teste dich!

Seite 89

1 a) 10, denn $10^2 = 10 \cdot 10 = 100$
b) 12, denn $12^2 = 12 \cdot 12 = 144$
c) 20, denn $20^2 = 20 \cdot 20 = 400$
d) $\frac{1}{7}$, denn $\left(\frac{1}{7}\right)^2 = \frac{1}{7} \cdot \frac{1}{7} = \frac{1}{49}$
e) $\frac{2}{3}$, denn $\left(\frac{2}{3}\right)^2 = \frac{2}{3} \cdot \frac{2}{3} = \frac{4}{9}$
f) 0,8, denn $0{,}8^2 = 0{,}8 \cdot 0{,}8 = 0{,}64$

2 a) gesucht: Hypotenusenquadrat;
$A_Q = c^2 = 274\,cm^2$
b) gesucht: Hypotenusenquadrat;
$A_Q = c^2 = 10\,cm^2$

a) $c^2 = a^2 + b^2 = (15\,cm)^2 + (7\,cm)^2 = 225\,cm^2 + 49\,cm^2 = 274\,cm^2$

b) $c^2 = a^2 + b^2 = (1\,cm)^2 + (3\,cm)^2 = 1\,cm^2 + 9\,cm^2 = 10\,cm^2$

3 a)

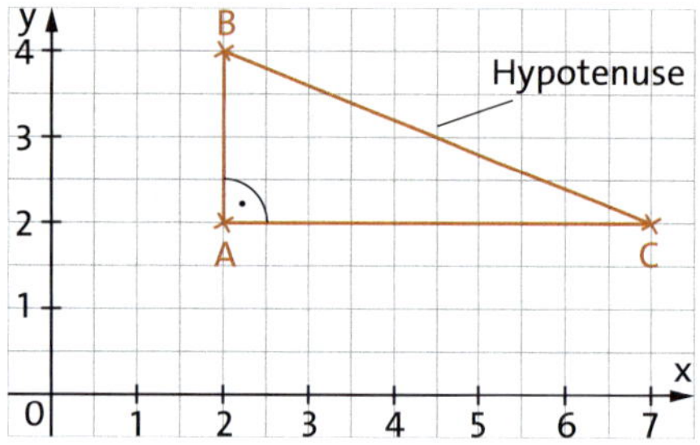

b) $c^2 + b^2 = a^2$ oder
$\overline{BA}^2 + \overline{AC}^2 = \overline{CB}^2$

a) c und b sind die Katheten. a ist die Hypotenuse.

b) Es gilt: $c^2 + b^2 = a^2$

---

4 a) $x \approx 6{,}40\,m$

b) $x = 5\,m$

a) $x^2 = (5\,m)^2 + (8\,m - 4\,m)^2$
$x^2 = (5\,m)^2 + (4\,m)^2 = 25\,m^2 + 16\,m^2 = 41\,m^2 \quad |\sqrt{\ } \qquad x \approx 6{,}40\,m$

b) $x^2 = (3\,m)^2 + (6\,m - 2\,m)^2$
$x^2 = (3\,m)^2 + (4\,m)^2 = 9\,m^2 + 16\,m^2 = 25\,m^2 \quad |\sqrt{\ } \qquad x = 5\,m$

---

5 Die Diagonale des Sportplatzes beträgt 122 m.
Mirko läuft insgesamt eine Strecke von 1830 m (1,83 km).

Diagonale: $d^2 = (100\,m)^2 + (70\,m)^2$
$= 10\,000\,m^2 + 4900\,mm^2 = 14\,900\,m^2$
$d \approx 122\,m$
15-mal wird die Diagonale gelaufen.
Gesamte zu laufende Länge:
$122\,m \cdot 15 = 1830\,m$

6

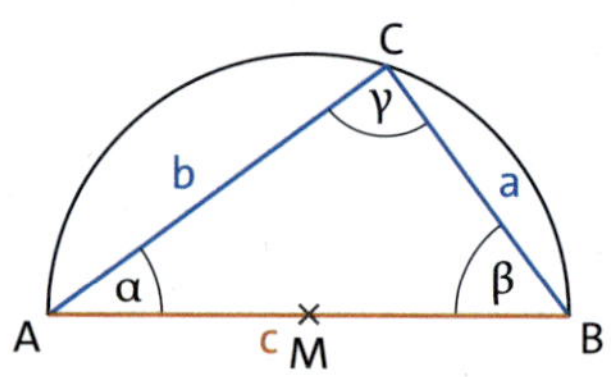

① Zeichnen der Strecke $\overline{AB} = c$.
② Halbieren der Strecke $\overline{AB}$.
③ Zeichnen des Thaleskreis über $\overline{AB}$.
④ Zeichnen eines beliebigen Winkels α in A an $\overline{AB}$ (entgegen dem Uhrzeigersinn) oder β in B (im Uhrzeigersinn). Der Schenkel des jeweiligen Winkels schneidet den Thaleskreis in C.
⑤ Verbinden von A und C (oder B und C).
Am Punkt C liegt der rechte Winkel.

Der Satz des Pythagoras Teste dich!

Seite 89

1 a) 11, denn $11^2 = 11 \cdot 11 = 121$
b) 14, denn $14^2 = 14 \cdot 14 = 196$
c) 15, denn $15^2 = 15 \cdot 15 = 225$
d) $\frac{1}{12}$, denn $\left(\frac{1}{12}\right)^2 = \frac{1}{12} \cdot \frac{1}{12} = \frac{1}{144}$
e) $\frac{6}{7}$, denn $\left(\frac{6}{7}\right)^2 = \frac{6}{7} \cdot \frac{6}{7} = \frac{36}{49}$
f) $\frac{9}{11}$, denn $\left(\frac{9}{11}\right)^2 = \frac{9}{11} \cdot \frac{9}{11} = \frac{81}{121}$

---

2 a) gesucht: Hypotenusenquadrat;
$A_Q = c^2 = 28{,}80\,cm^2$
b) gesucht: Hypotenusenquadrat;
$A_Q = c^2 = 41{,}14\,cm^2$

a) $c^2 = a^2 + b^2 = (4{,}8\,cm)^2 + (2{,}4\,cm)^2$
$= 23{,}04\,cm^2 + 5{,}76\,cm^2 = 28{,}80\,cm^2$
b) $c^2 = a^2 + b^2 = (3{,}3\,cm)^2 + (5{,}5\,cm)^2$
$= 10{,}89\,cm^2 + 30{,}25\,cm^2 = 41{,}14\,cm^2$

3 a)

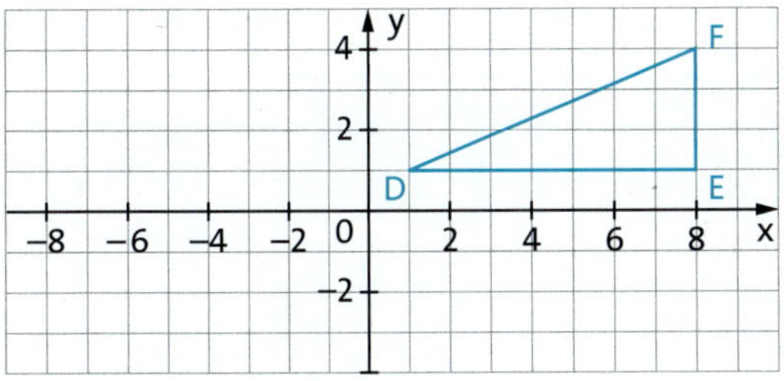

$d^2 + f^2 = e^2$ oder $\overline{DE}^2 + \overline{EF}^2 = \overline{DF}^2$

b) $u \approx 17{,}62\,\text{cm}$,
$A = 10{,}5\,\text{cm}^2$

a) d und f sind die Katheten. e ist die Hypotenuse.
Also gilt: $d^2 + f^2 = e^2$

b) $e^2 = d^2 + f^2 = (3\,\text{cm})^2 + (7\,\text{cm})^2 = 9\,\text{cm}^2 + 49\,\text{cm}^2 = 58\,\text{cm}^2$
$e \approx 7{,}62\,\text{cm}$
$u = d + e + f \approx 3\,\text{cm} + 7{,}62\,\text{cm} + 7\,\text{cm} \approx 17{,}62\,\text{cm}$
$A = \frac{d \cdot f}{2} = \frac{3\,\text{cm} \cdot 7\,\text{cm}}{2} = 10{,}5\,\text{cm}^2$

---

4 a) $h \approx 7{,}42\,\text{m}$

b) $x = 10\,\text{m}$

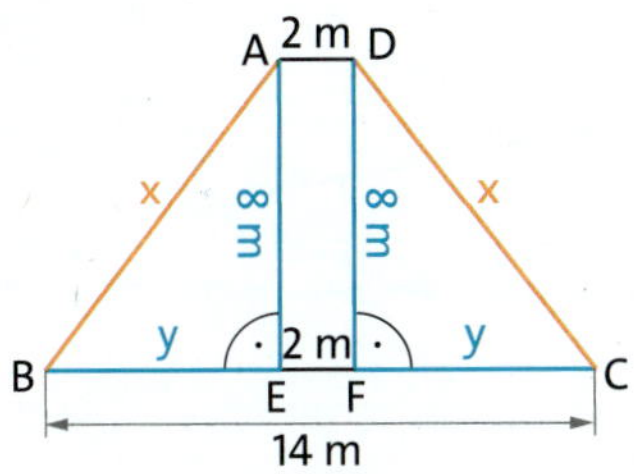

a) $h^2 + (3\,\text{m})^2 = (8\,\text{m})^2$
$h^2 = (8\,\text{m})^2 - (3\,\text{m})^2 = 64\,\text{m}^2 - 9\,\text{m}^2 = 55\,\text{m}^2 \quad |\sqrt{\ } \quad h \approx 7{,}42\,\text{m}$

b) $y = \frac{14\,\text{m} - 2\,\text{m}}{2} = 6\,\text{m}$
$x^2 = (8\,\text{m})^2 + y^2 = (8\,\text{m})^2 + (6\,\text{m})^2$
$= 64\,\text{m}^2 + 36\,\text{m}^2 = 100\,\text{m}^2 \quad |\sqrt{\ } \quad x = 10\,\text{m}$

---

5 Die Gesamtlänge aller Stäbe mit Verschnitt beträgt 4548 mm (etwa 4,55 m). Ohne Verschnitt sind es 4331 mm (etwa 4,33 m).

$f^2 = (800\,\text{mm})^2 + (800\,\text{mm})^2$
$= 640\,000\,\text{mm}^2 + 640\,000\,\text{mm}^2 = 1\,280\,000\,\text{mm}^2$
$f \approx 1131\,\text{mm}^2$

Gesamtlänge ohne Verschnitt:
$x = u + f = 4 \cdot a + f = 4 \cdot 800\,\text{mm} + 1131\,\text{mm}$
$= 3200\,\text{mm} + 1131\,\text{mm} = 4331\,\text{mm}$

Verschnitt: 5 % von 4331 mm
$v = 0{,}05 \cdot 4331\,\text{mm} = 217\,\text{mm}$

Gesamtlänge mit Verschnitt:
$z = x + v = 4331\,\text{mm} + 217\,\text{mm} = 4548\,\text{mm}$

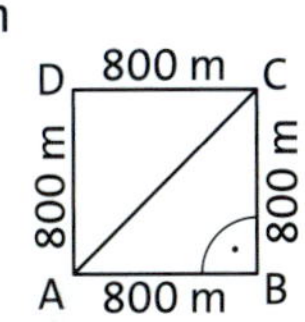

6

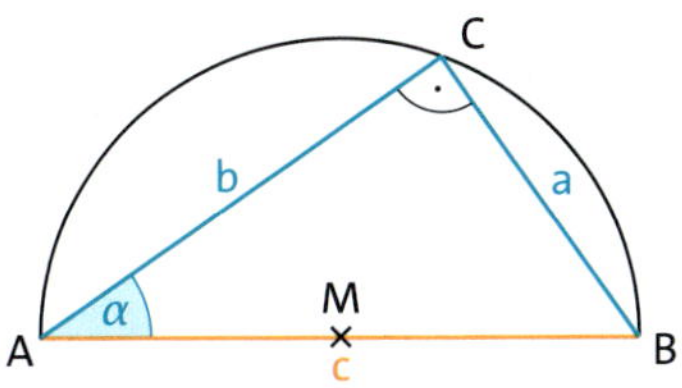

$a^2 + b^2 = 4{,}3^2 + 6{,}14^2 \approx 18{,}49 + 37{,}70 = 56{,}19$
$c^2 = 7{,}5^2 = 56{,}25$ (Längen in cm, Flächen in cm²)
Weil $a^2 + b^2 \approx c^2$ gilt, ist das Dreieck rechtwinklig.

① Zeichnen der Strecke $\overline{AB} = c$.
② Halbieren der Strecke $\overline{AB}$.
③ Zeichnen des Thaleskreis über $\overline{AB}$.
④ Zeichnen des Winkels α in A an $\overline{AB}$ (entgegen dem Uhrzeigersinn).
Der Schenkel des Winkels schneidet den Thaleskreis in C.
⑤ Verbinden von B und C.
Beim Überprüfen der Rechtwinkligkeit kann es durch Messfehler zu Abweichungen kommen.

Ähnlichkeit Noch fit?

Seite 91

1 a) b) c) d)

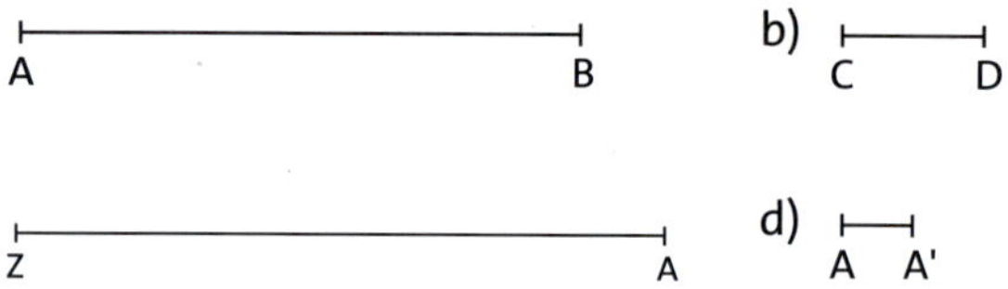

2 a) Die Geraden g und h sind parallel zueinander.

b)

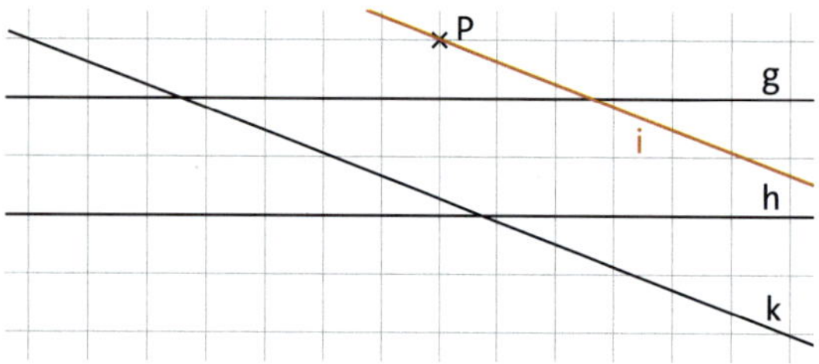

3 a) 0,1 b) 0,5 c) 0,01
d) 2 = 2,0 e) 0,75 f) 0,2

4 a), b)

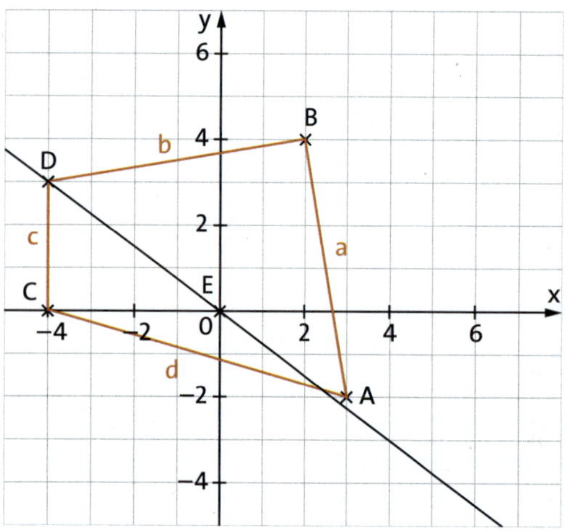

5 a)

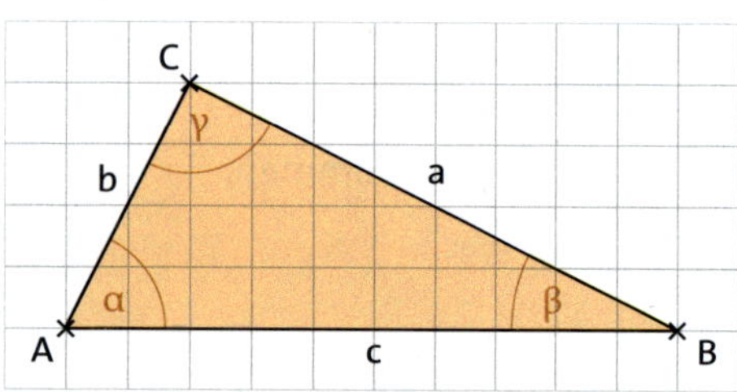

b) a ≈ 4,5 cm; b ≈ 2,2 cm; c ≈ 5 cm
c) α = 64°; β = 27°; γ = 89°

1 a) b) c) d)

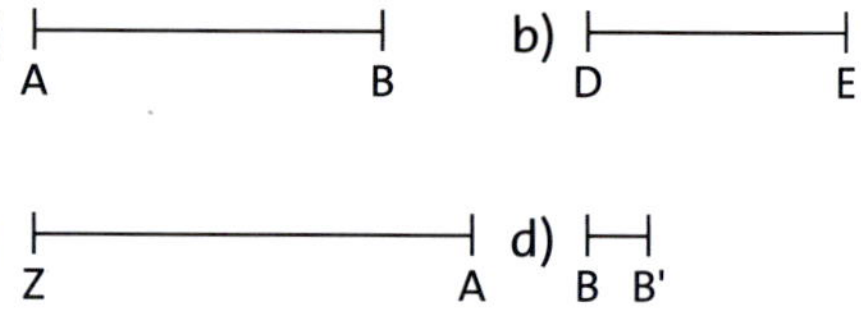

2 a) Die Geraden h und k sind parallel zueinander.

b)

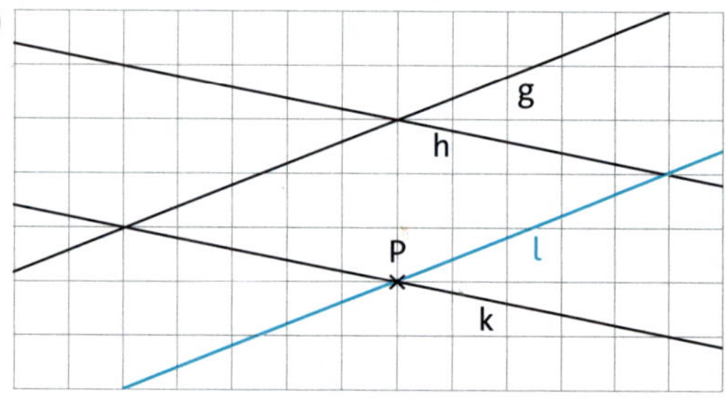

3 a) 0,1 b) 0,5 c) 0,005
d) 3 = 3,0 e) 1,25 f) 0,375

4 a), b)

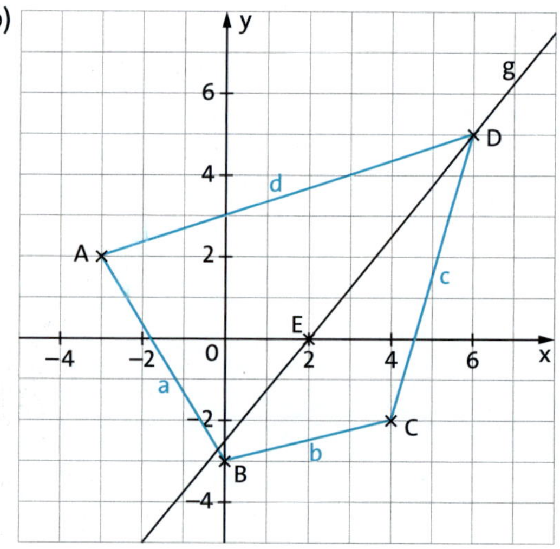

5 a)

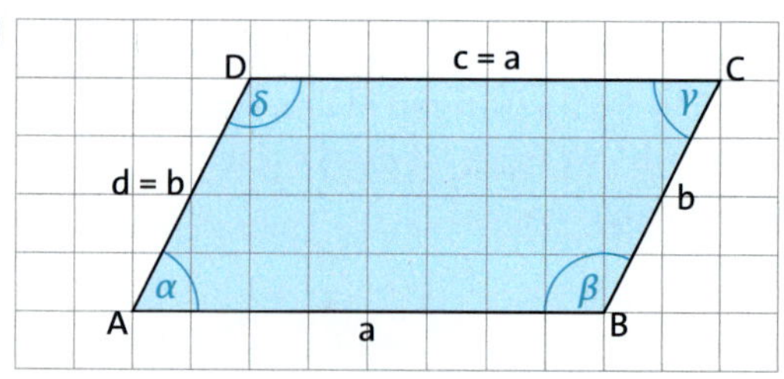

b) a = c = 4 cm; b = d ≈ 2,2 cm
c) α = γ ≈ 63,4° ≈ 63°; β = δ ≈ 116,6° ≈ 117°

Ähnlichkeit Klar soweit?

Seite 108/109

1 a) Maßstab 1 : 2
b) Maßstab 2 : 1

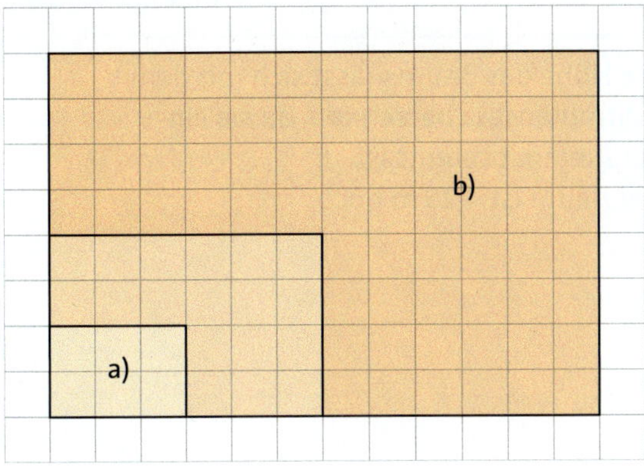

2 a) k = 0,5

b) b′ = 1,5 cm

3

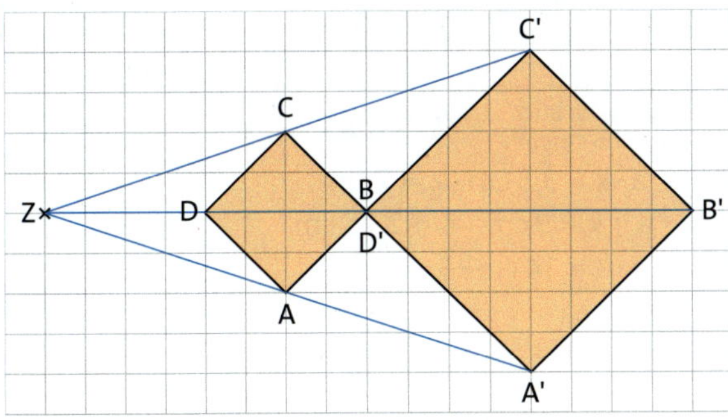

4

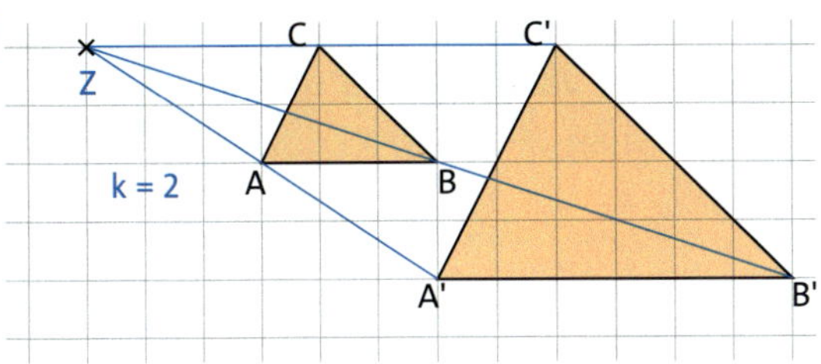

5 a) Die Dreiecke sind nicht ähnlich zueinander, denn die Winkel sind unterschiedlich groß.
b) Die Dreiecke sind ähnlich zueinander, denn die Winkel stimmen überein und einander entsprechende Seiten von Original- und Bilddreieck stehen jeweils im gleichen Verhältnis zueinander.

1 a) Maßstab 1 : 2
b) Maßstab 3 : 1

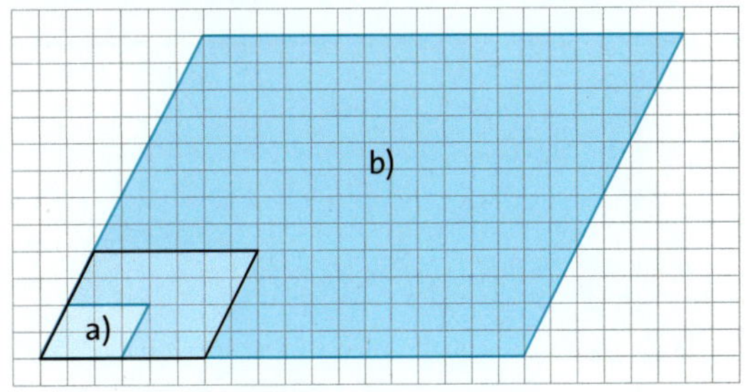

2 a) k = 1,5

b) b′ = 4,5 cm

3

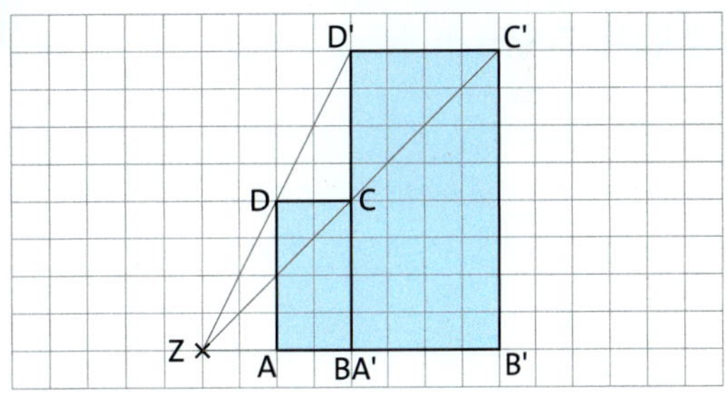

4

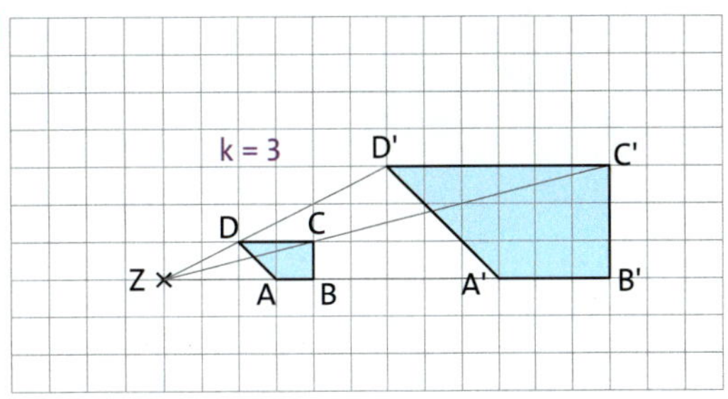

5 a) Die Dreiecke sind ähnlich zueinander, denn die Winkel stimmen überein und einander entsprechende Seiten von Original- und Bilddreieck stehen jeweils im gleichen Verhältnis zueinander.
b) Die Parallelogramme sind nicht ähnlich zueinander, denn die Winkel sind unterschiedlich groß.

6 a) $k = \frac{1}{4}$; $b' = 1\,cm$

b) $k = 1{,}5$; $a' = 6\,mm$

6 a) $k = \frac{1}{3}$; $b' = 0{,}5\,cm$

b) $k = 4$; $a' = 4{,}8\,mm$

7 a) $x = 20$ b) $x = 10$

7 a) $x = 8$ b) $x = 14{,}4$

8 a)

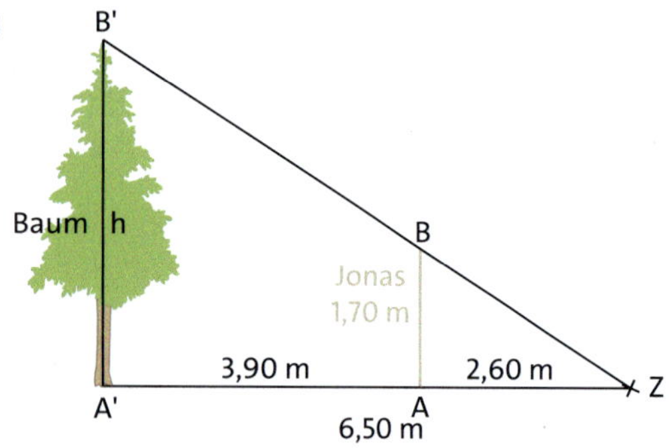

b) Die Höhe des Baums lässt sich mit dem 2. Strahlensatz berechnen, da sie ein Parallelenabschnitt ist.

c) Der Baum ist 4,25 m hoch.

9 a) $x = 4{,}5$ b) $x = 18$

9 a) $x = 9$ b) $x = 16{,}8$

Ähnlichkeit Teste dich!

Seite 115

1

	Maßstab	Streck-faktor k	Länge im Original	Länge im Bild
a)	2:1	**2**	3,5 cm	**7 cm**
b)	4:1	**4**	**2,25 cm**	9 cm
c)	1:2	$\frac{1}{2}$	14 cm	**7 cm**

$k = \frac{\text{Länge im Bild}}{\text{Länge im Original}} = \text{Maßstab}$

a) $a' = a \cdot k = 3{,}5\,cm \cdot 2 = 7\,cm$

b) $a = a' : k = 9\,cm : 4 = 2{,}25\,cm$

c) $a' = a \cdot k = 14\,cm \cdot \frac{1}{2} = 7\,cm$

2

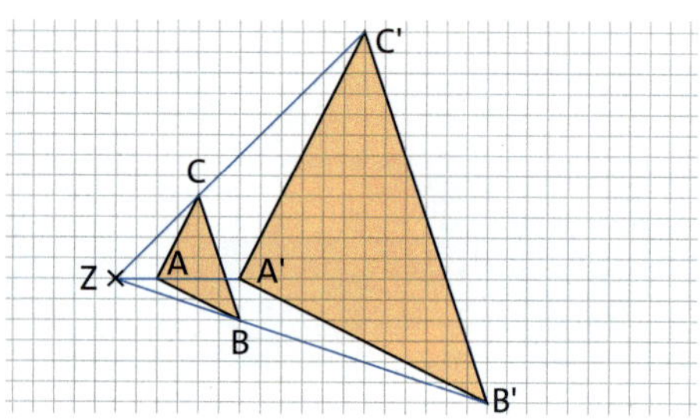

① Zeichne von Z aus einen Strahl durch A.

② Multipliziere die Länge von $\overline{ZA}$ mit $k = 3$ und zeichne A' ein.

③ Ermittle ebenso B' und C'. Verbinde A', B' und C'.

3 a) Die Rechtecke sind nicht ähnlich zueinander, denn im oberen Rechteck stehen die lange und die kurze Seite im Verhältnis 3 : 2 zueinander, im unteren Rechteck aber im Verhältnis 5 : 4.

b) Die Rechtecke sind ähnlich zueinander. Das linke Rechteck hat das Seitenverhältnis 3 : 6 oder 1 : 2. Das rechte Rechteck hat das Seitenverhältnis 1 : 2.

4 Der Baum ist 4 m hoch.
Da die Baumhöhe ein Parallelenabschnitt ist, lässt sie sich mit dem 2. Strahlensatz berechnen.

$\frac{x}{1\,m} = \frac{12\,m}{3\,m} \quad | \cdot 1\,m$ (2. Strahlensatz)

$x = \frac{12\,m \cdot 1\,m}{3\,m}$

$x = 4\,m$

5 a) Diese Aussage ist falsch. Maßstab 1 : 3 bedeutet, dass die Längen im Bild zu den Originallängen im Verhältnis 1 : 3 stehen. Die Längen im Bild sind also $\frac{1}{3}$-mal so groß wie im Original, nicht 3-mal.

b) Diese Aussage ist wahr. In jedem Quadrat sind alle Innenwinkel jeweils 90° groß und zwei beliebig ausgewählte Seiten stehen im Verhältnis 1 : 1 zueinander. Folglich sind alle Quadrate ähnlich zueinander.

c) Diese Aussage ist falsch. Beim Streckfaktor 2 werden die Originallängen mit 2 multipliziert, um die Längen im Bild zu erhalten. Folglich wird die Bildfigur größer als das Original.

Ähnlichkeit Teste dich!

Seite 115

1

	Maßstab	Streckfaktor k	Länge im Original	Länge im Bild
a)	1:10	**0,1**	23 cm	**2,3 cm**
b)	1:6	$\frac{1}{6}$	**3 cm**	0,5 cm
c)	**1,5 : 1 oder 3 : 2**	**1,5**	8 cm	12 cm

$k = \frac{\text{Länge im Bild}}{\text{Länge im Original}} = \text{Maßstab}$

a) $a' = a \cdot k = 23\,\text{cm} \cdot 0{,}1 = 2{,}3\,\text{cm}$

b) $a = a' : k = 0{,}5\,\text{cm} : \frac{1}{6} = 0{,}5\,\text{cm} \cdot 6 = 3\,\text{cm}$

c) $k = \frac{a'}{a} = \frac{12\,\text{cm}}{8\,\text{cm}} = \frac{3}{2} = 1{,}5$

2

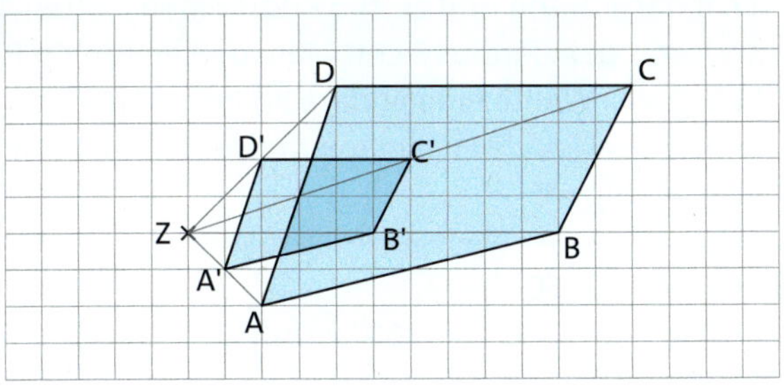

① Zeichne von Z aus einen Strahl durch A.

② Multipliziere die Länge von $\overline{ZA}$ mit $k = 0{,}5$ und zeichne A′ ein.

③ Ermittle ebenso B′, C′ und D′. Verbinde A′, B′, C′ und D′.

3 a) Die Rechtecke sind nicht ähnlich zueinander, denn im oberen Rechteck stehen die lange und die kurze Seite im Verhältnis 3 : 2 zueinander, im unteren Rechteck aber im Verhältnis 3 : 1.

b) Die Dreiecke sind ähnlich zueinander, denn die Winkel stimmen überein und einander entsprechende Seiten von Original- und Bilddreieck stehen jeweils im gleichen Verhältnis zueinander. Das wird noch besser erkennbar, wenn man das rechte Dreieck um 90° im Uhrzeigersinn dreht.

4 Der Turm ist 11,2 m hoch.
Da die Turmhöhe ein Parallelenabschnitt ist, lässt sie sich mit dem 2. Strahlensatz berechnen.

$\frac{x}{2{,}8\,\text{m}} = \frac{34\,\text{m}}{8{,}5\,\text{m}} \quad | \cdot 2{,}8\,\text{m}$ (2. Strahlensatz)

$x = \frac{34\,\text{m} \cdot 2{,}8\,\text{m}}{8{,}5\,\text{m}}$

$x = 4 \cdot 2{,}8\,\text{m}$

$x = 11{,}2\,\text{m}$

5 a) Diese Aussage ist falsch. Maßstab 1 : 5 bedeutet, dass die Längen im Bild zu den Originallängen im Verhältnis 1 : 5 stehen. Die Längen im Bild sind also $\frac{1}{5}$-mal so groß wie im Original, nicht 1,5-mal.

b) Diese Aussage ist ebenfalls falsch. Beim Streckfaktor 3 werden die Originallängen mit 3 multipliziert, um die Längen im Bild zu erhalten. Folglich wird die Bildfigur größer als das Original.

c) Diese Aussage ist wahr. In jedem gleichseitigen Dreieck sind alle Winkel 60° groß und zwei beliebig ausgewählte Seiten stehen stets im Verhältnis 1 : 1 zueinander. Folglich sind alle gleichseitigen Dreiecke ähnlich zueinander.

Kreise berechnen Noch fit?

Seite 117

1 Zeichenübung: Kreis wie im Schulbuch vorgegeben
Der **Mittelpunkt** liegt genau in der Mitte des Kreises. (Dort sticht man mit dem Zirkel ein.) Der **Radius r** geht vom Mittelpunkt zum Kreisrand. Der **Durchmesser d** geht von einem Punkt des Kreisrands durch den Mittelpunkt bis zu einem anderen Punkt des Kreisrands. Der Durchmesser ist doppelt so lang wie der Radius. Der **Umfang u** ist die Länge der Kreislinie.

2 Zeichenübung Kreise, Längen von Radius und Durchmesser individuell

3 Zeichnung wie im Schulbuch vorgegeben
Vorgehen: Zeichne einen Kreis mit dem Radius r = 1 cm.
Zeichne vom Mittelpunkt des ersten Kreises einen zweiten Kreis mit dem Radius 2 cm.
Zeichne vom Mittelpunkt des ersten Kreises einen dritten Kreis mit dem Radius 3 cm.
Male den ersten Kreis farbig aus. Wähle eine andere Farbe und male immer den Teil des nächsten Kreises aus, der noch nicht farbig ist.

4 a) 360° : 2 = 180°
Der volle Kreis von 360° wurde in 2 Teile geteilt.
b) 360° : 4 = 90°
Der volle Kreis von 360° wurde in 4 Teile geteilt.
c) 360° : 8 = 45°
Der volle Kreis von 360° wurde in 8 Teile geteilt.

5 a) 45 b) 89 c) 800 d) 144
e) 150 cm² f) 243 m² g) 128 mm² h) 1440 cm²

3 Zeichnung wie im Schulbuch vorgegeben
Vorgehen: Zeichne einen Kreis mit dem Radius r = 1 cm.
Gehe vom Mittelpunkt des Kreises 1 cm nach unten und zeichne dort einen zweiten Kreis mit dem Radius 2 cm.
Gehe vom Mittelpunkt des zweiten Kreises wieder 1 cm nach unten und zeichne dort einen dritten Kreis mit dem Radius 3 cm. Male den ersten Kreis farbig aus. Wähle eine andere Farbe und male immer den Teil des nächsten Kreises aus, der noch nicht farbig ist.

4 a) 360° : 6 = 60°
Der volle Kreis von 360° wurde in 6 Teile geteilt.
b) 360° : 9 = 40°
Der volle Kreis von 360° wurde in 9 Teile geteilt.

5 a) 75 b) 256 c) 648 d) 490
e) 1500 cm² f) 363 m² g) 90 mm² h) 625 cm²

Kreise berechnen Klar soweit?

Seite 130/131

1 a) u ≈ 12,57 cm b) u ≈ 18,85 m

2 ≈ 188,5 m

3 a) d ≈ 99,95 m
b) d ≈ 9,99 cm

4 d ≈ 20,69 cm

5 a) A ≈ 50,27 cm² b) A ≈ 162,86 m²

1 a) u ≈ 40,84 cm b) u ≈ 56,55 m
c) u ≈ 11,94 cm d) u ≈ 26,39 m

2 a) individuelle Schätzung b) 94,25 cm

3 a) d ≈ 8,00 m; r ≈ 4,00 m
b) d ≈ 35,97 mm; r ≈ 17,98 mm

4 d ≈ 40,43 cm; r ≈ 20,12 cm

5 a) A ≈ 530,93 cm² b) A ≈ 19,63 m²
c) r = 9 cm; A ≈ 254,47 cm²

6 Ziffernblatt: $A \approx 58{,}09\,m^2$ Das ist größer als ein Wohnzimmer (ca. 25 bis $30\,m^2$).

7 a) $r \approx 3{,}24\,cm$
b) $r \approx 1{,}55\,dm$

7 a) $r \approx 12{,}50\,cm$; $d \approx 25{,}00\,cm$
b) $r \approx 1{,}65\,dm$; $d \approx 3{,}30\,dm$

8 Der Durchmesser beträgt rund 40 cm.

8 Der Durchmesser beträgt 50 cm.

9 a) $\alpha = 120°$; $b \approx 5{,}24\,cm$ b) $\alpha = 72°$; $b \approx 3{,}14\,cm$ c) $\alpha = 60°$; $b \approx 2{,}62\,cm$
d) $\alpha = 45°$; $b \approx 1{,}96\,cm$ e) $\alpha = 36°$; $b \approx 1{,}57\,cm$

10 $A \approx 25{,}13\,cm^2$

10 $\alpha = 120°$; $A \approx 6{,}54\,m^2$

11 $b \approx 6{,}98\,m$

11 $r \approx 12{,}5\,m$

Kreise berechnen Teste dich!

Seite 137

1 a) $r = 1\,cm$; $d = 2\,cm$, also $A \approx 3{,}14\,cm^2$; $u \approx 6{,}28\,cm$ b) $r = 1{,}5\,cm$; $d = 3\,cm$, also $A \approx 7{,}07\,cm^2$; $u \approx 9{,}42\,cm$
c) $r = 0{,}75\,cm$; $d = 1{,}5\,cm$, also $A \approx 1{,}77\,cm^2$; $u \approx 4{,}71\,cm$ d) $r = 0{,}5\,cm$; $d = 1\,cm$, also $A \approx 0{,}79\,cm^2$; $u \approx 3{,}14\,cm$

2

	Radius r	Durchmesser d	Umfang u	Flächeninhalt A
a)	3 m	**6 m**	**18,85 cm**	**28,27 cm²**
b)	**11 cm**	22 cm	**69,12 cm**	**380,13 m²**
c)	57 mm	**114 mm**	**59,69 mm**	**283,53 mm²**

$d = 2 \cdot 3\,cm = 6\,cm$; $u = \pi \cdot 6\,cm \approx 18{,}85\,m$;
$A = \pi \cdot (3\,cm)^2 \approx 28{,}27\,cm^2$
$d = 22\,m : 2 = 11\,m$; $u = \pi \cdot 22\,m \approx 69{,}12\,m$;
$A \approx \pi \cdot (11\,m)^2 \approx 380{,}13\,m^2$
$r = 114\,mm : 2 = 57\,mm$; $u = \pi \cdot 114\,mm \approx 558{,}14\,mm$;
$A = \pi \cdot (57\,mm)^2 \approx 10\,207{,}03\,mm^2$

3 a) Die bepflanzte Fläche ist etwa $113{,}10\,m^2$ groß.
b) Die längste Runde ist etwa 22 m lang.

a) $r = 3{,}5\,m$; $A = \pi \cdot (3{,}5\,m)^2 \approx 38{,}48\,m^2$
b) $u = 2 \cdot \pi \cdot 3{,}5\,m \approx 1924{,}23\,m$

4 Der Umfang beträgt etwa $u \approx 7{,}85\,cm$ und der Flächeninhalt etwa $A \approx 9{,}82\,cm^2$.

$u = (2 \cdot \pi \cdot 2{,}5\,cm) : 2 = (5\,cm \cdot \pi) : 2 \approx 7{,}85\,cm$
$A = \pi \cdot (2{,}5\,cm)^2 : 2 \approx 9{,}82\,cm^2$

5 Die Schlangenlinie ist etwa 9,42 cm lang.

Die Schlangenlinie besteht aus drei Halbkreisen.
$u = \pi \cdot 3\,cm : 2 + \pi \cdot 2\,cm : 2 + \pi \cdot 1\,cm : 2$
$u = \pi \cdot (1{,}5\,cm + 1\,cm + 0{,}5\,cm)$
$u \approx 9{,}42\,cm$

Kreise berechnen **Teste dich!**

Seite 137

1 a) $r = 1\,cm$; $d = 2\,cm$, also $A \approx 3{,}14\,cm^2$; $u \approx 6{,}28\,cm$ b) $r = 1{,}5\,cm$; $d = 3\,cm$, also $A \approx 7{,}07\,cm^2$; $u \approx 9{,}42\,cm$
c) $r = 0{,}75\,cm$; $d = 1{,}5\,cm$, also $A \approx 1{,}77\,cm^2$; $u \approx 4{,}71\,cm$ d) $r = 0{,}5\,cm$; $d = 1\,cm$, also $A \approx 0{,}79\,cm^2$; $u \approx 3{,}14\,cm$

2

	Radius r	Durchmesser d	Umfang u	Flächeninhalt A
a)	4 m	**8 m**	**25,13 m**	**50,27 m²**
b)	**6,21 cm**	**12,41 cm**	39 cm	**121,04 cm²**
c)	**9,5 mm**	19 mm	**59,69 mm**	**283,53 mm²**

$d = 2 \cdot 4\,m = 8\,m$; $u = \pi \cdot 8\,m \approx 25{,}13\,m$;
$A = \pi \cdot (4\,m)^2 \approx 50{,}27\,m^2$
$d = 39\,cm : \pi \approx 12{,}41\,cm$; $r = 39\,cm : (2\pi) \approx 6{,}21\,cm$;
$A \approx \pi \cdot (6{,}21\,cm)^2 \approx 121{,}04\,cm^2$
$r = 19\,mm : 2 = 9{,}5\,m$; $u = \pi \cdot 19\,mm \approx 59{,}69\,mm$;
$A = \pi \cdot (9{,}5\,mm)^2 \approx 283{,}53\,mm^2$

3 a) Die bepflanzte Fläche ist etwa $113{,}10\,m^2$ groß.
b) Es sind etwa 1924 Pflanzen.

a) $d = 7\,m$; $r = 3{,}5\,m$; $A = \pi \cdot (3{,}5\,m)^2 \approx 38{,}48\,m^2$
b) $38{,}48\,m^2 : 0{,}02\,m^2 \approx 1924{,}23$

4 Der Umfang beträgt etwa $u \approx 21{,}42\,cm$ und der Flächeninhalt etwa $A \approx 28{,}27\,cm^2$.

$u = 6\,cm + 6\,cm + (2 \cdot \pi \cdot 6\,cm) : 4$
$= 12\,cm + \pi \cdot 3\,cm \approx 21{,}42\,cm$
$A = \pi \cdot (6\,cm)^2 : 4 \approx 28{,}27\,cm^2$

5 Die Schlangenlinie ist etwa 9,42 cm lang.

Die Schlangenlinie besteht aus drei Halbkreisen.
$u = \pi \cdot 3\,cm : 2 + \pi \cdot 2\,cm : 2 + \pi \cdot 1\,cm : 2$
$u = \pi \cdot (1{,}5\,cm + 1\,cm + 0{,}5\,cm)$
$u \approx 9{,}42\,cm$

Zylinder

Noch fit?

Seite 139

1 $r = 4\,cm$
a) $d = 8\,cm$ b) $u \approx 25{,}13\,cm$ c) $A \approx 50{,}27\,cm^2$

1 $r = 1{,}4\,cm$
a) $d = 2{,}8\,cm$ b) $u \approx 8{,}80\,cm$ c) $A \approx 6{,}16\,cm^2$

2 ① Deckfläche ② Körperhöhe ③ Mantelfläche ④ Grundfläche ⑤ Netz

3 Abbildung im Maßstab 1 : 2

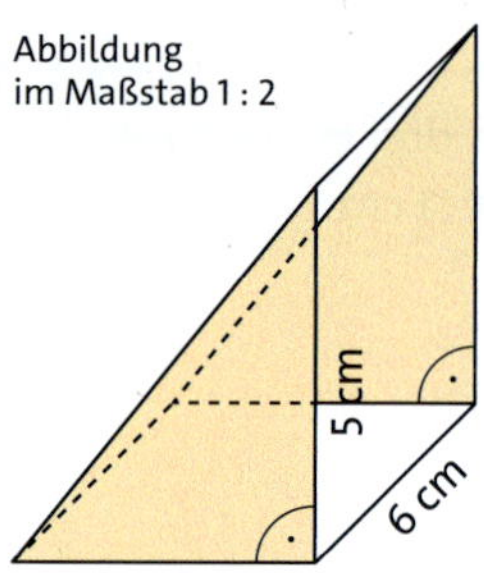

3

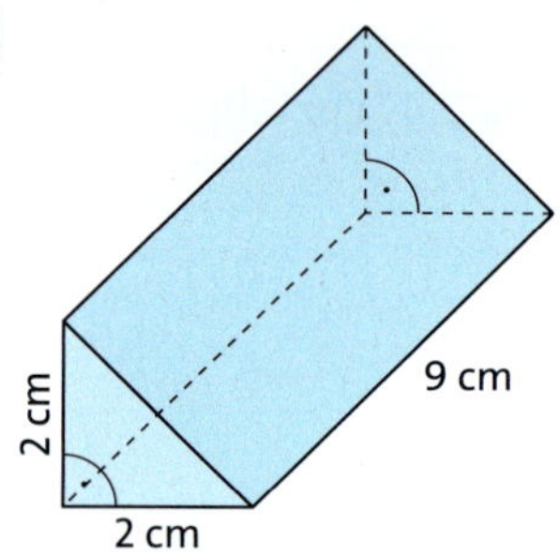

4 a) $V = G \cdot h_k = 15\,cm^2 \cdot 4\,cm = 60\,cm^3$
b) $V = a \cdot b \cdot h_k = 4\,cm \cdot 5\,cm \cdot 6\,cm = 120\,cm^3$

4 a) $V = G \cdot h_k = 12\,cm^2 \cdot 8\,cm = 96\,cm^3$
b) $V = a \cdot b \cdot h_k = 4\,cm \cdot 6\,cm \cdot 4{,}5\,cm = 108\,cm^3$

5 a) $O = 168\,cm^2$ b) $O = 214\,cm^2$

5 a) $O = 152\,cm^2$ b) $O = 720\,cm^2$

6 a) 5 cm b) $2\,dm^2$ c) $350\,m^3$ d) 12,5 dm
e) $1880\,m^2$ f) $1{,}334\,dm^3$ g) 0,175 m h) $0{,}333\,dm^3$

Zylinder Klar soweit? *Seite 150/151*

1 a) Bild ③ und Bild ⑤ sind Zylinder, denn Grundfläche und Deckfläche sind gleich große Kreise, sie liegen parallel zueinander; die Mantelfläche ist ein Rechteck, wenn man sie abrollt.
Bild ①: kein Zylinder, denn Grundfläche und Deckfläche sind keine Kreise
Bild ②: kein Zylinder, denn es gibt keine Deckfläche
Bild ④: kein Zylinder, denn die Grundfläche ist kein Kreis

b) zum Beispiel Trinkdosen; Litfaßsäule, Wasserrohre

2

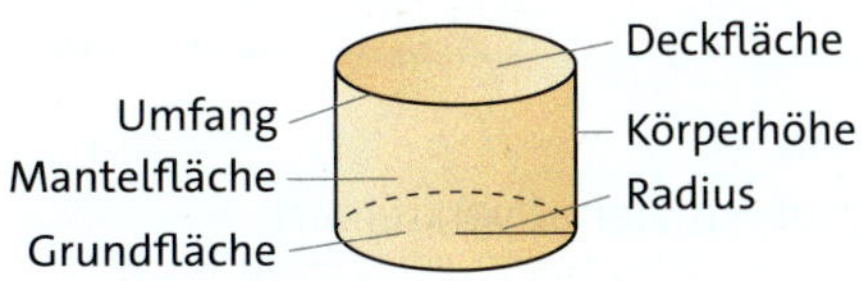

Die Grundfläche G und die Deckfläche sind Kreise und gleich groß.
Die Grundfläche und die Deckfläche liegen zueinander parallel.
Die Mantelfläche M ist ein Rechteck. Die Mantelfläche ist so lang wie der Umfang u der Kreise und so breit wie die Körperhöhe h_k.

3 Abbildung im Maßstab 1 : 2

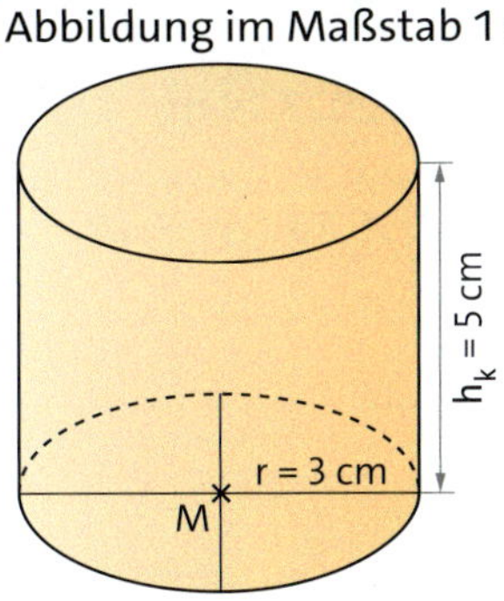

Zeichne den Durchmesser d = 6 cm. Markiere den Mittelpunkt M.
Zeichne durch M eine Senkrechte mit der halben Länge von d: $\frac{d}{2} = \frac{6}{3} = 3$ cm.
Skizziere die Grundfläche als Ellipse.
Zeichne die Körperhöhe $h_k = 5$ cm senkrecht zu d.
Skizziere die Deckfläche als Ellipse.

1 a) Die Grundfläche G und die Deckfläche sind Kreise und gleich groß.
Die Grundfläche und die Deckfläche liegen zueinander parallel.
Die Mantelfläche M ist ein Rechteck.

b) ① z. B. Litfaßsäule, Wasserglas, Turm
② z. B. Puck beim Eishockey, Cremedose

c) Individuelle Antworten, manche Formen sind wahrscheinlich nur näherungsweise Zylinder.

2 a) Radius, Deckfläche, Grundfläche, Mantelfläche, Körperhöhe

b)

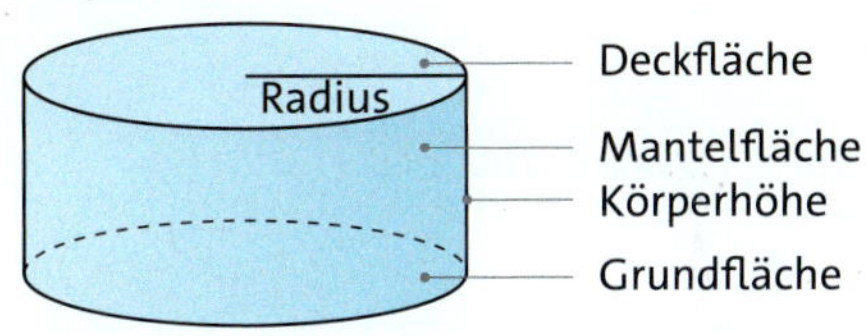

Die Grundfläche G und die Deckfläche sind Kreise und gleich groß.
Die Grundfläche und die Deckfläche liegen zueinander parallel.
Die Mantelfläche M ist ein Rechteck. Die Mantelfläche ist so lang wie der Umfang u der Kreise und so breit wie die Körperhöhe h_k.

3 a), b) Abbildung im Maßstab 1 : 2

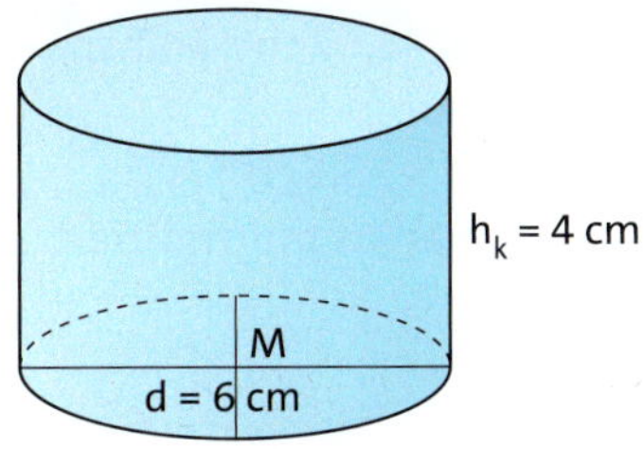

c) Zeichne den Durchmesser d = 6 cm.
Markiere den Mittelpunkt M.
Zeichne durch M eine Senkrechte mit der halben Länge von d: $\frac{d}{2} = \frac{6}{3} = 3$ cm.
Skizziere die Grundfläche als Ellipse.
Zeichne die Körperhöhe $h_k = 4$ cm senkrecht zu d.
Skizziere die Deckfläche als Ellipse.

4 a) Das ist ein Netz eines Zylinders. Die Mantelfläche ist ein Rechteck. Grundfläche und Deckfläche sind Kreise und gleich groß.
b) Das ist kein Netz eines Zylinders. Die Mantelfläche ist zwar ein Rechteck, aber die Kreise liegen beim zusammenfalten aufeinander, sodass es kein Grund- und Deckfläche gibt.

5 a) Abbildung im Maßstab 1 : 3

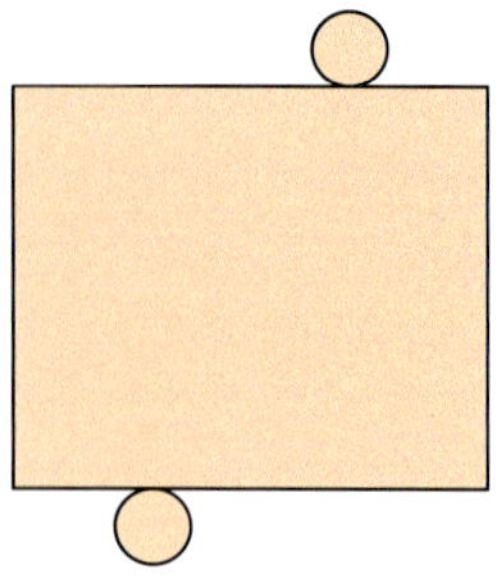

b) Abbildung im Maßstab 1 : 3

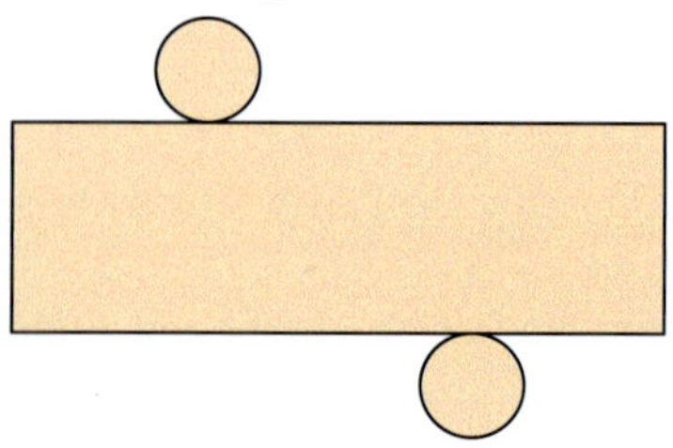

6 a) $u \approx 31{,}42\,cm$
b) $M = 314{,}2\,cm^2$
c) $O = 2 \cdot G + M$; $O \approx 471{,}28\,cm^2$

7 a) Für die Laterne werden ca. $48{,}07\,cm^2$ Transparentpapier benötigt.
b) z. B. Höhe $h_k = 10\,cm \rightarrow M = 75{,}5\,cm^2$
Die Höhe muss mit dem Radius multipliziert werden.

8 a) $V = 210\,cm^3$
b) $V = 390\,m^3$
c) $V = 250\,cm^3$

9 a) $V \approx 150{,}80\,cm^3$
b) $V \approx 62{,}83\,cm^3$
c) $V \approx 25\,088{,}76\,mm^3$

10 a) $V \approx 20\,676\,m^3$

4 a) Die beiden Kreise befinden sich an der gleichen Seite und kommen beim „Zusammenbauen" aufeinander zu liegen. Es gibt dann keine Grundfläche.
b) Die Mantelfläche ist kein Rechteck (sondern ein Parallelogramm).
c) Grundfläche und Deckfläche sind nicht gleich groß.

5 a) $u \approx 12{,}57\,cm$
Zeichnung auf ein Viertel verkleinert.

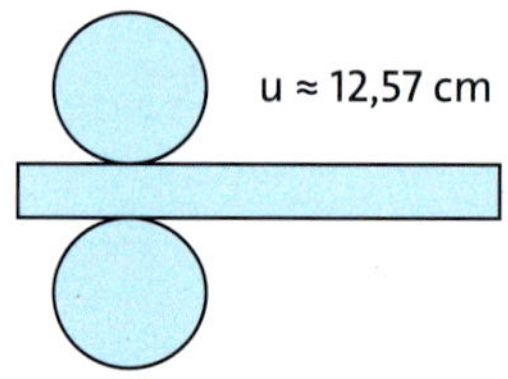

b) $u \approx 15{,}7\,cm$
Zeichnung auf ein Viertel verkleinert.

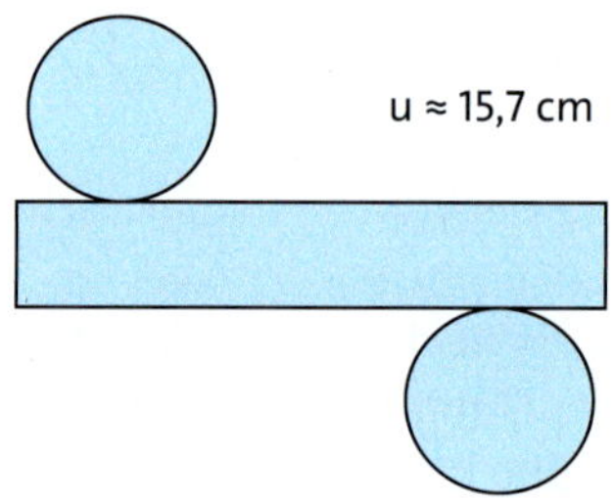

6 a) $u \approx 40{,}84\,cm$
b) $M = 579{,}93\,cm^2$
c) $O = 2 \cdot G + M$; $O \approx 6064{,}84\,cm^2$

7 a) Für den Mantel werden ca. $2023{,}19\,cm^2$ Lochblech benötigt.
b) Für den Boden werden ca. $36{,}13\,cm^2$ Blech benötigt.

8 a) $V = 165\,cm^3$
b) $V = 3900\,dm^3 = 39\,m^3$
c) $V = 1\,440\,000\,cm^3 = 1{,}44\,m^3$

9 a) $V \approx 3969{,}4\,mm^3$
b) $V \approx 100{,}35\,cm^3$
c) $V \approx 92{,}47\,dm^3$

10 a) $V \approx 24{,}05\,\ell$
b) zum Beispiel $d = 4\,dm$, $h_k = 1{,}91\,dm$
oder $d = 2\,dm$, $h_k = 3{,}83\,dm$

Zylinder Teste dich!

Seite 157

1 a) aus zwei Kreisen und einem Rechteck
b) Abbildung im Maßstab 1 : 4

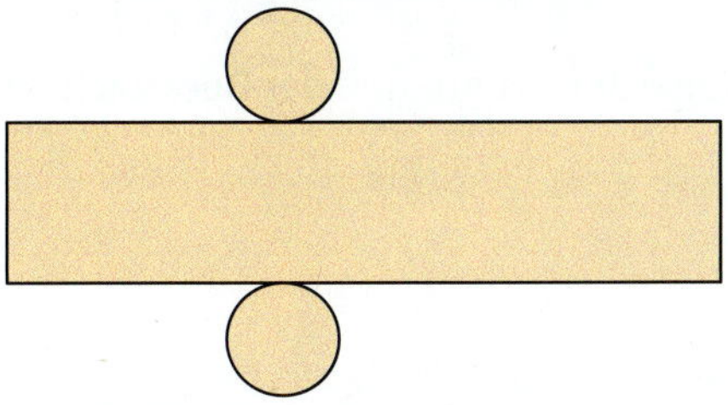

a) zwei Kreise (Grund- und Deckfläche); Rechteck (Mantelfläche)
b) Zeichne ein Rechteck mit den Maßen $a = u = 22\,cm$ und $b = h_k = 5\,cm$.
Zeichne die Kreise der Grund- und der Deckfläche mit $r = 3{,}5\,cm$.

2 a) Mantelflächeninhalt, weil das Etikett ein Rechteck ist.
b) Oberflächeninhalt, weil die Dose ein Körper mit Grund- und Deckfläche bildet.
c) Mantelflächeninhalt, weil ein aufgeschnittener Strohhalm ein Rechteck bildet.
d) Volumen, weil der Kaffee die Tasse füllt.
e) Oberflächeninhalt, weil ein Holzfass ein Körper mit Grund- und Deckfläche ist.
f) Mantelflächeninhalt, weil das Plakat ein Rechteck ist.
g) Oberflächeninhalt, weil die Mantelfläche und die Grund- sowie Deckfläche angestrichen werden.
h) Volumen, weil die Wäsche die Wäschetrommel füllt.
i) Volumen, weil das Wachs die Hülse des Teelichts füllt.

3 a) $M \approx 5{,}66\,cm^2$; $O \approx 6{,}22\,cm^2$
b) $M \approx 251{,}33\,cm^2$; $O \approx 408{,}41\,cm^2$
c) $M \approx 5598{,}32\,cm^2$; $O \approx 10\,178{,}76\,cm^2$

a) $M = u \cdot h_k = 18{,}85\,cm \cdot 0{,}3\,cm \approx 5{,}66\,cm^2$
$O = 2 \cdot \pi \cdot (0{,}3\,cm)^2 + 2 \cdot \pi \cdot 0{,}3\,cm \cdot 18{,}85\,cm \approx 6{,}22\,cm^2$
b) $M = 2 \cdot \pi \cdot 5\,cm \cdot 8\,cm \approx 251{,}33\,cm^2$
$O = 2 \cdot \pi \cdot (5\,cm)^2 + 2 \cdot \pi \cdot 5\,cm \cdot 8\,cm \approx 408{,}41\,m^2$
c) $M = 2 \cdot \pi \cdot 9\,cm \cdot 6\,cm \approx 339{,}29\,cm^2$
$O = 2 \cdot \pi \cdot (9\,cm)^2 + 2 \cdot \pi \cdot 9\,cm \cdot 6\,cm \approx 848{,}23\,cm^2$

4

	r	d	u	h_k	M
a)	8 cm	16 cm	50,27 cm	9 cm	452,43 cm²
b)	13,5 mm	27 mm	84,82 mm	13 mm	1102,66 mm²
c)	4 cm	8 cm	25 cm	21 cm	525 cm²

a) $d = 2 \cdot r = 2 \cdot 8\,cm = 16\,cm$;
$u = \pi \cdot d = \pi \cdot 16\,cm \approx 50{,}27\,cm$;
$M = \pi \cdot 16\,cm \cdot 9\,cm \approx 452{,}43\,cm^2$
b) $r = d : 2 = 27\,mm : 2 = 13{,}5\,mm$;
$u = \pi \cdot d = \pi \cdot 27\,mm \approx 84{,}82\,mm$;
$M = \pi \cdot 27\,mm \cdot 13\,mm \approx 1102{,}66\,mm^2$
c) $r = u : (2 \cdot \pi) = 25\,cm : (2 \cdot \pi) \approx 4\,cm$;
$d = 2 \cdot r = 2 \cdot 4\,cm = 8\,cm$;
$h_k = M : u = 525\,cm^2 : 25\,cm = 21\,cm$

5 Es werden insgesamt etwa $706{,}86\,m^2$ Folie gebraucht.

$\frac{M}{2} = \frac{(h_k \cdot u)}{2} = \frac{(50\,m \cdot \pi \cdot 9\,m)}{2} \approx 706{,}86\,m^2$

6 a) $V = 4080\,cm^3$
b) $V = 21\,070\,m^3$
c) $V \approx 4071{,}50\,cm^3$

a) $V = G \cdot h = 255\,cm^2 \cdot 16\,cm = 4080\,cm^3$
b) $V = G \cdot h = 490\,m^2 \cdot 43\,m = 21\,070\,m^3$
c) $V = \pi \cdot (12\,cm)^2 \cdot 9\,cm \approx 4071{,}50\,cm^3$

Zylinder Teste dich!

Seite 127

1

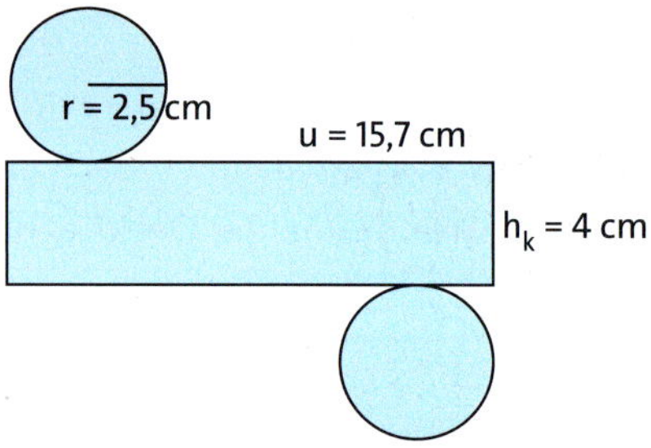

Zeichne ein Rechteck mit den Maßen
$a = u = 2 \cdot \pi \cdot r = 2 \cdot \pi \cdot 2{,}5\,cm \approx 15{,}71\,cm$ und
$b = h_k = 4\,cm$.
Zeichne die Kreise der Grund- und der Deckfläche mit $r = 2{,}5\,cm$.

2
a) Mantelflächeninhalt, weil ein das Etikett ein Rechteck ist.
b) Oberflächeninhalt, weil die Dose ein Körper mit Grund- und Deckfläche bildet.
c) Mantelflächeninhalt, weil ein aufgeschnittener Strohhalm ein Rechteck bildet.
d) Volumen, weil der Kaffee die Tasse füllt.
e) Oberflächeninhalt, weil ein Holzfass ein Körper mit Grund- und Deckfläche ist.
f) Mantelflächeninhalt, weil das Plakat ein Rechteck ist.
g) Oberflächeninhalt, weil die Mantelfläche und die Grund- sowie Deckfläche angestrichen werden.
h) Volumen, weil die Wäsche die Wäschetrommel füllt.
i) Volumen, weil der Wachs die Hülse des Teelichts füllt.

3
a) $M \approx 587{,}48\,cm^2$; $O \approx 1041{,}44\,cm^2$
b) $M \approx 4599{,}29\,m^2$; $O \approx 8218{,}40\,m^2$
c) $M \approx 5598{,}32\,cm^2$; $O \approx 10\,178{,}76\,cm^2$

a) $M = 2 \cdot \pi \cdot 8{,}5\,cm \cdot 11\,cm \approx 587{,}48\,cm^2$
$O = 2 \cdot \pi \cdot (8{,}5\,cm)^2 + 2 \cdot \pi \cdot 8{,}5\,cm \cdot 11\,cm \approx 1041{,}44\,cm^2$
b) $M = 2 \cdot \pi \cdot 24\,cm \cdot 30{,}5\,cm \approx 4599{,}29\,m^2$
$O = 2 \cdot \pi \cdot (24\,cm)^2 + 2 \cdot \pi \cdot 24\,cm \cdot 30{,}5\,cm \approx 8218{,}40\,m^2$
c) $M = \pi \cdot 54\,cm \cdot 33\,cm \approx 5598{,}32\,cm^2$
$O = 2 \cdot \pi \cdot (27\,cm)^2 + \pi \cdot 54\,cm \cdot 33\,cm \approx 10\,178{,}76\,cm^2$

4

	r	d	h_k	M
a)	3,5 cm	7 cm	17 cm	373,85 cm²
b)	16 m	32 m	24 m	2412,74 m²
c)	78 cm	156 cm	90 cm	44 108 cm²

a) $d = 2 \cdot r = 2 \cdot 3{,}5\,cm = 7\,cm$;
$M = \pi \cdot 7\,cm \cdot 17\,cm \approx 373{,}85\,cm^2$
b) $r = \frac{d}{2} = \frac{32\,cm}{2} = 16\,cm$;
$M = \pi \cdot 32\,m \cdot 24\,m \approx 2412{,}74\,m^2$
c) $d = 2 \cdot r = 2 \cdot 78\,cm = 156\,cm$;
$h_k = \frac{M}{\pi \cdot d} = \frac{44\,108\,cm^2}{\pi \cdot 156\,cm} \approx 90\,cm$

5
a) Die Metallbänder sind insgesamt etwa 30,16 m lang.
b) Es sind etwa 15,08 m² Dachpappe.

a) $4 \cdot u = 4 \cdot 2 \cdot \pi \cdot r = 4 \cdot 2 \cdot \pi \cdot 1{,}2\,m \approx 30{,}16\,m$
b) $\frac{M}{2} = 2 \cdot \pi \cdot 1{,}2\,m \cdot 4\,\frac{m}{2} \approx 15{,}08\,m^2$

6
a) $V \approx 17\,011{,}72\,cm^3$
b) $V \approx 387\,044\,mm^3$
c) $V \approx 43\,102{,}65\,cm^3$

a) $V = \pi \cdot (19\,cm)^2 \cdot 15\,cm \approx 17\,011{,}72\,cm^3$
b) $V = \pi \cdot (40\,mm)^2 \cdot 77\,mm \approx 387\,044{,}21\,mm^3$
c) $V = \pi \cdot (14\,cm)^2 \cdot 70\,cm \approx 43\,102{,}65\,cm^3$

Quadratische Funktionen Noch fit?

Seite 159

1 a) A(1 | 2), B(−2 | 1), C(−1 | 0), D(2 | −1)

b)

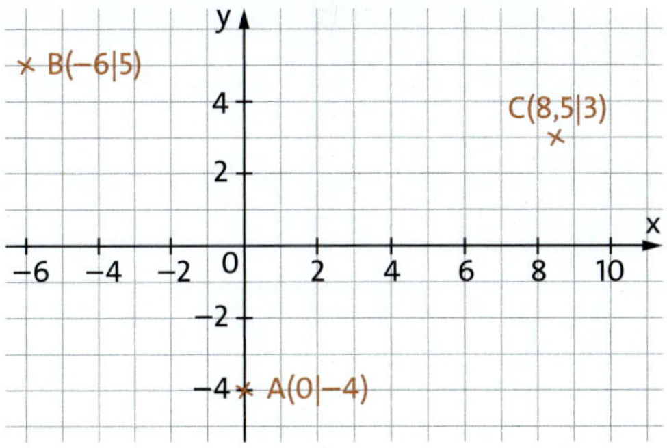

2

	x = 0	x = 2	x = 5	x = −2
a) x + 4	**4**	**6**	**9**	**2**
b) 2 · x	**0**	**4**	**10**	**−4**

3 a) 4; 36; 81 b) 1; 0; 121
c) 3; 6; 10 d) 11; 1; 0

4 $2 \cdot (8y - 2) = 16y - 4$
$2 \cdot (y + 1) = 2y + 2$
$3x \cdot (8y - 2) = 24xy - 6x$
$3x \cdot (y + 1) = 3xy + 3x$

5 a) $4a + 2b = 2 \cdot (2a + b)$
b) $25x - 60y = 5 \cdot (5x - 12y)$
c) $20a + 10 = 10 \cdot (2a + 1)$

6 a) ① $(x + 1)^2 = x^2 + 2x + 1$
② $(a - 3)^2 = a^2 - 6a + 9$
b) ① $(x + 2)^2 = x^2 + 4x + 4$
② $(x - 5)^2 = x^2 - 10x + 25$

1 a) A(−1 | 2), B(1 | −1), C(0 | 1), D(2 | 0)

b)

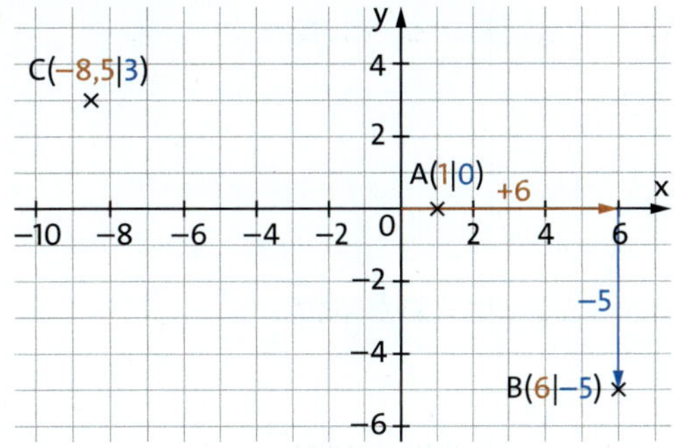

2

	x = 0	x = 2	x = 0,5	x = −3
a) x + 2	**2**	**4**	**2,5**	**−1**
b) 3x + 1	**1**	**7**	**2,5**	**−8**

3 a) 25; 100; 225 b) 81; 8100; 0,81
c) 4; 9; 7 d) 5; 0,5; 0

4 $2x \cdot (7y - 1) = 14xy - 2x$
$2x \cdot (y + 8) = 2xy + 16x$
$(-3) \cdot (7y - 1) = -21y + 3$
$(-3) \cdot (y + 8) = -3y - 24$

5 a) $4 + 2b = 2 \cdot (2 + b)$
b) $40a + 20 = 20 \cdot (2a + 1)$
c) $21x - 60xy = 3x \cdot (7 - 20y)$

6 a) ① $(x + 3)^2 = x^2 + 6x + 9$
② $(4a - 5)^2 = 16a^2 - 40a + 25$
b) ① $(x - 11)^2 = x^2 - 22x + 121$
② $(x - 7)^2 = x^2 - 14x + 49$

Quadratische Funktionen Klar soweit?

Seite 178/179

1 a) S(0|1) b) S(0|−2)

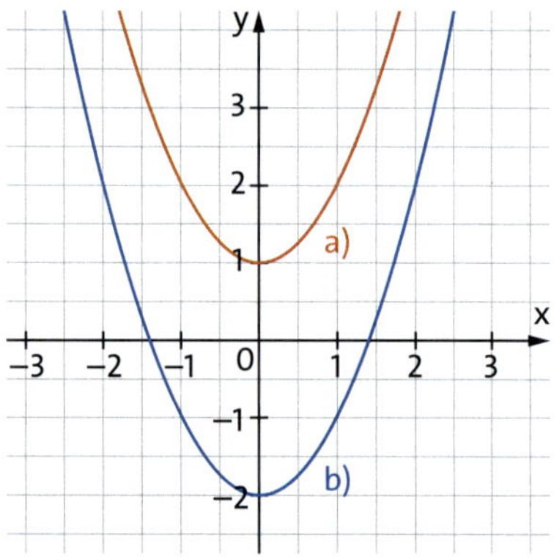

2 a) S(0|0) Die Normalparabel ist nicht verschoben.
b) S(0|2) Die Normalparabel ist um 2 Einheiten entlang der y-Achse nach oben verschoben.
c) S(0|−4) Die Normalparabel ist um 4 Einheiten entlang der y-Achse nach unten verschoben.
d) S(0|10) Die Normalparabel ist um 10 Einheiten entlang der y-Achse nach oben verschoben.

3 Ⓐ $y = x^2$ Ⓑ $y = 0{,}5x^2$
Ⓒ $y = 6x^2$

4 a) Die Normalparabel ist nach oben geöffnet.
b) Die Parabel ist gestaucht und nach unten geöffnet.
c) Die Parabel ist gestreckt und nach oben geöffnet.

5 Ⓐ: $x_1 = -1$; $x_2 = 1$
zwei Nullstellen
Ⓑ: keine Nullstellen; der Scheitelpunkt ist der tiefste Punkt und liegt bei y = 0,5. Die Parabel ist nach oben geöffnet, deshalb liegen alle anderen Punkte der Parabel oberhalb von y = 0,5 und die x-Achse wird nicht geschnitten.
Ⓒ: $x_1 = -2$; $x_2 = 2$
zwei Nullstellen
Ⓓ: keine Nullstellen; der Scheitelpunkt ist der tiefste Punkt und liegt bei y = 1. Die Parabel ist nach oben geöffnet, deshalb liegen alle anderen Punkte der Parabel oberhalb von y = 1 und die x-Achse wird nicht geschnitten.

1 S(0|4) b) S(0|−5)

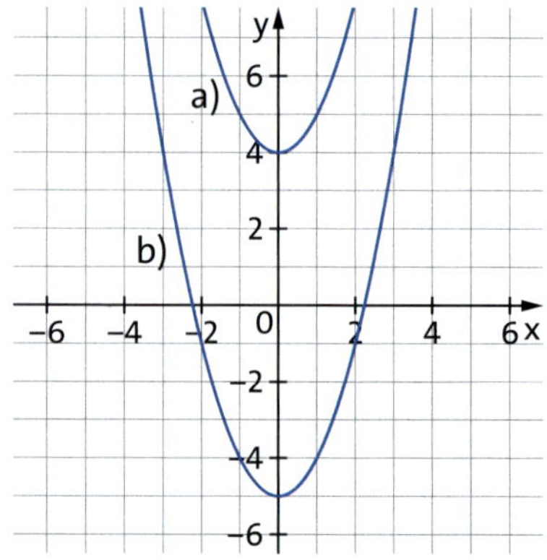

2 a) S(0|5) Die Normalparabel ist um 5 Einheiten entlang der y-Achse nach oben verschoben.
b) S(0|−35) Die Normalparabel ist um 35 Einheiten entlang der y-Achse nach unten verschoben.
c) S(0|−1,8) Die Normalparabel ist um 1,8 Einheiten entlang der y-Achse nach unten verschoben.

3 Ⓐ $y = 2x^2$ Ⓑ $y = x^2$
Ⓒ $y = 0{,}3x^2$ Ⓓ $y = -x^2$

4 a) Die Normalparabel ist nach oben geöffnet.
b) Die Parabel ist gestaucht und nach unten geöffnet.
c) Die Normalparabel ist nach unten geöffnet.
d) Die Parabel ist gestaucht und nach oben geöffnet.

5

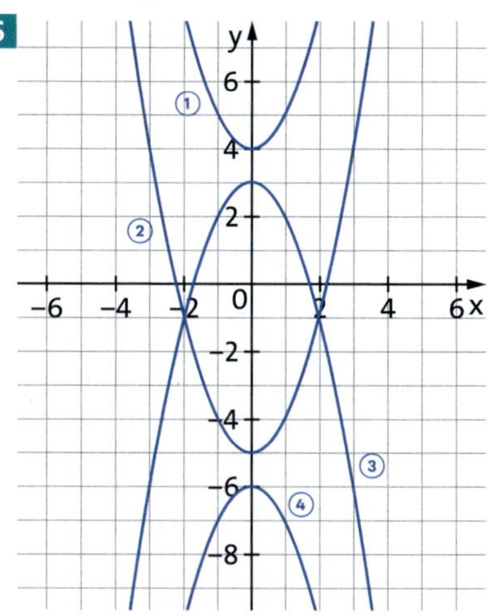

Ⓔ: $x = 0$
eine Nullstelle; der Scheitelpunkt liegt genau auf der x-Achse bei $x = 0$

6 a) Symmetrieachse $x = -2$
b) Symmetrieachse $x = 2$

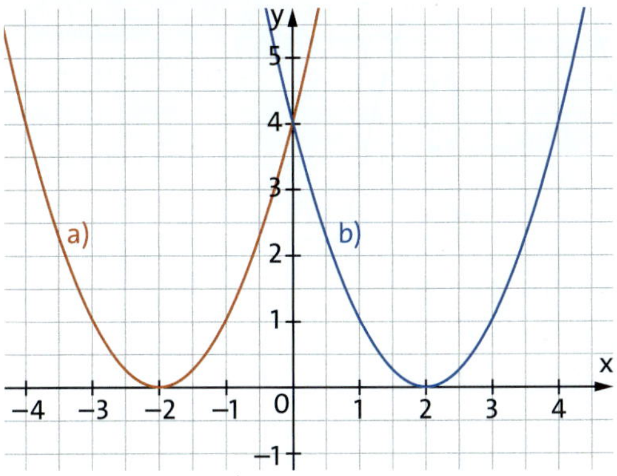

7 a) $y = (x - 3)^2$ b) $y = (x + 3)^2$
c) $y = (x - 6)^2$

8 a) $S(-2|3)$ b) $S(-1|-2)$

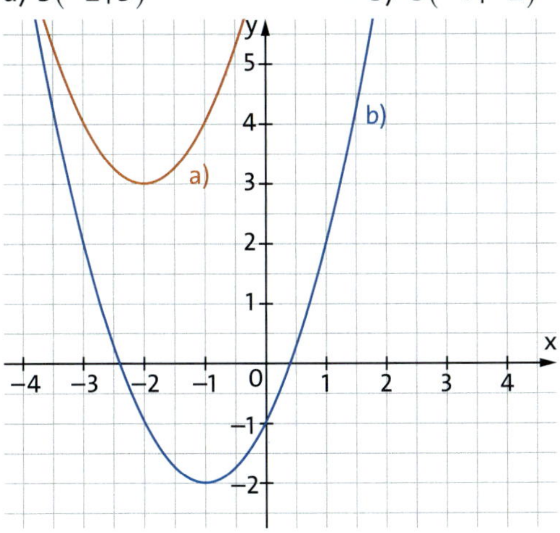

a) keine Nullstellen; der Scheitelpunkt ist der tiefste Punkt und liegt bei $y = 4$. Die Parabel ist nach oben geöffnet, deshalb liegen alle anderen Punkte der Parabel oberhalb von $y = 4$ und die x-Achse wird nicht geschnitten.
b) zwei Nullstellen
c) zwei Nullstellen
d) keine Nullstellen; der Scheitelpunkt ist der höchste Punkt und liegt bei $y = -6$ liegt. Die Parabel ist nach unten geöffnet, deshalb liegen alle anderen Punkte der Parabel unterhalb von $y = -6$ und die x-Achse wird nicht geschnitten.

6 a) Symmetrieachse $x = -1$
b) Symmetrieachse $x = 2$

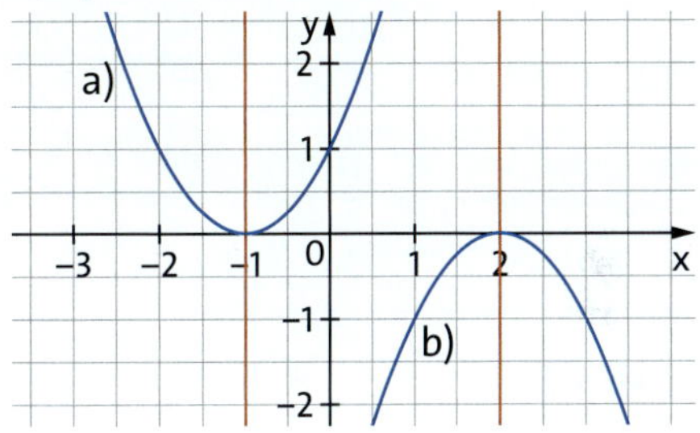

7 a) $y = (x - 2)^2$ b) $y = (x + 2)^2$
c) $y = (x - 11)^2$ d) $y = (x - 0{,}5)^2$

8 a) $S(2|2)$ b) $S(-3|-2)$

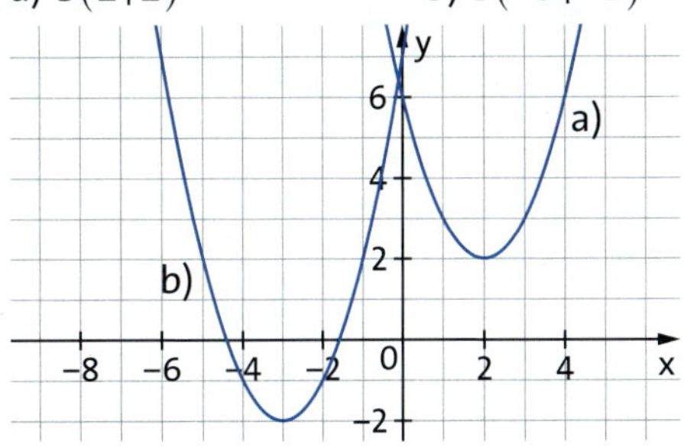

c) S(0|4) d) S(4|1)

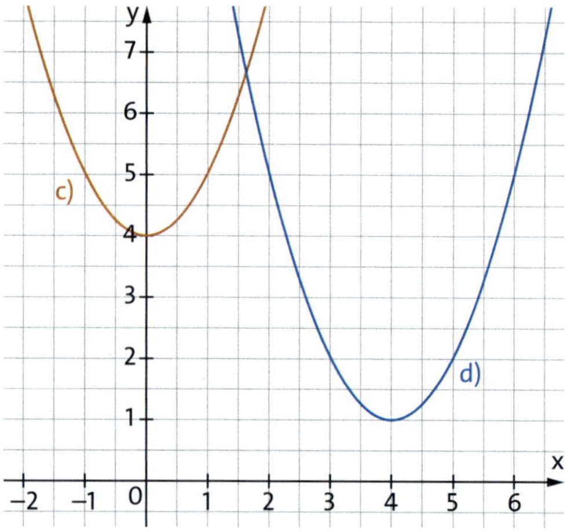

c) S(4|−3)

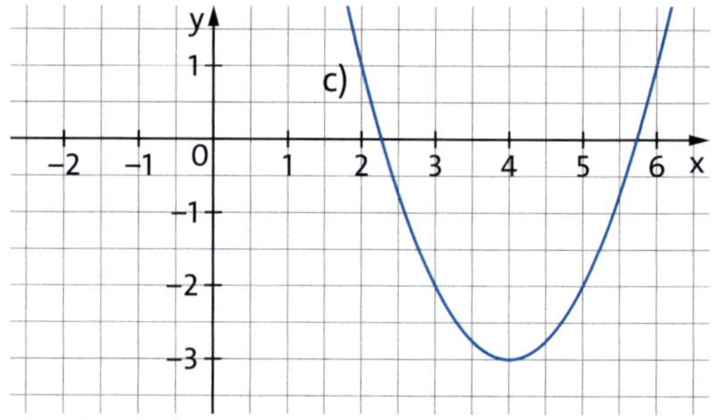

d) S(−1|1)

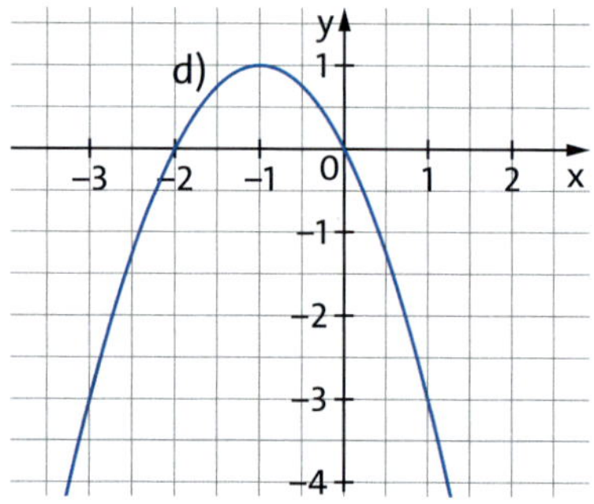

9 a) $f(x) = (x + 4)^2 + 2$
b) $f(x) = (x + 1)^2 + 5$
c) $f(x) = (x - 1)^2$

9 a) $f(x) = (x + 4)^2 - 2$
b) $f(x) = (x + 2)^2 + 1$
c) $f(x) = 3(x + 2)^2 - 6$

10 a) $y = x^2 + 4x + 10$
$y = x^2 + 4x + 4 - 4 + 10$
$y = (x + 2)^2 + 6$

b) $y = x^2 - 14x + 20$
$y = x^2 - 14x + 49 - 49 + 20$
$y = (x - 7)^2 - 29$

c) $f(x) = x^2 + 7x + 7$
$f(x) = x^2 + 7x + 12{,}25 - 12{,}25 + 7$
$f(x) = (x + 3{,}5)^2 - 5{,}25$

11 a) $y = x^2 + 10x + 30$
$y = x^2 + 10x + 10 - 10 + 30$
Hier wurde 10x nicht durch 2 geteilt. Es muss richtig heißen:
$y = x^2 + 2 \cdot x \cdot 5 + 25 - 25 + 30$
$y = (x + 5)^2 + 5$

b) $y = x^2 - 8x - 12$
$y = x^2 - 8x + 16 - 12$
Hier wurde die quadratische Ergänzung nur addiert (+16). Sie muss aber auch subtrahiert werden. Es muss richtig heißen:
$y = x^2 - 8x + 16 - 16 - 12$
$y = (x - 4)^2 - 28$

11 a) $y = (x + 2)^2 - 2$; S(−2|−2)
b) $y = (x - 2{,}5)^2 - 3{,}25$; S(2,5|−3,25)

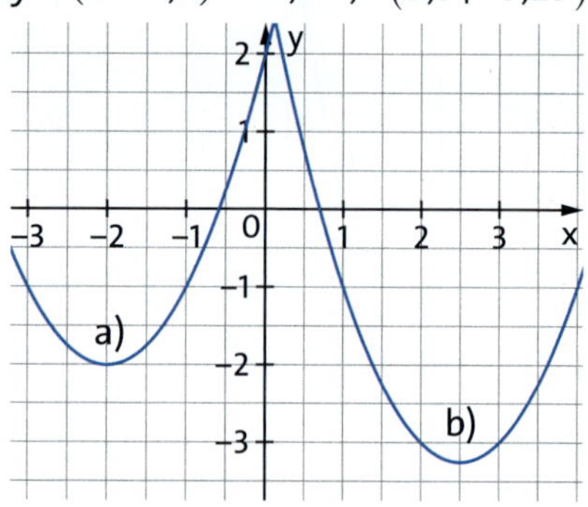

c) $y = (x + 1)^2 - 6$; $S(-1|-6)$

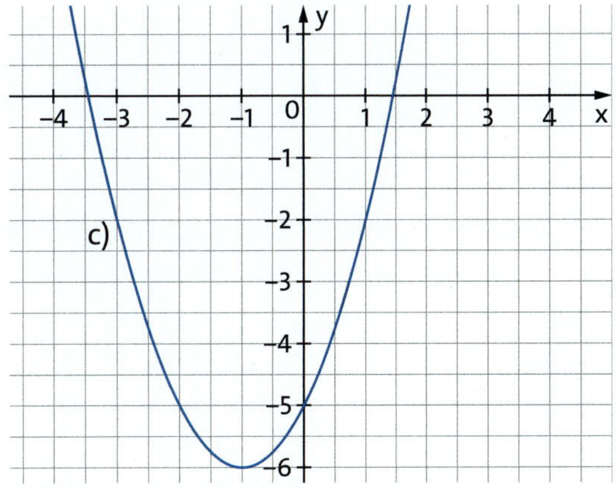

d) $y = (x - 4)^2 - 6$; $S(4|-6)$

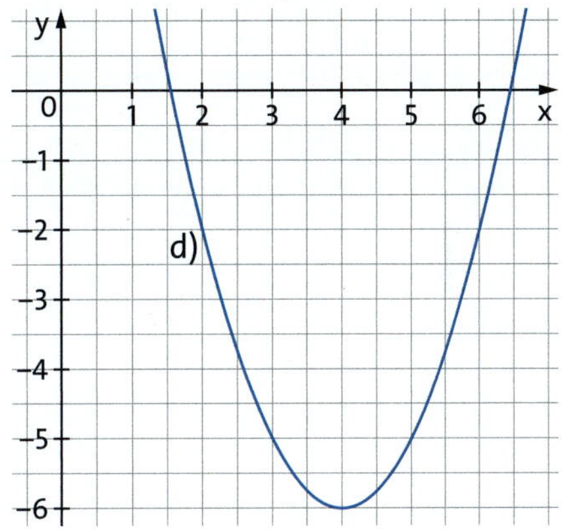

12 a) $y = x^2 + 2x + 5$
b) $y = x^2 - 10x + 35$
c) $y = x^2 + 18x + 77$
d) $f(x) = x^2 - 2x - 4$

12 a) $y = x^2 + 12x + 40$
b) $y = x^2 - 10x + 34$
c) $y = x^2 + 14x + 4$
d) $f(x) = x^2 - 40x + 390$

Quadratische Funktionen Teste dich!

Seite 187

1 A: $S(-3|0)$; $y = (x + 3)^2$
B: $S(-1|-1{,}5)$; $y = (x + 1)^2 - 1{,}5$
C: $S(2|1)$; $y = (x - 2)^2 + 1$
D: $S(4|-0{,}5)$; $y = (x - 4)^2 - 0{,}5$
E: $S(6|-1)$; $y = (x - 6)^2 - 1$

Allgemein:
Eine verschobene, nach oben geöffnete Normalparabel mit dem Scheitelpunkt $S(d|e)$ hat die Scheitelpunktform:
$y = (x - d)^2 + e$

2 $P(2|0{,}5)$ liegt auf der Parabel.
$Q(-1|-0{,}6)$ liegt auf der Parabel.

3 Der Punkt P liegt auf der Parabel $y = 4x^2$.

Setze die Koordinaten des Punktes P in die Gleichungen ein:

$y = 2x^2$ und	$y = 4x^2$ ein.
$400 = 2 \cdot 10^2$	$400 = 4 \cdot 10^2$
$400 \neq 200$	$400 = 400$

4 a) Scheitelpunkt: $S(0|-1)$
Nullstellen: $x_1 = -1$ und $x_2 = 1$

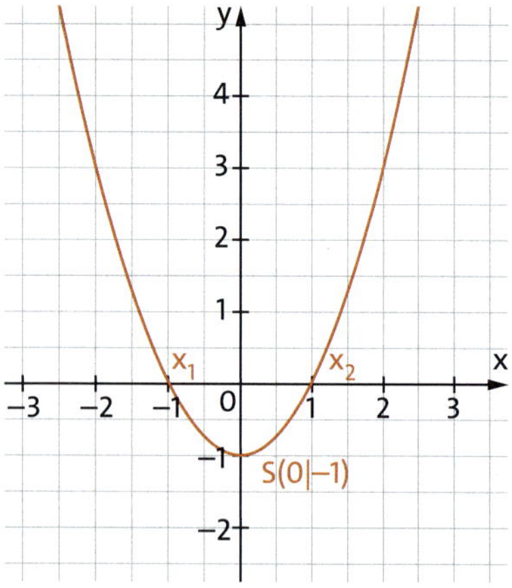

b) Scheitelpunkt: $S(3|-1)$
Nullstellen: $x_1 = 2$ und $x_2 = 4$

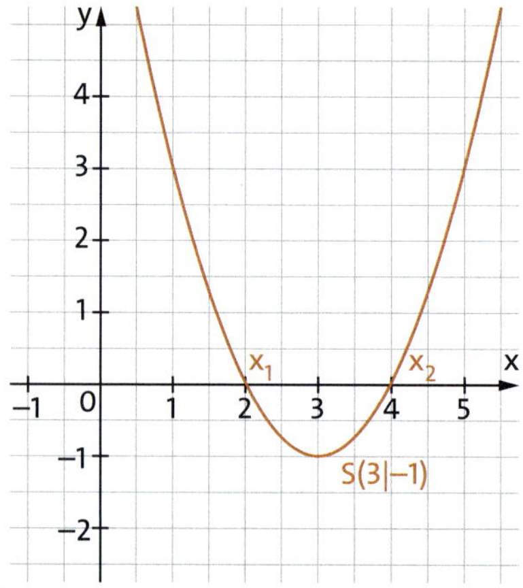

5 (1) Aussage ist wahr.

(2) Aussage ist falsch.

(3) Aussage ist falsch.

(4) Aussage ist wahr.

(1) Da kein Minuszeichen vor der Klammer steht, muss die Parabel nach oben geöffnet sein.
(2) Da kein Faktor vor der Klammer steht, ist die Parabel weder gestreckt noch gestaucht.
(3) Der Scheitelpunkt ist $S(-3|-2)$.
(4) Da der Scheitelpunkt unterhalb der x-Achse liegt und die Parabel nach oben geöffnet ist, muss es zwei Nullstellen geben.

6 a) $y = (x + 3)^2 - 8$

b) $y = x^2 + 8x + 17$

a) $y = x^2 + 6x + 1$
$y = x^2 + 2 \cdot x \cdot 3 + 9 - 9 + 1$ (quadratische Ergänzung)
$y = (x + 3)^2 - 8$ (bin. Formeln)

b) $f(x) = (x + 4)^2 + 1$
$f(x) = x^2 + 2 \cdot x \cdot 4 + 16 + 1$
$f(x) = x^2 + 8x + 17$

Quadratische Funktionen Teste dich!

Seite 187

1 A: $S(-3|0)$; $y = (x + 3)^2$
B: $S(-1|-1{,}5)$; $y = (x + 1)^2 - 1{,}5$
C: $S(2|1)$; $y = (x - 2)^2 + 1$
D: $S(4|-0{,}5)$; $y = (x - 4)^2 - 0{,}5$
E: $S(6|-1)$; $y = (x - 6)^2 - 1$

Allgemein:
Eine verschobene, nach oben geöffnete Normalparabel mit dem Scheitelpunkt $S(d|e)$ hat die Scheitelpunktform:
$y = (x - d)^2 + e$

2 a) P: $4^2 + 1 = 17$ ✓ P liegt auf der Parabel. Q: $(-6)^2 + 1 = 35$ f Q liegt nicht auf der Parabel.
b) R: $(2 + 2)^2 - 4 = 12$ ✓ R liegt auf der Parabel. S: $(-3 + 2)^2 - 4 = -3$ f S liegt nicht auf der Parabel.
Vorgehen: Setze die x-Koordinate in die Funktionsgleichung ein und überprüfe, ob sich als Funktionswert die y-Koordinate ergibt. Wenn ja, so liegt der Punkt auf der Parabel, andernfalls nicht.

3 $a = 5$

Setze die Koordinaten des Punkts in die Gleichung $y = ax^2$ ein.

$80 = a \cdot 4^2$

$80 = a \cdot 16 \quad |:16$

$5 = a$

Probe: $5 \cdot 4^2 = 5 \cdot 16 = 80$

4 a) Scheitelpunkt: S(0 | −3)
Nullstellen: $-\sqrt{3} \approx -1{,}73$ und $\sqrt{3} \approx 1{,}73$

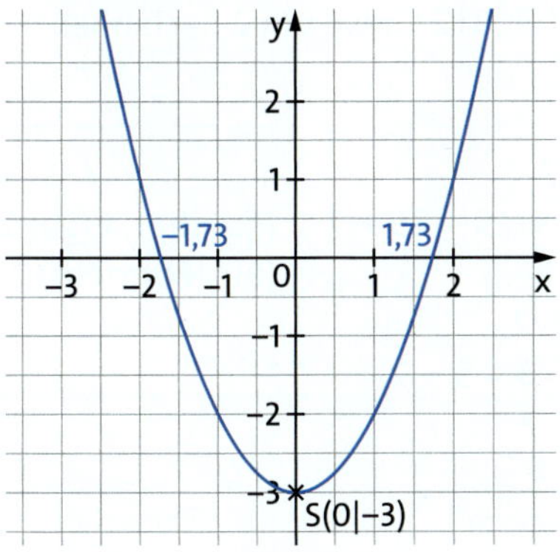

b) Scheitelpunkt: S(−2 | −1)
Nullstellen: −3 und −1

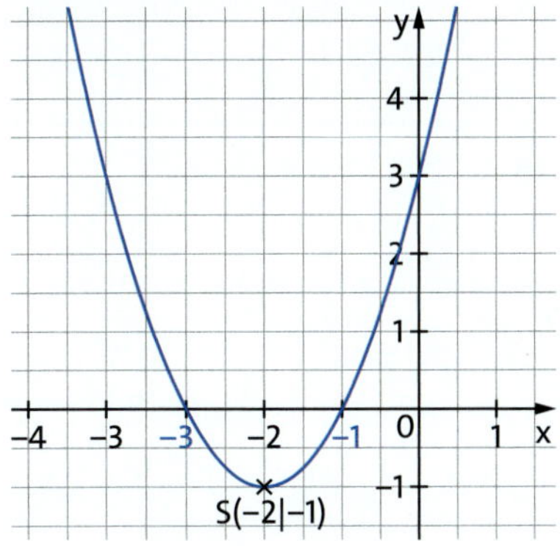

c) Scheitelpunkt: S(0 | 4)
Nullstellen: −2 und 2

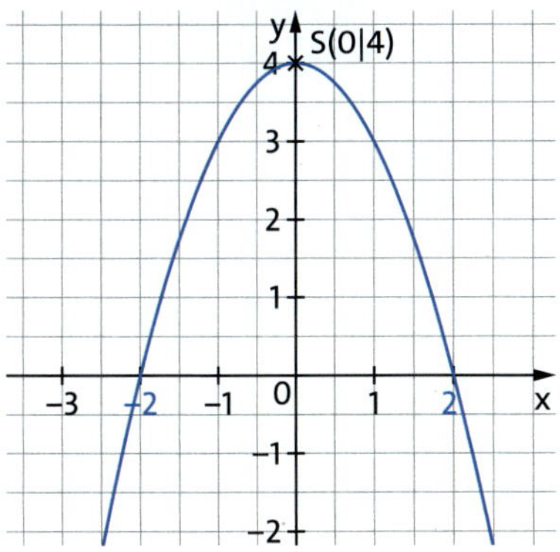

d) Scheitelpunkt: S(−1 | 0)
Nullstelle: −1

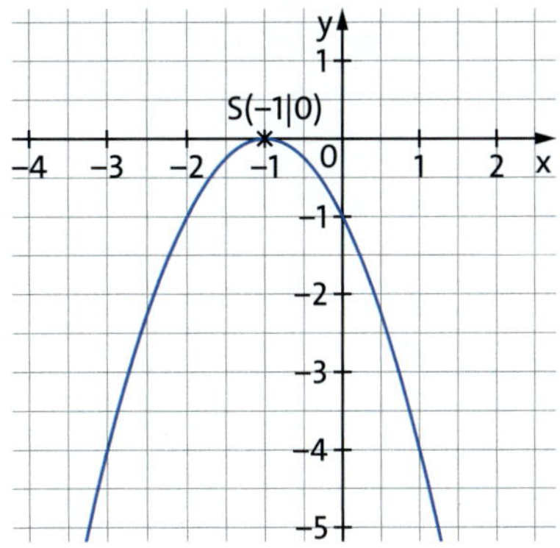

5 a) nach oben geöffnet, Normalparabel, Verschiebung um + 5 entlang der x-Achse Verschiebung um −1 entlang der y-Achse
b) nach oben geöffnet, Normalparabel, Verschiebung um + 3 entlang der y-Achse
c) nach unten geöffnet, Normalparabel, Verschiebung um + 2 entlang der y-Achse

Bei den drei Parabeln ist der Faktor vor dem x^2 entweder a = 1 (nach oben geöffnete Normalparabel bei a) und b)) oder a = −1 (nach unten geöffnete Normalparabel bei c)).
a) Scheitelpunkt $S(5|-1)$, also um 5 nach rechts und um 1 nach unten verschoben
b) Scheitelpunkt $S(0|3)$, also um 3 nach oben verschoben
c) Scheitelpunkt $S(0|2)$, also um 2 nach oben verschoben

6 a) $y = (x-5)^2 - 18$
b) $y = x^2 + 6x + 7$

a) $y = x^2 - 10x + 7$
$y = x^2 - 2 \cdot x \cdot 5 + 25 - 25 + 7$ (quadrat. Ergänzung)
$y = (x-5)^2 - 18$ (bin. Formeln)
b) $f(x) = (x+3)^2 - 2$
$f(x) = x^2 + 2 \cdot x \cdot 3 + 9 - 2$
$f(x) = x^2 + 6x + 7$

Pyramide, Kegel, Kugel Noch fit?

Seite 189

1 a) 120 mm b) 1500 cm
c) 0,780 km d) 90 000 cm

1 a) 20 000 mm^2 b) 300 ha
c) 250 m^2 d) 37 600 m^2

2 ① Quadrat; u = 6 cm; A = 2,25 cm^2
② Rechteck; u = 9 cm; A ≈ 1,46 cm^2
③ Trapez; u ≈ 10,3 cm; A = 5,25 cm^2
④ Dreieck; u ≈ 5,6 cm; A = 1,5 cm^2

3 a) A = 3 cm^2 b) A = 25 cm^2
c) A = 12 cm^2 d) A = 30 m^2

3 a) A = 17,5 cm^2 b) A = 48 cm^2
c) A = 9,75 cm^2 d) A = 18 m^2

4 a) V = 27 cm^3; O = 54 cm^2
b) V = 24 cm^3; O = 52 cm^2

4 a) V = 120 cm^3; O = 164 cm^2
b) V = 105 cm^3; O = 150,2 cm^2

5 a) c = 5 cm b) c = 13 cm

5 a) c = 25 cm b) b = 9 cm

6 a) u ≈ 37,70 cm; u ≈ 31,42 cm
b) A ≈ 201,06 cm^2; A ≈ 153,94 m^2

6 a) u ≈ 75,40 cm; A ≈ 452,4 cm^2
b) u ≈ 78,54 cm; A ≈ 490,9 cm^2
c) u ≈ 43,98 m; A ≈ 153,9 m^2

Pyramide, Kegel, Kugel Klar soweit?

Seite 212/213

1 ① rechteckige Pyramide ② Kugel ③ Kegel
④ quadratische Pyramide ⑤ Würfel ⑥ Zylinder

a) Gemeinsamkeiten (Beispiele):
- Würfel und Zylinder haben eine (rechteckige) Grundfläche und eine (rechteckige) Deckfläche.
- Die beiden Pyramiden und der Kegel haben eine Spitze.
- Die beiden Pyramiden und der Würfel haben nur ebene Begrenzungsflächen.
- Zylinder und Kegel haben Kreise als Grundflächen und die Mantelflächen lassen sich zu ebenen Figuren abrollen.
- Kugel und Zylinder haben keine Ecken.
- Zylinder, Kegel und Kugel haben jeweils eine gekrümmte Fläche.

Unterschiede (Beispiele):
- Die Kugel ist von den dargestellten Körpern der einzige ohne Grundfläche und ohne Kanten.
- Die Kugel hat als einziger Körper eine Fläche, die sich nicht in eine Ebene abrollen lässt.
- Der Kegel hat als einziger Körper eine Ecke, von der keine Kanten ausgehen.
- Der Würfel hat als einziger Körper eine Mantelfläche, die aus lauter Quadraten besteht.
- Der Zylinder rollt als einziger der dargestellten Körper auf einer Ebene liegend sicher geradeaus.

b) Beispiele:
① hausdach, Zelt
② Fußball, Billardkugel, Lottokugel, Kugellampe, Globus, Sonne, Planeten
③ Dach runder Türme, Schultüte, Eiswaffel, Trichter, Lichtkegel einer Taschenlampe
④ Dach eines Kirchturms, Zelt, Getränkeverpackung, Glaskuppel eines Gebäudes
⑤ Spielwürfel, Würfelhaus, Margarinewürfel, manche Uhren an öffentlichen Plätzen
⑥ Wasserrohr, Konservendose, Leuchtstoffröhre, Kochtopf, einfaches Trinkglas, Schraube ohne Kopf

2 a) ① $G = 4\,cm^2$
② $M = 12\,cm^2$
③ $O = 16\,cm^2$
b) ① $G = 36\,cm^2$
② $M = 60\,cm^2$
③ $O = 96\,cm^2$

2 a) ① $G = 144\,cm^2$
② $M = 480\,cm^2$
③ $O = 624\,cm^2$
b) ① $G = 20{,}25\,cm^2$
② $M = 72\,cm^2$
③ $O = 92{,}25\,cm^2$

3 a) $O = 48\,cm^2$ b) $O = 208\,cm^2$

3 a) $O = 191{,}25\,cm^2$ b) $O = 398{,}64\,cm^2$

4 a) $G = 116\,cm^2$
b) $M = 96\,cm^2$

4 a) $G = 100\,cm^2$; $M = 160\,cm^2$
b) $M = 143\,cm^2$; $a = 11\,cm$

5 a) ① $G \approx 12{,}57\,m^2$; ② $M \approx 18{,}85\,cm^2$;
③ $O \approx 31{,}42\,cm^2$
b) ① $G \approx 12{,}57\,cm^2$; ② $M \approx 43{,}98\,cm^2$;
③ $O \approx 56{,}55\,cm^2$

5 a) ① $G \approx 12{,}57\,cm^2$; ② $M \approx 31{,}42\,cm^2$;
③ $O \approx 43{,}98\,cm^2$
b) ① $G \approx 78{,}54\,cm^2$; ② $M \approx 157{,}08\,cm^2$;
③ $O \approx 235{,}62\,cm^2$

6 a) $M \approx 141{,}37\,m^2$; $O \approx 219{,}91\,m^2$
b) $M \approx 175{,}93\,cm^2$; $O \approx 329{,}87\,cm^2$
c) $s = 5{,}8\,cm$; $M \approx 54{,}66\,cm^2$; $O \approx 82{,}94\,cm^2$
d) $s = 3{,}6\,m$; $M \approx 22{,}62\,m^2$; $O \approx 35{,}19\,m^2$

6 a) $M \approx 109{,}96\,m^2$; $O \approx 188{,}50\,m^2$
b) $M \approx 100{,}53\,cm^2$; $O \approx 150{,}80\,cm^2$
c) $s = 13\,mm$; $M \approx 204{,}20\,mm^2$; $O \approx 282{,}74\,mm^2$
d) $s = 17\,m$; $M \approx 427{,}26\,m^2$; $O \approx 628{,}32\,m^2$

7 a) $G = 16\,cm^2$; $V = 48\,cm^3$
b) $G = 64\,cm^2$; $V \approx 106{,}67\,cm^3$
c) $h_k = 14{,}1\,cm$; $G = 100\,cm^2$; $V = 471{,}40\,cm^3$

8

	Grundkante a	Körperhöhe h_k	Grundfläche G	Volumen V
a)	4 cm	6 cm	**16 cm²**	**32 cm³**
b)	5 m	7 m	**25 m²**	**58 m³**
c)	4 cm	**9 cm**	**16 cm²**	48 cm³

9 a) $V \approx 209{,}44\,mm^3$ b) $V \approx 523{,}60\,cm^3$
c) $V \approx 56{,}55\,m^3$

10 $h_k \approx 3{,}58\,cm$

11 a) $V \approx 113{,}10\,cm^3$ b) $V \approx 268{,}08\,cm^3$
c) $V \approx 523{,}60\,cm^3$

12 a) $O \approx 201{,}06\,cm^2$ b) $O \approx 113{,}10\,cm^2$
c) $O \approx 452{,}39\,cm^2$

7 a) $V = 480\,cm^3$ b) $V \approx 1306{,}67\,cm^3$
c) $h_k = 20\,mm$; $V = 1500\,mm^3$
d) $h_k = 8\,m$; $V = 96\,m^3$

8

	Grundkante a	Körperhöhe h_k	Grundfläche G	Volumen V
a)	7 cm	9 cm	**49 cm²**	**147 cm³**
b)	**6 m**	7,5 m	36 m²	**90 m³**
c)	8 cm	**12 cm**	**64 cm²**	256 cm³

9 a) $V \approx 50\,265\,mm^3$ b) $V \approx 12\,566\,cm^3$
c) $V \approx 16{,}76\,m^3$

10 a) $h_k \approx 2{,}12\,m$ b) $h_k \approx 6{,}24\,cm$

11 a) $V \approx 2145\,cm^3$ b) $V \approx 268\,083\,cm^3 \approx 268{,}1\,dm^3$
c) $V \approx 179\,594\,cm^3$

12 a) $O \approx 452{,}4\,cm^2$ b) $O \approx 2827\,cm^2$
c) $O \approx 11\,310\,cm^2$

Pyramide, Kegel, Kugel Teste dich!

Seite 221

1

	Körper	Anzahl Ecken	Anzahl Kanten	Anzahl Flächen
①	Würfel	8	12	6
②	Quader	8	12	6
③	Kugel	0	0	1
④	quadratische Pyramide	5	8	5
⑤	Kegel	1	1	2

⑤ Kegel: Die Spitze wird als Ecke gezählt. Die zwei Flächen sind die kreisförmige Grundfläche und die Mantelfläche.

2 a) Netz der Pyramide im Maßstab 1 : 4

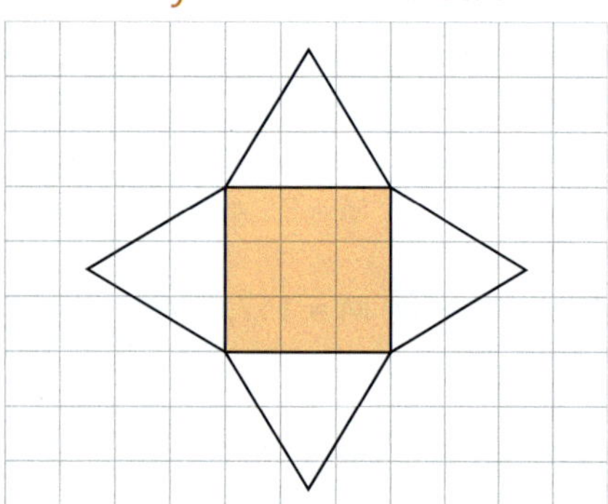

b) $O = 96\,cm^2$
c) $V = 48\,cm^3$

a) Maßstab 1 : 4 bedeutet:
1 cm im Bild entspricht einer wirklichen Länge von 4 cm.
Es gibt auch noch weitere Netze mit anderer Flächenanordnung.

b) $O = G + M$
$O = a^2 + 2 \cdot a \cdot ha$
$O = (6\,cm)^2 + 2 \cdot 6\,cm \cdot 5\,cm$
$O = 36\,cm^2 + 60\,cm^2$
$O = 96\,cm^2$

c) $V = \frac{1}{3} \cdot G \cdot h_k = \frac{1}{3} \cdot a^2 \cdot h_k$
$V = \frac{1}{3} \cdot (6\,cm)^2 \cdot 4\,cm$
$V = \frac{1}{3} \cdot 36\,cm^2 \cdot 4\,cm$
$V = 48\,cm^3$

3 a) Der Oberflächeninhalt beträgt 5,1 cm².

b) Das Volumen beträgt 19,16 cm³.

c) Der Anhänger wiegt 46,9 g.

a) $O = O_{Kegel} + M_{Zylinder}$

$O_{Kegel} = \pi \cdot r^2 + \pi \cdot r \cdot s = \pi \cdot (4\,cm)^2 + \pi \cdot 4\,cm \cdot 5\,cm \approx 113{,}10\,cm^2$

b) $V = \frac{1}{3} \cdot \pi \cdot r^2 \cdot h_k = \frac{1}{3} \cdot \pi \cdot (4\,cm)^2 \cdot 3\,cm \approx 50{,}27\,cm^3$

c) $m = V \cdot 0{,}5\,\frac{g}{cm^3} = 50{,}27\,cm^3 \cdot 0{,}5\,\frac{g}{cm^3} \approx 25{,}1\,g$

---

4 a) Der Oberflächeninhalt der Kugel beträgt 2827,43 cm².

b) Der Stein wiegt 37,17 kg.

a) $r = 15\,cm$;

$O = 4 \cdot \pi \cdot r^2 = 4 \cdot \pi \cdot (15\,cm)^2$
$= 4 \cdot \pi \cdot 225\,cm^2 \approx 2827{,}43\,cm^2$

b) $V = \frac{4}{3} \cdot \pi \cdot r^3 = \frac{4}{3} \cdot \pi \cdot (15\,cm)^3 = \frac{4}{3} \cdot \pi \cdot 3375\,cm^3$
$\approx 14\,137{,}17\,cm^3$

$m = V \cdot \rho \approx 14\,137{,}17\,cm^3 \cdot 2{,}7\,\frac{g}{cm^3}$

$m \approx 38\,170{,}36\,g = 37{,}17\,kg \approx 37{,}17\,kg$

---

5 Kegel und Würfel

Das Volumen des zusammengesetzten Körpers beträgt etwa 612,53 cm³.

Volumen des Kegels:

$V = \frac{1}{3} \cdot G \cdot h_k = \frac{1}{3} \cdot \pi \cdot (4\,cm)^2 \cdot 6\,cm = \frac{1}{3} \cdot \pi \cdot 96\,cm^3$
$\approx 100{,}53\,cm^3$

Volumen des Würfels:

$V = a^3 = a \cdot a \cdot a = (8\,cm)^3 = 512\,cm^3$

Gesamt-Volumen:

$V \approx 100{,}53\,cm^3 + 512\,cm^3 = 612{,}53\,cm^3$

Pyramide, Kegel, Kugel Teste dich!

Seite 221

1

	Körper	Anzahl Ecken	Anzahl Kanten	Anzahl Flächen
①	Würfel	8	12	6
②	Quader	8	12	6
③	Kugel	0	0	1
④	quadratische Pyramide	5	8	5
⑤	Zylinder	0	2	3
⑥	Kegel	1	1	2
⑦	Dreieckprisma	6	9	5

⑤ Zylinder: Der Umfang der kreisförmigen Begrenzungslinien von Grund- und Deckfläche wird als Kante angesehen. Die drei Flächen sind die Grundfläche, die Deckfläche und die Mantelfläche.

⑥ Kegel: Die Spitze wird als Ecke gezählt. Die zwei Flächen sind die kreisförmige Grundfläche und die Mantelfläche.

2 a) Netz der Pyramide im Maßstab 1 : 4

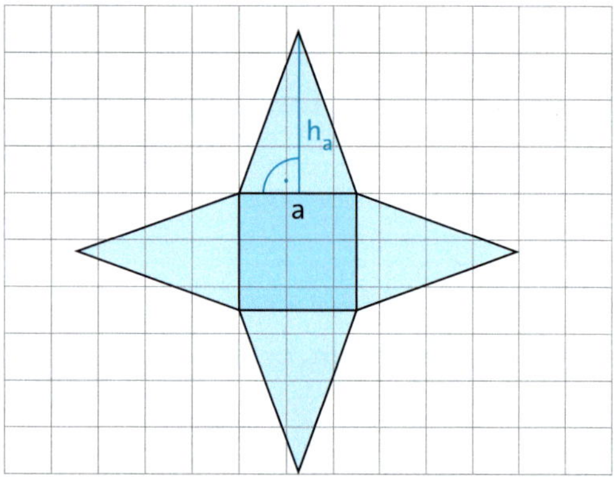

b) $O = 95\,cm^2$

c) $V = 54{,}17\,cm^3$

a) Maßstab 1 : 4 bedeutet:
1 cm im Bild entspricht einer wirklichen Länge von 4 cm.
Es gibt auch noch weitere Netze mit anderer Flächenanordnung.

b) $O = G + M$
$O = a^2 + 2 \cdot a \cdot h_a$
$O = (5\,cm)^2 + 2 \cdot 5\,cm \cdot 7\,cm$
$O = 25\,cm^2 + 70\,cm^2$
$O = 95\,cm^2$

c) $V = \frac{1}{3} \cdot G \cdot h_k = \frac{1}{3} \cdot a^2 \cdot h_k$
$V = \frac{1}{3} \cdot (5\,cm)^2 \cdot 6{,}5\,cm$
$V = \frac{1}{3} \cdot 25\,cm^2 \cdot 6{,}5\,cm$
$V = 54{,}17\,cm^3$

---

3 a) Die Mantellinie s ist 5,1 cm lang.

b) Der Oberflächeninhalt des Anhängers beträgt $19{,}16\,cm^2$.

c) Der Anhänger wiegt 46,9 g.

a) $s^2 = h_k^2 + r^2 = (5\,cm)^2 + (1\,cm)^2 = 25\,cm^2 + 1\,cm^2$
$= 26\,cm^2$
$s \approx 5{,}1\,cm$

b) $G = \pi \cdot r^2 = \pi \cdot (1\,cm)^2 = \pi \cdot 1\,cm^2 = \pi\,cm^2 \approx 3{,}14\,cm^2$
$M = \pi \cdot r \cdot s \approx \pi \cdot 1\,cm \cdot 5{,}1\,cm \approx 16{,}02\,cm^2$
$O = G + M \approx 3{,}14\,cm^2 + 16{,}02\,cm^2 = 19{,}16\,cm^2$

c) $V = \frac{1}{3} \cdot \pi \cdot r^2 \cdot h_k = \frac{1}{3} \cdot \pi \cdot (1\,cm)^2 \cdot 5\,cm \approx 5{,}236\,cm^3$
$m = V \cdot \rho \approx 5{,}236\,cm^3 \cdot 8{,}96\,\frac{g}{cm^3} \approx 46{,}9\,g$

---

4 a) Der Oberflächeninhalt der Kerze beträgt $314{,}16\,cm^2$.

b) Die Kerze wiegt 497 g.

a) $r = 5\,cm$; $O = 4 \cdot \pi \cdot r^2 = 4 \cdot \pi \cdot (5\,cm)^2 = 4 \cdot \pi \cdot 25\,cm^2$
$O \approx 314{,}16\,cm^2$

b) $V = \frac{4}{3} \cdot \pi \cdot r^3 = \frac{4}{3} \cdot \pi \cdot (5\,cm)^3 \approx \frac{4}{3} \cdot \pi \cdot 125\,cm^3$
$\approx 523{,}60\,cm^3$
$m = V \cdot \rho \approx 523{,}60\,cm^3 \cdot 0{,}95\,\frac{g}{cm^3} \approx 497\,g$

---

5 Halbkugel und Würfel Das Volumen des zusammengesetzten Körpers beträgt etwa $198{,}04\,cm^3$.

Volumen der Halbkugel:
$V = \frac{2}{3} \cdot \pi \cdot r^3 = \frac{2}{3} \cdot \pi \cdot (4\,cm)^3 \approx \frac{2}{3} \cdot \pi \cdot 64\,cm^3 \approx 134{,}04\,cm^3$
Volumen des Würfels:
$V = a^3 = a \cdot a \cdot a = (4\,cm)^3 = 64\,cm^3$
Gesamt-Volumen:
$V \approx 134{,}04\,cm^3 + 64\,cm^3 \approx 198{,}04\,cm^3$

Lösungen der Vorbereitung auf Prüfungen und Einstellungstests

Eingangstest

S. 223/224

Grundrechenarten

1 a) 10 238 b) 517 c) 332 926 d) 6082
e) 166 f) 9 g) −1365

Maße und Einheiten

2 a) 3 cm b) 600 m c) 7,5 kg
d) 0,035 t e) 130 min f) 25 000 cm^2
g) 20 000 mm^3

3 a) 1 dm^2 a) 1 cm^2

Brüche und Dezimalzahlen

4 a) $\frac{28}{100} = 0{,}28$ b) $\frac{25}{100} = \frac{1}{4}$

5 a) $\frac{8}{9}$ b) $0{,}95 = \frac{19}{20}$ c) $\frac{1}{6}$
d) 2,84 e) 21,35 f) $\frac{1}{6}$

Prozent- und Zinsrechnung

6 a) 0,08 b) 30 % c) 80 %

7 a) W = 56 € b) W = 120 kg c) p % = 28 %
d) G = 4000 S. e) Z = 40 € f) G = 15 €
g) p % = 5 %

Dreisatz

8 0,39 € · 3 = 2,34 € Sechs Hefte kosten 2,34 €.

9 2,25 € · 3 = 6,75 €
Neun Schokoriegel kosten 6,75 €.

10 8 h : 2 = 4 h Zwei Maler benötigen 4 h.

11 26 · 15 € : 25 = 15,60 €.
Bei 25 Personen zahlt jeder 15,60 €.

12 3,5 h · 4 : 5 = 2,8 h = 2 h 48 min
Fünf Pumpen benötigen 2 h 48 min.

Flächen und Körper

13 b = 8,5 cm

14 V = 270 cm^3

15 A_O = 600 cm^2

16 Das Volumen wird achtmal so groß.

17 Seitenlänge a = b = c = 4 cm;
h ≈ 3,5 cm; A ≈ 6,9 cm^2

Algebra

18 a) 10a + 3b b) 17x + 29

19 a) x = 7 b) x = 2

20 a) x + 2 x = 27; x = 9 (Daniel)
Jens ist 18 Jahre alt.
b) 5x − 87 = 43; x = 26 Die Zahl ist 26.

Ergebnisse schätzen

21 a) ② b) ② c) ③

Zahlenfolgen und Muster

22 a) 2; 5; 8; 11; 14; 17; 20
b) 45; 43; 49; 47; 53; 51; 57; 55
c) 2; 5; 7; 12; 19; 31; 50; 81
d) 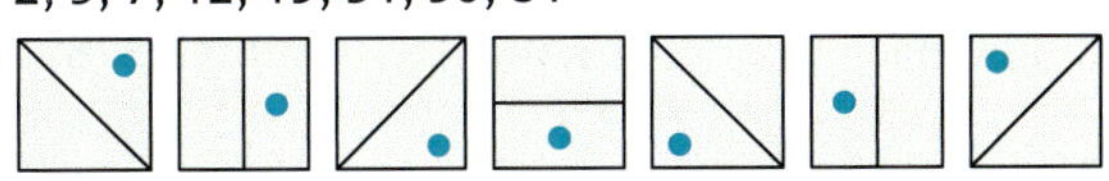

Kopfgeometrie

23 Körper A

24 a) Zeichen A b) Zeichen D

25 a) 8 Flächen b) 16 Flächen

26 a) f(−1) = −2,5; f(0) = −0,5; f(2) = 3,5

27 ① linear ② quadratisch ③ quadratisch

Aufgaben zum Trainieren

S. 225–230

Grundrechenarten

1 a) 63 280 b) 40 735 c) 6796
d) 146 859 e) 3605

2 a) 6 688 598 b) 237 059 620
c) 92 980 755 d) 756
e) 2057 f) 6501

3 a) −856 b) −1035 c) 10 730

4 a) 830 b) 3500 c) 20 d) 2700

5 a) 2626 b) 5860 c) 9282
d) 21 924 e) 599 f) −13,5

Maße und Einheiten

6 a) 140 cm b) 146 dm c) 7800 m
d) 0,54 dm e) 8,5 kg f) 2800 kg
g) 4050 g h) 120 min i) 720 s
j) 135 min

7 a) 60 min; 42 min b) 6 h 40 min

8 a) 200 dm² b) 60 cm²
c) 500 000 m² d) 50 000 m²
e) 3000 dm³ f) 2,05 m³
g) 1,28 ℓ h) 300 ℓ

Brüche und Dezimalzahlen

9 a) 0,7 b) 0,47 c) 0,033
d) 0,5 e) 0,6 f) 0,48
g) 0,85 h) 3,14 i) 12,375

10 a) 2,7 b) 8,61 c) 1,3
d) 1,55 e) 54,18 f) 5,4
g) 2,68 h) 0,508 i) 3,8
j) 25,19 k) 7,3 l) 5,32
m) 36,13 n) 2

11 a) $\frac{6}{7}$ b) $\frac{2}{3}$ c) $\frac{3}{4}$ d) $\frac{3}{5}$
e) $\frac{19}{20}$ f) $\frac{23}{36}$ g) $1\frac{11}{90}$ h) $5\frac{1}{8}$
i) $\frac{1}{4}$ j) $\frac{1}{6}$ k) $\frac{1}{6}$ l) $\frac{3}{10}$
m) $2\frac{17}{24}$ n) $3\frac{2}{3}$ o) $9\frac{4}{5}$

12 a) $\frac{6}{35}$ b) $\frac{3}{10}$ c) $\frac{3}{4}$
d) $7\frac{1}{2}$ e) $8\frac{1}{8}$ f) $17\frac{1}{4}$

13 a) 2 b) $1\frac{3}{5}$ c) $\frac{14}{15}$
d) $8\frac{13}{15}$ e) $\frac{18}{25}$ f) $\frac{5}{144}$

14 a) $\frac{3}{5}$ b) $\frac{2}{3}$ c) $3\frac{3}{5}$ d) $10\frac{10}{13}$

Prozent- und Zinsrechnung

15 a) W = 16 kg b) W = 30 m
c) W = 3000 St. d) W = 180 Personen
e) W = 237,50 € f) W = 3505,2 ℓ

16 a) p % = 76 % b) p % = 32 %
c) p % = 69 % d) p % = 12 %
e) p % = 20 % f) p % = 37,5 %

17 a) G = 32 kg b) G = 200 m
c) G = 175 Punkte d) G = 800 Personen
e) G = 2500 € f) G = 16 h 40 min

18 Es sind 192 Artikel nicht zu gebrauchen.

19 Sami fehlen noch 80 % des Betrags.

20 a) Die Versicherung zahlt 1530 €.
b) Er muss noch 270 € zahlen.

21 a) Der Preis wurde auf 88 % reduziert.
b) Der Preis ist um 12 % gefallen.

22 Es waren 5450 Punkte zu erreichen.

23 a) Die Mehrwertsteuer entspricht 89,30 €.
b) Die Reparatur kostet insgesamt 559,30 €.

24 Vorher mussten 617 € Miete gezahlt werden.

25 Der alte Preis betrug 233 €.

26 Das Sparguthaben betrug 200 €.

27 Das Kapital bringt 135 € Zinsen.

Dreisatz

28 a) nicht proportional, da man unterschiedlich schnell wächst
b) antiproportional, je größer die Schrift, desto weniger Zeilen passen auf eine Seite
c) proportional, je mehr Kugeln, desto höher der Preis (ohne Rabatte bei mehreren Kugeln)
d) antiproportional, je mehr Lkw, desto weniger Zeit
e) proportional, da jede Münze gleich viel wiegt
f) nicht proportional, da der Zuckergehalt (Anteil des Zuckers im Getränk) nicht steigt
g) antiproportional, je mehr Rasenmäher mähen, desto kürzer die Zeit fürs Mähen
h) proportional, je länger die Seite, desto länger der Umfang
i) antiproportional, je höher die Geschwindigkeit, desto kürzer die Fahrtzeit (bei gleich langer Strecke, ohne Pausen)

29 individuell verschieden; Beispiele:
a) Je größer der Kreis, desto länger der Umfang
b) Je größer ein Eimer, desto kleiner die Anzahl der Schüttungen, um eine Badewanne zu füllen
c) Wenn sich die Anzahl der Verkäufe verdoppelt, dann verdoppeln sich die Einnahmen.
d) Wenn sich die Anzahl der Arbeiter halbiert, so verdoppelt sich die benötigte Zeit.

30 proportional
a) weder proportional noch antiproportional
b) weder proportional noch antiproportional
c) antiproportional
d) proportional

31 a) falsch b) falsch c) richtig d) richtig

32 a)

x	1	2	3	4	5
y	6	**12**	**18**	**24**	**30**

b)

x	1	2	3	4	5
y	**0,75**	1,5	**2,25**	**3**	**3,75**

c)

x	0,5	1	1,5	2	2,5
y	4	8	**12**	**16**	**20**

33 a)

x	1	2	3	4	5
y	180	**90**	**60**	**45**	**36**

b)

x	1	2	3	4	5
y	**60**	30	**20**	**15**	**12**

c)

x	1	2	4	5	2,5
y	**80**	**40**	**20**	16	**10**

34 1 kg Fleisch kostet 9,80 €.

35 Auf 100 km verbraucht der Pkw 8 ℓ.

36 Die Schrittweite der Tochter beträgt 50 cm.

37 Für 25 m^3 Wasser zahlt man 57,50 €.

38 Ein Lkw benötigt 8 h 15 min.

39 Er benötigt für die Küche 180 Kacheln.

40 Ein Taschenrechner kostet 11,49 €.

41 Für 18 Hunde reicht der Vorrat 17,5 Tage.

Flächen und Körper

42 $A = 4950\,cm^2$; $u = 290\,cm$

43 $b = 8\,cm$; $A = 48\,cm^2$

44 a) $A = 40\,000\,m^2$ b) $a = 200\,m$

45 a) $A = 980\,000\,cm^2$
b) Man benötigt 20 000 Fliesen.

46 $u \approx 18{,}85\,cm$; $A \approx 28{,}27\,cm^2$

47 a) $V = 30\,m^3$ b) Höhe 2 m

48 a) $V \approx 197{,}9\,cm^3$
b) Der Strohhalm muss mindestens 9,3 cm lang sein. Günstig wäre z. B. eine Länge von 12 cm.

49 a) Würfel b) Würfel c) Kegel

Algebra

50 a) $2x + 35$ b) $6a - 14b$
c) $21x - 84$ d) $9a^2 + 9a - 70$
e) $-18x + 31$ f) $25x - 61$
g) $12x^2 - 8x - 32$

51 a) $x = 2$ b) $t = 8$ c) $y = -20$
d) $v = 12$ e) $s = 9$ f) $x = 21$

52 $7x + 5 = -37$; $x = -6$ Die Zahl heißt −6.

53 $2x + x + \frac{1}{2}x = 357$; $x = 102$
Die erste Zahl ist 204, die zweite Zahl ist 102 und die dritte Zahl ist 51.

54 $(x + 3) \cdot 2 = (x - 11) \cdot 6$; $x = 18$
Die Zahl lautet 18.

55 $x + (x + 13) = 35$; $x = 11$
Enno ist 11 Jahre und Robert 24 Jahre alt.

56 a) $3x + x + (x + 26) = 86$; $x = 12$
Der Sohn ist 12 Jahre alt.
b) Der Vater ist 38 und die Mutter 36 Jahre alt.

57 a) $x + 2x + 5x = 200$; $x = 25$
Es sind 25 Brettchen von jeder Sorte.
b) Es sind insgesamt 75 Brettchen.

58 $40\,m^2 = 400\,000\,cm^2$
Es sind mindestens 1000 Platten nötig.

59 a) Ein Anteil beträgt 280 €.
a) Person C erhält 1400 €.

60 $\beta = \alpha + 60°$; $\gamma = 4 \cdot \alpha$
$\alpha + \alpha + 60° + 4 \cdot \alpha = 180°$, also $6\alpha + 60° = 180°$
a) Winkel α hat eine Größe von 20°.
b) β und γ haben jeweils eine Größe von 80°.

61 a) $x = 3$, $y = 0$ b) $x = 9$, $y = 10$
c) $x = 0$, $y = 4$ d) keine Lösung

Ergebnisse schätzen

62 a) ④ b) ① c) ③ d) ①

63 a) ③ b) ① c) ②
d) ③ e) ③

64 a) 9660 ≈ 10 000 b) 2084 ≈ 2000
c) 0,0108 ≈ 0,01 d) 22 ≈ 20
e) 17 475 ≈ 17 000 f) 7,179487 ≈ 7

65 a) ca. $750\frac{km}{h}$ b) ca. 2100 €
c) ca. 85 Flaschen

Zahlenfolgen und Muster

66 a) 32 b) 27 c) 14 d) 22
e) 48 f) 20 g) 25 h) 45

67 a) E b) B c) E d) C

68 a)  b) 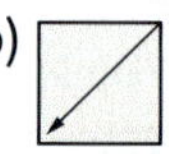 c) 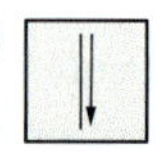

Kopfgeometrie

69 C

70 a) 5 b) 8 c) 2 d) 10

71 1 – c; 2 – b; 3 – d; 4 – a

72 Wegen der nicht sichtbaren Flächen sind mehrere Zuordnungen möglich.
① B, ② kann B sein,
③ kann A oder C sein,
④ A, kann auch B oder C sein.

73 a) $f(-1) = 6$; $f(0) = 1$; $f(2{,}5) = 6$

74 a) $x = 0{,}75$ a) $x = -6$ a) $x = 6{,}5$

75 a) $x = 5$ b) $P(0\,|\,2{,}5)$ c) $m = -0{,}5$

Abschlusstest

S. 231/232

1 a) 417 343 b) 53 705
c) 7500 d) 14 261 035
e) 35 021 f) 3826
g) 34 h) 75

2 6 Busse reichen knapp nicht, also müssen 7 Busse bestellt werden.

3 a) 120 mm b) 80 dm
c) 3500 m d) 0,15 km
e) 6 t f) 0,45 kg
g) 7050 kg h) 3,05 kg
i) 7,04 € j) 200 ct
k) 420 s l) 9 h
m) 3600 s n) 36 min

4 a) $\frac{8}{11}$ b) $\frac{1}{3}$ c) $\frac{7}{12}$ d) $3\frac{1}{3}$
e) $1\frac{5}{24}$ f) $1\frac{7}{8}$ g) $\frac{6}{35}$ h) $4\frac{1}{2}$
i) $\frac{1}{8}$ j) 3 k) $\frac{2}{11}$ l) 16
m) $\frac{2}{3}$ n) $1\frac{4}{11}$

5 a) 34,76 b) 3,852 c) 1,76
d) 3,087 e) 3,6975 f) 107,88
g) 5,64 h) 2,035

6 a) 73, 77, 81 b) 64, 61, 58
c) 19, 38, 35 d) 43, 55, 69
e) 39, 31, 93 f) 55, 89, 144

7 a) W = 350 € b) W = 54 kg
c) W = 756 m d) p % = 25 %
e) p % = 4 % f) G = 260 t
g) G = 250 Stück

8 a) Die Zinsen für ein Jahr betragen 360 €.
b) Im Folgejahr betragen die Zinsen 376,20 €.

9 a) 18 600 Bürgerinnen und Bürger haben ihre Stimme abgegeben.
b) Gegenkandidat Mittermayer erhielt etwa 31,7 % der Stimmen.

10 a) $V = 60\,000\,cm^3 = 60\,\ell$
b) Es befinden sich 57 ℓ Wasser im Aquarium.

11 a) Das Feld ist 90 m lang.
b) Die Anlage bewässert etwa 77,8 % des Felds.

12 a) Mona muss 72 ct bezahlen.
b) Sie erhält 28 ct zurück.
c) Herr Kleinen hat 25 Brötchen erhalten.

13 Es müssen 23 Arbeiter tätig sein.

14 a) r = 15 cm
b) $A = 706{,}9\,cm^2$
c) Ja, auch der Umfang verdoppelt sich.
d) Nein. (Der Flächeninhalt vervierfacht sich.)

15 Das Dreieck ist rechtwinklig, da der Satz des Pythagoras gilt. (Seite a ist die Hypotenuse.)

16 a) x = 12 b) x = 6 c) x = 3

17 I $x + y = 42$
II $x + 2y = 66$
$x = 18, y = 24$
Das Hotel hat 18 Einzelzimmer und 24 Doppelzimmer.

18 $x + (x + 3) = 99$; $x = 48$
Die Mutter ist 48 Jahre alt, der Vater ist 51 Jahre alt.

19 $x + (x + 4) = 80$; $x = 38$
Die Frau ist 38 Jahre alt, der Mann ist 42 Jahre alt.

20 a) ③ b) ② c) ② 450 d) ③

21 a) B b) D

22 D

23 a) 10 b) 8

24 b), f) und g)

Aufgaben zum Weiterdenken

S. 233–238

Umwelt und Klimaschutz

1 a) Das Kreisdiagramm zeigt die Anteile der einzelnen Müllsorten am Haushaltsmüll in Deutschland zeigt. Es sind sechs Müllsorten dargestellt. Den größten Anteil macht Restmüll aus, gefolgt von Biomüll, Papier/Pappe, sonstigem Müll und Verpackungen. Den kleinsten Anteil hat Glas.

b) Sonstiges: $\frac{13}{100}$ = 13 %; Biomüll: $\frac{11}{50}$ = 22 %

c) ① Restmüll: 142,8 kg (30 %)
Papier/Pappe: 85,68 kg (18 %)
Glas: 23,8 kg (5 %)
Biomüll: 104,72 kg (22 %)
Verpackungen: 57,12 kg (12 %)
Sonstiges: 61,88 kg (13 %)

②
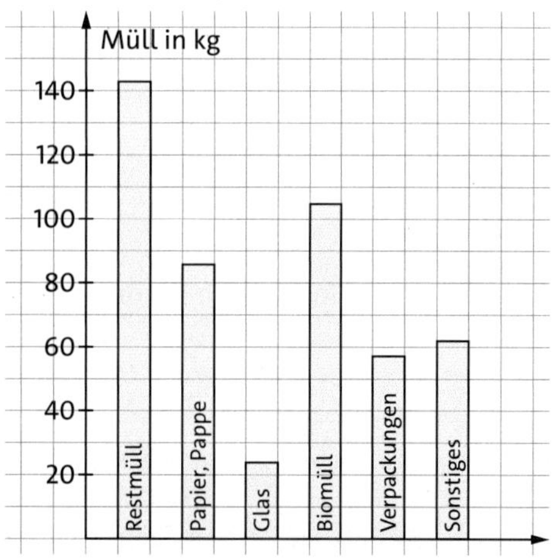

d) Beispiele: zum Einkaufen Taschen und Tüten mitnehmen; leere Batterien zur Sammelstelle bringen; Briefkasten-Schild „Keine Werbung“

2 a) x ist die Anzahl der Mehrwegbecher.
$x \cdot 1{,}1 = 440$, dann ist $x = 400$

b) $x \cdot 1{,}9 = 108{,}3$, dann ist $x = 57$

c) ① $2{,}75k + 0{,}9s + 3{,}99m = p$
② $2{,}75 \cdot 4 + 0{,}9 \cdot 3 + 3{,}99 \cdot 1 = 17{,}69$

3 a) $396\,m^2 : 3 = 132\,m^2$

b) $8 \cdot 1{,}89€ + 4 \cdot 2{,}95€ + 3 \cdot 1{,}19€ + 6 \cdot 3{,}49€ = 51{,}34€$

c) ① $4 \cdot 1{,}05€ + 0{,}5 \cdot 19€ + 3 \cdot 0{,}60€ + 4{,}5 \cdot 3{,}20€ = 29{,}90€$
② Beispiele:
2 kg Karotten und 6 Zwiebeln für 10 €
1 kg Erbsen, 1 kg Karotten und 4 Zwiebeln für 9,80 €
1250 g Spinat und 1 Zwiebel für 10,10 €

d) Balkon: $A = 4{,}8\,m^2$, davon 20 % sind $0{,}96\,m^2$
„Pflanzen“: $A = 0{,}864\,m^2$
„Gemüse“: $A = 1{,}095\,m^2$
„Kräuter: $A = 0{,}7375\,m^2$
Er sollte das Hochbeet „Pflanzen“ kaufen.

e) $260\,\ell : 60\,\ell = 4{,}333...$ $\quad 5 \cdot 12{,}99€ = 64{,}95€$
Er kauft 5 Säcke Erde für 64,95 €.

4 a) Sofortkauf 589 €
Angebot A: 611,88 € (12 Monate)
Angebot B: 605,95 € (nach einem Jahr)

b) Sie zahlt 81 € Zinsen.

c) Luca muss 110,01 € bezahlen.

5 a) links: $O = 2 \cdot 27\,cm \cdot 11\,cm + 2 \cdot 27\,cm \cdot 1\,cm + 2 \cdot 11\,cm \cdot 1\,cm = 1188\,cm^2$
rechts: $O = 2 \cdot 28\,cm \cdot 11\,cm + 2 \cdot 28\,cm \cdot 1\,cm + 2 \cdot 11\,cm \cdot 1\,cm = 1232\,cm^2$
Es müssen $2420\,cm^2$ gestrichen werden.

b) Pythagoras: $h^2 + (18\,cm)^2 = (25{,}5\,cm)^2$
$h \approx 18{,}06\,cm$
Grundfläche $A \approx \frac{36\,cm \cdot 18{,}06\,cm}{2} = 325{,}08\,cm^2$
Volumen $V \approx 325{,}08\,cm^2 \cdot 10\,cm = 3250{,}8\,cm^3$

c) $36\,cm : 3 = 12\,cm$
Der Radius darf maximal je 12 cm betragen.

d) $V \approx 423{,}33\,cm^3$

6 a) $365 \cdot 10\,min = 3650\,min = 59\,1/3\,h$
$2 \cdot 59\,1/3\,h \approx 118{,}66\,kWh$

b) $629{,}95€ : 75€ \approx 8{,}4$
Sie muss etwa achteinhalb Monate sparen.

c) ① $2000 \cdot 0{,}26 \cdot 0{,}34€ = 176{,}80€$
② $712{,}99€ : 176{,}80€ = 4{,}03 ...$
Der Kauf hat sich nach etwas mehr als 4 Jahren gelohnt.

Gesunde Ernährung und Bewegung

1 a) Das Kreisdiagramm zeigt die Zusammensetzung einer gesunden Ernährung.
Den größten Anteil machen Getreide und Kartoffeln aus (30 %), gefolgt von Gemüse (26 %). Zusammen sind das mehr als die Hälfte.
Obst sollte einen Anteil von 17 % ausmachen und Milch und Milchprodukte 18 %.
Nur gelegentlich sollten Fleisch, Wurst und Fisch (7 %) gegessen werden. Öle und Fette (2 %) haben den geringsten Anteil.

b) Getreide und Kartoffeln: $30\,\% = 0{,}3 = \frac{3}{10}$
Gemüse: $26\,\% = 0{,}26 = \frac{26}{100} = \frac{13}{50}$
Obst: $17\,\% = 0{,}17 = \frac{17}{100}$
Milch und Milchprodukte: $18\,\% = 0{,}18 = \frac{18}{100} = \frac{9}{50}$
Fleisch, Wurst und Fisch: $7\,\% = 0{,}07 = \frac{7}{100}$
Öle und Fette: $2\,\% = 0{,}02 = \frac{2}{100} = \frac{1}{50}$

c)

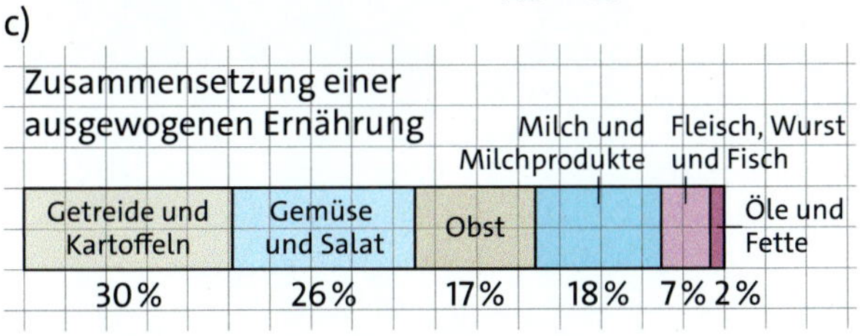

Zeichne einen 10 cm langen Streifen. Trage die Längen für die einzelnen Bestandteile ein.
1 % entspricht 1 mm Länge.

d) Leonie hat kein Obst gegessen.

2 a)

	Eiweiß	Zuckermenge
50 g	1,6 g	7,1 g
150 g	4,8 g	21,3 g
250 g	8 g	35,4 g

b) ① ② ③ ④

3 a) Man muss die Zuckerwürfel derselben Flüssigkeitsmenge vergleichen. Hier bietet sich 1 ℓ an. Man benutzt den Dreisatz.
1 ℓ Eistee: 15 Würfel; 1 ℓ Apfelsaft: 36 Würfel; 1 ℓ Orangensaft: 16 Würfel

b) 2 ℓ Orangensaft enthalten 32 Zuckerwürfel.

c) 100 mℓ Eistee: 1,5 Würfel; 100 mℓ Apfelsaft: 3,6 Würfel; 100 mℓ Orangensaft: 3,2 Würfel

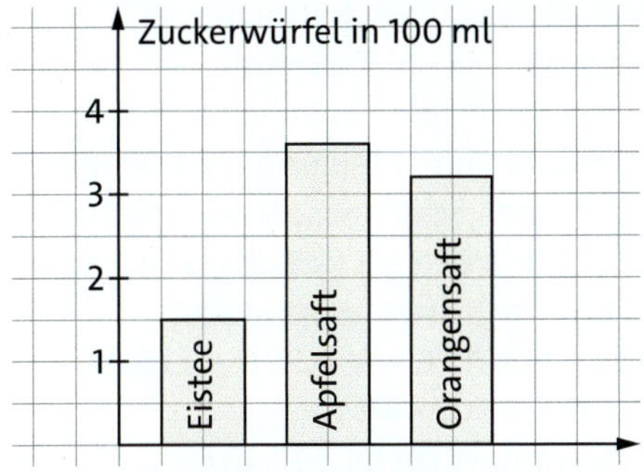

d) z. B. Fruchtjoghurt: 7 Zuckerwürfel in 150 g; Müsli: 48,3 Zuckerwürfel in einer Packung; ...

4 a) ① Chloe: 1468,9 kcal; ② Markus: 1835,27 kcal; ③ Betül: 1482,3 kcal; ④ Josef: 1751,31 kcal

b) z. B. 70 kg, 172 cm, 14 Jahre, männlich: 1790,27 kcal

5 a) 5 Pizzastücke: 620 kcal
60 min Badminton → 410 kcal
$\frac{60}{41}$ min Badminton → 10 kcal
$\frac{3720}{41} \approx 90{,}73$ min Badminton → 620 kcal
Er muss mindestens 91 min spielen.

b) $\frac{1}{4}$ Tafel Schokolade: 128,75 kcal
30 min Fahrradfahren → 232 kcal
$\frac{15}{116}$ min Fahrradfahren → 1 kcal
16,65 min Fahrradfahren → 128,75 kcal
Sie muss mindestens 17 min fahren.

c) Mittagessen: 105 kcal + 42 kcal + 35 kcal = 182 kcal
60 min spazieren → 178 kcal
$\frac{30}{89}$ min spazieren → 1 kcal
61,35 min spazieren → 182 kcal
Sie muss mindestens 61 min spazieren gehen.

Partnerschule in Afrika

1 a) Mögliche Kombinationen: 7x Kleidung + 1x Schulsachen; 4x Lebensmittel + 2x Spielsachen; 10x Schulsachen + 1x Kleidung + 1x Spielsachen; …
Es wäre sinnvoll, die Kinder vor allem mit Lebensmitteln und Kleidung zu versorgen. Danach kämen Schulsachen und Spielsachen.

b) $4 \cdot 3{,}5\,kg + 3 \cdot 2{,}8\,kg + 5 \cdot 1{,}5\,kg + 2 \cdot 4{,}2\,kg$
$= 38{,}3\,kg$, also 8 angefangene 5 kg.
$4 \cdot 10{,}50\,€ + 3 \cdot 15\,€ + 5 \cdot 5{,}90\,€ + 2 \cdot 8{,}99\,€$
$+ 8 \cdot 45{,}99\,€ = 502{,}40\,€$
Alles zusammen kostet 502,40 €.

2 a) $2 \cdot 7\,m + 10\,m + 9{,}20\,m + 2\,m + 2\,m + 0{,}8\,m$
$+ 2 \cdot 1{,}50\,m + 2 \cdot 1{,}40\,m + 2 \cdot 3{,}50\,m + 2 \cdot 1{,}40\,m$
$= 53{,}60\,m$
Das Klebeband muss 53,60 m lang sein.

b) ① $2 \cdot (7\,m \cdot 3\,m) + (10\,m \cdot 3\,m) - (2\,m \cdot 0{,}8\,m)$
$+ (10\,m \cdot 3\,m) - (1{,}4\,m \cdot 1{,}5\,m) - (3{,}5\,m \cdot 1{,}4\,m)$
$= 93{,}40\,m^2$
Der Flächeninhalt beträgt $93{,}40\,m^2$.

② $93{,}40\,m^2 : 20\,m^2 = 4{,}67$
Es werden mindestens 5 Eimer benötigt.

③ $5 \cdot 19{,}99\,€ + 8{,}20\,€ = 108{,}15\,€$.
$540{,}60\,€ - 108{,}15\,€ = 432{,}45\,€$.
$432{,}45\,€ : 24{,}95\,€ \approx 17{,}33$.
Sie können 17 Stühle kaufen.

3 a) $88 = \pi \cdot r^2 \cdot 54{,}50 \quad | : \pi$
$28 = r^2 \cdot 54{,}50 \quad | : 54{,}50$
$0{,}51 \approx r^2 \quad | \sqrt{}$
$0{,}71\,m \approx r$
Der Durchmesser beträgt ungefähr 1,42 m.

b) $\pi \cdot (10{,}75)^2 \cdot 27{,}5 \approx 9983{,}88\,cm^3 = 9{,}98\,dm^3$
$= 9{,}98\,\ell$
In den Eimer passen ungefähr 10 ℓ Wasser.

Grundlagen

Lineare Funktionen

Lösungen ab S. 305

Eine einfache Gleichung lösen

→ S. 7, Nr. 2

Die Gleichung ist gelöst, wenn die Variable allein auf einer Seite steht.

Forme die Gleichung schrittweise um:

① Bringe **alle** **x** auf die linke Seite und **alle Zahlen** auf die rechte Seite.

> Addiere (+) oder subtrahiere (−) **auf beiden Seiten** Dasselbe.

② Fasse alle x zusammen und rechne alle Zahlen zusammen.

③ Teile durch die Zahl vor dem x.

> **Auf beiden Seiten:** Multipliere (·) dieselbe Zahl außer Null oder dividiere (:) durch dieselbe Zahl außer Null.

④ **Probe**: Setze dein Ergebnis in die Gleichung vom Anfang ein und rechne aus. Wenn du eine **wahre Aussage** erhältst, dann ist dein Ergebnis richtig.

Löse die Gleichung $6x + 13 = 25$ nach x auf.

Bringe „13“ nach rechts.

$6x + 13 = 25 \quad | -13$

−13 ist die Gegenzahl von 13.

$6x + 13 - 13 = 25 - 13$

$6x + \ 0 \ = 12$

$6x = 12$

6x = 12, wie viel ist 1x?

$6x = 12 \quad | :6$

: 6 ist die Umkehrung von · 6.

$6x : 6 = 12 : 6$

$\underline{x = 2}$

$L = \{2\}$

$6x + 13 = 25$

$6 \cdot 2 + 13 = 25$

$12 + 13 = 25$

$25 = 25$ ist eine wahre Aussage ✓

1 Löse die Gleichung nach x auf.

Tipp Teile auf beiden Seiten durch dieselbe Zahl. Achte auf das Vorzeichen.

a) $3x = 24$ b) $7x = 70$ c) $5x = -15$ d) $-9x = 18$ e) $4x = 2$ f) $-2{,}5x = -15$

2 Löse die Gleichung.

a) $11x - 5 = 39$ b) $6 + 15x = -24$ c) $-7x - 8 = -15$ d) $6x + 5 = 26$

Punkte im Koordinatensystem ablesen

→ S. 7, Nr. 3

Lies die Koordinaten des Punkts P ab.

> P(x|y) Wie im Alphabet: erst x, dann y.

① Zuerst den x-Wert ablesen, … ② … dann den y-Wert.

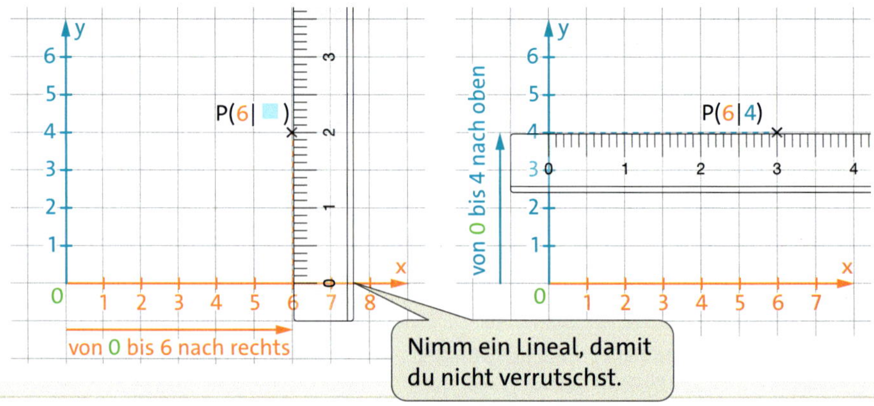

3 Lies die Koordinaten der Punkte ab.

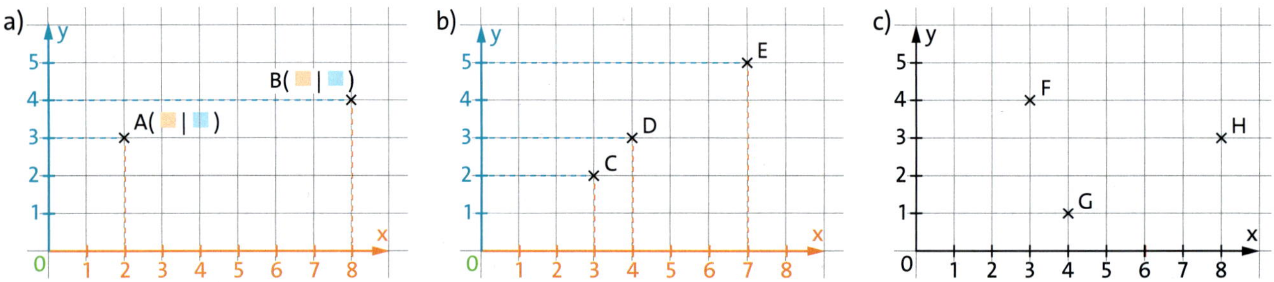

Koordinatensystem zeichnen und Punkte eintragen

→ S. 7, Nr. 4

Zeichne ein Koordinatensystem. Trage die Punkte A(6|1) und B(2|3) im Koordinatensystem ein.

① Wie viel Platz brauchst du?
Was ist der größte x-Wert?
Was ist der größte y-Wert?

② Achsen mit dem Lineal zeichnen

> Die x-Achse nach rechts, die y-Achse nach oben.

Achsen gleichmäßig einteilen

Achsen beschriften
- Zahlen an den Achsen
- Pfeilspitzen in positive Richtungen
- Achsenbeschriftung x und y

③ Punkte eintragen und beschriften

① Der größte x-Wert ist 6, also x-Achse mindestens 6 cm lang.
Der größte y-Wert ist 3, also y-Achse mindestens 3 cm lang.

② und ③

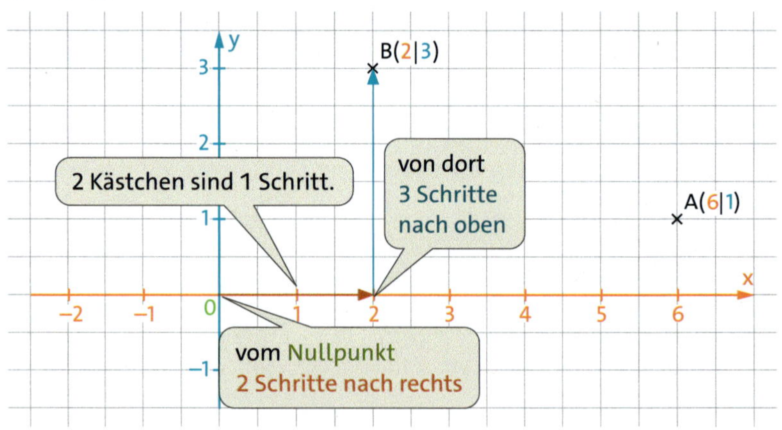

4 Zeichne ein Koordinatensystem. Die x-Achse geht bis 12 und die y-Achse bis 7.
Trage die Punkte A (5|6), B (3|1), C (11|4), D (9|3), E (4|7) und F (1|3) im Koordinatensystem ein.

Zu einem Text den passenden Graphen finden

→ S. 7, Nr. 5

① Welche Art von Zuordnung beschreibt der Text?

a) 3 Brezeln kosten 2 €.
Es gilt: „Je mehr ..., desto mehr...“
Die Zuordnung ist **proportional**.

b) 3 Personen brauchen 2 Stunden, um das Haus zu putzen.
Es gilt: „Je mehr ..., desto weniger...“
Die Zuordnung ist **antiproportional**.

② Wie verläuft der Graph von links nach rechts?

Verdoppelt sich der x-Wert, dann verdoppelt sich der y-Wert usw.

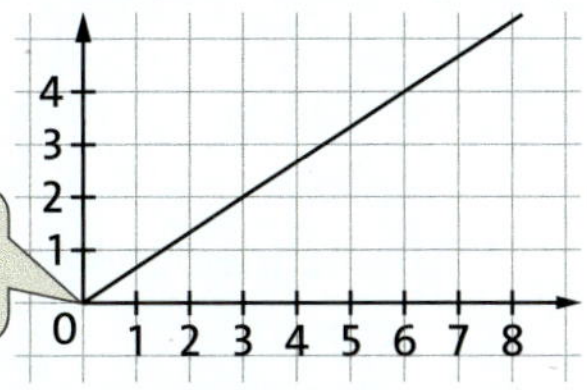

Der Graph ist eine steigende **Gerade durch den Ursprung**.

Verdoppelt sich der x-Wert, dann halbiert sich der y-Wert usw.

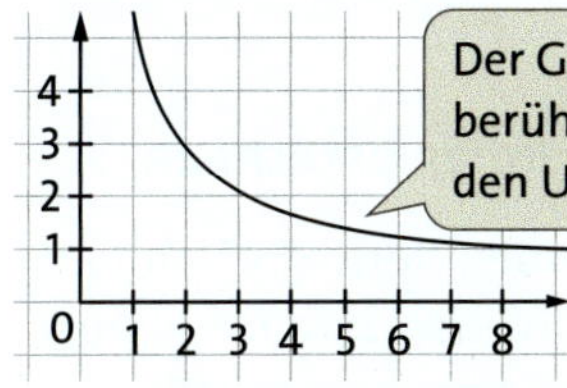

Der Graph ist eine fallende Kurve.
Die Kurve heißt **Hyperbel**.

5 Proportional oder antiproportional? Ordne jedem Text einen Graphen zu.

a) 4 Schokoriegel kosten 2 €.
b) 4 Bagger schaufeln eine Grube in 2 Tagen.
c) Für 4 Hasen reicht das Futter 10 Tage lang.
d) 4 Comics kosten 10 €.

① 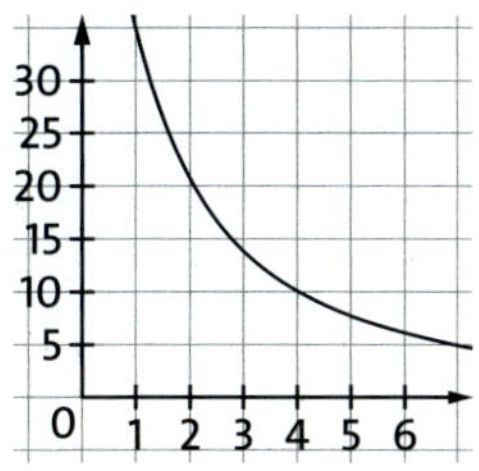

② 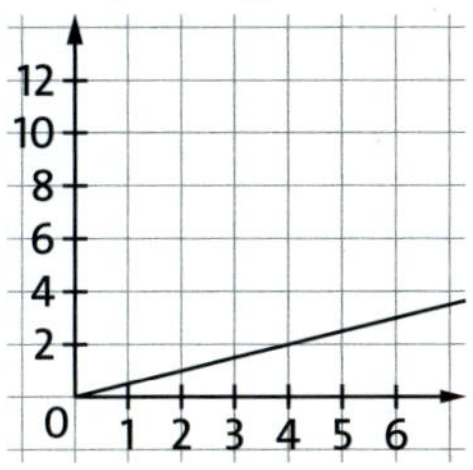

③ 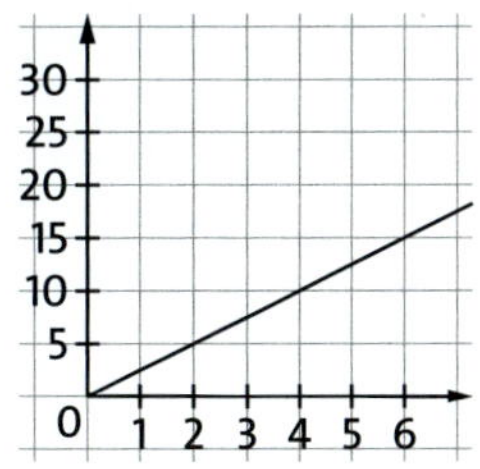

④ 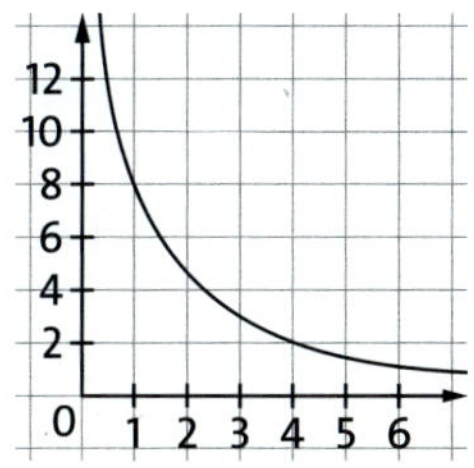

Lineare Gleichungssysteme

Lösungen ab S. 305

Von der Wortform zum Term

→ S. 37, Nr. 1

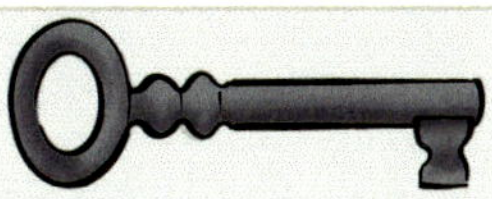

Lerne die Schlüsselwörter für Terme auswendig.

Wortform	Bedeutung	Term
das **Doppelte** von x	2-mal so viel wie x	$2 \cdot x$
das **Dreifache** von x	3-mal so viel wie x	$3 \cdot x$
die **Hälfte** von x	x geteilt durch 2 $\frac{1}{2}$-mal so viel wie x	$x : 2$ $\frac{1}{2} \cdot x$
addiere x und y	x plus y	$x + y$
subtrahiere y von x	x minus y	$x - y$
multipliziere x mit y	x mal y	$x \cdot y$
dividiere x durch y	x geteilt durch y	$x : y$

Schreibe als Term.

a) das Fünffache von a
$5 \cdot a$

b) das Doppelte von x addiert mit 8
$2 \cdot x + 8$

c) Subtrahiere die Hälfte von x von 15.
$15 - \frac{1}{2} \cdot x$

6 Schreibe als Term.

a) die Hälfte von x b) das Vierfache von x c) Multipliziere 6 mit x. d) Addiere x und 5.

Tipp Achte auf die richtige Reihenfolge.

e) Subtrahiere x von 6. f) Subtrahiere 30 von x. g) Dividiere 8 durch x. h) Dividiere x durch 8.

7 Schreibe als Term.

a) das Achtfache von x addiert mit 12
b) ein Viertel von x multipliziert mit 7
c) die Hälfte von x dividiert durch 5
d) das Dreifache von x subtrahiert von 22

Werte von Termen berechnen

→ S. 7, Nr. 1 → S. 37, Nr. 2

Wenn du in einem Term die Variable durch eine Zahl ersetzt, dann kannst du den **Wert des Terms** berechnen.

Berechne den Wert des Terms für $x = 5$.

	a)	b)
Term:	$x - 9$	$3x + 2$
Setze $x = 5$ ein:	$5 - 9 = -4$	$3 \cdot 5 + 2 = 17$
Der **Wert des Terms:**	-4	17

Auch von Termen mit mehreren Variablen kannst du den Wert berechnen.

Berechne den Wert des Terms für $x = 5$ und $y = 7$.

	c)
Term:	$4x - y$
Setze $x = 5$ und $y = 7$ ein:	$4 \cdot 5 - 7 = 13$
Der **Wert des Terms:**	13

8 Berechne den Wert des Terms für $x = 4$.

a) $x + 9$ b) $x - 3$ c) $x - 10$ d) $5x$ e) $0{,}5x$ f) $x : 2$
g) $3x + 1$ h) $2x - 6$ i) $5x - 30$ j) $10 - 7x$ k) $0{,}3x + 2{,}5$ l) $\frac{1}{2}x - 1\frac{1}{4}$

9 Berechne den Wert des Terms.

a) $x + 6 + y$ für $x = 2$ und $y = 8$
b) $5x - 2y$ für $x = 7$ und $y = 9$
c) $6x : y$ für $x = 3$ und $y = 2$
d) $0{,}5x - 16 + 1{,}8y$ für $x = 22$ und $y = 2$

Gleichungen durch Äquivalenzumformungen lösen

→ S. 37, Nr. 3 → S. 65, Nr. 5

10 Löse die Gleichung nach x auf.

Tipp Teile auf beiden Seiten durch dieselbe Zahl. Achte auf das Vorzeichen.

a) $3x = 24$ b) $7x = 70$ c) $5x = -15$ d) $-9x = 18$ e) $4x = 2$ f) $-2{,}5x = -15$

11 Löse die Gleichung.

a) $11x - 5 = 39$ b) $6 + 15x = -24$ c) $-7x - 8 = -15$ d) $6x + 5 = 26$

Gleichungen lösen mit x auf beiden Seiten der Gleichung

→ S. 37, Nr. 3 → S. 65, Nr. 5

12 Bringe zuerst alle x auf eine Seite.
Löse dann die Gleichung.

a) $5x + 7 = 3x + 11$ b) $3x - 2 = 2x - 6$ c) $6x + 2 = x + 17$ d) $x - 7 = 4x - 31$

Den Graphen einer linearen Funktion mithilfe des Steigungsdreiecks zeichnen

→ S. 37, Nr. 4, 5

13 Lies zuerst die Werte für die Steigung m und den y-Achsenabschnitt b ab.
Gib dann die Geradengleichung in der Form $y = m \cdot x + b$ an.

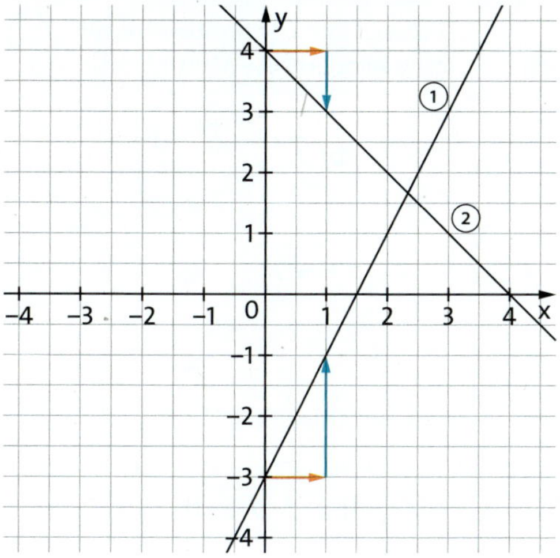

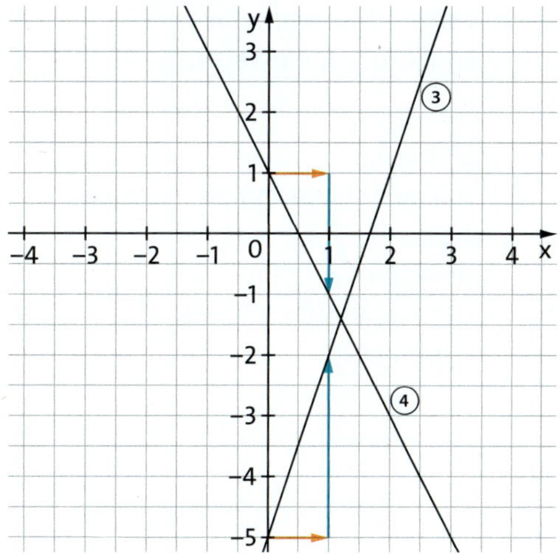

14 Zeichne den Graphen im Heft.

a) $y = 3x - 4$

b) $y = -2x + 3$

Eine Geradengleichung umformen

→ S. 37, Nr. 6

In der Form $y = m \cdot x + b$ kann man die Steigung m und den y-Achsenabschnitt b direkt ablesen.

Manchmal muss die Geradengleichung dafür erst umgeformt werden.

① Forme die Gleichung so um, dass y allein auf der linken Seite steht.

> Führe die Umkehroperation immer **auf beiden Seiten** der Gleichung aus.

② Sortiere die rechte Seite so, dass der Ausdruck mit x vorne steht.

③ Falls nötig, dividiere beide Seiten der Gleichung durch die Zahl vor dem y.

Forme die Gleichung $-3x + y = 5$ um in die Form $y = m \cdot x + b$.

Bringe „−3x" nach rechts

$-3x + y = 5 \quad | + 3x$

$-3x + y + 3x = 5 + 3x \quad |$ fasse zusammen

$y = 5 + 3x$

$y = 5 + 3x$

$y = 3x + 5$

15 Stelle die Geradengleichung auf.

a) $m = 7;\ b = 3$ b) $m = 2;\ b = -4$ c) $m = -1;\ b = 1$ d) $m = 2{,}5;\ b = -0{,}5$

16 Forme die Geradengleichung um in die Form $y = m \cdot x + b$.

a) $-4x + y = 7$ b) $y - 3 = 2x$ c) $6x - 1 = y$ d) $5x + y = 4$ e) $3y = 9x + 6$ f) $6 - y = 1{,}5x$

Der Satz des Pythagoras

Lösungen ab S. 305

Potenzen

→ S. 65, Nr. 1, 2

Man kann Zahlen *mit sich selbst malnehmen*.
Dafür gibt es eine besondere Schreibweise:
die Potenz.

$5 \cdot 5 \cdot 5$

5^3 – 5 hoch 3

Potenz: kurze Schreibweise für eine wiederholte Multiplikation (·)

So berechnest du eine Potenz:

① Welche Zahl wird mit sich selbst malgenommen?
Die Grundzahl gibt es an.

② Schreibe als Multiplikationsaufgabe:
Wie oft wird die Grundzahl aufgeschrieben?
Die kleine Hochzahl gibt es an.

a) 5^3

b) 7^2 – 7 hoch 2 – 7 (zum) Quadrat

$5^3 = \underbrace{5 \cdot 5 \cdot 5}_{\text{3-mal}} = 125$

$7^2 = \underbrace{7 \cdot 7}_{\text{2-mal}} = 49$

17 Schreibe als Potenz.
a) $8 \cdot 8 \cdot 8 \cdot 8 \cdot 8$ b) $1{,}5 \cdot 1{,}5 \cdot 1{,}5 \cdot 1{,}5$ c) $3 \cdot 3 \cdot 6 \cdot 6 \cdot 6 \cdot 6$ d) $x \cdot p \cdot p \cdot x \cdot p \cdot x \cdot p$

18 Schreibe als Multiplikationsaufgabe und berechne.
a) 4^2 b) 9^2 c) 3^3 d) 10^3

19 Schreibe zuerst als Aufgabe. Berechne dann das Ergebnis.
a) 7^4 b) 8^5 c) 3^8 d) 2^{10}

Dreiecksarten

→ S. 65, Nr. 3

Dreiecke nach ihren Winkelarten benennen

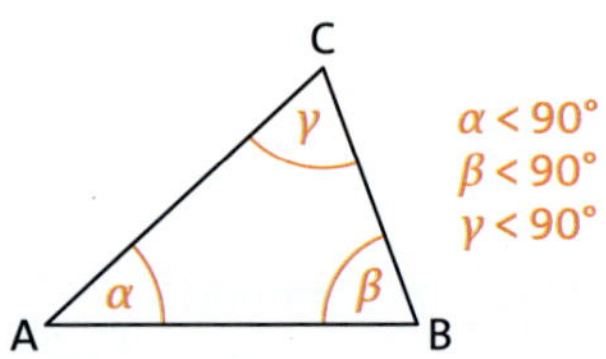

spitzwinkliges Dreieck:
Alle drei Winkel sind spitze Winkel, also kleiner als 90°.

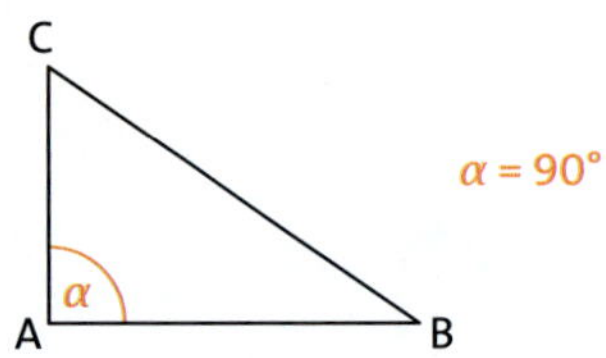

rechtwinkliges Dreieck:
Ein Winkel des Dreiecks ist ein rechter Winkel, also 90°.

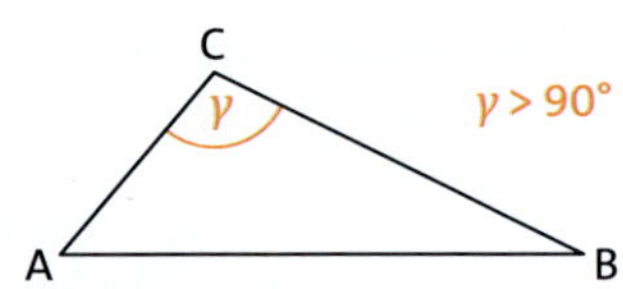

stumpfwinkliges Dreieck:
Ein Winkel des Dreiecks ist ein stumpfer Winkel, also größer als 90°.

Dreiecke nach ihren Seitenlängen benennen

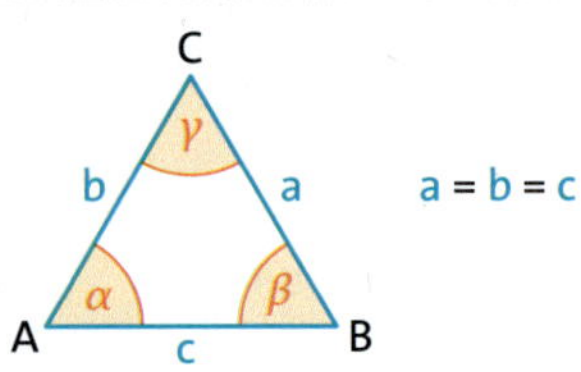

gleichseitiges Dreieck:
Alle Seiten sind gleich lang.
Alle Winkel sind 60° groß.

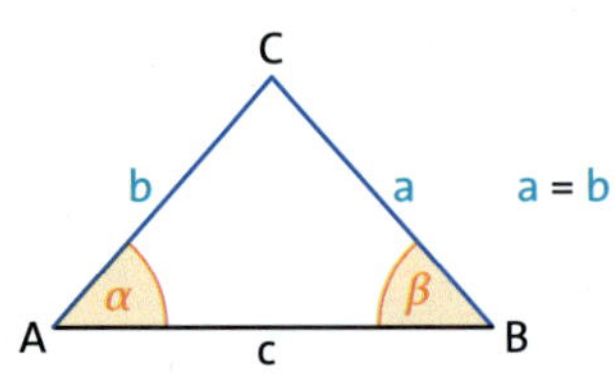

gleichschenkliges Dreieck:
Zwei Seiten sind gleich lang.
Zwei Winkel sind gleich groß.

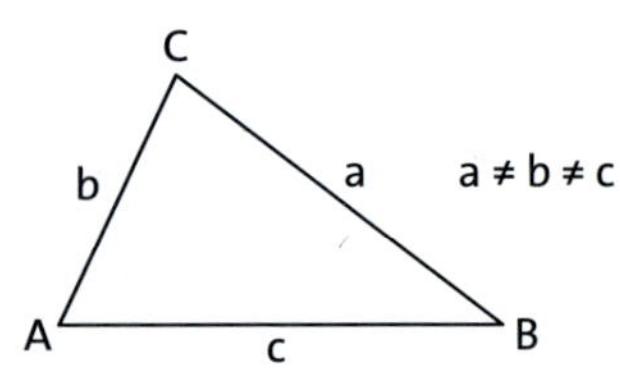

unregelmäßiges Dreieck:
Alle Seiten sind verschieden lang.
Alle Winkel sind verschieden groß.

20 Benenne das Dreieck nach den Winkelarten und nach den Seitenlängen.

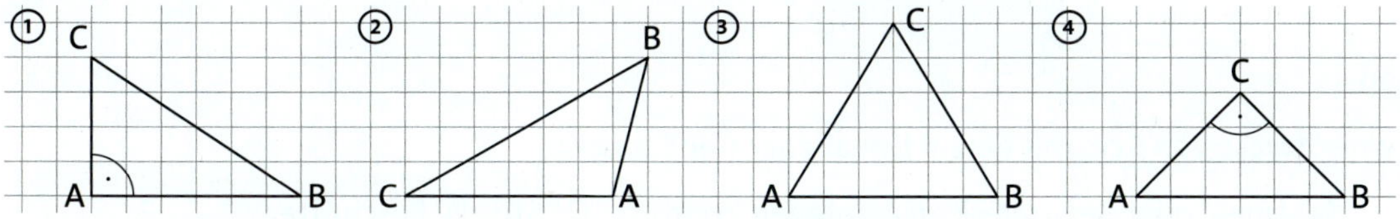

Flächeninhalt von Rechteck und Quadrat berechnen

→ S. 65, Nr. 4 → S. 189, Nr. 2

21 Wie groß ist der Flächeninhalt des Quadrats? Berechne mit der Formel.

a) a = 2 cm b) a = 6 cm c) a = 20 cm d) a = 12 cm

22 Wie groß ist der Flächeninhalt des Rechtecks? Berechne mit der Formel.

a) a = 2 cm; b = 8 cm b) a = 5 cm; b = 4 cm c) a = 13 cm; b = 3 cm d) a = 9 cm; b = 12 cm

23 Berechne den Flächeninhalt.

a)

b)

c)

Tipp Rechne zuerst in die kleinere Einheit um.

d)

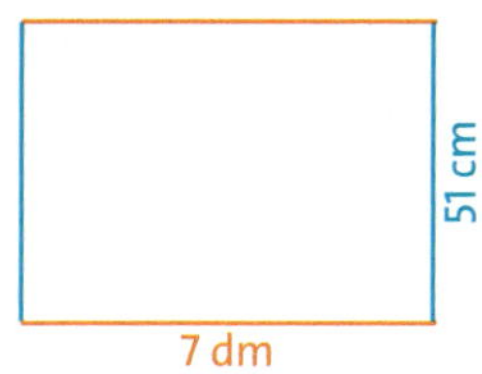

Den Flächeninhalt eines Dreiecks berechnen

→ S. 65, Nr. 4 → S. 189, Nr. 3

24 Berechne den Flächeninhalt des Dreiecks.

a)

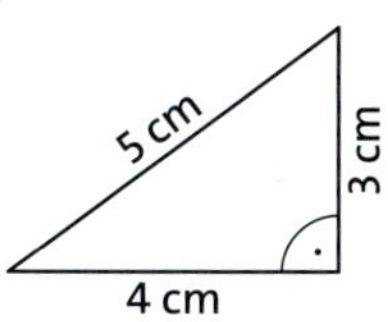

b)

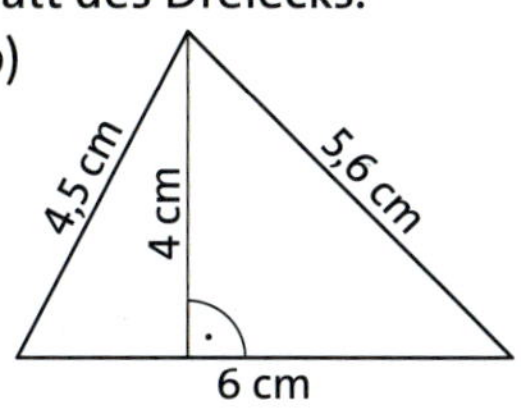

c)

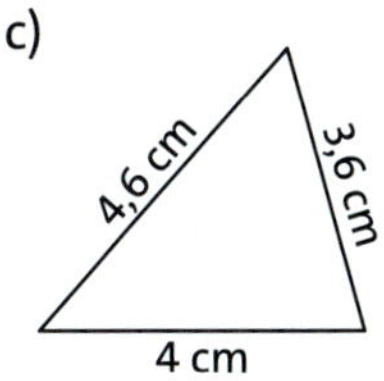

d) b = 3 cm; h_b = 4,5 cm

Ähnlichkeit

Lösungen ab S. 306

Strecken zeichnen

→ S. 91, Nr. 1

So zeichnet man eine **Strecke von 6 cm** mit einem **Lineal** oder **Geodreieck**:

① Punkt A markieren ② Lineal oder Geodreieck an A anlegen, 6 cm abmessen und Punkt B markieren ③ Strecke beschriften

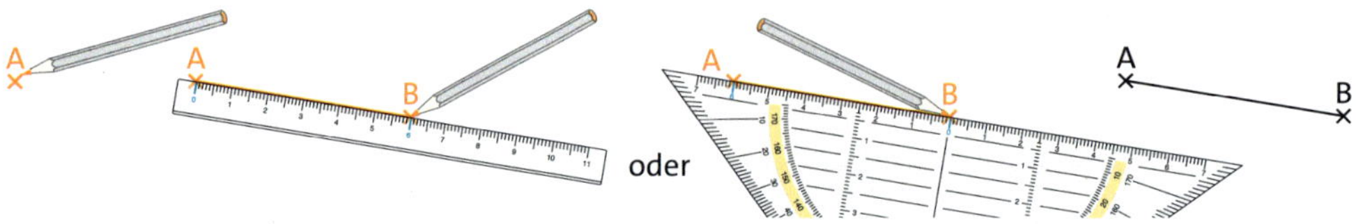

Anfang und Ende werden mit × und Großbuchstaben beschriftet.

25 Zeichne die Strecke.

a) 4 cm b) 2,5 cm c) 3 cm d) 6,5 cm

Parallele Linien prüfen und zeichnen

→ S. 91, Nr. 2

26 Welche Linien sind parallel zueinander?

a)

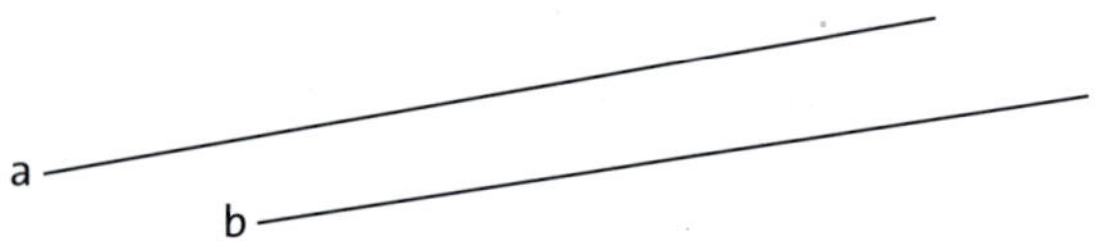

b)

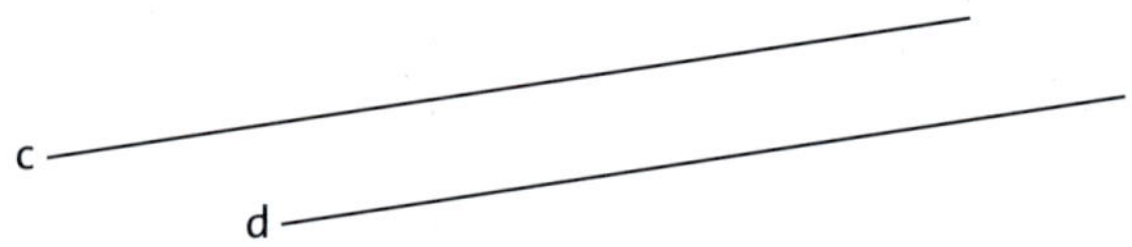

27 Zeichne zwei parallele Linien ins Heft.

Brüche in Dezimalzahlen umwandeln – Erweitern und Kürzen

→ S. 91, Nr. 3

28 Wandle den Bruch in eine Dezimalzahl um.

a) $\frac{3}{10}$ b) $\frac{99}{100}$ c) $\frac{7}{100}$ d) $\frac{8}{1000}$
e) $\frac{47}{1000}$ f) $\frac{1}{4}$ g) $\frac{13}{20}$ h) $\frac{50}{125}$

Erweitere …
– 2; 5 auf 10
– 4; 20; 25; 50 auf 100
– 8; 125; 250; 500 auf 1000

Brüche in Dezimalzahlen umwandeln – Schriftliche Division

→ S. 91, Nr. 3

29 Wandle den Bruch in eine Divisionsaufgabe um und berechne.

a) $\frac{130}{50}$ b) $\frac{748}{680}$ c) $\frac{5368}{440}$ d) $\frac{7120}{200}$

Punkte in das erweiterte Koordinatensystem eintragen

→ S. 91, Nr. 4

30 Zeichne ein Koordinatensystem. Die x-Achse geht von −6 bis 6 und die y-Achse von −3 bis 5.
Trage die Punkte A(−5|4), B(3|−1), C(5|3), D(−3|−2), E(0|2) und F(−4|0) im Koordinatensystem ein.

Dreiecke und Vierecke beschriften

→ S. 91, Nr. 5

So werden Figuren beschriftet:
Ecken mit A, B, C, D, ...
Seiten mit a, b, c, d, ...
Winkel mit α, β, γ, δ, ...

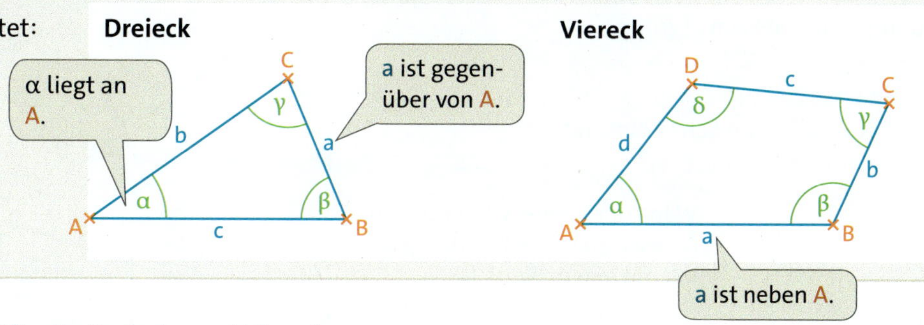

31 Übertrage ins Heft. Beschrifte die Dreiecke und Vierecke.

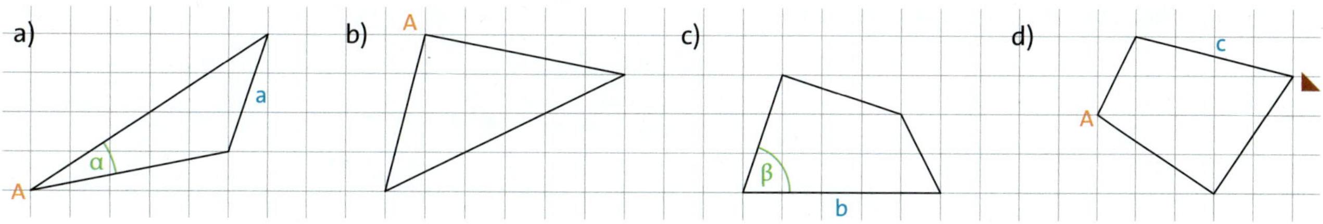

Strecken messen

→ S. 91, Nr. 5

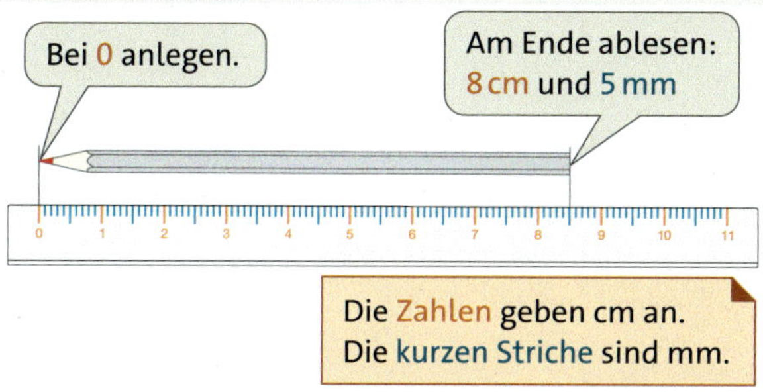

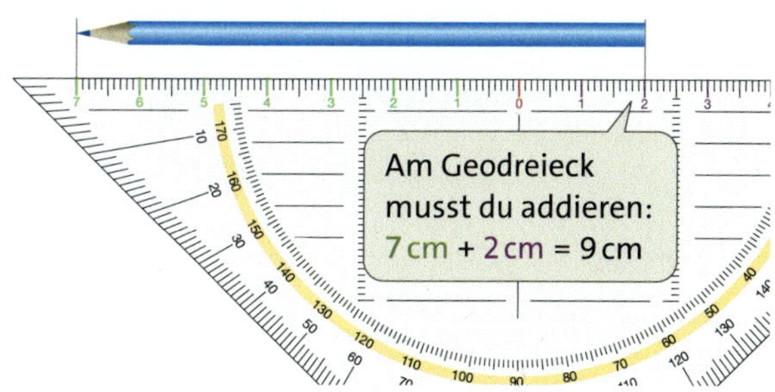

32 Miss die Längen der Buntstifte bis zur Spitze.

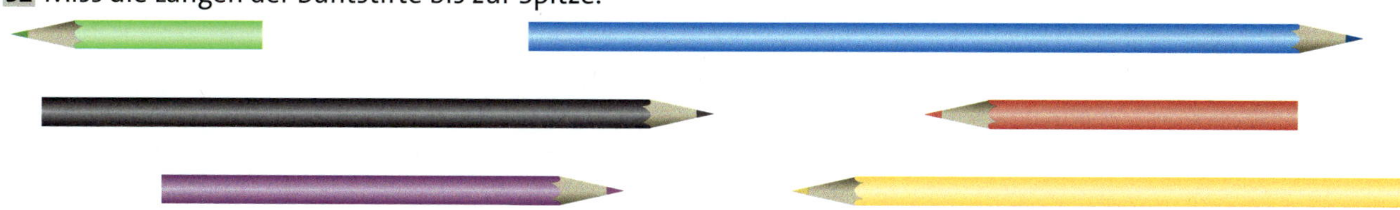

Winkel messen

→ S. 91 Nr. 5

So misst du die Winkelgröße:

① Lege das Geodreieck an:
- Nullpunkt an Scheitelpunkt
- Kante am 1. Schenkel

Wenn der zweite Schenkel zum Ablesen zu kurz ist, verlängere ihn mit einem Bleistift.

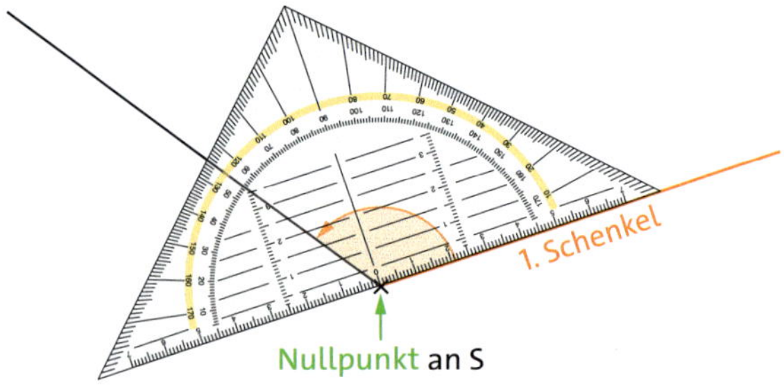

② Lies die Winkelgröße ab:
Wähle die Skala, die am 1. Schenkel beginnt.

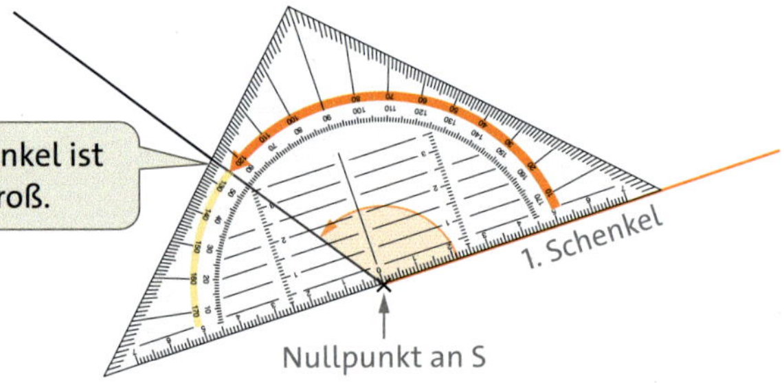

33 Wie groß ist der Winkel?

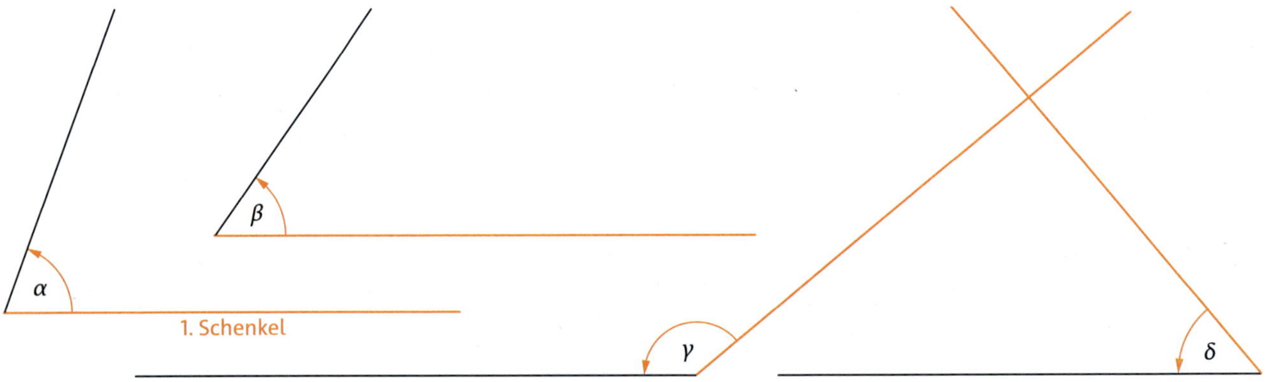

Kreise berechnen

Lösungen ab S. 306

Kreise mit einem Zirkel zeichnen

→ S. 117 Nr. 1, 3

So zeichnet man Kreise mit einem Zirkel:

① Radius r einstellen
② beim Mittelpunkt einstechen
③ Kreis zeichnen
④ Kreis beschriften

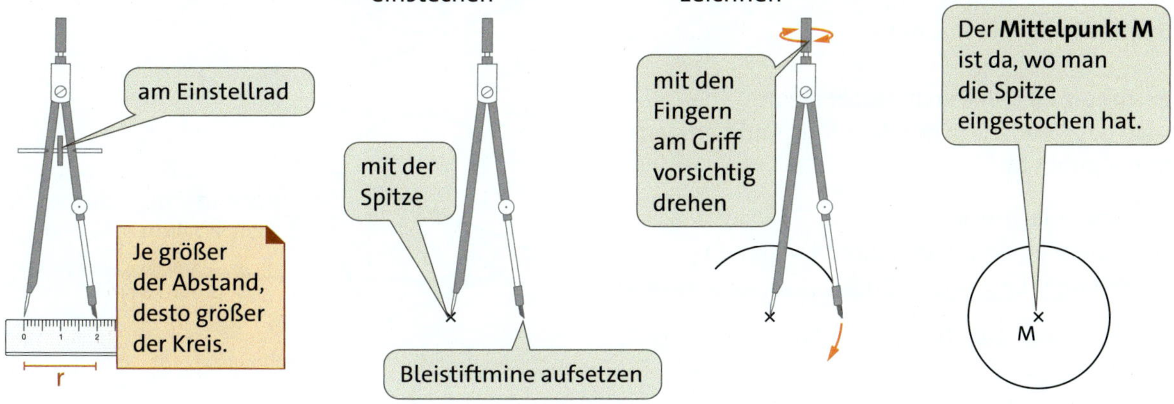

34 Übertrage die Punkte ins Heft. Stelle den Zirkel auf 2 cm Abstand ein. Zeichne um jeden Punkt einen Kreis.
Tipp Denke daran, für deine Kreise oben genug Platz im Heft zu lassen.

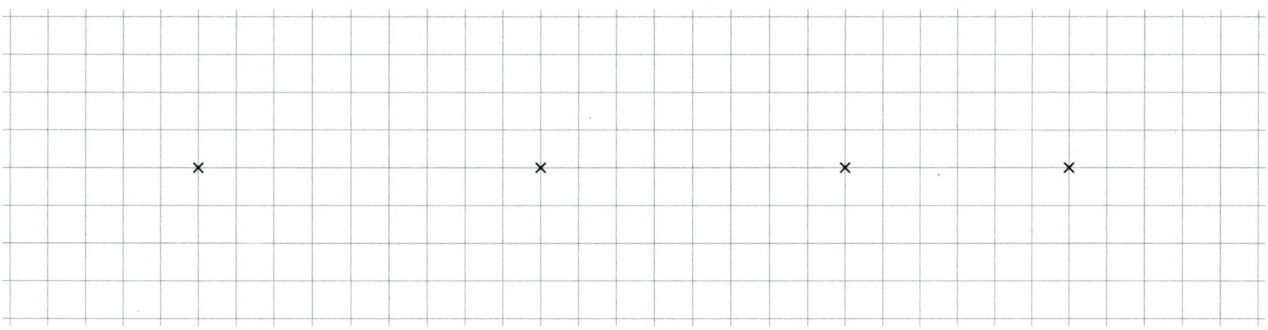

35 Beschreibe zuerst die Lage der Kreis-Mittelpunkte und gib die Radien an.
Übertrage dann die Muster ins Heft.

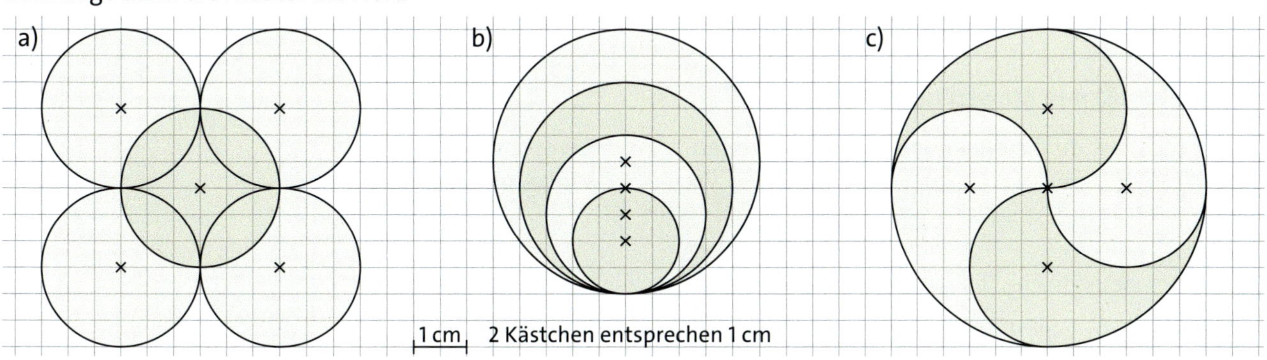

Radius und Durchmesser einzeichnen und messen

→ S. 117, Nr. 2 → S. 139, Nr. 1

So zeichnest du den Radius r ein:

① Lege das Geodreieck mit dem Nullpunkt an den Mittelpunkt M.

② Zeichne eine Strecke: vom Mittelpunkt bis zur Kreislinie

③ Beschrifte den Radius mit r.

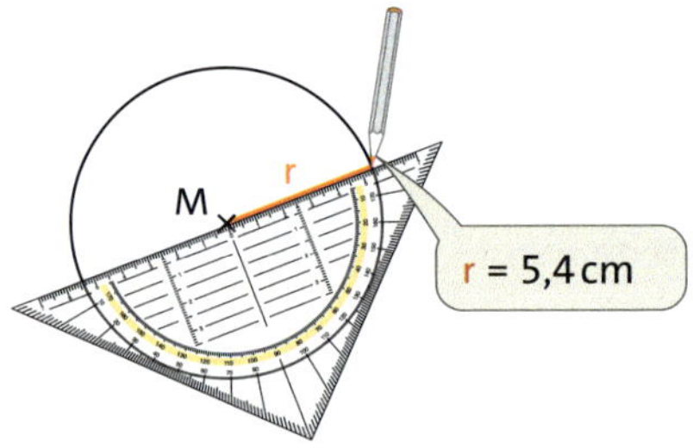

So zeichnest du den Durchmesser d ein:

① Lege das Geodreieck mit dem Nullpunkt an den Mittelpunkt M.

② Zeichne eine Strecke: von einem Punkt auf dem Kreis durch den Mittelpunkt bis zur Kreislinie

③ Beschrifte den Durchmesser mit d.

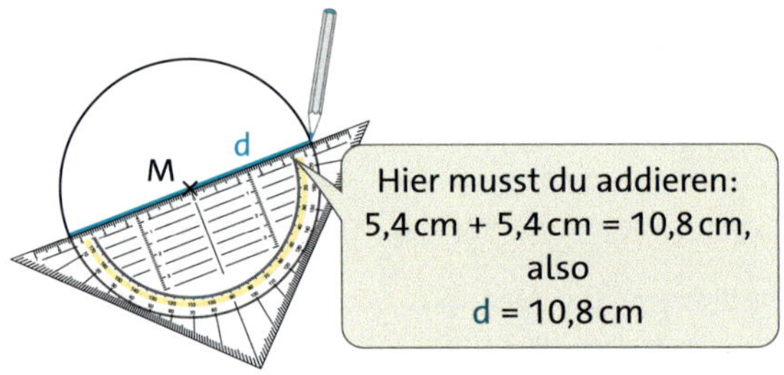

36 Miss jeweils den Radius und den Durchmesser.

a)

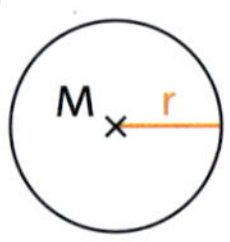

b)

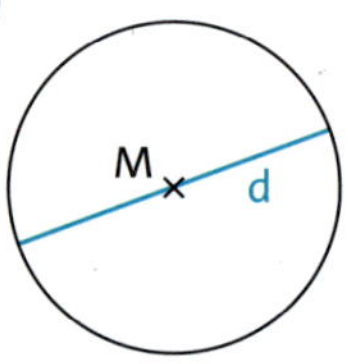

c)

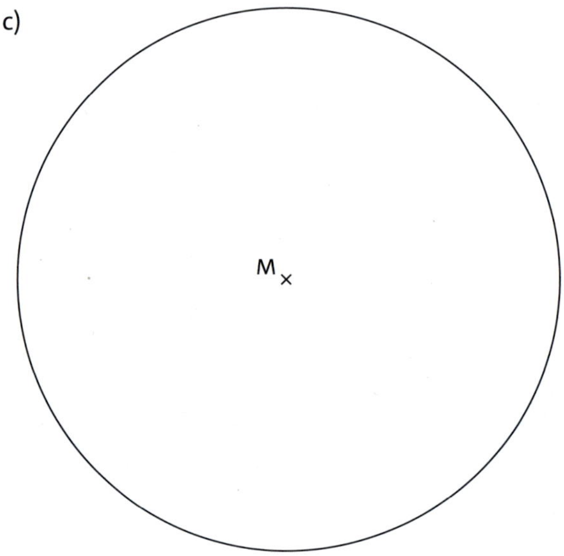

d)

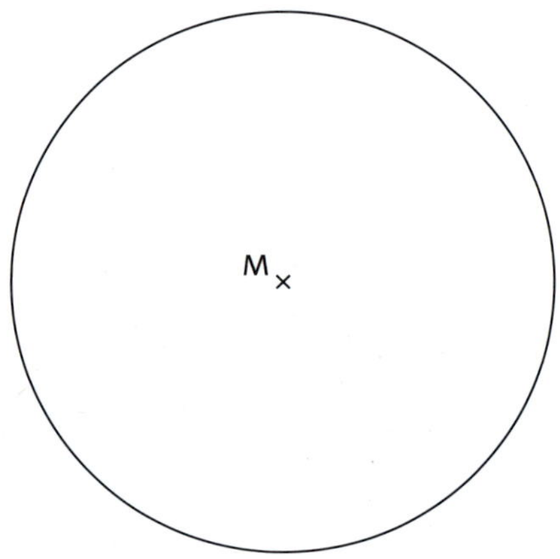

Winkelgrößen in Kreisen berechnen

→ S. 117, Nr. 4

So berechnest du die Winkelgröße von Kreisteilen.

Ein voller Kreis hat die Winkelgröße 360°.

① In wie viele gleiche Teile wurde der Kreis geteilt?

② Dividiere (:) 360° durch die Anzahl der Teile.

Berechne die Winkelgröße α.

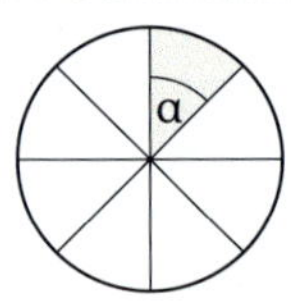

① Es sind 8 Teile.

② $360° : 8 = 45°$

Probe $8 \cdot 45° = 360°$

Die Winkelgröße beträgt 45°.

37 Berechne die Winkelgröße α.

a) 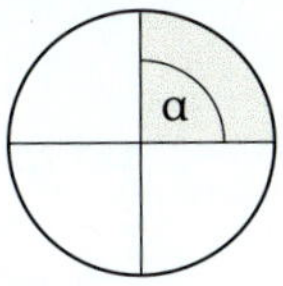

b) 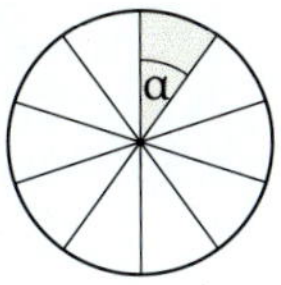

c) 

d) 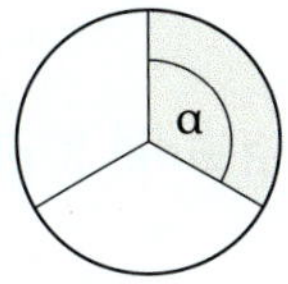

38 Berechne die Winkelgröße α. Der Kreis hat...

a) 6 Teile. b) 12 Teile. c) 20 Teile. d) 9 Teile.

Vorrangregeln beim Rechnen mit Potenzen

→ S. 117, Nr. 5

Wenn mehrere Rechenarten (+/– und ·/:) und Potenzen in einer Aufgabe vorkommen, musst du die Reihenfolge der Rechenschritte beachten.

1. Regel: Klammern zuerst ausrechnen

Berechne.

a) $35 : (11 - 4)$
$= 35 : 7$
$= \underline{\underline{5}}$

2. Regel: Potenzen berechnen

b) $5 \cdot 3^2$
$= 5 \cdot 3 \cdot 3$
$= 5 \cdot 9$
$= \underline{\underline{45}}$

c) $10 \cdot (1{,}2\,\text{m})^2$
$= 10 \cdot 1{,}2\,\text{m} \cdot 1{,}2\,\text{m}$
$= 10 \cdot 1{,}44\,\text{m}^2$
$= \underline{\underline{14{,}4\,\text{m}^2}}$

3. Regel: Punktrechnung vor Strichrechnung

d) $22 - 3 \cdot 6$
$= 22 - 18$
$= \underline{\underline{4}}$

Oft musst du mehrere Regeln bei einer Aufgabe beachten.

e) $30 + 2 \cdot 5^2 - (3 + 2^3)$
$= 30 + 2 \cdot 5^2 - (3 + 2 \cdot 2 \cdot 2)$
$= 30 + 2 \cdot 5^2 - (3 + 8)$
$= 30 + 2 \cdot 5^2 - 11$
$= 30 + 2 \cdot 25 - 11$
$= 30 + 50 - 11$
$= 80 - 11$
$= \underline{\underline{69}}$

39 Löse in mehreren Schritten wie in den Beispielen.

a) $4^2 \cdot 3$ b) $5 \cdot 2^2$ c) $6^2 : 3$ d) $8^2 : 2$ e) $3^2 + 7^2$ f) $9^2 - 5^2$

40 Berechne. Achte auf die Klammer und auf die Einheiten.

a) $3 \cdot (5\,\text{m})^2$ b) $3^2 \cdot 5\,\text{m}$ c) $(3 \cdot 5\,\text{m})^2$ d) $6^2 \cdot 2\,\text{cm}$ e) $(6 \cdot 2\,\text{cm})^2$ f) $6 \cdot (2\,\text{cm})^2$

Zylinder

Lösungen ab S. 307

Den Umfang eines Kreises berechnen

→ *S. 139, Nr. 1* → *S. 189, Nr. 6*

41 Bestimme den Umfang des Kreises. Schätze zuerst.

Tipp $u = \pi \cdot d$, runde auf zwei Stellen nach dem Komma.

a)

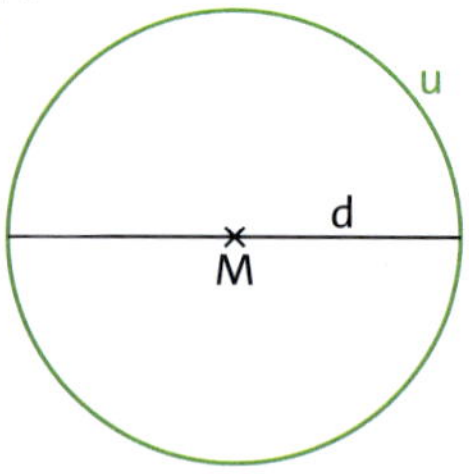

b)

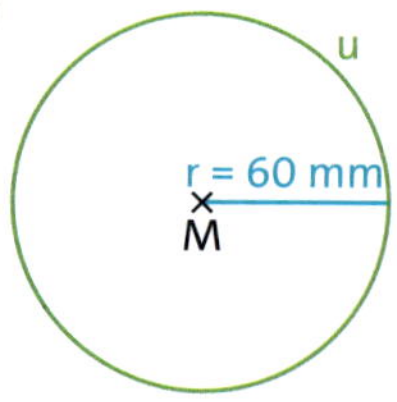

c) $d = 8\,\text{m}$

d) $r = 5\,\text{dm}$

Den Flächeninhalt eines Kreises berechnen

→ *S. 139, Nr. 1* → *S. 189, Nr. 6*

42 Berechne den Flächeninhalt des Kreises.

Tipp $A = \pi \cdot r^2$, runde auf zwei Stellen nach dem Komma.

a)

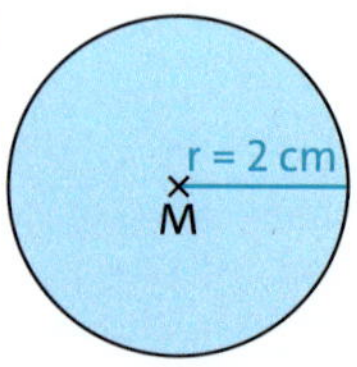

b) $r = 7\,\text{dm}$

c) $d = 15\,\text{mm}$

d) $d = 9\,\text{m}$

Fachbegriffe bei Prismen

→ *S. 139, Nr. 2*

Prismen haben eine **Grundfläche G** und eine **Deckfläche**. Das sind zwei deckungsgleiche Vielecke. Sie sind parallel zueinander.

gleich groß, gleiche Form

Prismen haben eine **Mantelfläche M**. Das sind die rechteckigen Seitenflächen des Prismas.

Prismen haben eine **Körperhöhe h_k**. Das ist der Abstand zwischen Grundfläche und Deckfläche.

Prismen haben ein **Netz**. Das sind die zusammenhängenden Flächen des Prismas.

Das ist das **Schrägbild** eines Prismas mit einem Dreieck als Grundfläche.

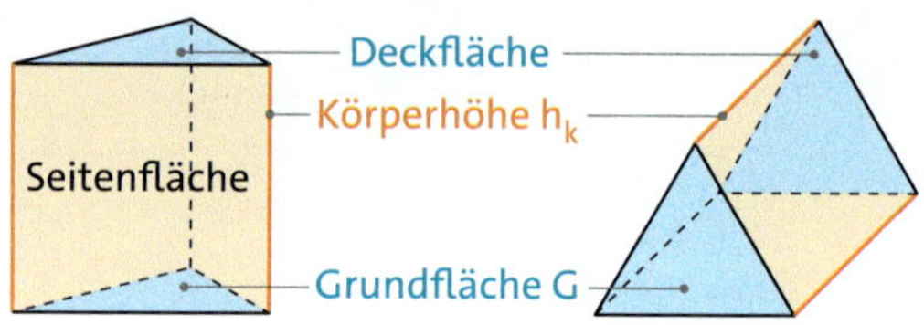

auf der Grundseite stehend

auf einer Seitenfläche liegend

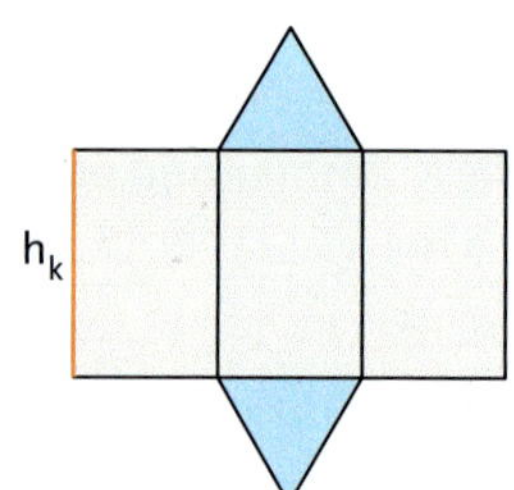

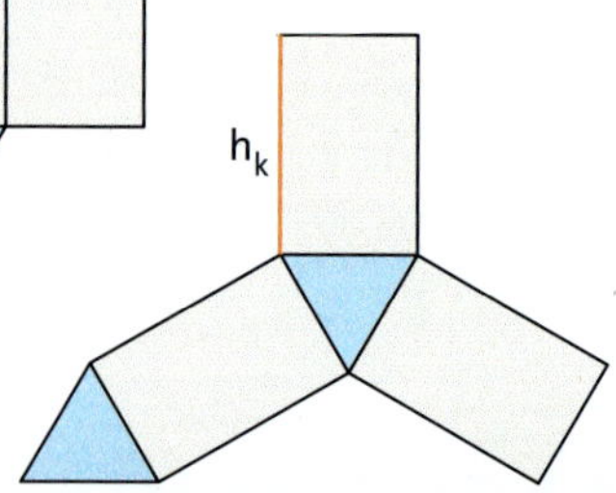

Das sind zwei verschiedene **Netze** von einem Prisma.

43 Gib zuerst an, ob es ein Netz oder ein Schrägbild ist.
Benenne dann die markierten Teile des Prismas mit den Fachbegriffen.

a)
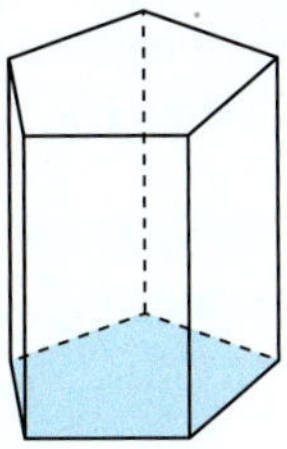

b)
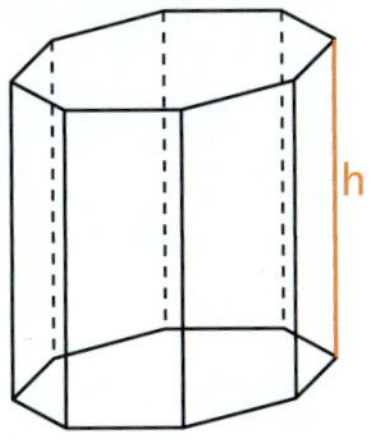

c)
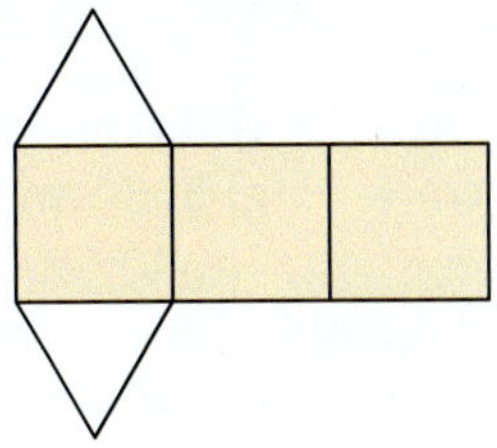

d)
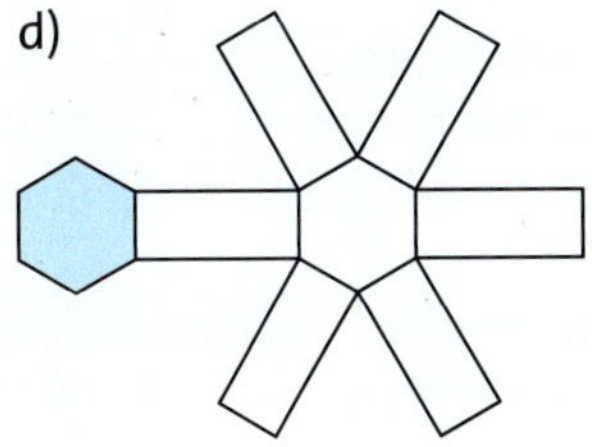

Das Schrägbild eines Prismas zeichnen

→ S. 139, Nr. 3

44 Zeichne zuerst die Grundfläche ins Heft.
Ergänze dann zum Schrägbild eines Prismas mit der Körperhöhe h_k.

a)
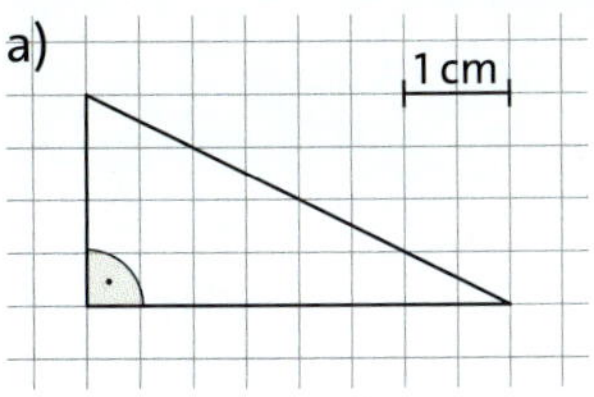

$h_k = 7\,cm$

b)
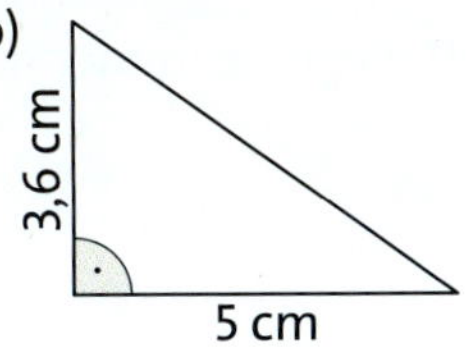

$h_k = 10\,cm$

c)
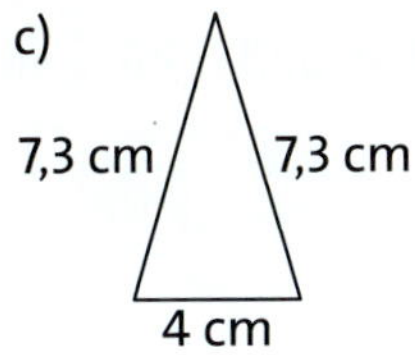

$h_k = 12\,cm$

d)
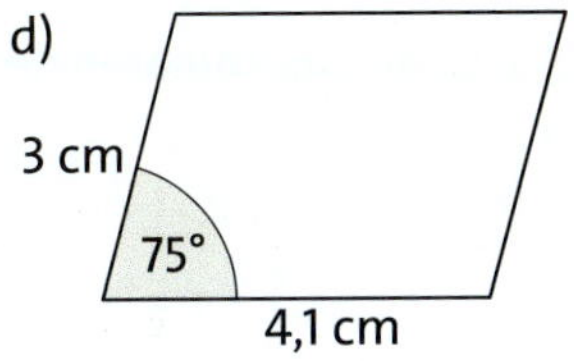

$h_k = 9\,cm$

Das Volumen eines Prismas berechnen

→ S. 139, Nr. 4 → S. 189, Nr. 4

45 Berechne das Volumen des Prismas.

a)
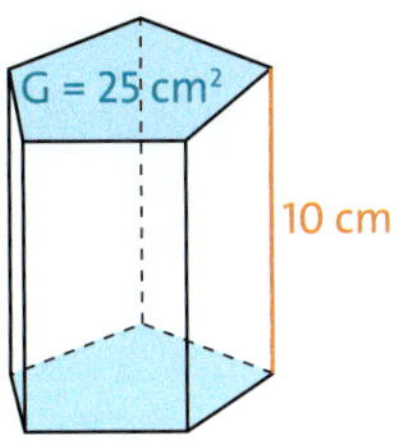

b)
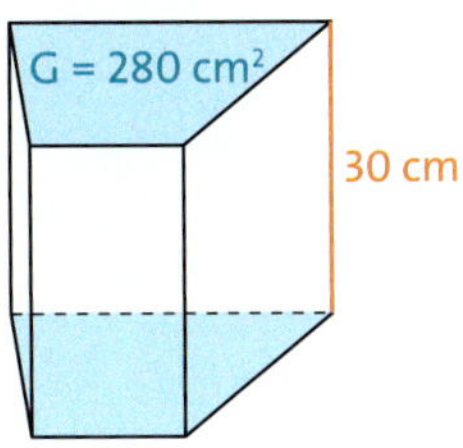

c)
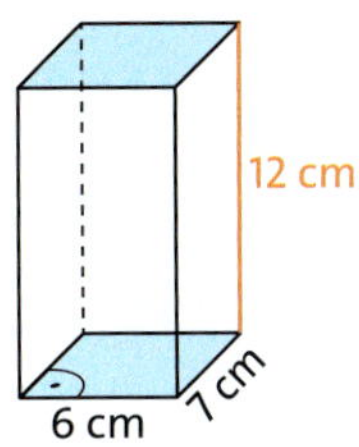

d)
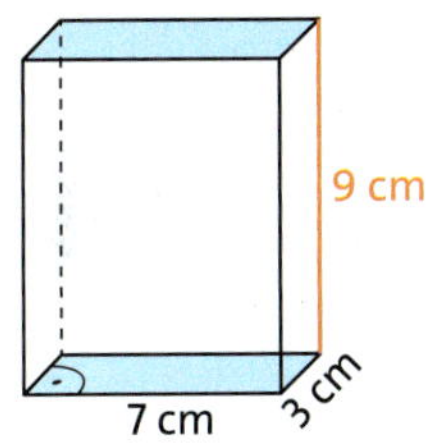

Den Oberflächeninhalt eines Prismas berechnen

→ S. 139, Nr. 5 → S. 189, Nr. 4

46 Berechne den Oberflächeninhalt des Prismas.

a)
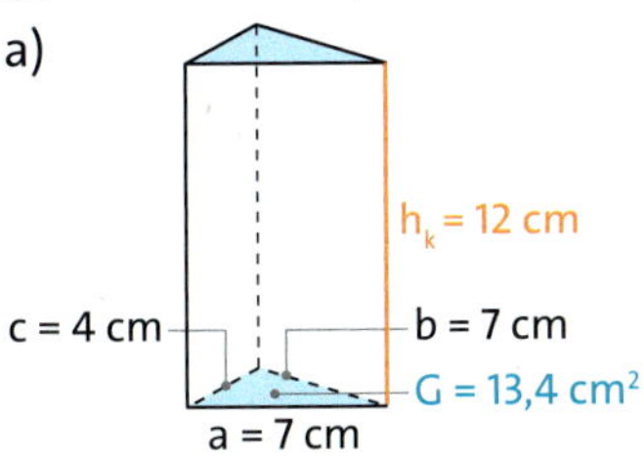

b)
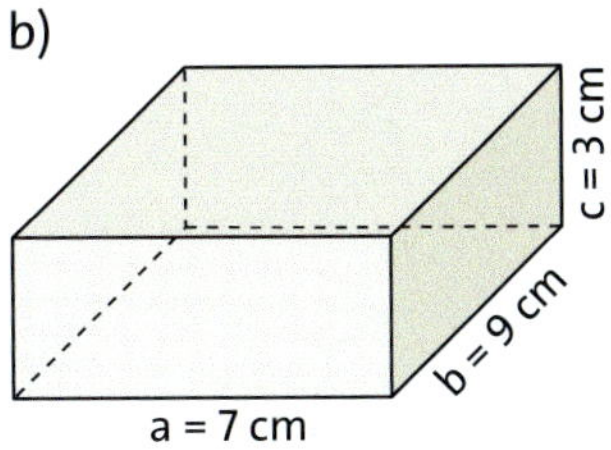

c)
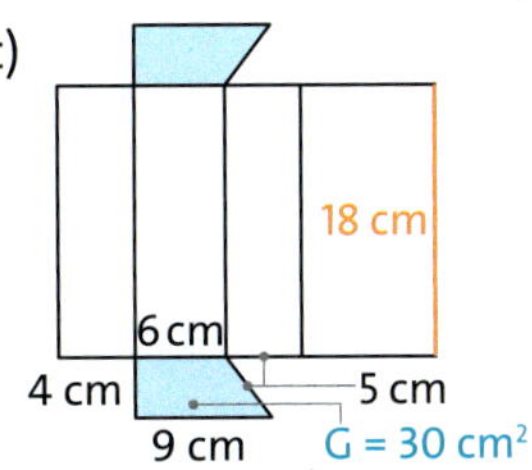

d)
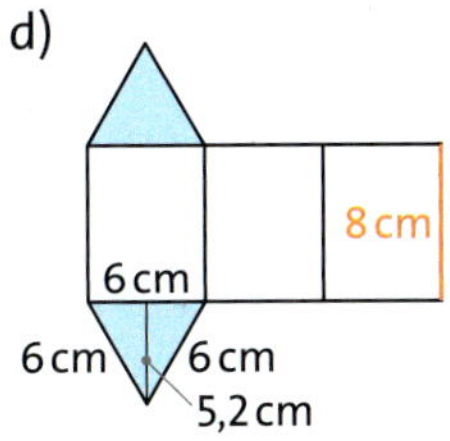

Längeneinheiten umrechnen

→ S. 139, Nr. 6

47 Rechne um.

a) 3 cm = ▢ mm b) 14 dm = ▢ cm c) 30 cm = ▢ dm d) 210 mm = ▢ cm
e) 610 mm = ▢ cm f) 50 dm = ▢ cm g) 3080 cm = ▢ dm h) 400 m = ▢ dm

Wird die Einheit **kleiner**: **multiplizieren** (·).

48 Rechne um. Beachte die Umrechnungszahl 1000.

a) 3 km = ▢ m b) 5000 m = ▢ km c) 199 000 m = ▢ km d) 405 km = ▢ m

Wird die Einheit **größer**: **dividieren** (:).

Quadratische Funktionen

Lösungen ab S. 307

Punkte im erweiterten Koordinatensystem ablesen

→ S. 159, Nr. 1

49 Lies die Koordinaten der Punkte ab und notiere sie im Heft. Beginne immer mit der x-Koordinate.

a)

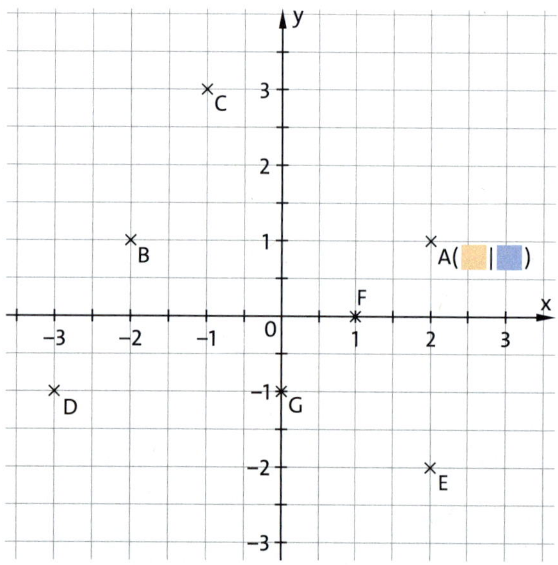

b)

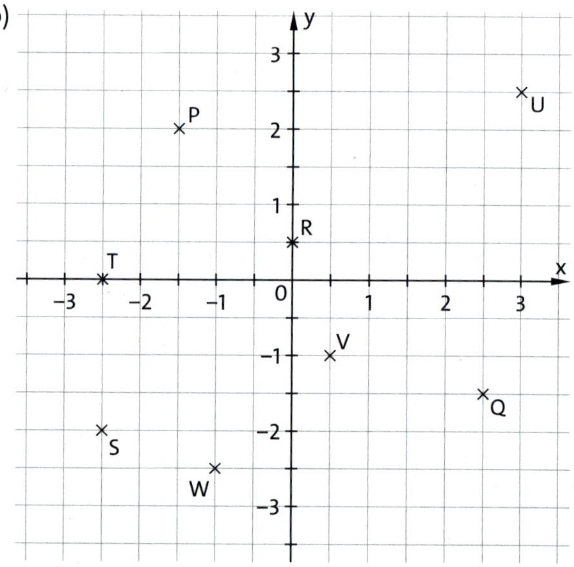

Punkte in das erweiterte Koordinatensystem eintragen

→ S. 159, Nr. 1

50 Zeichne ein Koordinatensystem. Die x-Achse geht von −6 bis 6 und die y-Achse von −3 bis 5.
Trage die Punkte A(−5|4), B(3|−1), C(5|3), D(−3|−2), E(0|2) und F(−4|0) im Koordinatensystem ein.

Werte von Termen berechnen

→ S. 159, Nr. 2

51 Berechne den Wert des Terms für $x = 4$.

a) $x + 9$ b) $x - 3$ c) $x - 10$ d) $5x$ e) $0{,}5x$ f) $x : 2$
g) $3x + 1$ h) $2x - 6$ i) $5x - 30$ j) $10 - 7x$ k) $0{,}3x + 2{,}5$ l) $\frac{1}{2}x - 1\frac{1}{4}$

52 Berechne den Wert des Terms.

a) $x + 6 + y$ für $x = 2$ und $y = 8$
b) $5x - 2y$ für $x = 7$ und $y = 9$
c) $6x : y$ für $x = 3$ und $y = 2$
d) $0{,}5x - 16 + 1{,}8y$ für $x = 22$ und $y = 2$

Quadratzahlen und Quadratwurzeln berechnen

→ S. 159, Nr. 3

Wenn man eine Zahl a mit sich selbst malnimmt, dann erhält man ihre **Quadratzahl a^2**:
$a \cdot a = a^2$

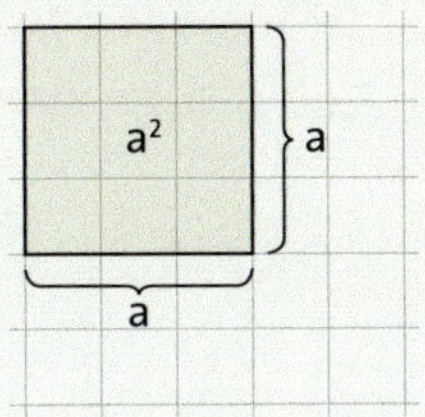

a) $3^2 = 3 \cdot 3 = 9$ 9 ist eine Quadratzahl, denn $3 \cdot 3$ ist gleich 9.
3 (zum) Quadrat
b) $(-5)^2 = (-5) \cdot (-5) = 25$
c) $1{,}4^2 = 1{,}4 \cdot 1{,}4 = 5{,}76$
d) $(-0{,}2)^2 = (-0{,}2) \cdot (-0{,}2) = 0{,}04$

Umgekehrt kann man aus einer Quadratzahl b die **Quadratwurzel $\sqrt{b}$** ziehen:
$\sqrt{b} \cdot \sqrt{b} = b$

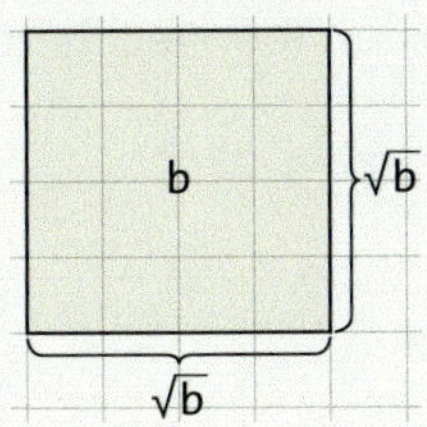

e) $\sqrt{9} = 3$ 3 ist die Quadratwurzel aus 9, denn $3 \cdot 3$ ist gleich 9.
Quadratwurzel aus 9
f) $\sqrt{25} = 5$
g) $\sqrt{5{,}76} = 1{,}4$

53 Ergänze die Tabelle im Heft. Lerne häufig auftretende Quadratwurzeln auswendig.

Quadratwurzel	0	1			4								
Quadratzahl	0	1	4	9		25	36	49	64	81	100	10 000	1 000 000

54 Berechne die Quadratzahlen im Kopf.

a) 4^2 und 40^2 b) $(-8)^2$ und $(-80)^2$ c) 12^2 und 120^2 d) 13^2 und 130^2
e) $(-6)^2$ und $(-0{,}6)^2$ f) 11^2 und $1{,}1^2$ g) 15^2 und $1{,}5^2$ h) 25^2 und $2{,}5^2$

5er-Trick
$75^2 = 70 \cdot 80 + 25$
$3{,}5^2 = 3 \cdot 4 + 0{,}25$

55 Berechne die Quadratwurzeln im Kopf.

a) $\sqrt{1}$ b) $\sqrt{10\,000}$ c) $\sqrt{196}$ d) $\sqrt{625}$
e) $\sqrt{0}$ f) $\sqrt{169}$ g) $\sqrt{225}$ h) $\sqrt{144}$

Terme ausmultiplizieren

→ S. 159, Nr. 4

56 Löse die Klammer auf: Multipliziere den Faktor vor der Klammer mit jedem Term in der Klammer.

a) $6 \cdot (4x + 2)$ b) $5 \cdot (7a - 4b)$ c) $-3 \cdot (9x - 2ab)$ d) $-10 \cdot (-p - 0{,}5q)$

57 Löse die Klammer auf.

a) $3s \cdot (4t + 2)$ b) $5y \cdot (7x - 1)$ c) $-8a \cdot (6 + 2b)$ d) $-2g \cdot (4 - 7h)$

Terme ausklammern

→ S. 159, Nr. 5

58 Fülle die Lücken im Heft.

a) $6x + 15y = 3 \cdot (\square x + \square y)$ b) $4ab - 10ac = 2a \cdot (\square - \square)$ c) $21p - 18pq = 3p \cdot (\square - \square)$

59 Klammere aus. Schreibe als Produkt und ziehe gemeinsame Faktoren vor die Klammer.

a) $3a + 9b$ b) $10e - 4ef$ c) $6s + 8t$ d) $8xy - 5x$ e) $15v + 25uv$ f) $12gh - 4h$

Die 1. binomische Formel anwenden

→ S. 159, Nr. 6

60 Wende die 1. binomische Formel an: $(a + b)^2 = a^2 + 2\,ab + b^2$

Setzte für a den ersten Summanden ein und für b den zweiten. Vereinfache.

Tipp Setze bei c) und d) Klammern.

a) $(4 + f)^2$ b) $(k + 6)^2$ c) $(7 + 3\,s)^2$ d) $(5y + 2z)^2$

Die 2. binomische Formel anwenden

→ S. 159, Nr. 6

61 Wende die 2. binomische Formel an: $(a - b)^2 = a^2 - 2\,ab + b^2$

Setze für a den Term links vom Minuszeichen ein und für b den Term rechts vom Minuszeichen. Vereinfache.

Tipp Setze bei c) und d) Klammern.

a) $(6 - u)^2$ b) $(v - 3)^2$ c) $(8 - 5\,n)^2$ d) $(2\,g - 3\,h)^2$

Die 1. und 2. binomische Formel „rückwärts" anwenden

→ S. 159, Nr. 6

Die binomischen Formeln können helfen, fehlende Summanden in Aufgaben herauszufinden.

Gehe dabei „rückwärts" vor.

Bestimme den gesuchten Summanden.

$(x + \square)^2 = x^2 + 8 \cdot x + 16$

① Löse die Klammer auf. Schreibe mit $\square$.

$(x + \square)^2 = x^2 + 2 \cdot \square \cdot x + \square \cdot \square$ (quadratischer Term)

② Bestimme den gesuchten Faktor:
Setze den quadratischen Term mit dem Summanden aus der Aufgabe gleich.
Löse die Gleichung.

$\square \cdot \square = 16$, also ist $\square = 4$.

Überprüfe die Lösung mit dem mittleren Term.

$8 \cdot x = 2 \cdot 4 \cdot x$ ✓

62 Bestimme den Summanden.

a) $(x + \square)^2 = x^2 + 16 \cdot x + 64$ b) $(x + \square)^2 = x^2 + 24 \cdot x + 144$

c) $(x - \square)^2 = x^2 - 20 \cdot x + 100$ d) $(x - \square)^2 = x^2 - 18 \cdot x + 81$

63 Ergänze die Lücken.

Tipp Was ist gesucht: eine Zahl oder ein Vorzeichen?

a) $(x \,\square\, 13)^2 = x^2 - \square \cdot x + 169$ b) $(x - \square)^2 = x^2 - 5 \cdot x \,\square\, 6{,}25$

Pyramide, Kegel, Kugel

Lösungen ab S. 308

Flächeneinheiten umrechnen – Umrechnungszahl

→ S. 189, Nr. 1

64 Rechne um.

a) $7\,dm^2$ = □ cm^2
b) $25\,m^2$ = □ dm^2
c) $800\,dm^2$ = □ m^2
d) $1900\,mm^2$ = □ cm^2
e) $74\,dm^2$ = □ cm^2
f) $900\,mm^2$ = □ cm^2
g) $6500\,m^2$ = □ dm^2
h) $80\,900\,cm^2$ = □ dm^2

Volumeneinheiten umwandeln mit Umrechnungszahl

→ S. 189, Nr. 1

65 Rechne um.

a) $6\,dm^3$ = □ cm^3
b) $13\,m^3$ = □ dm^3
c) $5000\,dm^3$ = □ m^3
d) $17\,000\,mm^3$ = □ cm^3
e) $23\,cm^3$ = □ mm^3
f) $95\,000\,dm^3$ = □ m^3
g) $307\,m^3$ = □ dm^3
h) $542\,000\,cm^3$ = □ dm^3

Umfang von Rechteck und Quadrat berechnen

→ S. 189, Nr. 2

66 Berechne den Umfang.

a) Quadrat mit a = 6 cm
b) Quadrat mit a = 8,4 cm
c) Rechteck mit a = 5 cm; b = 9 cm
d) Rechteck mit a = 11,3 cm; b = 4,7 cm

Flächeninhalt von Rechteck und Quadrat berechnen

→ S. 189, Nr. 2

67 Berechne den Flächeninhalt.

a) Quadrat mit a = 6 cm
b) Qaudrat mit a = 8,4 cm
c) Rechteck mit a = 5 cm; b = 9 cm
d) Rechteck mit a = 11,3 cm; b = 4,7 cm

Den Flächeninhalt eines Trapezes berechnen

→ S. 189, Nr. 2

68 Berechne den Umfang und den Flächeninhalt vom Trapez.

Tipp Der Umfang ist einen Länge.
Er gibt an, wie weit es 1-mal um die Figur herum ist.

a) a = 5 cm; b = 3 cm; c = 9 cm; d = 5 cm; h = 3 cm
b) a = 7,7 cm; b = 5 cm; c = 2,3 cm; d = 5,5 cm; h = 4,5 cm

c)
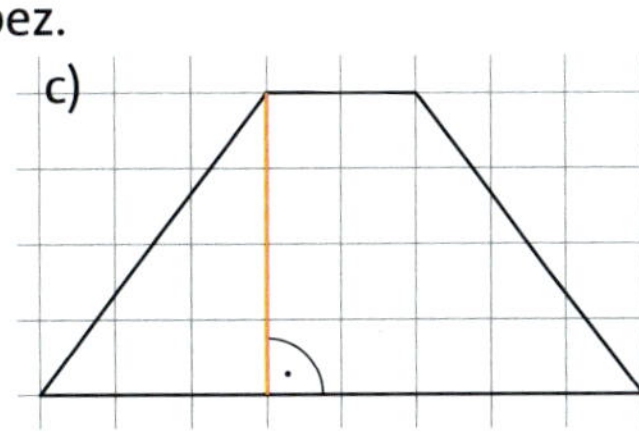

d)
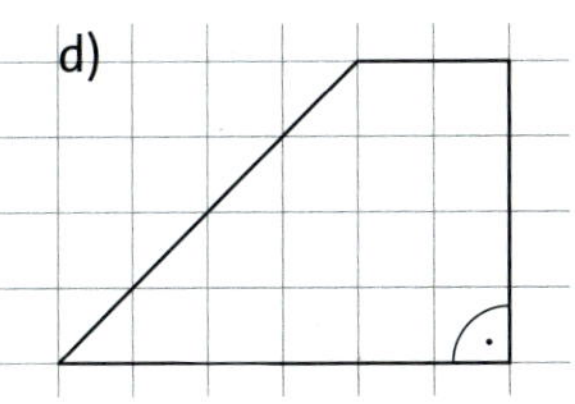

Den Flächeninhalt eines Dreiecks berechnen

→ S. 189, Nr. 2, 3

69 Berechne den Flächeninhalt vom Dreieck.

a) g = 4 cm; h = 6 cm
b) g = 5,2 cm; h = 8 cm

c)
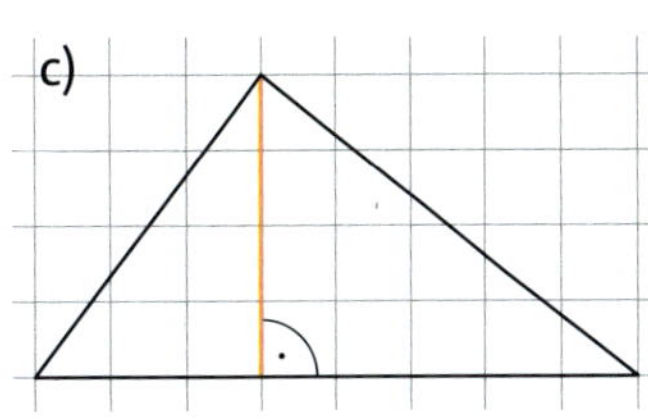

d)
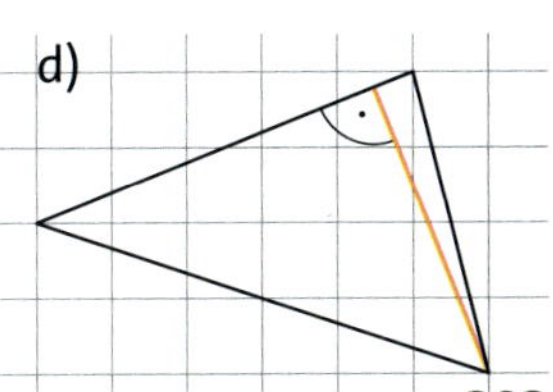

Die Länge der Hypotenuse mit dem Satz des Pythagoras berechnen

→ S. 59, Nr. 4 → S. 137, Nr. 5

70 Berechne die Länge der Hypotenuse. Runde auf eine Stelle nach dem Komma.

a)

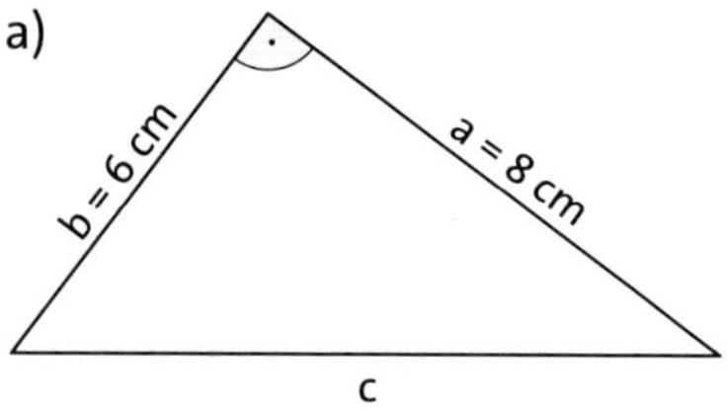

b)

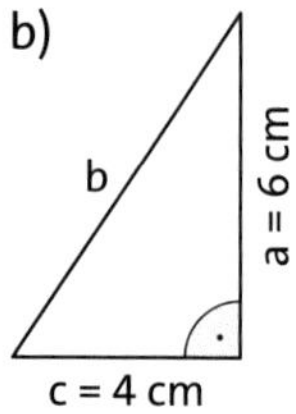

c)

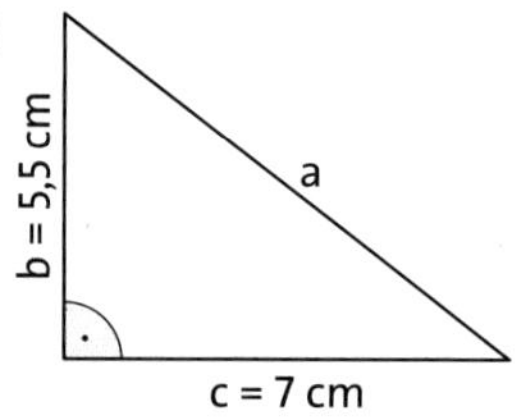

d) $\gamma = 90°$;
$a = 13{,}5\,cm$;
$b = 5{,}4\,cm$

Lösungen der Grundlagen

Lineare Funktionen

S. 285

1 a) $x = 8$ b) $x = 10$
c) $x = -3$ d) $x = -2$
e) $x = 0{,}5$ f) $x = 6$

2 a) $x = 4$ b) $x = -2$
c) $x = 1$ d) $x = 3{,}5$

3 a) A(2|3); B(8|4)
b) C(3|2); D(4|3); E(7|5)
c) F(3|4); G(4|1); H(8|3)

4 verkleinerte Abbildung

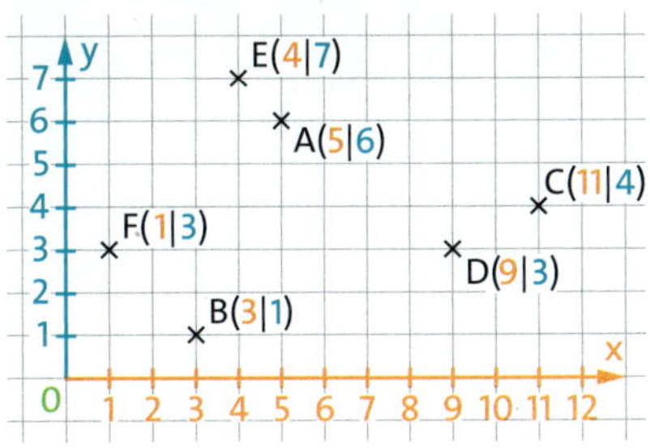

5 a) proportional; ② b) antiproportional; ④
c) antiproportional; ① d) proportional; ③

Lineare Gleichungssysteme

S. 288

6 a) $x : 2$ oder $\frac{1}{2} \cdot x$ b) $4 \cdot x$ c) $6 \cdot x$ d) $x + 5$
e) $6 - x$ f) $x - 30$ g) $8 : x$ h) $x : 8$

7 a) $8 \cdot x + 12$ b) $\frac{1}{4} \cdot x \cdot 7$ oder $x : 4 \cdot 7$
c) $x : 2 : 5$ oder $\frac{1}{2} \cdot x : 5$ d) $22 - 3 \cdot x$

8 a) 13 b) 1 c) −6 d) 20
e) 2 f) 2 g) 13 h) 2
i) −10 j) −18 k) 3,7 l) $\frac{3}{4}$

9 a) 16 b) 17 c) 9 d) −1,4

10 a) $x = 8$ b) $x = 10$
c) $x = -3$ d) $x = -2$
e) $x = 0{,}5$ f) $x = 6$

11 a) $x = 4$ b) $x = -2$
c) $x = 1$ d) $x = 3{,}5$

12 a) $x = 2$ b) $x = -4$ c) $x = 3$ d) $x = 8$

13 ① $m = 2$; $b = -3$; $y = 2x - 3$
② $m = -1$; $b = 4$; $y = -x + 4$
③ $m = 3$; $b = -5$; $y = 3x - 5$
④ $m = -2$; $b = 1$; $y = -2x + 1$

14 verkleinerte Abbildung

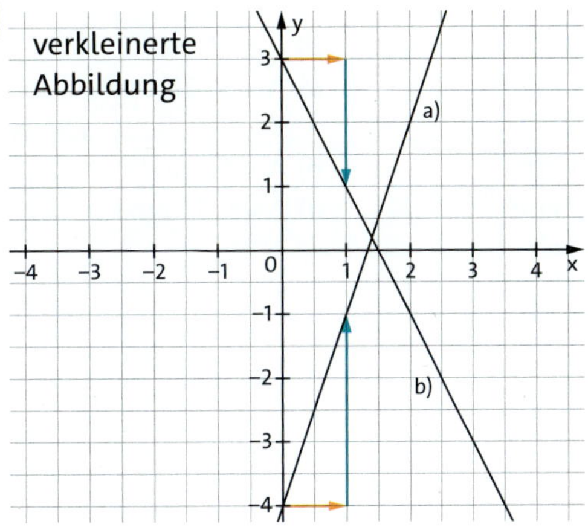

15 a) $y = 7 \cdot x + 3$ b) $y = 2 \cdot x - 4$
c) $y = -1 \cdot x + 1$ d) $y = 2{,}5 \cdot x - 0{,}5$

16 a) $y = 4 \cdot x + 7$ b) $y = 2 \cdot x + 3$ c) $y = 6 \cdot x - 1$
d) $y = -5 \cdot x + 4$ e) $y = 3 \cdot x + 2$ f) $y = -1{,}5 \cdot x + 6$

Der Satz des Pythagoras

S. 290

17 a) 8^5 b) $1{,}5^4$ c) $3^2 \cdot 6^4$ d) $p^4 \cdot x^3$

18 a) $4 \cdot 4 = 16$ b) $9 \cdot 9 = 81$
c) $3 \cdot 3 \cdot 3 = 27$ d) $10 \cdot 10 \cdot 10 = 1000$

19 a) $7 \cdot 7 \cdot 7 \cdot 7 = 2401$
b) $8 \cdot 8 \cdot 8 \cdot 8 \cdot 8 = 32\,768$
c) $3 \cdot 3 \cdot 3 \cdot 3 \cdot 3 \cdot 3 \cdot 3 \cdot 3 = 6561$
d) $2 \cdot 2 \cdot 2 \cdot 2 \cdot 2 \cdot 2 \cdot 2 \cdot 2 \cdot 2 \cdot 2 = 1024$

20 ① rechtwinkliges, unregelmäßiges Dreieck
② stumpfwinkliges, unregelmäßiges Dreieck
③ spitzwinkliges, gleichseitiges Dreieck
④ rechtwinkliges, gleichschenkliges Dreieck

21 $A = a \cdot a$
a) $A = 4\,cm^2$ b) $A = 36\,cm^2$
c) $A = 400\,cm^2$ d) $A = 144\,cm^2$

22 $A = a \cdot b$
a) $A = 16\,cm^2$ b) $A = 20\,cm^2$
c) $A = 39\,cm^2$ d) $A = 108\,cm^2$

23 a) $A = 900\,cm^2$ b) $A = 45\,cm^2$
c) $A = 72\,cm^2$ d) $A = 3570\,cm^2$

24 a) $A = 6\,cm^2$ b) $A = 12\,cm^2$
c) $A = 7\,cm^2$ d) $A = 6{,}75\,cm^2$

Ähnlichkeit S. 292

25 a)
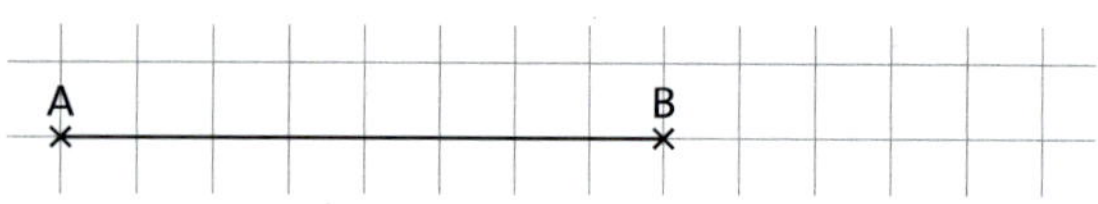

b)

c)
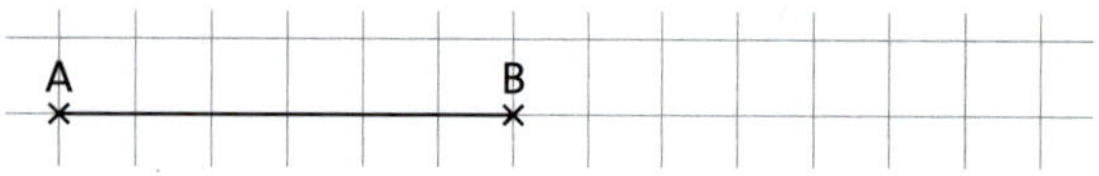

d)

26 a) a und b sind nicht parallel zueinander.
b) c ∥ d c ist parallel zu d.

27 zum Beispiel
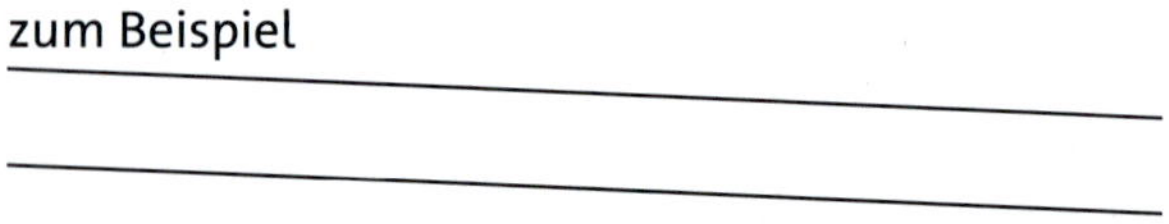

28 a) 0,3 b) 0,99 c) 0,07 d) 0,008
e) 0,047 f) 0,25 g) 0,65 h) 0,4

29 a) 130 : 50 = 2,6 b) 748 : 680 = 1,1
c) 5368 : 440 = 12,2 d) 7120 : 200 = 35,6

30 verkleinerte Abbildung
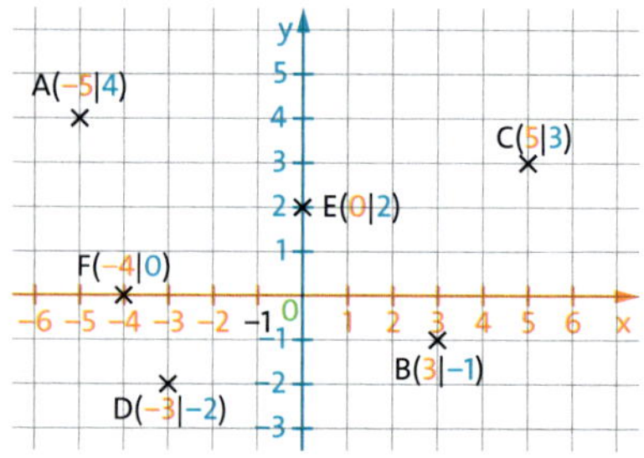

31
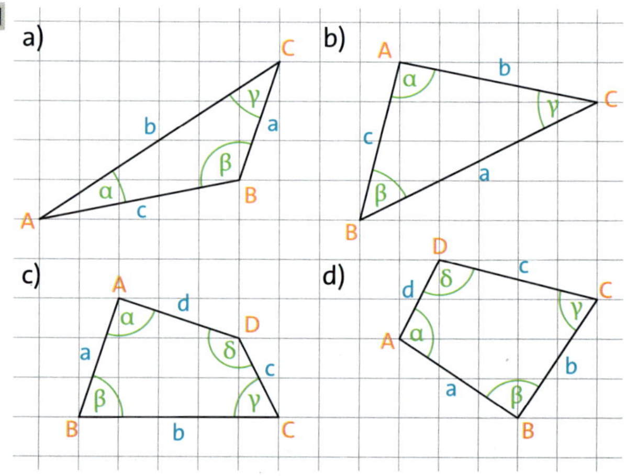

32 grün: 3 cm blau: 10 cm schwarz: 8 cm
rot: 4,5 cm lila: 5,5 cm gelb: 7,5 cm

33 $\alpha = 70°$ $\beta = 55°$ $\gamma = 40°$ $\delta = 50°$

Kreise berechnen S. 295

34 Das ist eine verkleinerte Abbildung:
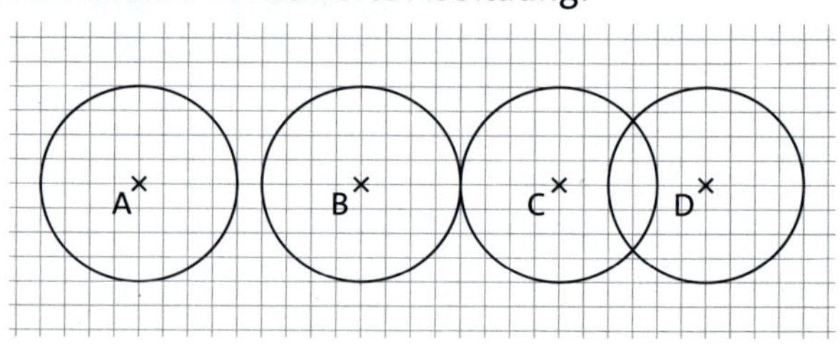

Tipp Überprüfe deine Zeichnung so:
– Sind alle Kreise rund?
– Haben der 1. und der 2. Kreis ein Kästchen Abstand?
– Berühren sich der 2. und der 3. Kreis?
– Liegen der 3. und der 4. Kreis übereinander?

35 a) Die Mittelpunkte von vier Kreisen bilden die Eckpunkte eines Quadrats, der fünfte Mittelpunkt liegt im Schnittpunkt der Diagonalen; r = 1,5 cm
b) Die Mittelpunkte liegen auf einer Geraden, der Abstand zwischen zwei Mittelpunkten beträgt 0,5 cm; r = 1 cm; r = 2 cm; r = 3 cm; r = 4 cm
c) In einem großen Kreis mit r = 3 cm liegen vier weitere Mittelpunkte jeweils 1,5 cm über und unter dem Mittelpunkt sowie links und rechts von dem Mittelpunkt; r = 1,5 cm

36 a) r = 0,7 cm; d = 1,4 cm b) r = 1,1 cm; d = 2,2 cm
c) r = 3,6 cm; d = 7,2 cm d) r = 2,7 cm; d = 5,4 cm

37 a) $\alpha = 90°$ b) $\alpha = 36°$ c) $\alpha = 20°$ d) $\alpha = 120°$

38 a) $\alpha = 60°$ b) $\alpha = 30°$ c) $\alpha = 18°$ d) $\alpha = 40°$

39 a) 48 b) 20 c) 12
f) 32 e) 58 f) 56

40 a) 75 m² b) 45 m c) 225 m²
d) 72 cm e) 144 m² f) 24 cm²

Zylinder

S. 298

41 a) u ≈ 9,42 cm b) u ≈ 37,70 cm
c) u ≈ 25,13 m d) u ≈ 3,14 m

42 a) A ≈ 12,57 cm² b) A ≈ 153,94 dm²
c) A ≈ 176,71 mm² d) A ≈ 63,62 m²

43 a) Schrägbild; Grundfläche G
b) Schrägbild; Körperhöhe h_k
c) Netz; Mantelfläche M
d) Netz; Deckfläche

44 verkleinerte Abbildung

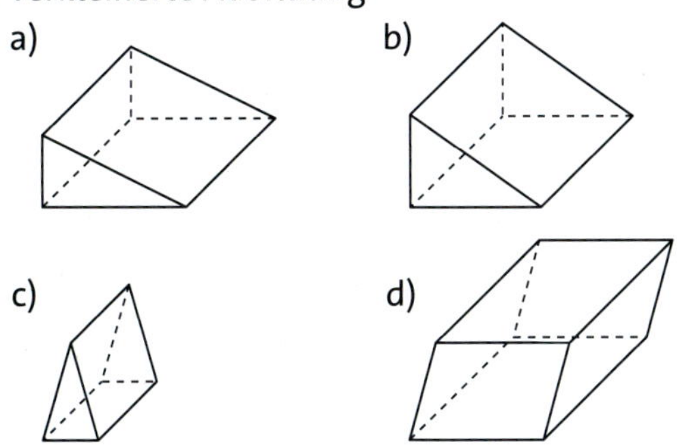

45 a) V = 250 cm³ b) V = 8400 cm³
c) V = 504 cm³ d) V = 94,5 cm³

46 a) O = 242,8 cm² b) O = 189 cm²
c) O = 492 cm² d) O = 175,2 cm²

47 a) 30 mm b) 140 cm
c) 3 dm d) 21 cm
e) 61 cm f) 500 cm
g) 308 dm h) 4000 dm

48 a) 3000 m b) 5 km
c) 199 km d) 405 000 m

Quadratische Funktionen

S. 302

49 a) A(2 | 1); B(−2 | 1); C(−1 | 3); D(−3 | −1); E(2 | −2); F(1 | 0); G(0 | −1)
b) P(−1,5 | 2); Q(2,5 | −1,5); R(0 | 0,5); S(−2,5 | −2); T(−2,5 | 0); U(3 | 2,5); V(0,5 | −1); W(−1 | −2,5)

50 verkleinerte Abbildung

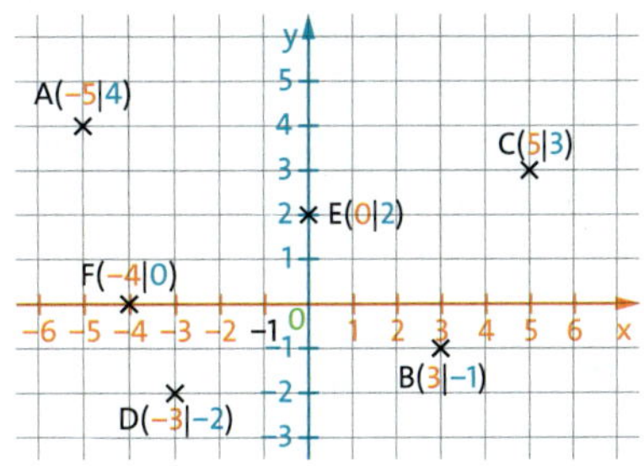

51 a) 13 b) 1 c) −6 d) 20
e) 2 f) 2 g) 13 h) 2
i) −10 j) −18 k) 3,7 l) $\frac{3}{4}$

52 a) 16 b) 17 c) 9 d) −1,4

53

Quadratwurzel	0	1	**2**	**3**	4	**5**
Quadratzahl	0	1	4	9	**16**	25

Quadratwurzel	**6**	**7**	**8**	**9**	**10**
Quadratzahl	36	49	64	81	100

Quadratwurzel	**100**	**1000**
Quadratzahl	10 000	1 000 000

54 a) 16 und 1600 b) 64 und 6400
c) 144 und 14 400 d) 169 und 16 900
e) 36 und 0,36 f) 121 und 1,21
g) 225 und 2,25 h) 625 und 6,25

55 a) 1 b) 100 c) 14
d) 25 e) 0 f) 13
g) 15 h) 12

56 a) $24x + 12$ b) $35a - 20b$
c) $-27x + 6ab$ d) $10p + 5q$

57 a) $12st + 6s$ b) $35xy - 5y$
c) $-48a - 16ab$ d) $-8g + 14gh$

58 a) $6x + 15y = 3 \cdot (\boxed{2}x + \boxed{5}y)$
b) $4ab - 10ac = 2a \cdot (\boxed{2b} - \boxed{5c})$
c) $21p - 18pq = 3p \cdot (7 - \boxed{6q})$

59 a) $3 \cdot (a + 3b)$ b) $2e \cdot (5 - 2f)$
c) $2 \cdot (3s + 4t)$ d) $x \cdot (8y - 5)$
e) $5v \cdot (3 + 5u)$ f) $4h \cdot (3g - 1)$

60 a) $(4 + f)^2 = 4^2 + 2 \cdot 4 \cdot f + f^2 = 16 + 8f + f^2$
b) $(k + 6)^2 = k^2 + 2 \cdot 6 \cdot k + 36 = k^2 + 12k + 36$
c) $(7 + 3s)^2 = 7^2 + 2 \cdot 7 \cdot 3s + (3s)^2 = k^2 + 42s + 9s^2$
d) $(5y + 2z)^2 = (5y)^2 + 2 \cdot 5y \cdot 2z + (2z)^2$
$= 25y^2 + 20yz + 4z^2$

61 a) $(6 - u)^2 = 6^2 - 2 \cdot 6 \cdot u + u^2 = 36 - 12u + u^2$
b) $(v - 3)^2 = v^2 - 2 \cdot 3 \cdot v + 9 = v^2 - 6v + 9$
c) $(8 - 5n)^2 = 8^2 - 2 \cdot 8 \cdot 5n + (5n)^2$
$= 64 - 80n + 25n^2$
d) $(2g - 3h)^2 = (2g)^2 - 2 \cdot 2g \cdot 3h + (3h)^2$
$= 4g^2 - 12gh + 9h^2$

62 a) $(x + \boxed{8})^2 = x^2 + 16 \cdot x + 64$
b) $(x + \boxed{12})^2 = x^2 + 24 \cdot x + 144$
c) $(x - \boxed{10})^2 = x^2 - 20 \cdot x + 100$
d) $(x - \boxed{9})^2 = x^2 - 18 \cdot x + 81$

63 a) $(x \boxed{-} 13)^2 = x^2 - \boxed{26} \cdot x + 169$
b) $(x - \boxed{2{,}5})^2 = x^2 - 5 \cdot x \boxed{+} 6{,}25$

Pyramide, Kegel, Kugel

S. 304

64 a) $700\,cm^2$ b) $2500\,dm^2$
c) $8\,m^2$ d) $19\,cm^2$
e) $7400\,cm^2$ f) $9\,cm^2$
g) $650\,000\,dm^2$ h) $809\,dm^2$

65 a) $6000\,cm^3$ b) $13\,000\,dm^3$
c) $5\,m^3$ d) $17\,cm^3$
e) $23\,000\,mm^3$ f) $95\,m^3$
g) $307\,000\,dm^3$ h) $542\,dm^3$

66 a) $u = 24\,cm$ b) $u = 33{,}6\,cm$
c) $u = 28\,cm$ d) $u = 32\,cm$

67 a) $A = 36\,cm^2$ b) $A = 70{,}56\,cm^2$
c) $A = 45\,cm^2$ d) $A = 53{,}11\,cm^2$

68 a) $u = 22\,cm$; $A = 21\,cm^2$
b) $u = 20{,}5\,cm$; $A = 22{,}5\,cm^2$
c) $u = 10\,cm$; $A = 5\,cm^2$
d) $u \approx 8{,}8\,cm$; $A = 4\,cm^2$

69 a) $A = 12\,cm^2$ b) $A = 20{,}8\,cm^2$
c) $A = 4\,cm^2$ d) $A \approx 2{,}7\,cm^2$

70 a) $c = 10\,cm$ b) $b \approx 7{,}2\,cm$
c) $a \approx 8{,}9\,cm$ d) $c \approx 14{,}5\,cm$

Sachregister

A

der Abschnitt 105
die Achsen|spiegelung **100**, 102
das Additions|verfahren **52**, 62
die Ähnlichkeit 102
die Ähnlichkeits|abbildung 102
ähnlich zueinander **102**, 114
die allgemeine Form 175
der Ausgangs|wert **8**, 34

B

die Basis 66
das Bild **92**, 114
der Bild|punkt **95**, 114
der Bild|winkel 102
die Bogen|länge 198
die Bruch|gleichung 106

D

die Deck|fläche 140
- Zylinder **140**, 156
die Diagonale 192
die Drehung **100**, 102
der Durch|messer 118, **136**
die dynamische Geometrie-Software 25, 44, 85, 98, 173

E

der Eck|punkt 85
das Einsetzungs|verfahren **49**, 62
die Ellipse 140
der Exponent 66
das Extremum 173

F

der Faktor 163
der Flächen|inhalt
– Kreis **123**, 136
– Kreis|ausschnitt 127
– Kreis|ring 126
die Funktion 11
die Funktions|gleichung **13**, 23, 34
der Funktions|wert **13**, 34

G

die Gerade **20**, 23, 34
das Gleichsetzungs|verfahren **45**, 62
die Gleichung 106
das Gleichungs|system 48, 51
der Graph **8**, 10, 34
die Grund|fläche
– Kegel 190, **198**
– Pyramide 190, **194**
– Zylinder **140**, 156
die Grund|kante 196

H

der Halb|kreis 85
der Höhen|satz **78**, 88
der Hohl|zylinder 149
die Hypotenuse **69**, 72, 88
der Hypotenusen|abschnitt 78

I

die irrationale Zahl 68

K

das Kanten|modell 197
die Kathete **69**, 72, 88
der Katheten|satz **78**, 88
der Kegel 190
kongruent zueinander 100
die Kongruenz|abbildung 100
die Körper|höhe **140**, 143, 156
der Kreis 118
der Kreis|ausschnitt 127
der Kreis|bogen 127
der Kreis|ring 126
der Kreis|sektor 127
der Kreis|umfang 118
die Kugel **190**

L

die lineare Funktion **13**, 34
die lineare Gleichung mit zwei Variablen **38**, 62
das lineare Gleichungs|system **41**, 62
die Lösungs|menge 38

M

die Mantel|fläche
– Kegel 190, **198**
– Pyramide 190, **194**
– Zylinder 140
der Mantel|flächen|inhalt
– Zylinder **143**, 156
die Mantel|linie 198
der Maßstab **92**, 114
maßstäb|lich 114
der Mittel|punkt 126
der Mittel|punkts|winkel 127

N

das Netz
– Kegel **198**, 220
– Pyramide **194**, 220
– Zylinder **143**, 156
die Normal|parabel 160
die Null|stelle **31**, 34

O

der Ober|flächen|inhalt
– Kegel **198**, 220
– Kugel **207**, 220
– Pyramide **194**, 220
– Zylinder **143**, 156
das Original **92**, 114
der Original|punkt **95**, 114
der Original|winkel 102, 114

P

die Parabel 160
– geöffnet nach oben oder unten 163
– gestaucht 163
– gestreckt 163
– verschoben nach oben oder unten 160
– verschoben nach links oder rechts 168
parallel 140
die Parallelen **105**, 114
das Pfeil|diagramm 8
Pi (π) **118**, 136
die proportionale Funktion **16**, 34

die Punkt|spiegelung **100**, 102
die Pyramide **190**, 220

Q
der Quader 75
das Quadrat 78
die quadratische Ergänzung 175
die quadratische Pyramide 76
die Quadrat|wurzel 66
die Quadrat|zahl 88
quadrieren **66**, 88

R
der Radius **118**, 123, 136
die Raum|diagonale im Quader 75
der rechte Winkel 69
das Recht|eck 143
die recht|eckige Pyramide 197
das recht|winklige Dreieck 69

S
der Satz des Thales 85
der Satz des Pythagoras **69**, 72, 88
das Schräg|bild 192
die Seiten|höhe 76
die Seiten|länge **102**, 114
der Scheitel|punkt 160
die Scheitel|punkt|form 170
der Schnitt|punkt 41
die Steigung **16**, 23, 34
– negative Steigung 19
das Steigungs|dreieck 16
der Strahl **105**, 114
der Strahlen|satz **105**, 114
– an einer Geraden|kreuzung 107
der Streck|faktor **92**, 114
das Streck|zentrum **95**, 114
die Symmetrie|achse 168
symmetrisch 160

T
der Thales-Kreis 85
die Transformation 170

U
der Umfang **118**, 143
der Ursprung 16
die Ursprungs|gerade 16

V
die Ver|größerung **92**, 114
das Verhältnis **102**, 114
die Ver|kettung 101
die Ver|kleinerung **92**, 114
die Ver|schiebung 100
das Viel|eck 122
das Volumen
– Kegel **204**, 220
– Kugel **207**, 220
– Pyramide **201**, 220
– Zylinder **147**, 156

W
das Werte|paar **8**, 34
die Werte|tabelle **8**, 10, 34
die Winkel|größe **95**, 114
die Wort|form 8
die Wurzel ziehen **66**, 88

Y
der y-Achsen|abschnitt **20**, 23, 34

Z
das Zahlen|paar **38**, 62
die zentrische Streckung **95**, 102, 114
der zugeordnete Wert **8**, 34
die Zuordnung **8**, 34
der zusammen|gesetzte Körper 210
der zusammen|gesetzte Zylinder 149
der Zylinder **140**, 156

Bildquellenverzeichnis

Illustrationen: Cornelsen/Raimo Bergt
Technische Zeichnungen: Cornelsen/Christian Böhning, Cornelsen/Stefan Giertzsch, Cornelsen/Detlef Seidensticker, Cornelsen/Jürgen Brinckmann, Cornelsen/Martin Frech
Fotos:
Cover: Shutterstock.com/John_T
S. 3/Bonbons: stock.adobe.com/sommai; S. 3/Lolli: Shutterstock.com/Purple Clouds; S. 3/o.: stock.adobe.com/Thaut Images; S. 3/u.: stock.adobe.com/Peter Hermes Furian; S. 4/m.: stock.adobe.com/Elnur; S. 4/o.: stock.adobe.com/Andreas Koch; S. 4/u.: stock.adobe.com/sebastiancaptures; S. 5/m.: stock.adobe.com/AlexandreNunes; S. 5/o.: Shutterstock.com/Ajax9; S. 6: stock.adobe.com/Thaut Images; S. 13/o.: Shutterstock.com/Fabio Lotti; S. 14/u.l.: stock.adobe.com/suman; S. 14/u.r.: stock.adobe.com/wabeno; S. 20/o.: stock.adobe.com/Monkey Business; S. 22/u.l.: Shutterstock.com/Bjoern Wylezich; S. 22/u.r.: Shutterstock.com/AndriyShevchuk; S. 23/o.: Shutterstock.com/Kletr; S. 24/u.l.: stock.adobe.com/andrei310; S. 24/u.r.: Shutterstock.com/r.classen; S. 26/u.m.: Shutterstock.com/Vahe 3D; S. 26/u.r.: Shutterstock.com/MaxyM; S. 28/u.: stock.adobe.com/Kara; S. 31/13l.: stock.adobe.com/Zadvornov; S. 31/13r.: Shutterstock.com/Maridav; S. 32/2.v.u.r.: stock.adobe.com/Gwenaelle.R; S. 33/2.v.o.: stock.adobe.com/Vladimir Wrangel; S. 33/o.: stock.adobe.com/Neuroshock; S. 35/3.l.: stock.adobe.com/TheWaterMeloonProjec; S. 36/u.l.: stock.adobe.com/sommai; S. 36/u.r.: Shutterstock.com/Purple Clouds; S. 39/u.l.: stock.adobe.com/Christian Palent; S. 39/u.r.: Shutterstock.com/Glenn Price; S. 41/o.: stock.adobe.com/KOTO; S. 45/2: Cornelsen/CMS/Detlef Seidensticker/Shutterstock/Tim UR/Maks Narodenko; S. 49/1: Cornelsen/CMS/Detlef Seidensticker/Shutterstock GmbH/MirasWonderland/Photok.dk; S. 54/o.: Shutterstock.com/Bill Warry; S. 55/Brezel: stock.adobe.com/W. Heiber Fotostudio; S. 55/Hörnchen: stock.adobe.com/llandrea; S. 55/m.r.: stock.adobe.com/klepach; S. 59/o.r.: stock.adobe.com/Björn Wylezich; S. 59/Rose: stock.adobe.com/vvoe/VV Voennyy; S. 59/Sonneblume: Shutterstock.com/Ian 2010; S. 61/m.: stock.adobe.com/cobracz; S. 61/o.: stock.adobe.com/amorn; S. 64: stock.adobe.com/Peter Hermes Furian; S. 77/7.l.: stock.adobe.com/Gordana Sermek; S. 77/7r.: Shutterstock.com/PeterG; S. 83/10l.: Shutterstock.com/Pakhnyushchy; S. 87/o.r.: Shutterstock.com/sculpies; S. 89/5l.: Shutterstock.com/swissdrone; S. 90/u.: stock.adobe.com/Andreas Koch; S. 92/o.: stock.adobe.com/Daniel Prudek; S. 113/17: stock.adobe.com/Gorodenkoff Productions OU/Gorodenkoff; S. 113/18: Depositphotos/Liudmyla Chernetska; S. 113/Kamera: mauritius images/alamy stock photo/Lobro; S. 113/o.r.: Imago Stock & People GmbH/panthermedia/xAndreyPopovx Panthermedia26969358; S. 116: stock.adobe.com/Elnur; S. 118/m.r.: stock.adobe.com/Anne Mathiasz; S. 118/o.2.v.l.: Shutterstock.com/Phodo Design; S. 118/o.3.v.l.: Shutterstock.com/Vasilius; S. 118/o.l.: Shutterstock.com/stockphoto-graf; S. 119/3a: stock.adobe.com/flixelhouse; S. 119/3b: stock.adobe.com/Studio KIVI; S. 119/3c: Deutsche Bundesbank/Luc Luycx aus Belgien; S. 119/3d: stock.adobe.com/Pixelkram/claudia Otte; S. 119/4r.: Shutterstock.com/Andrei Kuzmik; S. 120/10l.: stock.adobe.com/pandore; S. 120/10r.: Shutterstock.com/Ricard MC; S. 120/7r.: stock.adobe.com/mariesacha; S. 120/8l.: stock.adobe.com/Stefan Schurr; S. 121/o.: Shutterstock.com/Shawn Hempel; S. 121/u.: stock.adobe.com/MD; S. 124/4r.: Shutterstock.com/Laine Young; S. 125/7l.: stock.adobe.com/nortongo; S. 125/7r.: Shutterstock.com/Jack_the_sparow; S. 125/8r.: Shutterstock.com/Africa Studio; S. 126/3r.: Shutterstock.com/Carolyn Franks; S. 127/1: stock.adobe.com/modustollens; S. 127/2: Shutterstock.com/Timur Abasov; S. 128/5r.: Shutterstock.com/mitchFOTO; S. 129/7l.: stock.adobe.com/Tamme Wichmann; S. 130/2l.: stock.adobe.com/Digitalpress; S. 130/2r.: stock.adobe.com/comartist.de; S. 130/4l.: Shutterstock.com/Krakenimages.com; S. 130/4r.: Shutterstock.com/Ludmila Kapustkina; S. 131/6: Shutterstock.com/Sarah2; S. 131/8l.: Shutterstock.com/Ayman alakhras; S. 131/8r.: stock.adobe.com/koosen; S. 132/1a: Shutterstock.com/Bohbeh; S. 132/1b: Shutterstock.com/New Africa; S. 132/1c: Shutterstock.com/schankz; S. 132/1d: stock.adobe.com/Elena; S. 132/3l.: stock.adobe.com/Animaflora PicsStock/animaflora; S. 132/3r.: stock.adobe.com/Recebin; S. 133/7l.: stock.adobe.com/Dmitry Zimin; S. 133/7r.: Shutterstock.com/cgterminal; S. 134/12: Shutterstock.com/alexander briel perez; S. 134/13l.: Shutterstock.com/Lukassek; S. 134/13r.: stock.adobe.com/Carmen Steiner; S. 135/15: stock.adobe.com/Sergey; S. 135/16r.: Shutterstock.com/Anton Mezinov; S. 135/o.: stock.adobe.com/W PRODUCTION; S. 137/3l.: mauritius images/

Artur Cupak; S. 137/3r.: Shutterstock.com/Olha Solodenko; S. 138: stock.adobe.com/sebastiancaptures; S. 142/5r.: stock.adobe.com/andrzej2012; S. 142/9l.: stock.adobe.com/Harald; S. 143/o.: stock.adobe.com/ JoyImage; S. 144/5r.: Shutterstock.com/brumhildich; S. 145/10l.: stock.adobe.com/Robert Kneschke; S. 145/10r.: stock.adobe.com/Robert Kneschke; S. 146/16l.: stock.adobe.com/weedezign; S. 146/16r.: Shutterstock.com/Olga Kovalenko; S. 148/5a: Shutterstock.com/Chursina Viktoriia; S. 148/5b: stock.adobe.com/spaxiax; S. 148/5r.: stock.adobe.com/Hans-Uwe Richter; S. 148/6l.: Shutterstock.com/Tom Sor; S. 148/6r.: stock.adobe.com/ap-net; S. 151/10l.: Imago Stock & People GmbH/imago images/Reichwein; S. 151/10r.: stock.adobe.com/Viktoriya; S. 151/7l.: stock.adobe.com/mpix-foto; S. 151/7r.: stock.adobe.com/Udo Kroener; S. 152/6l.: stock.adobe.com/ medwedja; S. 152/u.2.v.l.: stock.adobe.com/Nathan Hutchcraft; S. 152/u.3.v.l.: stock.adobe.com/amelie; S. 152/u.r.: stock.adobe.com/Yulia; S. 153/10.l.: stock.adobe.com/FSEID; S. 153/10r.: stock.adobe.com/nndanko; S. 153/9r.: stock.adobe.com/Ievgen Skrypko; S. 154/14: stock.adobe.com/Bilderjet medi@; S. 154/15l.: stock. adobe.com/i-picture; S. 154/15r.: Shutterstock.com/Milos Ruzicka; S. 154/16: stock.adobe.com/koya979; S. 154/o.l.: stock.adobe.com/byallasaa; S. 154/o.m.: stock.adobe.com/dudek; S. 154/o.r.: stock.adobe.com/ womue; S. 155/17: stock.adobe.com/Serhiy; S. 155/19r.: stock.adobe.com/helivideo; S. 155/o.: Imago Stock & People GmbH/imago images/Rupert Oberhäuser; S. 157/5l.: stock.adobe.com/Carmen Hauser; S. 157/5r.: Shutterstock.com/Mario Krpan; S. 158: Shutterstock.com/Ajax9; S. 160/1.1: stock.adobe.com/mariiaplo; S. 160/1.2: stock.adobe.com/Michael Neuhauß; S. 163/o.2.v.l.: Shutterstock.com/Lebid Volodymyr; S. 163/o.3.v.l.: Shutterstock.com/LightField Studios; S. 163/o.r.: stock.adobe.com/phpetrunina14; S. 165/u.: stock.adobe.com/ Seventyfour; S. 166/12r.: stock.adobe.com/sergejuss; S. 166/13r.: stock.adobe.com/lightcache; S. 181/8,1: stock. adobe.com/Alexander Zamaraev; S. 181/8,2: stock.adobe.com/Michal; S. 181/8,3: stock.adobe.com/Via Nova; S. 183/20: stock.adobe.com/aicandy; S. 184/24: stock.adobe.com/zodar; S. 185/26r.: stock.adobe.com/Orxan; S. 185/27: Shutterstock.com/PHOTOCREO Michal Bednarek; S. 185/o.: stock.adobe.com/SundGo; S. 188: stock. adobe.com/AlexandreNunes; S. 215/9r.: Shutterstock.com/Vaganundo_Che; S. 219/o.: Shutterstock.com/ Friends Stock

Formeln im Überblick

Hier hast du eine Übersicht über einen Teil der wichtigsten Formeln, die du seit Klasse 5 gelernt hast.

Ebene Figuren (Flächeninhalt A, Umfang u)

Quadrat

$A = a \cdot a = a^2$

$u = 4a$

Rechteck

$A = a \cdot b$

$u = 2a + 2b$

Dreieck

$A = \frac{g \cdot h}{2}$

$u = a + b + c$

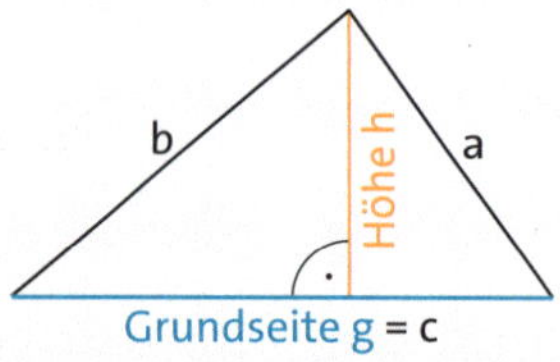

Parallelogramm

$A = g \cdot h$

$u = 2a + 2b$

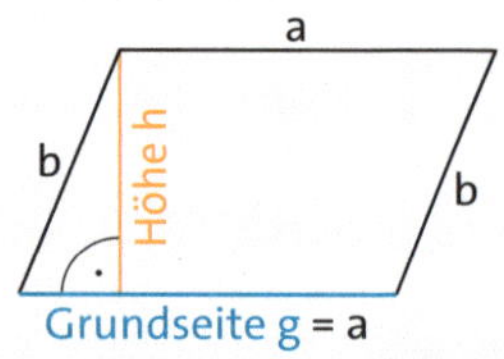

Drachen

$A = \frac{e \cdot f}{2}$

$u = 2a + 2b$

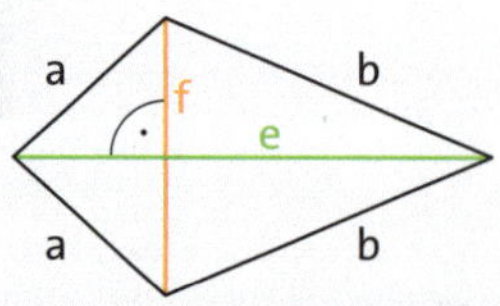

Trapez

$A = \frac{(a + c)}{2} \cdot h$

$u = a + b + c + d$

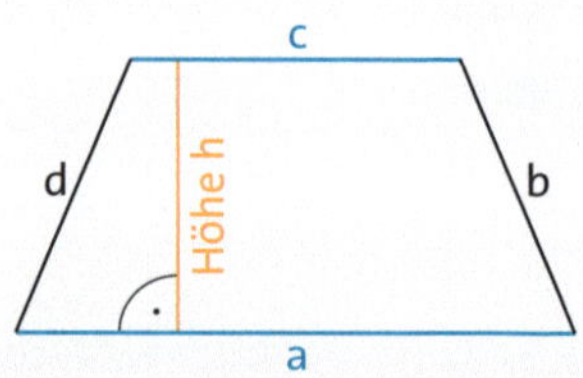

Kreis

$A = \pi \cdot r^2$

$u = 2 \cdot \pi \cdot r = \pi \cdot d$

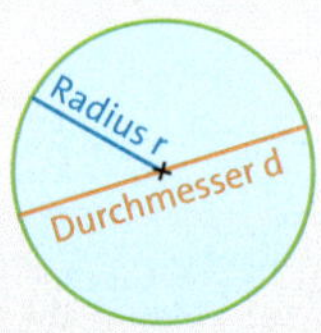

Kreissektor und Kreisbogen

$A = \pi \cdot r^2 \cdot \frac{\alpha}{360°}$

$b = 2 \cdot \pi \cdot r \cdot \frac{\alpha}{360°}$

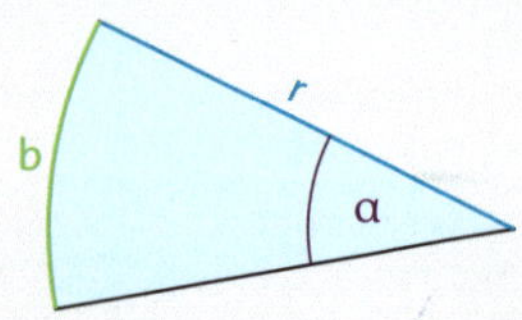

Geometrische Sätze

Satz des Pythagoras

Im rechtwinkligen Dreieck gilt:

$a^2 + b^2 = c^2$

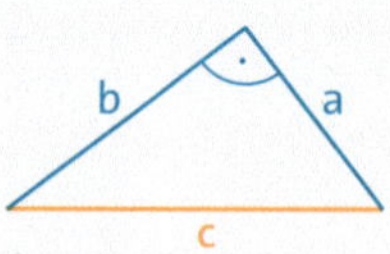

Satz des Thales

Für ein Dreieck ABC gilt:
Wenn der Eckpunkt C auf dem Halbkreis über der Seite $\overline{AB}$ liegt, dann ist das Dreieck rechtwinklig.

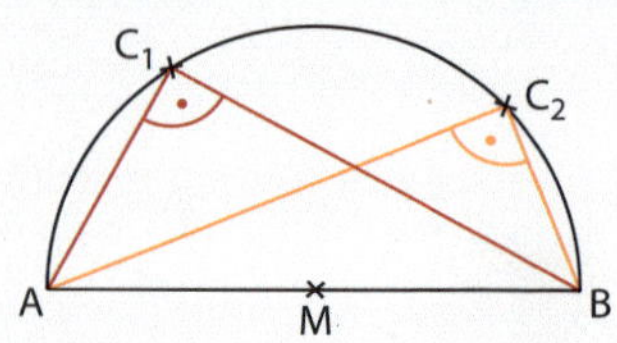

Funktionen

Lineare Funktionen

allgemeine Geradengleichung:

$y = m \cdot x + b$

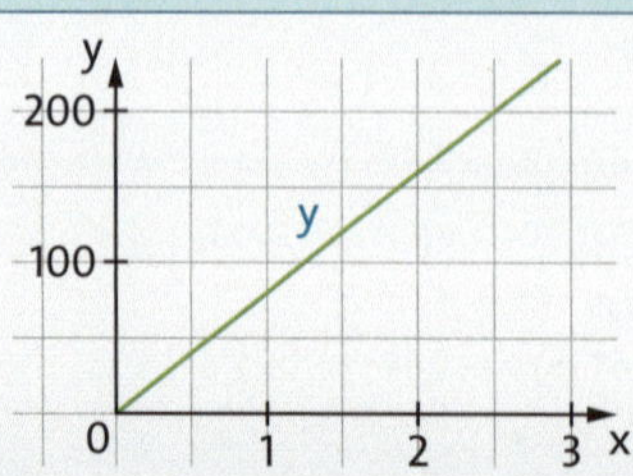

Steigung der Geraden:

$m = \frac{y}{x}$

y-Achsenabschnitt:

b